JN426301

개정 3판

식품위생안전성학

Food Hygiene and Safety

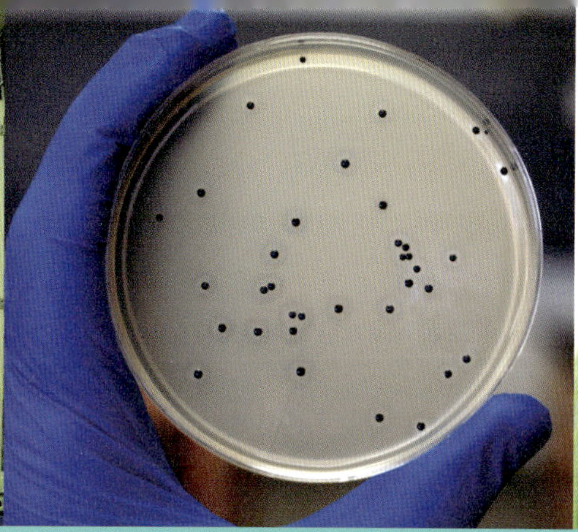

식품위생안전성 확보에 문제가 될 수 있는 다양한 위해 요인들을 구분하여 자세히 밝히고 이들 원인을 제거할 수 있는 과학적인 방법을 제시함으로써 이 분야에서 공부하는 학생들뿐만 아니라 현장 실무에 종사하는 기술자들과 함께 식품안전관리를 담당하는 정부기관 담당자들에게도 도움을 주고자 하였다. 특히 국내·외 식품안전관리 현황과 법적 규제 등 최신의 정보를 제공하여 세계적인 경향을 이해하도록 하였으며 안전식품제조 차원을 넘어 개인위생 관리사항까지 포함하여 우리의 건강을 지킬 수 있는 과학적이고 합리적인 지침을 제시하였다.

식품위생안전성학

Food Hygiene and Safety

개정 3판

신동화 오덕환 우건조 정상희 하상도 공저

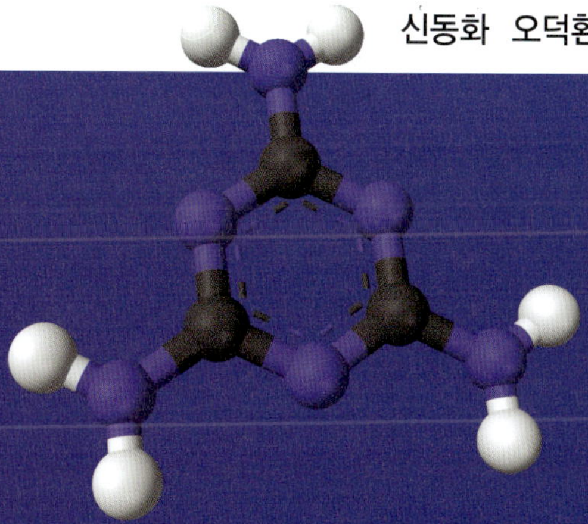

도서출판 한미의학

식품위생안전성학

1판 1쇄 발행 2011년 3월 5일
2판 1쇄 발행 2014년 3월 5일
개정3판 1쇄 발행 2022년 1월 10일

지은이 신동화, 오덕환, 우건조, 정상희, 하상도
펴낸이 이광재
펴낸곳 도서출판 한미의학(2022 Printed in Korea)

책임편집 서영주
본문편집 오인택
책임교정 이순례
마 케 팅 이종희
경영지원 이종희, 박희숙

출판등록 1999년 7월 13일 제22-1586호
주소 서울시 마포구 동교로23길 36 리앤리빌딩
전화 02-336-3477
팩스 02-336-6762
메일 k_medical@hanmail.net
www.hanmibook.co.kr

ISBN 979-11-90322-36-2 93510
정가 28,000원

※ 이 책의 전부 또는 일부를 도서출판 한미의학의 사전 승인 없이 무단으로 복제하는 것은 법률로 금지되어 있습니다.

이 책을 내면서

식품위생안전성학 제2판이 2014년 출판된 이후 사회 여건도 많이 변하였고 식품안전 분야 과학기술도 새롭게 발전하였다. 이와 같은 변화를 수용하여 이 개정판을 기획하였다.

지구에 인간이 출현한 이래 먹을거리의 확보는 생존을 위한 필수 활동이었다. 인류역사는 어찌 보면 먹을거리를 확보하기 위한 투쟁의 여정이라고 볼 수 있다. 초기 인류는 다른 동물과 비슷하게 자연에 존재하는 식물과 동물을 별다른 처리 없이 굶주림의 해결수단으로 이용하였으나 지식의 축적과 기술의 발달로 여러 가공기술이 도입되면서 실로 다양한 가공식품들이 만들어지면서 식생활을 통한 충분한 영양공급과 먹는 즐거움을 만끽하는 시대로 접어들었다. 이 과정에서 불의 이용은 인간 식생활에 획기적인 전기를 마련하였고 조리, 가공함으로써 식용할 수 있는 먹을거리의 범위가 넓어짐과 동시에 영양원의 흡수 폭을 넓혔고 더욱 큰 이점은 각종 위해를 일으키는 미생물이나 독성물질로부터 자유로워졌다는 것이다.

식품은 인간생존에 필수이면서도 잘못 다루는 경우 치명적인 위해를 끼칠 수 있는 양면성이 있다. 과학이 크게 발전한 현대에 이르러서도 식품으로 인한 사고가 계속하여 발생하고 있으며 이런 현상은 전체적으로 감소 추세에 있으나 선·후진국을 막론하고 계속 일어나고 있다. 우리나라도 예외는 아니어서 식중독 사고는 매년 발생하고 있으며 다양한 가공기술이 도입되면서 이 과정에서 일어나는 부정적 측면도 식품안전을 위협하는 요인으로 작용하고 그 범위도 확대되고 있다.

과학 기술의 발달로 이전에 미처 알지 못하였던 여러 위해 미생물과 독성 화학 성분들이 속속 밝혀지고 있으며 가공처리 중 위해물질이 생성되는 과정도 상당 부분 관리가 가능해졌으나 급격한 환경 변화와 산업화로 인한 원·부재료의 안전성 위협, 그리고 토양과 물의 오염, 사회 환경과 식생활 변화 등은 식품의 안전성을 위태롭게 하는 중요한 요인으로 새롭게 대두되고 있다.

국민에게 안전한 식품을 공급하는 것은 국가 주요 정책 중의 하나이며 제조업체에게는 사활이 걸린 피할 수 없는 의무사항이기도 하다. 완전무결한 식품을 공급하기 위해서는 안전성이 확보된 원료의 사용은 물론이고 가공, 포장, 유통 방법 등 어느 한 과정도 소홀히 할 수 없다. 아울러 이런 모든 과정에 수많은 사람이 관여하면서 발생하는 오염, 실수, 무지 등으로 인한 식품 위해 사고는 항상 일어날 수 있는 개연성이 있다. 과학 기술이 앞선 선진국에서도 예외 없이 식중독 사고를 완전히 차단하지 못하고 매년 큰 피해가 발생하고 있는데, 이런 다양성과 복잡성이 주된 원인으로 작용하기 때문이다. 그러나 식품에 의한 위해 사고는 그 원인을 알 수 있고 또한 차단할 수 있는 수단도 갖고 있으므로 그 피해를 최소화할 수 있다고 믿는다.

이 책에서는 식품위생안전성 확보에 문제가 될 수 있는 다양한 위해 요인들을 구분하여 자세히 밝히고 이들 원인을 제거할 수 있는 과학적인 방법을 제시함으로써 이 분야에서 공부하는 학생들뿐만 아니라 현장 실무에 종사하는 기술자들과 함께 식품안전관리를 담당하는 정부기관 담당자들에게도 도움을 주고자 하였다. 특히 국내·외 식품안전관리 현황과 법적 규제 등 최신의 정보를 제공하여 세계적인 경향을 이해하도록 하였으며 안전식품제조 차원을 넘어 개인위생 관리사항까지 포함하여 우리의 건강을 지킬 수 있는 과학적이고 합리적인 지침을 제시하였다.

식품위생안전성학은 사고에 대한 사후관리가 아닌 사전관리이고 예방과학의 한 분야이다. 이 책을 통하여 식품으로 인한 위해 요인을 확실히 이해하고 적절히 관리함으로써 식품안전사고를 예방하여 빈번하게 발생해 온 식품안전사고로 인한 인적, 물적 피해를 최소화하고 안전한 식품을 소비자들에게 공급할 수 있는 여건을 만드는데 이바지하길 바란다.

끝으로 이 책이 발간될 수 있도록 물심양면으로 지원해 주신 도서출판 한미의학 이광재 사장님과 직원들, 집필에 따른 많은 참고자료를 제공하여 주신 식품의약품안전처를 비롯한 관련 기관의 여러 관계자에게 심심한 감사의 말씀을 올린다.

2022. 1.
저자일동

저자 소개 (가나다순)

신 동 화

- (사)한국식품산업진흥포럼회장(현)
- 동국대학교 대학원 공학박사
- 전북대학교 식품공학과 교수(명예교수)
- 한국식품위생안전성학회장
- 한국식품과학회장

오 덕 환

- 강원대학교 식품생명공학과 교수(현)
- Louisiana State University, Ph.D.
- 강원대학교 농업생명과학대학 학장
- 한국식품기술사협회 회장
- 국무총리실 식품안전정책위원회 심의위원

우 건 조

- 고려대학교 식품공학과 교수(현)
- University of Illinois at Urbana-Champaign, Ph.D.
- 식품의약품안전처 식품미생물과장, 식품평가부장
- Codex 항생제내성특별위원회 초대의장
- (사)국비유학한림원 회장(현)

정 상 희

- 호서대학교 바이오응용독성대학 교수(현)
- 서울대학교 수의과대학, DVM, Ph.D.
- 농림수산식품부 국립수의과학검역원 독성평가연구실장
- FAO/WHO 합동식품첨가물전문가위원회(JECFA) 전문가
- WHO 위해성평가 전문가(식품안전성 전문위원)

하 상 도

- 중앙대학교 식품공학부 교수(현)
- Texas A&M University, Ph.D.
- 한국보건산업진흥원 수석연구원
- (사)한국식품안전협회 부회장
- (사)소비자시민모임 부회장

목차

1

CHAPTER

식품위생안전성의 개요

식품이란

한 가지 이상의 영양소를 함유하고 기호성이 있으며 안전성이 확보된 농축수산물이나 그 가공품을 총칭함

식품가공이란

식품재의 본질은 변화시키지 않고 그 형상이나 물리적, 화학적, 관능적, 영양적 특성을 변화시키는 처리공정을 말함

서론

인류의 시조가 지금으로부터 약 250만 년 전 지구상에 나타난 이래 형태는 다르지만 모든 생명체와 같이 생존을 위해 먹이는 필수였다. 처음 자연물을 채취하여 그대로 먹었으나 이후 지혜의 발달로 처리기술이 접목되면서 다양한 가공식품이 출현하면서 현대에 이르고 있다. 21세기에 들어서면서 식품위생개념도 크게 달라지고 있다. 소비자의 위생안전에 대한 욕구수준이 크게 높아졌고 농축수산물 원료의 생산량이 증가하면서 관리의 범위가 넓어지고 있으며 가공업체의 규모도 계속 확대되면서 안전관리의 필요성도 높아지고 있다. 더욱 국제교역량이 많아지면서 식품위생안전 문제는 이제 더 이상 한 나라의 문제로 한정되지는 않는다. 특히 근래 세계적으로 확산되고 있는 코로나19 등 확산세가 강한 유행병은 우리 식품과도 밀접한 관계를 갖는다. 또한 소비자들의 가공식품에 대한 의존도가 인류 역사 이래 가장 높아지는 등 식생활 방식의 변화와 관광인구의 증가 등은 식품위생안전관리의 새로운 접근이 필요함을 예시하고 있다.

우리가 식품을 먹는 주목적은 영양섭취를 통한 생명유지가 일차적인 목적이다. 이에 더하여 식품을 먹음으로써 포만감 및 만족감을 주고 여러 맛을 통해 먹는 즐거움을 만끽하고자 하는 감각적 및 이차적 기능 또한 대단히 중요하다. 식품은 인간의 생명유지를 위하여 하루도 거를 수 없는 필수품이나 영양공급과 감각기능 외에 가장 우선되는 요건이 안전성 확보다. 음식을 먹었을 때 안전성이 확보되지 않았을 때는 영양공급으로 건강을 지키는 것보다 더 큰 피해를 입을 수 있으며 최악의 경우 생명까지 위협받을 수 있다. 따라서 식품을 정의할 때 "한 가지 이상의 영양소를 갖고 기호성이 있으며 안전성이 확보된 농·축·수산물이나 그 가공품"으로 하여 안전성을 필수요건으로 제시하고 있다.

식품에 대한 개념의 변화를 살펴보면, 경제 사정에 따라 1단계는 굶주림의 해결로 양적충족이 제일 우선이나 형편이 나아진 그다음 단계는 영양과 맛이 선택의 주요 인자가 된다. 경제적 여유가 생긴 그 이후에는 소비자의 관심이 안전성과 건강성으로 옮겨가게 된다. 이런 변화를 거쳐 21세기 소비자의 식품 선택의 기준은 영양과 기호성을 기본으로 안전성과 건강성에 초점이 맞춰져 있다. 이와 같은 소비자의 요구에 따라 세계 모든 국가는 국민에게 제공하는 식품의 안전성 확보를 위한 법적, 제도적 장치를 갖추고 있으며 식품 및 외식산업 발전에 발맞춰 식품안전관리 대상 분야가 지속적으로 확대되는 추세이다. 각국의 식품안전관리의 법적 규제는 더욱 강화되고 있으며 식품의 국제교역 증가에 따라 국가 간 규격기준의 차이로 인한 통상마찰이 일어나기도 한다.

시대의 요구에 따라 식품안전성을 확보하기 위한 위해 원인을 밝히고 이를 차단하는 과학적 수단을 강구하기 위해 식품위생안전성학이 발전하게 되었으며, 이 학문은 예방과학의 한 분야이며 물리, 화학, 생물, 식품 미생물, 환경, 건강 등이 기반이 되는 종합 응용과학이다.

식품위생안전관리를 위해서는 원료로부터 가공, 유통, 소비에 이르는 과정 전반에 안전성을 확보하기 위한 법적 뒷받침과 이를 관리하는 정부의 역할이 중요하고, 모든 식품의 처리, 가공, 유통을 책임지는 가공업체의 안전관리 역량의 확보는 무엇보다 우선해야 한다. 아울러 안전한 식품을 선택하여 소비하는 소비자들도 자기가 선택하는 식품의 안전성을 확인할 권리와 감시할 책임을 느껴야 한다. 이와 같은 기능을 뒷받침할 소비자단체의 역할도 중요하다.

식품위생안전관리의 기본은 과학적 사실에 바탕을 두어야 하며 계속 확대되고 있는 안전성 분야를 탐구하고 새로운 관리방법을 제시할 역할은 과학계와 업계의 전문가 집단이 맡아야 한다.

1.1 식품위생안전의 개념

우리가 일상 먹고 있는 식품은 인간생존에 가장 중요한 필수품이나 잘못 관리하는 경우 건강을 해치거나 생명을 위협할 수도 있다. 식품의 안전관리를 위하여 세계 모든 국가는 강제규제관리를 통하여 식품의 안전성 확보에 많은 노력을 하고 있음에도 불구하고 불안감을 완전히 떨쳐버리지 못하고 있는 실정이다. 최선진국들에서도 계속하여 식품기인성 사고가 줄지 않고 계속되고 있으며 국제적인 여건도 식품안전관리의 필요성을 계속 강화해 나가야 한다는 요구가 드센 현실이다. 현재까지 국내에서도 식중독 사고가 빈번하게 발생하여 소비자의 불안을 증폭시키는가 하면 국제적 신뢰를 실추시킨 바 있고 경험과 전문지식을 바탕으로 잘 관리하여 큰 사건화 될 수 있었던 것을 사전에 예방한 좋은 예들도 있다. 식품안전사고는 예방하면 사건화되지 않아 대중의 관심을 끌지 못하나 사고로 진행되면 그 순간에 이목이 집중된다. 식품안전은 조용하면 가장 안전한 상태를 유지하는 속성을 갖고 있다.

식품의 산업화 이전에는 가족중심의 식사 형태로 대규모 식품안전사고는 매우 드물었다. 이후 산업이 발전하며 식품 및 외식산업이 대량생산체제를 갖추면서, 식품의 안전관리 필요성이 대두되었고 식중독 사고의 다양화, 대형화 현상이 두드러지게 되었다. 이러한 추세에 발맞춰 식품의 안전관리는 정부와 식품산업의 가장 중요한 관심사가 되었다.

식품위생의 개념은 지난 100년을 뒤돌아볼 때 조기 산업화 이전에는 곤충, 설치류, 잡물, 돌, 볏짚, 나무, 모래, 먼지 등의 이물질이 주된 식품의 오염원이 되었고 즉석에서 바로 조리하여 먹었기 때문에 미생물 오염문제는 그다지 크지 않았다. 전통적으로 식품위생은 자연독에 의한 식중독을 주로 다루어 왔고, 그 원인이나 예방에 대한 지식과 경험, 그리고 규제조치가 상당히 축적되어 있다. 그러나 최근 가공방법이 다양해지고 여러 화학물질의 사용량이 급증하면서 새로운 안전상의 문제가 발생하고 있으며, 새로운 분석기술과 간편한 독성시험법이 개발됨에 따라 위해물질에 의한 위험요인을 속속들이 밝혀내고 있다. 이에 오늘날에는 위해 미생물과 유해화학물질이 가장 중요한 관리 항목이 되었으며 가공 중 새롭게 생성되는 물질과 산업화에 따른 공해물질도 새로운 오염원이 되고 있다.

식품위생안전관리는 그 범위가 넓고 관련되는 분야도 넓다. 전체 관련되는 분야와 연계를 나타내 보면 **그림 1-1**과 같다.

그림 1-1에서 보는 바와 같이 식품안전관리를 위해서는 농·축·수산물원료는 물론 식품가공업체의 역할도 중요하고 이 분야 연구도 지속적으로

식품의약품안전처

식품안전을 총괄 관리하는 국무총리실 산하기관임. 이 기관은 1962. 1. 20. 법률 제1007호로 제정된 식품위생법을 근거로 하고 있으며 관장 부서는 보건사회부 위생과(61. 10.), 보건복지부 식품의약품안전본부(1995. 4.)를 거쳐 식품의약품안전청(1998. 3.)이 설립된 후 현 식품의약품안전처는 국무총리 산하로 2013. 3. 설립되었음

후성유전학이란

DNA의 염기 중 시토신(C)에 '메틸기'라는 꼬리표가 붙는 것을 DNA 메틸화(methylation)라고 부른다. DNA 메틸화는 후성유전학(Epigenetics)의 핵심 연구 분야이다. 후성유전학은 DNA 유전정보 이외에 유전자의 발현에 영향을 주는 요인들을 연구하는 학문이다. DNA에 메틸화가 일어나면 유전자의 염기서열에는 변함이 없지만 특정 유전자의 발현이 억제되거나 촉진되면서 생명현상이 다르게 나타난다. 이 메틸화 현상은 DNA에만 국한해서 발생하는 것은 아니다. DNA를 감싸고 있는 단백질인 히스톤에도 메틸화가 일어난다.

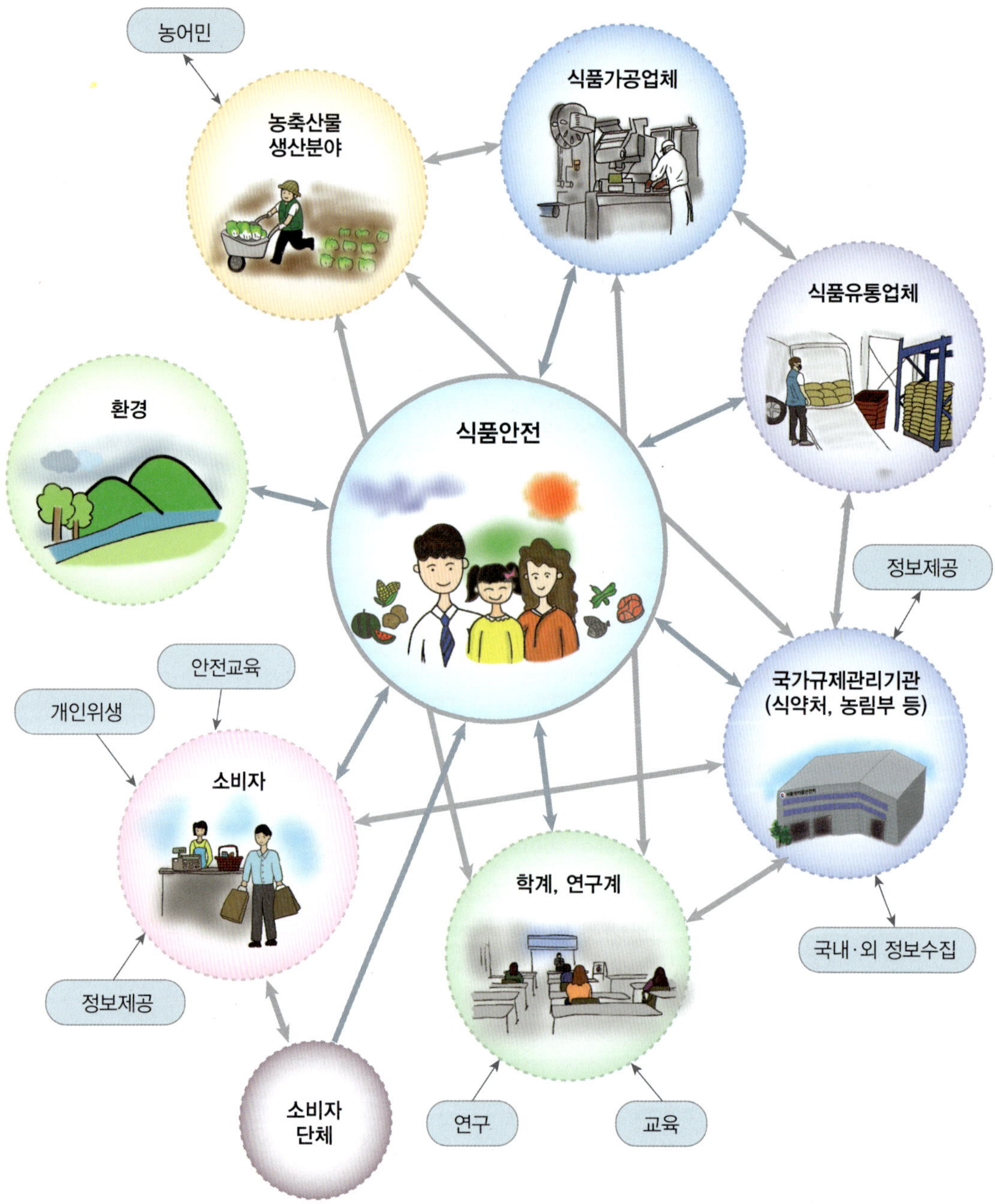

그림 1-1 식품안전과 관련된 분야

진행되어 위해인 유통되는 모든 식품에 대한 법적 위반 여부를 검사하고 유해식품이 유통되지 않도록 철저한 관리를 해야 한다. 또한 소비자도 자기 건강관리를 위하여 충분한 지식과 정보를 숙지해야 자기를 지킬 수 있다.

역사적으로 위생(sanitation)이란 말은 Latin에 유래를 둔 "Sanitas"로 "Health"라는 뜻을 가지고 있으며 유사언어인 hygiene도 그리스어의 "Health"에서 왔기 때문에 거의 동의어로 사용할 수 있다.

식품위생의 식품위생법상 정의는 "식품위생이라 함은 식품, 첨가물, 기구 또는 용기, 포장을 대상으로 하는 음식에 관한 위생을 말한다."로 되어 있다. 이는 가공용 원료의 재배환경과 더불어 만들어진 제품과 이의 유통 그리고 최종소비자에 이르기까지를 포함한 넓은 의미로 해석해야 할 것이다. 이와 같은 개념을 함축한 WHO의 정의가 학문적으로 가장 설득력 있게 받아들여지고 있다. "Food hygiene means all measures necessary for ensuring the safety, wholesomeness, and soundness of food at all stages from its growth, production or manufacture until its final consumption". 즉, "식품위생이란 식품의 재배, 생산, 제조로부터 최종적으로 사람에 섭취되기까지의 모든 단계에 걸친 식품의 안전성, 건전성 및 완전 무결성을 확보하기 위한 모든 필요한 수단을 말한다."라고 하여 원료의 생산으로부터 소비까지를 포괄하고 있다. 이에 따르면 "식품안전성(food safety)"은 결과이자 목표인데 반해 "식품위생(food hygiene)"은 안전성을 달성하기 위한 수단이다. WHO의 식품위생의 범위는 원료의 생산으로부터 최종 소비까지를 대상으로 하였으며 소비자의 입장에서는 안전하고 건전하며, 완전무결한 식품을 얻을 수 있는 조건을 제시했다는 측면에서 바람직하다. 그러나 정의에서 제시한 식품의 안전성, 건선성 및 완전 무결성을 확보할 수 있는 수단은 현실적으로 어려움이 있다. 왜냐하면 각종 미생물과 오염원이 함유된 토양에서 다양한 농축산물이 생산되어 이용되고 많은 사람과 여러 가공공정, 포장, 유통을 거쳐야 하며 공기 중 오염도 발생할 수 있는 등 식품의 특성 때문에 완전무결성은 확보하기가 지극히 어렵다고 이해해야 할 것이다.

기능성식품
식품에 물리적·생화학적·생물공학적 수법 등을 이용하여 해당 식품의 기능을 특정 목적에 작용, 발현하도록 부가가치를 부여한 식품군

부패
유기물질이 미생물에 의해서 분해되어 인간이 희망하지 않는 방향으로 변화되는 현상

발효
유기물이 미생물이나 효소에 의해 변화하여 인간에게 유익한 방향으로 변화되는 현상

1.2 식품위생안전성의 역사

식품위생의 역사는 주로 법과 규제로 시작된다. 식품을 자급자족할 때는 위생문제가 크게 고려되지 않는데, 식품이 "상품"이 되어 상거래가 되면서부터 판매자의 이익을 위하여 양과 질을 속이고, 건전하지 못하고 나쁘게 변질되어 인체에 해를 끼치는 식품들이 문제가 됨에 따라 법과 규제가

식품위생법
식품에 의한 위해를 예방하고 영양을 향상시키기 위한 법률. 식품위생에 관한 기본법이다.

Hygiene(위생)
건강이나 위생상태를 유지하거나 지속시키기 위한 조치

시작되었다. 식품법은 고대부터 존재하였는데, 중세 유럽과 중국 등 식품 교역이 활발했던 곳에서는 어김없이 불량기름, 불량향료, 석회가루혼입 밀가루, 무게조작 등 부정행위가 빈발하여 관련 법령이 제정되고 규제가 시행되었다. 영어로 쓰인 최초의 식품법규는 1202년 John 왕이 공포한 불량빵 금지법이며, 1266년 "함량 부족과 상한 고기 금지법"이 있었다. 미국의 경우 1780년 매사추세츠 주에서 병들거나 부패한 제품판매에 벌칙을 부과한 것을 시작으로 각 주별로 식품 종류별로 산발적이던 200여 종의 식품위생관련법령이 1906년 미연방 식품의약품화장품법(Food Drug and Cosmetic Act, FD&C Act) 도입으로 체계화되었다. 독일은 1879년 "식품 및 용기에 관한 법규"가 있었으며, 1927년에 접어들어 현재의 체계화된 법으로 정비되었다.

우리나라는 고려시대에 와서야 식의(食醫)가 제도화됨으로써 식품위생 행정의 시초가 되었으며, 갑오경장 이후 일본의 영향으로 식품위생행정이 법제화되기 시작하였으며, 총독부 통치시대에 이르러 식품위생관리가 강화되었다. 1945년 해방 이후 미군정시대에 접어들면서 경찰에 의한 단속 위주의 위생행정에 종지부를 찍으며, 식품위생업무가 과학화되기 시작하였다. 1947년 6월 정부수립 이후 식품행정이 한정되었다가 1962년 1월 20일 법률 제1007호로 식품위생법이 공포됨에 따라 식품위생행정이 체계적으로 정비되었다. 1998년 2월 보건복지부 산하 식품의약품안전청이 설립되고 2003년 8월 건강기능식품에 관한 법률이 제정되었다. 이어서 2013년에는 식의약품의 안전관리 체계를 구축·운영하여 국민이 안전하고 건강한 삶을 영위할 수 있도록 하고자 국무총리산하로 식품의약품안전처가 설립되어 우리나라 식품위생안전관리를 총괄하고 있다.

1.3 식품안전관리 개념

식품안전관리는 시대상황과 소비자의 의식변화에 따라 많은 변화를 겪어 오고 있으며 현대에 이르러 여러 여건에 따라 다음 **표 1-1**과 같이 개념이 바뀌고 있다.

표 1-1에서 보면 식품안전이 과학기준에서 심정적 개념을 포함하고 있으며 산업의 발달과 함께해야 한다는 생각이 들고 있다. 또한, 안전관리의 대상도 시대에 따라 상당히 변하고 있는 것을 알 수 있다(**표 1-2**). 즉 2000년 이후 극미량 성분들에 대해서도 관심의 대상이 되고 있으며, 이로 인하여 독성발현 수준에 관계없이 단지 존재 여부만으로 많은 논란이 일고 있는 경우가 있다.

표 1-1 식품안전관리 개념의 변화

안전위주(과학적 관리)	→	안심의 개념도입(심정적 개념)
제품관리(사후관리)	→	생산관리(사전관리)
일방적 의사전달	→	소비자 눈높이 소통
규제우선	→	납득 후 규제 준수 유도
산업육성과 무관	→	산업육성과 소비자보호 균형감각 유지

표 1-2 안전관리 대상의 변천과정

60~70 천연이물	70~80 미생물 관련	80~90 화학물질	90~2000 반응물질	2000 이후 감성, 신종물질, 개성화
• 돌 • 곡물껍질 • 동물분비물	• 식중독 미생물 • 신종 미생물 • 세균, 곰팡이	• 중금속 • 농약 • 첨가물 • 천연독성물질	• Amines • Acrylamide • Dioxin • Transfatty acid	• 이물 • 극미량 물질 • 신종 미생물 • Allergens • Virus
안전개념 (과학적 접근)		→	안심개념 (심리적 접근)	

WHO는 식품안전에 관한 10개 사항을 안전관리의 방향으로 제시하고 있다(WHO, 2016).

많은 소비자는 일생 동안 식중독을 겪은 경험이 있을 것이다. 이런 불행한 사고를 예방하기 위해서는 우리가 일상으로 먹는 식품이 유해 미생물이나 기생충, 바이러스, 독성물질이나 유해화학물질에 오염되지 않도록 관리하는 것이 가장 중요하다.

식품은 생산, 유통, 제조 중 오염이 일어날 수 있기 때문에 생산, 가공, 유통에 종사하는 모든 사람은 식중독을 일으킬 수 있는 원인을 알아 미리 예방할 의무가 있다.

① 오염된 식품에 의해서 약 200여 질병이 전파된다.
세계적으로 10명 중 1명이 감염되며 연간 42만 명이 생명을 잃는다. 일반적으로 5세 이하의 어린이가 더 위험하며 매년 12만 5천 명이 사망한다. 이런 식중독 사고는 적절한 식품처리로 예방할 수 있다.

② 오염된 식품은 장기적으로 문제를 유발하기도 한다.
식중독의 가장 빈번한 증상은 위통, 구토, 설사가 만성병의 원인으로 중금속, 천연독성물질이 있고 암이나 신경질환을 유발할 수 있다.

과학과 기술

현대사회에서 과학과 기술은 국가경쟁력의 중요한 지표가 된다. 전 세계의 국가 지도자들 중 그 누구도 이러한 상식을 거부하지 않는다. 과학은 그 탄생의 과정에서부터 특수성을 인정받으며 지성사(intellectual history) 속에 등장했다. 기술의 발전은 반드시 과학에 종속되어 있는 것은 아니지만, 과학과 기술이 상호작용하는 과정에서 엄청난 시너지 효과가 발생한 것은 사실이다.

③ 식중독은 일반인보다 취약계층에 더 심각하다.
오염된 식품에 의한 피해는 가난한 계층이나 건강에 문제가 있는 사람에게 더 큰 영향을 주어 심각한 질병이나 죽음에 이르게 한다. 어린이, 임산부, 질병이 있거나 노령층은 식중독으로 치명적이거나 죽음에 이를 수도 있다.

④ 식품오염이 일어날 수 있는 여러 과정이 있다.
현대 식품 공급 구조는 복잡하여 원료생산 농장이나 도살장, 수확과정에서 의도하지 않은 오염이 일어날 수 있고, 소비자의 손에 가공제품이 도달하기 전에 가공, 저장, 유통과정 중 오염이 일어날 기회가 많다.

⑤ 식품유통의 국제화는 식품안전관리를 더욱 복잡하게 하였으며 안전관리는 필수사항이 되었다. 식품의 생산이나 교역의 국제화는 식중독 사고의 발생 조사, 회수과정을 더욱 복잡하게 하고 조사의 기간도 길어진다.

⑥ 식품안전은 여러 분야가 관계되며 학문 간 교류가 필요하다.
식품안전관리를 개선하기 위해서는 여러 전문 분야의 전문인이 협동하여 최선의 유용 가능한 과학기술을 활용해야 한다. 각 정부기관, 보건 분야, 농업, 교육기관, 그리고 무역 분야 등이 총 망라되어 협력하고 협조해야 하며 소비자 단체도 참여해야 한다.

⑦ 전체적으로 식품오염은 경제와 사회에 영향을 준다.
식품오염은 직접 소비자에게 영향을 줄 뿐만 아니라 수출, 관광, 식품 취급자의 일상생활, 개발국, 개발도상국 모두의 경제개발에 영향을 준다.

⑧ 일부 식중독 미생물은 약에 대한 내성을 갖게 된다.
약에 대한 내성은 국제적인 건강문제로 대두되고 있다. 농업, 가축사양과 인간 치료용으로 사용하는 항균제의 과용, 오용은 항균저항성을 유발하는 한 원인이 되고 있다. 동물에 내성이 있는 미생물이 식품을 통해서 인간에게 전이될 수도 있다.

안전성

인간의 신체나 생명을 위험으로부터 지키는 안전의 정도

Sanitation(위생)

건강 및 건전한 상태를 유지하기 위한 조건 및 실천

⑨ 식품안전에는 너나가 없다.
식품안전관리는 정부, 산업계, 생산자, 학계 그리고 소비자 모두가 책임을 져야 한다. 모두가 담당할 역할이 있다. 식품안전관리의 성공을 위해서 독성학, 미생물학, 기생충학, 영양학, 보건경제, 인간과 동물의약 등 여러 분야의 다학제 전문지식이 필요하다. 지역사회와 여성단체, 학교 교육에서도 중요한 역할을 해야 한다.

⑩ 소비자에게 식품위생관리방법을 잘 알려야 한다.
소비자에게 현명한 식품선택방법 그리고 적절한 행동수칙을 알려야 한다. 소비자는 일반적인 식품위해와 식품의 안전관리, 라벨에 표시된 정보를 활용하는 방법을 잘 알아야 한다.

1.4 식품 유래 사고 발생의 원인

1.4.1 원료의 오염

식품가공에 사용하는 원료는 토양이나 해양에서 얻어지며 생산되는 바탕에 이미 상당한 오염원이 존재한다. 오염원으로는 미생물, 중금속, 화학물질, 기생충, 이물질 등이 있다. 특히 토양에는 이미 다양한 미생물이 105~108 CFU/g 수준으로 존재하며, 바다도 마찬가지여서 아무리 위생적으로 처리한다고 하더라도 이들 오염원을 완전히 제거하는 것은 현실적으로 불가능하다. 따라서 원료의 오염수준을 낮추기 위하여 철저한 세척, 소독, 살균 등 다양한 방법들이 도입되고 있다.

No added sugar (무가당)
외부에서 당류를 첨가하지 않았다는 의미

No trans fat (무트랜스지방)
1회 지방 제공량이 0.5 g 이하라면 트랜스지방 0 g으로 표시 가능(FDA)

1.4.2 부적절한 공정과 가공방법

식품제조시설은 다양한 기계와 복잡한 가공공정이 도입되고 있는데, 이들이 잘못 관리되는 경우 대형 식품 사고의 원인이 될 수 있다. 적절한 살균처리가 되지 않았거나 공정 자체에 결함이 있을 경우 안전하지 못한 제품이 생산될 수 있을 것이다.

1.4.3 위생관리 개념의 미흡

안전한 식품생산을 위해서는 모든 종업원이 충분한 지식을 갖고 적절한 관리방법을 인식하고 있어야 한다. 이를 위하여 기업의 최고경영자(Chief Executive Officer, CEO) 자신은 물론, 종업원까지 안전관리를 위한 끊임없는 노력을 해야 한다. 그러나 기업의 이익과 집적 관련성이 낮다는 단순한 이유로 소홀할 수 있다. 인력의 제한이 있는 중소기업에서는 전문인에 의한 관리의 어려움으로 위생·안전관리가 미흡한 실정이다.

1.4.4 새로운 오염원의 출현과 산업화

기존에 알려진 식중독 미생물 외에 신종 미생물이 출현하여 관리방법을 알아내기도 전에 문제가 발생할 수 있으며, 산업의 발달로 다양한 안전하지 않은 산업물질들이 식품에 오염되어 건강에 악영향을 주기도 한다. 광산 확대와 다양한 수질오염 등은 새로운 오염원으로 안전한 식품생산을 방해하고 있으며 방사능 물질들도 안전을 위협하고 있다. 또한 분석기술의 발달로 전에 미처 알지 못했던 극소량의 독성물질들이 계속 확인되고 알려짐에 따라 위해의 범위가 계속해서 넓어지고 있다.

1.5 식품안전관리 향후 방향

Phytotoxin(식물독)
식물에 의하여 생성된 독소

Phytochemical
식물기원 화학물질

토마토에 뇌졸중, 동맥경화 같은 혈관질환을 억제하는 성분이 들어 있다는 연구결과가 나왔다. 토마토에 들어 있는9-oxo-octadecadienoic acid라는 성분이 혈관질환으로 이어질 수 있는 이상지혈증(dyslipidemia)을 억제하는 효과가 있다고 밝혔다.

식품안전관리의 기본적인 목적은 "안전한 식품을 생산, 공급하여 모든 위해를 방지함으로써 소비자의 건강을 지키는 것이다". 식품으로 인한 위해는 산업의 발달, 다양한 원료 사용, 가공제품과 가공방법의 다양화로 문제될 수 있는 요인 또한 광범위해지고 있다. 안전식품 생산 및 공급은 생산자와 소비자의 관계이나 강제적으로 규제하고 관리할 책임은 국가에 있으며 세계 어느 나라나 식품안전관리 관련법을 근거로 관리하고 있다.

완벽한 식품안전관리는 일반적으로 생각하듯 그렇게 쉬운 일이 아니다. 안전성(safety)의 개념 도입은 위해요인(hazard)의 건강상 영향에 대한 평가로서 위험하냐, 안전하냐의 구분으로 단순화시킬 수도 있으나 위해성(risk)과 안전성(safety)은 그렇게 확실하게 선을 그을 수 없는 것이 현실이다.

위해성이 거의 없는 물질이라도 일시에 많은 양을 섭취하면 바람직하지 않은 반응이 나타날 수 있으며 반대로 아주 해로운 물질이라도 아주 적은 양을 섭취하는 경우 위해성보다는 인체 내에서 유익한 작용을 하기 때문이다. 이런 개념을 생각해 보면 안전한 것과 유해한 것을 명확히 구분하는 것은 사실상 어려운 일이며 섭취하는 양(외적요인)과 개개인의 반응 정도(내적요인)가 밀접한 관계가 있을 것이다.

식품의 안전성을 평가하는 데는 식품에 들어 있는 유해 성분의 위해성과 함께 건강상의 이유로 소비자가 받아들일 수 있는 안심수준이 어느 정도인지도 크게 작용하고 있다. 따라서 식품의 안전성을 판단하는 데는 불확실성이 내재되어 있기 때문에 어떤 유해 성분이 나타내는 위해성의 성격이나 규모를 정량적으로 나타내는 것은 사실 어려운 일이다. 따라서 자연과학뿐만 아니라 사회과학의 지식과 득과 손실을 경제적으로 따지는 새로운 접근이 필요하다. 확실한 것은 여러 여건상 절대 안전한 식품은 현시점에서 존재하기 어려우므로 안전성(safety)이란 "위험하지만 그 수준이 무시될 수 있거나 또는 이득이 더 크기 때문에 받아들일 수 있는 위험(acceptable risk)"으로 이해되고 있다.

이 세상에는 위험이 전혀 없는 상황(무 위해성), 즉 zero risk는 존재하지 않기 때문에 소비자가 받아들일 수 있는 안전의 정도, 다시 말하면 얼마나 안전하면 소비자가 안전하다고 생각할 것인가에 대한 검토가 필요할 것이나 이 또한 주관적이어서 사람 간, 사회집단 간, 시대상황에 따라서 달라지는 것이다. 받아들일 수 있는 위험을 판정하는 데는 보통 안전계수(safety factor) 활용, 사회적으로 받아들이는 수준으로 결정, 자연 위해 수준과 비교하는 방법, 무시할 수 있는 수준 등으로 구분할 수 있을 것이다. 최근에는 위험성-유익성 분석, 비용-편익 분석 등의 방법이 도입되고 있으나 어느 것도 완전한 평가방법이 되지는 못하고 있다.

1.6 합리적 식품안전관리 효과

소비자의 요구와 국가의 법적강제규정에 따른 안전관리에 부응하기 위해서는 식품 및 외식업체는 상당한 시설투자, 전문인력 확보 등 상응한 투자가 불가피하다. 또한 제조업체나 외식업체의 충분한 안전관리를 위한 투자에 상응한 기업의 이익도 함께 고려해 봐야 할 것이다. 사고 발생 후 손실보다 사전 예방에 의한 이익이 나타나지 않지만 훨씬 크기 때문이다.

우리나라에서 발생한 식중독 현황을 살펴보면 그림 1-2와 같다.

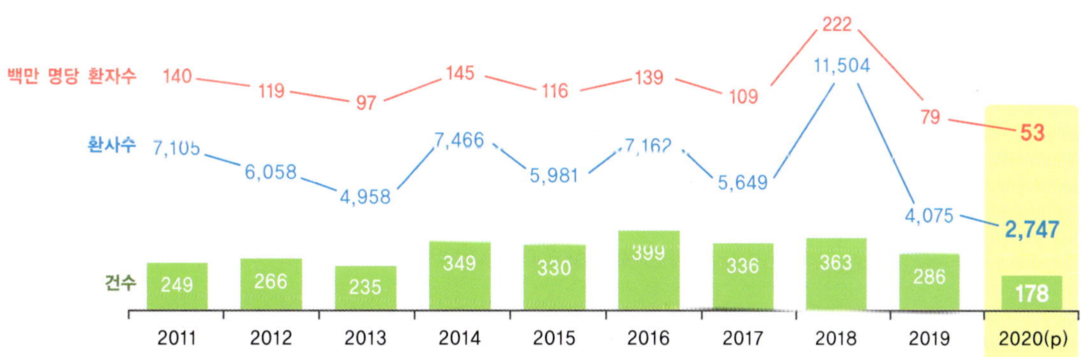

* '18년: 초코케이크 급식 사고로 전국 57개교 2,975명 환자 발생

그림 1-2 국내 연간 식중독 발생 추이

그림 1-2에서 보면 관리를 철저히 해도 식중독 사고 발생을 크게 감소시키지 못하고 있다. 특히 급식업소 등 대형 사고가 발생할 개연성이 상주하고 있다.

1.6.1 안전관리의 효과

식품의 위생 및 안전관리를 통하여 다음과 같은 효과를 기대할 수 있다.

Risk(위험)
실제 사고가 일어남
즉, 교통사고, 식중독 사고

Hazard(위해)
위험에 대한 발생가능성
즉, 사고가 날 수 있는 확률

첫째, 강제법규에 부응하여 법적처벌에서 자유로울 수 있다. 날로 심해지고 있는 정부의 규제로 단 한 건의 사고 발생으로 대기업도 한순간에 도산하는가 하면 한 국가의 안전문제가 세계적으로 큰 피해를 일으키는 사례들이 있었다. 이와 같은 사고를 예방하기 위하여 국가마다 식품안전관리에 관한 규제를 계속 강화하고 있는 추세다.

둘째, 식품으로 인한 사고를 크게 줄일 수 있다. 세계적으로 식중독 사고가 선·후진국을 막론하고 크게 감소하지 않는 이유는 다양한 원료사용, 많은 작업자의 참여, 복잡한 가공공정, 포장방법의 다양화, 저장유통상의 다양성과 어려움 때문이다. 또한 대량생산, 유통에 따라 사고의 규모가 대형화되고 국제화되는 추세를 보이고 있다. 따라서 과학적이고 합리적인 사전 안전관리를 해야만 상당 부분 식중독 사고를 예방할 수 있을 것이다.

셋째, 소비자 신뢰도 향상이다. 모든 상품은 소비자의 선택을 받아야 하므로 기업 이미지 제고는 회사의 운명과 관계된다. 안전관리가 최우선인 시대에서는 안전한 식품을 생산하는 기업 이미지는 무엇과도 바꿀 수 없는 자산이 된다. 안전하지 않은 식품생산, 유통으로 특정 회사의 이미지가 부정적으로 비춰질 때 이를 회복하는 데는 실로 장시간이 소요되며 기업이 도산위기를 맞는다.

넷째, 품질개선 및 저장기간 연장과 관계된다. 안전성 확보를 위해서는 공정관리가 필수이며 미생물을 포함한 오염원의 차단이 무엇보다도 우선이므로 이런 조치를 통하여 안전한 식품 생산으로 품질개선 및 저장 유통기간의 연장효과를 기대할 수 있다.

다섯째, 종업원의 자부심 고취와 기업이익 창출이 가능하다. 기업체의 자산은 훌륭한 종업원이다. 안전한 식품을 생산하고 생산한 제품에 믿음이 갈 때 종업원의 자부심은 높아질 수 있으며 회사에 긍지를 갖는다. 이와 같은 종업원의 태도는 회사의 이익 창출과도 직결된다.

1.7 식품안전관리의 주체

식품안전을 성공적으로 관리하기 위해서는 여러 관련 주체들의 긴밀한 협조와 공동 노력이 절실히 필요하다. 강제집행권을 갖고 있는 정부와 이 강제법과 규정을 준수해야 하는 기업체(생산업체), 생산된 제품을 수송, 유통하는 업체와 소비하는 소비자와 소비자 단체, 그리고 식품안전관리에 대한 과학적 뒷받침을 하는 연구기관이나 대학의 역할이 유기적으로 연결되어 합리적으로 기능을 발휘해야 한다(그림 1-1).

정부가 관장하는 법과 규정은 소비자보호를 제일 우선해야 하고 이를 뒷받침하기 위한 정보수집, 과학적 뒷받침을 위한 노력, 소비자와 학계 등과의 소통을 원활히 해야 한다. 제조업체는 식품으로서 가장 중요한 안전성 확보에 모든 노력을 집중해야 하고 이익의 상당 부분을 이 분야에 투자해야 한다. 소비자와 소비자단체는 국가기관과 생산자에 대한 감시기능을 하여 소비자가 이용하는 식품의 안전성을 확보하는 노력을 계속해야 한다. 학계는 과학적 사실의 확인 및 앞을 내다보는 통찰력으로 정부, 제조업체, 소비자 단체 등에 과학적 사실에 입각한 정보를 제공해야 한다.

Pathogen(병원체)
인간이나 동물 체내에 들어가서 질병을 일으킬 수 있는 미생물

참고문헌

식품위생법. 한국식품공업협회, 2020.

식품행정연구위원회. 식품행정연구의 기반, 식품과학, 1980;13(2);51-52.

신동화, 오덕환, 우건조, 정상희, 하상도. 『식품위생안전성학』, 도서출판 한미의학, 2014.

이서래. 「식품안전성」, 자유아카데미, 2008. p. 2-3.

장동석, 신동화, 정덕화, 우건조, 이인선. 『자세히 쓴 식품위생학』, 정문각, 2006. p. 18-22.

FDA. Foodborne illness costs US$152 billion annually, landmak report estimates. *EurekAlert*. 2010.

Gould W.A. *Current Good Manufacturing Practices/Food Plant Sanitation*. 2nd ed. Baltimore: CTI Publications, Inc., 1994. p. 1-2.

Jones J.M. *Food Safety*. Eagan Press, 1995. p. 3-7.

Marriot N.G. *Essential of Food Sanitation*. New York: Campman & Hall, 1997. p. 3-4.

Mortarjemi y.and Lelieveld H. *Food Safety manegement*. 2014. p. 4-14.

WHO. 10 facts on food safety. 2016. 10.

2

CHAPTER

식품과 미생물

서론

미생물은 크기가 작아 육안으로는 볼 수 없어 광학현미경을 사용해서 확인할 수 있는 최소생물체로서 자연계에는 토양, 하천, 바닷물, 공기, 동물, 식물 등 다양한 환경에 적응하면서 고유의 미생물균총(microflora)을 형성한다.

식품도 이들 자연 환경속에서 원료, 제조, 가공, 조리, 유통 과정을 통하여 끊임없이 많은 미생물에 오염되어 물질순환에 중요한 역할을 하고 있다. 식품이나 원재료는 각종 오염원에서 유래된 여러 가지 미생물에 의하여 1차 또는 2차적으로 오염되고 이들 미생물의 길항 또는 공생에 의하여 식품 고유의 미생물균총을 형성하여 발효나 부패 또는 병원성을 갖게 된다.

일반적으로 식품에 기인하여 나타나는 건강장애의 대부분은 미생물이 원인이 되며 특히, 위해미생물에 의해 좌우되는 경우가 많다. 위해 미생물은 식중독 미생물은 물론 식품의 부패나 품질에 영향을 미치는 비병원성균도 포함된다. 식품에 존재하는 부패 미생물들은 대부분 비병원성 미생물로서 최적 발육조건에서 잘 증식하며 관능적으로 부패를 쉽게 식별할 수 있기 때문에 위생적 측면에서 크게 우려하지 않아도 되지만, 병원성 미생물은 경구 섭취에 의해 식중독이나 감염병이 발생할 수 있어 주의가 요구된다. 이들 식중독 미생물은 식품 중 부패나 발효의 양상을 보이지 않기 때문에 미생물 오염을 육안으로 식별하기가 매우 어렵고 신선한 식품에서도 오염되기 때문에 식품위생상 문제가 되고 있다. 따라서, 식품의 안전성을 확보하기 위해서는 이들 미생물의 특성을 정확히 이해하여 식품의 오염을 방지하고 생육을 저해하는 기술을 이해하는 것이 중요하다.

2.1 미생물의 종류 및 특성

2.1.1 세균(Bacteria)

세균은 곰팡이나 효모와는 달리 원핵세포(prokaryotic cell)인 단세포로서 형태는 영양과 배양조건 등에 따라 차이가 있으며 둥글거나 타원형의 알균(구균, coccus), 곧거나 굽은 막대 모양의 막대균(간균, rods) 및 나선형의 나선균(spirals) 등으로 나뉜다. 배열에 따라 단일구균, 쌍구균, 사슬구균, 포도알균, 사구균, 팔구균 등으로 분류된다(그림 2-1). 세균의 크기는 보통 구균은 0.5~1 μm, 막대균은 0.5~1×3 μm이며 증식은 이분법에 의한 분열로 빠르게 증식한다. 공기, 물 등의 환경이나, 동식물, 사람의 피부, 머리카락, 점막, 장 등에 다수 존재하며 접촉오염이나 환경으로부터 직접 식품에 오염된다.

세균세포의 구성은 외측에 두껍고 탄성을 가진 세포벽과 안쪽에 세포막이 있고 세포 내에는 핵양체(necleoid)와 리보솜(ribosome), 봉입체(inclusion body) 등 과립을 함유한 세포질이 분포되어 있으며 편모(flagella)로 운동을 하고 세포벽 바깥에는 협막(capsule)과 점액층(slime layer)으로 둘러싸여 있다. 세균의 구조는 그림 2-2와 같다.

세균은 단백질이 풍부하고, 곰팡이나 효모보다 수분함량이 많은 식품

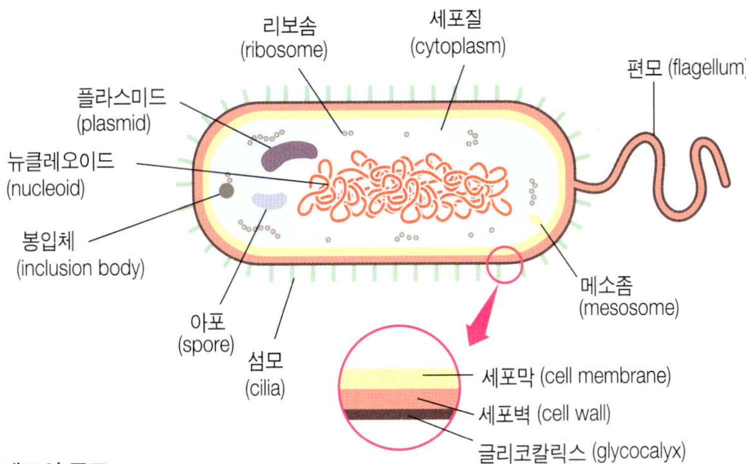

그림 2-1 원핵세포의 구조

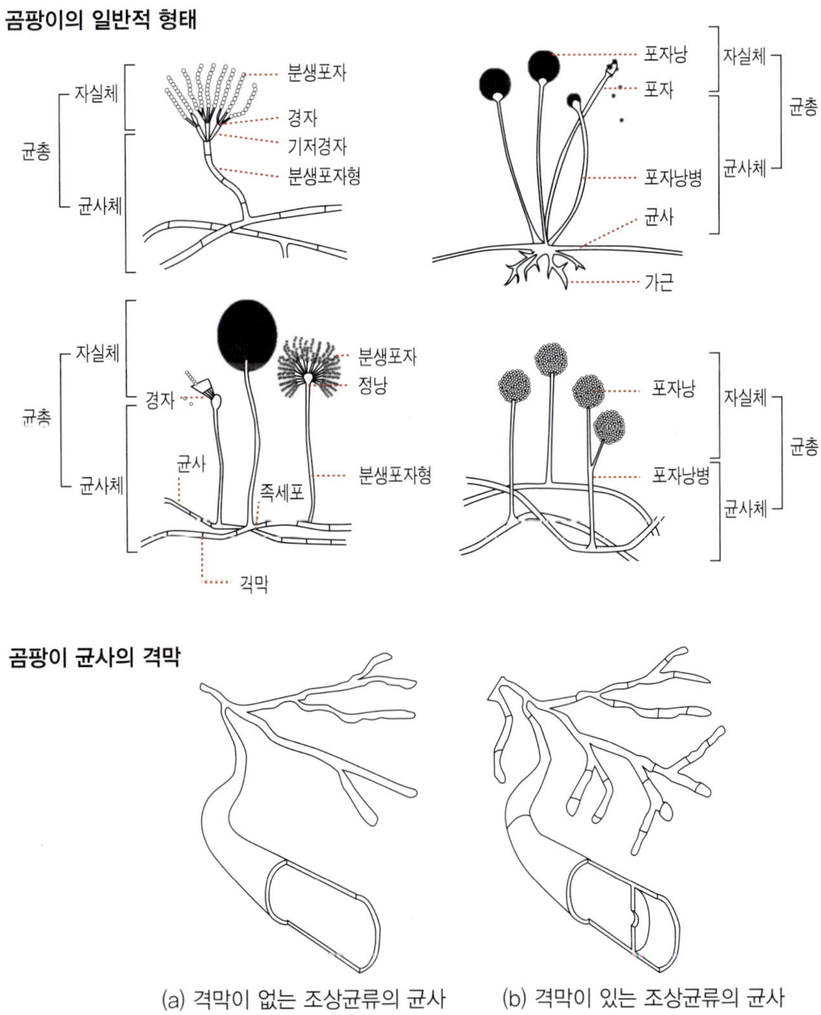

그림 2-2 곰팡이의 일반적인 형태

(수분활성도; Aw 0.96~ 0.99)에서 잘 증식하며, 중성 또는 약알칼리에서 잘 자라고, pH 4.5 이하의 산성에서는 억제된다. 생육에 필요한 온도범위는 세균의 종류에 따라 다양하지만 일반적으로 5~60℃의 범위에서 증식할 수 있다. 생육에 산소를 필요로 하는 호기성균(aerobes), 산소가 존재하면 생육이 저해되는 혐기성균(anaerobes), 산소의 존재와 무관한 통성혐기성균(facultative anaerobes) 등이 있다.

한편, 세균은 영양요구성을 지니고 있으며 이것이 세균을 분류하는데 중요한 지표로 활용된다. 영양요구성에 의한 분류는 광합성에 의하여 간단한 무기질로부터 탄수화물, 지방, 단백질 같은 유기물을 합성하는 독립영양생물과 식물이나 다른 동물로부터 유기물을 합성하는 종속 영양생물로 나눌 수 있다. 독립영양세균은 탄산, 탄산염 등 무기탄소화합물을 탄소원으로 하며 종속 영양세균은 유기탄소화합물을 필요로 한다.

2.1.2 곰팡이(Mold)

곰팡이는 절대호기성(obligate aerobes)이며, 자연계에 널리 분포하는 사상균류이다. 균사나 포자에 의해서 증식하는 다세포 생물이며 형태가 커서 사람의 육안으로 식별이 가능하다. 균사체는 지름 5 μm 정도 되는 실 같은 형태의 균사가 가늘고 길게 뻗어 있는데 원형질의 다핵 덩어리 또는 격막을 가지고 있고 세포벽은 다당류인 키틴(chitin)이나 셀룰로오즈(cellulose)로 구성되어 있다(그림 2-2).

곰팡이는 건조한 조건(Aw 0.8)에서도 증식이 가능하고 일부 내건성 곰팡이는 Aw 0.61 정도에서도 증식하는 것이 있다. 또한, pH 2.0~9.0의 증식 범위를 지니고, 산성영역에서 잘 증식하며, 생육을 위한 최적 온도범위가 25~30℃인 중온성으로 증식속도는 세균보다 느리다. 세균이 증식하지 못하는 건조식품(수분 13~15%)에서도 온도가 적당하면 증식하며, 일반적으로 당이나 식염농도가 높은 식품에서도 증식한다. 곰팡이는 절단된 균사나 포자에 의해 증식하는데 포자는 분생자, 포자낭포자와 같은 무성포자와 자낭포자, 접합포자와 같은 유성포자로 분류하며, 이때 균사의 형태 및 색깔, 포자의 종류 및 형태 등이 중요한 지표가 된다.

곰팡이는 식품에 증식하여 상품가치를 떨어뜨릴 뿐만 아니라 독소를 생산하는 것도 있기 때문에 매우 주의해야 한다. 일반적으로 곰팡이는 각종 식품을 변패(deterioration)시켜 인체에 해를 주기도 하지만 치즈, 간장, 된장 등과 같이 발효식품을 만들거나, 의약품 및 효소 등의 생산에 이용되어 이익을 주기도 한다.

식품위생과 관련 있는 곰팡이는 주로 접합균류, 자낭균류, 불완전균류에 속하는 종류들이며 특히, *Aspergillus, Penicillium, Fusarium*속에 속하는 일부 곰팡이들은 독소를 생성하여 식중독을 유발한다.

2.1.3 효모(Yeast)

효모는 주로 무성생식에 의한 출아법(budding)으로 증식하며(그림 2-3) 곰팡이와 같은 진핵세포(eucaryotic cell)로서 진균류에 속하나 곰팡이와는 달리 균사를 만들지 않고 대부분 식물체에 다수가 서식하고, 과피, 수액, 토양, 담수, 해수, 배설물 등에 분포하고 있다.

효모의 크기는 5~10 μm 정도이고, 형태는 구형이나 타원형 및 소시지형의 다양한 형태로 필라멘트나 균사를 형성하지 않는 단세포 생물이다. 효모는 세균보다는 크고 곰팡이보다는 작은 세포이므로 곰팡이보다 대사활성이 높고 성장속도가 빠르다. 수분활성도는 곰팡이보다는 다소 높아 Aw 0.85까지 증식이 가능하며, 증식할 수 있는 pH 범위(pH 2.0~8.5)는 세균보다 넓다. 낮은 pH, 온도 및 수분활성도의 환경에서 잘 자라는 생리적인 특성은 곰팡이와 비슷하나 혐기적인 조건에서도 성장 가능한 점이 다르다.

일반적으로 효모는 식품 미생물학상 매우 중요하며 알코올발효능이 높아 주류의 양조, 제빵 식용 및 사료용 단백질, 핵산조미료, 비타민 등의 생산에 이용되고 탄화수소를 탄소원으로 하여 단세포 단백질(single cell protein)을 생산하기도 한다. 반면에 효모는 버터, 치즈, 요구르트 등 유제품이나, 소금이나 설탕으로 절인 발효식품의 숙성과 부패 원인균이며 *Candida albicans*와 같은 피부질환 원인균도 있지만 세균이나 곰팡이와는 달리 식중독 유발 등 식품위생상의 위해는 낮은 편이다.

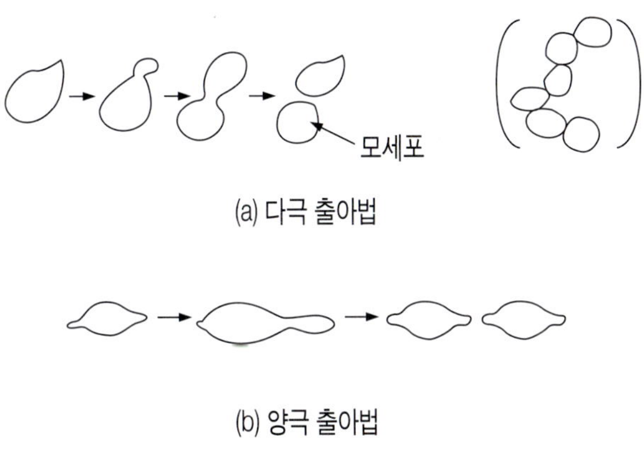

(a) 다극 출아법

(b) 양극 출아법

그림 2-3 출아법의 형태

2.1.4 바이러스(Virus)

바이러스는 크기가 0.02~0.3 μm 정도로 매우 작아서 일반 광학현미경으로는 관찰할 수 없고 전자현미경으로만 관찰할 수 있다. 일반 미생물은 DNA와 RNA의 양쪽으로 구성되어 있지만 바이러스는 DNA나 RNA 중 한 종류의 핵산과 그것을 보호하는 단백질을 가지고 있다. 따라서, 바이러스는 독자적인 대사기능은 거의 없고 반드시 살아 있는 숙주세포 내에서만 증식할 수 있는 절대기생성 생물로서 식품 중에서는 증식하지 못한다. 또한, 일부 바이러스는 일반 고분자화합물과 같이 결정화할 수 있지만 숙주세포에 감염할 수 있고 시험관 내에서 자기증식을 할 수 있다는 점이 고분자화합물과 전혀 다르며 이런 특성으로 볼 때 생물과 무생물의 중간 형태로서 존재하지만 자기 증식능, 병원성 및 유전성으로 보아 생물임에는 분명하다.

한편, 바이러스는 동물, 식물, 미생물 등의 세포에 기생하지만 그 중에서도 세균에 기생하는 바이러스를 박테리오파지(bacteriophage)라 하며 독성 파지와 용원성 파지로 나눌 수 있다. 바이러스는 항생제에 대한 감수성이 없으므로 바이러스가 원인인 간염이나 AIDS에 감염되었을 때 치료가 어렵다.

일반적으로 바이러스는 식품의 품질에는 영향을 미치지 않아 변질을 시키지 않지만, 박테리오파지는 치즈, 요구르트, 항생물질, 핵산 관련물질 등 발효산업에 이용하는 세균이나 방선균에 침입하여 발효균의 용균, 증식 억제 또는 발효산물의 생성 정지 등 여러 문제를 일으키기도 한다. 그뿐만 아니라 식품취급자의 오염된 손, 식기, 조리기구, 오염된 물, 오염된 해수에서 채취한 패류 등을 통하여 사람에게 감염되어 식중독을 유발하기도 한다.

2.1.5 원생동물(Protozoa)

원충이며 호기성을 지니고 세포의 크기가 2.0~20 μm 정도인 단일 세포로 구성된 활발한 운동성을 지닌 생물이다. 건조에 대한 저항성이 매우 낮으며 엽록소를 갖지 않고 형태는 구형, 원추형, 엽상형 등으로 이루어져 있으며, 다른 동식물과 같이 대칭인 것은 적고 나선 모양으로 뒤틀린 형태도 있다. 원생동물의 종류로는 편모충류(flagellates), 근족충류(amoeba), 포자충류(sporozoa), 섬모충류(cillates)가 있다. 질병과 관련된 편모충류로 소, 말, 염소, 개 등 열대병을 일으키는 리슈마니아(*leishmania*), 근족충류는 사람의 장관에 기생하여 이질성 설사를 유발하는 이질아메바(*Entamoeba histolytics*), 포자충류는 말라리아의 병원체인 플라스모디움 말라리아(*Plasmodium malariae*)와 톡소플라즈마증(toxoplasmosis)의 원인생물인 *Toxoplasma gondii* 등이 있다.

2.2 미생물 증식과 식품의 변질

2.2.1 미생물 오염원

미생물에 의한 식품의 오염은 1차적으로 생산 환경인 토양, 바다, 강, 공기 등의 자연환경에 서식하는 동물 및 식물에 의해 식품의 1차 오염원이 되고 식품의 취급 및 가공, 저장 및 유통 보관 중에 1차 오염원 또는 접촉 오염된 미생물의 증식에 의하여 2차 오염이 일어난다(그림 2-4). 식품에 미생물이 혼입되어 증식할 경우 식품 성분은 미생물이 생산하는 효소에 의하여 분해되고, 각종 대사산물이 생성되어 식품으로서의 가치가 떨어지게 된다. 식품에 오염되어 식품 성분을 분해시켜 품질을 떨어뜨리는 부패 미생물과는 달리 식품위생과 관련된 미생물은 육안으로는 품질이 매우 신선함에도 불구하고 증식하거나 독소를 생성하여 그 식품을 섭취할 때 건강장애를 일으키는 식중독 미생물이 있다. 식품의 원료는 자연환경에 의하여 1차로 오염되고 가공, 조리 및 저장 과정에서 2차 오염이 일어난다.

2.2.1.1 토양 미생물

토양에는 가장 많은 종류의 미생물이 분포하고 있는데 토양 1 g당

식품의 부패와 발효의 차이점

부패(putrefaction)는 단백질이 부패 미생물의 작용에 의하여 분해되어 하급의 화합물질로 변화되는 현상이며, 발효(fermentation)는 탄수화물이 미생물의 작용으로 분해되어 각종 유기산이나 알코올 등을 생산하는 현상이다. 식품 내에 단백질, 탄수화물, 지방이 적당히 함유되어 있어 부패, 발효가 동시에 일어나거나 그 전후에 일어나므로 이를 엄밀히 구분하기란 곤란하기 때문에 자기가 요구하는 방향으로 진행되어 분해산물을 이용할 수 있을 때 발효가 되었다고 하며, 분해산물을 이용할 수 없을 때 부패되었다고 한다.

그림 2-4 농장에서 식탁으로의 미생물 오염원

10^6~10^9 정도가 존재하고 있으며 이들 중에는 일반세균 이외에 특수한 생리작용을 하는 특수 세균도 있다. 미생물의 종류나 양은 영양분, 수분, 온도, pH, 서식장소, 계절 등에 따라 다르지만, 세균이 90% 정도를 차지한다. 토양은 속보다는 표면에 균수가 많고 중온균이나 고온균 등이 다수 존재하며 방선균, 곰팡이, 효모, 조류, 원생생물 등이 함께 분포되어 있다.

식품을 오염시키는 주된 토양 미생물은 포자형성 세균인 *Bacillus*와 *Clostridium*이 있으며, *Micrococcus, Pseudomonas, Acinetobacter, Proteus* 및 *Enterobacter* 등이 있다. 곰팡이는 *Aspergillus, Penicillium, Mucor, Fusarium* 및 *Rhizopus* 등이 있으며, 효모는 *Saccharomyces, Torula, Monilia* 등이 있다.

토양 미생물은 빗물 등과 함께 하천, 저수지, 바다에 흘러 들어가 오염시키고, 먼지와 함께 공중에 부유하여 공중부유균의 원인이 되는 등 환경이나 식품을 오염시킬 수 있는 기회가 가장 높다. 토양으로부터 오염되기 쉬운 식품으로는 어패류, 과채류, 곡류, 유제품, 육류 등이 있다.

2.2.1.2 수생 미생물

수생 미생물은 대부분이 저온균 또는 호냉균으로 담수세균, 해수세균, 하수세균이 있다. 담수세균은 하천, 늪, 연못, 저수지 등에 서식하고 있는 저온 및 중온 세균, 그람 음성 세균으로 주로 담수에 서식하고 있는 생선, 어패류의 부패에 관여한다. 식품 오염경로는 담수어를 생식하거나 오염된 물을 식수로 사용하는 경우 등이며 담수에 있는 세균은 저온세균으로 *Pseudomonas, Aeromonas, Flavobacterium, Achromobacter, Alcaligenes* 등이 있다.

해수 세균은 소금농도가 1~3%인 해수에서 잘 증식하는 호염세균(halophiles)으로 연안, 외양, 조류, 수심 등에 따라 고유의 미생물상이 형성되고 일반적으로 해수는 자정작용을 하나, 유기물 혼입이 많아지면 그 능력을 상실하게 된다. 해수세균은 저온세균(psychrotroph)이 주종을 이루며 해수의 표면과 근해에 많이 서식하면서 육지로부터 담수, 하수, 분변 세균의 유입으로 오염되고 있다. 오염된 수산식품을 섭취하면 장염을 유발하는 장염비브리오(*Vibrio parahaemoliticus*)균이나 치사율이 높은 패혈증을 유발하는 *V. vulnificus*균이 대표적이다. 특히 어시장이나 어항 주변의 해수는 다양한 종류의 미생물로 오염되어 있어 어패류의 직접적인 오염원이 되기 때문에 이들을 취급할 때는 2차 오염에 주의해야 한다.

하수 세균은 민물, 흙, 분변 등에서 유래하는 세균으로 다양한 미생물총을 형성하고 있으나 토양세균, 생활하수 세균, 분변세균 등으로부터 오염되는 경우가 많다. 특히 하수는 토양, 동물의 분변, 가정폐기물 등에 오염된 미생물로부터 유래되고 있으며, 미생물의 증식에 필요한 영양원이 되는 유기물이 풍부하여 부패세균이 증식하기 쉬워 하수 1 mL 중에는 수만~수백만 마리가 존재한다. 하수세균에는 분변에서 유래하는 *E. coli*, *Proteus* 등과 토양에서 유래하는 *Klebsiela*, *Enterobacter*, *Bacillus*, *Clostridium* 속 등이 포함되어 있다.

2.2.1.3 공기 중 미생물

공기 중에는 고유의 미생물이 없으나 토양이나 먼지로부터 오염된 많은 종류의 미생물이 비산하여 존재한다. 공기 중 미생물은 건조한 환경이나 자외선 등에 저항성이 강한 미생물이 살아남아 고유한 균총을 형성하고 있으며 대부분 *Bacillus*와 같은 그람양성, 포자형성 세균과 진균류의 포자, 연쇄상구균 등이 많이 존재한다.

식품공장에서 공기 중 미생물은 가공식품에 2차 오염의 주원인으로 작용하여 제어가 쉽지 않아 제조현장 위생관리에도 어려움을 주고 있다. 공기 중에 부유하는 미생물은 가공 중 식품 표면에 낙하하여 오염을 일으키며 식기나 용기 등에 부착하여 간접오염의 원인이 되기도 한다.

2.2.1.4 분변 미생물

사람이나 동물의 소화기관인 위, 소장, 대장 등에는 각각 다른 세균이 미생물총을 형성하여 서식하고 있으며 대부분 분변세균으로 외부로 배출된다. 분변 미생물이 식품에 오염되는 경로는 분뇨의 완전처리 시설보급으로 식품에 오염될 수 있는 기회는 줄었지만 분뇨처리 시설의 미비나 분뇨의 불법방류 등으로 토양이나 하천이 이들 미생물에 의해 오염되고 이를 통하여 식품에 오염되거나 분변을 비료로 사용하는 경우, 분변 미생물이나 기생충이 채소류에 오염된다.

분변 미생물은 장내에서 서식하고 있는 *Escherichia*, *Lactobacillus*, *Clostridium*, *Enterobacter* 속 등이 주종을 이루고 있으며 소화기관 감염병이나 식중독의 원인이 된다. 또한, 대장균이나 장알균(*Enterococcus*)은 동물의 분변이 식품에 오염되었는지를 확인하기 위한 오염지표균으로 사용되고 있다. 분변 이외에도 세균은 소변으로도 배출되며 땀, 타액, 머리카락, 손, 손톱 등에 부착된 미생물도 식품과 접촉하면 오염원이 된다. 가축의 분변을 통해 살모넬라균 등을 비롯한 인수공통감염병균 등이 식품에 오염될 수 있다.

2.3 식품 품질 및 위생에 관련된 중요한 미생물

우리가 생활하는 자연계에는 많은 종류의 미생물이 서식하고 있으나 식품위생상 문제가 되는 미생물수는 그리 많지 않다(표 2-1, 그림 2-5). 식품에서 발견되는 주요 미생물은 세균, 사상균, 효모 등이 있으며 이들 중 어떤 종은 유용한 미생물로 발효산업에 이용되고 있으나, 어떤 종은 식품의 부패에 관여하여 품질을 저하시키거나 식중독 미생물로 인간에게 질병을 유발시킨다.

식품에 관여하고 있는 대표적인 미생물은 품질 및 위생 관련 미생물 순으로 나타내었으며 다음과 같다.

표 2-1 그람양성균과 그람음성균

구분		그람양성균	그람음성균
간균	간균	*Clostridium* 속 *Bacillus* 속	*Desulfotomaculum* 속
	장간균	*Listeria* 속 *Corynebacterium* 속	*Escherichia* 속 *Pseudomonas* 속 *Salmonella* 속
구균	단구균 포도알균	*Staphylococcus* 속 *Streptococcus* 속 *Micrococcus* 속	
	연쇄상구균		
나선균	완곡균		*Campylobacter* 속 *Vibrio* 속

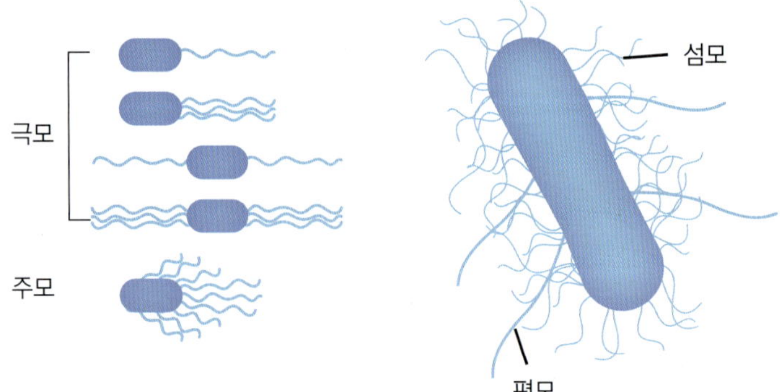

그림 2-5 세균 편모와 섬모의 형태

2.3.1 바실러스(*Bacillus*)속

그람양성 간균으로 호기성 또는 통성혐기성이며 내열성 포자를 형성한다. 자연계에 널리 분포되어 있는 대표적인 식품 오염균으로 단백질과 전분 분해력이 강해 식품을 부패시키고 산과 가스를 생성하여 특이한 냄새를 발생시킨다.

바실러스 속의 대표적인 부패균은 고초균(*B. subtilis*)이며 육류 및 어육제품, 빵, 우유, 유제품, 채소, 밥 등이 증식하여 부패의 원인이 된다. 한편, 대표적인 병원균으로는 식중독을 유발하는 *B. cereus*와 인수공통감염병을 일으키는 탄저균(*B. anthracis*)이 있으며 내열성 포자는 100℃에서 3시간이나 120℃에서 1시간 가열해야 사멸시킬 수 있다.

2.3.2 락토바실러스(*Lactobacillus*)속

그람 양성 간균 또는 구균으로 미호기성이며 운동성이 없고 색소를 생성하지 않는 무포자균이다. 젖당을 분해하여 젖산을 생성하므로 젖산균(*Lactobacillus*)이라 하고, 에너지원으로 당을 발효하여 50% 이상의 젖산을 생성한다. 젖산 생산 형식은 젖산만 생성하는 정상발효형(homo type)과 젖산 이외에 에탄올, CO_2 등을 생산하는 이상발효형(hetero type)의 두 가지 형태가 있다. 일반적으로 젖산균은 유익한 세균이 많은데, 특히 *L. bulgaricus, L. acidophius, L. casei* 등은 치즈나 젖산음료의 발효균으로 맛, 향, 보존성 등을 향상시킨다. 그러나 우유와 버터를 변패시키고 육류, 소시지, 햄 등이 표면에 점질물을 생성하는 등 부패를 일으키기도 한다.

2.3.3 마이크로코커스(*Micrococcus*)속

그람 양성 무포자 구균이며 호기성 및 통성혐기성균으로 대부분 비수용성 색소를 생산하고 열에 약하다. 생육최적온도는 25~30℃이며 단백질 분해력은 강하나 전분 분해력은 약하다. 공기, 물, 해수, 유제품, 젓, 육류 등에 널리 분포되어 있으며 식품 부패의 대표적인 균이다. 이 균의 특징은 영양요구가 간단하며, 내염성이 강한 것이 많고 수분이 적은 식품에서 잘 증식한다. 식품의 표면에 번식하여 변색시키고, 육제품 등에서 표면에 점질물을 생성하며 단백 분해력이 강한 세균은 대부분 부패균이며 병원성은 없다.

2.3.4 슈도모나스(*Pseudomonas*)속

그람음성 무아포 간균으로 호기성이며 종속 영양균속이다. 이 속의 균은 증식이 빠르고, 저온에서도 증식이 가능한 호냉균으로 단백질과 유지

분해력이 강하다. 황록색의 형광성 색소나 황색, 적색, 갈색 등의 색소를 생성하고 보존제에 대한 저항성이 강하며 약산성에서도 잘 자란다. 담수, 토양, 해수, 동식물 등에 널리 분포하며 육류, 육가공품, 우유, 달걀, 어패류, 채소류 등에 중요한 부패균이다.

일부 슈도모나스균은 동물과 식품의 주요한 병원성 감염체이기도 하다. *P. syringae*는 식물에서 주요한 질병을 일으키며 *P. fluorescens*는 저온(4℃)에서 생육하며 지방과 단백질을 분해할 수 있기 때문에 냉장고에 보관된 우유, 고기, 달걀 및 해산물 등에 부패를 일으키는 원인균이기도 하다.

2.3.5 대장균(*Escherichia*)속

그람음성 무포자 간균으로 호기성 또는 통성혐기성이며 젖당을 분해하여 산과 가스를 생산하는 장내세균과(Enterobacteriaceae)에 속하는 세균으로서 *Escherishia, Enterobacter, Klebsiella, Citrobacter* 등이 있다. 식품, 물, 토양 등에서 쉽게 검출되는 부패세균 중 하나로 식품 분변 오염의 지표균이다.

2.3.6 프로테우스(*Proteus*)속

그람음성 간균으로 편모가 있어 운동성이 있으며 통성혐기성이고 장내세균과에 속하며 자연계에 널리 분포하고 있다. 단백질 분해력이 강하여 육류의 부패균으로 잘 알려져 있고 *P. morganii*는 강력한 알레르기성 식중독 원인균이다.

2.3.7 세라티아(*Serratia*)속

그람음성 주모성 간균으로 운동성이 낮으며 생육최적온도는 25~28℃이고, 색소를 생산하는 장내세균과에 속한다. 토양, 하수, 수산물 등에 널리 분포하나 식품에는 많이 분포하지 않는다. 빵, 우유, 육류 등에서 잘 번식하며 적색색소를 생성한다. 특히 *S. marcescens*는 단백질 분해력이 강한 부패균으로 생선, 어묵, 쇠고기 등의 부패 원인균이고 수산 연제품의 표면에 적변을 일으킨다.

2.3.8 황색포도알균(*Staphylococcus*)속

그람양성 무포자 구균으로 호기성 및 통성혐기성이며 자연계에 널리 분포되어 있다. 화농성 질환의 병원균이고 색소생성에 따라 병원성이 차이가 나는데 황색색소를 생성하는 황색포도알균은 독소형 식중독의 원인균이다.

2.3.9 비브리오(*Vibrio*)속

그람음성 간균으로 통성호기성으로 편모를 가지고 있으며 대부분은 수생세균으로 해수에서 발견된다. 일부 종은 사람이나 동물에서 심각한 질병을 일으키는데 이 중 대표적인 식중독 세균으로서 *V. cholera*는 인간에게 콜레라를, *V. parahaemolyticus*는 장염비브리오 식중독을, *V. vulnificus*는 비브리오패혈증을 일으킨다.

2.3.10 클로스트리듐(*Clostridium*)속

그람양성 간균으로 내부에 방추형이나 곤봉형의 내열성 포자를 형성한다. 혐기성이고 편모(flagella)로 운동을 하지만 비운동성인 것도 있으며 포자는 공기, 물, 토양 등에 널리 분포하여 식품에 쉽게 혼입된다. 클로스트리듐속 균들은 대부분 토양이나 하수 등에 오염되어 육류, 육가공품(소시지, 햄 등), 어패류, 채소류, 통조림 등을 부패시켜 악취를 내는 부패균이 많다. 그러나 *Cl. botulinum*이나 *Cl. perfringens*는 사람에게 식중독을 일으키는 대표적인 독소형 식중독세균이다.

2.4 식품위생의 오염지표 미생물

사람이나 동물의 장관에 존재하는 병원균이 분변을 통하여 식품이나 음용수에 오염되면 세균성 식중독, 소화기계 감염병, 인수공통감염병 등의 위험이 크다. 일반적으로 음식물에 미량으로 존재하는 이들 병원균은 각각 개별적으로 검사하기는 어렵고 많은 비용과 시간이 요구되기 때문에 분변에 다수 존재하며 병원균과 항상 공존하는 세균을 오염지표로 하여 검사하게 된다. 이때 오염지표로 검사하는 세균을 오염지표 미생물 또는 위생지표 미생물이라고 한다.

오염지표 미생물은 그 자체가 직접 질병을 유발하지는 않지만 이들이 식품에서 검출된다는 것은 소화기계 감염병균이나 식중독균의 공존 가능성을 시사하는 것이며 식품에 바람직하지 않은 부패균의 오염 가능성을 나타내는 것이다.

오염지표 미생물로의 선정 조건은 사람이나 동물의 장관에서 유래한 세균으로 분변과 같이 외부로 배출된 후에는 증식하지 않고 장기간 생존만 하고 있으며 소수라도 비교적 용이하게 검사가 가능해야 한다. 오염지표 미생물로는 대장균군(*Coliform*), 대장균(*Escherichia coli*), 장알균(*Enterobacter*)이 있다. 이들은 통성혐기성균으로 호기적 조건하에서 성장이 빠르고 간단한 시험방법으로 다른 균과 구별이 가능하다는 특성을

패혈증

패혈증은 괴저병이라고도 하며 주로 피속에 들어온 *Vibrio vulnificus*같은 병원성 세균이 증식하면서 만든 독성물질 때문에 중독 증세를 나타내거나 온몸에 감염 증상이 발생한 것으로 구토, 발열, 호흡곤란, 염증 등의 증상이 나타난다.

포자형성균과 내열성

포자를 형성하는 대표적인 식중독균은 *Bacillus cereus*와 *Clostridium botulinum*균이며, 이들 균들은 산, 알칼리, 열 등 외부로부터 공격을 받게 되면 영양포자가 발아하여 포자를 형성하는데 이때 생성된 내생포자가 내열성을 가지는 것은 두꺼운 피층(cortex)에 쌓인 core (pretoplast) 중에 존재하는 Ca^{2+}와 dipicolini acid의 결합체 때문이다.

가지고 있다. 이들 오염지표 미생물은 식품의 제조, 가공, 조리, 저장 등의 과정이 얼마나 위생적으로 이루어졌는지, 또는 수산물, 축산물, 농산물 등이 위생적으로 안전한 환경에서 생산되었는지를 나타내는 지표가 된다.

2.4.1 대장균군(*Coliform*)

대장균군은 그람음성 무아포 간균으로 35℃에서 48시간 배양 시 젖당을 분해하여 산과 가스를 생성하는 호기성 또는 통성혐기성균이다. 사람이나 동물의 장 속에 존재하는 대장균과 그와 비슷한 균을 통틀어 대장균군이라 한다. 대부분 편모를 가지고 운동성이 있으나 없는 것도 있으며 당을 발효한다. 대장균군은 분변 유래균인 *Escherichia*속, 클렙시엘라(*Klebsiella*)속, 시트로박터(*Citrobacter*)속 등과, 분변과는 관계없이 토양이나 식물에서 유래하는 엔테로박터(*Enterobacter*)속, 에르위니아(*Erwinia*)속, 장내세균과가 아닌 에어로모나스(*Aeromonas*)속 등을 모두 포함하는데 이들을 정확히 구분하기는 매우 어렵다.

대장균군은 사람이나 동물의 장관에 존재하는 상재균으로 식품에서 대장균군이 검출되었다는 것은 그 식품이 분변에 오염되어 있을 가능성을 의미한다. 즉, 식중독균, 소화기계 감염병균, 수인성 감염병균 등에 오염될 수 있음을 뜻하는 것이다. 특히, 가열처리 식품에서 대장균군이 검출되면 가열 후에 식품이 비위생적으로 취급되었다는 증거가 된다. 대장균군의 특성은 병원균보다 물속에서 생존력과 저항력이 강하고, 검출하기도 쉬우며 검사법도 간단하다. 소독에 대한 저항력은 병원균보다는 강하나 바이러스보다는 약하다.

2.4.2 대장균(*Escherichia coli*)

대장균군에는 식품, 흙, 물 등에서 유래되는 *Enterobacter*, *Erwinia*, *Aeromonas* 등이나 식물체에서 유래되는 *Enterobacter*가 포함되어 있어 식품에서 대장균군 검출을 분변에 오염되었다고 단정하는 것은 다소 무리가 있다. 최근에는 대장균군 중에서 인축의 분변에서 유래하는 대장균(fecal *coli* 또는 *E. coli*)이 환경유래 대장균보다 고온에서 증식하는 특성을 이용하여 EC 배지를 사용하여 44.5±0.2℃에서 24~48시간 배양하는 검출방법이 실용화되고 있다.

대장균의 주된 서식처는 사람이나 온혈동물의 장관이므로 대장균과 분변 그리고 장내 병원균들 사이에는 밀접한 관련이 있다. 따라서, 식품으로부터 대장균이 검출되면 이는 식품이 분변에 의해 오염되었음을 확실하게 추정할 수 있다. 그러나 대장균군이나 대장균은 가열이나 동결에 저항성이 약하기 때문에 이 지표 미생물은 사멸되지만 병원성균은 생존할 수 있다. 따라서 가열식품이나 동결식품에 대장균을 단독으로 지표 미생물로 사용하는 것은 더 큰 문제를 가져올 수도 있다. 이런 문제를 해결하기 위하여 경우에 따라서는 대장균군 또는 대장균보다 환경 저항력이 높은 지표 미생물이나 일반세균수도 함께 검사해야 한다.

2.4.3 장알균(*Enterococcus*)

장알균은 사람이나 온혈동물의 장관에 생존하는 그람양성 구균으로 포자를 형성하지 않고 포도당을 분해하여 젖산을 생성하며 통성혐기성, 카탈라아제(catalase) 음성, 쌍구형 및 짧은 연쇄상 배열을 한다. 장알균은 통성혐기성균으로 일반적으로 병원성은 없으며 건조, 고온, 냉동 등 환경에 대한 저항력이 대장균군보다 높아서 냉동식품, 건조식품, 가열식품 등의 위생검사에는 대장균보다 유용하다.

장알균속 중 임상적으로 중요한 균은 *E. faecalis*, *E. faecium*, *E. avium* 등 3종인데 이 중 *E. faecalis*와 *E. faecium*이 가장 흔하게 분리되고 있다. 분변 중 존재하는 장알균 수는 대장균군보다 적으나 자연계에 정착하지 않기 때문에 외부에서 증식할 기회가 적어 식품에서 장알균의 검출은 분변오염에 더 중요한 의미를 나타낸다. 그러나 오염 지표균으로서 대장균군과 장알균 중 어느 것을 선택하는 것보다 더 정확하게 분변오염 상태를 파악하기 위해서는 양자를 동시에 검사하는 것이 바람직하다(표 2-2).

위생지표 미생물

위생지표균은 식품의 제조, 가공 또는 저장과정이 얼마나 위생적인 과정을 거쳤는가, 또는 수산물, 농산물 등이 얼마나 청정한 환경에서 생산되었는가를 나타내는 분변오염의 지표가 되는 미생물이다. 위생지표균(indicator organisms)의 종류로는 대장균군(*Coliform*), 대장균(*Eccherichia coli*), 장알균(*Enterococcus*) 등이 있다.

표 2-2 대장균군과 장알균의 특성

특성	대장균군	장알균
형태	막대균	알균
그람염색	음성	양성
장관 내 균수	분변 1g 중 10^7~10^9	분변 1g 중 10^5~10^8
분변에서의 검출상황	일부 동물에서 검출	대부분의 동물에서 검출
장관 외에서의 검출상황	낮다	높다
분리, 동정의 난이도	쉽다	어렵다
외부에서의 저항성	약하다	강하다
동결에 대한 저항성	약하다	강하다
냉동식품에서의 생존성	낮다	높다
건조식품에서의 생존성	낮다	높다
가열식품에서의 생존성	낮다	높다
식품매개 장관계 병원균과의 관계	크다	적다

2.5 미생물 생육에 영향을 미치는 요인

미생물은 식품의 종류나 환경요인에 따라 생육특성과 성장 정도가 크게 달라진다. 미생물이 식품에서 생육하기 위해서는 여러 요소가 충족되어야 한다. 즉 식품 자체와 연관된 내인성 인자(pH, 수분활성도, 산화환원능, 식품의 물리적 구조, 자연적 항미생물 물질)와 식품이 처한 외부환경과 연관된 외인성 인자(온도, 습도, 압력, 이산화탄소, 산소 유무)가 식품에 존재하는 미생물 종류와 수 등 생육을 조절한다. 따라서, 여러 인자가 복합적으로 상호작용함으로써 미생물의 생육에 영향을 주며 미생물의 생육에 영향을 미치는 주요한 인자들은 다음과 같다.

2.5.1 내인성 요인

2.5.1.1 수분활성도(Aw)

수분활성도가 낮으면 왜 세균은 증식할 수 없는가?

식품 중의 수분은 미생물이 이용할 수 있는 자유수(free water)와 이용할 수 없는 결합수(bound water)의 형태로 존재한다. 미생물이 생육 가능한 최저 수분활성의 한계는 세균이 Aw 0.90, 효모가 Aw 0.88, 곰팡이가 Aw 0.60이므로 수분활성도가 0.9보다 낮은 식품에서는 세균이 생육하기 어렵다.

모든 생물의 생육에 필요한 수분은 미생물세포의 약 75~80%를 구성하고 있으며 세포 생육에 수분이 미치는 영향은 매우 크다. 식품의 수분함량은 미생물에 의한 식품의 부패와 가장 밀접한 관계를 가지고 있으며 식품 중의 수분은 미생물이 이용할 수 있는 자유수(free water)와 이용할 수 없는 결합수(bound water)의 형태로 존재한다. 결합수는 수분이 식품 성분 중의 단백질이나 탄수화물과 결합한 상태로 용매의 역할을 하지 못하기 때문에 미생물이 생육 및 대사활동에 이용하지 못하고 오직 열역학적 운동이 자유로운 자유수만을 이용한다.

따라서, 미생물이 이용 가능한 수분의 비율을 수분활성도로 표시하는데 0(100% 결합수)에서 1(순수한 물)까지 범위를 가진다. 미생물의 생육은 수분활성도가 높을수록 미생물이 이용할 수 있는 수분함량이 높아 생육이 용이하며 생육이 가능한 최저 수분활성도의 한계는 세균이 0.90, 효모가 0.88, 곰팡이가 0.60이다. 한편, 미생물 중에는 일반 미생물이 생육할 수 없는 낮은 수분활성에서 생육하는 호염성균(0.75), 내건성곰팡이(0.65), 내삼투압성효모(0.60) 등도 있다(**그림 2-6**).

일반적으로 수분함량이 높은 식품에서는 세균이 우선적으로 증식하며 수분함량이 낮은 건조식품이나 과일류에서는 곰팡이가 우선적으로 증식한다. 식품에 당이나 소금 등의 용질을 첨가하면 결합수가 증가하여 삼투압이 높아지는데 세균은 곰팡이에 비하여 현저하게 삼투압에 대한 내성이 약하다. 따라서, 식품의 저장성을 높이기 위하여 수분을 제거하는 건조나 냉동 또는 당장, 염장 등과 같이 수분활성도를 낮추는 방법이 사용된다.

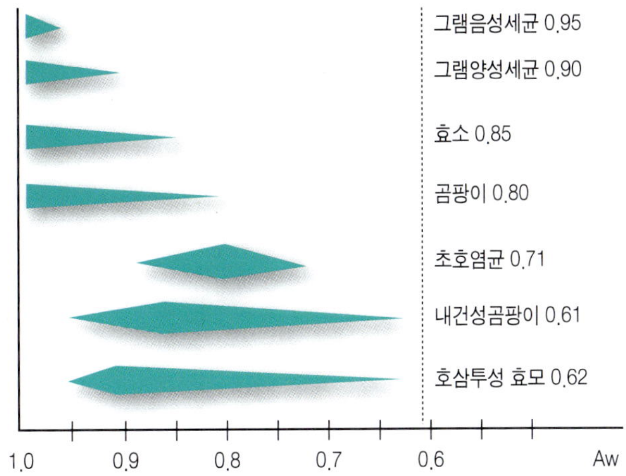

그림 2-6 미생물의 생육과 수분활성도 범위

2.5.1.2 수소이온농도(pH)

pH는 용액 중의 수소이온농도를 표시하는 단위로 미생물의 생육은 식품의 pH에 의해 많은 영향을 받는다. 세균의 최적 pH는 중성(pH 6.5~7.2) 부근이고 대부분 부패 세균이나 식중독 세균은 중성에서 가장 잘 생육하며 pH 4.0 이하나 pH 9.5 이상에서는 생육하지 못한다. 반면에, 효모는 pH 4.0~8.5, 곰팡이는 pH 2.0~8.5가 생육 범위인데, 산성 영역에서는 세균보다 증식이 잘 된다.

부패나 발효를 일으키는 미생물의 종류는 식품의 pH에 따라 다르다. pH 4.5 이상의 식품에서는 대부분의 부패세균과 *Clostridium botulinum*, *Listeria monocytogenes*, *Salmonella Typhimurium* 등과 같은 식중독균이 잘 생육하고, pH 4.5 미만에서는 대부분의 식중독균은 거의 증식할 수 없으며 일부 젖산균과 곰팡이, 효모 등은 성장이 가능하다.

미생물의 생육은 외부의 pH에 의하여 영향을 받는데 강산이나 강알칼리 조건에서 세포 내로 H^+나 OH^- 이온이 들어가 세포 안의 pH가 변하여 세포막이 손상을 받는다. 그림 2-7과 같이 해리되지 않는 산은 해리된 형태보다 쉽게 미생물의 세포막을 통과한 후 세포 내에서 해리되어 세포 내의 pH를 저하시키고 효소활성이나 DNA에 영향을 주어 세포에 치명적인 영향을 미치므로 미생물은 해리되지 않은 유기산의 영향을 더 크게 받는다.

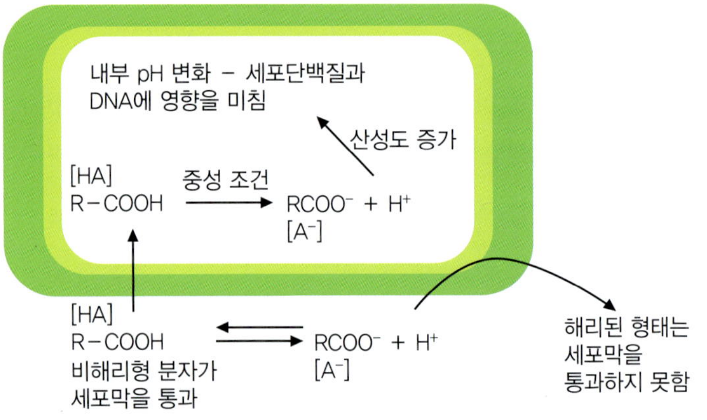

그림 2-7 유기산의 미생물 저해기작

2.5.1.3 식품의 물리적 구조

소시지와 햄버거 등 고기를 갈은 후 섞어 만든 식품의 경우 식품의 표면적이 증가되고 세포 구조가 변경되어 오염 미생물을 식품 전체에 골고루 분포시킬 수 있기 때문에 식품을 잘못 보관하면 쉽게 부패된다. 반면, 육류는 표면에만 미생물이 오염되어 있고 조직 내부는 무균상태이기 때문에 표면살균만 잘하면 부패를 방지할 수 있다.

2.5.1.4 천연 항미생물 물질

식품에는 화학저해제나 효소 등 천연 항미생물 물질을 함유하고 있는 식품이 많다. 과일과 채소의 코마린(coumarin), 달걀의 리소자임(lysozyme), 마늘의 알리신(allicin), 비발효 녹차의 폴리페놀(polyphenol) 등 항미생물 물질이 천연식품에 많이 존재하여 미생물의 증식을 억제한다. 또한, 향신료 중에서 세이지(sage)와 로즈마리(rosemary)는 가장 강한 항미생물 물질을 함유하고 있으며, 오레가노(oregano), 계피(cinamon), 겨자(mustard) 등도 미생물의 증식을 억제한다.

2.5.2 외인성 요인

2.5.2.1 온도

온도는 미생물 생육에 영향을 미치는 가장 중요한 환경인자이다. 미생물은 종류에 따라 생육온도 범위가 다르고, 저온 및 고온에 대한 내성도 다르며 생육 가능한 온도 범위에 따라 호냉성균(psychrophiles), 저온균(psychrothrophs), 중온균(mesophiles), 고온균(thermophiles) 등으

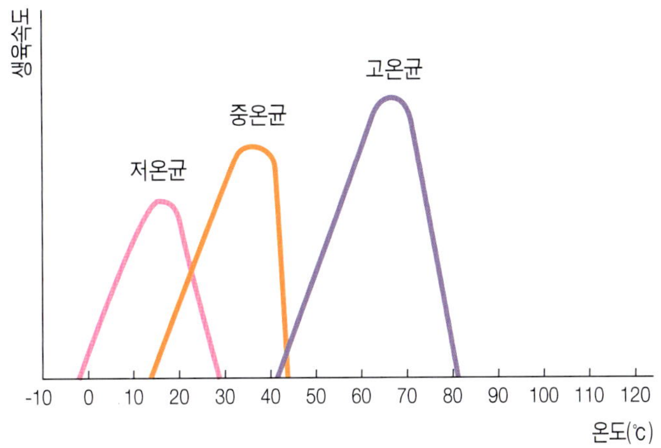

그림 2-8 **배양온도에 대한 생육특성**

로 분류된다(그림 2-8). 저온균은 넓은 범위에서 호냉성균과 저온균을 포함하며 각종 냉장식품에서 문제를 일으킨다. 예를 들면, 고기, 우유, 달걀과 같은 냉장식품의 부패는 슈도모나스(*Psedomonas*)속, 알칼리제네스(*Alcaligenes*)속 등에 의해 발생되며, 저온에서 단백질과 지질 분해력을 가지고 있기 때문에 이들 식품의 부패에 관여한다.

저온 미생물은 호냉성균의 경우 최저, 최적 및 최대 생육 온도가 −10℃, 10~15℃, 20℃이고 저온균은 −10℃, 20~30℃, 45℃이다. 관련 부패균은 *Pseudomonas*속, *Alcaligenes*속 등이 있으며 병원성 세균은 리스테리아 모노사이토제네스(*Listeria monocytogenes*), 여시니아 엔테로콜리티카(*Yersinia enterocolitica*), 에어로모나스 하이드로필리아(*Aeromonas hydrophilia*) 등이 있다. 중온 미생물은 최적생육온도가 25~37℃, 최저 생육온도는 15~20℃이고 45℃ 이상에서는 생육이 어렵다.

중온균은 자연계에 가장 널리 분포하며, 대부분 세균, 효모, 곰팡이가 이 온도 범위에 속한다. 살모넬라(*Salmonella spp.*), 황색포도알균(*Staphylococcus aureus*), 클로스트리듐 퍼프린젠스(*Clostridium perfringens*) 등과 같은 대부분 식중독 세균, 장내세균 및 부패균들이 중온균에 속한다.

고온 미생물의 최적 생육온도는 55~65℃이고 최저 생육온도는 45℃ 정도이다. 식품위생에서 중요한 고온균들은 *Bacillus*속과 *Clostridium*속인데, 특히 *B. stearothermophilus*와 *C. thermosaccharolyticum*균은 내열성 내생포자를 생성하기 때문에 통조림 멸균공정에서 중요한 지표 미생물로서 이용된다.

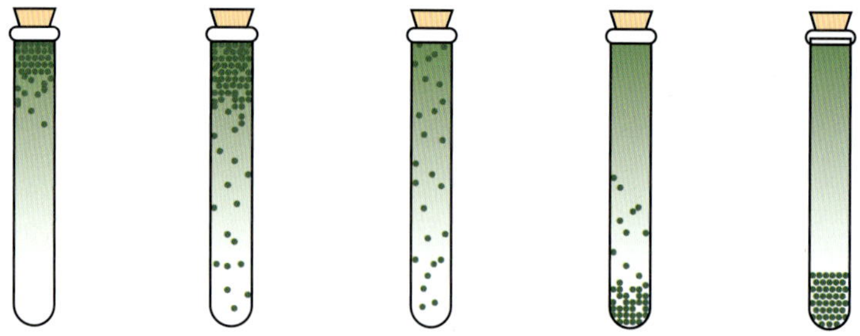

그림 2-9 산소요구도에 따른 미생물의 생육

2.5.2.2 산소

미생물은 산소의 이용 유무에 따라 호기성균(aerobes), 통성혐기성균(facultative anaerobes), 미호기성균(microareobes), 혐기성균(anaerobes) 등으로 다음과 같이 나눈다(그림 2-9).

1) 편성호기성균(obligate aerobes): 생육에 산소를 절대적으로 필요로 하는 미생물로 대부분의 곰팡이와 산막효모가 여기에 속한다. 세균 중에는 아세토박터(*Acetobacter*)속, 슈도모나스(*Pseudomonas*)속, 마이크로코코스(*Mycrococcus*)속, 바실러스(*Bacillus*)속, 살시나(*Sarcina*)속, 아크로모박터(*Acromobacter*)속, 플라보박테리움(*Flavobacterium*)속 등이 있다.
2) 미호기성균(microareobes): 정상적인 산소분압(20%)에서는 생육이 어렵고 2~10%의 낮은 분압의 산소를 필요로 하는 미생물이다. *Lactobacillus*균과 같은 *Campylobacter*속의 세균이 여기에 속한다.
3) 편성혐기성균(obligate anaerobes): 산소가 존재하면 생육을 하지 못하는 미생물이다. 산소가 존재하면 산화환원전위(Oxidation Reduction Potential, O/R)가 상승하여 생육이 불가능하다. *Clostridium*속 세균이 대표적이다.
4) 통성혐기성균(facultative anaerobes): 생육에 산소가 필수적이지 않지만, 산소가 존재하면 생육을 더 잘 하는 미생물이다. 대부분의 효모와 세균이 여기에 속하는데, 장내세균, *Staphylococcus*속, *Enterococcus*속, 일부의 *Bacillus*속 등이 있다.

산화환원전위 (Oxidation Reduction Potential, O/R)란

어떤 물질이 산화되거나 환원되려는 경향의 세기를 나타내는 것으로 산화 정도가 많을수록 양의 전위차를 가진다. 호기성 미생물은 전위차가 양의 값을 갖는 조건에서 잘 생육하며 혐기성 미생물은 환원 정도가 높은 음의 값을 갖는 조건에서 잘 생육한다.

5) 내기성혐기성균(aerotolerlant anaerobes): 산소를 이용하지는 않지만 산소가 존재해도 생육에 지장을 받지 않는 미생물로서 *Clostridium perfringens*나 *Lactobacillus* 등 젖산균이 여기에 속한다.

따라서 호기성균이나 산소에 내성이 있는 통성혐기성균, 미호기성균은 산소로부터 생성되는 O_2−나 H_2O_2와 같은 유해물질을 분해시킬 수 있는 superoxide dismutase(SOD)나 catalase를 가지고 있다. 반면에 편성혐기성균은 SOD와 catalase가 모두 없어 유해 산소에 의해 생육이 저해되며 *Cl. perfringens*는 catalase를 가지고 있고 젖산균은 내기성 혐기성균인 catalase는 없으나 peroxidase가 존재하여 SOD로부터 생성된 유해한 과산화수소를 분해시킬 수 있다(그림 2-6).

카탈라아제(catalase)란 무엇인가?
과산화수소가 분해되어 물과 산소가 만들어지는 반응을 촉매하는 효소이다.

Superoxide dismutase (SOD)란
초과산화이온을 산소와 과산화수소로 바꿔 주는 불균등화 반응을 촉매하는 효소이다.

참고문헌

강근옥, 고종호, 김은주, 김태열, 김희섭, 박성진, 박화연, 서승교, 송은, 손천배, 안령미, 조정순. 『증보 식품위생학』, 보문각, 2009. p. 86-87.

강호조, 강경선, 김기석, 백병걸, 손원근, 이재일, 이후장, 조규완. 『식품위생과 안전성』, 법문사, 2004. p.13-57.

김덕웅, 정수현, 염동민, 신성균, 여생규. 『21C 식품위생학(개정판)』, 수학사, 2008. p. 59-157.

김명숙, 김옥미, 김인규, 이경임, 이선희, 이종갑, 임성미, 정승태, 조좌형. 『식품위생학』, 훈민사, 2002. p. 62-63.

김미정, 윤혜현. 『식품위생학-이론과 실무』, 라이프사이언스, 2006. p.19-81.

신동화, 오덕환, 우건조, 정상희, 하상도. 『식품위생안전성학』, 도서출판 한미의학, 2011.

장동석, 신동화, 정덕화, 우건조, 이인선. 『자세히 쓴 식품위생학』, 정문각, 2008. p. 57-120.

Doyle, M.P., Beuchat, L.R., Montville, T.J. Food microbiology-Fundmentals and Frontiers. *ASM*, 1997. p. 127-440.

Ray, B. and Bhunia, A.K. *Fundmental Food Microbiology*. 4th ed. CRC press, 2008.

Willey, J., Sherwood L., Woolverton, C. *Prescott's Microbiology*. 7th ed. McGraw-Hill Inc., 2008.

식품위생학 기출문제

01 분변 오염의 지표로 이용되는 대장균군의 MPN (Most Probable Number) 검사에 관한 설명으로 옳은 것은?

① 검체 10 mL 중 있을 수 있는 대장균군수
② 검체 100 mL 중 있을 수 있는 대장균군수
③ 검체 1000 g 중 있을 수 있는 대장균군수
④ 검체 10 g 중 있을 수 있는 대장균군수

02 식품공장에서 미생물 수의 감소 및 오염물질 제거 목적으로 사용하는 위생처리제가 <u>아닌</u> 것은?

① Hypochlorite
② Chlorine dioxide
③ Ethanol
④ EDTA

03 식품 중 단백질과 질소화합물을 함유한 식품 성분이 미생물의 작용으로 분해되어 악취와 유해물질을 생성하여 식품가치를 잃어버리는 현상은?

① 발효 ② 부패
③ 변패 ④ 열화

04 식품을 저장할 때 사용되는 식염의 작용 기작 중 미생물에 의한 부패를 방지하는 가장 큰 이유는?

① 염소이온에 의한 살균작용
② 식품의 탈수작용
③ 식품용액 중 산소 용해도의 감소
④ 유해세균의 원형질 분리

05 통조림 변패 중 Flat sour에 대한 설명으로 <u>틀린</u> 것은?

① 통의 외관은 정상이나 내용물이 산성이다.
② *Acetobacter* 속이 원인균이다.
③ 유포자 호열성균에 의한 것이다.
④ 가열이 불충분한 통조림에서 발생하기 쉽다.

06 미생물에 의한 부패에 대한 설명이 <u>틀린</u> 것은?

① 미생물에 의하여 식품의 변색, 가스 발생, 점액 생성, 조직 연화 등 부패 현상이 나타난다.
② 식품의 부패를 예방하기 위하여 보존료를 사용할 수 있다.
③ 냉동처리를 하면 식품의 표면건조를 통해 미생물의 생육을 정지시키며, 사멸을 유도할 수 있다.
④ 부패균은 식품의 종류에 따라 다르다.

07 식품위생상 지표가 되는 대장균(*E. coli*)에 해당하는 특성은?

① 젖당발효, methyl red test(−), VP test(+), gram(+)
② 젖당발효, methyl red test(+), VP test(−), gram(−)
③ 젖당비발효, methyl red test(−), VP test(+), gram(+)
④ 젖당비발효, methyl red test(+), VP test(−), gram(−)

08 병원성세균 중 포자를 생성하는 균은?

① 바실러스 세레우스(*Bacillus cereus*)
② 병원성 대장균(*Eschefichia coli* O157:H7)
③ 황색포도알균(*Staphylococcus aureus*)
④ 비브리오 파라해모리티쿠스(*Vibrio parahaemolyticus*)

09 식품의 안전성과 수분활성도(Aw)에 관한 설명으로 <u>틀린</u> 것은?

① 비효소적 갈변: 다분자수분층보다 낮은 Aw에서는 발생하기 어렵다.
② 효소 활성: Aw가 높을 때가 낮을 때보다 활발하다.
③ 미생물의 성장:보통 세균 증식에 필요한 Aw는 0.91 정도이다.
④ 유지의 산화반응: Aw가 0.5~0.7이면 반응이 일어나지 않는다.

10 수분 함량이 적거나 당도가 높은 전분질식품을 주로 변패시키는 미생물은?

① 효모 ② 곰팡이
③ 바이러스 ④ 세균

11 식품 내에 존재하는 미생물에 대한 설명으로 <u>틀린</u> 것은?

① 곰팡이는 일반적으로 세균보다 나중에 번식한다.
② 수분활성도가 높은 식품에는 세균이 잘 번식한다.
③ 수분활성도 0.8 이하의 식품에서는 거의 모든 미생물의 생육이 저지된다.
④ 당을 함유하는 산성식품에는 유산균이 잘 번식한다.

12 식품공장에서 미생물 수의 감소 및 오염물질 제거 목적으로 사용하는 위생처리제가 <u>아닌</u> 것은?

① Hypochlorite
② Chlorine dioxide
③ Ethanol
④ EDTA

13 식품을 저장할 때 사용되는 식염의 작용 기작 중 미생물에 의한 부패를 방지하는 가장 큰 이유는?

① 나트륨 이온에 의한 살균작용
② 식품의 탈수작용
③ 식품용액 중 산소 용해도의 감소
④ 유해세균의 원형질 분리

14 식품위생 검사에서 대장균을 위생지표세균으로 쓰는 이유가 <u>아닌</u> 것은?

① 대장균은 비병원성이나 병원성 세균과 공존할 가능성이 많기 때문에
② 대장균의 많고 적음은 식품의 신선도 판정의 절대적 기준이 되기 때문에
③ 대장균의 존재는 분변 오염을 의미하기 때문에
④ 식품의 위생적인 취급 여부를 알 수 있기 때문에

15 식품 미생물의 성장에 영향을 미치는 내적인자와 거리가 <u>먼</u> 것은?

① 수분활성도
② pH
③ 산화환원전위(redox)
④ 상대습도

16 일반적으로 식품의 초기부패 단계에서 나타나는 현상이 아닌 것은?

① 불쾌한 냄새가 발생하기 시작한다.
② 퇴색, 변색, 광택 소실을 볼 수 있다.
③ 액체인 경우 침전, 발포, 응고현상이 나타난다.
④ 단백질분해가 시작되지만 총균수는 감소한다.

17 식품변패의 화학적 요인 중 산화에 의한 변패에 대하여 설명하시오.

18 식품의 수분함량과 수분활성도의 관계를 미생물의 생육과 관련하여 설명하시오.

기출문제 정답

1. ②	7. ②	13. ②
2. ④	8. ①	14. ②
3. ②	9. ④	15. ④
4. ②	10. ②	16. ④
5. ②	11. ③	
6. ③	12. ④	

3

CHAPTER

식중독 미생물

서론

최근 외식 및 단체급식의 증가 등 식생활 패턴의 변화가 일어나면서 대량 조리 또는 공급에 따른 집단 식중독 사고가 증가하고 있다.

식중독(food poisoning)은 오염된 물이나 식품을 매개로 하여 발생되는 질병을 말하며 세균, 바이러스, 기생충, 원충류뿐만 아니라 미생물이 생산하는 독소, 독성이 있는 화학물질과 식품재료 중 유해 성분 등에 의해서 발생하는 급성 건강장애를 뜻한다. 우리나라 식품위생법 제2조 제14호에 따르면 식중독이란 "식품의 섭취로 인하여 인체에 유해한 미생물 또는 유독물질에 의하여 발생하였거나 발생한 것으로 판단되는 감염성 또는 독소형 질환"이라고 정의하였다. 세계보건기구(World Health Organization, WHO)의 정의에 의하면, 집단 식중독이란 "역학조사 결과 식품 또는 물이 질병의 원인으로 확인된 경우로서 동일한 식품이나 공급원의 물을 섭취한 후 2인 이상의 사람이 유사한 질병을 경험한 사건"을 말한다.

식중독 발생의 원인으로는 미생물(세균, 바이러스), 식물성 및 동물성 자연독, 곰팡이, 원생동물 등의 생물학적 위해요소, 중금속 잔류농약 등 화학적 위해요소 및 이물 등 물리적 위해요소 등으로 구분할 수 있다. 발병 형태에 따라 독소(intoxication)에 의한 발병과 감염(infection)에 의한 발병으로 구분한다. 독소에 의해 발병되는 특징으로는 미생물성 식중독, 동물성 식중독, 식물성 식중독, 화학적 식중독으로 분류할 수 있으며 감염에 의해 발병되는 것으로는 독소형 감염(toxicoinfection)과 침투형 감염(invasive infection)으로 나눌 수 있다. 이외 특이 체질의 경우는 식품의 대사이상이나 알레르기 등을 유발하기도 한다.

식품기인성 식중독은 클로스티리듐 보툴리늄(*Clostridium botulinum*), 황색포도알균(*Staphylococcus aureus*), 구토형 바실러스 세레우스(*Bacillus cereus*)와 같이 식품에서 균이 증식하여 독소 생성 후 섭취 시 발병하는 식품 내 생성 독소형이 있고 클로스트리디움 퍼프린젠스(*Clostridium perfringens*), 설사형 바실러스 세레우스(*Bacilus cereus*)와 같이 식품에서는 독소를 생성하지 않고 섭취 후 장내에서 균이 증식하여 독소를 생성하는 장관 내 생성 독소형, 살모넬라(*Salmonella*), 병원성 대장균(Pathogenic *E. coli*)과 같이 식품 섭취 후 이들 균이 장내 점막에 침투하여 소화관 내에서 부작용을 나타내는 감염형 식중독, 간염바이러스나 선모충에 의해 오염된 음식을 섭취 후 이들 미생물이 소화관으로부터 다른 조직으로 이동하여 그 조직에 장착한 후 발병되는 바이러스성 식중독, 복어나 독버섯 등 자연적으로 함유된 독성에 의하여 발병되는 자연독 등이 있다.

한편, 화학적 식중독은 식품첨가물이나, 포장재료 같이 의도적으로 식품에 혼입되는 것과 중금속, 농약, 공업약품 등 의도적이지는 않지만 환경오염의 원인 등에 의해 혼입되는 것으로 구분할 수 있다.

식중독균에 의한 감염 질환의 증세가 심각해지면 세균의 성장을 억제시키는 항생제(antibiotics)를 사용하게 된다. 최초의 항생제인 페니실린(Penicillin)이 처음 발견되었을 때에는 기적의 약으로 불렸지만 항생제를 임상 분야뿐만 아니라 축수산업에서 성장촉진 및 질병예방 차원에서 사료첨가제 등으로 지나치게 오남용하면서 정작 항생제가 필요할 때 사용하여도 약효가 듣지 않는 경우가 발생하게 되었다. 이른바 세균이 항생제 처리에도 불구하고 저항하고 살아남는 항생제 내성(antimicrobial resistance) 현상이 나타나게 되었다. 본 장에서는 다양한 식중독균에 대해서 공부한 후 이와 연계된 식품 유래 식중독균의 항생제 내성에 대해 알아보고자 한다.

3.1 식중독의 발생현황

식중독은 나라마다 식문화가 다양하고 기후 환경, 지리적 특성, 생활습관, 위생적 상태 및 식습관이 다르기 때문에 식중독의 발생 형태는 선진국과 후진국, 미국, 유럽과 아시아 등에서 아주 다양한 형태로 나타난다. 우리나라나 일본은 문화적으로 어패류 생식을 선호하기 때문에 다른 나라 사람들보다도 어패류에 오염된 비브리오(*Vibrio*)균에 의한 식중독에 많이 노출되어 있다. 반면에, 미국은 닭고기 섭취가 많기 때문에 다른 나라에 비하여 캄필로박터(*Camplyobacter*)균에 의한 식중독 사고가 많이 일어난다.

한편, 같은 음식을 섭취하였더라도 개개인의 감수성 등에 따라 발생상황이 아주 다르게 나타날 수 있다. 어떤 사람에게는 전혀 문제가 되지 않거나 증상이 매우 가벼울 수도 있으나 다른 사람에게는 심각할 수 있어 심한 경우 생명을 잃을 수도 있다. 최근 국가 간 식품의 수출입이 자유화되고 유통속도가 빨라지면서 식중독 미생물에 의한 전파속도가 빨라지고 집단급식, 냉장, 냉동식품 및 즉석섭취식품 등의 소비가 증가하므로 집단 식중독

표 3-1 식중독의 원인별 분류

종류	특징	위해요소
화학적 식중독	의도적: 특정 목적으로 식품에 사용되는 유해한 첨가물에 의해 발생	식품첨가물, 식품용기 및 포장, 중금속, 잔류농약, 합성세제 등
	비의도적: 환경오염 등 비의도적으로 유해한 화학물질이 혼입되어 발병	
세균성 식중독	감염형: 식품 섭취 후 장내에서 균이 증식하여 발병	*Salmonella* spp., *Vibrio parahaemoliticus*, *E. coli* O157:H7, *Campylobacter jejuni*, *Listeria monocytogenes*, *Yersinia enterocolitica* 등
	식품 내 생성 독소형: 식품에서 균이 증식하여 독소생성 후 섭취 시 발병	*Clostridium botulinum*, *Staphylococcus aureus*, *Bacillus cereus* (구토형)
	장관 내 생성 독소형: 식품에서는 독소를 생성하지 않고 장내에서 균이 증식한 후 독소를 생성하여 발병	*Clostridium perfringenes*, *Bacillus cereus* (설사형)
	알레르기성: 균의 증식으로 생성된 유해 아민에 의해 발병	*Proteus morganii*
바이러스성 식중독	감염형: 바이러스에 오염된 음식물의 섭취 시 발병	Norovirus, Rotavirus, Calcivirus
자연독 식중독	식물성: 식물에 함유된 독성분에 의한 중독	독버섯, 감자 등
	동물성: 동물에 함유된 독성분에 의한 중독	복어독, 어패류독 등

발생이 증가하고 있다. 또한, 의료기술의 발달로 사람의 수명이 연장되면서 면역력이 저하된 노인인구가 증가하여 식중독 미생물에 의한 식중독 발생가능성이 증대되었다.

우리나라의 식중독 발생 통계는 1962년 1월 식품위생법이 공포되면서 시작되었지만 여러 가지 정치적, 경제적, 환경적 등의 요인으로 인하여 정확한 식중독 발생 통계 집계가 부실하였으나 1965년에 이르러 연도별 발생현황이 집계되고 있다. 그 당시 우리나라의 의료기술, 의료수준, 의료수가 등을 고려해 볼 때 제대로 보고된 통계라고는 믿기 어렵겠지만 정부의 공식적인 보고체계가 확립되었다는 점에서 매우 의미가 있다고 하겠다.

지난 20년간 국내에서 발생한 식중독 발생현황을 보면 자연독이나 화학적 식중독에 비하여 세균성 식중독에 의한 발생이 압도적으로 많았고, 최근에는 원인불명으로 보고된 원인체 중에서 노로바이러스, 병원성 대장균, 살모넬라의 순으로 식중독이 많이 발생하고 있다. 이러한 결과는 2000년대 초반에 살모넬라, 장염비브리오, 황색포도알균의 순으로 발병했던 양상과는 다른 결과를 나타내고 있다(표 3-2).

3.1.1 연도별 식중독 발생현황

우리나라의 연도별 식중독 발생현황은 표 3-3과 같다. 1965년부터 1991년까지는 연도별로 일관성이 부족하여 정확한 경향을 파악하기가 쉽지 않았으나 1993년부터는 연도별로 꾸준히 식중독이 발생하고 있음을 확인할 수 있다. 2002년에는 78건의 식중독과 2,980명의 환자가 발생하였고 이후 점차 증가하여 2007년에는 510건의 식중독 및 9,686명의 환자가 발생하였다. 이후 감소하는 추세를 보이다가 2014년부터 2019년까지 평균 약 340건의 식중독 발생이 보고되었다. 2018년 9월 발생한 학교 급식의 초콜릿 케이크로 인한 집단 식중독 등으로 인해 환자수가 11,504명까지 늘었지만 이후에는 매년 5,000명 미만으로 식중독 환자가 발생한 것으로 나타났다.

한편, 발생 건수당 환자수를 보면, 1965년부터 1995년까지 약 10~30명이었으나 2000년 이후부터는 40~60여명으로, 1990년 중반까지의 완만한 증가에 비하여 그 이후부터는 높은 증가율을 나타내었다. 이러한 원인은 학교, 병원 등 집단급식의 규모가 증가하고 경제성장에 따른 외식빈도가 증가하면서 건당 식중독 발생규모가 증가한 것으로 추정되고 있다. 그와는 반대로, 1995년 이후부터 사망률이 현저하게 떨어진 이유는 의료기술의 발달과 높은 경제성장으로 인한 위생수준의 현저한 개선 및 국민들의 높은 위생의식 수준이 향상된 것으로 기인된다. 특히, 2002년에는 다른

표 3-2 원인균별 식중독 발생현황 [단위: 발생건수(건) 환자수(명)]

원인물질	구분	2016년	2017년	2018년	2019년	2020년
기타바이러스	발생건수	0	2	2	8	1
	환자수	0	52	128	230	6
기타세균	발생건수	0	1	5	1	1
	환자수	0	26	801	17	5
노로바이러스	발생건수	55	46	57	46	26
	환자수	1,187	968	1,319	1,104	239
바실러스세레우스	발생건수	3	10	15	5	1
	환자수	26	73	242	75	14
병원성 대장균	발생건수	57	47	51	25	15
	환자수	2,754	2,383	2,715	497	532
불명	발생건수	177	147	134	102	46
	환자수	1,088	763	1,153	615	397
살모넬라	발생건수	21	20	19	18	17
	환자수	354	662	3,516	575	489
자연독	발생건수	1	2	1	2	0
	환자수	6	21	4	10	0
장염비브리오균	발생건수	22	9	11	5	2
	환자수	251	354	213	25	5
캠필로박터제주니	발생건수	15	6	14	12	13
	환자수	831	101	453	312	326
클로스트리디움 퍼프리젠스	발생건수	8	7	14	10	7
	환자수	449	69	679	251	136
화학물질	발생건수	0	0	0	0	0
	환자수	0	0	0	0	0
황색포도알균	발생건수	1	0	3	4	0
	환자수	4	0	52	56	0

출처: 식품의약품안전처, 식중독통계시스템, 2021.

표 3-3 우리나라의 연도별 식중독 발생현황

연두별	2012	2013	2014	2015	2016	2017	2018	2019	2020
건수(건)	266	235	349	330	399	336	363	286	178
환자수(명)	6,058	4,958	7,466	5,981	7,162	5,649	11,504	4,075	2,747

출처: 식품의약품안전처, 식중독통계시스템, 2021.

연도와 비교하여 발생건수와 환자수가 현저하게 감소되었는데 이는 한국에서 월드컵이 개최되어 정부에서 집중적으로 위생실태를 관리하였기 때문에 가능한 것으로 판단되나 이후 다시 발생건수와 환자수가 급격히 증가추세로 전환하였다.

이후 현재까지 건수당 환자수는 지속적으로 감소 추세에 있다. 현재까지 보고된 식중독 발생건수와 환자수는 선진국에 비하여 낮은 비율로 보고되고 있는데 이러한 결과는 우리나라의 위생상태가 선진국보다 우수해서라기보다는 식중독에 대한 사회인식, 신고의무의 이행정도, 보고해야 하는 최소 식중독 관련 환자수 등이 복합적으로 작용한 것으로 판단된다.

3.1.2 원인 물질별 식중독 발생현황

우리나라에서 발생한 식중독 사고의 원인 물질별 발생현황은 표 3-2에 나타내었다. 식중독 발생의 위해요소 중 80% 이상은 미생물에 의한 식중독으로 이 중 세균성 식중독이 거의 대부분을 차지하고 있다. 세균성 식중독을 원인체별 발생건수는 2005년 이전까지는 *Salmonella* spp., *V. parahaemolyticus*, *S. aureus*균에 의한 식중독의 발생건수와 환자수가 대부분을 차지하고 있었으나, 2006년 이후부터는 1위가 norovirus, 2위가 pathogenic *E. coli*, 3위가 *Salmonella* spp. 순으로 발생건수와 환자수가 현저하게 다른 양상을 나타내고 있다. 또한, 2000년 이전에는 norovirus나 캄필로박터 제쥬니(*Camplyobacter jejuni*) 등에 의한 식중독 발생이 보고되지 않았으나 이후부터는 지속적으로 발생 보고가 있다가 2006년 이후부터 급격하게 증가하는 추세를 나타내고 있으며, 2007년에는 norovirus, 2008년에는 *Bacillus cereus*에 의한 발생건수가 급격히 증가하였다. 한편, 2014년부터 2018년까지 300건 이상의 식중독이 발생하였으나 2020년에는 norovirus와 원인불명으로 인한 발생이 전년도에 비해 크게 감소하여 200건 이하로 발생하였다.

한편, 원인체별 환자수는 2002년 이전에는 *Salmonella* spp., *S. aureus*, *V. parahaemolyticus* 순으로 증가하였으나 2003년 이후부터는 pathogenic *E. coli*, norovirus, *S. aureus*균으로 증가하였다. 특히, 과거와는 달리 2006년 이후부터 우리나라에서 식중독 사고의 주요 원인체가 기존의 *Salmonella* spp., *V. parahaemolyticus*, *S. aureus*균에서 pathogenic *E. coli*와 norovirus로 급격하게 변화하는 것은 매우 주시해야 할 일이라 하겠다. 특히, 2008년에는 대부분의 원인체 물질들은 발생건수와 환자수가 그 이전과 비교하여 현저하게 감소하였지만 *B. cereus*와 *Cl. perfringenes*균은 매우 증가하였는데 이는 관련 제품의 원료의 오염, 육류의 생식, 또는 교차오염 등에 기인한 것으로 추정된다. 한편, 2018년에는 *Salmonella* spp.와 norovirus 및 원인불명으로 인해 환자 수가 크게 증가하였는데 급식에서 나온 초콜릿 케이크를 섭취한 학생들에서 *Salmonella* spp.에 의한 단체 식중독 사고가 발생하였다.

한편, 우리나라에서는 다른 식중독 미생물은 음성으로 관리하고 있지만 최근에 생식이나 신선편의식품에 대하여 *B. cereus*와 *Cl. perfringenes* 균을 정량적으로 관리하고 있다.

3.1.3 섭취 장소 및 원인시설별 식중독 발생현황

섭취 장소에 따른 식중독 발생현황은 표 3-4와 같다. 섭취 장소별 식중독 발생사고 발생률은 1990년 이전에는 가정에서 가장 높았고, 그 다음으로 집단급식소, 음식점 순이었다. 그러나 1990년 이후부터는 가정에서의 식중독 발생비율은 현저하게 감소되었고 집단급식소에서 증가하는 경향을 나타내었으며 이 중 2000년 이전까지는 집단급식소 중 회사나 공장에서 가장 높은 식중독 발생비율을 보였다. 그러나 2000년 이후부터는 학교급식에서 급격하게 높은 비율로 식중독 사고가 증가하였다. 이런 이유는 2000년 이후 확대된 학교급식의 증가로 인하여 학교에서의 식중독 발생건수가 점점 증가하고 있는 것으로 판단된다.

최근 경제성장으로 인한 국민들의 의식이 변화되면서 식생활 문화가 서서히 가정보다는 외식에 의존하는 경향이 증가되고 있으며 수학여행, 야외 집회 등으로 인한 단체급식의 증가로 인하여 대량으로 식중독 사고가 발생할 가능성이 증가하고 있기 때문에 식중독 사고를 예방하기 위해서는 학교급식, 단체급식소, 음식점 등의 위생관리가 그 어느 때보다도 중요하게 되었다.

표 3-4 원인시설별 식중독 발생현황

원인시설	2008	2009	2010	2011	2012	2013	2014	2015	2016	2017	2018	2019	2020
학교	39	39	38	30	54	44	51	38	36	27	44	24	16
학교 외 집단급식	22	20	15	10	9	14	15	26	32	23	38	29	33
음식점	208	98	133	117	95	134	213	199	251	222	202	175	103
가정집	24	11	3	8	14	5	7	9	3	2	3	3	2
기타	48	24	25	33	22	24	50	54	73	52	67	48	24
불명	13	36	57	51	72	14	13	4	4	10	9	7	0

출처: 식품의약품안전처, 식중독통계시스템, 2021.

3.2 세균성 식중독

세균성 식중독이란 세균 또는 이들이 생성한 독소를 섭취함으로써 나타나는 급성위장염 등을 주증상으로 하는 건강장애를 뜻한다. 세균성 식중독은 그 발병 형태에 따라 세균에 오염된 식품을 섭취하여 장관 내에서 증식하여 발병하는 감염형 식중독과 세균이 증식하는 과정에서 생성되는 독소를 섭취함으로써 발생하는 독소형 식중독으로 구분할 수 있다.

감염형 식중독균으로는 살모넬라(*Salmonella* spp.), 장염비브리오(*V. parahaemolyticus*), 병원성 대장균(pathogenic *E. coli*), 리스테리아 모노사이토젠스(*L. monocytogenes*)균 등이 이에 속하며 경구감염병에 비해 비교적 병원성이 약하기 때문에 대량의 균(10^6~10^8 cell/g)을 섭취해야만 발병하지만 *L. monocytogenes*, *E. coli* O157:H7의 경우 10~1,000개의 균수만으로도 발병이 가능한 것으로 알려져 있다.

독소형 식중독은 식품에서 균이 증식하여 독소를 생성한 후 섭취할 때 발병을 일으키는 클로스트리듐 보툴리늄(*Cl. botulinum*), 황색포도알균(*S. aureus*), 구토형 바실러스 시리우스(*Bacillus cereus*) 등과 같은 식품 내 생성 독소형 세균과 식품에서는 독소를 생성하지 않고 장내에서 균이 증식한 후 독소를 생성하여 발병시키는 클로스트리듐 퍼프린젠스(*Cl. perfringenes*), 설사형 *B. cereus* 같은 장관 내 생성 독소형 세균이 있다. 이 중 식품 내 생성 독소형 세균들은 원인균이 식품 내에서 사멸하였다 하여도 독소가 존재할 경우 식중독을 일으킬 수 있으며 일반적으로 감염형 식중독균에 비하여 잠복기가 짧은 것이 특징이다. 이와 같은 세균성 식중독균의 주요 분류와 특징은 **표 3-5**와 같다.

한편, 세균성 식중독은 병원성 미생물에 의하여 발병을 일으키지만 경구감염병과는 감염 양상이 차이가 난다. 즉, 세균성 식중독은 식중독 발생에 다량의 균이나 독소가 필요하고 대부분 사람에게 2차 감염을 일으키지 않으며 면역력이 없고 잠복기가 짧은 것이 특징이다. 반면에, 경구감염병은 강한 병원성을 지니고 있어 미량의 균으로 발병이 되며 2차 감염을 일으키고 예방접종으로 면역력이 되며 잠복기가 긴 것이 특징이다.

3.2.1 감염형 식중독

3.2.1.1 살모넬라(*Salmonella* spp.)균

Salmonella spp.균은 생물학적, 혈청학적으로 성질이 비슷한 균의 총칭으로 살모넬라균 속으로 불리며 약 2,500종이 존재한다. *Samlmonella Typhi*와 *Salmonella Parathyphi*는 창자열의 원인이 되며 사람이 유일

표 3-5 세균성 식중독의 분류와 특징

유형	원인균	발병균량 또는 독소량	잠복기	포자
감염형	*Salmonella Typhimurium*	10^5~10^7 cell/g: 사람발병	12~36시간	무
	Salmonella Enteritidis	수십 cell/g: 신생아 발병		
	Vibrio parahaemolyticus	10^4~10^7 cell/g: 사람발병	8~20시간	무
	Enteropathogenic *E. coli***	10^6~10^9 cell/g	9~12시간	무
	Enterohaemorragic *E. coli** (*E. coli* O157:H7)	10~10^2 cell/g	24~72시간	무
	Campylobacter jejuni	10^6 cell/g: 실험실감염(사람)	3~5일	무
	Listeria monocytogenes	수개 cell~많은 양	12시간	무
	Yersinia enterocolitica	10^9 cell/g	1~4일	무
독소형 (식품 내 생성 독소)	*Clostridium botulism*		12~36시간	유
	Staphylococcus aureus	10^6~10^7 cell/g: 식품 중(0.1 μg/인)	0.5~6시간	무
	Bacillus cereus (구토형)	10^6~10^7 cell/g: 식품 중	0.5~5시간	유
독소형 (장관 내 생성 독소)	*Clostridium perfringenes*	10^6~10^7 cell/g: 사람발병	8~20시간	유
	Bacillus cereus (설사형)	10^6~10^7 cell/g: 사람발병	8~16시간	유

*Enterohaemorragic *E. coli*는 법정 제2급 감염병으로 구분하고 있음
**Pathogenic *E. coli* 중에서 Enteropathogenic *E. coli*만 감염형 식중독균임

한 숙주이다. 나머지 혈청형은 non-typhoidal *Salmonella*로 분류하며 이 중 200여 종 이상은 사람에게 병원성을 보이는 것으로 보고되었다.

1) 특징 및 성상

Salmonella spp.는 통성혐기성, 그람음성 간균으로 아포를 생성하지 않으며 대표적인 장내세균과에 속하는 균으로서 사람, 농눌의 상내에 존재하며 자연계에 광범위하게 분포되어 있다. 주모성 편모로 대부분 운동성을 가지고 있으나 일부 운동성이 없는 것도 있다(그림 3-1). 생육 최적온도는 37℃, 최고온도는 44~47℃ 최저온도는 5.2℃이며 생육 최적 pH는

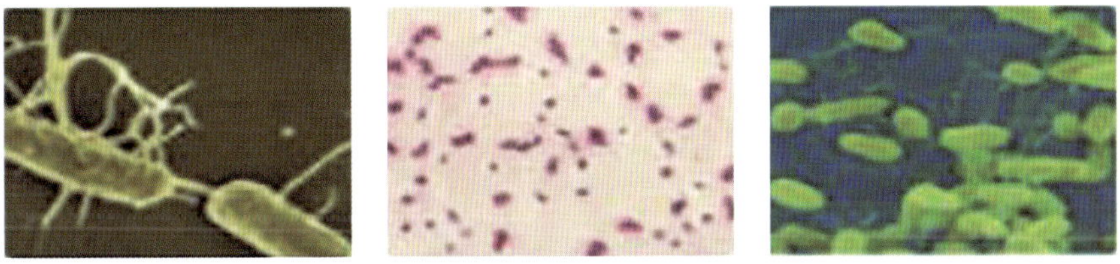

그림 3-1 *Salmonella* spp.균의 전자현미경 사진
출처: 식중독 표준업무 지침. 식품의약품안전처, 2020.

7.0~8.0이다. 식품 중에서는 10℃ 이하가 되면 거의 증식하지 않으며 열에 약하여 60℃에서 20분 가열로 사멸된다. 대표적 장내세균인 대장균과는 달리 유당을 분해하지 못하고 indole과 Vogers-Proskauer 반응에서 음성을 나타내고 H_2S를 대부분 생성하며, 과당을 발효하여 산과 가스를 생성한다.

Salmonella spp.는 사람, 가축, 동물, 가금류, 하천 등에 광범위하게 분포되어 있으며 특히 닭과 돼지에 널리 분포할 뿐만 아니라 식품 및 환경에서도 자주 발생하여 사람 및 동물에게 질병을 일으킨다. 살모넬라 식중독은 전 세계적으로 널리 발생되며 우리나라를 포함하여 유럽, 일본 등에서도 가장 많이 발생되는 식중독균 중의 하나이다. 혈청학적으로는 O항원(균체항원), H항원(편모항원), K항원(협막항원)으로 구분되나 식중독 원인균에서 주로 발견되는 혈청들에 대해서는 phage typing, plasmid typing, 항생제 내성, pulsed field gel electrolysis(PFGE) 등으로 subtyping하여 지금까지 2,000종 이상이 알려져 있지만 사람과 동물에게 감염을 일으키는 혈청형은 매우 제한적이다.

2) 증상

다량의 *Salmonella* spp.균에 오염된 식품을 섭취함으로써 발생하는 살모넬라 식중독의 주된 증상은 급성위장염 증세로 복부통증, 설사, 메스꺼움, 구토, 열, 두통 등이 수반된다. 일반적으로 잠복기는 12~36시간이며 증상은 보통 1~4일 지속된다. *Salmonella*균에 의한 식중독도 다른 식중독의 경우와 마찬가지로 발병에 필요한 균량은 환자의 건강상태와 관련되며, 균형이나 균주에 따라 차이는 있으나 적어도 10^6 cell/g의 균체가 필요하다.

발병률은 75%로 다른 식중독에 비하여 높은 편이나 치사율은 0.3~1.0%로서 매우 낮으며 경과는 비교적 양호하여 대개 2~3일 내에 회복된다.

3) 발생현황 및 원인식품

Salmonella spp.균에 인한 식중독은 우리나라를 비롯하여 미국, 유럽, 일본 등 전 세계적으로 발생하고 있으며 발생 빈도가 매우 높은 식중독이다. 우리나라에서는 환자 및 식품에서 분리한 가장 중요한 식중독 원인균으로 살모넬라 엔테리티디스(*S. Enteritidis*)와 살모넬라 티피뮤리움(*S. Typhimurium*)이 알려져 있다. 국내에서는 1937년 함흥과 영흥 지역에서 *S. Enteritidis*가 최초로 분리되었고 2007년에는 *Salmonella*에 의한 식중독 환자수가 1,497명에 이르러 점차 대형화되고 있는 추세이다. 특히, 2018년에는 부산의 학교 급식에서 제공된 초콜릿 케이크를 통한 대규모 살

모넬라 감염증 집단 발생이 보고되었다. 한편, 미국에서는 연평균 40,000건의 Salmonellosis가 발생되는 것으로 보고되었고 EU에서도 매년 매우 높은 비율로 *Salmonella* 식중독이 보고되고 있으며 일본에서는 식중독 발생현황 중 *Salmonella* 식중독에 의한 발병률이 1위로 보고되어 매년 약 100~800건의 *Salmonella* 식중독 사고가 보고되고 있다.

Salmonella spp.균에 의한 식중독의 원인식품으로는 오염된 달걀과 가금류가 포함된 식육에서 가장 빈번하게 검출되며 어패류, 어육연제품, 가금류의 알, 원유 및 유제품 등이 주류를 이루고 있다. *Salmonella* serotype으로는 *S. Enteritidis*와 *S. Typhimurium*이 가장 많은 것으로 보고되고 있다.

4) 예방

Salmonella spp.균이 증식하기 위해서 필요로 하는 적절한 온도, pH 및 수분활성도 등의 생육 요구 조건을 조절함으로써 식중독균을 관리할 수 있다. *Salmonella* 식중독은 감염형 식중독이므로 식품이나 식품원재료를 저온에 보관하여 균의 증식을 방지하며 조리된 식품은 가능한 한 빨리 섭취하도록 한다. 이 균은 열에 약하므로 보관이 필요할 때 충분히 가열하면 식중독을 예방할 수 있다. 한편, *S. Thomson* 같은 균은 재가열 후 불충분하게 가열한 식품을 재가열할 경우에는 한 내열성이 증가하기 때문에 매우 철저하게 재가열해야 한다.

3.2.1.2 장염 비브리오(*Vibrio parahaemolyticus*)균

*Vibrio parahaemolyticus*균은 해수와 각종 해산물에서 서식하는 호염성균으로 한국, 일본을 비롯한 동남아시아 각국에서 여름철에 빈번하게 발생하는 세균성 식중독 원인균의 하나로 잘 알려져 있다.

그림 3-2 *Vibrio parahaemolyticus*균의 전자현미경 사진

출처: 식중독 표준업무 지침, 식품의약품안전처, 2020.

1) 특징 및 성상

*V. parahaemolyticus*균은 호염성 해수세균으로 그람음성, 통성혐기

성 간균으로 하나의 단성 편모를 지닌 운동성을 갖고 있으며, 3~5%의 염도에서 잘 생육하나 10% 이상의 염도에서는 생육이 정지된다(**그림 3-2**). *V. parahaemolyticus*균의 크기는 0.5~0.8 × 2.0~5.0 μm이며 포자와 협막이 없고 생육 최적온도는 37℃이며, 최고온도는 42℃까지 생육이 가능하다. pH는 5.3~10에서 생육이 가능하나 최적 pH는 7.4~8.2이다. 10℃ 이하에서는 잘 자라지 못하고 겨울철에는 해수 중에서 잘 발견되지 않으며 바닷물의 수온이 16℃ 이상이 되면 생육이 증가된다. 한편, 다른 세균에 비해 가열에 매우 약하여 60℃에서 15분, 100℃에서는 수 분 이내에 사멸한다. 과당을 발효하나 가스는 생성하지 않고 인돌양성, 젤라틴 액화양성을 나타내고 항원은 O(균체항원), H(편모항원), K(협막항원)의 3종류가 있는데 H항원은 모든 장염 비브리오균에 공통으로 존재한다.

*V. parahaemolyticus*균은 환자에서 분리한 균주의 경우 혈액한천배지에서 용혈성을 나타내고 병원성을 나타내지만 해수와 해산물에서 분리한 대부분의 *V. parahaemolyticus*균은 용혈성과 병원성을 나타내지 않는다. 이러한 용혈성을 갖는 현상을 가나가와현상(Kanagawa phenomenon, KP)이라 하는데 이 현상을 일으키는 *V. parahaemolyticus*균은 내열성 용혈독을 생성하고 설사를 일으키며 이 독소는 100℃에서 15분의 가열로는 활성을 잃지 않는다. 이 내열성 용혈독소는 인체 장관세포를 파괴하고 점성을 지닌 혈변이 생기며 독소가 혈류 또는 림프관을 통해 심근세포에 이르면 이온 투과성이 높아져 세포의 자가 흥분력이 정지되어 심박동이 멈추어 죽게 되는 것으로 보고되었다.

2) 증상

V. parahaemolyticus 식중독은 우리나라와 일본에서 주로 여름철에 발생하는 식중독으로 *V. parahaemolyticus*균을 다량으로(균량: 약 10^5~10^7 cell/g) 섭취했을 때 발생하는 감염형 식중독이다. 잠복기는 평균 12~24시간(4~96시간)이고 복통, 심한 설사, 구토를 주증상으로 하는 전형적인 급성위장염을 일으킨다. 발열은 약 37~39℃이며 통상 4~7일이 지나면 회복되나 노령자는 심한 탈수 증상과 혈압저하로 사망하는 일도 있어 주의가 필요하다.

증상에 따라서는 두통, 오한, 권태감이 나타나며 때로는 콜레라 감염병의 증상을 띠고 혈압도 현저하게 떨어진다. 심한 설사가 계속되면 탈수 증상을 일으켜 사망할 수도 있으나 적절한 치료에 따라 대부분이 2~3일 내에 회복이 가능하다.

3) 발생현황 및 원인식품

*V. parahaemolyticus*균에 의한 식중독은 주로 여름철에 발생하며, 주로 7월에서 9월 사이의 3개월 동안 가장 많이 발생하는 계절적인 특징을 지니고 있다. 우리나라에서 *V. parahaemolyticus* 식중독 발생 사례를 보면 1969년 6월 경북 안동에서 물치를 먹고 273명의 식중독 환자가 발생하였고, 그 해 9월에 전북 옥구, 군산 등에서도 발생하였다. 1971년 8월에는 인천 서포리 해수욕장에서 소라, 굴 등을 먹고 120여 명이, 1987년 7월에는 울산에서 문어회를 먹고 854명의 환자가 발생하였다. 최근에는 2013년 이후로 발생건수가 한 자리수를 유지하다가 2016년 제주에서 결혼식 피로연에서 사용된 고둥살 무침 요리로 인해 집단 발병이 보고된 바 있다. 한편, 2017년부터 2019년 사이 발생한 장염 비브리오 환자의 78%는 여름철인 8월과 9월에 발생한 것으로 나타났다.

*V. parahaemolyticus*균은 2005년 이전까지는 *V. parahaemolyticus*균에 의한 발생건수와 환자수가 *Salmonella*균 다음으로 많았으나 2007년 이후부터는 점차 발생빈도가 조금씩 줄어들고 있다.

한편, *V. parahaemolyticus* 식중독의 원인식품은 주로 해산 어패류이며 해수 수온이 상승됨에 따라 증식이 활발하기 때문에 여름철이 되면 근해산의 고등어, 문어, 오징어, 피조개 등의 표피, 내장, 아가미 등에 부착하여 날것으로 섭취했을 때 식중독이 발생하게 된다. 장시간 실온에 방치되면 증식이 활발하기 때문에 날것으로 섭취할 경우 식중독 발생 가능성이 매우 높고 어패류를 다룬 칼, 도마, 행주 등 조리기구에 위한 교차오염도 중요한 오염경로이기 때문에 주의해야 한다.

4) 예방

V. parahaemolyticus 식중독은 여름철에 집중적으로 발생하므로 여름철에 어패류를 날것으로 섭취하지 않도록 주의해야 한다. 무엇보다 *V. parahaemolyticus*균이 식중독 감염량에 도달되지 않도록 관리하는 것이 중요하고 어획 후 유통단계를 거쳐 소비에 이르기까지 철저한 저온관리로 증식을 억제해야 한다. 한편, *V. parahaemolyticus*균은 열에 약하므로 섭취 전 가열 조리로 충분한 예방이 가능하다.

어패류를 취급하는 칼, 도마, 행주는 일반 식품에 사용하는 것과 구별하여 사용해야 하며 사용한 조리기구와 손은 깨끗하게 씻고 소독한다. 이 균은 냉동상태에서도 견디므로 해동할 때에도 교차오염이 발생하지 않도록 주의해야 한다.

3.2.1.3 비브리오 패혈증(*Vibrio vulnificus*)균

*Vibrio vulnificu*균은 비브리오 패혈증의 원인균으로서 1970년 New England 해안에서 해수욕을 하거나 조개를 줍던 사람의 피부상처로 침입하여 괴저병을 유발한 원인균으로 처음 보고되었다. 이 균은 *V. parahaemolyticus*와는 다르고 특히 젖당을 천천히 분해한다는 점에 있어서 생화학적으로도 구별되는 점으로 *V. vulnificus*를 *lactose-positive Vibrio*로 규명하였다(**그림 3-3**).

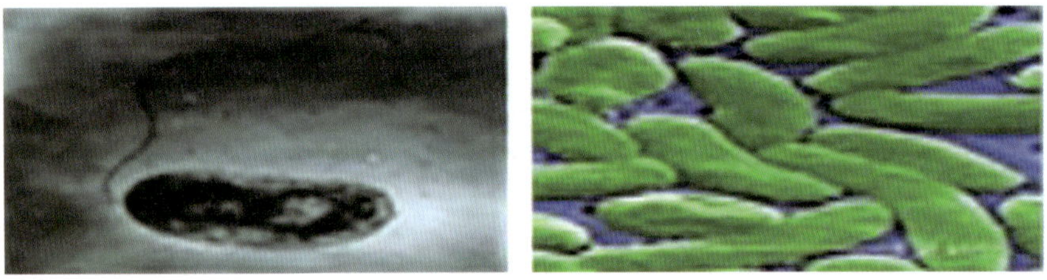

그림 3-3 비브리오 패혈증 원인균
출처: 식중독 표준업무 지침. 식품의약품안전처, 2020.

1) 성상 및 특성

*V. vulnificus*균은 *V. parahaemolyticus*, *V. alginolyticus*와 더불어 바닷물에 살고 있는 호염성 해수세균으로 그람음성, 통성혐기성 간균으로 특모성 편모는 없으며 1~3% 식염이 첨가된 배지에서 잘 증식하나 8% 이상의 식염농도에서는 증식하지 않는다. 아르기닌 탈수소효소(arginine dehydrogenase)와 아세토인(acetoin)을 생산하는 능력이 있으며 4℃ 이하나 45℃ 이상에서는 증식하지 못하고 내열성이 약한 편이다.

2) 증상

감염경로는 이 균에 오염된 어패류 섭취에 의해 발병하는 경구감염과 오염된 해수가 피부상처에 접촉하여 발병하는 창상감염의 두 가지가 있다. 경구감염의 잠복기는 24시간이며, 증상으로는 오한, 발열, 저혈압, 피로감, 위장 증상 외에도 사지의 경미한 통증, 수포 등 창상감염과 유사한 피부병변 등 패혈증 특유의 증상이 나타난다. 주로 당뇨병, 간질환, 알코올중독 등 저항력이 현저히 떨어진 만성질환자에게서 나타나는 질환으로 발병 후 치사율은 50% 이상으로 매우 높다.

창상감염은 해수에 접촉된 창상 부위에 발적과 홍반이 나타나고, 심한 통증이 수반되며 수포와 괴사가 형성되는데 예후는 양호하고 치사율은 약 25%로 패혈증보다 훨씬 낮다.

3) 발생현황 및 원인식품

국내에서는 1979년에 *V. vulnificus*균에 의해 처음으로 패혈증 환자가 발생하였으나 원인을 알지 못하였고 1981년에 원인균이 *V. vulnificus*로 확인된 이후 이 균의 분포와 특성에 관한 연구조사가 활발하게 진행되었다. *V. vulnificus*균에 의한 패혈증 환자는 해수면의 온도가 상승하는 6월 무렵부터 늘어나기 시작하여 주로 여름철 7~8월쯤에 많이 나타나며 11월 무렵까지도 감염자가 나타난다. 원인식품은 멍게, 피조개, 소형 해산어류이며 이 균은 가식부가 직접 해수와 접촉하는 조개류, 낙지류, 해삼 등에서 검출빈도가 높기 때문에 수온이 높은 여름철에는 이들 해산물의 생식을 피하는 것이 좋다(**그림 3-4**).

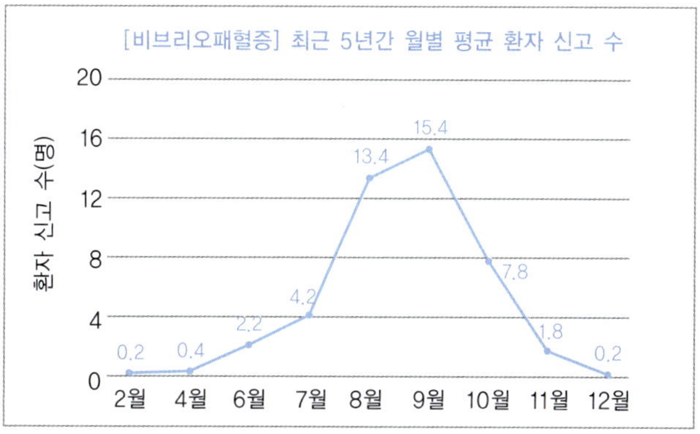

그림 3-4 최근 5년간 비브리오 패혈증 발생현황
출처: 질병관리본부. 이미지: 데이터솜.

4) 예방

Vibrio 패혈증은 강과 바다가 합쳐지는 특수 지역에서 수온이 높은 여름철에 주로 문제가 되므로 이런 지역에서 생산된 해산물에 대한 특별한 관리가 요구된다. 그다음은 *Vibrio* 패혈증을 예방하는 방법이다.

① 균의 생육이 왕성한 하절기에는 어패류의 취급에 각별한 주의를 해야 하며 철저한 개인위생 관리가 요구된다.
② 저온 저장하여 균의 증식을 최대한 억제하는 조건을 유지시킨다.
③ 어패류를 담수에 일정시간 담가 두었다가 깨끗이 씻어 먹는다.
④ 활어패류를 취급할 경우 소독수와 담수 등을 사용하며 칼이나 도마 등에 의한 2차 오염을 방지한다.
⑤ 피부에 상처가 있는 사람은 어패류 취급 시 특별한 주의가 필요하다.
⑥ 열에 약하므로 어패류는 56℃ 이상의 가열로 충분히 조리한다.

3.2.1.4 병원성 대장균(Pathogenic *Escherichia coli*)

발병 양상에 따라 Pathogenic *Escherichia coli*는 사람에게 급성위장염을 일으키는 병원성 대장균(Enteropathogenic *E. coli*, EPEC), 콜레라와 같은 장독소(enterotoxin)를 생성하는 장독소생성 대장균(Enterotoxigenic *E. coli*, ETEC), 이질균처럼 장관세포 내에 침입하여 설사를 유발하는 장침투성 대장균(Enteroinvasive *E. coli*, EIEC), 베로독소(verotoxin)를 생성하는 장출혈성 대장균(Enterohemorrhagic *E. coli*, EHEC), 시가 유사 독소를 생성하는 시가독소생성 대장균(Shiga-toxin producing *E. coli*, STEC), 신장의 베로세포에 독성을 나타내는 장출혈성 대장균(EHEC)이 있다. 최근에는 Shigella dysenteriae가 생성하는 시가 독소와 유전적 및 단백질 수준에서 동일한 시가 유사 독소를 생성하는 시가독소생성 대장균(Shiga-toxin producing *E. coli*, STEC)이 보고되었으며 신장의 베로세포에 독성을 나타내는 것으로 알려지면서 장출혈성 대장균(EHEC)의 상위 개념으로 자리잡았으며 주된 혈청형으로 *E. coli* O157:H7이 알려져 있다.

1) 특징 및 성상

장내세균과에 속하는 Enteropathogenic *E. coli*는 형태와 생화학적 성상이 비병원성 대장균과 비슷하며 크기가 0.4~0.7 × 1~30 μm인 그람음성 간균으로 아포가 없고 주모성 편모를 지녀 운동성이 있거나 편모가 없어서 비운동성인 것도 있다. 젖당이나 과당을 분해하여 산과 가스를 생성하는 호기성 또는 통성혐기성균으로 발육 최적온도는 37℃이고 최저온도는 8℃ 이하이며 최고온도 45.4℃ 이상에서는 생육하지 않는다.

일반 대장균은 장내세균 감별배지인 MacConkey 한천배지에서 젖당을 분해하여 핑크색 집락을 형성하나 *E. coli* O157:H7은 솔비톨(sorbitol)을 분해하지 못하고 MacConkey agar 배지에서 무색의 집락을 형성하므로 일반 대장균과 구분할 수 있다. 지금까지 Enteropathogenic *E. coli*는 대장균 간의 항원성 차이에 따라 균체를 구성하는 항원 성분의 면역학적 특이성에 의해 구별되어 O항원(균체항원)은 180종, K항원(협막항원)은 100여 종, H항원(편모항원)은 56여 종으로 알려져 있다. 발병 양상에 따라 Enteropathogenic *E. coli*는 시가독소생성 대장균(Shiga-toxin producing *E. coli*, STEC), 장독소생성 대장균(Enterotoxigenic *E. coli*, ETEC), 장침투성 대장균(Enteroinvasive *E. coli*, EIEC), 장병원성 대장균(Enteropathogenic *E. coli*, EPEC), 장응집성 대장균(Enteroaggregative

표 3-6 Ewing(1986)에 의해 분리된 병원성 대장균의 혈청형

분류	혈청형		
장병원성 대장균(EPEC)	O18a, 18c:H7	O111a, O111b:NM	O127:NM
	O20a, 20b: H26	O111a, O111b:H2	O127:H9
	O26:NM	O111a, O111b:H12	O127:H21
	O28a, 28c:NM	O114:H10	O128a, 128b:H2
	O44:H34	O114:H32	O128a, 128c:H12
	O55:NM	O119:NM	O158:H23
	O55:H6	O119:H6	O142:H6
	O55:H7	O125a, 125c:H21	O159
	O86:H34	O126:NM	
	O86a:NM	O126:H27	
장독소 대장균(ETEC)	O6:H16	O25:H42	O148:H28
	O8:H9	O27:H7	O149:H10
	O11:H27	O63	O159:H20
	O15:H11	O78:H11	O167:H28
	O20:NM	O78:H12	O173:H^-
	O25:NM	O128:H7	
장침투성 대장균(EIEC)	O28a, 28c: NM	O112a, 112c:NM	O124:NM
	O124:H30	O124:H32	O136:NM
	O143:NM	O144:NM	O152:NM
	O159:H2	O164	
	O167:I I4	O167:H5	
장출혈성 대장균(EHEC)	O26:H11, H21	O117:H14	O113:H21
	H32,H^-	O128a,b	O172:H^-
	O111a,B:H^-, H8		O157:H7
	O111a,c		
장응집성 대장균(EAEC)	O7:H^-	O86:H^-	O127:$H2^-$
	O77:H18	O126:H27	

E. coli, EAEC)의 5종으로 분류하며, 각 균들의 혈청형은 표 3-6에 나타내었다. 이 중 우리나라에서는 EHEC를 법정 제2급 감염병으로 분류하고 있으며 EPEC는 감염형 식중독균으로 분류하고 있다.

2) 종류 및 증상

① 시가독소생성 대장균(Shiga-toxin producing *E. coli*, STEC)**과 장출혈성 대장균** (Enterohaemorrhagic *E. coli*, EHEC)

최근 Shigella dysenteriae가 생성하는 시가 독소(Stx)와 유전적 및 단백질 수준에서 동일한 시가 유사 독소를 생성하는 시가독소생성 대장균(Shiga-toxin producing *E. coli*, STEC)이 보고되었는데 이 독소는 신장의 베로세포에 독성을 나타내는 것으로 알려지면서 장출혈성 대장균의 상위 개념으로 자리잡았다. 시가독소생성 대장균의 병원균은 Stx1 독소 유전자인 stx1과 Stx2 독소의 유전자인 stx2 모두를 갖거나 둘 중 한 가지를 보유하는 것으로 알려져 있다. 시가독소생성 대장균은 여러 동물들의 장관에 존재하지만 소에서 분리된 균은 인체에 대해 높은 병원성을 갖는다. 따라서 부적절한 소고기 요리를 섭취할 때 감염되기도 한다. 한편, 시가독소생성 대장균은 단순히 시가독소를 생성하는 대장균을 말하며 장출혈성 대장균은 독소를 생산하면서 임상적 증상까지 동반하는 병원성 대장균을 말한다. 햄버거병의 원인균으로 알려진 장출혈성 대장균은 독소를 생산하면서 임상적 증상까지 동반하는 병원성 대장균으로서 우리나라에서는 2급 감염병으로 지정되어 있으며 베로독소(verotoxin)를 생성하고 10~1,000 cell/g의 적은 균량으로 발병한다. 이 균에 감염되면 혈변, 심한 복통 등의 증상이 나타나며 발열은 거의 없고 대부분 항생제나 특별한 치료 없이 5~10일 내에 회복될 수 있으며 설사를 멈추기 위해 지사제는 피하는 것이 좋다. 감염의 약 2~7%가 혈전성 혈소판 감소증이나 용혈성요독증후군 같은 질병을 일으키며 심한 경우 신부전증으로 진행되기도 하고 이 경우 사망률은 3~5% 정도로 높은 편이다. 장출혈성 대장균은 인체 내에서 베로독소를 생성하여 그로 인해 질병을 일으키지만 오염된 식품에서 생성되는 베로독소는 식중독을 일으키지 않는다.

용혈성요독증후군
장출혈성 대장균에 의한 합병증으로 주로 소아에서 급성 신부전증을 일으키며 용혈성 빈혈과 혈소판 감소증을 동반한다.

베로독소 생성에 의한 식중독은 감염형으로 잠복기는 3~8일 정도이고 특정 혈청형인 O26, O103, O104, O111, O113, O157, O146 등에 의해 감염을 일으키는 것으로 알려져 있다. 우리나라의 경우 장출혈성 대장균에 의한 집단 식중독 발생 사례는 없으나 임상 가검물로부터 산발적으로 혈청형 O26, O25, O111 및 O157:H7이 분리 보고되었으며, 쇠고기 간, 햄버거 등의 식품에서 *E. coli* O157:H7이 분리되었다.

주요 오염원은 완전히 조리되지 않은 쇠고기 분쇄육이며 그 외에 칠면조, 샌드위치, 원유, 사과주스 등이 원인식품이다. 또 소독되지 않은 물을 음용한 경우나 감염된 호수에서 수영할 경우에도 감염될 수 있다.

이 질병은 사람으로부터 사람으로 감염될 수 있으므로 손의 위생상태에 의해 균이 다른 사람에게 옮겨지지 않도록 주의해야 한다. 모든 쇠고기 분쇄육이나 햄버거 등 고기류는 내부까지 완전히 조리하여 익힌 후 섭취하고 원유를 피하고 살균 우유 및 유제품을 섭취하도록 하여야 한다. 이 균은 건강한 가축의 장에서 서식할 수 있고 식육을 도살 시 파열된 내장에서 식육으로 오염될 수 있으며, 고기를 분쇄하는 과정에서도 교차오염될 수 있으므로 고기를 섭취할 때 충분히 조리해야 한다.

반면, *Shigella dysenteriae*가 생성하는 시가 독소(Stx)와 유전적 및 단백질 수준에서 동일한 시가 유사 독소를 생성하는 시가독소생성 대장균(Shiga-toxin producing *E. coli*, STEC)은 단순히 시가독소를 생성하는 대장균이다. STEC은 Stx1 독소 유전자인 *stx1*과 Stx2 독소의 유전자인 *stx2* 모두를 갖거나 둘 중 한 가지를 보유하는 것으로 알려져 있다. STEC은 여러 동물들의 장관에 존재하지만 소에서 분리된 균은 인체에 대해 높은 병원성을 갖기 때문에 부적절한 소고기 요리를 섭취할 때 감염되기도 한다.

② 장독소생성 대장균(Enterotoxigenic *E. coli*, ETEC)

장독소생성 대장균은 콜레라와 유사한 장독소(enterotoxin)를 생산하며 소장 상부에서 증식하여 균의 농도가 10^7~10^9 cell/mL에 이르게 되면 콜레라와 같은 설사증을 일으킨다. 이 독소는 60℃에서 10분간 가열했을 때 활성을 잃는 이열성 독소(heat-labile enterotoxin, LT)와 100℃에서 30분간 가열해도 내성을 나타내는 내열성 독소(heat-stable enterotoxin, ST)로 나눌 수 있다. 장염과 여행자 설사증의 원인균으로 알려져 있으며 오염된 물과 음식물에 의해 집단발생을 일으킬 수도 있다.

증상은 수양성 설사, 복통, 구토, 산성증, 피로, 탈수 등이며 열이 없거나 미열로 5일 정도 지속되며 잠복기는 10~12시간이다. 장독소의 원인이 되는 혈청형으로는 O6, O8, O15, O20, O25, O27, O63, O78, O80, O114, O115, O128, O148, O152, O164, O167 등이 있다.

③ 장침투성 대장균(Enteroinvasive *E. coli*, EIEC)

장침투성 대장균의 발병균량은 10^7~10^9 cell/g이며 주증상은 발열과 복통이다. 이 균은 대장점막의 상피세포에 침입해서 증식하여 세포 점막을 괴사시켜 궤양을 형성하므로 혈액과 점액이 섞인 설사를 일으키며 잠복기는 약 10~18시간이다. 원인이 되는 혈청형으로는 O28, O112, O124, O136, O143, O144, O152, O164, O167 등이 있다.

④ **장병원성 대장균**(Enteropathogenic *E. coli*, EPEC)

장병원성 대장균은 전형적인 감염형 세균성 식중독의 특징을 지니고 대장점막의 상피세포에 침입하지 않으며 독소를 형성하지 않는다. 발병기전에 대해서는 아직 불분명하지만 발병 균량은 10^6~10^9 cell/g 정도이고 잠복기는 약 9~12시간이며 주증상으로는 설사, 복통, 구토, 발열 등의 급성 위장염을 일으킨다. 원인식품은 오염된 우유와 신생아용 분유이며, 그외 햄, 치즈, 소시지, 채소샐러드, 도시락, 쇠간 등이다. 원인이 되는 혈청형으로는 O18, O26, O28, O44, O55, O86, O111, O114, O119, O125, O126, O127, O142, O158, O159 등이 있다.

⑤ **장응집성 대장균***(Enteroaggregative E. coli, EAEC)*

세균이 응집하여 덩어리가 되어서 점막 상피세포에 부착하여 독소(LT나 ST와 다른 종류)를 생성한다. 물설사, 구토 때로는 발열 등 EPEC와 비슷한 증상을 나타낸다. 원인이 되는 혈청형으로는 O7, O77, O126 등이 있다.

3) 발생현황 및 원인식품

병원성 대장균에 의한 식중독은 특별한 원인식품이 없으며 계절에 관계없이 연중 발생한다. 접촉감염에 의한 경우도 있으나 일반적으로 식품 내에서 증식한 병원성 대장균을 경구 섭취함으로써 감염되어 발병한다. 병원성 대장균은 가축, 애완동물, 건강 보균자 및 자연환경에 널리 분포되므로 식품의 비위생적인 취급, 처리에 의해 오염되기 때문에 균이 오염되었거나 증식된 식품이면 무엇이든 원인식품이 될 수 있으며 물에 의해서도 식중독이 일어날 수 있다.

특히 소는 *E. coli* O157:H7의 주요 보균동물이며 식중독 사고의 첫 발생도 분쇄된 쇠고기에서 비롯되었고 원유에서 유래된 사례도 있다. 또한 닭의 분변이나 칠면조 고기 등에서 균이 확인되기도 하지만 음식을 통한 감염은 우육에서 유래된 음식물에서 보고되었기 때문에 주로 소고기의 생산 및 가공 과정의 오염을 특별히 관리해야 한다.

4) 예방

병원성 대장균에 의한 식중독은 계절과 관계없이 발생하나 여름철에 약간 많은 편이다. 이 균의 분포는 가축, 동물, 건강인, 자연환경 등 광범위하므로 원인식품은 특별히 한정된 것이 없고 이 균에 오염되어 증식된 식품이면 모두 식중독의 원인이 될 수 있다. 병원성 대장균은 영유아에게 특히 위험하기 때문에 유아용 음식은 병원성 대장균이 없음을 확인하는 공정을 반드시 거쳐야 한다. 유아의 주원인식품으로는 오염된 우유가 원인이 된다.

병원성 대장균은 감염된 환자의 변으로부터 식중독을 유발할 수 있으므로 철저한 개인위생(손 씻기 등) 수칙을 준수해야 하며 환자는 격리 치료해야 한다. 다른 식중독균과 같이 열에 약하여 75℃에서 3분간 가열하면 사멸하므로 분쇄육 등은 중심부까지 충분히 익히고 가급적 신속하게 먹어야 한다.

갈았거나 세절된 소고기는 철저하게 저온상태를 유지해야 하고 공정 후 단시간 내에 섭취할 수 있도록 조치해야 한다. 식육가공공장에서는 안전한 식육생산을 위한 HACCP 제도를 도입하고 가공공정 중에 사용되는 기기 및 기구는 허용된 소독제(차아염소산나트륨 50~100 ppm)로 충분히 분무하여 살균 후 사용하도록 한다. 우물물이나 공동 식수를 사용할 경우에는 수시 소독과 정기적인 수질 검사를 실시하여 음료수의 위생관리도 철저히 지켜야 한다.

3.2.1.5 리스테리아 모노사이토제네스(*Listeria monocytogenes*)균

Listeria 식중독은 1980년 이전까지는 간헐적으로 발생되었으나, 1980년대에 북미, 유럽에서 연속적으로 집단 식중독이 발생되었으며 1981년 3월부터 9월까지 캐나다에서 양배추를 통하여 41명의 환자가 발생하여 17명이 사망하였고 1983년에는 미국 매사추세츠에서 우유를 통해 49명, 1985년에는 미국 로스앤젤레스에서 연치즈(soft cheese)를 통해 142명의 환자가 발생하였다.

1) 특징 및 성상

*L. monocytogenes*는 그람양성 무아포성 통성혐기성균으로 균체에 분포되어 있는 주모성 편모를 가지고 있으며 20~25℃에서 운동성이 가장 크지만 37℃에서는 운동성을 상실한다. 최적 증식온도는 30~36℃이며 0~45℃의 광범위한 온도 범위에서도 생육한다. 중성 내지 약알칼리성 pH에서 생육이 가장 왕성하며, pH 9.8에서도 생육이 가능하지만 pH 4.5 미만에서는 자랄 수 없다.

특히, 이 균은 냉장 온도에서도 오랫동안 생존, 증식할 수 있는 냉온성 세균으로서 다른 세균에 비해 열, 염기, 산에 대한 내성이 비교적 강하며 여러 환경적 여건에서도 생존이 가능하다. 또한, 37℃에서보다 4℃에서 배양한 균의 병원성이 현저히 높고 냉장저장 식품을 통해 식중독을 발생시킨다. 중증인 경우 치사율이 30~40%로 상당히 독성이 강한 식중독균으로 인수공통감염병균으로 알려져 있으며 주로 동물성 식품과 토양에서 생산되는 식품에 많이 오염된다.

*L. monocytogenes*는 1℃의 배지상에서는 경미한 증식을 보이나 3~6℃에서는 성장률이 크게 증가하여 10^8 cell/mL까지 도달할 수 있다. 이 균은 catalase 양성, methyl red 양성, VP 양성이며 셀로비오즈(cellobiose), 에스커린(esculin), 과당, 포도당, 만노오스(mannose) 및 글리세롤로부터 산을 생성하고 양 혈액배지(sheep blood agar)에서 용혈환(β-hemolysis)을 형성하여 용혈독소를 생성하며 이 용혈독소의 생성에 따라 병원성이 좌우된다.

현재까지 11종류의 혈청형이 보고되어 있으며 이 중에서 4b, 1/2a, 1/2b 등에 의한 식중독 발생이 90% 이상인 것으로 알려져 있고, 4b는 북미와 관련된 식중독의 80%를 차지한다. 농, 축, 수산식품 등 다양한 경로를 통해 1980년대 중반 이후부터 발생 빈도가 높아진 *L. monocytogenes*는 식품산업과 공중위생 분야에서 매우 중요하게 인식되고 있다.

2) 증상

*L. monocytogenes*는 양의 유산이나 수막염의 원인균으로서 작용하며 인체 내의 감염은 오염된 식품 등으로 이루어지나 감염된 동물과의 집적적인 접촉에 의해서도 가능하다. *L. monocytogenes*에 감염되어 나타나는 질병인 리스테리아증(Listeriosis)은 소, 양, 돼지 등 동물이나 조류의 뇌염과 유산, 패혈증을 일으킨다. 사람에게 감염하여 임산부, 신생아 및 노인 등 면역력이 저하된 사람에게 발생한다.

주된 증상으로 흔히 발열, 두통, 구토 등 전구 증상이 나타나며 복통, 설사 등의 위장염 증상은 없으며 일단 감염증을 일으킨 환자는 30%에 달하는 높은 치사율을 나타낸다.

3) 발생현황 및 원인식품

사람에게 리스테리아증을 보인 사례는 1923년 미국에서 처음 보고되었으며 리스테리아증은 1980년대 이전까지는 반추동물에서 뇌막염을 일으키는 질병으로 감염동물과 접촉하는 양축가와 수의사, 그리고 식육 취급업자 등에게서 산발적으로 발생하는 인수공통감염병으로 알려졌다. 그러나 최근에는 *L. monocytogenes*가 오염된 식품의 섭취에 의해서 발생되며 감염된 동물에서 사람에게로 간접적으로 전파될 수 있음이 밝혀졌다.

*L. monocytogenes*에 의한 식중독은 1980년대 후반에 유럽과 북미 지역에서 발병해 20~30%의 높은 치사율을 보임으로써 새로운 공중보건학

적 문제로 대두되었으며 식육 및 계육제품, 생선류, 채소, 원유, 도축장의 폐수 등에서 높은 분리율을 나타내었다. 미국의 FoodNet에 의하면, 미국에서는 매년 1,000,000명당 3.3건의 리스테리아증이 발생하고 있는 것으로 추정하고 있으며 EU에서는 연간 1,439건이 발생하였고 이는 인구 100,000명당 0.3건의 발생률인 것으로 나타났다. 1981년에는 *L. monocytogenes*에 오염된 양배추 샐러드를 섭취한 후 44건의 유산, 사산, 감염된 유아의 분만이 발생하였으며 2008년에는 캐나다에서 샌드위치를 섭취한 후 12명이 사망하는 사고가 발생하였다.

반면에, 우리나라에서는 1993년 뉴질랜드산 수입 홍합에서 최초로 *L. monocytogenes*가 검출된 이후 국내에서 생산된 원유, 우유, 냉동만두와 피자 등의 냉동식품, 미국산 아이스크림 등에서 검출되어 사회적으로 문제를 일으킨 바 있으나 아직까지 *L. monocytogenes*에 의한 식중독이 발생한 사례는 없다. 그러나 병원에 입원한 수막뇌염 및 패혈증 환자에서 원인균이 분리되고 있으며, 특히 냉장 및 냉동식육, 분쇄육에서 높은 수준의 분리율을 나타내고 있어 냉장식품 보관을 통한 집단식중독 발생가능성이 매우 높은 것으로 여겨진다.

원인식품은 오염된 우유, 치즈, 아이스크림 등 유가공품, 가금육, 식육 등 육류 제품, 생선, 어패류, 만두, 냉동식품, 채소류 등으로 알려져 있다.

4) 예방

*L. monocytogenes*는 자연계에 널리 분포되어 있고 고염, 저온상태 등 각종 식품가공 및 제조과정에서도 잘 적응하여 성장하기 때문에 균의 오염 자체를 예방한다는 것은 매우 어려운 일이다. 한편, 슈퍼마켓, 편의점 등과 같은 식품취급업소에서는 냉동, 냉장식품의 저장 시 철저한 온도유지와 식육이나 생선 등은 다른 제품과 분리 보관하여 2차 오염에 주의해야 한다.

생식을 피하고 충분히 조리 후 섭취해야 하며, 다른 식품과 분리하여 보관하고 냉장고는 철저한 온도관리와 청결을 유지하고 섭취 후 남은 음식은 5℃ 이하의 온도에서 보존한다.

3.2.1.6 캄필로박터 제주니(*Campylobacter jejuni*)균

*Campylobacter jejuni*가 오염되어 있는 식품을 섭취할 경우 발생하는 감염형 식중독이다. *C. jejuni*는 건강한 동물의 장관 내에 많이 분포하고 있으며, 1971년 사람의 설사변에서 검출된 이후부터 식품이나 동물의 분변을 매개로 하여 사람에게 장염을 일으키는 병원성이 밝혀지면서 식중독 발생빈도가 높은 식중독균으로 관심의 대상이 되고 있다.

1) 성상 및 특성

*C. jejuni*는 아포를 생성하지 않는 그람음성 간균으로 만곡형 S자 또는 나선형이며, 한쪽 또는 양쪽 끝에 편모를 갖고 있어 특유의 screw상 나선 운동을 한다. 세포의 크기는 길이 0.5~8 μm, 넓이는 0.2 μm으로 다양하다. 균체보다 2~3배 긴 편모를 가지고 있으며 미호기성 세균으로 대기 중의 산소 농도인 21%보다 낮은 3~15% 정도에서 잘 증식하고 산소가 충분한 호기적 조건에서는 완전하게 증식할 수 없으나, 10℃ 이하의 저온에서는 호기적인 조건하에서도 어느 정도 생존이 가능하다.

최적 생육환경은 질소 85%, 탄산가스 10%, 산소 5%에서 최적 생육온도는 30℃이고 최고 생육온도는 42~46℃로 호열성 세균으로 살모넬라균이나 장염 비브리오균이 증식 가능한 30℃ 이하에서는 증식하지 못한다. 열에 약하여 60℃, 30분 가열로 완전하게 사멸되며 동결조건에서 1개월 이상 생존 가능하나 건조한 환경에는 약하다. 최적 생육 pH는 6.5~7.5이며 pH 5 이하에서는 급속히 사멸하는 등 산성 환경에서는 매우 약한 특성이 있다.

2) 증상

잠복기는 2~7일로 다른 세균성 식중독보다 매우 길다. 주요 증상은 열, 메스꺼움, 설사, 복통, 두통, 구토, 발열, 권태감을 나타내는 감염형 장염이다. 설사는 수양성이며, 특히 유아의 경우 이질과 유사한 설사를 하며 절반이 혈변을 보인다. 설사는 1일 수십 회 정도이며 1주일 내에 회복된다. 발열은 보통 38~40℃이고 복통은 배꼽 주위나 하복부에서 일어나 통증을 유발하며 복통과 발열은 보통 3~4일 정도면 회복된다.

3) 발생현황 및 원인식품

비위생적으로 관리한 닭, 가금류로 요리한 음식, 조리하는 동안 교차오염, 비살균 우유, 오염된 물 등이 *C. jejuni*에 의한 식중독 발생의 주원인이다. *Campylobacter*균은 현재 미국에서 가장 많이 발생되고 있는 식중독 원인균으로 매년 200만 명 정도 감염되는 것으로 나타났으며 *Campylobacter* 감염증 발생건수 중 79%가 식품으로부터 기인되었고 분리된 균의 90%가 *C. jejuni* 였다.

Campylobacter 감염증 원인의 가장 높은 비중은 불완전가열, 재오염된 닭고기를 섭취한 경우로 전체의 약 50%를 차지하고 있는 것으로 보고되었다. 최근 통계에 의하면, 미국에서 유통 중인 닭고기의 70~90%가 *Campylobacter*균이 오염되어 있는 것으로 나타났으며 *C. jejuni*균에 의

하여 감염되는 Campylosis는 일년 내내 계절에 관계없이 발생되고 특히 학교급식에서 집단적으로 발병하는 사례가 빈번하게 보고되었다. 일반적으로 집단 발생할 경우에는 어른보다는 어린이에게서 쉽게 발병하며 감염 균량은 10^3 CFU/g으로 다른 식중독균과 달리 미량으로도 감염된다.

우리나라에서도 *C. jejuni*에 의한 식중독 발생상황을 보면 2003년도에 1건 발생하여 215명의 환자가 발생한 이후 비슷한 수준으로 유지되어 오다가 2007년에는 7건 발생에 449명의 환자가 발생하였다. 이후 계속해서 증가하는 추세를 보이고 있으며 2018년부터는 평균 13건 정도로 보고되고 있다. 특히 *C. jejuni*가 식육이나 닭고기 등에서 높은 빈도로 분리되고 있고, 식중독 환자가 산발적으로 발생하고 있는 것으로 미루어 이들 균에 의한 집단 식중독 발생을 예의주시해야 할 것이다.

*C. jejuni*는 건강한 동물의 장관 내 뿐만 아니라, 야생조류, 어패류 및 하천 등에 널리 분포하고 있으며 특히 닭, 개, 돼지, 소, 개, 고양이 등에서 보균율이 높고 이들에 의한 2차 오염된 식품과 관련성이 높다. 원인식품으로는 대부분 생우유나 오염된 음용수이며 가금류를 비위생적으로 처리하여 조리한 음식, 식육과 그 가공품, 샐러드 등이 있다.

4) 예방

사람이나 동물의 배설물이 식품에 오염되지 않도록 하고, 동물성 식품 특히 닭고기는 충분히 가열처리하여 섭취해야 하며, 오염된 식육이 조리된 음식물에 접촉되지 않도록 주의해야 한다. 10℃ 이하의 저온이라도 습윤하고 호기적인 조건에서는 장기간 생존하므로 음용수와 조리식품 및 물은 염소처리하거나 60℃ 이상의 온도에서 15분 끓여서 마시고 우물물 경우에는 완전 살균하여 섭취한다. 원재료와 조리식품의 교차오염을 방지하기 위하여 분리 보관이 반드시 필요하며, 소량의 균으로도 발병이 가능하므로 식육으로 인한 2차 오염을 방지해야 한다.

원인식품의 생산, 가공, 유통 및 최종 소비자에 이르기까지의 각 단계에서 HACCP 프로그램을 도입하여 적절한 관리가 필요하고, 농장 사육 관리 개선으로 보균율을 낮추며, 닭고기 처리시설에서 처리 공정 중 조리 기구를 통한 교차오염을 막아야 한다.

3.2.1.7 여시니아 엔테로콜리티카(*Yersinia enterocolitica*)균

*Y. enterocolitica*는 장내세균과에 속하는 균으로 사람에게서 급성위장염을 일으키는 균으로 5℃ 이하의 온도와 진공포장 상태에서도 증식할 수 있기 때문에 식품위생상 중요한 의미를 갖는다(그림 3-5).

그림 3-5 여시니아 엔테로콜리티카균
출처: 식중독 표준업무 지침. 식품의약품안전처, 2020.

1) 특징 및 성상

*Y. enterocolitica*는 통성혐기성이며 타원형 또는 구형인 그람음성 간균으로, 30℃에서는 주모성 편모를 가지나 37℃에서는 편모를 잃고 아포와 협막은 형성하지 않는다. 다른 장관계 병원균에 비하여 발육온도가 낮으며 최적 생육온도 25~30℃이지만 최고온도 44℃까지 생육할 수 있으며, 0~5℃의 냉장 조건에서도 발육이 가능한 저온세균으로 냉장저장 식품에서 주의가 필요하다. 생존과 성장을 위한 pH 범위는 4.0~10.0이지만 최적 pH는 7.2~7.4이다. 이러한 저온증식성 특징 때문에 다른 장내세균과는 달리 가을과 겨울에 가장 많이 검출된다.

*Y. enterocolitica*는 생화학적 성상에 따라 5개의 생물형이 있으며, 혈청학적으로는 O항원 57, H항원 19, K항원 6종류가 있다.

2) 증상

*Y. enterocolitica*는 주로 어린아이 및 노약자에게서 발생하는 기회감염의 성격을 갖고 있으며 잠복기는 6~24시간으로 복통, 발열, 설사, 두통, 구토 등을 동반하는 급성위장질환과 패혈증을 일으킨다. 2차 면역질환으로 피부의 결절성 홍반, 다발성 관절염 등과 같은 여시니아증(Yersiniosis)을 유발하고 그 밖에 충수염, 장간막 임파절염을 일으키기도 한다.

3) 발생현황 및 원인식품

*Y. enterocolitica*는 감염되어 증상이 있는 동안 균을 배출하며, 치료하지 않을 때는 보균자로 되어 2~3개월간 균을 배출한다. 어린이와 노인들에게 잘 감염되며 특히 1세 이하의 유아가 감수성이 가장 높다. 1970년대 캐나다에서 2건, 일본에서 5건, 1976년 미국 뉴욕에서 217명의 학생이 감염된 바 있고 1989년 미국에서 같은 시설의 유아 14명이 감염되었으며 같은 해에 소련에서는 이 균에 오염된 오렌지와 귤의 섭취로 187건의 식중독 발생이 보고되었다. 우리나라에서는 식품 섭취와 관련하여 직접적으로

감염된 사례는 아직까지 보고가 없으나 돈육, 우육, 닭고기, 냉동식품, 먹는 샘물 등 식품에서 검출되었다.

*Y. enterocolitica*는 사람과 동물의 분변에서 분리되며 사람은 보균 동물과의 접촉에 의하여 직접 감염되고, 이 균에 오염된 식품이나 물 등의 매개에 의하여 감염된다. 원인식품은 원유, 저온살균유, 식육, 돈육, 닭고기, 온천수, 물 등 특정 식품에 국한되지 않으며 4℃ 이하의 저온에서도 증식하므로 겨울철에도 식중독이 발생된다.

4) 예방

*Y. enterocolitica*는 식육, 물, 우유 및 유제품 등의 식품에서 분리되며 돼지고기가 주 오염원이기 때문에 도살처리과정 중 철저한 위생관리가 요구된다. 이 균은 4℃ 이하 저온에서도 증식하므로 장기간에 걸친 저온보관은 피하는 것이 좋고 63℃에서 30분간의 열처리에 의해서 사멸되어 돼지고기를 포함한 식품의 조리 시 75℃에서 3분 이상 충분히 조리하여 식중독을 방지하도록 한다.

물의 오염으로 식중독이 발병할 수 있으므로 수원지에 동물과 사람의 분변 유입을 방지하고 상수처리를 관리하고 세척수나 마시는 물은 먹는물 관리법에서 정한 음용수수질기준에 적합한 물을 사용하도록 한다.

3.2.2 독소형 식중독

3.2.2.1 황색포도알균(*Staphylococcus aureus*)

*Stapylocuccus aureus*는 식중독의 원인이 *S. aureus*의 감염에 의한 것이 아니라 이 균의 대사산물인 장독소(enterotoxin)에 의한 것으로 알려져 있다. *S. aureus*에 의한 식중독은 이 균이 식품 중에 증식하여 그 대사산물인 장독소를 생성한 후 경구 섭취할 때 발병되는 식품 내 독소형 식중독이다(그림 3-6).

그림 3-6 황색포도알균

출처: 식중독 표준업무 지침. 식품의약품안전처. 2020.

1) 특징 및 성상

*S. aureus*는 그람양성의 알균이며 편모는 없으며 아포를 형성하지 않는 호기성 또는 통성혐기성균으로 외층에 협막 모양의 점액층을 형성한다. 생육온도는 10~45℃, 최적 생육온도는 35~ 38℃이며, 발육 pH 범위는 4.2~9.3, 최적 pH는 7.0~7.5로 최적 온도와 최적 pH 범위에서 식중독의 원인인 장독소(enterotoxin)가 가장 많이 생성된다.

*S. aureus*는 내염성균으로 7.5%의 소금을 함유하는 배지에서 증식하며, 다른 세균에 비하여 산성이나 알칼리성 조건에서 저항성이 강하며 특히 내건성이 높아 수분활성이 비교적 낮은 식품 중에서도 증식할 수 있다. 또한, *S. aureus*는 여러 탄수화물을 발효하여 산을 생성하며 대부분 황색색소를 생산하고 다른 *Stapylocuccus*속과 달리 혈장응고효소(coagulase)에 양성을 띠며 용혈작용(*B-heamolysis*)이 있다.

한편, 장독소는 *S. aureus*가 식품 중에서 증식할 때 생산되는 체외독소로 면역학적으로 항원성에 따라 A, B, C, D, E, F의 6형이 있다. 이 중 장독소 A가 가장 높은 식중독률(73%)을 나타내었고, D형(40%), C형(15%), B형(1.7%) 순으로 나타났다.

장독소의 생산은 식품의 성분, pH, 식염농도, 온도, 세균의 증식시간 등에 의하여 영향을 받으며 장독소의 최적 pH는 6.8~7.2에 가장 많이 생성되고 pH 5.0 이하나 pH 9.0 이상에서는 생성되지 않는다. 3일, 25~30℃에서는 5시간 정도면 식중독을 일으키는 데 충분한 독소가 생성된다.

2) 증상

*S. aureus*에 의해 생성된 장독소가 신경 수용체를 거쳐 구토중추를 자극하여 구토를 유발하며 그 외에 설사와 복통을 동반한 급성위장염 증상을 보인다. 잠복기는 1~6시간(평균 3시간)으로 매우 짧아 다른 세균성 식중독과 구분된다.

임상증상은 독소 섭취량과 개체 감수성에 따라 다르게 나타나며 치사율은 낮고 24~28시간 내에 회복된다.

3) 발생현황 및 원인식품

*S. aureus*에 의한 우리나라 식중독 발생현황을 보면 2012년 이후부터는 2014년과 2015년을 제외하고는 5건 이하로 발생하였다. *S. aureus*는 사람의 화농소나 콧구멍, 목구멍 등에 많이 존재하므로 이들이 오염원이 되며 이 균들로부터 손을 거치거나 기침, 재채기 등에 의해서 식품에 오염되면 증식하여 장독소를 생성한다.

원인식품은 아주 다양하며 우유 및 치즈, 육류 및 그 가공품, 어패류와 그 가공품, 두부 등과 같은 단백질 식품과 김밥, 도시락, 떡 , 빵, 과자 같은 전분질이 많은 탄수화물 식품에서 주로 발생한다. 장독소에 의한 식중독 발생은 우리나라에서는 탄수화물 식품에서 많이 일어나고 주로 5~9월에 집중하나 최근에는 연중 발생하고, 유럽이나 미국에서는 단백질 식품이 주 원인식품이다. 한편, 우리나라 발생현황을 보면 2012년 이후부터는 2014년과 2015년을 제외하고는 5건 이하로 발생하였다.

4) 예방

*S. aureus*는 건강한 사람의 피부, 점막, 장관 내에도 존재하며 공기, 토양 등의 자연계에 광범위하게 분포하고 있어 완전한 예방대책의 실현이 어려워 주변 환경을 위생적으로 처리하여 감염원을 제거하도록 한다.

장독소는 내열성이 강하여 100℃에서 30분간의 가열로도 파괴되지 않기 때문에 가능한 한 원료를 위생적으로 관리하고 오염방지와 함께 충분한 열처리와 조리 후 신속히 섭취해야 한다. 식품보존은 10℃ 이하의 저온에서 보관해야 하며 유방염에 이환된 소의 젖이나 고기를 섭취하지 않도록 하고 화농 등의 피부 질병에 걸린 사람이 식품조리 시에는 세심한 주의가 필요하다.

3.2.2.2 클로스트리듐 보툴리늄(*Clostridium botulinum*)균

보툴리누스 식중독은 *Cl. botulinum*이 식품 중에 증식하여 그 대사산물인 독소를 생성한 후 경구 섭취할 때 발병되는 대표적인 식품 내 생성 독소형 식중독이다(그림 3-7).

그림 3-7 클로스트리듐 보툴리늄균
출처: 식중독 표준업무 지침, 식품의약품안전처, 2020.

1) 특징 및 성상

토양에 주로 분포하는 *Cl. botulinum*은 그람양성 막대균, 편성혐기성균으로 길이가 3~8 μm이며 협막이 없고 내열성 아포를 형성하고 편모가 있어 운동을 한다. 최적 생육온도는 37℃, 최저 생육온도는 10℃이며 최적 생육 pH는 6.0~8.0이지만, pH 6.0 이하에서는 포자가 생성되지 않는다.

*Cl. botulinum*은 젖당과 설탕은 분해하지 않으며 난황배지에서는 리파제(lipase)를 생성하여 집락 부분이 혼탁되고 표면에 진주빛 광택이 있으나 혈액한천배지에서는 용혈환을 만든다.

*Cl. botulinum*은 균체외 신경독소를 생산하고 면역학적 성질에 의해서 A~G의 7형으로 분류된다. 이 중에서 사람에게 식중독을 일으키는 것은 A, B, E, F형이며 C와 D형 균은 가축 및 야생동물에게 발생한다. 일반적으로 A형이 가장 치명적이며 E형은 A형에 비해 독소생산력이 약하고 A형 균은 야채, 과일, 육류, B형 균은 육류, 사료, E형 균은 어패류, F형 균은 육류와 관계가 깊다. 특히, *Cl. botulinum*은 A형과 B형 균은 내열성이 강하여 100℃에서 6시간 이상 가열해야 사멸되지만, E형 균은 80℃에서 6분 가열에 사멸되며 3℃에서도 발육하여 신경독소를 생산할 수도 있다.

2) 증상

잠복기는 12~36시간이지만 A, B형은 72시간 후에 발병하며 E형은 2~4시간 이내에 신경 증상이 나타나기도 한다. 신경 증상은 구기, 구토, 설사 등의 위장 증상이 온 후에 나타나며, 진행됨에 따라 시신경 마비로 약시, 복시, 동공 확대 등이 나타난다. 복부 팽만, 변비, 근육 마비로 보행이 곤란해지고 결국은 호흡부전에 의하여 사망한다.

3) 발생현황 및 원인식품

*Cl. botulinum*에 의한 식중독 발생은 세계적으로 발생하며 나라와 지역에 따라 차이가 있다. 구미에서는 A형, B형 균에 의한 것이 많고 E형 균은 일본, 캐나다, 러시아, 스칸디나비아 제국 등에서 주로 발생하였다. 사망률은 비교적 높은 편으로 미국에서는 1950년 이전에는 67%, 1970년 이후에는 13.4%였으며 캐나다에서는 22.7%, 독일에서는 14.7%, 일본에서는 26% 정도였다. 우리나라에서는 2003년에 소시지를 섭취한 사람으로부터 1건의 보툴리즘 식중독 사례가 보고되었으나 이후 지금까지는 단 한 건도 발생하지 않았다.

원인식품은 과일이나 채소의 병조림, 생선의 발효제품, 어류의 훈제품, 식육제품, 조미소스 등인데 나라마다 식습관의 차이로 주원인식품이 다르다. 독일은 햄, 소시지 등의 식육제품이 많고 소련과 프랑스에서는 어류의 훈제품이나 식초절임, 미국의 경우 채소나 과일의 병조림, 통조림 식품류가 많은데 특히 가열이 불충분한 가정 내 제조(home-made) 제품에서 많이 발생한다. *Cl. botulinum*균 식중독 원인식품은 나라마다 식습관의 차이로 다르다. 독일은 햄, 소시지 등의 식육제품이 많고 소련과 프랑스에서는 어류의 훈제품이나 식초절임, 미국의 경우 채소나 과일의 병조림, 통조림 식품류가 많은데 특히 가열이 불충분한 가정 내 제조(home-made) 제품에서 많이 발생한다.

4) 예방

토양에 의한 오염을 방지하고 열처리를 하거나 방사선조사 등으로 포자를 파괴시키거나 균의 증식을 억제하며 식품 중에 생산된 독소를 불활성화해야 한다. 물리적인 예방방법으로 pH 4.5 이하, 수분활성도 0.94 이하, 온도 3.3℃ 이하의 조건을 유지하는 방법과 항균제 첨가와 같은 화학적 방법으로 포자의 발아 및 균의 증식을 방지할 수 있다.

3.2.2.3 바실러스 세레우스(*Bacillus cereus*)균

*B. cereus*에 의한 식중독은 구토형 독소(emetic toxin)와 설사형 독소(enterotoxin)가 있으며 구토형 독소는 원인균이 식품에서 증식하여 독소를 생성한 후 섭취할 때 발병을 일으키는 독소로 식품 내 생성 독소형이고, 설사형 독소는 식품에서는 독소를 생성하지 않고 장내에서 균이 증식한 후 독소를 생성하여 발병시키는 장 내 독소형 식중독이다(그림 3-8).

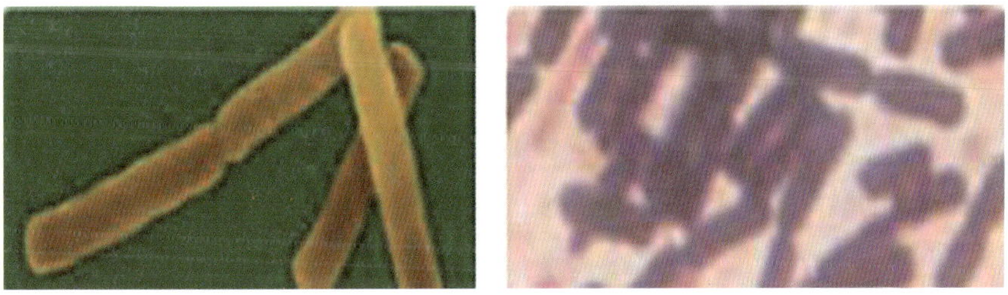

그림 3-8 바실러스 세레우스균의 전자현미경 사진
출처: 식중독 표준업무 지침, 식품의약품안전처, 2020.

1) 특징 및 성상

*B. cereus*는 그람양성 간균으로 내열성 포자를 형성하며 주모성 편모가 있어 운동을 하는 통성혐기성균이다(그림 3-3). *B. cereus*는 음식물에서 쉽게 포자를 형성하며 독소생성은 균의 성장이 정지기에 이르렀을 때 일어나고 135℃에서 4시간 가열에도 사멸되지 않는다. *B. cereus*는 영양세포의 최적 생육온도는 37℃이고 최고 생육온도는 49℃, 최저 생육온도는 7℃이며 pH 5.7과 7% NaCl에서 생육이 가능하다. 또한, β-용혈현상을 가지고 있고 레시치네이즈(lecithinase)를 생성하여 난황(egg-yolk) 반응에 양성을 나타내는 것이 다른 *Bacillus*속과 구별된다.

*B. cereus*가 생산하는 설사형 독소는 분자량이 5.5~6만의 고분자 단백질로 약 17개의 아미노산으로 구성되어 있으며 식품에서는 독소를 생성하지 않고 장 내에서 균이 증식한 후 독소를 생성한다.

구토형 독소는 식품에서 증식하여 독소를 생성한 후 섭취할 때 발병을 일으키는 독소로서 분자량 1만 이하의 저분자 펩티드(peptide)이며 내열성이 강해 126℃로 90분간 가열하여도 파괴되지 않고 산, 알칼리, 단백질 가수분해효소에도 저항력을 갖는다.

2) 증상

설사형 식중독의 증상은 설사를 주증상으로 하며 *Cl. perfringenes* 식중독과 그 증상이 유사하고 음식 섭취 후 8~16시간 이후에 수인성 설사, 어지럼증과 복통 등이 일어난다. 메스꺼움이 설사와 동반되기도 하지만 대부분 구토 증상은 없으며 24시간 정도 지속되다가 회복된다. 반면에 구토형 식중독 증상은 *S. aureus*에 의해 발생되는 식중독 증상과 유사하며 잠복기는 1~5시간으로 메스꺼움, 구토를 일으키고 가끔 심한 복통과 설사를 일으키며 증상은 24시간 내에 가라앉는다.

식중독 발생과 관련한 균수는 설사형의 경우 5.0×10^7~9.5×10^8/g이고 구토형의 경우 1.0×10^6~5.0×10^7/g으로 보고되었다.

3) 발생현황 및 원인식품

*B. cereus*균은 토양 등 자연 환경에 널리 분포되고 있는데 주요 오염원은 대부분 조리식품으로 실온에 오래 방치하면 *B. cereus*균이 증식하여 균수가 10^6 cell/g 이상되었을 때 식중독을 일으킨다. 이 우리나라 발생현황을 보면 2003년 이후 발생건수는 20건 미만이며 발생건수당 환자수는 2014년부터 2017년까지 10명 미만이었지만 2018년에는 16명(발생건수 15), 2019년에는 15명(발생건수 5), 2020년에는 14명(발생건수 1)인 것으로 나타났다.

원인식품으로는 설사형은 향신료를 사용한 식품이나 육류 및 채소의 수프, 조리한 식육 및 소시지의 육가공품, 바닐라소스, 푸딩 등이 있으며, 구토형은 볶음밥, 쌀밥 등 탄수화물 식품이다.

4) 예방

*B. cereus*는 자연환경에 항상 존재하는 세균 중의 하나로 원료에서 대부분 오염되기 때문에 미리 오염을 방지하는 것은 상당히 어렵다. 또한, 생성된 포자는 가열, 조리 등의 처리로 사멸되지 않으며 적당한 조건이 되면

발아되어 영양세포로 분열, 증식하여 부패 및 변패를 일으키고 충분한 균수로 증가하여 식중독을 일으킨다. 다른 식중독과 마찬가지로 대량으로 균을 섭취하지 않도록 하며, 발아를 막고 영양세포의 증식을 방지하도록 한다. 식품가공 및 조리환경의 위생관리를 철저히 하며 원재료나 조리식품으로 인한 2차 오염이 생기지 않도록 주의한다. 장기간 실온방치하는 경우 식중독이 발생할 수 있으므로 식품의 온도와 시간의 관리가 중요하다.

3.2.2.4 클로스트리듐 퍼프린젠스(*Clostridium perfringens*)균

*Clostridium perfringens*균은 이열성의 아포균으로 과거에는 *Cl. welchii*라 하였으며 식품에서는 독소를 생성하지 않고 장내에서 균이 증식한 후 독소를 생성하기 때문에 장관 내 생성 독소형 식중독으로 분류하고 있다(그림 3-9).

그림 3-9 클로스트리듐 퍼프린젠스균
출처: 식중독 표준업무 지침. 식품의약품안전처, 2020.

1) 특징 및 성상

*Cl. perfringens*는 그람양성 편성혐기성균으로 포자를 형성하는 간균으로 협막을 형성하고 편모가 없어 운동성이 없나. 생육 최적온도는 43~46℃이며, 최서 생육온도는 10℃이고, 최적 pH는 6.0~7.5이다. 이 균은 12~ 51℃에서 발육 가능하고 생존환경이 나빠지면 포자를 형성하는데 포자의 최적 발아 조건은 온도 30℃, pH는 6.0이며 생성된 포자는 내열성이 있어서 100℃에서 4분을 가열해도 사멸하지 않는다.

한편, *Cl. perfringens*는 젖당을 비롯한 대부분의 당을 발효하여 산과 가스를 형성하며 이때 생성된 산에 의해 케이신(casein)을 응고시키고 이것이 가스에 의해 붕괴된다. 이 균은 장관 내에서 증식하여 포자를 형성하여 장독소(enterotoxin)를 생산한다.

*Cl. perfringens*는 최적배양과정에서 포자형성과 더불어 12종류의 균체외 독소(exotoxin)를 생산한다. 독소 단백질의 종류에 따라 A, B, C, D, E, F의 6균형으로 분류하는데 사람에게 식중독을 일으키는 독소는 99%가 A형이며 가스괴저의 원인으로 추청되는 α-독소 이외에 설사증의

원인인 장독소를 생산한다. A형은 100℃에서 1~4시간 가열하여도 사멸하지 않는 내열성 포자가 많으나 B, C, D 및 E형은 100℃에서 5분이면 사멸된다. 장독소는 분자량이 30,000 정도의 단백질로서 60℃에서 4분 정도 가열하면 파괴되는 이열성 독소이다.

2) 증상

*Cl. perfringens*는 오염된 식품에서 영양형으로 존재하며 생육할 때 독소는 생성하지 않으나 10^7~10^9 cell/g 정도 대량 생육한 *Cl. perfringens*를 섭취하면 소장에서 생육할 때에 형성된 포자가 가수분해에 의해 장독소를 생성한다. 이때 생성된 장독소는 장관의 조직세포를 자극하여 모세혈관의 수분이나 염류를 방출하여 설사를 일으킨다. A형 식중독은 설사형 *B. cereus* 식중독과 유사한 증상을 보이며 잠복기가 8~20시간(평균 12시간)이다. 설사와 복통을 주증상으로 하고 구토와 발열은 거의 없으며 식중독 증상은 경미하여 통상 1일 정도면 회복되지만 F형 식중독은 수 시간의 잠복기 후 구역질과 구토를 일으키고 이후 점혈이 섞인 심한 설사와 복통을 일으키며 심할 경우 치사율이 40%에 달한다.

3) 발생현황 및 원인식품

*Cl. perfringens*에 의한 식중독은 연중 발생되며 대규모로 집단 발생하는 것이 특징이다. 북미, 유럽, 일본 등에서는 *Cl. perfringens*에 의한 식중독 발생사례 보고가 1940년대 후반부터 진행되었으며 우리나라에서는 2001년에 레토르트 제품에서 처음으로 *Cl. perfringens*가 검출되었으나 발병은 없었고, 2003년에 처음으로 식중독이 보고되었으며 1건이 발생하여 12명의 환자가 발생하였다. 이후 지속적으로 식중독 발생이 보고되었고 2013년까지 발생건수가 크게 증가하다가 이후 감소하는 추세를 보이고 있다. 특히, 2014년에는 경기도의 한 고등학교 급식에서 *Cl. perfringens*균이 검출되어 집단 식중독을 일으켜 환자수가 크게 증가하였다.

*Cl. perfringens*에 의한 식중독은 한꺼번에 많은 양의 음식을 가열 조리해야 하는 단체 급식소 등에서 식품을 대량 조리 후 상온에서 방치하면 *Cl. perfringens*균이 급속하게 증식하여 대형 식중독 사건이 발생될 수 있으므로 주의해야 한다.

원인식품은 육류와 가금류, 어육 연제품 등의 가공품 동물성 단백질 식품이나 기름에 튀긴 식품이며 공기가 있는 경우에는 증식이 불가능한 편성혐기성균이므로 가열 조리 식품이 주요한 원인이 되기도 한다.

4) 예방

Cl. perfringens 식중독은 단백질 식품이나 가열조리 식품이 원인이 되기 때문에 이들 식품을 조리한 경우에는 가열조리 후에도 균이 남아 있어 식품 속에서 균이 번식하기에 유리한 조건이 되고 영양세포로 급속하게 번식할 수 있으므로 가열조리 후에 즉시 섭취하거나 가능하면 빨리 냉각한다. 가열 조리한 식품을 보존할 때는 많은 양을 한꺼번에 저장하지 않고 덩어리가 작거나 얕은 용기에 나누어 냉장 보관하여 냉각효과를 높이고 혐기도를 낮추도록 한다. 또한, 냉장해 두었던 식품은 섭취 전 꼭 재가열한 후 섭취하도록 한다.

3.3 바이러스(Virus)성 식중독

Virus는 동식물의 세포나 세균세포에 기생하는 0.5 μm 정도의 초여과성 미생물로서 크기가 작기도 하지만 일반 미생물과는 구조적인 차이가 있다. 형태는 구형, 간형, 올챙이형 등 여러 가지가 있으며 DNA, RNA의 핵산을 보호하는 역할을 하는 단백질로 이루어져 있다. Virus는 여러 질병을 일으킬 수 있는데 대표적으로 전염성 위장염과 감염 등이 있으며 전염성 위장염은 선진국에서 발생빈도수가 높고 유아에서 발생하는 위장염은 대부분 바이러스성이 많다.

최근 virus에 의한 식중독 발생이 증가하고 있는데 식품매개 virus성 식중독은 인체에 유해한 virus에 오염된 식품이나 물의 섭취로 인하여 나타나는 건강상의 장애를 일으키며 주로 사람에게는 장염을 일으키고 일부는 간염이나 기타 신경 증상을 일으키기도 한다. 식품이나 물을 통하여 장염을 유발하는 주요 원인 바이러스는 노로바이러스(norovirus) 그룹으로 전염력이 강하여 사람과 사람으로 쉽게 전파되며 소형구형 바이러스로 노로바이러스(Norwalk-like virus, norovirus), 카리시바이러스(calicivirus), 아스트로바이러스(astrovirus)가 있으며, 그 외 로타바이러스(rotavirus)와 아데노바이러스(adenovirus) 등이 있다.

우리나라에서는 2003년에 norovirus에 의해 14건의 발생건수와 1,442명의 환자가 집단적으로 발병함으로써 집중적으로 virus 식중독 원인체로 주목을 받기 시작하였다. 특히 2006년 6월에 학교급식에서 norovirus에 의한 집단 시중독 사고가 발생한 이후, norovirus를 4개의 감염병 예방법상 병원체 감시대상 지정감염병으로 분류하였다.

바이러스 식중독은 원인물질에 따라 생물학적 식중독으로 분류되며 감염형에 속하지만 세균성 식중독과 다른 점은 미량의 균량(10~100 cell)으

표 3-7 세균성 식중독과 바이러스성 식중독의 차이

특성	세균성 식중독	바이러스성 식중독
발병	병원성세균의 증식 또는 생성된 독소에 의하여 식중독 발병	크기가 작은 DNA 또는 RNA가 단백질 외피에 둘러싸여 숙주에 기생하여 발병
증식	온도, 영양조건 등 적절한 환경조건에서 자체적으로 증식함	자체증식이 불가능하며 반드시 살아 있는 숙주에서 증식이 가능함
발병균량	다량의 균이 필요함	미량(10~100 cell)으로 발병 가능함
증상	설사, 구토, 메스꺼움, 발열, 두통 등 위장염증세	설사, 구토, 메스꺼움, 발열, 두통 등 위장염증세
치료	항생제로 치료 가능하며 일부 균은 백신이 개발됨	치료법이나 백신이 없음
감염	대부분 2차 감염 없음	대부분 2차 감염됨

로 발병이 가능하고 2차 감염으로 인하여 집단 식중독을 유발시킬 수 있어 수인성 감염병과 유사하다(표 3-7).

식중독 발생의 위해요소 중 80% 이상은 미생물에 의한 식중독으로 이 중 세균성 식중독이 거의 대부분을 차지하였으며 2005년 이전까지는 *Salmonella*, *V. parahaemoliticus*, *S. aureus* 등 세균성 식중독의 발생건수와 환자수가 대부분을 차지하였으나, 2006년 이후부터는 norovirus, pathogenic *E. coli*, *Salmonella* 순으로 발생건수와 환자수가 현저하게 다른 양상을 나타내고 있다. 따라서 과거와는 달리 2006년 이후부터 우리나라에서 식중독 사고의 주요 원인체가 기존의 *Salmonella*, *V. parahaemoliticus*, *S. aureus*균에서 norovirus, 병원성 *E. coli*로 급격하게 변화하는 것은 매우 주시해야 할 일이라 하겠다.

3.3.1 노로바이러스(Norovirus)

식품의 국제적 유통과 소비로 새로운 위험이 늘고 있으며, 최근에는 이전에 볼 수 없었던 식중독이 새롭게 등장하여 발생건수와 감염환자 수가 증가하여 사람들을 불안하게 하고 있으며 norovirus에 의한 식중독이 이 범주에 든다.

Norovirus는 1968년 미국 오하이오주의 Norwalk라는 마을의 초등학교에서 집단 발생한 급성위장염환자의 대변에서 검출되었으며 그 마을 이름을 따라 Norwalk virus라고 불리게 되었다. 이 바이러스는 1972년에 전자현미경으로 그 형태가 밝혀졌고 유전자도 상세하게 밝혀져 소형의 구형 바이러스가 비세균성 급성위장염을 일으키는 것으로 알려졌다. 따라서 norovirus는 전자현미경으로 관찰되는 현대학적 분류이며 SRSV(소형

구형 바이러스) 또는 노르워크형 바이러스(Norwalk-like virus)라는 속명으로 불려온 바이러스로서 2002년 여름 국제바이러스 명명위원회가 norovirus를 정식 명칭으로 결정하였다.

우리나라에서는 norovirus가 1999년에 처음으로 보고되었으며 2003년에 집단설사를 유행시키면서 주목받기 시작하여 현재까지 지속적으로 norovirus에 의한 집단 설사발병 사례가 보고되었고 바이러스 감염형이 병원체의 18.9%를 차지하는 것으로 밝혀져 norovirus가 집단 식중독을 유발하는 중요 병원체로 부각되었다(그림 3-10).

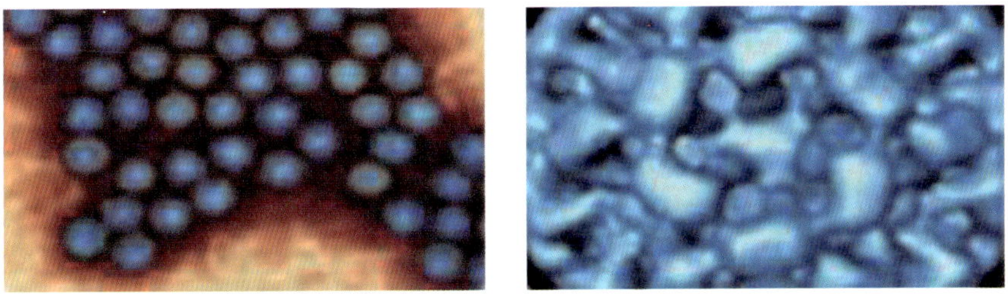

그림 3-10 노로바이러스
출처: 식중독 표준업무 지침. 식품의약품안전처, 2020.

3.3.1.1 특징 및 성상

Norovirus는 caliciviruses군의 일종으로 크기가 27 nm 정도인 아주 작은 구형바이러스로 단일가닥 RNA로 외피기 없는 것이 특징이다. Norovirus는 사람의 분변이 주 오염원으로서 식품이나 물속에서 생육하지 않고 장 내에 생육하는 것이 특징이다. 감염 균량은 1~100개로 다른 바이러스와 마찬가지로 에탄올을 분무하면 거의 사멸되며, 10분간 가열하면 대부분 감염력이 상실된다. 항생제로 치유되지 않고 인체에서만 생장하여 질병을 유발한다.

3.3.1.2 증상

잠복기는 1~2일 후에 발병하는 것이 일반적이며, 메스꺼움과 구토를 시작으로 복통, 설사, 오심 등의 급성위장염 증상을 일으킨다. 어린이에게는 구토가 많고, 어른에게는 설사가 주로 나타나며 12~72시간이 지나면 자연 회복되지만 노인이나 면역력이 약한 환자에서 심한 탈수 현상을 일으키는 등 개인적인 건강상태에 따라 잠복기와 회복기의 시간이 달라질 수 있다.

3.3.1.3 발생현황 및 원인식품

우리나라에서는 2000년 전까지만 해도 norovirus에 의한 식중독 발생이 보고되지 않았다. 2003년을 시점으로 하여 집단 설사 환자들이 급증하기 시작하였으며 2000~2006년 norovirus에 의한 평균 식중독 발생현황을 보면 발생건수는 223건, 감염 환자의 수는 7,869명으로 조사되었다. 해를 거듭할수록 norovirus에 의한 감염 환자는 크게 늘어나는 경향을 나타냈으나 2014년 이후부터는 조금 감소하여 평균 1,000명대를 유지하는 것으로 보고되었고 11월부터 다음 해 4월까지가 발생률이 높은 것으로 나타나 겨울 식중독의 대표적인 원인으로 알려져 있다. 한편, norovirus는 전 세계적으로 널리 분포되어 감염이 보고되고 있으며 특히 미국, 일본, 호주, 프랑스, 스페인, 영국, 네덜란드, 아일랜드, 스위스 등에서 감염사례가 늘어나고 있다.

원인식품으로는 굴과 모시조개, 대합 등 조개류를 날것으로 섭취하거나 야채샐러드, 케이크, 샌드위치, 빵, 도시락 등 비가열 식품으로부터 매개되는 경우가 많다. 특히, 사람의 분변에 오염된 물이나 식품에 의해 발생되므로 이러한 오염된 식품을 조리하기 위해서는 조리기구 등도 오염원이 될 수 있으므로 철저히 위생관리에 힘써야 한다.

3.3.1.4 예방

Norovirus는 항원이 매우 다양하고 계속 진화하고 있어 백신 개발에 어려움이 따른다. 현재 알려진 치료법으로는 수액요법이 있으며 백신 개발의 어려움으로 인해 무엇보다 사전에 예방하는 생활습관이 필요하다. 직접적인 오염원은 사람의 분변에서 시작되므로 배설물과 기타 관련 오염원을 사전에 차단하고 주위의 식수나 환경을 깨끗이 위생적으로 관리하는 것이 중요하다. 소아, 노인, 환자의 경우는 위험하기 때문에 다음과 같은 예방법을 준수해야 한다.

① 설사 증상이 있는 사람은 식품취급을 금지하고 감염된 환자는 격리해야 한다.
② 식품취급자의 건강상태와 손을 자주 씻는 등의 철저한 위생교육을 실시한다.
③ 병원, 학교, 대형식당, 보육원 등 집단급식시설에서의 위생관리를 철저히 한다.
④ 가열처리하지 않은 굴, 어패류, 조개류의 섭취를 피한다.

3.3.2 로타바이러스(Rotavirus)

Rotavirus는 급성설사를 일으키는 주요 병원균으로 급성 설사증으로 입원한 어린이의 십이지장 내용물에서 발견되었다. 유아에게는 구토, 설사증을 유발하지만 성인에게는 유행성 위장염을 유발한다. 항원성에 따라 A~G의 7종류의 혈청군으로 분류하며, 사람에게는 A~C군이 병원성을 나타내고 A군이 가장 많이 감염되지만 동물에서는 모든 혈청군이 감염된다. 로타바이러스는 춥고 건조한 겨울에 많이 발생되며 공기, 물, 음식 등을 통해 감염되고 동물의 병원체는 사람에게 전이되지 않는다.

잠복기는 1~3일 정도이며 아주 적은 양으로도 감염이 가능하고 증상은 발열, 가벼운 복통과 구토, 호흡기 증상을 보이며 약 30% 정도가 설사를 일으킨다. 주로 2세 이하의 영유아가 감수성이 높고 면역력이 없는 사람에게서 쉽게 증상이 나타난다. 효과적인 예방법은 아직 알려져 있지 않으며 백신의 경우 영아용 백신만 개발되어 있기 때문에 개인위생을 철저히 준수하고 위생적인 식습관을 생활화해야 한다(그림 3-11).

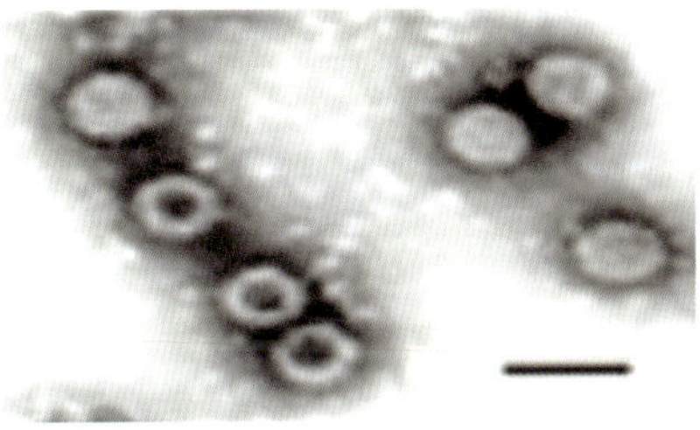

그림 3-11 **로타바이러스**
출처: 식중독 표준업무 지침, 식품의약품안전처, 2020.

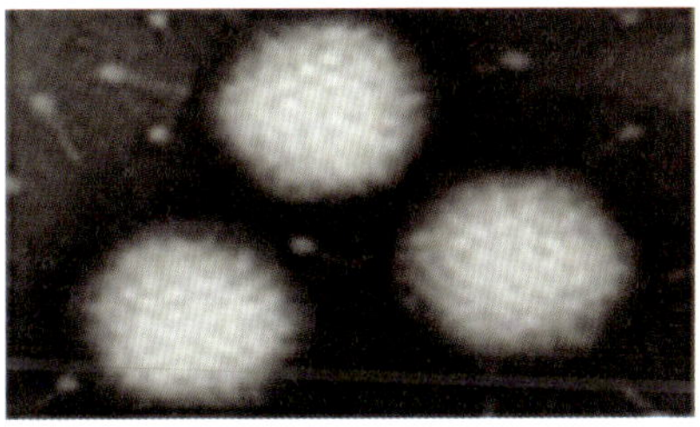

그림 3-12 **아데노바이러스**
출처: 식중독 표준업무 지침, 식품의약품안전처, 2020.

3.3.3 아데노바이러스(Adenovirus)

Adenovirus는 세계 도처에 널리 분포되어 있으며, 여러 종류의 질환을 일으키는 virus로 현재 원인체로 49개의 혈청형이 알려져 있다. 혈청형은 질병과 밀접한 관계가 있으며 rotavirus에 감염 시 급성위장염은 31, 40 및 41형으로 구성되어 있으며 최근에는 혈청형 40 및 41형으로 된 장관 adenovirus가 검출되어 3~14%에서 유아설사증을 유발하는 것으로 추정된다. 외국에서도 장관 adenovirus 40형과 41형이 유행하는 것으로 보고되었으며 주로 3세 이하의 영유아에서 발병한다. 사람이나 동물의 분변을 통한 경구감염이 주 경로이며 급성 환자에게서는 다량의 virus가 배설된다.

잠복기는 보통 7일로 다른 virus보다 긴 것이 특징이며, 주 증상은 설사이고 발열, 구토와 상기도 염증을 동반한다. 설사는 1일 3~30회로 다양하며 발열은 37.5~38.9℃이고 약 2일 정도 지속되나 경미하다(그림 3-12).

3.3.4 칼리시바이러스(Calicivirus)

소형구형 virus로 직경이 30~38 nm의 외피를 갖는 소형구형 virus이며 영유아에게 발생하여 위장염을 일으킨다. 이 virus는 전 세계에 분포하고 있으며 주로 젖먹이부터 4~5세 어린이에게 감염하여 위장염을 일으킨다. 감염원은 젖먹이 어린이 수용시설에서 사용하고 있는 우유와 식수를 매개로 하여 발병한다. 증상은 설사, 구토, 발열 등 rotavirus와 유사하며 증세는 경미한 편이다.

3.4 곰팡이독소(Mycotoxin) 식중독

곰팡이독소는 곰팡이가 생산하는 2차 대사산물로서 사람이나 가축에 질병 또는 생리적, 병리적 장애를 유발하는 물질이다. 곰팡이독소는 대부분 저분자 화합물이며 항원성을 가지지 않는 것이 특징이다. 곰팡이독 중독증(mycotoxicosis)은 곰팡이가 생산한 2차 대사산물에 의해 생성된 독소를 경구 섭취로 인해 일어나는 건강장애를 말하며 특정 곰팡이가 탄수화물이 풍부한 곡류나 목초 등의 식물 또는 사료에 증식한 것을 사람이나 동물이 섭취하였을 때 유발될 수 있다.

곰팡이독 중독증은 곰팡이가 생육하기에 적합한 고온다습한 환경에서 많이 발생하고, 전염성이 없으며, 항생물질에 효과가 없다는 것이 특징이다. 또한, 곰팡이독소는 비교적 열에 안정하여 독소에 오염된 식품을 가열하여도 분해되지 않고 잔류될 가능성이 높기 때문에 곡류를 주식으로 하는 우리나라의 경우에는 좀 더 주의해야 할 필요가 있다. 우리나라 사람들은 예로부터 된장, 간장 등 식생활 중에 곰팡이를 이용한 발효식품을 많이 섭취해 왔으며, 육안으로 확인된 곰팡이도 해당 부분만을 제거하면 섭취해도 무방하다고 인식하므로 곰팡이독소에 대한 인식은 매우 낮은 편이다. 곰팡이가 증식한 부분을 제거하여도 그 독소는 제거되지 않으며, 적은 양의 곰팡이독소라도 연속적으로 계속 섭취할 경우 자신도 모르게 장기, 신경 등 각 기관에 질병을 일으키게 될 우려가 있기 때문에 주의해야 한다.

현재까지 알려진 곰팡이독소는 100여 종 이상이 있으며 그 중에서 사람이나 동물에게 식중독을 유발시키는 중요한 곰팡이독소를 중심으로 Conveney는 생체기관에 장애를 일으키는 곰팡이독소를 주된 기관이나 부위에 따라 간장독(hephatotoxin), 신장독(nephrotoxin), 신경독(neurotoxin), 위장독(gastrotoxin) 등으로 다음과 같이 분류하였다.

① 간장독: 동물의 간경변, 간종양 또는 간세포의 괴사를 일으키는 독소

로서 간암을 유발하며 aflatoxin이 대표적 독성물질이다. 이 밖에 rubratoxin A, islanditoxin, luteoskyrin, sterigmatocystin, ochratoxin A 등이 있다.

② 신장독: 콩팥에 급성 또는 만성장애를 일으키는 곰팡이독소로서 citrinin, citremycetin, kojic acid 등이 있다.

③ 신경독: 중추신경계 또는 뇌에 장애를 일으키는 곰팡이독소로서 maltorzine, citreoviridin, patulin 등이 있다.

④ 위장독: 소화기관에 장애를 일으키는 곰팡이독소로서 salframine이 있다.

⑤ 광과민성 피부염 물질: 사람이나 동물이 빛을 쬐면 피부염을 일으키는 원인물질로서 sporidesmin류가 있다.

3.4.1 아스퍼질러스(*Aspergillus*)속 곰팡이독

3.4.1.1 아플라톡신(Aflatoxin)류

Aflatoxin은 *Aspergillus*속 곰팡이가 생산하는 2차 대사산물로서 사람이나 가축, 어류 등에 생리적 장애를 일으키는 물질로서 aflatoxin B1은 사람에게 강력한 발암성 물질로 알려졌다. Aflatoxin은 1960년 봄부터 여름 사이에 영국에 있는 한 농장에서 10만 마리 이상의 칠면조가 간장장애를 일으켜 급사하여 그 원인을 조사한 결과, 브라질에서 수입한 땅콩박에서 *A. flavus*에 오염되어 aflatoxin이 생성되었기 때문인 것으로 밝혀졌다. Aflatoxin을 생성하는 대표적인 곰팡이는 *A. flavus*이며, *A. parasiticus*, *A. wentii*, *A. ostianus* 등으로 알려져 있다. 주로 열대, 아열대 지역인 남미, 아프리카, 동남아시아 등에 많이 분포하고 동일 균주라 할지라도 환경의 변화에 따라 aflatoxin 생성능력이 크게 차이가 났다.

Aflatoxin 생성 최적조건은 온도 25~30℃, 상대 습도가 80~85% 이상, 수분함량이 16% 이상이며 이 조건에서 *A. flavus*에 의한 독소생산이 매우 높다. 주요 오염식품은 탄수화물이 풍부한 쌀, 보리, 옥수수 등의 곡류와 땅콩, 견과, 우유, 유가공품 등이다.

Aflatoxin은 B_1, B_2, G_1, G_2, Q_1, B_{2a}, G_{2a}, B_3, P_1, R_0, M_1, M_2, GM_1을 비롯하여 20여 종이 넘게 밝혀졌으며 $B_1=M_1>G_1>G_2>B_2>M_2>G_2$의 순으로 B_1이 독성이 가장 크고, G_1, B_2, M_1 등은 발암성은 가지고 있다(그림 3-13). Aflatoxin은 물에 불용성이나 아세톤이나 클로로포름에는 녹으며 내열성이 강하다. 특히, aflatoxin B_1은 강력한 발암성 물질로서 강알칼리와 강산성에서는 분해되지만 내열성이 강하여 280~300℃ 이상 가열해야 분해된다.

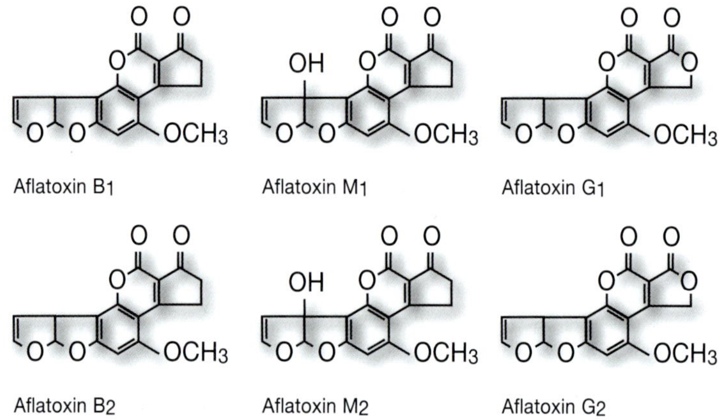

그림 3-13 Aflatoxin의 구조

그림 3-14 Aspergillus flavus 전자현미경

출처: Georgievski B. et al. 2016. QUALITATIVE AND QUANTITATIVE ANALYSIS OF AFLATOXINS IN RAW PEANUTS (*Arachis hypogaea L.*). Journal of environmental protection and ecology 17(3), 961–969.

Aflatoxin은 인체나 동물에 위해성이 높기 때문에 각 나라마다 식품 중의 aflatoxin 허용기준치를 설정하여 규제하고 있으며 그 기준치는 대체로 5~50 ppb 수준을 유지하고 있다(표 3-8). 식품 중 aflatoxin 잠정 허용기준치를 설정하고 있는 나라가 증가하고 있으며 그 기준치도 대체로 5~20 ppb 수준을 유지하고 있다. 우리나라는 식품과 사료 원료 등에 대하여 기준치가 설정되어 있다. 식품이나 사료에서의 aflatoxin 잔류에 대한 법적 허용기준 설정은 보다 엄격해지고 aflatoxin의 잔류량을 더욱 낮은 수준으로 유지하려는 경향을 보이고 있다.

우리나라는 두류, 곡류, 땅콩, 견과류 등에서는 aflatoxin B_1 10 μg/kg, 사료원료에서는 50 μg/kg을 허용기준으로 하는 반면, 일본은 식품에서

표 3-8 각국별 식품 및 사료 중 aflatoxin 최소허용기준

국가	허용한도(ppb)	기준허용	대상식품/사료
Codex	20	B_1, B_2, G_1, G_2	-
미국	10	총량	식품과 사료
한국	10 (50)	B_1	곡류, 두류, 땅콩, 견과류 및 순가공품(사료)
일본	음성 (10~20)	B_1	식품(사료)
중국	50	B_1	쌀, 땅콩, 옥수수 등
영국	5	B_1	견과, 견과류 가공품
프랑스	10	총량	식품
호주	5	총량	식품
브라질	50	B_1	땅콩박

는 불검출이며 사료는 10~20 ppb 이하로 정해 놓고 있다. 많은 유럽 국가들은 우유나 유제품, 유아식품에서의 aflatoxin M1에 대해서는 엄격한 규제를 하고 있는데 반해 미국은 aflatoxin 허용기준치가 다른 나라에 비해 높은 경향을 보이고 있어 국가 간의 이해관계가 aflatoxin 허용기준치 설정에 영향을 주고 있음을 보여주고 있다(그림 3-14).

3.4.1.2 스테리그마토시스틴(Sterigmatocystin)류

Sterigmatocystin은 *A. versicolor*에서 최초로 분리되었고 아플라톡신 생성 과정의 중간 대사체로 알려져 있으며 *A. nidulans*, *A. sidowi* 등이 생성하는 독성물질이다. 이들 독소생성 곰팡이는 비교적 낮은 온도에서도 생육할 수 있기 때문에 주의가 필요하다. 이 독소의 구조 및 발현은 aflatoxin과 유사하며 독성은 aflatoxin의 1/200배 정도로 약하다(그림 3-15). *Aspergillus*속이 생성하는 곰팡이독소 중 sterigmatocystin류 독소에 대해서는 아직까지 연구가 매우 부족한 상태이나 최근 이 독소가 곡류에 오염된 것이 보고됨으로써 관심의 대상이 되고 있다.

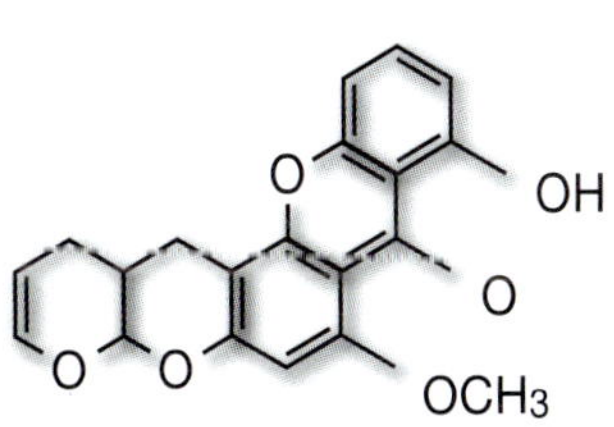

그림 3-15 Sterigmatocystin의 구조

Sterigmatocystin류는 8개 이상의 이성체가 있으며 동물이 섭취하여 중독증을 일으킬 경우 간장과 콩팥의 변성이 초래되고 발암성은 aflatoxin의 1/250배 정도로 보고되어 있으며 낮은 독성은 용해성이 낮기 때문이다.

3.4.1.3 오크라톡신(Ochratoxin)

A. ochraceus 등이 생성하는 독성물질로서 ochratoxin A, B, C를 생산하며 이 중 A가 독성이 가장 강하고 B와 C는 A의 독성의 1/1,000 정도이다(그림 3-16). 주로 신장장애를 일으키는데 신장암과 간에도 손상을 주는 것으로 알려졌다. 독소생성 곰팡이는 광범위한 지역에 분포하며 오염원은 주로 쌀, 보리, 밀, 옥수수, 콩 등이다.

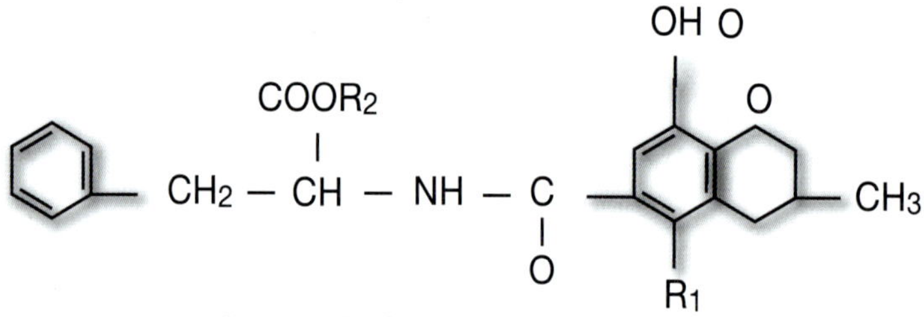

A	R_1=Cl	R_2=H
B	R_1=J	R_2=H
C	R_1=Cl	R_2=C_2H_5

그림 3-16 오크라톡신의 구조

3.4.1.4 말토리진(Maltoryzine)

일본에서 1954년 맥아뿌리를 사료로 먹인 젖소 40마리가 집단식중독을 일으켜 폐사한 사건이 있었는데 원인조사 결과, *Aspergillus* oryzae var *microsporus*에 의해 생성된 maltoryzine 때문이었다. Maltoryzine은 뇌와 중추신경계에 장애를 유발하는 신경독 물질로써 식욕부진, 근육마비, 뇌, 장막에서의 출혈 등을 일으킨다.

3.4.2 페니실리움(*Penicillium*)속 곰팡이독

3.4.2.1 황변미독

쌀의 수분함량이 14~15% 이상의 조건에서는 많은 종류의 곰팡이가 번식하며, 쌀의 맛, 색, 외관상의 변질 등의 변화를 일으키고 해로운 독성물질을 생성하는데 *Penicillium*속의 곰팡이가 오염되어 증식하면 황색의 색소를 생성하여 황변미(yellow rice)를 만들고 이 곰팡이에 의하여 생성된 독소를 황변미독이라 한다. 황변미는 우리나라를 비롯한 동남아시아권의 나라에서 많이 발생한다.

1) 톡시카리움(Toxicarium) 황변미

Toxicarium 황변미는 *P. citreoviride*라 하며 이 곰팡이가 생산하는 대사산물이 시트레오비리딘(citreoviridin)으로 밝혀졌다(그림 3-17). *P. citreoviride*는 현미에서 많이 발견되며 수분함량이 15% 정도일 때 잘 발생한다. 유해독소인 citreoviridin는 신경독으로 마비를 일으키고, 혈액 순환이상, 경련, 호흡마비 등을 일으킨다.

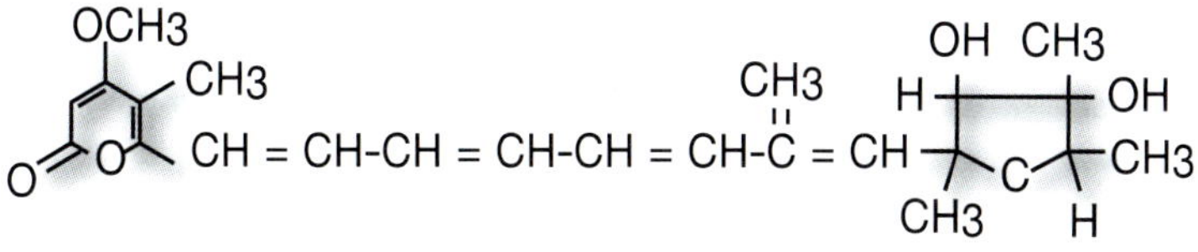

그림 3-17 Citreoviridin의 구조

2) 아이슬란디아(Islandia) 황변미

*P. islandicum*이 원인 곰팡이로 이집트산 쌀에서 처음 분리되었으며 전 세계적으로 분포하고 특히 동남아시아산 쌀에 많다. 이 곰팡이가 생성하는 유해독소는 luteoskyrin, islanditoxin, cyclochlorotin이 있으며 섭취 후 단시간 내에 독성을 나타내고, 모두 간장독이며 발암성이다. Luteoskyrin은 지용성인 황색색소이며 생쥐에 대한 급성경구독성은 LD_{50} 221 mg/kg로 간종양, 간암, 간경변 등을 일으킨다. *P. islandicum*의 오염원은 쌀, 보리, 소백, 수수, 후추 등이다.

3) 태국 황변미

*P. citrinum*에 의해 기인한 것으로서 독소는 시트리닌(citrinin)이며 주 증상은 신장독으로 신장에서의 물의 재흡수를 방해하여 소변의 양을 증가시키고 신장염을 일으킨다(그림 3-18). 온대지방에 널리 분포하며 주로 백미에서 발생하며 옥수수, 밀 등의 곡류나 땅콩에서 발생된다.

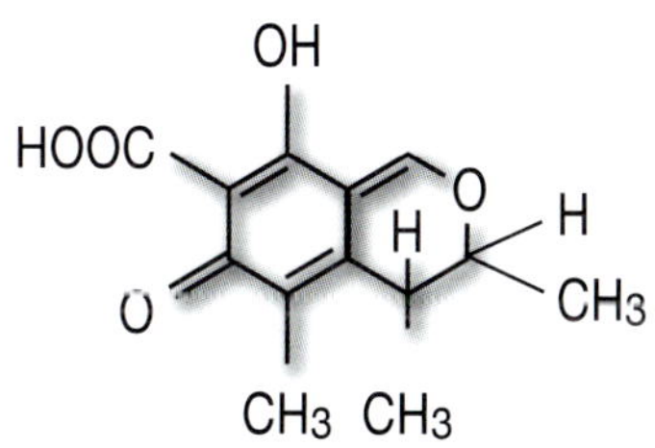

그림 3-18 Citrinin의 구조

3.4.2.2 그 밖의 *Penicillium*속 곰팡이독

1) 루브라톡신(Rubratoxin)

*P. rubrum*이 옥수수에 기생하여 생성하는 독소(그림 3-19)로서 루브라톡신(rubratoxin) A와 B형 독소를 생성하며 주로 B가 대부분 생성된다. 소 및 면양 등 가축에 rubratoxin 중독사고가 발생한 적이 있으며, 증상으로는 장기출혈, 간장 및 위장의 조직장애가 발생한다. 생쥐에 대한 급성 경구독성은 LD_{50} 120 mg/kg이고 치사량 이하에서도 간 기능의 저해를 일으키며, 콩팥과 폐에서도 장애를 일으킬 수 있다.

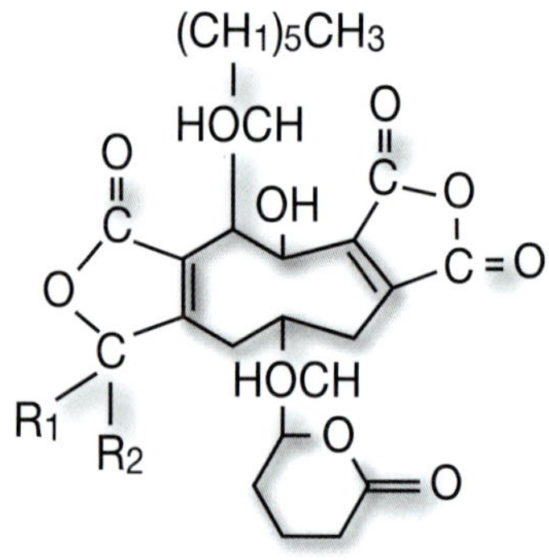

그림 3-19 Rubratoxin의 구조

2) 패튤린(Patulin)

Patulin은 분자 내에서 lactone ring을 갖고 있는 화합물(그림 3-20)로서 *Penicillium*속 이외에도 *P. expansum*, *P. lapidosum*, *A. clavatus*, *A. giganteus*, *A. terreus* 등에서도 분리가 된다. 전 세계적으로 분포되어 있으며 주로 부패된 사과 및 사과주스 등에서 발견되며 배, 살구, 포도 등에서도 검출된다. Patulin은 신경독으로 출혈성 폐부종, 뇌수종을 일으키며 중추신경계와 뇌에서 출혈반이 확인되었다.

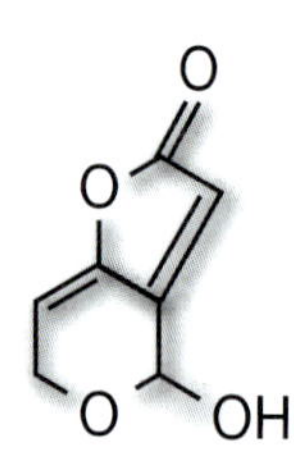

그림 3-20 Patulin의 구조

3) 페니실린산(Penicillic acid)

*P. puberulum*이 생산하는 독성물질로서 가축들의 사료로 이용되는 옥수수 중독의 원인물질인 곰팡이독소로 알려졌다. Penicillic acid는 분

자 내에서 lactone ring을 갖고 있는 화합물로서 독성은 낮은 편이지만 단백질이나 핵산의 합성을 방해한다.

3.4.3 후사리움(Fusarium)속 곰팡이독

Mycotoxin을 생산하는 *F. graminearum*은 밀, 보리, 옥수수 등에 기생하여 붉은 곰팡이병을 일으킨다. 이 곰팡이에 오염된 곡류를 식용이나 사료로 사용하였을 때 사람과 가축에 대한 곰팡이 중독이 발생하며 원인 독성물질은 다음과 같다.

3.4.3.1 트라이코테친(Trichothecene)류

Trichothecene류는 곰팡이독소 중 가장 복잡하고 다양하며 *F. tricinctum*, *F. solani* 등 *Fusarium*속과 *Trichoderma*속 곰팡이가 생산하는 유해 대사산물로서 곡류에 오염되어 가축에 독성을 일으킨다. 대표적인 trichothecene류로 T-2 toxin, nivalenol, fusarenone X, vomitoxin (deoxynivalenol), trichothecine 등이 있다(그림 3-21). 우리나라 곡류에서 특히 문제가 되는 독소는 T-2 toxin, nivalenol, vomitoxin인 것으로 알려져 있다.

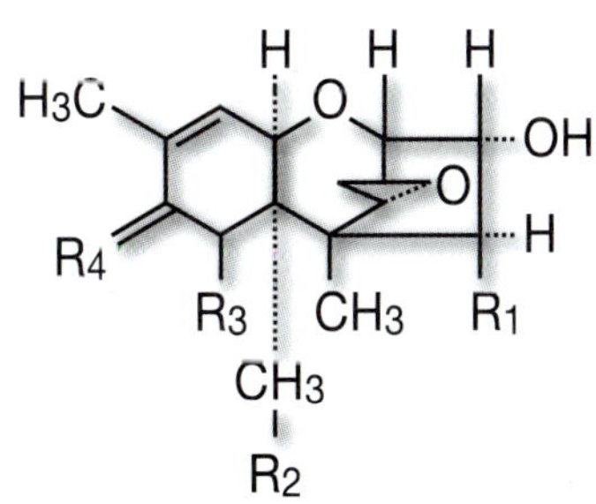

	R_1	R_2	R_3	R_4
T-2 toxin	OAc	OAc	H_2	$OCOCH_2CH(CH_3)_2$
nivalenol	OH	OH	OH	=O
fusarenon X	OAc	OH	OH	=O
vomitoxin	H_2	OH	OH	=O

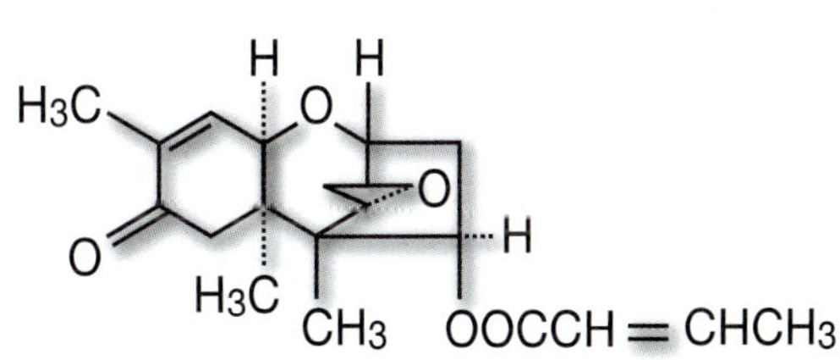

그림 3-21 Trichothecin의 구조

3.4.3.2 제랄레논(Zearalenone)

Zearalenone은 *F. graminearum*이 생산하는 2차 대사산물로서 F-2 toxin 또는 FES(fermentation estrogenic substance)라고도 한다(그림 3-22). Zearalenone에 의한 질병은 1928년 미국 중서부지방에서 Zearalenone 독소는 에스트로겐과 비슷한 성질을 가지고 있는 독소로 증상은 외음부의 팽창과 질의 탈출, 유방 및 자궁의 비대가 특징인 소위 가축의 발정증후군이다. 독소를 생성하는 원인 곰팡이로는 *F. roseum*, *F. tricintum*, *F. oxysporum* 등이 있다.

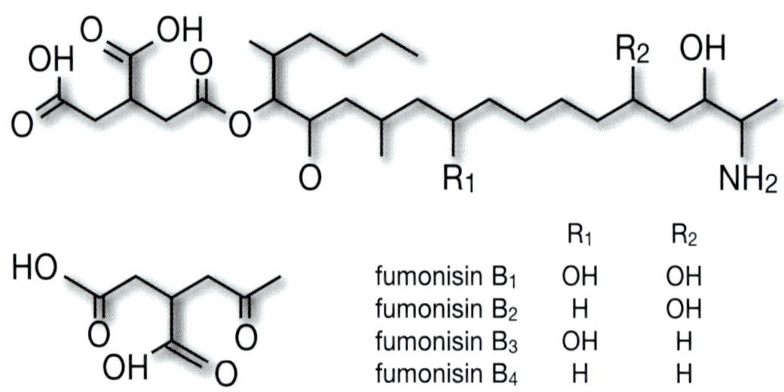

	R_1	R_2
fumonisin B_1	OH	OH
fumonisin B_2	H	OH
fumonisin B_3	OH	H
fumonisin B_4	H	H

그림 3-22 Zerealenone(F-2) toxin의 구조

3.4.3.3 휴모니신(Fumonisin)

Fumonisin은 *F. moniliforme*에 의해 오염된 옥수수를 먹은 가축이 심한 독소 중독현상을 일으킨 독소로서 수용성 물질이며 fumonisin B_1과 fumonisin B_2를 비롯한 몇 가지 이성체가 있으며(그림 3-23) FB_1은 오염빈도가 가장 높고 독성이 강한 것으로 알려져 있다. FB_1은 말의 뇌백질 연화증(equine leukoencephalomalacia, ELEM)과 돼지의 폐수종(porcine pulmonary edema, PPE)을 유발하며, 쥐의 간암과 병아리에서 간 괴저증 등의 원인물질임이 보고되었다.

Fumonisin은 여러 종류의 동물에서 다양한 병독성을 나타내지만 사람의 식도암 유발과 높은 상관관계가 있는 것으로 알려져 주목을 끌고 있다.

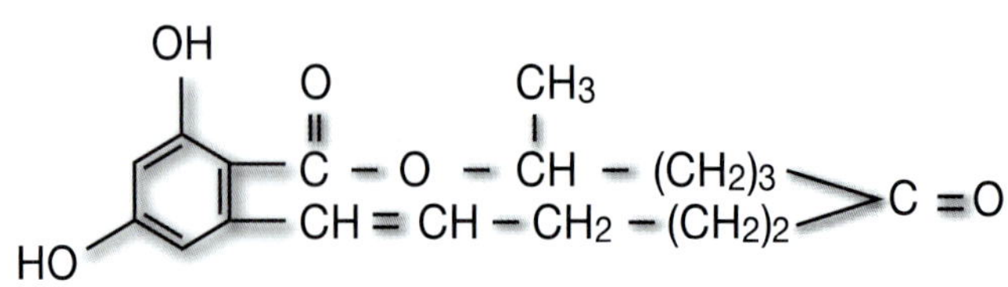

그림 3-23 Fumonisin의 구조

3.4.3.4 모닐리포민(Moniliformin)

락톤(lactone)계 곰팡이독소이며 fumonisin의 생성균인 *F. monilforme*에 의해 생성된다(그림 3-24). 이 곰팡이독소에 속하는 물질들은 일반적으로 화학반응이 크며, DNA의 구아닌(guanine)과 알킬화하거나 -SH 화합물과도 잘 반응하므로 moniliformin 독소는 생체 내에서 핵산대사에 관여한다고 볼 수 있다.

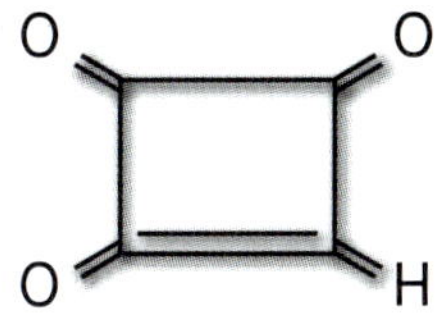

그림 3-24 Moniliformin의 구조

3.4.4 맥각독(Claviceps toxin)

Claviceps pupurea(맥각균)가 보리나 호밀 등에 기생하여 종자 상단부에 흑갈색의 균핵(Sclerotium)이 생성된 것을 맥각(ergot)이라 한다. 맥각은 짙은 자주색을 띠며 곡류 중에 0.25~0.5% 이상 혼입될 경우 만성 중독을 일으키고 7% 정도이면 치사량이 되기 때문에 여러 국가에서는 곡물 중의 혼입 허용량을 규정하고 있으며 러시아는 0.15%, 캐나다는 0.2%, 미국은 0.3%로 그 허용량을 정하였다.

맥각의 주요 성분은 에르고톡신(ergotoxin), 에르고타민(ergotamin), 에르고메트린(ergometrine) 등 3군의 유독 알칼로이드(alkaloid)와 히스타민(histamine), 트리메틸아민(trimethylamine), 에틸아민(ethylamine), 메틸아민(methylamine) 등의 아민류로 이루어져 이들의 복합작용에 의해 중독을 일으키는 것으로 보고 있다. 이 중 ergotoxin과 ergotamin은 항아드레날린 작용이 있어 교감신경을 차단하며 ergometrine은 자궁 수축, 혈관 수축 작용이 있고 모세혈관 내 상피세포에 장애를 유발해 혈전을 일으킨다.

맥각에 의한 급성중독은 구토, 복통, 설사 등의 소화기계 장애와 두통, 경련, 지각이상 등 신경 증상이 일어나 사망하게 되며 임산부에게는 유산을 일으킨다. 초기 증상은 구토, 메스꺼움, 설사 등이 나타나고, 가려움증, 지각이상 등이 나타난다.

Alexander Fleming (1881-1955)

스코틀랜드 생물학자, 약리학자로서 1923년 라이소자임(lysozyme, 미생물 세포벽 분해효소)을 발견하고, 1928년 *Penicillium notatum*이란 곰팡이로부터 페니실린(penicillin)을 우연히 발견했으며, 1945년 노벨생리의학상을 공동수상했다. 1928년 8월은 항생제 역사의 시작일이라 할 수 있다. 플레밍은 부족한 농도의 페니실린 사용이나, 충분하지 않은 기간 동안 사용하면 미생물의 항생제 내성 문제를 야기시킬 수 있음을 이미 경고한 바 있다.

3.5 식중독균과 항생제 내성

항생제(antibiotics)는 미생물에 의하여 만들어진 물질로서 다른 미생물의 성장이나 생존을 저해하는 물질을 총칭한다. 'Antibiotic'이라는 단어는 1942년 S. A. Waksman이 최초로 학술지에 사용하였다. 일반적으로 항생제는 항균제(antibacterial agents)와 항미생물제제(antimicrobial agents)와 혼용되어 쓰이는데, 엄격히 말하면 두 단어는 항생제와는 다른 의미를 내포한다. 항균제는 인공적으로 합성 혹은 반합성으로 제조한 약물을 지칭하며 세균(bacteria) 외에 작용하는 항진균제(antifungal agent), 항바이러스제(antiviral agent), 항원충제(antiprotozoal agent)는 포함하지 않아 이러한 범주까지 포함하고자 할 때는 항미생물제제라는 표현이 적절하다.

Sulfonamide 계열의 화합물들이 본격적으로 개발되기 이전인 1928년 Alexander Fleming은 인류역사상 최초의 항생제인 페니실린(penicillin)을 발견하였는데, 페니실리움(Penicillium) 곰팡이에 의해 생성된 물질이라 하여 페니실린으로 명명하였으며, 그 이후 1939년 Howard Flory에 의해 대량 생산되었고 폐렴 등의 질병 치료에 사용되면서 인류 질병 치료의 역사를 바꾸게 되었다.

그러나 인류가 penicillin을 무분별하게 사용함에 따라 점차 penicillin의 효능을 무력화시키는 내성균(resistant bacteria)이 나타나기 시작하였고, 1960년 즈음에는 내성률이 80%에 달하여 2세대 항생제인 methicillin을 개발하였지만 곧 methicillin에도 내성을 갖는 균이 발견되었다.

항생제의 종류에 따라 작용하는 내성 기작은 아래 그림에서 보는 바와 같이 매우 다양하다(그림 3-25). 즉, 항생제는 세균의 특정 부위에 작용하여 세균이 생존할 수 없도록 하는데, 세균에서 항생제가 작용하는 부위는 세포벽(cell wall), 원형질막(cytoplasmic membrane), 단백질 합성의 생합성 과정(biosynthesis process of protein synthesis), 핵산 합성(nucleic acid synthesis) 등 다양하다.

3.5.1 항생제 내성

항생제는 사람, 동물뿐 아니라 수산양식에서도 중요한 역할을 한다. 항생제는 질병 치료 효과의 이점이 있지만, 항생제를 과다하게 사용하면 항생제 내성이라는 새로운 문제가 발생된다.

항생제 내성 세균의 출현은 항생제의 사용으로 촉진되며, 일단 출현한 내성균은 항생제의 사용이나 비위생적인 환경으로 인해 빠르게 확산될 수

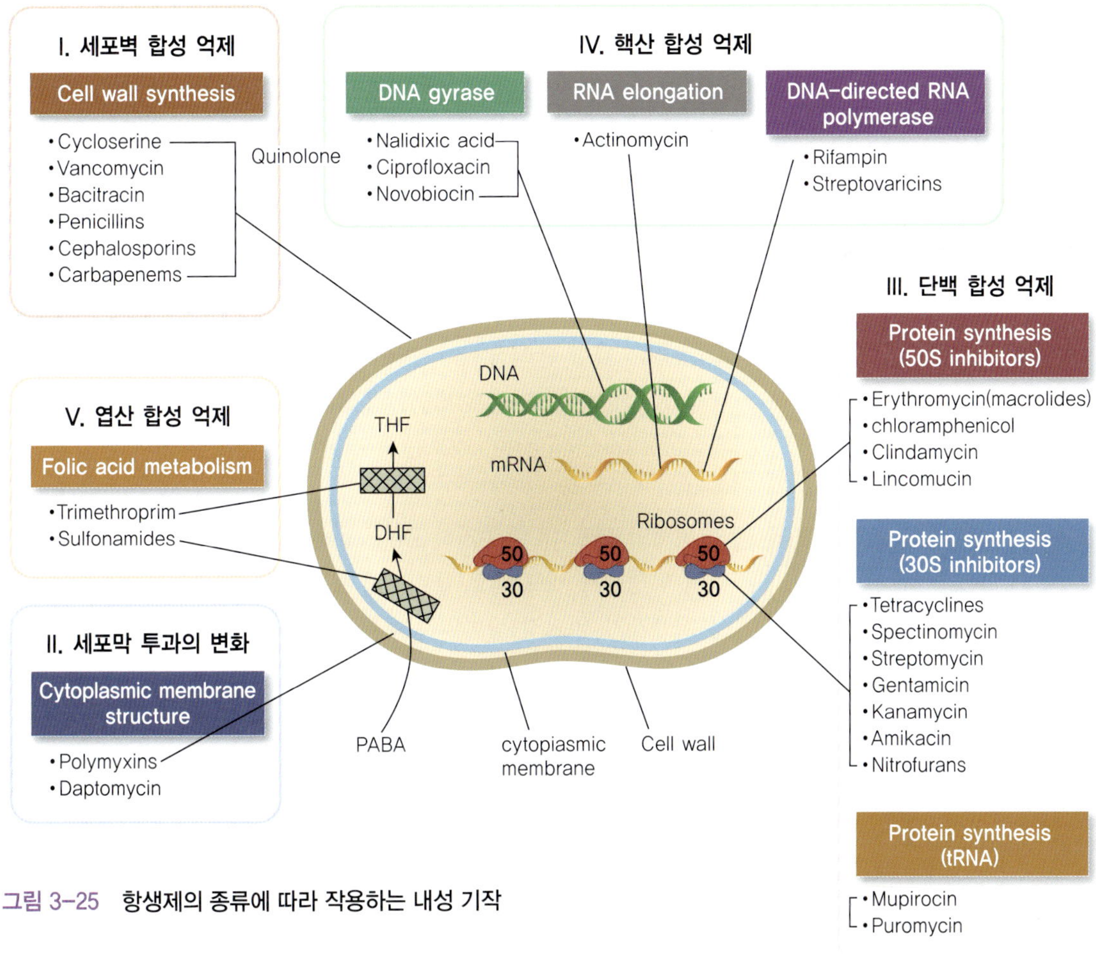

그림 3-25 항생제의 종류에 따라 작용하는 내성 기작

있다. 항생제 내성균에 감염되면 장기간 치료, 의료비 증가, 치료 불가능 등의 심각한 상황이 발생할 수 있다.

항생제 내성은 미생물이 항생제에 노출되어도 항생제에 저항하여 생존할 수 있는 약물 저항성을 의미한다. 이는 항생제의 공격에 살아남기 위한 세균의 생존 전략이라고 볼 수 있으며 일부 내성 유전자는 수평적 전달(horizontal gene transfer)이 가능하여 다른 균으로 이동하여 내성을 전파시키기도 한다.

어떤 이유로든 항생제를 복용할 경우 항생제에 민감한 균들은 죽게 되고 내성을 보이는 일부 균들이 살아남아 증식을 하게 된다. 따라서 무분별한 항생제의 사용은 내성균을 초래할 수밖에 없으므로 항생제는 반드시 필요한 경우에만 의사와 수의사의 처방에 따라 사용해야 한다.

항생제 내성 기전은 항생제가 충분한 농도로 목표에 도달하지 못하게 하거나 항생제가 작용하는 대상을 변형시키거나 우회하게 하는 방법을 사용한다(그림 3-26).

- 항생제 불활성화(Drug inactivation): 대표적으로 β-lactamase를 분비하는 세균은 β-lactam 고리를 가진 항생제를 파괴하여 항생제의 활성을 없앤다.
- 항생제 표적 부위 변화(Alternation of target site): 항생제는 특정 효소나 세포 내 특정 부위를 표적으로 하는데, 표적의 특성이 바뀌면 내성을 갖게 된다. 예를 들어, 일부 세균은 penicillin이 결합하는 penicillin 결합 단백질(penicillin binding protein, PBP)을 변형시켜 내성을 갖게 하며, 또 일부 세균은 23S rRNA를 변형시켜 erythromycin과 chloramphenicol이 리보솜에 결합하는 것을 막아서 내성을 갖게 한다.
- 항생제의 세포 내 수송저하(Decreased uptake): 막의 투과성을 낮추어 항생제가 세포 내로 들어가지 못하도록 막는다. 이러한 경우, 대상 항생제가 비교적 광범위하여 특이성이 없는 다제내성으로 나타날 가능성이 높다.
- 항생제를 세포 밖으로 배출(Efflux pump): tetracycline계, macrolide계, fluoroquinolone계 등의 항생제는 유출 펌프에 의해 밖으로 배출되기도 한다. 이 경우 대상 항생제의 범위가 다양하여 특이성이 없는 다제내성이 될 가능성이 크다.
- 새로운 생화학적 경로 개발(Alteration of metabolic pathway): 일부 항생제 내성 세균들은 외부로부터 이미 만들어진 엽산을 섭취할 수 있도록 대사과정을 변형시켜 엽산의 생합성을 필요로 하지 않으며, 이 경우 엽산 생합성을 막는 sulfa계 항생제에 내성을 띤다(그림 3-27).

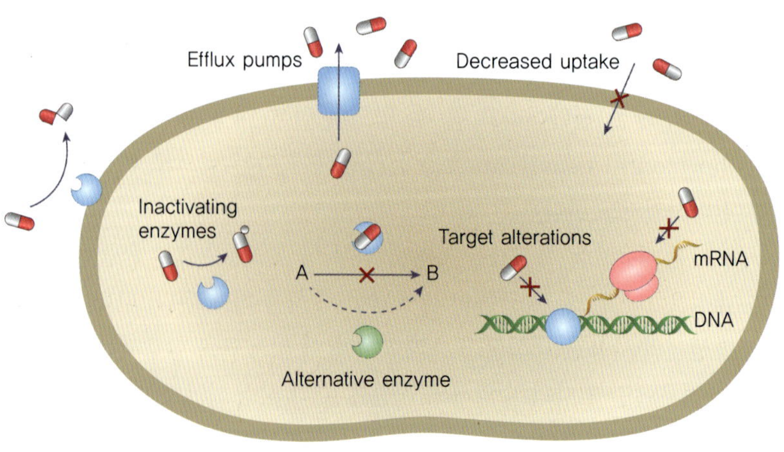

그림 3-26 **항생제 내성 기전**

세균이 내성을 획득하여 내성균이 되면 동물 ↔ 환경 ↔ 식품 ↔ 사람의 연결고리에 의해 확산될 수 있으며 제어가 어렵게 된다(그림 3-28). 더욱이 내성균은 균 자체뿐만 아니라 내성 유전자의 전달에 의해 확산도 가능하므로 부적절한 항생제의 사용을 줄이고 위생관리를 철저히 하여 내성균이 확산되지 않도록 하는 사전관리의 중요성이 세계적으로 부각되고 있으며, 이를 위해 국제적으로 원헬스(One Health)라는 개념이 도입되었다.

Antibiotic Approved or Released	Year Released	Resistant Germ Ideentified	Year Identified
Penicillin	1941	Penicillin-resistant *Staphylococcus aureus*[20,21] Penicillin-resistant *Streptococcus pneumoniae*[9,10] Penicillinase-producing *Neisseria gonorrhoeae*[11]	1942 1967 1976
Vancomycin	1958	Plasmid-mediated vancomycin-resistant *Enterococcus faecium*[12,13] Vancomycin-resistant *Staphylococcus aureus*[14]	1988 2002
Amphotericin B	1959	Amphotericin B-resistant Candida auris[15]	2016
Methicillin	1960	Methicillin-resistant *Staphylococcus aureus*[16]	1960
Fxtended-spectrum cephalosporins	1980 (Cefotaxime)	Extended-spectrum beta-lactamase-producing *Escherichia coli*[17]	1983
Azithromycin	1980	Azithromycin-resistant *Neisseria gonorrhoeae*[18]	2011
Imipenem	1985	*Klebsiella pneumoniae* carbapenemase (KPC)-producing *Klebsiella pneumoniae*[10]	1996
Ciprofloxacin	1987	Ciprofloxacin-resistant *Neisseria gonorrhoeae*[20]	2007
Fluconazole	1990 (FDA approved)	Fluconazole-resistant *Candida*[21]	1988
Caspofungin	2001	Caspofungin-resistant *Candida*[22]	2004
Daptomycin	2003	Daptomycin-resistant methicillin-resistant *Staphylococcus aureus*[23]	2004
Ceftazidime-avibactam	2015	Ceftazidime-avibactam-resistant KPC-producing *Klebsiella pneumoniae*[24]	2015

그림 3-27 항생제 내성균의 역사

출처: ANTIBIOTIC RESISTANCE THREATS IN THE UNITED STATES 2019, 2019, Centers for Disease Control and Prevention

WHO(World Health Organization)

UN 산하기구로서 1948년에 설립되었으며 스위스 제네바에 본부를 두고 있다. 현재 191개국이 회원국으로 참여하고 있다. 국제적 보건 문제와 질병의 우선순위를 결정하여 지원하고 있다. 전세계를 6개 지역(아프리카 지역, 아메리카 지역, 중동 지역, 유럽 지역, 동남아시아 지역, 서태평양 지역)으로 나누어 지역 사무국(regional office)에서 지역 특성에 맞는 업무를 담당하고 있다. 국제적인 질병사태에 대해서도 대륙 간, 국가 간 질병통제의 중심 역할을 한다. 2010년 신종플루(influenza virus H1N1)나 SARS 발생 시 및 AIDS 바이러스 확산 방지의 기술적 문제 해결을 위해 중추적인 역할을 수행하고 있다. 세계보건기구 홈페이지를 통해 질병 관련 통계자료, 논문 및 기사 자료, 그리고 국가별 보건 관련 사업들에 대한 정보를 확인할 수 있다(www.who.int).

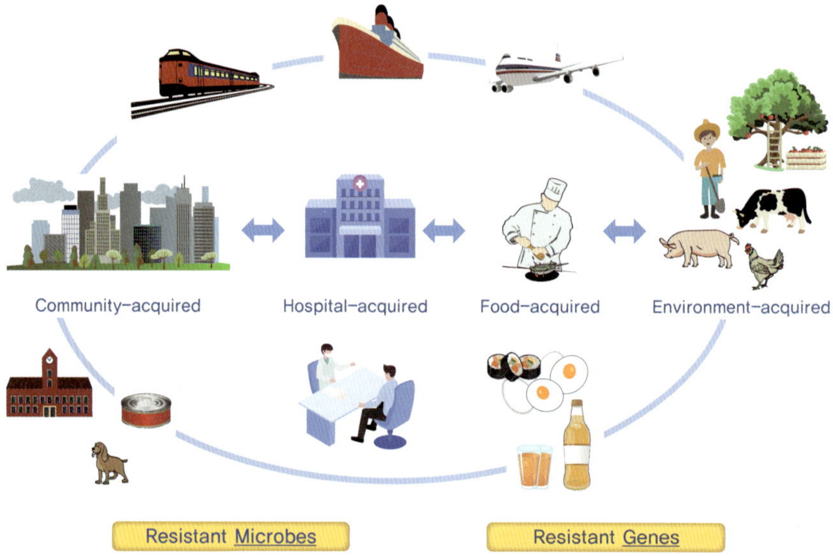

그림 3-28 항생제 내성균 및 내성 유전자 전파경로

즉 원헬스(One Health)는 인간의 건강, 동물의 건강, 안전한 환경 사이의 상호 의존성에 바탕을 두고 있다. 감염병으로 인해 생기는 문제들을 해결하려면 의학, 수의학, 약학, 식품과학 및 환경학을 포함하는 다양한 학문 분야의 전문가들이 긴밀히 협동해야만 한다. 원헬스는 신종 감염병의 위협에 우리가 어떻게 대응할지에 대한 패러다임이 변화하고 있다는 것을 보여 준다.

세계보건기구(World Health Organization, WHO)는 원헬스를 "공중보건의 향상을 위해 여러 부문이 서로 소통·협력하는 프로그램, 정책, 법률, 연구 등을 설계하고 구현하는 접근법"으로 정의하고 있으며, 구체적인

이종욱 박사(1945-2006)

1983년부터 WHO 남태평양 지역 사무처 한센병(나병) 퇴치팀장을 거쳐, 1990년부터 1994년까지 WHO 서태평양 지역 사무처 질병관리국장으로서 부임 전 매년 6,000여 명이던 이 지역 소아마비 환자의 발생률을 700명까지 낮추는 업적을 이루었다. 1994년 WHO 본부 백신면역국장으로 부임하면서 소아마비 유병률을 인구 1만 명당 1명 이하로 낮추었다. 이에 대해 1997년 미국의 Scientific American은 이종욱 박사를 'WHO의 백신 황제(WHO's Vaccine Czar)'라고 평가하였다. 2003년 제6대 WHO 사무총장(Director-General)으로 선출될 당시, 20년 이상 WHO에서 활동하면서 기술, 행정 및 정책 차원의 모든 분야에서 업무추진 능력이 가장 뛰어난 후보로 인정받았으며, 한국인으로는 최초의 국제기구 수장이 되었다. 임기 중 WHO 최초로 담배정책을 확립하고, 국제보건정책을 수정하였으며, 조류독감(avian influenza), 아시아 쓰나미(the Asian tsunami), 파키스탄 지진사태 때 국제보건을 위해 헌신했다. 또한 우리나라가 1971년 Codex에 가입한 이래 최초로 Codex Intergovernmental Task Force on Antimicrobial Resistance(Codex 항생제 내성 특별위원회, Codex TFAMR)를 2007년 우리나라로 유치하여 의장국의 역할을 수행하는데 큰 도움을 준 바 있으나, 아쉽게도 2006년 5월 WHO 총회(World Health Assembly)를 준비하다가 과로로 순직하여 질병 퇴치 및 인류 건강 증진의 대업을 다하지 못하고 작고하셔서 큰 아쉬움으로 남고 있다. 대전 현충원에 영면하고 계신다.

내용으로 식품 위생, 인수공통감염병 관리, 항생제 내성 관리 등을 제시하였다. 또한 미국 질병통제예방센터(Centers for Disease Control and Prevention, CDC)와 One Health Commission 재단은 사람과 동물 및 환경의 건강을 달성하기 위해 필요한 다학제적 접근법으로 원헬스 원리를 도입하고 있으며 국가, 지역 및 나아가 전 세계가 다층적인 수준에서 포괄적인 접근이 필요함을 강조하고 있다.

WHO 사무총장을 지내신 故이종욱박사는 2004년에 "인플루엔자 같은 신종 감염병의 위기가 조만간 들이닥칠 임박한 재앙이라면 항생제 내성의 위기는 좀 더 다음에 닥칠 재앙이며, 그 재앙의 강도는 항생제 내성이 훨씬 광범위하고 심각할 것이다"라고 이미 경고한 바 있다. 이는 항생제 내성 문제는 내성이 증가되지 않도록 사전에 철저히 준비하고 관리해야 함을 강조한 지적이다. WHO는 인류의 생명을 위협하는 조용한 살인자(silent killer)로 불리는 항생제 내성으로 인한 사망자 수가 모든 감염질환 중 세계적으로 최고라고 보고하고 있다. 이러한 항생제 내성균의 출현과 확산으로 세균 감염증 치료가 어려워지고 세계적으로 국민건강을 위협하는 공중문제로 대두되면서 WHO는 올바른 항생제 사용을 유도하고 항생제 내성을 줄이기 위한 일환으로 2015년부터 매년 11월 18일부터 24일까지를 'World Antimicrobial Awareness Week'로 정하여 모든 WHO 회원국들의 참여를 독려하고 있으며 우리나라도 이 캠페인에 동참하고 있다.

MRSA (Methicillin-resistant *Staphylococcus aureus*)

*Staphylcoccus aureus*는 사람의 피부나 비강에 존재하는 미생물로서 병원에서 감염(nosocomial infection)되는 병원성 미생물 중 하나로 알려져 있다. 특히 *S. aureus* 중에서 메티실린(methicillin)에 내성을 보이는 균주를 MRSA로 분류한다. 메티실린은 페니실린계열 항생제 중 하나로서, 그간 다른 페니실린계 항생제들은 모두 내성균들이 생산하는 베타락탐효소(β-lactamase)에 의해 분해되어 왔으나 메티실린만은 분해되지 않았다. 그러나 메티실린에 내성을 보이는 MRSA는 모든 페니실린 항생제뿐 아니라 그동안 내성이 발견되지 않았던 다른 베타락탐 항생제에도 내성을 갖고 있다. MRSA 감염은 건강한 사람보다는 면역 기능이 저하된 사람에게서 발병한다.

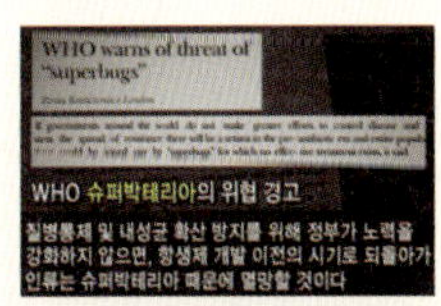

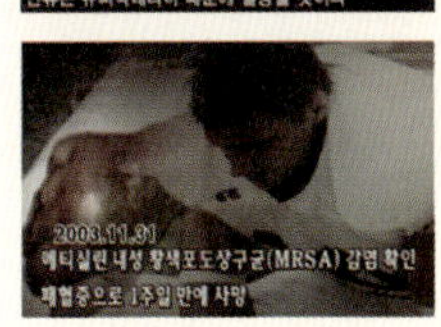

〈KBS 환경스페셜 '항생제 내성, 슈퍼박테리아의 경고'〉

3.5.2 주요 항생제 내성균

사람에게 주로 문제가 되고 있는 주요 항생제 내성균은 메티실린 내성 황색포도알균(methicillin resistant *Staphylococcus aureus*, MRSA), 반코마이신 내성 장알균(vancomycin resistant Enterococci, VRE)과 베타락탐 분해효소 생성 장내세균(extended spectrum β-lactamases Enterobacteriae) 등이 있으며, 주요 항생제 내성균의 특징은 다음과 같다.

3.5.2.1 메티실린 내성 황색포도알균(Methicillin-resistant *Staphylococcus aureus*, MRSA)

MRSA란 methicillin 및 그 밖의 β-lactam계 항생제에 내성을 나타내는 황색포도알균을 지칭한다. 황색포도알균은 폐렴, 균혈증, 심내막염, 수술 창상 감염 등 병원 내 감염증의 중요한 원인균이다. MRSA는 1970년대 말부터 영국과 호주 등지에서 새로운 유행 균주가 등장한 이후 전 세계적으로 검출 빈도가 증가하였다. 동물에서는 1972년 유방염에 감염된 소의 우유에서 최초로 보고된 이래 개, 고양이, 말, 면양, 닭 등 다양한 축종에서 검출되고 있고, 축산물 유래 식품 및 환경에서도 분리되고 있다.

IDSA (Infectious Diseases Society of America)에 2007년 4월호에 실린 어머니의 인터뷰

"내 이름은 테레사 드류입니다. 내 유일한 아들 리키는 2003년 12월 6일에 죽었습니다. 그를 죽음에 이르게 한 것은 메티실린 내성 황색포도알균(MRSA)이라 불리는 것입니다. 21세인 그는 라이커밍 대학의 매우 훌륭한 미식축구선수였습니다. 무소처럼 강했고 사슴처럼 빨랐습니다. 매섭고 차가운 바람이 불던 밤, 단순히 독한 감기나 바이러스에 의한 질환으로 생각했기 때문에 가까운 의사를 찾아갔습니다(중략). "증세가 악화되는 듯하다 다시 좋아질 겁니다. 오늘밤을 버틴다면 곧 나을 겁니다." 그러나 그날 밤 리키는 죽었습니다. 검시결과 그의 엉덩이에 난 뾰루지를 통해 MRSA에 감염된 것으로 밝혀졌습니다(중략). 나는 MRSA가 내 아들을 빼앗아 갈 때까지 한 번도 그것에 대해 들어본 적이 없었습니다. 내 아들의 졸업과 장래를 설계하도록 도왔어야 할 시기에, 나는 얼마 전까지만 해도 건강한 모습만 보였던 내 유일한 아들을 묻어야 했습니다."

3.5.2.2 반코마이신 내성 황색포도알균 (Vancomycin-resistant *Staphylococcus aureus*, VRSA)

Vancomycin에 내성을 갖는 황색포도알균을 VRSA라고 한다. MRSA에 대한 감염이 생길 경우 glycopeptide계 항생제인 vancomycin의 처방이 고려되어 왔다. 1996년 vancomycin 중증도 내성을 보이는 황색포도알균이 일본에서 분리되었고, 2002년 미국에서 vancomycin 고도 내성 황색포도알균이 최초로 분리된 이후 지속적으로 VRSA의 출현이 보고되고 있다.

3.5.2.3 반코마이신 내성 장알균(Vancomycin-resistant enterococci, VRE)

Vancomycin을 포함한 glycopeptide계 항생제에 내성을 보이는 장알균을 VRE라고 부른다.

장알균은 피부, 점막, 위장관 등에 흔한 상재균이기 때문에 장알균이 동정된 경우 감염과 단순 집락화된 경우를 구분해야 한다. 장알균 중 실제 주요 감염을 일으키는 균종은 대표적으로 *Enterococcus faecalis*와 *Enterococcus faecium*이다. 일반적으로 장알균은 penicillin과 cephalosporin계 등 여러 항생제에 내성을 보이는데, 이때 vancomycin 내성을 보이는 경우에는 약제 선택에 제한을 받게 된다.

3.5.2.4 다제 내성 녹농균(Multidrug-resistant *Pseudomonas aeruginosa*, MRPA)

Carbapenem계, aminoglycoside계, flouroquinolone계 항생제에 모두 내성을 나타내는 녹농균이다. 병원내감염의 주요 원인균 중 하나인 녹농균은 폐렴, 균혈증 요로감염 등을 주로 일으킨다. 녹농균 감염에는 병합요법이 추천되는데 그 이유는 서로 다른 기전을 가진 항균제 사이에 상승작용을 기대할 수 있고, 항균 범위를 넓혀 초기 부적절한 항균 치료를 예방하며 내성의 발생을 억제하기 위함이다.

3.5.2.5 다제 내성 아시네토박터 바우마니균 (Multidrug-resistant *Acinetobacter baumannii*, MRAB)

MRAB는 carbapenem계, aminoglycoside계, flouroquinolone계 항생제에 모두 내성을 보이는 아시네토박터 바우마니균을 지칭한다. 녹농균과 더불어 병원 감염에서 문제가 되는 원인균 중 하나로 내성률의 증가 속도가 빠르다.

3.5.2.6 카바페넴 내성 장내세균속 균종(Carbapenem-resistant Enterobactericeae, CRE)

Carbapenem계 항생제에 내성을 나타내는 장내세균속 균종을 CRE로 분류한다.

일반적으로 carbapenem은 치료의 마지막 대안으로 여겨 왔으나 최근 종종 내성이 보고되고 있다. CRE는 내성을 일으키는 기전에 따라 carbapenem 분해효소 생성 장내세균(Carbapenemase producing CRE, CP-CRE)과 carbapenem 분해효소를 생성하지 않지만 carbapenem 내성인 장내세균(non-CP-CRE)으로 나눌 수 있다. 이 중 CP-CRE가 중요한데, 그 이유는 carbapenemase를 생성하는 유전자가 플라스미드를 통해 세균 사이를 이동하며 내성을 전파시키기 때문이다.

3.5.2.7 광범위 스펙트럼 베타락탐 분해효소 생성(Extended-Spectrum Beta-Lactamase, ESBL) 장내세균

광범위 베타락탐 분해효소 생성 장내세균이란 대장균, 폐렴구균 등 장내세균이 ESBL 즉, 넓은 범위의 항생제를 불활성화(분해)시키는 효소를 만들어 항생제의 효능을 무력하게 하는 내성균을 지칭한다. 최근 항생제 내성의 증가와 다제내성균의 출현은 건강을 위협하는 심각한 요인으로 꼽히고 있으며, 특히 ESBL 생성 장내세균에 의한 감염질환이 병원 내 감염은 물론 지역사회 획득 감염에서도 자주 관찰되어 점차 증가 추세를 보이고 있다.

베타락탐(β-lactam)

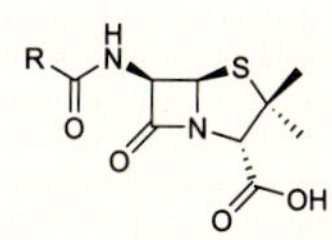

베타락탐은 화학적으로 사각형 링 구조의 베타락탐 핵(nucleus)을 가지고 있으며, 1907년 Hermann Staudinger에 의해 최초로 합성되었다. 베타락탐 핵을 가지고 있는 항생제를 베타락탐계 항생제로 분류한다. 베타락탐계 항생제에는 페니실린(penicillin), 세필로스포린(cephalosporins), 모노박탐(monobactams), 카바페넴(carbapenems) 등이 있으며, 모두 미생물의 세포벽 합성을 저해한다. 내성균이 생성하는 베타락탐효소(beta-lactamase)는 베타락탐 핵을 분해한다.

항생제를 파괴하는 초슈퍼 박테리아

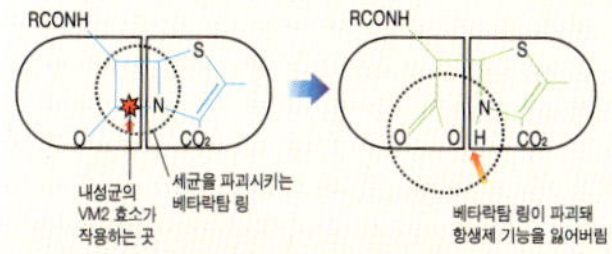

항생제 가운데 박테리아를 파괴시키는 베타락탐 링을 초슈퍼 박테리아의 VM2 효소가 파괴해 항생제가 박테리아를 죽이는 기능을 잃게 된다.

3.5.3 항생제 내성과 식품안전성

항생제는 사람뿐만 아니라 축·수산 등 동물에서도 질병 치료의 목적으로 사용되고 있다. 특히 가축에서는 질병을 예방하기 위한 목적으로 항생제를 사용하기도 한다. 그러나 사람에 쓰이는 항생제와 축·수산에 쓰이는 항생제의 성분이 같기 때문에 부적절한 항생제 처방 뿐 아니라 가축 사육이나 수산양식 시 사용한 항생제의 오남용으로 생긴 내성균을 육류나 수산물을 통해 섭취하거나 환경으로부터 전이될 가능성도 있다.

항생제 내성 문제는 세계적으로 중요한 식품안전 이슈가 되고 있는데 그 이유는 다음과 같다.

첫째, 항생제 내성이 플루오로퀴놀론 및 3세대 세팔로스포린 같은 몇 가지 항생제에서 증가하고 있는데, 이들 항생제는 식품에서 흔히 발견되는 *Salmonella*나 *Campylobacter* 같은 병원성 세균에 의해 유발되는 심각한 감염증을 치료하는데 일반적으로 사용되고 있다. 미국에서는 매년 수백만 명이 *Salmonella*나 *Campylobacter*에 감염되는 것으로 보고되고 있다. 항생제는 대부분의 설사 질환에는 필요하지 않으나, 유아나 면역체계가 약한 사람과 노인들에게는 합병증을 예방하기 위하여 처방되고 있다. 또한 항생제 투여는 패혈증이나 수막염 환자에게도 필요하다. *Salmonella* 감염은 암피실린(ampicillin), 트리메토프림-설파메톡사졸(trimethoprim-sulfamethoxazole), 플루오로퀴놀론 및 3세대 세팔로스포린으로 치료되지만, *Salmonella*와 *Campylobacter*가 이러한 항생제에 내성을 보일 수 있다.

둘째, 항생제 내성이 식품안전성과 밀접한 관계가 있기 때문에 보다 많은 사람에게 질병을 일으킬 수 있다는 점이다. 건강한 사람은 소수의 *Salmonella*에 오염된 식품을 섭취했더라도 질병이 일어나지 않는데, 이는 *Salmonella*가 그들의 장 내에서 정상세균총에 의해 저지되기 때문이다. 그러나 오염된 식품을 섭취하고 나서 다른 이유로 항생제를 복용했다고 한다면, 적은 수의 항생제 내성 *Salmonella*에 의해 질병이 발생할 수도 있다.

항생제 내성이 식품안전에 중요한 세 번째 이유는 식품유통경로(food chain)가 항생제 내성 유전자의 근원이 될 수 있다는 점이다. 식용동물(food producing animal)에 있는 무해한 세균이 내성균으로 전환될 수 있으며, 오염된 식육을 섭취하면 이들 세균으로부터 내성인자를 획득할 수도 있다.

항생제 내성균은 식품이나 동물과의 직접 접촉에 의해 사람에게도 전파될 수 있다. 예를 들면, *Campylobacter*는 닭의 장 내에 서식하기 때문에 충분히 열처리하지 않은 닭고기를 섭취하는 경우 이 균에 의한 식중독이 일어날 수 있다. 1989년까지 미국에서 환자로부터 분리된 *Campylobacter*가 플루오로퀴놀론항생제에 내성을 갖는 경우는 없었다. 그러나 1995년 FDA가 가금류에서 플루오로퀴놀론의 사용을 승인하였는데, 그 이후 플루오로퀴놀론에 내성을 갖는 *Campylobacter*가 환자로부터 분리되기 시작하였다(그림 3-29).

항생제 내성균은 농산물을 통해서도 사람에게 식중독을 유발할 수 있다. 예로 2011년 독일에서 장출혈성 대장균 O104:H4 식중독이 발생되어 4,321명의 환자가 발생하였고 이 중 50여 명이 사망하였다. 원인식품은 새싹채소이었으며 원인균은 ESBL, Ampicillin, Streptomycin, Trimethoprim/Sulfamethoxazol 등 다제 내성 장출혈성 대장균으로 판명되었다.

따라서 식품을 통한 항생제 내성균의 유입을 막기 위해서는 농축수산식품에 대해 지속적인 내성균 모니터링과 함께 HACCP, GAP 등 안전한 식품생산을 위한 시스템의 구축이 필요하다.

그림 3-29 식품유통에 따른 항생제 내성균 전파경로
출처: WHO, 2018.

3.5.4 동물용 항생제 사용

가축(food producing animal)에서 항생제를 사용하는 이유는 다음과 같다.

첫째, 질병에 걸린 동물의 치료용으로 사용된다. 둘째, 질병 예방 목적으로 사용된다. 셋째, 항생제는 가축의 생장을 촉진시키기 위하여 오랜 기간 적은 양을 사료에 첨가하여 사용되는데, 사료에 항생제를 첨가할 경우 가축의 체중이 증가되는 것을 확인하였다. 즉, 가축 생산에서 항생제를 생장촉진제(growth promoter)로 사용하는 것이 보편화되어 왔던 것이 현실이다.

그러나 WHO는 2003년 항생제 내성을 갖는 슈퍼박테리아의 확산을 막기 위하여 가축사료에 동물생장촉진제 등 항생제의 사용 자제를 권고한 바 있으며, 자발적으로 동물생장촉진제 사용을 금지한 세계 최대 돈육

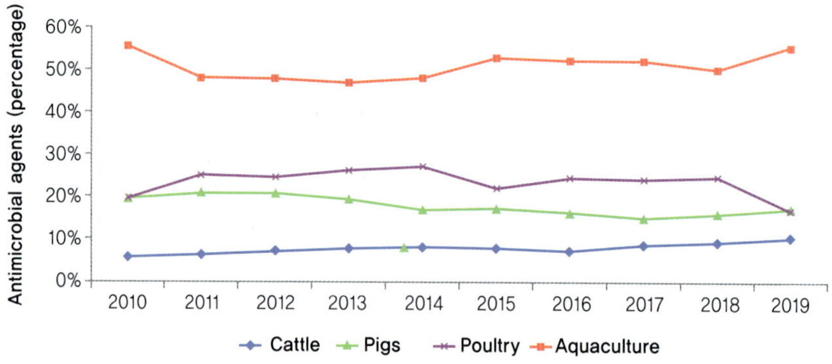

그림 3-30 축종별 항생제 및 항콕시디움제 판매 추이 비교(2010-2019년)
출처: 한국동물약품협회

수출국인 덴마크의 예를 본받을 것을 강조한 바 있다.

우리나라의 경우 동물용 항생제 사용량은 매년 감소하는 추세에 있다. 이는 2011년 사료첨가제용 항생제 사용의 전면 금지 및 2013년 시행된 동물용 의약품 사용에 대한 수의사처방제도의 도입에 따른 결과이다.

2019년에는 921톤의 항생제가 판매된 것으로 조사되었는데, 축종별로는 전체 판매량 중 돼지(55%), 닭(17%), 수산(17%), 소(11%) 순으로 많이 판매되었다. 항생제 계열별로는 penicillins계가 가장 많이 판매되었으며 tetracyclines계, phenicols계 순으로, 이들 3계열 항생제가 전체 판매량의 절반 이상을 차지하였다(그림 3-30).

3.5.5 항생제 내성 관리

항생제 내성의 위해로부터 사람의 건강을 보호하기 위한 항생제 내성 관리의 필요성이 세계적으로 대두되어 왔으며 국제기구를 중심으로 각 분야별 항생제 내성 위해평가 및 관리 방안을 마련하고 있다. WHO는 2002년 국가 수준의 항생제 내성 관리 프로그램을 운영할 것을 권고한 바 있고, 미국, 덴마크, 스웨덴 등 선진국에서는 1990년대 중반부터 NARMS (National Antimicrobial Resistance Monitoring System), DANMAP (Danish Integrated Antimicrobial Resistance Monitoring and Research Program), EARSS(European Antimicrobial Resistance Surveillance System) 등 국가 항생제 내성 모니터링 프로그램을 운영하고 있다.

우리나라는 임상 및 비임상 분야를 총괄하는 범부처 정책사업인 「국가항생제내성안전관리사업(National Antimicrobial Resistance Management Program, NARMP)을 식품의약품안전처 주관으로 2003년에 착수하여

NARMS (National Antimicrobial Resistance Monitoring System)

NARMS는 1996년 미국 식품의약국(FDA), 질병통제예방센터(CDC), 미국농무부(USDA)에서 공동으로 설치한 프로그램으로 식품 유래 미생물의 항생제 내성을 모니터링한다. 사람, 육류, 가축에서 분리한 미생물을 조사하되, 살모넬라(*Salmonella*), 캠필로박터(*Campylobacter*), 대장균(*Escherichia coli*), 장알균(*Enterococcus*)을 중심으로 검사하고 있다. 정기적인 검사를 통해 항생제 내성균의 빈도를 조사하고, 내성균 감소를 위한 연구를 수행하며, 미 식약청의 항생제 관련 규정을 마련하는 데 근거 자료를 제공한다. NARMS의 연구결과에 관한 내용은 FDA, CDC, USDA 홈페이지에서 모두 검색할 수 있다.
(www.cdc.gov/narms, www.ars.usda.gov/Main/docs.htm?docid=6750, www.fda.gov/AnimalVeterinary/SafetyHealth/AntimicrobialResistance/NationalAntimicrobialResistanceMonitoringSystem)

그림 3-31 우리나라의 항생제 내성 다부처 공동대응사업 추진 체계

10년 국가정책 사업으로 추진하여 항생제 내성률을 감소시키고 인체 위해를 예방하기 위한 안전관리 체계를 구축하였으며, 안전한 축·수산 식품 공급 및 인체 위해 감소에 기여한 바 있다. 「국가항생제내성안전관리사업」은 임상분야 뿐 아니라 비임상분야에 대한 항생제 내성 실태조사, 항생제 사용량조사, 대국민 교육, 홍보를 통한 인지도 향상, 올바른 항생제 사용 유도, 국가 항생제 내성관리 정책수립, Codex, WHO, OIE 등 국제기구와의 협력 등을 주요 사업 내용으로 하였고, 현재 질병관리청이 주관하고 있는 One Health 사업의 모태가 되었다.

항생제 내성균은 사람 외에 농·축·수산, 식품, 환경 등 생태계 내 다양한 경로를 통해 발생 및 전파가 가능하므로 범부처적 포괄적인 관리가 필요하여, WHO의 One Health 기치 아래 항생제 내성 해결을 위해 부처 간 공동으로 대응하고 있다. 2016년부터는 질병관리청 주관 범부처 사업으로 「국가항생제내성관리대책」을 수립하여 항생제 적정 사용, 내성균 확산 방지, 감시체계 강화, 인식개선, 인프라 및 R&D 확충, 국제협력 활성화 등 다양한 정책을 수행하고 있다(그림 3-31).

항생제 사용량과 내성은 상관관계를 갖고 있기 때문에 항생제 사용에 대한 관리가 철저히 이루어져야 한다. 농식품부는 식약처의 재평가 권고에

DANMAP (Danish Integrated Antimicrobial Resistance Monitoring and Research Program)

DANMAP은 덴마크 농수산식품부(The Danish Ministry of Food, Agriculture and Fisheries)와 보건부에 의해 1995년에 설립된 프로그램이다. 가축이나 사람에게 사용되는 항생제를 모니터링하고 가축, 식품, 사람에게서 발견되는 항생제 내성 미생물의 빈도를 모니터링한다. 매년 DANMAP에서 모니터링한 결과는 홈페이지를 통해 검색할 수 있다(www.danmap.org).

EARSS (European Antimicrobial Resistance Surveillance System)

EARSS는 1999년 유럽연합 국가들이 설립한 프로그램으로 33개국 총 900여 연구실이 참여하고 있다. 7종의 미생물을 중심으로 모니터링하고 있다(*Staphylococcus aureus, Streptococcus pneumoniae, Eschcrichia coli, Enterococcus faecalis, Enterococcus faecium, Klebsiella pneumoniae, Pseudomonas aeruginosa*). 2010년 1월, 유럽질병통제예방센터(ECDC)에 의해 EARSS 프로그램이 관리되면서 'The European Antimicrobial Resistance Surveillance Network(EARS-Net)'으로 불리게 되었다. EARS-Net의 모니터링 결과는 ECDC 홈페이지를 통해 확인할 수 있다. (www.ecdc.europa.eu/en/activities/surveillance/EARS-Net)

고시(告示, Notice)
행정기관에서 국민에게 어떠한 사항에 대해 공식적으로 알리는 행위를 가리킨다. 대외적인 의사표시로 원칙적으로 법규성은 없다. 그러나 예외적으로 법규성을 띠거나 일반 처분성을 띠는 경우도 있다. 예를 들면, 국세청장이 조세부담에 관련된 사항을 공시하여 조세행정에 적용되도록 공고하는 고시의 경우 고시된 내용에 따라 조세를 부담해야 할 의무를 부담하게 되는 것이 이에 해당되며, 식약처에서 관할하는 식품안전 관련 대부분의 고시 내용도 법규성을 갖고 있다.

Codex
1962년 FAO와 WHO의 합동식품규격작업의 일환으로 설립된 Codex 국제식품규격위원회(Codex Alimentarius Commission)는 전 세계에 통용될 수 있는 식품 관련 법령을 제정하는 정부간 협의기구이다. Codex 규격은 강제적 성격을 띠는 것은 아니지만 1995년 WTO 체재하의 SPS협정(Agreement on the Application of Sanitory and Phytosanitory Measures) 및 TBT협정(Agreement on Technical Barriers to Trade)이 발효되어 Codex 규격 등이 범세계적인 공통 규격으로 활용됨에 따라 Codex의 중요성이 날로 부각되고 있다.
2020년 기준 Codex 식품규격위원회 회원국은 189개국으로, 188개 회원국과 1개 회원 기구로 유럽연합(EU)이 있다.

따라 2005년에 「유해사료의 범위와 기준」 고시(告示) 개정을 통하여 배합사료 제조 시 혼합가능 동물용의약품을 53종에서 25종으로 감축하였고, 2008년에는 9종을 추가로 사용 금지하였다.

2009년 내성률이 높은 테트라사이클린계 항생제인 클로르테트라사이클린(chlortetracycline)과 옥시테트라사이클린(oxytetracycline), 인수공용항생제인 바시트라신아연(bacitracin zinc), 황산콜리스틴(colistin sulfate), 황산네오마이신(neomycin sulfate), 염산네오마이신(neomycin HCl), 페니실린 총 7종의 항생제를 사료 내 혼합 가능 동물용 의약품 종류 및 허용기준에서 삭제한 바 있다. 이어 2011년 엔라마이신, 타이로신, 버지니아마이신 등 사료제조용 항생제 9종을 모두 사용 제한하여 항생제의 사용을 전면 금지하기에 이르렀다.

외국의 성공 사례로 노르웨이의 경우 1977년 수산양식에 백신을 도입하였고, 1995년에는 모든 성장촉진용 항생제의 자발적 사용금지 정책을 추진하여 항생제 사용을 대폭 감축시켰지만 연어 등 양식어류의 수확량은 지속적으로 증가하는 효과를 얻고 있다(그림 3-32).

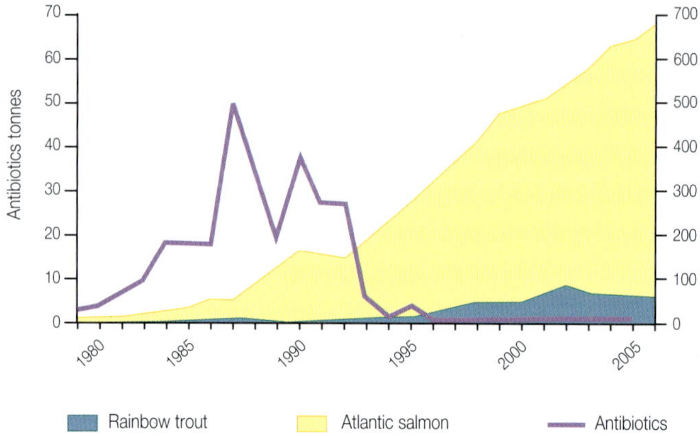

그림 3-32 노르웨이의 항생제 사용량과 양식어류 생산량
출처: 노르웨이국립수의과학원, 2007.

국제적으로는 Codex, FAO, WHO, OIE(국제수역사무국, World Organization for Animal Health) 등이 중심이 되어 항생제 내성에 관한 위해평가 및 위해관리 방안을 도출하고 있다. WHO와 OIE는 전문가 회의(expert consultation)를 통하여 사람과 축산용 동물에 사용하는 항생제의 중요도를 분류하여 항생제 관리의 우선순위를 정하고 있다. 사람의 심각한 질병 치료를 위해 단독 치료제 또는 대체제가 거의 없는 경우

(criteria 1)와 비임상으로부터 전달될 수 있는 세균이나 비임상으로부터 내성 유전자를 획득할 수 있는 세균이 일으키는 질병 치료용으로 사용하는 항생제(criteria 2)의 종류에 따라 극히 중요한 항생제(critically important antimicrobials, CIA), 매우 중요한 항생제(highly important antimicrobials, HIA) 및 중요한 항생제(important antimicrobials, IA)로 분류해서 관리하고 있다.

FAO
(The Food and Agriculture Organization of the United Nations)
UN 산하기구로서 1945년에 설립되었으며 이태리 로마에 본부를 두고 있다. 2008년 현재 191개국과 유럽연합이 함께 참여하고 있다. 식량 문제와 국제적 기근 문제를 해결하고 농업, 임업, 수산업 분야에서의 기술을 보급하고 식품의 안전과 영양을 위한 국제적 정책을 수립하고 있다(www.fao. org).

국제수역사무국
(Office International des Epizooties, OIE, World Organization for Animal Health)
1924년에 설립된 정부 간 연합기구(International Inter-governmental Organization)로서 프랑스 파리에 본부를 두고 있고, 175개 국가가 회원국으로 가입해 있다. 국제적으로 수의질병현황에 대해 투명성을 유지하고, 수의학적 연구결과를 수집, 분석 및 제공하는 역할을 하며, 수의질병 치료를 위해 기술적인 지원과 축산 및 축산식품의 국제 무역에 적용되는 국제위생법을 만들어 질병의 확산과 식품의 안전을 보증한다(www.oie.int).

참고문헌

강근옥, 고종호, 김은주, 김태열, 김희섭, 박성진, 박화연, 서승교, 송은, 손천배, 안령미, 조정순. 『증보 식품위생학』, 보문각, 2009. p. 86-87.

강호조, 강경선, 김기석, 백병걸, 손원근, 이재일, 이후장, 조규완. 『식품위생과 안전성』, 법문사, 2004. p. 13-57.

김덕웅, 정수현, 염동민, 신성균, 여생규. 『21C 식품위생학(개정판)』, 수학사, 2008. p. 59-157.

김명숙, 김옥미, 김인규, 이경임, 이선희, 이종갑, 임성미, 정승태, 조좌형. 『식품위생학』, 훈민사, 2002. p. 62-63.

미생물학, 한국미생물학회, 범문 에듀케이션, 항생제의 길잡이, 제 4판

식품의약안전처. 식중독 표준업무 지침. 식품의약품안전처 (2020)

식품의약안전처. 「식중독발생현황통계」, 2004.

식품의약안전처. 「식중독통계시스템」, 2010.

식품의약품안전평가원, 농림축산식품부, 농림축산검역본부, 2019년도 국가 항생제 사용 및 내성 모니터링(동물, 축·수산물), 2020

식품의약품안전처. 「국가항생제내성 안전관리사업 연구보고서」, 2003-2010.

신동화, 오덕환, 우건조, 정상희, 하상도. 『식품위생안전성학』, 도서출판 한미의학, 2014.

신은주, 항생제와 항생제 내성 슈퍼박테리아, Ewha Med J. 40(3):99-103, 2017

장동석, 신동화, 정덕화, 우건조, 이인선. 『자세히 쓴 식품위생학』, 정문각, 2008. p. 57-120.

정윤섭, 이경원, 염종화, 용동은, 정소영. 『세균의 새로운 항균제 내성과 기전』, 서흥출판사, 2002.

Acheson, D. Toxins associated with foodborne illness. *Food Quality.* 1999;6:30.

Andersson, A., Ronner, U., Granum, P.E. What problems does the food industry have with the spore-forming pathogens Bacillus cereus and Clostridium perfringens? *Int. J. Food Microbiol.* 1995;28:145-156.

Andrews, H.L. and Baumler, A.J. Slamonolla species. *Foodborne pathogens.*

Angulo, F.J. J.A. Nunnery, and H.D. Bair. Antimicrobial resistance in zoonotic enteric pathogens. *Rev. sci. tech. Off. int. Epiz.* 2004;23(2): 1-12.

Bianco M.I, Luquez C, de Jong L.I.T., Fernandez R.A. Presence of Clostridium botulinum spores in Matricaria chamomilla (chamomile) and its relationship with infant botulism. *Int J. Food Microbiol.* 2008;121: 357-360.

Bottone, E.J. Yersinia enterocolitica-overview and epidemiologic correlates. *Microbes infect.* 1999;1(4):323.

Carter, M.J. Enterically infecting viruses: pathogenicity, transmission and significance for food and waterborne infection. *J. Appl. Microbiol.* 2005;98:1354-58.

Cliver, D.O. Viral foodborne disease agents and concern. *J. Food Prot.* 1994;57:176-180.

Codex. *Report of the Codex ad hoc intergovernmental task force on antimicrobial resistance.* 2007-2010.

Codex. *Report of the Codex Alimentarius Commission.* 2006.

Criag, W.M., Hughes, J. Eds. *Emerging Infections.* vol. 4. Washington DC: American

Society for Microbiology Press, 2000. p. 83- 106.

D'Aoust, J.Y. Salmonella. *Foodborne bacterial pathogens*, Doyel, M.P. Ed. New York: Marcel Dekker, 1989. p. 327.

De Wit M.A.S., Widdowson, M.A., Vennema, H., de Bruin E., Fernandes T., Koopmans M. Large outbreak of norovirus: the baker who should have known better. *J Infect*. 2007;55:188-93.

Doyle, M.P., Beuchat, L.R., Montville, T.J. Food microbiology-Fundmentals and Frontiers. *ASM*. 1997. p.127-440.

FAO/WHO/OIE. *Joint FAO/OIE/WHO expert workshop on non-human antimicrobial usage and antimicrobial resistance: scientific assessment*. Geneva, Switzerlands, 2003.

FAO/WHO/OIE. *Report of the joint FAO/WHO/OIE expert meeting on critically important antimicrobials*. Rome, Italy, 2007.

FAO/WHO. *Animal feed impact on food safety. Report of the FAO/WHO expert meeting*. Rome, Italy, 2007.

Hackney, C.R. and Dicharry, A. Seafood-borne bacterial pathogens of marine origin, *Food Technol*. 1988;42(3):104.

Health Canada. *Uses of antimicrobials in food animals in Canada: Impact on resistance and human health*. 2002.

Karen C. Carroll *et al*. Manual of Clinical Microbiology 12th ed, 1242-1276, 2019

Kathariou, S., Listeria monocytogenes virulence and pathogenicity, a food safety perspective, J. *Food Prot*. 2002;65:1811-20.

Labbe', R.G.: Clostridium perfringens. Lund, B., Baird-Parker, T., Gould, G. Eds. *The Microbiological Safety and Quality of Food*. MD: Aspen Publishers, 2000. p. 1110-35.

Lance B. Price, Elizabeth Johnson, Rocio Vailes, and Ellen Silbergeld. Fluoroquinolone-resistant *Campylobacter* isolates from conventional and antibiotic-free chicken products. *Environmental Health Perspectives*. 2005;113(5):557-60.

Madigan M.T., Martinko J.M. and Parker J. *Brock Biology of Microorganisms. 10th ed. Microbial Growth Control*. Prentice Hall, 2004.

Moorman, M. Mycotoxins and food supply. *Dairy Food Environ. Sanitation*. 1990;10:207.

Nachamkin, I. *Campylobacter jejuni. Food Microbiology Fundamentals and Frontiers*. M.P. Doyle, L.R. Beuchat and T.J. Montville, eds. Washington, DC: ASM Press, 1997. p. 159-170.

OIE. *OIE list of antimicrobials of veterinary importance*. 2007.

Ray, B. and Bhunia, A.K. *Fundmental Food Microbiology*. 4th ed. CRC press, 2008.

Schiemann, D.A. Yersnia enterocolitica and Yersinia pseudotuberculosis. *Foodborne Bacterial Pathogens*. NewYork: Marcel Dekker, 1989. p. 601.

Slutsker, L., Evans, M.C., Schuchat, *A. Listeriosis*. Scheld.

Stern, N.J. and Kazami, S.U.: *Campylobacter jejuni. Foodborne Bacterial Pathogens*. Doyel, M.P. Ed. NewYork: Marcel Dekker, 1989. p. 71-77.

Tarr, P.I. Escherichia coli 0157:H7: clinical, diagnostic, and epidemiological aspects of human infection. *Clin. Infect. Dis*. 1995;20: 1-10.

Tatini, S.R. Influence of food environments on growth of Staphylococcus aureus and production of various enterotoxins. *J. Milk Food Technol*. 1973;36:559.

The National Board of Health and Welfare. *Swedish plan of action against antibiotic resistance*. 2000.

Twedt, R.M. Vibrio parahaemolyticus. *Foodborne Bacterial Pathogens*. Doyel, M.P. Ed. NewYork: Marcel Dekker, 1989. p. 543.

WHO list of Critically Important Antimicorbials for Human Medicine. Ranking of medically important antimicrobials for risk management of antimicrobial resistance due to non-human use. 6th revision. 2018. WHO

Wolfgang Witte, Birgit Strommenger, Christian Stanek, and Christiance Cuny. Methicillin-resistant Staphylococcus aureus ST398 in humans and animals, Central Europe. *Emerging Infectious Disease*. 2007;13(2):255-258.

World Health Organization. Critically important antimicrobial agents for human medicine for risk management strategies of non-human use. *Report of a WHO working group consultation*. Canberra, Australia, 2005.

World Health Organization. Critically important antimicrobials for human medicine. Categorization for the development of risk management strategies to contain antimicrobial resistance due to non-human antimicrobial use. *Report of the second WHO expert meeting*. Copenhagen, 2007.

World Health Organization. *Global principles for the containment of antimicrobial resistance in animals intended for food*. Geneva, Switzerland, 2000.

World Health Organization. Impacts of antimicrobial growth promoter termination in Denmark. *The WHO international panel's evaluation of the termination of the use of antimicrobial growth promoters in Denmark*. Foulum, Denmark. 2002.

World Health Organization. *Second joint FAO/OIE/WHO expert workshop on non-human antimicrobial usage and antimicrobial resistance: management options*. Oslo, Norway, 2004.

World Health Organization. *WHO global strategy for containment of antimicrobial resistance*. 2001.

국가정책조정회의 보도자료. 국가항생제내성관리대책(2016~2021). 2016. 〈http://www.opm.go.kr〉

농림축산식품부. 수의사 전자처방전 발급 의무화로 동물용 의약품 오남용 방지. 2020 〈http://www.korea.kr〉

질병관리청. 원헬스 항생제내성균. 〈http://www.kdca.go.kr〉

Centers for Disease Control and Prevention. Antibiotic / Antimicrobial Resistance (AR/AMR). 2021. 〈http://www.cdc.gov〉

Centers for Disease Control and Prevention. "One Health. 2019. 〈http://www.cdc.gov〉

FAO/WHO Codex Alimentarius Commission. 〈http://www.fao.org〉

One Health Commission. "What is One Health?", 2019 〈http://www. onehealthcommission.org〉

World Health Organization. Antibiotic resistance 〈http://www.who.int〉

World Health Organization "One Health", 2017 〈http://www.who.int〉

식품위생학 기출문제

01 황색포도알균 식중독의 특징이 <u>아닌</u> 것은?

① 장내독소인 enterotoxin에 의한 독소형이다.
② 잠복기가 짧은 편으로 급격히 발병한다.
③ 사망률이 다른 식중독에 비해 비교적 낮다.
④ 열이 39℃ 이상으로 지속된다.

02 다음 중 세균성 식중독의 일반적인 예방법이 <u>아닌</u> 것은?

① 실온에서 잘 보관할 것
② 조리, 식품제조 전에 손을 세척할 것
③ 가급적이면 조리 직후에 먹을 것
④ 설사 환자나 화농성 질환이 있는 사람은 식품을 취급하지 못하도록 할 것

03 식중독 원인조사에서 원인규명의 제한점이 <u>아닌</u> 것은?

① 환자 2인 이상에서 동일한 혈청형 또는 유전자형의 미생물이 검출되더라도, 식품에서 원인물질을 검출하지 못하면 식중독으로 판정할 수 없다.
② 식품은 여러 가지 성분으로 복잡하게 구성되어 원인물질과 원인균 규명이 어렵다.
③ 식중독을 일으키는 균이나 독소 등은 식품에 극미량 존재하여 식품에서 원인균이 검출되지 않는 경우가 있다.
④ 환자가 병원에서 항생제 치료를 받아 원인물질이 검출되지 않는 경우 원인규명이 어렵다.

04 식중독 역학조사의 단계로 옳은 것은?

① 검병조사 – 원인식품 추구 – 원인물질 검사
② 원인식품 추구 – 원인물질 검사 – 검병조사
③ 검병조사 – 원인물질 검사 – 원인식품 추구
④ 원인물질 검사 – 원인식품 추구 – 검병조사

05 식중독균인 클로스트리디움 보툴리늄균의 일반 성상 중 <u>잘못된</u> 것은?

① Gram 양성의 아포 형성균이다.
② 편성혐기성이다.
③ 열에 안정적이며 가열로 파괴하기 어렵다.
④ 독소는 매우 독성이 강하다.

06 식물성 식중독의 원인 성분과 식품의 연결이 <u>틀린</u> 것은?

① 솔라닌(solanine) – 감자
② 아미그달린(amygdalin) – 청매
③ 무스카린(muscarine) – 버섯
④ 셉신(sepsin) – 고사리

07 인수공통병원균으로 냉장온도에서도 생존하여 증식할 수 있으며, 소량의 균으로도 발병이 가능한 식중독균은?

① *Vibrio parahaemolyticus*
② *Staphylococcus aureus*
③ *Bacillus cereus*
④ *Listeria monocytogenes*

08 다음 식중독균과 주요 원인식품의 연결이 부적합한 것은?

① 병원성 대장균 – 생과일주스
② 살모넬라균 – 달걀
③ 클로스트리디움 보툴리늄 – 통조림식품
④ 바실러스 세레우스 – 생선회

09 식중독 증상에서 cyanosis 현상이 나타나는 어패류는?

① 섭조개, 대합 ② 바지락
③ 복어 ④ 독꼬치

10 식중독균인 클로스트리디움 보툴리늄균의 일반 성상 중 잘못된 것은?

① Gram 양성의 아포 형성균이다.
② 편성혐기성이다.
③ 열에 안정적이며 가열로 파괴하기 어렵다.
④ 독소는 매우 독성이 강하다.

11 리스테리아균에 의한 식중독의 예방대책이 아닌 것은?

① 살균이 안 된 우유를 섭취하지 않는다.
② 냉동식품은 냉동온도(-18℃이하) 관리를 철저하게 한다.
③ 식품의 가공에 사용되는 물의 위생을 철저하게 관리한다.
④ 고염도, 저온의 환경으로 세균을 사멸시킨다.

12 식품취급자가 화농성 질환이 있는 경우 감염되기 쉬운 식중독균은?

① 장염 *Vibrio* 균
② *Botulinus* 균
③ *Salmonella* 균
④ 황색포도알균

13 다음 중 리케치아에 의한 식중독은?

① 성홍열
② 유행성 간염
③ 쯔쯔가무시병
④ 디프테리아

14 바이러스성 식중독의 병원체가 아닌 것은?

① EHEC바이러스
② 로타바이러스A군
③ 아스트로바이러스
④ 장관 아데노바이러스

15 식중독을 일으키는 세균과 바이러스에 대한 설명으로 틀린 것은?

① 세균은 온도, 습도, 영양 성분 등이 적정하면 자체 증식이 가능하다.
② 바이러스에 의한 식중독은 미량(10~100)의 개체로도 발병이 가능하다.
③ 독소형 식중독은 감염형 식중독에 비해 비교적 잠복기가 짧다.
④ 바이러스에 의한 식중독은 일반적인 치료법이나 백신이 개발되어 있다.

16 알레르기성 식중독의 원인물질과 가장 관계가 깊은 것은?

① Histamine
② Glutamic acid
③ Solanine
④ Aflatoxin

17 다음 설명과 관계가 깊은 식중독은?

> – 호염성 세균이다.
> – 60℃ 정도의 가열로도 사멸하므로, 가열조리하면 예방할 수 있다.
> – 주 원인식품은 어패류, 생선회 등이다.

① 살모넬라균 식중독
② 병원성 대장균 식중독
③ 장염비브리오균 식중독
④ 캠필로박터균 식중독

18 바이러스성 식중독에 대한 설명이 <u>틀린</u> 것은?

① 항생제로 치료되지 않는다.
② 자체 증식이 가능하다.
③ 미량으로도 발병한다.
④ 면역이 되지 않아 재발이 가능하다.

19 황색포도알균에 의해 발생하는 식중독의 원인 물질은?

① 프토마인(ptomanie)
② 테트로도톡신(tetrodotoxin)
③ 에르고톡신(ergotoxin)
④ 엔테로톡신(enterotoxin)

20 장염 비브리오균의 특징에 해당하는 것은?

① 아포를 형성한다.
② 열에 강하다.
③ 감염형 식중독균으로 전형적인 급성장염을 유발한다.
④ 편모가 없다.

21 저렴하고 착색성이 좋아 단무지와 카레가루 등에 사용되었던 염기성 황색색소로 발암성 등 화학적 식중독 유발가능성이 높아 사용이 금지되고 있는 것은?

① Auramine
② Rhodamine B
③ Butter yellow
④ Silk scarlet

22 황색포도알균 검사방법에 대한 설명으로 <u>틀린</u> 것은?

① 증균배양: 35~37℃에서 18~24시간 증균배양
② 분리배양: 35~37℃에서 18~24시간 배양(황색 불투명 집락 확인)
③ 확인시험: 35~37℃에서 18~24시간 배양
④ 혈청형배양: 35~37℃에서 18~24시간 배양

23 식품공전에서 기준규격이 설정된 곰팡이독소 중 2종에 대한 종류별 발생 원인과 그 위험성 및 해당 독소의 일반적인 특징을 설명하시오.

24 포도알균(*Staphylococcus aureus*) 식중독의 감염 경로 및 예방법을 설명하시오.

25 장출혈성 대장균 감염증과 그 예방법을 설명하시오.

기출문제 정답

1. ④	9. ③	17. ③
2. ①	10. ③	18. ②
3. ①	11. ④	19. ④
4. ①	12. ④	20. ③
5. ③	13. ③	21. ①
6. ④	14. ①	22. ④
7. ④	15. ④	
8. ④	16. ①	

4
CHAPTER

식품매개 감염병

서론

감염병은 병원체와 숙주(인간)가 필요하고 서로 접촉해야만 감염된다. 경구감염병은 원인 병원체에 따라 세균성, 바이러스성, 기생충성 감염으로 나눌 수 있으며, 음식물(음용수)이나 사람, 동물 등의 매개체에 의해 감염된다.

또한 근래 식품위생 수준이 올라가면서 위생 동물에 대한 관리의 중요성이 강조되고 있다. 특히 쥐(rat), 파리(fly), 바퀴(cockroach), 진드기류 등은 그 자체가 혐오 동물이면서 페스트, 이질 등 감염성 질병과 식중독균을 전파시키기 때문에 식품위생 안전 분야에서는 중요하게 관리하고 있다.

세균성 경구감염병은 장티푸스, 파라티푸스, 세균성 이질, 아메바성 이질, 콜레라(cholera), 디프테리아, 성홍열, 병원성 대장균 등이 있고 바이러스성은 급성회백수염-소아마비, 바이러스성 간염, 이즈미열, 감염성 설사증 등이 있다.

기생충은 동물의 피부 표면이나 체내에 기생하여 숙주로부터 영양분을 얻으면서 생활하는데, 곡류와 채소 및 과일을 중심으로 농경산업이 주류를 이루어 왔던 우리나라에는 1970년대까지 심각한 문제를 초래했었다. 특히 당시 곡식과 채소류를 재배하기 위하여 사람이나 가축의 분뇨를 거름으로 주로 사용하였기 때문에 자연히 채소류에는 회충, 십이지장충, 요충 등 각종 충란들이 기생하여 우리 국민들은 자연스럽게 기생충에 노출되었다. 또한, 민물 어패류를 날로 섭취함에 따라 간디스토마, 폐디스토마 등에 많은 사람들이 감염되었다. 이러한 기생충 감염이 국가적으로 국민건강에 심각한 위협이 되자 정부에서는 1971년부터 "기생충 감염 실태조사"를 5년마다 주기적으로 관리하면서 기생충 감염은 크게 감소하였다. 또한 육류에 의한 기생충 감염은 무구조충, 유구조충, 톡소플라스마가 있다. 동물매개 질환은 페스트, 일본뇌염, 뎅기열이 있으며, 인수공통감염병은 탄저, 야토병, 결핵, 파상열, Q열, 렙토스피라, 리스테리아증이 있다.

인수공통감염병을 예방하기 위해서는 가축의 건강유지, 이환동물의 조기발견, 도살 혹은 격리, 소독, 예방접종 등 가축위생 조치를 철저히 지켜야 하며, 이환동물을 식품으로 취급, 판매·수입하는 것을 방지하는 노력이 필요하다. 또한, 최근의 코로나바이러스감염증-19 등 신종감염병을 겪으면서 이들 중 상당 부분이 인수공통감염병이고 직접접촉으로 전파가 이루어지는 바, 철저한 개인위생관리는 더욱 중요해지고 있다.

감염
살아 있는 병원성 미생물에 의해서 숙주세포가 침범되어 있는 상태

불현성 감염
감염이 일어나더라도 미생물의 증식이 어느 한도 이내로 억제되어 발병하지 않게 되는 것. 보균을 하고 있는 상태이며 디프테리아, 일본뇌염, 결핵 등에 불현성 감염이 많다.

역학조사
인간집단을 대상으로 건강과 이상 원인을 숙주(host), 병인(agent), 환경(environment) 등 다방면에 걸쳐 포괄적으로 조사하는 것. 관련 인구조사를 포함한다.

창상감염
생체의 일부 조직이 격렬한 기계적, 화학적, 전기적 작용이나 고온, 저온, 방사선, 빛 등의 격심한 작용에 의해 파괴, 변질되어 기능장애가 일어나 정상조직과의 연속성이 상실된 부위의 감염

4.1 감염병

한글학회(1992)에 따르면 "감염병이란 돌림병이라고도 하며 여러 사람이 잇달아 돌려가며 옮아, 앓는 질병"으로 정의되며 집단적으로 발병하여 유행하는 데는 세 가지 원인에 의한다. 즉, 병원체, 감염경로(환경), 숙주(사람, 동물)의 감수성 등이 구비되는 경우 환자가 발생하여 감염병이 유행하게 된다. 이 세 가지 요건이 모두 충족되는 경우 감염 환자가 발생하며 이 중 하나의 요건이라도 충족되지 않으면 감염병은 발생하지 않는다. 따라서 감염병을 예방하기 위해서는 세 가지 요건 중 하나라도 차단해야 한다.

법적으로 정한 "감염병"이란 다음 각호의 어느 하나에 해당되는 질환을 말한다(감염병의 예방 및 관리에 관한 법률, 2009. 2. 29. 전부개정, 법률

제17642호, 2020. 12. 15., 일부개정, 시행일. 2021. 6. 16.). 본래 감염병은 군(群)으로 분류하여 1~5군으로 관리하였지만 2020년부터 급(級)으로 개편되어 1~4급으로 분류하고 있다.

감염병의 법적 분류는 표 4-1과 같다.

표 4-1 감염병의 법적 분류

분류	내용
제1급감염병	생물테러감염병 또는 치명률이 높거나 집단 발생의 우려가 커서 발생 또는 유행 즉시 신고하여야 하고, 음압격리와 같은 높은 수준의 격리가 필요한 감염병 • 예: 에볼라바이러스병, 두창, 페스트, 탄저, 보툴리눔독소증, 야토병, 중증급성호흡기증후군(SARS), 중동호흡기증후군(MERS), 신종인플루엔자, 디프테리아 등
제2급감염병	전파가능성을 고려하여 발생 또는 유행 시 24시간 이내에 신고하여야 하고 격리를 필요로 함 • 예: 결핵, 수두, 홍역, 콜레라, 장티푸스, A형 간염, 박일해, 풍진, 폴리오, 수막구균 감염증, b형헤모필루스인플루엔자, 폐렴구균 감염증, 한센병 등
제3급감염병	그 발생을 계속 감시할 필요가 있어 발생 또는 유행 시 24시간 이내에 신고하여야 하는 감염병 • 예: 파상풍, B형 간염, 일본뇌염, C형 간염, 말라리아, 비브리오패혈증, 발진티푸스, 쯔쯔가무시증, 브루셀라증, 렙토스피라증, 후천성면역결핍증(AIDS), 뎅기열, 지카바이러스 감염증 등
제4급감염병	제1급감염병부터 제3급감염병까지의 감염병 외에 유행 여부를 조사하기 위하여 표본감시 활동이 필요한 감염병 • 예: 인플루엔자, 매독, 회충증, 편충증, 요충증, 간흡충증, 수족구병, 임질, 클라미디아감염증, 메티실린내성황색포도알균(MRSA) 감염증, 엔테로바이러스감염증 등
기생충감염병	기생충에 감염되어 발생하는 감염병 중 질병관리청장이 고시하는 감염병 • 예: 회충증, 편충증, 요충증, 간흡충증, 폐흡충증, 장흡충증, 해외유입 기생충 감염증
성매개감염병	성 접촉을 통하여 전파되는 감염병 중 질병관리청장이 고시하는 감염병 • 예: 매독, 임질, 클라미디아, 연성하감, 성기단순포진, 첨규콘딜롬, 사람유두종바이러스 감염증
인수공통감염병	동물과 사람 간에 서로 전파되는 병원체에 의하여 발생되는 감염병 중 질병관리청장이 고시하는 감염병 • 예: 장출혈성 대장균감염증, 일본뇌염, 브루셀라증, 탄저, 공수병, 중증급성호흡기증후군(SARS), 변종크로이츠펠트-야콥병(vCJD), 결핵 등
세계보건기구 감시대상 감염병	세계보건기구가 국제공중보건의 비상사태에 대비하기 위하여 감시대상으로 정한 질환으로서 질병관리청장이 고시하는 감염병 • 예: 두창, 폴리오, 신종인플루엔자, 중증급성호흡기증후군(SARS), 콜레라, 폐렴형 페스트, 황열, 바이러스성 출혈열, 웨스트나일열
생물테러감염병	고의 또는 테러 등을 목적으로 이용된 병원체에 의하여 발생된 감염병 중 질병관리청장이 고시하는 감염병 • 예: 탄저, 보툴리눔독소증, 페스트, 마버그열, 에볼라열, 라싸열, 두창, 야토병
의료관련감염병	환자나 임산부 등이 의료행위를 적용받는 과정에서 발생한 감염병으로서 감시활동이 필요하여 질병관리청장이 고시하는 감염병 • 예: 메티실린내성황색포도알균(MRSA) 감염증, 다제내성녹농균(MRPA) 감염증 등

출처: 감염병의 예방 및 관리에 관한 법률

4.2 경구감염병

감염을 일으키는 병원균이 식품, 손, 기구, 장난감, 기타, 다른 방법으로 입(경구)을 통하여 인체에 침입, 증식하여 질병을 일으키는 것을 경구감염병이라 한다. 주로 소화기계통을 통하여 감염되므로 소화기계 감염병이라고도 한다.

4.2.1 병원체의 종류와 감염경로

4.2.1.1 병원체의 종류

경구감염병은 원인이 되는 병원체에 따라 세균성, 바이러스성, 기생충성 감염으로 나눌 수 있다. 경구감염병은 병원체와 고유숙주인 사람과의 사이에 감염환을 이루고 사람 간에도 감염되며 극히 소량의 균수로도 발병이 되는 특징이 있다.

경구감염병과 세균성 식중독의 차이는 표 4-2와 같다.

노로바이러스로 인한 식중독을 예방

- 충분히 익혀먹기 (85℃, 1분 이상)
- 어패류는 익혀 섭취하기
- 깨끗한 물 사용하기
- 세척과 소독하기
- 올바르게 손 씻기 등

식품의 안전관리 요령을 지키는 것이 중요하다.

4.2.2.2 감염경로

1) 음식물에 의한 감염

음식물에 오염된 병원체가 입을 통하여 장내에 침투했을 때 일어나는 감염병으로 장티푸스, 파라티푸스, 이질, 콜레라, 유행성 간염, 급성회백수염, 성홍열, 감염형 황달(Weil's disease) 등이 있다.

비말감염

사람과 사람이 접근하여 감염되는 접촉감염의 한 형태로써 공기매개 감염이라고도 하며 호흡기계 감염병의 가장 보편적인 감염 양식이다.

2) 물에 의한 감염

물에 오염된 병원체에 의해서 일어나는 감염병으로 장티푸스, 파라티푸스, 이질, 콜레라, 유행성 간염, 급성회백수염 등이 여기에 속한다.

수인성감염병

물(특히 음료수 등)에 의해 질병이 전파되는 감염병

표 4-2 경구감염병과 세균성 식중독과의 차이

구분	경구감염병	세균성 식중독
감염관계	감염환(infection cycle) 성립	종말감염(terminal infection)
균의 양	미량의 균수로도 감염가능	일정량 이상의 균수가 필요
2차 감염	2차 감염 빈번	2차 감염 거의 없음
잠복기간	장기(원인균 검출이 곤란)	비교적 단기
예방조치	거의 불가능	균 증식 억제로 가능
음용수	음용수로 인해 감염	음용수로 인한 중독은 거의 없음

3) 매개체(곤충, 쥐 등)에 의한 감염

매개 동물 즉, 곤충이나 쥐 등의 설치류에 의해서 전파되는 감염병으로 음식물에 의해서 감염되는 감염병이 대부분이다. 쥐를 통한 경구감염병은 페스트가 대표적인 감염병이다.

그 외 환자나 보균자로부터 직접 접촉에 의한 직접감염, 또는 장난감, 손수건, 걸레, 침구, 식기 등에 의해서도 드물게 감염이 된다. 보통은 감염 환자의 분뇨나 배설물이 오염되어 일어나는 경우가 대부분이다.

4.3 주요한 경구감염병

경구감염병은 크게 세균과 바이러스 원인성으로 구분되며 전파방법, 증상, 예방방법 등도 약간씩 차이가 있다.

4.3.1 세균성 경구감염병

4.3.1.1 장티푸스(Typhoid fever)

급성 전신성 열성 질환으로 우리나라 감염병의 예방 및 관리에 관한 법률에 제2급감염병으로 분류된 감염성 질환으로 병원체는 환자에서 다양한 혈청형으로 분리된다.

1) 병원체

장티푸스균으로 *Salmonella Typhosa, S. Typhi, S. Typhimurium, S. Enteritidis, S. Infantis, S. Heidelberg* 등이 있으며 균체 항원(O)과 편모항원(H)에 따라 분류한다. 그람음성 간균으로 8~12개의 편모가 있어 운동성이 있다. 보통 대변에서 60시간, 물에서 5~15일, 얼음에서는 3개월, 육류에서는 8주 정도 생존 가능하다.

2) 감염경로

환자의 배설물, 혈액에 의해서 배출이 되며 배설물에 오염된 식품이나 물 등을 섭취했을 때 감염이 된다. 치료된 후에도 균을 배출(병후 보균자)되는가 하면 건강한 사람도 보균하는 경우가 있다. 여러 식품에서 혹은 저온에서 장기간 생존이 가능하다.

3) 증상

잠복기는 1~2주로 감염 정도에 따라 증상이 다르다. 처음은 전신권태 후 40℃ 전후까지 체온이 올라가 2주간 계속되기도 한다. 피부에 작은 홍반

감수성
유기체가 내외계의 자극을 수용하는 능력으로, 일반적으로 자극에 대하여 반응을 일으킬 때 감수성이 있다고 한다.

낭포
장기 조직 안에 자루 모양의 내벽이 생겨 그 속에 액체가 차는 병적 생산물

수막염
수막의 가장 내층인 연막(軟膜)에 급성염증의 증세를 일으키는 질환

수포
표피 안쪽 또는 표피 아래에 조직액이 괴어 물처럼 보이는 것

장괴저
괴사(壞死)하여 함입(陷入)된 장 조직에 부패균이 감염되어 부패하고 흑색으로 변해서 악취를 내는 것

홍반
모세혈관의 울혈에 의해 피부가 국소적으로 붉어진 상태. 단순성 혈관종(血管腫)처럼 선천성인 것도 있으나 대부분 염증성 병변으로, 홍역이나 성홍열에서 볼 수 있는 진피(眞皮) 상층의 모세혈관의 확장, 출혈에 의한 것과 단순 성혈관종의 경우 혈관의 신생에 의한 것이 있다.

이 생기고 두통이 심하며 체온이 올라가는 경우 헛소리를 한다. 치료가 잘못되는 경우 사망률은 10~20%이며 항생제 치료가 가능하여 치사율은 낮아지고 있다.

4) 발병현황

2014년과 2018년에는 200명이 넘게 발병하였으나 최근에는 100명 아래로 보고되고 있다.

5) 예방 및 관리

조리사의 손 씻기, 동물유래 식자재의 철저한 가열처리, 끓인 물 먹기, 그리고 주방에서 교차 오염을 방지해야 하며 설치류와 곤충에 의한 오염을 막아야 한다. 날계란을 먹지 않도록 하고 설사 환자가 식품에 접하지 않도록 하고 애완동물도 주의해야 한다.

4.3.1.2 파라티푸스(Paratyphoid fever)

장티푸스와 증상이 유사하다. 증상이 가볍고 사망률도 낮으며, 식중독과 구별하기가 어렵다.

1) 병원체

Salmonella Paratyphi A, B, C 3형이 알려져 있고, 그람음성 막대균으로 운동성이 있다. A, C 형은 사람에게만 감염된다.

2) 감염경로

감염된 환자의 배설물이나 오염된 식품, 물, 물건 등에 묻어 간접적으로 감염되기도 한다.

3) 증상

장티푸스와 같은 열병으로 일반적으로 가볍다. 잠복기는 1~10일로 장티푸스와 비슷하다. A형과 B형의 발생 비율은 1:10~20으로 B형이 많다.

4) 발병현황

2002년에 413명의 감염자가 발생하였지만 이후 점차 감소하여 현재까지는 100명 미만으로 보고되고 있다.

5) 예방방법

장티푸스와 같고 철저한 개인위생, 환경관리가 중요하다.

4.3.1.3 세균성 이질(Shigellosis)

세균성 이질은 *Shigella*속 세균에 의해 발생하는 장 관련 감염질환을 총칭한다. 세균성 이질은 여름철에 많이 발생하며, 겨울철에는 현저하게 감소한다. 많이 발생하는 연령은 10세 이하(50%)이다.

1) 병원체

*Shigella*속은 장내세균과에 속하며 균체항원(O)과 당의 발효 형태에 따라 *S. dysenteria*(혈청군 A), *S. flexneri*(혈청군 B), *S. boydii*(혈청군 C)와 *S. sonnei*(혈청군 D)로 분류되며 다시 특성에 따라 세분되고 있다. 네 가지 균종 중 혈청군 A가 병원성이 가장 강하다.

2) 감염경로

대부분 환자와 직접 접촉에 의한 감염과 오염된 의류, 기구, 음식, 음료수, 우유 등에 의한 2차 오염을 통하여 감염되기도 한다. 적은 양(10~100개)으로도 감염이 되기 때문에 오염된 화장실의 손잡이, 식기, 음식 등에 의해 쉽게 감염될 수 있으므로 가족 간에 2차 감염이 쉽게 일어나기도 한다(10~40%).

3) 증상

잠복기는 보통 2~3일이며 주증상인 설사 증상에 따라 이질형(dysenteric type), 콜레라형(choleric type), 설사형(diarrheal type)으로 나눈다. 이질형은 물과 같은 설사, 점액성 혈변이 있고 체온이 39℃까지 올라가며 탈수증이 나타난다. 콜레라형은 심한 탈수 등으로 쇼크 상태가 되기도 하며 설사형은 설사를 몇 번하는 등 가볍게 지나간다.

4) 발병현황

2003년에 1,117명의 감염자가 확인되었으나 이후 점차 감소하여 2014년 이후부터는 200명 미만으로 보고되고 있다.

5) 예방방법

열에 약하기 때문에 가열 처리로 대부분 예방이 가능하며 환자를 격리하고 설사 환자가 식품을 취급하지 않도록 하며 개인위생이 중요하다.

4.3.1.4 아메바성 이질(Amoebic dysentery, amebiasis)

열대와 아열대 지역에서 발병 예가 많고 온대에서는 불현성감염(inapparent infection)이 많다.

1) 병원체

원충인 이질 아메바(*Entamoeba histolytica*)로 발육기에 따라 영양형(vegetative form), 포낭전기형(precystic form), 포낭형(cystic form)으로 나눈다.

2) 감염경로

환자와 포낭을 갖고 있는 환자가 감염원이 되며 접촉오염, 음용수, 식품, 식품취급자, 설치류, 곤충 등에 의하여 전파된다.

3) 증상

잠복기는 수일~수주이며 대량의 표층 점막이 괴사되어 괴양이 생기며 열은 없으나 변에 점액이 많고 분량도 많다.

4) 예방방법

개인위생이 가장 중요하며 설사 환자의 식품 취급을 막아야 한다. 특히 음용수에 의한 오염을 극히 조심해야 하며 항생제 치료는 효과가 없다.

4.3.1.5 콜레라(Cholera)

콜레라는 인도 지역에서 수세기 동안 산재한 질환으로 수차례 전 세계적으로 유행하였으며 우리나라에서도 1963년부터 최근까지 콜레라가 발생하였다. 콜레라 독소에 의하여 심한 위장장애와 설사를 일으키며 감염 속도가 빠르고 감염병의 예방 및 관리에 관한 법률에 따라 제2급감염병으로 분류되어 있다.

1) 병원체

Vibrio cholerae O1 균과 *V. cholerae* O139 균에 의해 주로 환자가 발생한다. *V. cholerae* O1균에는 classic 형과 EL Tor 형이 있으며 콜레라균은 항원형에 따라 분류한다.

2) 감염경로

대부분 환자의 분변, 구토물 등으로 오염된 물의 섭취에 의한 수인성 감염과 오염된 식품 섭취로 감염되어 전파되고 확산되며 오염된 어패류에 의해서도 감염이 발생할 수 있다.

3) 증상

잠복기는 오염된 균수나 개체에 따라 다르나 통상 3~5일로 알려져 있으며 초기 증상으로는 갑작스런 설사와 설사 빈도가 잦고 복통을 느끼며 쌀뜨물과 같은 설사를 한다. 따라서 탈수가 진행되기 쉬우며 이는 사망으로 이어질 가능성이 있다. 불현성 환자의 경우 분변 중에 10^2~10^3 CFU/g 정도의 균체가 발견되나 환자의 경우 10^8 CFU/g 이상이 된다.

4) 예방방법

음식물 조리에 충분한 열처리가 되도록 특별히 신경써야 하며 야채나 과일의 위생처리가 중요하다. 외출 후 귀가 시 손 씻기 등 개인위생에 주의하고 콜레라 발생 지역 여행 시 끓인 물 섭취가 필수이며 생식을 금해야 한다.

5) 발병현황

2004년에 10명, 2005년에 16명의 감염자가 발생하였으나 이후 감소하여 2011년 이후부터는 5명 이하의 감염자가 보고되고 있다.

4.3.1.6 디프테리아(Diphtheriae)

디프테리아균에 의해서 발생하는 감염병으로 감염된 부위에 따라 호흡기 디프테리아와 피부 디프테리아로 나눌수 있으며 각각 증세가 다르게 나타난다. 감염력이 강하고, 예방접종으로 질병 발생을 막을 수 있다. 감염병의 예방 및 관리에 관한 법률에 따라 제1급감염병으로 분류되어 있다.

1) 병원체

*Corynebacterium diphthereae*로 그람양성 막대균이며 편모는 없고 열에 약하다(58℃, 10분 내에 불활성화).

2) 감염경로

이 균은 자연계에 널리 분포되어 있어 인후(편도선) 부위나 피부에 감염되어 질병을 일으킨다.

3) 증상

면역상태에 따라 무증상 감염, 경증의 호흡기 증세 등 심한 증상을 보인다. 호흡기 디프테리아는 2~6일 잠복기 후 인두염, 후두염 혹은 편도선염으로 권태감, 인두통, 발열 증상이 있으며 피부 디프테리아는 피부와 접촉하여 감염되며 잘 아물지 않는 궤양이 생기기도 한다.

4) 발병현황

2002년 이후로 보고된 감염자가 없다.

5) 예방방법

독소이므로 능동면역을 갖도록 예방이 가능하며 생후 18개월과 4~6세에 추가 접종을 실시한다.

4.3.1.7 성홍열(Scarlet fever)

용혈성 연쇄상알균에 의한 감염으로 인한 질병으로, 이 균이 생성하는 독소에 의해서 증상이 나타난다. 감염병의 예방 및 관리에 관한 법률에 의하여 제2급감염병으로 분류되어 있다.

1) 병원체

*Streptococcus pyogenes*이며 그람양성의 연쇄상알균으로 우유, 유제품, 야채, 물, 먼지 등 자연계에 널리 분포되어 있고 주로 증식하면서 독소를 생성하여 문제를 일으킨다.

2) 감염경로

자연에 존재하는 균이 감염되어 병변을 보인다.

3) 증상

주로 사람에게 인두염과 표피의 국소감염(농피증)과 함께 발열(39℃ 이상), 삼출성 염증을 일으킨다. 또한 류마치스염, 급성사구체신염(腎炎), 산욕열 등 침습성 감염을 일으키기도 한다.

4) 발병현황

2003년부터 2006년까지 약 100명 내외로 발병하였지만 이후 점차 증가하여 2013년에 3,000여 명이 보고되었고 2017년에는 22,838명이 보고되었다. 이후 점차 감소하여 2020년에는 2,300명이 발병하였다.

5) 예방방법

특별한 예방법은 없으나 페니실린 등 항균제 투여로 치료가 가능하므로로 환자의 조기 발견 및 치료가 중요하다.

4.3.2 바이러스성 경구감염병

4.3.2.1 급성회백수염-소아마비(Poliomyelitis)

폴리오(polio)는 중추신경계를 침범하는 급성감염병으로 제2급감염병으로 지정되었다. 이 바이러스는 유일하게 사람에게만 증상을 나타내며 불현성 감염부터 마비 증상까지 다양하다.

1) 병원체

Picornaviridae과의 *Enterovirus*속의 바이러스로 24~30 nm이며 RNA만 있고 피막이 없는 바이러스다. 이 바이러스는 열에 약하며(55℃, 30분) 염소, 자외선 등에 불활성화된다. 매우 제한적인 숙주를 갖는 특성이 있다.

2) 감염경로

환자의 분비물과 대변을 통하여 경구(입) 감염이 되며 위장관에서 일차적 증식이 일어난다. 보통 사람의 편도선, 목 임파선, 소장 등에서 증식 후 림프절로 확산되고 혈류를 통해 중추신경계로 진출하여, 운동 신경세포를 피괴한다.

3) 증상

잠복기는 보통 7~14일이며 초기에 열, 피로, 두통, 구토, 변비, 목의 뻣뻣함, 사지통증 등 증상이 나타나고 그 이후 증상이 진행되면 마비현상이 온다.

4) 발병현황

2002년 이후 발병 환자는 없는 것으로 보고되었다.

5) 예방방법

치료를 위한 항바이러스제는 아직 없으며 예방접종이 최선의 방법이고 경구 접종, 백신주사 등이 있다.

4.3.2.2 바이러스성 간염

간염바이러스에 의한 감염증으로 간염을 일으키는 바이러스는 현재까지 A, B, C, D 및 E형이 알려져 있으며 이 외에도 수혈과 관계되는 TT 바이러스가 새로 발견되고 있다. A형 간염 및 E형 간염은 제2급감염병, B형 간염 및 C형 간염은 제3급감염병으로 지정되어 있다. 한편, A형 간염 항체는 비교적 깨끗한 환경에서 자란 20대, 30대의 경우 거의 형성되지 않아 백신 접종이 필요하지만 상대적으로 위생 환경이 좋지 못한 곳에서 자란 50대 이상의 세대에서는 항체 형성률이 97% 이상인 것으로 보고된 바 있다.

1) 병원체

바이러스 종류에 따라 다르게 명명되어 있다. A형은 Picornaviridae과 epatitis A virus, B형은 Hepadnaviridae과 Hepatitis B virus, C형은 Hepatitis C virus, D형은 Hepatitis D virus, E형은 Hepatitis E virus로 구분하고 있다.

2) 감염경로

A형: 환자, 불현성 감염자의 분변, 혈액, 오염된 음식, 타액 등에 의해서 경구로 감염된다.

B형: 바이러스 보유 산모로부터 수직감염과 정액, 혈액, 타액 등에 의한 수평 감염이 있다.

C형: 수혈에 의한 감염이 90% 이상이고 주사침, 불결한 침, 성교, 산모와 태아의 수직 감염도 있다.

D형: B형 간염과 비슷하며 정액, 약물 사용과 연관되기도 한다.

E형: A형과 유사하하며 음용수에 의해서 전파되므로 A형보다 대규모로 전파되기도 한다.

3) 증상

A형: 대부분 38℃ 이상의 체온을 동반하고 급격히 발병하며 전신권태, 오심, 구토, 황달과 복통, 설사, 두통, 인두통을 수반한다.

B형: 처음에는 오심, 구토, 설사 등이 오고, 발열기에 급격히 오한과 체온이 오르면서 간이 비대해지고 황달 증상이 나타난다.

C형: 통상적으로 잠행성이고 전신권태, 식욕부진, 복부 불쾌감, 오심, 구토 등으로 만성화될 가능성이 높다.

D형: 심한 급성 및 진행성 만성 간질환을 일으키며 간경변으로 진행되며 황달, 권태감, 식욕감퇴를 수반한다.

E형: 초기 증상으로 황달, 메스꺼움, 구토, 복부 복통, 흑뇨, 관절 통증, 발진, 설사, 가려움증이 나타난다.

4) 발병현황

A형: 2019년 조개젓 섭취로 인한 A형 간염이 전국적으로 유행하여 17,598명의 감염자가 발생하였으며, 2020년에는 3,989명이 발생하였다.

B형: 2016년 1월 7일부터 급성 B형 간염에 한해 신고하게 되었으며, 2016년 이후 매해 400명 이내로 발생하고 있다.

C형: 2018년 이후 평균 10,000여 명의 감염자가 보고되고 있다.

5) 예방방법

A형: 식수의 오염 방지, 하수관리, 개인위생을 철저히 해야 하며 항체 유발 예방 주사로 예방이 가능하다.

B형: 예방을 위해 B형 간염 백신이 사용되며 수동면역으로 예방할 수 있으며 신생아에게 예방접종을 한다.

C형: 백신 등이 개발되지 않았으나 약물치료가 가능하며, 수혈로 인한 감염 가능성이 알려지면서 수혈 전 혈액검사를 통해 음성인 혈액을 수혈하여 C형 간염의 전염가능성이 거의 없다.

D형: B형 간염백신 접종으로 예방이 가능하며 간염 치료에 알파 인터페론을 사용한다.

E형: 아직 백신이 없고 깨끗한 음료 사용, 채소나 과실의 위생처리가 필수이며 손 씻기를 습관화해야 한다.

4.3.2.3 이즈미열(Izumi fever)

바이러스에 의한 발진성 질환으로 체온이 올라(39℃) 성홍열과 비슷하다. 주요 증상은 발열, 발진, 위장 증상을 나타내며 열은 일일 2~3회 반복해서 나타난다. 잠복기는 2~10일이며 음식물이나 물을 통하여 감염이 되며 환자와 접촉에 의해서도 감염이 일어난다.

4.3.2.4 감염성 설사증

감염성 설사증은 바이러스에 의해서 일어나며 환자의 분변으로부터 바이러스가 음식물이나 물에 오염되어 경구감염된다. 잠복기는 2~3일이며 미열과 함께 하루에 5~20회의 수양성(물) 설사를 한다. 환자의 분변 처리를 확실히 하고 음식물은 가열처리한다.

구제역

구제역은 발굽이 2개인 소, 돼지 등의 입, 발굽 주변에 물집이 생긴 뒤 치사율이 5~55%에 달하는 가축의 제1종 바이러스성 법정감염병이다. 구제역을 유발하는 바이러스는 피코르나바이러스(picorna virsu)과에 속한다. 피코는 1조분의 1에 해당한다. 구제역 바이러스, RNA 게놈 피코르나바이러스과에 속하며 여기에는 수족구병과 감기바이러스도 포함된다.

4.4 동물매개 질환

4.4.1 페스트(Pest)

흑사병(black death)이라고도 하며 설치류 사이에 전파되다가 벼룩에 의해 사람에게 전파되는 질환이다. 알려진 바로는 250여 종의 설치류에 감염이 되고 이들에서 옮겨 온 이 혹은 벼룩이 매개체가 된다. 이 질환은 전 세계에 퍼져 있으며 토착화되어 있다.

1) 병원체

*Yersinia pestis*가 주 페스트균이고, *Y. pseudotuberculosis*, *Y. enterocolitica* 등도 장에 감염을 일으킨다. 사람 혹은 온혈동물에 병원성을 나타내며 균체는 그람음성, 막대균으로 운동성이 없다.

2) 감염경로

설치류 특히 쥐과와 다람쥐과의 동물들 사이에 벼룩을 매체로 전파되며 벼룩이 사람에게 병원체를 이행시킬 수 있다. 우리나라에는 아직까지 발병 사례가 없다.

3) 증상

사람 페스트의 80~90%를 차지하는 선 페스트는 임파절의 종양, 종창이 특징이고 발증 후 3~4일 경과된 후에 패혈증으로 사망한다.

4) 예방방법

설치류의 벼룩에 물리지 않도록 하고 환자와의 접촉을 피한다. 페스트 백신으로 일부 효과가 있으나 장기효과는 없고 항균제 치료가 가능하다.

4.4.2 일본뇌염(Japanese encephalitis, JE)

일본뇌염 바이러스에 의하여 감염되어 발병되며, 국내에서는 주로 빨간집모기(Culex tritaeniorhynchus)에 의해 전파되는 인수공통감염병이다. 뇌염 바이러스를 갖고 있는 돼지, 말 등의 피를 빨고 사람의 피를 빨 때 바이러스가 옮겨진다.

1) 병원체

플라비바이러스(Flavivirus)속에 속하는 바이러스로 초기는 직경이 40~50 nm인 구형 바이러스이며 단일 가닥의 RNA를 갖고 있다.

2) 감염경로

모기가 바이러스 혈증을 가진 동물을 흡혈하면 바이러스가 모기 체내로 들어오고 이 바이러스가 모기의 중장(midgut)과 타액선에서 7~10일간 증식한다. 바이러스를 보유한 모기가 사람의 피를 빨아 먹을 때 타액을 통하여 바이러스가 이행된다.

3) 증상

잠복기는 7~14일이며 갑작스런 발열로 2~3일 후 체온이 40℃ 이상이 된다. 발병 초기에는 두통, 발열, 구토 증세 후 혼미, 경련, 정신혼란, 의식장애를 일으키며 사망률이 높고 후유증도 있다.

4) 예방방법

바이러스를 지닌 모기에 물리지 않도록 하며 예방접종으로 상당한 예방이 가능하다. 치료제는 아직까지 없다.

4.4.3 뎅기열(Dengue fever)

모기가 매개하는 뎅기 바이러스(Dengue virus)에 의해서 발병이 되며 뎅기 출혈열, 뎅기 쇼크증후군으로 분류된다.

1) 병원체

플라비바이러스(Flavivirus)속의 바이러스로 뎅기-1, 2, 3, 4형의 혈청형이 있으며 단일가닥 RNA로 되어 있다.

2) 감염경로

열대 도시 지역에서는 인간과 모기의 순환 고리에 의해서 전파되고 인간 대 인간의 감염은 없으나 감염된 사람의 피를 빨아 먹은 후 다른 사람에게 전파될 수 있다. 보통 흡혈한 지 8~12시간 후부터 전파가 가능하다.

3) 증상

열성 질환으로 잠복기는 3~14일이며 3~4일 발열하면서 심한 두통, 근육통, 관절통, 안면통, 식욕부진 등이 나타나고 증상은 가볍지만 중증인 경우 사망하기도 한다.

4) 예방방법

모기에 물리지 않도록 하며, 백신이 없고 대증요법으로 치료한다.

4.5 인수공통감염병(Zoonosis)

인수공통감염병이란 동물과 사람 간에 이행되는 감염병으로 주로 축육과 관계되는 질병이 사람에게도 감염되어 질병을 일으키는 경우를 말한다. 또한 축육 제품, 즉 식육, 우유 등에 병원체가 오염된 것을 섭취하였을 때나 감염 동물과 접촉, 분비물에 접촉하여 2차 오염된 식품을 먹었을 때도 감염이 된다.

중요한 인수공통감염병의 종류와 원인균은 표 4-3과 같다.

4.5.1 감염경로

병원체의 침입경로와 생활사에 따라 분류된다.

4.5.1.1 일원 인수공통감염병(Directzoonosis 또는 Orthozoononis)

세균성이나 바이러스성으로 단 1종의 동물이나 사람 간에 전파되는 것으로 광견병, 결핵, 부르셀라 등이 있다.

4.5.1.2 순환 인수공통감염병(Cyclozoonosis)

병원체의 완전한 성숙을 위해 2종 이상의 동물 또는 사람이 필요한 기생충으로 무구, 유구 조충증, 포충증이 해당된다.

4.5.1.3 메타 인수공통감염병(Metazoonosis)

척추동물뿐만 아니라 무척추 동물 간에 이행되는 경우로 뇌염, 홍반열, 폐흡충증, 페스트, 간 디스토마 등이 해당된다.

표 4-3 인수공통감염의 종류와 원인균

병명	이환되는 가축명	병원체
탄저(炭疽, Anthrax)	포유동물(소,양,염소,돼지)	탄저균(*Bacillus anthracis*)
야토병(野兎病, Tularemia)	산토끼, 사향쥐, 다람쥐	야토병균(*Pasteurella tularensis*)
결핵(結核, Tuberculosis)	소, 산양	결핵균(*Mycobacterium tuberculosis*)
파상열(波狀熱, Brucellosis)	소, 돼지, 양, 염소, 개	*Brusella melitensis, Brusella suis, Brusella abortus, Brusella canis*
Q열(Q-fever)	소, 양, 사슴, 개, 고양이	*Coxiella burnetii*
렙토스피라(Leptospirosis)	쥐, 소, 돼지, 개	*Leptospira interrogans*
리스테리아증(Listeriosis)	소, 양, 돼지, 조류	*Listeria monocytogenes*

출처: 금 등, 2010.

4.5.1.4 복합 인수공통감염병(Saprozoonosis)

사람과 동물에 전파되며 동물이 아닌 식물이나 토양 같은 무생물이 필요한 경우로 간질증, 파상풍 등이 있다.

4.5.2 주요 인수공통감염병

4.5.2.1 결핵(Tuberculosis)

WHO에 의하면 결핵환자는 전 세계적으로 1,000만 명에 달하며 매년 약 150만 명이 목숨을 잃는 것으로 나타났다. 우리나라는 OECD 가입국 중 결핵 발생률이 1위, 사망률이 2위로 나타났다. 우리나라 법정감염병 중 사망자가 가장 많은 감염병이다. 신체의 모든 부분에 침범할 수 있고 특히 폐에 침범률이 높으며 법정감염병 제2급감염병이다.

1) 병원체

결핵균인 *Mycobacterium tuberculosis*와 *Mycobacterium bovis*에 의해서 이환된다. 사람에게 감염되는 것(human type)과 소에 감염되는 것(bovine type)이 있다.

2) 감염경로

우형의 경우 우유에 의해 감염될 수 있으며 이환된 소의 고기나 대변에 의해서도 전파되며 사람이 소에게 이환시키기도 한다.

3) 증상

잠복기는 4~6주이며 전신증으로 발열, 전신피로감, 식욕부진, 체중감소가 나타나고 폐결핵인 경우 기침, 각혈 등 증상이 있다.

4) 예방방법

투베르크린(tuberculin) 반응과 X-선 촬영으로 감염 여부를 확인하여 치료하고 생후 4주 이내에 비씨지(Bacillus Calmette Guerin, BCG)를 접종하고 살균하지 않은 우유는 먹지 않도록 한다.

투베르쿨린(Tubercline)
결핵균 감염의 유무 또는 BCG 접종 효과의 반응을 진단하기 위한 중요한 검사로 이용된다.

4.5.2.2 조류 인플루엔자(Avian influenza, AI)

흔히 조류독감, 혹은 신종플루라고 불리고 청둥오리 등 야생 조류, 닭, 오리 등 가금류에 발생하는 감염병으로 고병원성인 경우 대부분 폐사, 혹은 산란율이 떨어진다.

조류인플루엔자 (Avian Influenza)

AI는 닭, 오리, 칠면조, 철새 등 조류에 감염되는 바이러스성 감염병으로서 조류인플루엔자 바이러스는 사람에게서 인플루엔자를 일으키는 바이러스와는 다르다. 또한, 조류에서 발생한 AI가 사람에게 전파되려면 우선 닭과 오리에서 장기간 순환감염을 하면서 바이러스가 인체감염이 가능한 바이러스로 변이가 되어야 하기 때문에 매우 희박하다. 전파속도가 매우 빠르며, 폐사율 등 바이러스의 병원성 정도에 따라 고병원성과 저병원성으로 구분되고 우리나라는 고병원성 AI를 1급가축감염병으로 지정해 관리하고 있다.

2010년도 실시된 국가과학기술혁신역량 평가 결과

우리나라는 OECD 30개국 중 11위를 차지하였고, 미국, 스위스, 일본, 핀란드, 독일이 각각 1위부터 5위까지 차지했다. 이들 중 일본을 제외한 국가는 5개 평가부문이 모두 OECD 평균 이상이라는 점이 주목할 만하다. 결국 최상위권에 들기 위해서는 자원이나 성과뿐 아니라 기반이 되는 환경과 네트워크 등 전 부문의 선진화가 필요하다는 얘기다.

1) 병원체

바이러스의 일종으로 avian influenza virus로 알려져 있다.

2) 감염경로

주로 철새의 배설물이나 호흡기 분비물에 의해서 전파되는데 철새는 저항력이 크나 가금육은 치명적이다. 사람에게는 감염 가금육과 직접 접촉에 의해서 일어난다.

3) 증상

고온(38℃ 이상), 기침, 인후통, 호흡곤란의 증상이 있으며 감기나 독감과 비슷하나 가금육을 직접 접촉하여 감염된다.

4) 예방방법

감염된 조류와 접촉하지 않고 야생조류의 접근을 막고 일상생활에서 위생관리를 철저히 한다. 예방백신은 아직 개발되지 않았으나 타미플루 등으로 치료된다.

4.5.2.3 프리온성 질병(Bovine Spongiform Encephalopathy, BSE)

BSE는 소에서 나타나는 해면상 뇌증으로 생물이 아닌 변형 단백질에 의한 신경질환이며 광우병으로 더 많이 알려져 있다. 소의 BSE가 사람에게 감염되어 나타난 질병을 크로이츠펠트-야콥병(variant Creutzfeldt-Jakobs Disease, vCJD)이라고 명명되었다.

1) 병원체

바이러스라고 알려지기도 했으나 현재는 질병의 병원체는 단백질의 일종인 변형 프리온(prion)으로 알려지고 있다.

2) 감염경로

소에서 폭발적으로 발생하였고 사람을 비롯하여 고양이, 산양에서도 발생한다. 지금까지 알려진 것은 프리온이 오염된 육질 부분으로 전파되었고 사람에게는 소의 뇌, 척수, 신경 등 특정 위험물질이 원인이 되고 있다.

3) 증상

인간에게 나타나는 vCJD는 초기에 이상 증상, 침울, 감각이상 현상이 나타나며 운동실조, 근대성 발작을 일으키고 결국 해면상 뇌증을 일으킨다.

4) 예방방법

문제가 되는 소의 뇌, 골, 눈, 망막, 척수, 편도 등 특정 위험물질을 먹지 말아야 한다.

4.5.2.4 브루셀라증(Brucellosis, undulant fever)

살균하지 않은 우유나 공기에 의해 전파되는 질병으로 수막염, 심내막염, 척수염, 관절염을 일으킨다. 법정감염병으로 제3급감염병이며 파상열이라고도 한다.

1) 병원체

원인균은 *Brucella melitensis*(양, 염소), *B. abortus*, *B. suis*, *B. canis*(개), *B. maris*(해양 생물) 등 대상에 따라 다르며 그람음성, 알균으로 세포 내 기생균이다.

2) 감염경로

사람과 가축에 동시에 발병하므로 이환된 동물과 접촉, 사체, 유산조직을 통하여 피부 상처, 비말흡입, 살균되지 않은 우유나 유제품에 의하며 사람 간 감염은 거의 없다.

3) 증상

급성, 점진적인 발열, 가벼운 발한, 피로감, 식욕부진, 체중감소, 두통, 관절통이 있으며 혈액 중에 균체가 검출된다.

4) 예방방법

가축의 브루셀라증을 관리하고 감염 가축의 고기, 우유 등 섭취를 금한다. 테트라사이클렌계 항생제가 치료용으로 쓰인다.

4.5.2.5 탄저병(Anthrax)

가축의 급성 감염병으로 소, 양, 돼지, 염소 등에 감염되며 사람에게도 이행된다. 치사율이 높은 질병이며, 법정감염병 제1급감염병이다.

1) 병원체

*Bacillus anthracis*는 그람양성 막대균으로 포자를 형성하여 열에 내성이 있으며 생성되는 독소와 관계가 있다.

2) 감염경로

가축과 그 산물에 의한 직접 접촉으로 이환되고 감염된 수육을 섭취 시, 혹은 상처 등을 통하여 감염된다.

3) 증상

잠복기는 1~8주로 상처 부위를 통하여 침범하면 피부에 발적, 수포성궤양, 부종이 온다. 피부탄저, 장탄저, 폐탄저로 나뉘나 대부분 피부 탄저가 많다.

4) 예방방법

가축의 예방접종이 필요하며 이환된 동물 사체는 소각 처리나 생석회로 처리하여 매장하며 페니실린이 치료제로 사용된다.

4.5.2.6 렙토스피라(Leptospirosis, Weil's disease)

우리나라 가을철에 유행하는 3대 발열성 질환으로 발열이 주증상이며 전신성으로 세균에 의한 질병으로 법정감염병 제3급감염병으로 관리되고 있다.

1) 병원체

*Leptospira interrogans*와 *L. biflexa*로 알려져 있으며 나선형균의 특징을 갖고 2개의 편모가 있다.

2) 감염경로

감염된 들쥐 등 동물의 소변에 오염된 물, 토양, 풀 등과 접촉 시 점막이나 상처를 통해 감염된다.

3) 증상

보통 7~12일의 잠복기 후 초기에 소한, 발열, 두통 등이 나타나고 지나면 중증인 경우 피하 출혈, 구강 내 출혈, 심부전, 의식장애, 경련, 황달까지 진행되나 항체가 체내에 생긴다.

4) 예방방법

들쥐 등을 구제하고 렙토스피라증 유행 시 논, 하천, 연못에 들어갈 경우 장화를 착용하고 추수기에 보호장구를 착용해야 한다.

4.5.2.7 공수병(Hydrophobia)

바이러스에 의하며, 광견병(rabies)이라고도 하며 오래된 질병으로 온혈동물에게 치명적 피해를 준다. 우리나라에서도 휴전선 근방에서 발생하기도 하며 법정감염병 제3급감염병으로 분류되어 있다.

1) 병원체

바이러스는 Rhabdoviridae과 Lyssavirus 속에 드는 rabies virus이다. 크기는 150×75 nm의 탄환 모양으로 단일 가닥의 RNA로 되어 있다.

2) 감염경로

바이러스 감염은 감염동물에 물린 상처를 통해 타액으로 전파되나 드물게 장기 이식, 키스나 성교 등으로 이행된다.

3) 증상

감염된 후 15~90일 사이에 나타나기도 하나 경우에 따라 수년이 걸리기도 한다. 초기에 오한, 고열, 두통, 기침, 식욕감퇴, 인후염, 근육통 등이 나타나며 진행되면 정신착란 등 신경 조직이 손상되어 호흡곤란, 공수병이 나타난다.

4) 예방방법

병이 있는 동물과 접촉하지 않고 애완동물의 예방접종이 필수이며 야생동물에게는 미끼 예방약을 사용한다.

4.5.2.8 Q 열(Q fever)

리케치아성 질병으로 동물에게는 증상이 뚜렷하지는 않으나 사람에게는 발열과 함께 호흡질환이 나타난다.

1) 병원체

*Coxiella burnetii*로 구상, 막대기 형으로 운동성이 없고 건조에는 강하나 열에 약하다(71.5℃, 15분 처리 시 사멸).

2) 감염경로

주로 진드기가 옮기며 흡혈동물 사이에 전파되어 형성되며 사람은 진드기, 감염된 소나 우유, 고기 섭취에 의해서 일어나고 진드기 배설물에 의해서도 감염된다.

3) 증상

잠복기는 14~26일로 발열(38~40℃), 두통, 권태, 오한 등의 증상과 황달로 발전하기도 한다.

4) 예방방법

진드기 등에 물리지 않도록 하고 감염된 고기나 우유의 섭취를 피하고 클로람페니콜(chlorampheicol)로 치료가 가능하다.

4.5.2.9 야토병(Tularemia)

미국에서 다람쥐로부터 처음 분리되었고, 페스트와 비슷한 증상을 보이는 질병으로 자연적인 감염이 보고되고 있다.

1) 병원체

*Francisella tularensis*와 *F. philomiragia*로 gram 음성이며, 작은 구형 혹은 막대균이다. 호기성이며 포자를 형성하지 않고, 내독소를 만든다. 이 균은 자연 상태에서 흙과 물에 존재한다.

2) 감염경로

동물 사이는 이, 진드기, 벼룩 등으로 전파되며 사람에게는 곤충에 물렸을 때나 병에 걸린 산토끼 등의 혈액, 배설물, 고기 등으로 감염된다.

3) 증상

잠복기는 1~14일이나 보통 더 짧은 경우도 있으며 오한, 발열이 있고 상처는 농포와 괴양이 된다. 장에 들어가는 경우 장티푸스와 비슷한 증상이다.

4) 예방방법

감염된 동물 접촉을 피하고 보균 곤충에 물리는 것을 막는다. 항생물질로 치료가 가능하다.

4.5.2.10 돈단독(Swine erysipelas)

세계 각지에 분포되어 있고, 가축 가금류에 발병하고 사람에게도 이행되며 사람에게 감염되는 것은 유단독(Erysipeloid)이라 하고 돼지는 돈단독이라 한다.

1) 병원체

Erysipelothrix rhusiopathiae(또는 *E. insidiosa*)와 *E. tonsillanum* 외에 2종이 더 있으며 이들이 돈단독의 원인균이며 동물, 토양, 오수 등에 존재한다.

2) 감염경로

동물 간에는 패혈증으로 죽은 사체로부터 감염되고 사람에게는 감염된 가축이나 오염물질에 접촉으로 발생하며 창상감염, 경구감염이 일어난다.

3) 증상

돼지에서는 발적이 일어나고 패혈증이 주증상이며 사람에게는 피부에 발적, 종창, 수포, 화농 현상이 나고 심한 경우 발열을 포함한 패혈증이 나타나기도 한다.

4) 예방방법

돼지에 돈단독 백신 예방, 감염된 가축과 접촉 방지 및 이환 육류의 식용을 금지한다.

4.6 식품위생 관련 동물

근래 식품 위생 수준이 올라가면서 위생 동물에 내한 관리의 중요성이 강조되고 있다. 특히 쥐(rat), 파리(fly), 바퀴(cockroach), 진드기류 등은 그 자체가 혐오 동물이면서 페스트, 이질 등 감염싱 질병과 식중독균을 전파시키기 때문에 식품위생 안전 분야에서는 중요하게 관리하고 있다.

4.6.1 쥐류(Rats)

세계적으로 2,000여 종이 알려져 있으나 우리나라에는 20여 종이 발견되고 있으며 집이나 공장 주변에 살고 있다. 주로 옥내에 서식하여 식품을 오염시키는 것은 곰쥐, 시궁쥐(집쥐), 생쥐의 세 가지로 볼 수 있는데, 이들의 생김새는 그림 4-1과 같다.

곰쥐(*Rattus rattus*)는 전 세계적으로 분포하는데, 시궁쥐와 같이 옥내 서식종의 대표이다. 성숙한 쥐의 크기는 15~23 cm로 꼬리의 길이가 체장보다 긴 것이 특징이며 주로 나무 위 등 야외에서 활동한다. 시궁쥐(*Rattus norvegicus*)는 곰쥐에 비하여 약간 대형인데, 꼬리의 길이는 체장보다 짧다. 환경 적응성이 강하여 세계 각지의 여러 장소에서 서식하고

그림 4-1 곰쥐, 시궁쥐, 생쥐의 생김새
출처: 식품의약품안전처, 2010.

있는데, 옥내에서는 마루 밑, 주방, 하수도 등 낮은 곳이나 물가를 좋아해 흙속에 구멍을 파고 집을 짓는다. 수직 이동이나 줄을 타고 건너는 것은 잘 하지 못하지만 헤엄은 잘 친다. 하천이나 연못, 늪의 구멍에 서식하며 물고기 등을 포식하는 경우도 있다. 한때는 도시에 우점종으로 서식하고 있었는데 최근에는 곰쥐에 밀리고 있다. 생쥐(*Mus musculus*)는 소형의 쥐로 곰쥐나 시궁쥐의 새끼로 착각하기 쉬운데, 이른바 실험용 마우스가 여기에 해당된다. 야생종은 밭이나 그 주변에 사는데, 가을부터 겨울에 걸쳐 농가나 창고 등에 침입하며, 도심의 빌딩에도 서식한다.

1) 쥐에 의한 피해

설치류가 주는 피해는 크게 곡류 등을 먹어 치워서 오는 경제적 손실과 감염성 질병을 전파하여 발생하는 보건 위생적 위해를 들 수 있다. 설치류에 의한 곡류 손실은 10% 정도로 알려져 있으며 더욱 심각한 것은 쥐의 분변, 쥐벼룩 등으로 옮기는 유행성 출혈열, 페스트 등 질병의 전파이다(**표 4-4**).

표 4-4 쥐가 옮기는 질병과 원인균

질병	원인균
흑사병	*Yersinia pestis*
발진티푸스	*Rickettsia typhi*
감염형 황달(Will's disease)	*Leptospira* spp.
서교열	*Streptobacillus moniliformis*
선모충증	*Trichina spiralis*
라사열(Lassa fever)	*Virus*
살모넬라증	*Salmonella* spp.
리케치아증	*Richettsia akari*

2) 구제방법

쥐의 습성을 잘 알아서 침입을 막는 방법이 중요하고 둥지를 틀 여지를 주지 않으며 가장 중요한 것은 먹이가 없도록 해야 한다. 쥐의 침입 가능 틈새를 없애고 식품의 원·부재료가 들어올 때 따라 들어오지 않도록 해야 한다. 식품 공장에서는 살서용 쥐약의 사용은 식품 오염 가능성 때문에 극히 제한해야 하고 쥐덫 등을 이용하고 있다. 근래는 방역 전문 업체에 위탁하여 방서, 방충을 효과적으로 관리하기도 한다.

쥐벼룩
쥐에 기생하며 리케차아균을 가진 쥐벼룩에 노출되면 발열, 발진 등의 증상을 보인다.

4.6.2 곤충류

식품 중 발견되는 곤충은 그 종의 가공양식, 혼입경로, 생태 등으로 구분하여 분류한다. 식품에 주로 혼입되어 오염시키는 해충은 바퀴벌레가 가장 많고, 파리, 나방, 구더기, 개미, 벌, 진드기 등이 주가 된다. 식품에 주로 침입 또는 혼입될 가능성이 있는 곤충의 종류는 **표 4-5**와 같다.

4.6.2.1 파리류(Flies)

파리는 쌍시목에 속하는 곤충이며 세계적으로 60,000여 종이 있다고 하는데 식품 공장에서는 주로 집파리(*Musca domestica*), 쉬파리(*Sarcophaga* spp.), 금파리(*Lueilia caesar*), 큰검정파리류(*Muscina stabulans Fallen*) 등과 함께 크기가 작은 초파리(*Drosophila* spp.), 벼룩 파리과(Phoridae) 등도 볼 수 있다(**그림 4-2**).

표 4-5 식품에 주로 침입 또는 혼입될 가능성이 있는 곤충

해충의 분류	종류
농업해충(작물해충)	밭이나 과수원 등의 성육 중인 작물에 붙는 해충(예: 채소나 차의 방울벌레, 진딧물, 패각충 등)
발생해충	절임식품이나 제조 중인 된장, 날생선, 날고기 등 수분이 많은 식품에 발생하는 해충(예: 과일파리, 쉬파리 등)
내방해충	식품 외에 생식, 번식 장소가 있어 채식을 위해 식품을 찾는 해충(예: 바퀴벌레, 개미 등)
건물정주곤충	사람이 만든 인공적 환경에 길들어 있는 해충(예: 좀, 흰개미, 나방파리 등)
혼입곤충	건물의 조명 등에 유인되어 들어오는 일반 야외 곤충

출처: 식품의약품안전처, 2010.

그림 4-2 집파리

1) 파리에 의한 피해

우선 혐오 곤충으로 구더기 등과 같이 사체 자체가 미관상 문제를 일으키고 이질, 콜레라, 장티푸스, 파라티푸스 등 소화기계 감염병과 *Salmonella* 식중독을 전파시키기도 한다. 또한 기생충, 결핵, 화농성 질환의 전파에도 관여된다.

2) 구제방법

파리의 발생 장소(쓰레기, 시궁창, 하수구 등)를 차단하고 공장 내부로 들어오지 않도록 방충망 설치가 필수 사항이다. 출입구에는 방충문이나 에어커틴을 설치하여 공장 안으로 들어오는 곤충을 차단해야 한다. 살충제를 쓸 수 있으나 식품공장에서는 제한되고 있다.

4.6.2.2 바퀴(Cockroaches)

바퀴목에 속하는 곤충으로 4억년 전에 지구상에 나타났으며 현재 약 4,000여 종이 알려져 있다. 우리나라에는 7종 정도가 있고 주로 4종이 집이나 식품 공장 등에서 발견된다. 자유무역협정(Free Trade Agreement, FTA)에 따라 세계 여러 나라와 교역이 활발해지면서 새로운 외래 바퀴종이 출현하기도 한다(**그림 4-3**).

1) 독일바퀴(Blattella germanica)

바퀴 종류 중 크기가 가장 작아 몸 크기가 1~1.5 cm로 색깔은 황갈색이다.

2) 이질바퀴(Periplaneta americana)

집에서 나타나는 바퀴 중 가장 크며 몸의 길이가 3~4.3 cm에 이르고 광택이 있는 다갈색이다.

3) 검정바퀴(Periplaneta fuliginosa)

색깔은 흑갈색으로 몸의 길이가 3~4 cm로 몸, 날개 등에 광택이 있다.

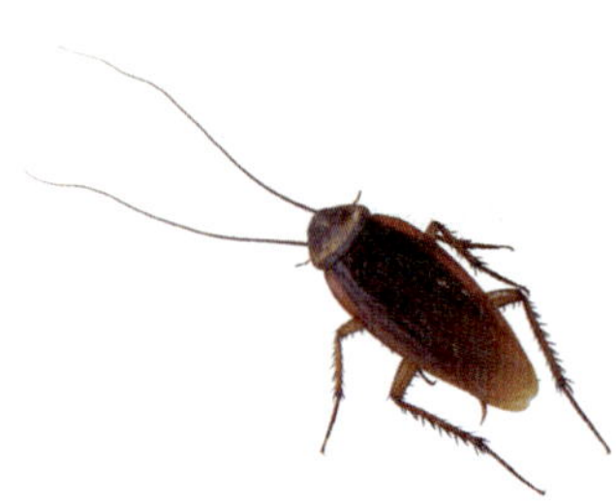

그림 4-3 바퀴

4) 일본바퀴(Periplaneta japonica)

검정바퀴와 비슷하다. 몸집이 작고 암컷은 날개가 짧아 복부 중앙까지 밖에 닿지 않아 쉽게 구별이 된다. 몸집이 가늘고 흉부 배면이 울퉁불퉁하여 검정바퀴와 차이가 있다.

5) 구제방법

바퀴는 야행성이고 잡식성, 군거 생활을 한다. 수명은 100일~3년이고 한 마리가 일생 동안 240~1,500개의 알을 낳아 빠르게 번식한다. 바퀴가 살 수 있는 외진 곳, 어두운 곳, 벽장 구석, 습기가 있는 곳 등을 청결하게 하고 먹이가 될 수 있는 것을 철저히 없앤다. 접촉제로 dieldrin, chloropicrine 등을 사용하나 식품공장에서 독물 사용은 자제해야 한다.

4.6.2.3 진드기류(Mite, Tick)

진드기류는 몸의 크기에 따라 1 mm 이하는 작은 진드기(mite), 1~2 cm의 타원형 체형은 큰 진드기(참진드기, tick)로 분류한다. 세계적으로 1만여 종이 있으며 식품과 연관 지을 수 있는 대상은 100여 종으로 알려져 있다(**그림 4-4**).

진드기류는 가축, 식물에 기생하거나 식품에서 영양분을 섭취하면서 번식하므로 자원의 손실, 외관을 손상시키고 병원균이나 식중독균을 옮긴다. 일부 진드기는 피부병 등 질병을 유발하기도 한다. 특히 식품에서 발견되면 불쾌감과 함께 이물로 취급하여 소비자의 큰 기피 대상이다. 진드기의 종류와 특징은 다음 **표 4-6**과 같다.

쯔쯔가무시병
털진드기에 의한 감염병으로 진드기가 피부에 붙어서 흡혈하여 쯔쯔가무시균을 옮기는 것으로 알려져 있으며, 고열, 발진, 근육통 등의 증상을 보인다. 주로 잔디밭에서 많이 서식하므로 맨 바닥보다는 돗자리 등을 깔고 앉아야 하며 야외활동이 끝난 옷은 바로 세탁해야 한다.

1) 진드기의 구제

진드기는 건조한 상태에서는 번식하지 못하고 20℃ 이상, 습도 75%, 먹이속의 수분함량이 13% 이상일 때 증식한다. 진드기 방지를 위해서 깨끗

그림 4-4 진드기

표 4-6 진드기의 종류와 특징

종류	특징
긴털가루진드기	우리나라의 모든 저장식품에서 흔히 볼 수 있으며 유백색 혹은 황백색으로 25℃, 습도 75% 조건에서 곡류, 곡분, 과자, 건조과일, 치즈, 건어물 등에 잘 기생한다.
수중다리가루진드기	유백색으로 곡류, 저장식품, 종자, 건조과일 및 치즈 등에 기생하며 다량 발생하면 곰팡이 냄새가 난다.
설탕진드기	난형의 유백색으로 설탕이나 된장의 표면이나 건조과일 등에 번식한다.
보리가루진드기	타원형의 유백색으로 주로 곡류에 번식한다.
집고기진드기	타원형으로 설탕이나 치즈에 잘 번식한다.
작은가루진드기	유백색의 소형진드기로 소맥분, 흑설탕, 건조란 등에 잘 번식한다.
고노수수렝이진드기	건어물에 특히 잘 번식한다.
가루살갗진드기	배합사료나 곡분에 잘 번식한다.
보리먼지진드기	식품뿐만 아니라 사람의 분뇨에서도 발견되는 것으로 뇨 진드기증을 일으킨다.
굵은발톱진드기	난형의 담갈색으로 보행속도가 대단히 빠르다.

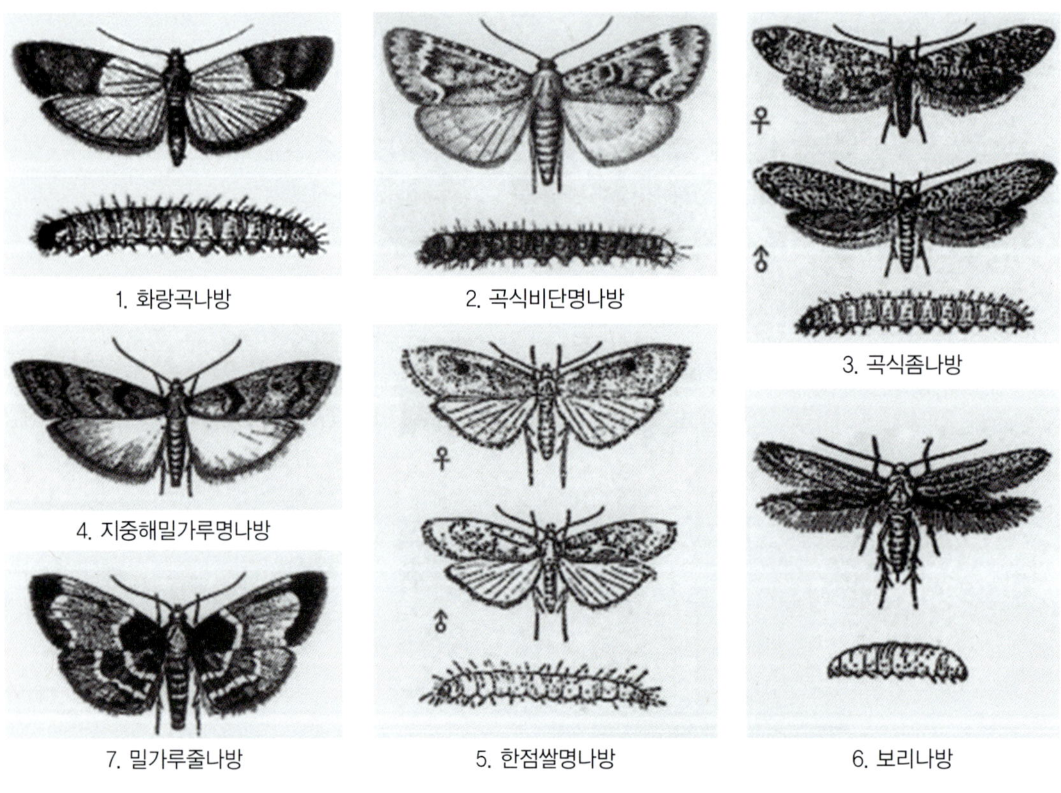

그림 4-5 나방류의 주요한 성충 및 유충

출처: 식품의약품안전처, 2010.

한 환경, 식품 저장 장소의 통풍, 방습에 주의하고 곡물이나 관련 제품은 수분이 10%, 습도 60% 이하로 관리한다. 진드기는 50~60℃로 5~7분 가열로 사멸하고 냉동 조건에서는 살지 못하나 0℃ 정도에서는 번식이 억제될 뿐이다. 말라티온(malathion), 다이아진(diazine) 등 몇 가지 약제가 유효하나 식품에 직접 사용할 수는 없고 외부 살포만이 허용되어 있다.

4.6.2.4 기타 해충류

식품공장에서 나타날 수 있는 해충류로는 개미류, 바구미류, 나방류와 흰좀, 얼룩좀, 남방좀 등이 있다. 중요한 나방류의 성충 및 유충은 그림 4-5와 같다.

4.7 기생충 감염증

기생충은 동물의 피부 표면이나 체내에 기생하여 숙주로부터 영양분을 얻으면서 생활한다. 이들 중에는 일생을 한 숙주에 기생하는 것과 발육과정에 숙주를 바꾸어 성장해 가는 것이 있는데 이 발육과정의 숙주를 중간숙주라고 한다. 또 기생충의 종류에 따라 중간숙주가 하나인 것과 그 이상이 필요한 것이 있는데 중간숙주가 둘인 경우 첫 번째 것을 제1중간숙주, 두 번째 것을 제2중간숙주라고 한다.

식품위생과 밀접하게 연관이 있는 기생충의 감염경로는 경구감염으로 충란(蟲卵)이나 유충이 오염된 식품을 섭취하여 감염되는 경우와 기생충에 감염된 동물의 고기를 섭취하여 그 동물 체내에 존재하는 기생충이 그대로 사람에게 감염되는 경우로 크게 나눌 수 있다. 전자는 채소를 감염원으로 하는 기생충류이고, 후자는 고기나 어패류 등의 식용동물을 감염원으로 하는 기생충류이다.

한편, 식용 동물을 통하여 감염되는 기생충은 해당 동물이 중간숙주이거나 사람이 종말숙주가 되는 것과 감염된 동물을 사람이 섭취한 후 그대로 유충인 상태로 기생하여 사람도 중간숙주 역할을 하는 것으로 구분되며 사람이 중간 숙주의 구실을 하는 기생충은 유극악구충과 아니사키스(anisakis) 등이 있다.

식품위생상 문제가 되고 있는 기생충은 대부분 음식물과 관련되며 종류별로 분류하면 다음과 같다.

- 흡충류(trematode): 간흡충, 폐흡충, 요코가와흡충 등
- 조충류(cestode): 무구조충, 유구조충, 광절열두조충, 만손열두조충 등

- 선충류(nematode): 회충, 구충, 요충, 편충, 십이지장충, 선모충, 아니사키스 등
- 원충류(protozoa): 이질아메바, 말라리아병원충, 톡소플라스마, 트리코모나스 등

과거 기생충 감염은 채소류를 매개로 하는 회충, 구충, 편충이 주류를 이루었으나 최근 들어 일반 기생충은 급격히 감소한 반면, 민물 어패류를 매개로 기생충은 아직도 감염이 일어나고 있다. 특히, 간흡충은 과거와 비교하여 감소되지 않았거나 오히려 증가하는 경향을 나타내고 있다. 간흡충은 강이나 호수 등에 서식하는 담수어에 의한 감염이 문제가 되기 때문에 이들 민물고기들로부터 감염을 피하기 위해서는 생식을 금하고 개인위생에 각별히 주의해야 한다.

4.7.1 채소류에 의한 기생충 감염

4.7.1.1 회충(*Ascaris lumbricoides*)

1) 분포 및 특성

회충은 세계적으로 분포하며 주로 농촌 지역에서 감염률이 높고, 위생상태가 취약한 아동이나 초등학생에게서 많이 발견된다. 회충은 긴 원주상이고 몸길이가 수컷이 15~20 cm, 암컷이 20~30 cm로 사람의 장내에서 기생하는 선충 중 가장 크다.

2) 감염경로

암컷은 하루에 보통 23만 개의 알을 낳고 수정란은 그대로 분변과 함께 배출된다. 분변과 함께 배출된 충란은 적당한 조건(22~23℃, 9~13일)에서 발육하여 감염 능력을 갖춘 성숙란이 되며 이것이 채소류 등의 음식물을 통해 섭취되면 소장 상부(십이지장)에서 부화되어 유충이 되어 세정맥, 림프관, 간문맥, 심장을 폐로 침입한다. 그곳에서 2회 탈피하고 기관지, 인후, 식도를 돌아서 다시 소장으로 되돌아와서 성충이 된다(**그림 4-6**). 충란이 감염되어 산란하기까지 60~80일 정도 소요되며 10~12개월간 생존한다.

3) 증상

회충에 감염 시 기생하는 수가 적으면 별다른 증상을 나타내지 않지만 수가 많으면 복통, 설사 등의 소화기 증상을 일으킨다. 유충에 의한 증상은 폐렴, 담낭염, 충수염 등이고, 성충에 의한 증상은 복통, 설사, 식욕부

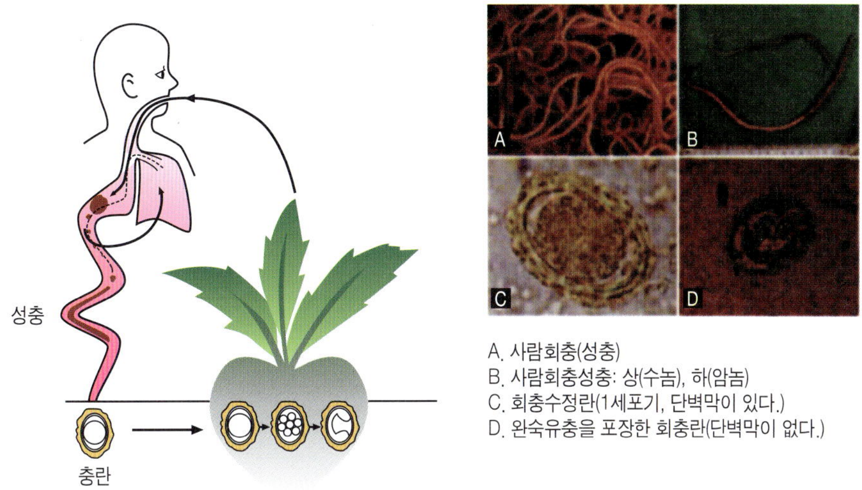

A. 사람회충(성충)
B. 사람회충성충: 상(수놈), 하(암놈)
C. 회충수정란(1세포기, 단벽막이 있다.)
D. 완숙유충을 포장한 회충란(단벽막이 없다.)

그림 4-6 회충의 생활사

진, 구토, 구역질 등이 나타난다.

4) 예방 및 구충

충란은 열에 약하여 75℃에서 1초, 65℃에서 10분 이상의 가열로 사멸하며, 저온과 건조에는 저항성이 매우 강하다. 페놀, 크레졸, 포르말린, 알코올 등으로 처리하여도 1주일 이상 생존하며 표백분 등의 소독약에도 별 효과가 없다. 예방책으로는 채소류를 깨끗이 씻고, 개인위생 청결, 집단구충 등을 잘 실천해야 한다.

4.7.1.2 구충(Hookworm)

1) 분포 및 특성

구충은 십이지장충이라고도 하며, 최근에는 급격히 감소한 기생충이다. 회충보다 위해성이 크고 경구감염 외에도 경피감염도 되므로 주의해야 한다. 기생 부위는 십이지장의 조금 아래쪽인 공장이며, 두 쌍의 이빨로 장벽에 붙어 있어서 이동성은 없다. 성충의 크기는 수컷이 7~8 mm, 암컷이 10~13 mm이며 소장 상부에 존재하고 암컷 한 마리가 1일 약 1만 개의 알을 낳는다.

2) 감염경로

분변과 함께 배출된 충란은 적당한 조건(30℃ 전후의 기온)이 되면 1~2일 지나 자충이 되며 약 1주일 정도 지나 2회 탈피하여 감염성을 가진 피낭

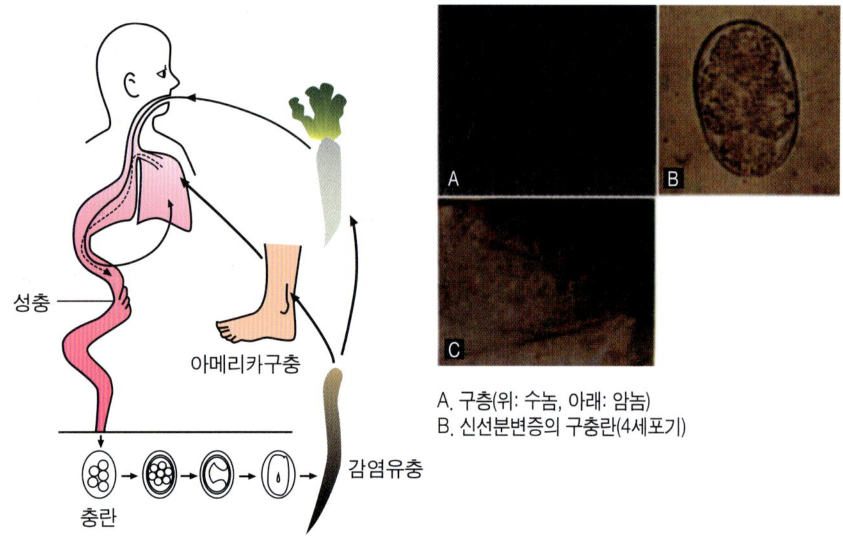

A. 구충(위: 수놈, 아래: 암놈)
B. 신선분변증의 구충란(4세포기)

그림 4-7 구충의 생활사

자충이 된다. 구충의 감염은 피낭자충으로 오염된 채소류나 물을 섭취하거나 피낭자충이 피부를 뚫고 들어가 감염이 된다. 이렇게 체내에 들어온 자충은 폐에 들어간 후 기관, 식도를 거쳐 소장에서 성충이 되어 기생한다(그림 4-7). 경구적으로 채소를 통하여 감염이 될 때는 직접 장관 내에서 발육하여 약 5~6주 후 성충이 된다.

3) 증상

감염증상은 유충의 체내 이행에 따른 증상(급성위장증상, 목구멍의 이상감, 기침, 객담 등), 성충의 흡혈과 출혈에 의한 철 결핍성 빈혈, 구토, 복통, 손톱의 변화, 얼굴이나 사지의 부종, 전신권태, 현기증, 식욕부진, 메스꺼움 등을 나타내며 특히 아동의 경우 신체 및 지능의 발달에 영향을 준다.

4) 예방 및 구충

구충란은 회충란보다 열 저항력이 약하여 70℃에서 1초 이내에 사멸하며, 저온에도 죽고 직사광선에서는 1~2일 이내에 사멸하고, 소독약품에 대한 저항성은 비교적 약하다.

예방책은 구충은 경피 및 경구감염이 가능하므로 농사를 지을 때는 맨발로 흙을 밟거나 장갑 없이 흙을 만지지 않는 것이 중요하며, 충란에 오염된 채소류는 소독이나 세척을 통해 제거해야 하고, 감염 시 구충약을 복용하여 성충을 구제해야 한다.

4.7.1.3 동양모양선충(*Trichostrongylus orientalis*)

1) 분포 및 특성

우리나라를 비롯한 동양 각지에 분포하며 털 모양의 가늘고 긴 기생충으로 크기는 수컷이 4~6 mm, 암컷이 5~7 mm로 구충보다 작다.

2) 감염경로

분변에서 배출된 충란이 부화하여 유충이 되고 탈피, 발육하여 감염유충이 된다. 감염유충은 온도나 화학약품에 저항력이 비교적 강하며 주로 채소 등에 부착하여 경구감염되지만 구충과 같이 경피 감염되기도 한다. 경구감염된 유충은 식도, 위를 지나 소장에 이르러 약 25일 이상이면 성충이 되고 소장 상부에서 장기간 기생한다.

3) 증상

감염되어도 특별한 자각 증상이 없으나 다수 감염된 때에는 장점막에 염증을 일으키고 장염 등의 소화기계 증상과 빈혈을 일으킬 수 있다.

4) 예방 및 구충

예방법은 구충에 준한다.

4.7.1.4 편충(Trichuris trichiura)

1) 분포 및 특성

전 세계 각지에 분포하는 기생충으로 감염경로와 감염률은 회충과 비슷하다. 성충은 수컷의 크기는 30~45 mm, 암컷 45~50 mm 정도인 작은 선충이다. 보통 1일에 5천~7천 개의 알을 낳으며 충란의 크기는 50~54 μm × 22~23 μm로 대부분 경구감염된다.

2) 감염경로

감염경로는 회충과 같이 충란이 인체에 경구감염되면 소장 상부에서 부화하여 유충이 되고 그 유충은 점막을 따라 맹장 부근으로 이동하여 성충이 된 후에 맹장과 대장 상부에 기생한다. 충란 섭취 후 산란까지는 1~3개월이 소요되며 감염되면 10년 이상 사람의 장관 내에서 생존한다.

3) 증상

크기가 작기 때문에 소수가 기생하면 보통 자각 증상을 느낄 수 없으나, 다수의 충체가 기생하면 복통, 오심, 구토, 식욕부진, 설사, 빈혈 등을 보일 수 있다.

4) 예방 및 구충

채소류에 부착하여 경구감염이 많이 일어나므로 식품 조리 시 세척을 잘 해야 한다.

4.7.1.5 요충(*Enterobius vermicularis, Enterobius oxyuris*)

1) 분포 및 특성

전 세계적으로 분포하는 소형 기생충으로 다른 기생충들은 농촌 지역에서 많이 분포하지만 요충은 인구밀도가 높은 도시에서 감염률이 높다. 수컷의 크기는 2~5 mm로 꼬리가 말려 있어서 의문부호를 거꾸로 한 모양과 비슷하며 암컷은 8~13 mm×0.3 mm이며 꼬리가 뾰족하다.

2) 감염경로

충란은 소장에서 부화하여 성숙한 유충이 되고 맹장 주위에서 성충이 되어 기생하며 밤에 항문으로부터 나와 항문 주변부에 산란한다. 산란한 충란은 3~6시간 후 감염성의 유충으로 발육하여 사람의 손, 또는 분변이 오염된 음식물을 통해 경구적으로 감염된 후 위액이나 장액에 의하여 부화되어 소장 하부로 가서 기생한다. 감염 후 40일이면 성숙하고 11~35일간 생존한다.

3) 증상

요충에 의한 증상은 항문 주변부의 소양증으로 인한 불면증 및 불쾌감, 야뇨증, 만성장염, 빈혈, 찰상, 충수염 등을 일으킨다.

4) 예방 및 구충

예방법으로는 손, 항문 근처, 속옷 등을 깨끗하게 유지하는 한편, 집단 감염의 우려가 있으므로 구충제를 복용해야 한다.

4.7.2 어패류에 의한 기생충 감염

우리나라 사람들은 민물고기나 어패류를 생식하는 식습관이 있기 때문에 이들 어패류에 의한 기생충 감염이 국민 건강을 위협하여 심각한 사회문제가 될 수 있다. 1971년 이후부터 기생충 보균율을 조사한 결과에 의하면, 최근 40년간 채소류를 매개로 하는 회충, 구충, 편충 등의 기생충은 급격히 감소한 반면, 민물 어패류를 매개로 기생충은 아직도 감염이 일어나고 있다. 그 중에서도 특히, 간흡충은 보균율 1위로 과거와 비교하여 감소되지 않았거나 오히려 증가하는 경향을 나타내고 있다.

4.7.2.1 간흡충(*Clonorchis sinensis*)

1) 분포 및 특성

간흡충은 간디스토마라고도 하며, 한국, 일본, 중국을 비롯하여 베트남, 태국 등에서 감염률이 높게 분포하는 기생충으로 민물고기를 생식으로 하는 사람과 개, 고양이, 돼지 등 포유동물에서도 기생한다. 우리나라에서는 전 지역에 고루 분포되어 있으며 특히, 낙동강, 영산강, 섬진강 유역에서 감염률이 높다. 성충은 자웅동체로 크기가 1~2 cm 정도로 버드나무 잎처럼 길고 납작하다.

2) 감염경로

사람이나 육식 동물의 담관에 기생하며 담관에서 산란한 충란은 장으로 내려와 분변과 함께 물속으로 배출된다. 전파양식은 숙주(사람, 고양이)에게서 배설된 충란이 제1중간숙주인 왜우렁이에게 섭취되어 간에서 포자낭유충, 레디유충을 거쳐 유미유충이 된다. 유미유충은 제2중간숙주(담수어: 붕어, 잉어, 피라미 등)와 접촉하면 침입하여 어육 내에서 피낭유충이 된다. 이를 날로 먹으면 피낭유충은 껍질을 벗고 담관에 들어가 1개월 정도 지나면 성충이 되며 성충의 수명은 5~10년이다(그림 4-8). 피낭유충은 저온에 강하며 식초나 간장에서는 단시간 내에 죽지 않으나, 열에는 약하여

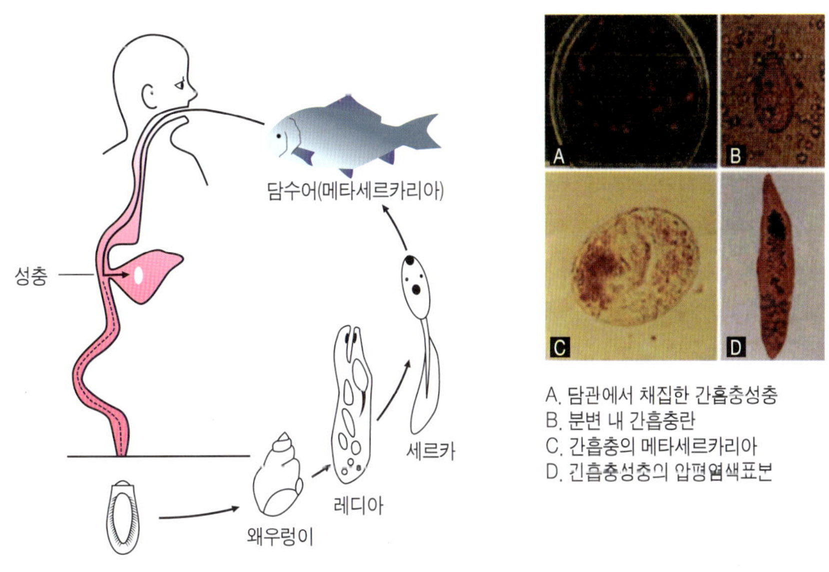

그림 4-8 간흡충의 생활사

55℃, 15분, 끓는 물에서 1분 이상 가열하면 죽는다.

3) 증상

간비대가 가장 주요한 감염증상이며, 비장 비대, 복수, 부종, 설사, 황달, 빈혈 등이 나타난다.

4) 예방 및 구충

예방으로는 민물고기를 생식하지 말고 꼭 가열해서 먹도록 하며, 소비자에 대한 기생충 교육이 필요하다.

4.7.2.2 폐흡충(*Paragonimus westermani*)

1) 분포 및 특성

폐흡충은 폐디스토마라고도 하며, 전 세계에 분포하고 한국, 일본, 대만, 필리핀 등에 발병률이 높은 기생충으로 사람 이외에 개, 고양이, 돼지 등에 기생한다. 성충은 자웅동체이며 크기가 7~16 mm로 매우 작은 흡충류이며 충체의 앞면은 편평하고 뒷면은 불룩하다. 성충은 사람이나 육식동물의 폐조직에 충낭을 형성하여 기생하고 있다.

2) 감염경로

감염경로는 객담이나 분변과 함께 외부로 배출된 충란이 제1중간숙주인 다슬기에 침입한 후 포자낭유충, 레디유충을 거쳐 유미유충이 된다. 유미유충은 제2중간숙주(게, 가재 등)에 침입하여 근육이나 내장에서 피낭유충이 되고, 이를 날것으로 먹으면 감염되며 피낭유충이 소장에서 탈낭하여 장벽, 복강, 횡격막 및 흉강을 거쳐 폐에 도달한 후 성충이 되며 수명은 약 10년이다(**그림 4-9**). 한편, 피낭유충이 물속으로 나와 생존할 경우 그 물을 마시면 감염된다. 피낭유충의 저항성의 경우, 게의 체내에서는 55℃에서 30분만에 사멸되며, 식초나 간장에서는 단시간 내에 죽고, 10% 식염수에서는 2일까지 생존한다.

3) 증상

감염증상은 폐결핵 초기처럼 기침, 객담, 객혈 등의 증세가 있고, 가벼운 복통, 흉통 등을 일으킨다.

4) 예방 및 구충

예방으로는 중간숙주인 게, 가제의 생식을 금하며 가열해서 먹고, 유충

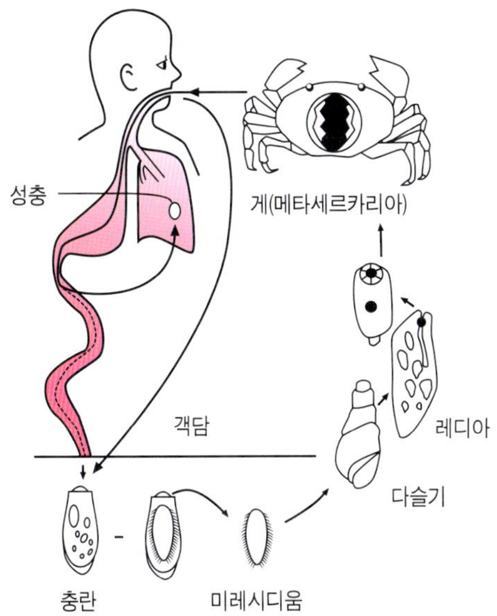

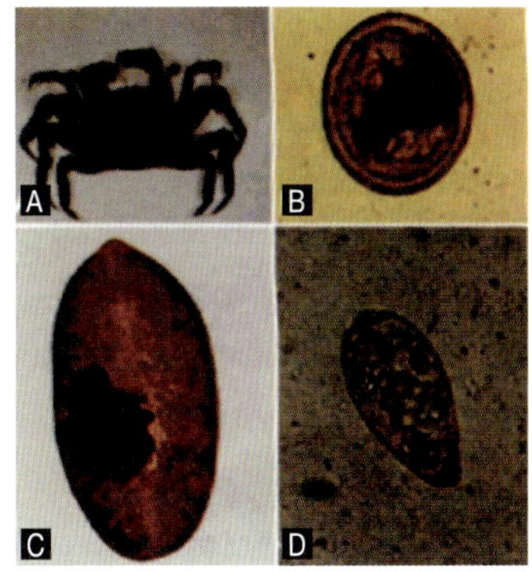

A. 웨스텔마니 폐흡충의 중간숙주(게)
B. 폐흡충의 메타세르카리아(직경 0.3~0.4mm)
C. 폐흡충의 압평, 염색표본(HE염색)
D. 분변 내의 폐흡충란

그림 4-9 폐흡충의 생활사

이 존재할 수 있기 때문에 강물, 개울 물 등의 음용을 피하고, 감염된 개, 고양이 등 동물의 위생관리를 철저히 해야 한다.

4.7.2.3 요코가와흡충(*Metagonimus yokogawai*)

1) 분포 및 특성

한국, 일본, 중국, 시베리아 등에 널리 분포하는 기생충으로 사람 이외에 개, 고양이, 돼지 등에 기생한다. 성충은 자웅동체이며 모양이 간디스토마와 비슷하며 크기는 1~3 mm로 흡충류 중 가장 작다.

2) 감염경로

분변과 함께 체외로 배출된 충란의 감염경로는 약간의 차이는 있으나 간흡충이나 폐흡충과 유사하다. 즉, 제1중간숙주인 다슬기에 침입한 후 포자낭유충, 레디유충을 거쳐 유미유충이 되고 제2중간숙주(잉어, 은어, 붕어 등)에 침입하여 근육이나 내장에서 피낭유충이 되고, 이를 날것으로 먹으면 감염되고 피낭유충이 십이지장에서 탈낭하여 성충이 되어 공장 부위에서 기생한다. 피낭유충의 저항력은 매우 강하여 식초는 1시간, 식염수는 4일, 체내에서는 75℃에서 15분 정도 가열해도 사멸되지 않는다.

3) 증상

감염증상은 보통 무증상이며 많은 수가 기생하면 장점막이 파괴되어

장염, 설사, 복통, 빈혈 등을 일으킨다.

4) 예방 및 구충

예방으로는 중간숙주인 붕어, 잉어 등의 생식을 금하며 가열해서 먹고, 감염자는 구충제를 복용해야 한다.

4.7.2.4 광절열두조충(*Diphyllobothrim latum*)

1) 분포 및 특성

긴촌충이라고도 하며, 북유럽, 미국북부, 시베리아, 일본북부 등에 분포하고 사람 이외에 개, 고양이, 여우, 곰 등에 기생한다. 성충은 길이가 3~10 mm, 폭은 20~25 mm 정도이며 약 3,000개 정도의 편절을 가진 조충류 중 가장 크다. 성숙한 체절은 길이 3 mm, 폭 15 mm로 폭이 길이보다 넓기 때문에 광절이란 이름이 붙여졌다.

2) 감염경로

감염경로는 분변과 함께 외부로 배출된 충란이 물속에서 제1중간숙주인 물벼룩에 섭취된 후 약 2~3주 내에 의미충이 된다. 의미충은 제2중간숙주(연어, 송어, 농어, 꼬치어 등)에 먹히게 되면 그 체내에서 의미충이 되고, 이를 날것으로 먹으면 감염되고 유충은 소장 상부에 기생하여 3주 후 성충이 되어 산란하며 수명은 약 6년이다. 한편, 유충은 저항력이 매우 강하여 건조, 훈연, 염장, 냉동에서도 사멸되지 않으며 50℃에서 10분 이상 가열해야 사멸된다.

3) 증상

감염증상은 소화기장애가 가장 많으며, 식욕감퇴, 복통, 설사, 위염 등에 이어 빈혈, 구내염 등을 일으킨다. 이 기생충은 비타민 B_{12}를 많이 흡수하기 때문에 악성 빈혈을 일으킨다.

4) 예방 및 구충

예방으로는 중간숙주인 민물어류를 생식하지 말고 가열해서 먹어야 하며, 감염자는 구충제를 복용해야 한다.

4.7.2.5 스팔가눔증(Sparganosis)

1) 분포 및 특성

열두조충과에 속하는 조충의 유충기를 스팔가눔이라 하며, 유충이 사람의 장 이외에 기생하였을 때 발생하는 질병을 스팔가눔증(sparganosis)이라 한다. 충체는 백색으로 길이가 수 cm이며 폭은 2~3 mm이다. 성충은 사람 이외에 개, 고양이 등의 장에 기생한다.

2) 감염경로

감염경로는 개, 고양이의 장에 기생하는 성충에서 산란된 충란이 제1중간숙주인 물벼룩에 먹히고 제2중간숙주는 담수어, 뱀, 개구리 등이다. 인체감염은 의미충이 기생하는 물벼룩에 오염된 물을 마시는 경우와 의미충에 감염되어 있는 뱀이나 개구리를 생식하거나, 감염된 뱀이나 개구리를 먹은 닭의 근육을 완전한 열처리하지 않고 섭취할 때 의미충이 이행되어 감염된다.

3) 증상

감염증상은 감염 부위에 따라 차이가 있으나 부종, 홍반, 요통 등을 나타내며, 오한, 발열 등이 수반된다.

4) 예방 및 구충

예방으로는 중간숙주인 담수어, 뱀, 개구리 등의 생식을 금하며 가열해서 먹고, 감염자는 외과적인 수술을 해야 한다.

4.7.2.6 유구악구충(*Gnathostoma spinigerum*)

1) 분포 및 특성

동남아시아나 극동아시아 지역에 주로 분포하는 선충이나 우리나라에서는 아직까지 발생 보고가 없다. 종말숙주는 개, 고양이 등이며 사람에게는 성충으로 존재하지 않고 유충으로 기생하는 점이 다른 기생충과 큰 차이점이며 유충의 크기는 2~12 mm이다.

2) 감염경로

감염경로는 분변과 함께 배출된 충란이 물속에서 부화하여 제1기 유충이 되어 제1중간숙주인 물벼룩에 섭취되면 제2기 유충으로 발육하고 이 물벼룩이 제2중간숙주(가물치, 메기, 뱀장어, 미꾸라지 등)에 먹히게 되면 근육으로 이행하여 제3기 유충이 된다. 이것을 종말숙주인 개, 고양이가 먹으면 감염되고 사람도 감염되는데 유충이 근육 또는 피하조직에 기생하여 체내를 이동한다.

3) 증상

감염증상은 홍반이나 종창이 많으며, 소양증, 동통, 복통, 설사, 구토, 발열 등의 증세가 있다.

4) 예방 및 구충

예방으로는 중간숙주인 가물치, 뱀장어 등의 민물어류를 생식하지 말고 가열해서 먹어야 하며, 감염자는 구충제를 복용해야 한다.

4.7.2.7 아니사키스(Anisakis)

1) 분포 및 특성

아니사키스속의 성충이 바다 포유동물인 고래, 돌고래 등에 기생하는 회충의 일종으로 고래회충이라고 하며, 사람에게는 유충만이 감염되고 있다. 성충은 길이가 7~20 cm이며, 유충은 1~3 cm이고 앞 끝에 가시 모양의 돌기가 있다.

2) 감염경로

감염경로는 고래의 분변과 함께 해수 중에 배출된 충란이 제1중간숙주인 해산갑각류(크릴새우, 동물 플랑크톤)에 먹히고 제2중간숙주(고등어, 대구, 청어, 조기 등 해산어류)가 갑각류를 섭취함으로써 어류의 근육이나 내장에서 유충이 된다. 이 해산어류를 종숙주인 고래가 섭취하면 종숙주의 위벽에서 성충이 되고, 사람이 제2숙주나 고래를 섭취하면 감염되어 위나 장에서 유충으로 기생한다(**그림 4-10**). 유충은 50℃에서 10분, 영하 10℃에서 6시간 생존하며 주로 어체 복부의 복강, 장기 근육 내에 95% 이상 기생한다.

3) 증상

감염증상은 감염 부위에 따라 차이가 있으나 해산어류를 생식 후 2~6시간 내에 복통, 구토, 메스꺼움 등 위장형 증상이 많고, 소장형은 구토와 통증을 유발한다. 특히 위벽이나 장벽에 심한 통증을 유발하는 것을 아니사키스증이라고 한다.

4) 예방 및 구충

예방으로는 해산어패류를 생식하지 말고 가열해서 먹어야 하며, 생식할 경우 어류 포획 즉시 내장을 제거한 후 냉동시키면 기생충을 사멸시킬 수 있다. 또한, 복부근육에 대부분 유충이 기생하므로 복부근육의 생식을 피

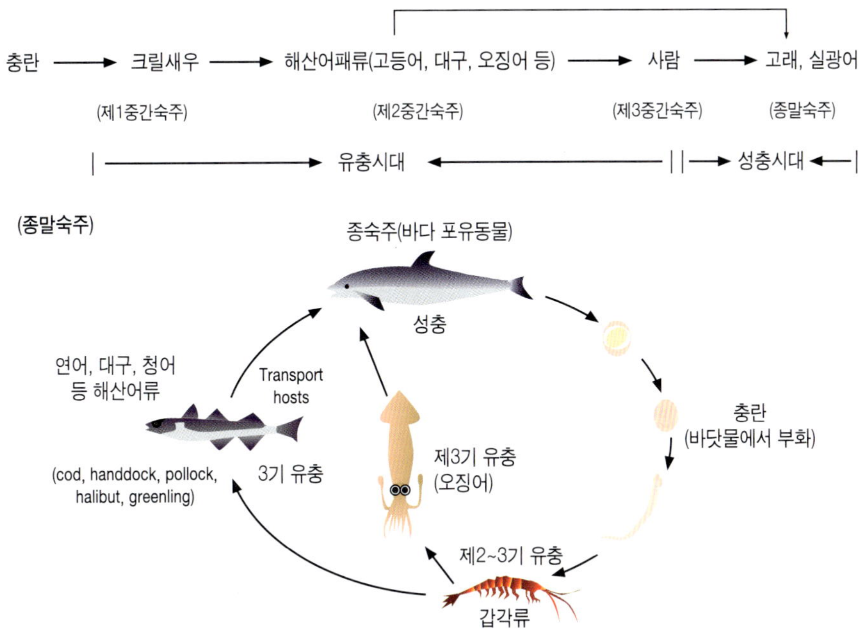

그림 4-10 **아니사키스의 생활사**

하며 감염자는 구충제를 복용해야 한다.

4.7.3 육류에 의한 기생충 감염

일반적으로 육류는 생식보다는 가열 조리하여 섭취하기 때문에 수육을 통하여 감염되는 기생충의 발병은 매우 낮다. 그러나 소, 돼지, 닭, 양 등의 동물들의 수육이 중간숙주로서 가공, 조리과정에서 불충분한 열처리 또는 육회 등 생식으로 섭취할 경우 근육에 기생하는 충란에 의하여 감염될 수 있으므로 주의해야 한다.

4.7.3.1 무구조충(*Taenia saginate*, beef tape worm)

1) 분포 및 특성

민촌충 또는 쇠고기촌충이라고도 하며 소를 중간숙주로 한다. 소고기를 많이 섭취하는 나라에서 감염률이 높은 조충으로 낭충이 기생한 소고기를 먹으면 감염된다. 자웅동체로 성충의 두절에는 작은 4개의 반구상 흡반이 있으나 그 끝에 문(吻)이니 소구(小鉤)가 없고 약간 함몰되어 있다. 자웅동체로 몸길이는 4~10 m 정도이고, 1개 충에 약 1,000~2,000개의 편절로 되어 있는 대형 조충으로 머리 부분에 4개의 흡반이 있고 갈고리는 없으며 편절이 끝에서 차례로 분변 속으로 배출된다.

2) 감염경로

감염경로는 배출된 충란은 목초에 달라붙게 되고, 이것을 중간숙주인 소가 먹게 되면 위속에서 탈피되고 장액에서 부화된 유충은 장관벽을 뚫고 혈관 내로 침입하여 근육속에 침입하여 약 65~75일이면 무구낭충이 된다. 이 낭충은 조직 안에서 9개월 정도 생존하는데 이 낭충을 가진 소고기를 사람이 섭취하면 장액에 의해 탈낭되고 공장점막에 부착하여 성충이 되어 기생한다. 낭충은 소의 체내의 근육에서 대부분 기생한다. 무구낭충은 71℃에서 5분 정도 가열하면 사멸되나 저온에서는 비교적 저항성이 강하다(**그림 4-11**).

3) 증상

감염증상은 없는 경우도 있지만 사람에 따라 복통, 소화불량, 메스꺼움, 구토 등 소화기장애와 장폐색증, 빈혈 등이 나타난다.

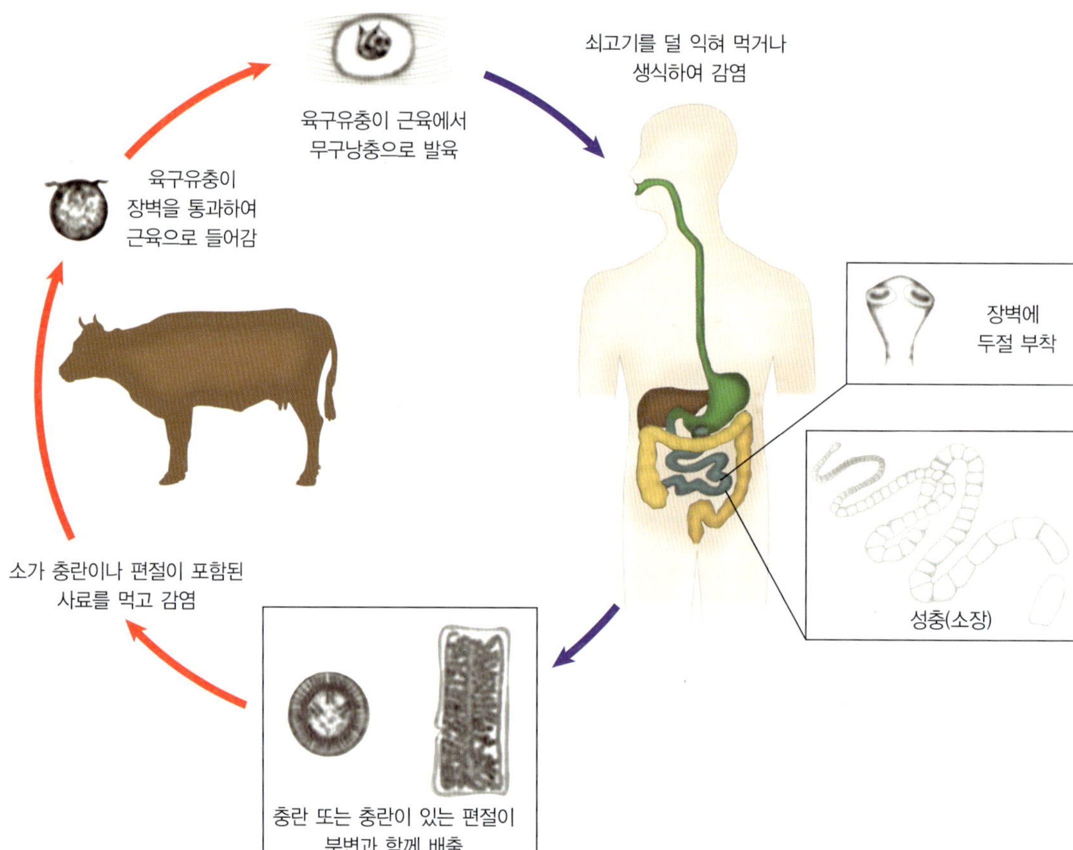

그림 4-11 무구조충 생활사

출처: 감염병실험실진단 제5부 기생충질환 제4장 조충 감염증

4) 예방 및 구충

예방법은 쇠고기를 완전히 익혀서 먹는 것이 중요하며, 쇠고기의 먹이인 목초를 분변에 오염되지 않도록 관리하고 감염자는 구충제를 복용해야 한다.

4.7.3.2 유구조충(Taenia solium, pork tape worm)

1) 분포 및 특성

갈고리촌충 또는 돼지고기촌충이라고도 불리며 돼지를 중간숙주로 한다. 이 조충의 길이는 약 2~4 mm, 폭 5~6 mm 내외로 다른 조충에 비하여 짧다. 알의 크기는 30~40 μm으로 대개 타원형이며 민촌충 같이 얇은 알껍질 속에 유구유충이 들어 있고 약 800~900개의 편절로 되어 있는 대형 조충으로 머리 부분에 4개의 흡반이 있고 22~32개의 갈고리를 갖고 있다.

2) 감염경로

감염경로는 무구조충의 경로와 똑같으나 머리에 갈고리를 가진 점이 크게 다르다. 분변과 같이 배출된 체절이나 충란이 중간숙주인 돼지나 사람, 기타 포유동물에 섭취되면 소장에서 부화되어 유구유충이 유리되며 장벽을 뚫고 혈류를 따라 결국 각 조직으로 이동하여 유구낭충으로 된다. 낭충이 들어 있는 돼지고기를 사람이 섭취함으로써 감염되며 장액에서 부화된 후 공장점박에 부착하여 성충이 된다. 유구낭충의 저항력은 비교적 강하여 영하 10℃ 에서 4일간 생존하며 염장, 훈제육에서 잘 견디고, 50℃에서 30분 정도 가열해야 사멸된다.

3) 증상

감염증상은 성충에 의한 소화장애, 메스꺼움, 구토 등의 장애를 일으킨다. 특히 이 조충은 수년 내지 수십 년간 기생하므로 빈혈을 일으키는 경우도 있다. 낭충에 의한 장애는 그 기생 장소가 뇌, 안구, 심장, 콩팥, 근육, 피하조직이 될 경우, 심한 증상을 일으키기 쉽다.

4) 예방 및 구충

예방을 위해서는 돼지고기를 날것으로나 불완전하게 가열하여 먹지 않아야 하며 염지한 것도 주의해야 한다. 정밀도축 검사와 인분의 위생적 처리가 필요하며 감염자는 구충제를 복용해야 한다.

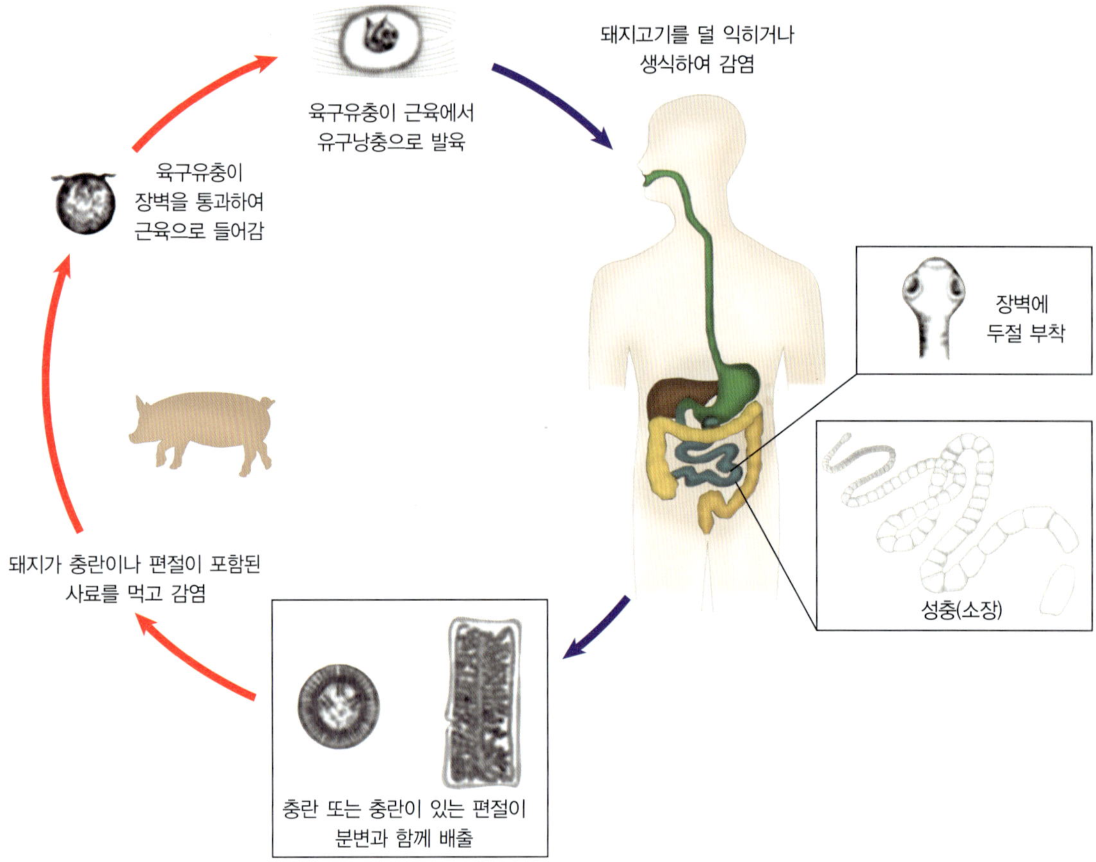

그림 4-12 유구조충 생활사
출처: 감염병실험실진단 제5부 기생충질환 제4장 조충 감염증

4.7.3.3 톡소플라스마(Toxoplasma)

1) 분포 및 특성

사람은 물론 고양이, 개, 토끼, 소, 돼지 등 인수공통감염증으로 광범위하게 분포되어 있으며 감염경로는 분명치 않다. 톡소플라스마(toxoplasmosis)증은 *Toxoplasma gondii*에 의하여 사람이나, 포유동물인 고양이과 조류에 일어나는 질병으로서 중간숙주는 숙주 특이성이 없으며 사람을 포함한 대부분의 온혈동물이다. 원충류의 길이는 대략 3~7 μm로서 매우 작고 운동성이 없으며 동물 체내에서 여러 장기의 세포 내에 기생하여 증식한다.

2) 감염경로

감염경로는 포낭에 감염된 쥐를 고양이가 잡아먹으면 위장관 내에서

톡소플라스마가 유리되고 소장의 상피세포 내에서 증식되어 낭포체가 생기고 낭포체는 상피세포를 파괴하고 장내로 나와 고양이의 분변과 함께 배출된다. 낭세포를 배출하는 고양이과를 제외한 나머지 동물들(소, 돼지, 닭 등)은 낭세포를 섭취함으로써 감염되며 동물의 근육 조직 내에 감염력 있는 포낭이 생긴다. 인체감염은 포낭이 들어 있는 돼지, 소 등을 덜 익히거나 날것으로 먹었을 때 야기된다.

3) 증상

증상은 임산부가 감염되면 유산이나 조산의 원인이 되며 기타 중추신경계에 친화성이 있으므로 맥락망막염, 뇌수종 등을 일으킨다. 태아로 감염이 이행되었을 경우 안저질환, 임파선염 등을 일으킬 수 있다.

4) 예방 및 구충

예방법으로는 완전히 익힌 돼지고기를 섭취하며, 고양이의 배설물에 오염된 물 또는 식품의 오염을 방지해야 한다.

4.8 신종감염병 (Emerging infectious diseases)

신종감염병은 "전에 알려지지 않은 새로운 병원체에 의해서 발생하여 보건문제를 야기하는 질병"으로 미국 질병통제예방센터(US Centers for Disease Control and Prevention, CDC)에서는 크게 세 가지 유형으로 분류한다. 이 중 첫 번째는 기존의 병원체가 변화 또는 진화하여 발생하는 감염병, 두 번째는 새로운 지역 혹은 인구집단으로 진파되어 발생하는 기존의 감염병, 그리고 세 번째는 생태학적인 변화로 과거에 인지하지 못하였으나 새로이 발견된 감염병이다. 신종감염병의 75% 이상은 인수공통감염병이다.

국내 신종감염병에는 1984년 레지오넬라증부터 2020년 코로나바이러스감염증-19를 포함하여 14종에 달한다(표 4-7).

4.8.1 코로나바이러스감염증-19 (COVID-19)

SARS-CoV-2 바이러스에 의한 호흡기증후군을 말한다. SARS-CoV-2 바이러스(그림 4-13)는 Coronavirivae에 속하는 단일기닥 RNA 바이러스이며 박쥐 중증급성호흡기증후군-유사 코로나바이러스(Bat SARS-like coronavirus)와 유전적 유사성이 커서 이 바이러스에서 기원한 것으로 보고 있다. 감염자와 직접 접촉하거나 감염자의 비말로 전파되

표 4-7 국내 신종감염병의 종류와 증상

감염병	발병시기	특성
레지오넬라증	1984	• 원인체: *Legionella pneumophila*(그람음성균) • 증상: 발열, 상부 호흡기 질환, 폐렴 • 전파방법: 공기, 하천의 세균
렙토스피라병	1984	• 원인체: *Leptospira interrogans* 균 • 인수공통감염병: 매개동물–쥐 • 증상: 구토, 헛구역질, 설사, 복부 근육통, 결막 충혈, 황달 • 전파방법: 들쥐나 집쥐의 배설물이 상처에 접촉
쯔쯔가무시병	1986	• 원인체: *Orientia tsutsugamushi* 균(리케치아) • 인수공통감염병: 매개동물–털진드기 • 증상: 홍반열, 전신 발진, 고열, 임파선 부종, 경련 • 전파방법: 털진드기 유충이 사람을 물어 병원균 전파
한국형출혈열 (신증후군출혈열)	1976	• 원인체: Hanta virus(Bunya viridae 과에 속함) • 증상: 고열, 출혈, 신유성 신장염, 신장파괴, 사망(7%) • 전파방법: 야생 등줄쥐의 타액과 대변을 통해 배출된 바이러스가 호흡기를 통해 감염
비브리오패혈증	1982	• 원인체: *Vibrio vulnificus* 균 • 증상: 오한, 발열, 복통, 피부병변, 괴사성근막염 • 전파방법: 굴, 조개, 게 등의 어패류를 익히지 않고 먹거나 피부상처를 통해 감염
에이즈 (후천성면역결핍 증후군)	1985	• 원인체: HIV(레트로바이러스) • 증상: 면역력 저하(T세포 감소), 면역결핍 • 전파방법: 사람간 체액교환, 비위생적인 주사기 및 시술도구를 통한 혈액감염, 감염 모체로부터 신생아 출생 시 감염
삼일열 말라리아	1993	• 원인체: 말라리아 원충(*Plasmodium vivax*) • 증상: 두통, 식욕부진, 고열, 오한, 경련 • 전파방법: 모기
장출혈성 대장균 증후군	1998	• 원인체: *E. coli* O157:H7 • 증상: 출혈성 장염 • 전파방법: 사람 간 전파, 오염된 음수 및 식품
사스 (중중급성호흡기 증후군)	2002	• 원인체: 코로나바이러스(SARS–CoV–1) • 증상: 발열, 근육통, 두통, 호흡곤란, 폐렴 • 인수공통감염병(자연숙주: 박쥐, 매개동물: 사향고양이)
브루셀라증	2003	• 원인체: *Brucella abortus* 균 등 • 증상: 발열, 근육통, 두통, 식용부진, 피로감 • 인수공통감염병: 소 • 전파방법: 오염된 유제품 섭취 또는 접촉, 감염된 소와 접촉, 흡입
인플루엔자(H1N1)	2009	• 원인체: Influenza A virus(Orthomyxoviridae에 속함) • 증상: 고열(38~40℃), 근육통, 두통, 오한, 인후통, 구토, 설사, 독감 증상 • 인수공통감염병: 돼지, 조류 • 전파방법: 비말 호흡기 감염

표 4-7 국내 신종감염병의 종류와 증상(계속)

감염병	발병시기	특성
중증열성혈소판감소증후군(SFTS)	2012	• 원인체: Bunyavirus • 증상: 40℃가 넘는 발열, 피로, 식욕저하, 구토, 설사, 복통, 근육통 • 전파방법: 바이러스에 감염된 작은소참진드기에 물려서 감염, 감염자의 혈액접촉
메르스(MERS)	2015	• 원인체: 메르스 코로나바이러스 • 증상: 고열, 기침, 호흡곤란, 폐렴, 급성 신부전증, 구토, 설사 • 인수공통감염병(자연숙주: 박쥐, 매개동물: 낙타) • 전파방법: 감염 낙타와 접촉, 감염자의 비말 접촉, 감염자와 직접 접촉
코로나바이러스감염증-19(COVID-19)	2020	• 원인체: SARS-CoV-2 • 증상: 발열(37.5℃ 이상), 기침, 호흡곤란, 폐렴, 오한, 근육통, 후각 및 미각 상실 • 인수공통감염병: 포유류, 조류 • 전파방법: 감염자의 비말 접촉, 감염자와 직접 접촉, 사물접촉

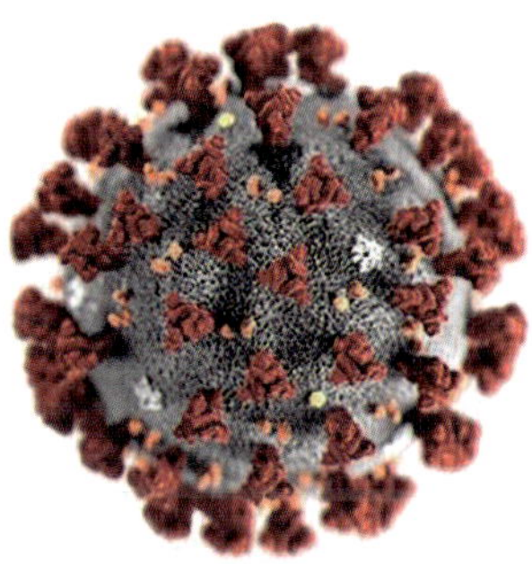

그림 4-13 COVID-19 바이러스 형태

며 잠복기는 1~14일이다. 바이러스 외피에는 독특한 스파이크 단백질이 있으며 이 스파이크 단백질이 인체의 구강점막과 호흡기 세포의 앤지오텐신전환효소2(ACE2) 수용체에 결합하여 인체 내로 침투한다(그림 4-14).

코로나 바이러스는 4개의 속으로 분류되며 이에는 알파, 베타, 감마, 델타형이 있다. 이 중 알파-코로나 바이러스는 돼지유행성설사바이러스, 돼지전염성위장염바이러스, 개코로나바이러스, 고양이코로나바이러스 등이 있으며 설사 등 소화기 장염 등을 유발한다. 베타-코로나바이러스는 돼지, 소, 말, 쥐에서 나타나며 뇌척수염 등을 유발하고 감마형과 델타형 코로나 바이러스는 새, 돌고래에서 발견된다. 현재까지 반려동물이 신종코로나바이러스(COVID-19)에 감염되었거나 사람에게 신종코로나바이러스를 전파하였다는 뚜렷한 증거는 없다.

사람에서는 4개 속에 속하는 바이러스의 변이주가 확인되며 알파 변이

주는 영국에서 최초로 발생하였고 감마 변이주는 브라질, 베타 변이주는 남아프리카공화국, 델타 변이주는 인도에서 확인된 후 각각 50~120여 개국으로 전파되었다. 이들 변이주는 변이가 추가적으로 진행되면서 더 쉽고 빠른 전파력을 띠는 특성을 갖는다.

SARS-CoV-2 바이러스에 감염 시 37.5℃ 이상의 발열, 권태감, 기침,

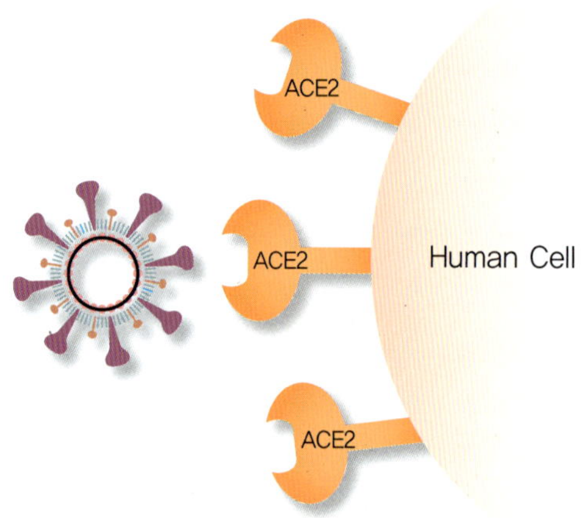

그림 4-14 COVID-19 바이러스의 인체 침투

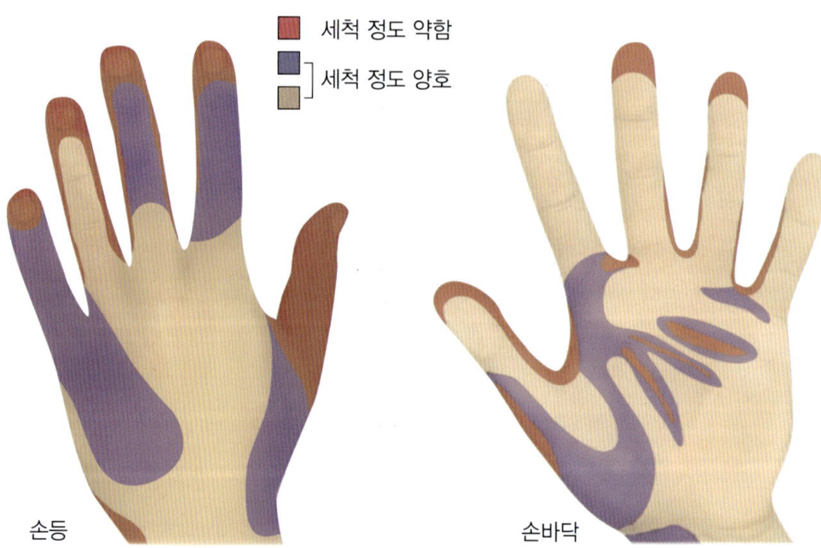

그림 4-15 손세척 시 부위별 세척 정도

호흡곤란, 폐렴이 나타나며 치명률은 약 3.4%이고 특히, 노약층이 위험하다. 현재 백신은 개발되었으나 변종이 쉽게 나타나므로 감염병 차단에 한계가 있으므로 철저한 손위생, 마스크 착용, 이동 제한 등 개인방역이 필수이다. 특히 손을 씻을 때는 손 부위별로 세척되는 정도가 다르므로 비누나 손 세정제로 손바닥과 손등을 골고루 30초 이상 문지르면서 자주 세척하는 것이 중요하다(그림 4-15).

참고문헌

감염병예방법. 법률 제 8852호, 2008. 2. 29. 개정

강경선 외. 『수의역학 및 인수공통감염병학』, 2010. p. 201-439.

강경선 외. 『식품위생학』, 문운당, 2010. p. 44-52.

강근옥, 고종호, 김은주, 김태열, 김희섭, 박성진, 박화연, 서승교, 송은, 손천배, 안령미, 조정순. 『증보 식품위생학』, 보문각, 2009. p. 86-87.

강호조, 강경선, 김기석, 백병걸, 손원근, 이재일, 이후장, 조규완. 『식품위생과 안전성』, 법문사, 2004. p. 13-57.

금종화 외. 『식품위생학』, 효일, 2010. p. 177-187.

김덕웅, 정수현, 염동민, 신성균, 여생규. 『21C 식품위생학(개정판)』, 수학사, 2008. p. 59-157.

김명숙, 김옥미, 김인규, 이경임, 이선희, 이종갑, 임성미, 정승태, 조좌형. 『식품위생학』, 훈민사, 2002. p. 62-63.

박승철 외. 인수공통감염병 바로알기 교육, 홍보 기법연구, 「대한인수공통감염병학회」, 농림수산식품부. 2009.

신동화, 오덕환, 우건조, 정상희, 하상도. 『식품위생안전성학』, 한미의학, 2011.

송형익 외. 『현대 식품위생학』, 지구문화사, 2009.

이승화, 김종명. 신종 코로나바이러스감염증(COVID-19) 유행의 대응과 치료. Korean Journal of Family Practice. 2020. 10: 87-95.

장동석, 신동화, 정덕화, 우건조, 이인선. 『자세히 쓴 식품위생학』, 정문각, 2008.

질병관리본부. 「감염병 실험실 진단, 질환별 시험법(I, II)」, 2005.

한글학회. 『우리말 큰 사전』, 어문각,1992.

질병관리청 감염병포털 http://www.kdca.go.kr/npt/biz/npp/portal/nppSumryMain.do

코로나바이러스감염증-19(COVID-19) http://ncov.mohw.go.kr/baroView.do

식품위생학 기출문제

01 감염병과 그 병원체의 연결이 틀린 것은?

① 유행성출혈열: 세균
② 돈단독: 세균
③ 광견병: 바이러스
④ 일본뇌염: 바이러스

02 곰팡이독증(mycotoxicosis)의 특징에 대한 설명으로 옳은 것은?

① 단백질이 풍부한 축산물을 섭취하면 일어날 수 있다.
② 원인식품에서 곰팡이의 오염증거 또는 흔적이 인정된다.
③ 모든 곰팡이독증에는 항생물질이나 약제요법을 실시하면 치료의 효과가 있다.
④ 감염형이기 때문에 사람과 사람 사이에서 직접 감염된다.

03 경구감염병의 특징과 거리가 먼 것은?

① 병원균의 독력이 강하다.
② 잠복기가 비교적 길다.
③ 2차 감염이 거의 발생하지 않는다.
④ 집단적으로 발생한다.

04 인수공통감염병과 관계가 먼 것은?

① 결핵
② 탄저병
③ 이질
④ Q열

05 인체의 감염경로는 경구감염과 경피감염이며, 대변과 함께 배출된 충란은 30℃ 전후의 온도에서 부화하여 인체에 감염성이 강한 사상유충이 되고, 노출된 인체의 피부와 접촉으로 감염되어 소장 상부에서 기생하는 기생충은?

① 구충 ② 회충
③ 요충 ④ 편충

06 아래의 설명에 해당하는 인수공통감염병은?

- 주로 소, 산양, 돼지 등의 유산과 불임증을 유발시킨다.
- 사람에게 감염되면 파상열을 일으킨다.

① 결핵 ② 탄저
③ 돈단독 ④ 브루셀라병

07 감염을 예방하기 위해서는 은어와 같은 민물고기의 생식을 피하는 것이 가장 좋은 기생충은?

① 간디스토마
② 폐디스토마
③ 요코가와흡충
④ 광절열두조충

08 인수공통감염병에 대한 설명으로 틀린 것은?

① 사람과 동물 사이에 동일한 병원체에 의해 발생한다.
② 병원체가 들어 있는 육류 또는 유제품 섭취 시 감염될 수 있다.
③ 결핵, 파상열이 해당한다.
④ 탄저병은 브루셀라균에 의해 발생한다.

09 돼지고기의 생식으로 감염될 수 있는 기생충은?

① 십이지장충
② 회충
③ 유구조충
④ 무구조충

10 경구감염병의 특징에 대한 설명 중 틀린 것은?

① 감염은 미량의 균으로도 가능하다.
② 대부분 예방접종이 가능하다.
③ 잠복기가 비교적 식중독보다 길다.
④ 2차 감염이 어렵다.

11 병에 걸린 동물의 고기를 제대로 가열하지 않고 섭취하거나 가공할 때 사람에게도 감염될 수 있는 감염병은?

① 디프테리아
② 급성회백수염
③ 유행성 간염
④ 브루셀라병

12 경구감염병의 특성과 거리가 먼 것은?

① 수인성 전파가 일어날 수 있다.
② 2차 감염이 빈번하게 발생한다.
③ 미량의 균으로도 감염될 수 있다.
④ 식중독에 비하여 잠복기가 짧다.

13 인수공통감염병이 아닌 것은?

① 광견병, 돈단독
② 브루셀라병, 야토병
③ 결핵, 탄저병
④ 콜레라, 이질

14 아래의 설명과 관계 깊은 인수공통감염병은?

쥐가 중요한 병원소이며, 감염 시 나타나는 임상 증상으로는 급성열성질환, 폐출혈, 뇌막염 등이 있다. 농부의 경우는 흙이나 물과의 직접적인 접촉을 피하기 위하여 장화를 사용하는 것도 예방법이 될 수 있다.

① 리스테리아증　② 렙토스피라증
③ 돈단독　④ 결핵

15 인수공통감염병을 일으키는 병명과 병원균의 연결이 틀린 것은?

① 결핵: Mycobacterium tuberculosis
② 파상열: Brcella melitensis
③ 야토병: Pasteurella tularensis
④ 광우병: Listeria monocytogenes

16 제1군 감염병이 아닌 것은?

① 디프테리아
② 세균성이질
③ 콜레라
④ 장티푸스

17 다음 중 채소류를 매개로 하여 감염될 수 있는 가능성이 가장 낮은 기생충은?

① 동양모양선충　② 구충
③ 선모충　④ 편충

18 피부, 장, 폐가 감염 부위가 될 수 있으며, 사람이 감염되는 것은 대부분 피부다. 또한, 포자를 흡입하여 감염되면 급성기관지 폐렴증세를 나타내고, 패혈증으로 사망할 수도 있는 인수공통감염병은?

① 탄저　② 결핵
③ 브루셀라　④ 리스테리아증

19 감염병으로 죽은 돼지를 삶아 먹었음에도 불구하고 사망자가 발생하였다면 다음 중 어느 균에 의한 발병일 가능성이 가장 높은가?

① 결핵균
② 탄저균
③ Pasteurella tularensis
④ Brucella 속

20 기생충 질환과 중간숙주의 연결이 잘못된 것은?

① 유구조충 – 돼지
② 무구조충 – 양서류
③ 회충 – 채소
④ 간흡충 – 민물고기

21 돼지를 중간숙주로 하며 인체유구낭충증을 유발하는 기생충은?

① 간디스토마 ② 긴촌충
③ 민촌충 ④ 갈고리촌충

22 콜레라에 대한 설명으로 틀린 것은?

① 주증상은 심한 설사이다.
② 내열성은 약하지만 일반 소독제에 대해서는 저항력이 강한 편이다.
③ 외래 감염병으로 검역 대상이다.
④ 비브리오속에 속하는 세균이다.

23 분변검사로 충란을 검출할 수 없는 기생충은?

① 유극악구충
② 간흡충
③ 민촌충
④ 구충

24 감염병과 식중독에 대하여 비교 설명하시오.

기출문제 정답

1. ①	9. ③	17. ③
2. ②	10. ④	18. ①
3. ③	11. ④	19. ②
4. ③	12. ④	20. ②
5. ①	13. ④	21. ④
6. ④	14. ②	22. ②
7. ③	15. ④	23. ①
8. ④	16. ①	

5
CHAPTER

식품과 잔류화학물질

서론

식품에는 생산 및 가공 과정 중에 식품첨가물, 독소, 오염물질, 잔류화학물질 등 다양한 화학물질이 외부로부터 유입될 수 있다.

식품 중 환경오염물질은 식품의 생산, 제조, 가공, 유통과정 중에 오염된 환경으로부터 비의도적으로 유입되는 물질이며 잔류농약과 동물용의약품은 작물과 가축의 생산과정에서 질병을 치료하고 병해충에 대한 저항성을 높여 식품의 생산성을 향상시키기 위하여 의도적으로 사용하는 물질이다. 이들 외인성 물질들은 일정량 이상 섭취하면 인체의 건강에 이상을 유발하므로 유해화학물질(hazardous chemicals) 또는 화학적 위해요소(chemical hazards)라고도 부른다.

유해화학물질이 인체의 건강에 미치는 나쁜 영향 즉, 독성은 화학물질의 구조, 생체 내 흡수율, 대사의 특성, 작용기전에 따라 다양하게 나타난다. 신경계 이상, 발암성, 유전자 손상, 기형 발생 등이 화학적 위해요소에 의해 나타나는 대표적인 독성이다.

16세기 스위스의 내과의사인 파라켈수스(Paracelsus)는 "모든 물질은 독물이며 독물이 아닌 것은 하나도 없다. 독물과 약물을 구분하는 기준은 용량이다"라고 하였다. 따라서 화학적 위해요소의 특성과 독성을 확인하고 인체 노출량을 독성유발량보다 낮게 관리하는 것이 화학적 위해요소로부터 식품의 안전성을 확보하는 중요한 방법이다.

식품 중 잔류 화학물질에 의한 건강위해를 방지하기 위하여 이들 물질의 사용을 차단하는 것을 고려할 수 있으나 사용함으로써 생기는 경제적 가치가 위해수준보다 훨씬 크고 건강위해를 예방할 수 있는 방법이 있을 때에는 사용을 허가하되 사용량, 사용방법, 사용기간, 식품 중 허용량 또는 잔류허용기준을 설정하고 잔류검사를 실시하는 것이 보다 경제적이고 효율적일 수 있다. 표 5-1은 식품에서 발생할 수 있는 주요 화학적 위해요소에 대한 관리방안의 일례이다.

5.1 식품과 잔류농약

농약은 농산물의 생산, 저장, 유통과정 중 병해충, 병균 또는 잡초로 인한 손실을 방지하기 위하여 사용되며 안정적인 식량공급에 크게 기여하고 있다. 특히 농촌인력이 격감하면서 농약은 노동력 부족을 대체하는 중요한 수단이 되었다. 그러나 농약의 사용량이 증가하면서 식품 중 잔류농약의 위험성이 증가하면서 이에 대한 일반인의 우려도 상대적으로 높아지고 있다.

농약은 약효와 안전성을 평가하여 사용대상 작물, 사용방법, 사용량, 사용기간, 농산물 출하 전 휴약기간 등의 용법을 정하여 사용을 승인한다. 우리나라는 농촌진흥청에서 신규 농약제품 등록 관련 업무와 이미 승인된 농약의 재평가 업무를 관장하며 식품의약품안전처에서는 농약에 대한 일일섭취허용량, 잔류허용기준, 잔류검사법을 설정하고 매년 잔류농약 모니터링 검사를 실시하여 식품 중 농약의 잔류를 감시하고 있다. 허가된 용량과 용법을 준수하여 농약을 사용하면 인체와 환경에의 위해를 방지할 수

잔류허용기준 (Maximum Residue Limit, MRL)
식품의 적·부판정의 근거가 되는 기준으로 독성과 노출량 평가결과 등을 근거로 하여 설정한다.

표 5-1 식품 중 주요 위해 화학물질의 관리방안

화학적 위해요소	분류	식품 중 오염(잔류)원인	관리방안
카드뮴	환경오염물질	환경오염(폐기물 소각, 도금 폐액 방류)	• 토양, 수질, 식품 중 기준치 설정 및 관리
다이옥신	환경오염물질	환경오염(소각로 방출)	• 소각장 주변에서 농작물 생산, 가축 사육 금지 • 식품 중 잔류허용기준치 설정 및 관리
디엘드린	농약	토양 잔류	• 농약으로서 사용금지 • 토양, 수질, 식품 중 기준치 설정
설파제	동물용의약품	가축 체내 잔류	• 사용대상 동물에서 휴약기간 설정 • 식품 중 잔류허용기준 설정
클로람페니콜	동물용의약품	가축 체내 잔류	• 가축에서 사용금지 • 식품 중 잔류허용기준 설정

있으며 식품에의 잔류를 예방할 수 있다.

5.1.1 농약의 분류

농약은 화학적 특성에 따라 무기농약, 천연유기농약, 합성유기농약으로 구분된다. 무기농약에는 비소계, 수은계, 붕소계 및 불소계 농약이 있으며 천연유기농약에는 로테논, 니코틴, 제충국 등이 있다. 합성유기농약에는 유기인계, 유기염소계, 카바메이트계, 유황계, 피레스로이드계 농약 등이 있다.

농약은 효능에 따라 살충제, 살균제, 살응애제, 살선충제, 제초제 및 식물생장조정제로 구분된다. 세계보건기구(World Health Organization, WHO)는 농약을 독성강도, 즉 급성독성시험에 의해 확인된 반수치사량(50% Lethality Dose, LD_{50})에 따라 맹독성(extremely toxic), 고독성(highly toxic), 중간독성(moderately toxic), 약독성(slightly toxic) 농약으로 분류하고 제품 라벨 시 위해성에 대한 표기를 표준화하고 의무화하여 사용과 관리상의 기본지침이 되도록 하고 있다(표 5-2).

우리나라는 WHO의 분류기준과 동일하게 하되 독성에 따라 인체 독성 I급, II급, III급, IV급으로 분류한다. 또한 환경영향 등급으로 어류에 대한 반수치사농도(50% Lethality Concentration, LC_{50})를 기준으로 환경독성 I급, II급, III급으로 나눈다.

농약은 화학구조에 따라 식품 중 잔류기간이 다르다. 잔류기간이란 농약 살포 후 농약이 75~100% 사라지는데 걸리는 기간을 말하며 비잔류성 농약, 중간 잔류성 농약, 잔류성 농약으로 구분한다. 비잔류성 농약은 잔류

세계보건기구 (World Health Organization, WHO)
국제연합(United Nations)의 산하기구로서 세계 공중보건 증진을 위하여 1948년에 설립되었고, 본부는 스위스 제네바에 있다(3장 컬럼 7, 8 참조).

반수치사량 (50% Lethality Dose, LD_{50})
화학물질을 실험동물에 1회 투여 시 투여된 동물수의 반을 죽이는 용량으로 화학물질의 독성 강도를 정하는 지표로 이용된다.

표 5-2 WHO 및 우리나라의 독성강도에 의한 농약의 분류

WHO 분류	우리나라 분류	정의	래트에서의 반수치사량(LD_{50}, mg/체중 kg)			
			경구(Oral)		경피(Dermal)	
			고형 농약	액상 농약	고형 농약	액상 농약
Ia	I급	맹독성(Extremely toxic)	<5	<20	<10	<40
Ib	II급	고독성(Highly toxic)	5~50	20~200	10~100	40~400
II	III급	보통독성(Moderately toxic)	50~500	200~2,000	100~1,000	400~4,000
III	IV급	약독성(Slightly toxic)	>500	>2,000	>1,000	>4,000

기간이 1~2주 정도이며 주로 유기인계 및 카바메이트계 살충제, 합성피레쓰로이드계 농약이 포함된다. 중간 잔류성 농약은 잔류기간이 1~18개월 정도되는 농약이다. 잔류성 농약은 잔류기간이 2~5년 이상이며 디디티(DDT), 알드린(Aldrin), 디엘드린(Dieldrin), 비에치씨(BHC) 등의 유기염소계 살충제가 포함되며 이들은 긴 잔류성으로 인하여 현재 사용이 금지되었다.

5.1.2 식품 중 농약의 위해평가 및 관리방법

5.1.2.1 농약의 일일섭취허용량 및 잔류허용기준 설정

농약의 일일섭취허용량과 식품 중 잔류허용기준(Maximum residue limit, MRL)은 위해평가(Risk assessment) 과정을 거쳐 정한다. 위해평가는 위험성 확인(Hazard identification), 위험성 결정(Hazard characterization), 노출평가(Exposure assessment), 위해도 결정(Risk characterization) 단계로 이루어진다.

위험성 확인(Hazard identification) 단계는 농약의 특성과 독성을 확인하는 과정으로 화학구조, 체내동태, 생물체에 대한 독성, 인체 역학조사 결과에 의하여 독성발현기전, 독성의 특성과 가장 민감한 독성을 확인하는 과정이다. 위험성 확인을 위하여 필요한 자료의 종류는 표 5-3과 같다. 만약, 유전독성이 있고 실험동물이나 인체에서 발암성이 나타나는 경우에는 완전발암물질(Complete carcinogen)로 평가하며 농약으로서의 사용을 허가하지 않는다.

위험성 결정(Hazard characterization) 단계에서는 농약의 용량에 따른 독성반응성을 분석하는 과정이다. 이 과정을 통해 가장 낮은 용량에서 나타나는 가장 민감한 독성을 확인하고 독성을 유발하지 않는 양을 무독성량(No observed adverse effect level, NOAEL)을 독성종말점

일반독성 (General toxicity)
화학물질이 생체의 전반적인 기능에 미치는 악영향으로 급성독성, 아급성 독성, 만성독성 등이 있다.

유전독성 (Genotoxicity)
화학물질이 유전자 또는 염색체의 구조나 수에 변화를 일으키는 독성으로 역치를 정할 수 없는 특성을 갖는다.

신경독성 (Neurotoxicity)
동물이나 사람의 뇌 및 중추신경계에 장애를 일으키는 독성

표 5-3 위험성 확인을 위한 자료의 종류

이화학	잔류성	인축독성	환경독성	약효 · 약해성
• 이화학성상 • 이화학분석 성적서 • 제조처방서 • 경시변화 성적서 • 분석방법	• 작물잔류성 • 토양잔류성	• 급성(경구, 경피, 흡입) 독성 • 자극성(안점막, 피부) • 피부 감작성 독성 • 급성 지발성 신경독성 • 아급성(경구, 경피, 흡입) 독성 • 만성독성 • 발암성 • 번식독성 • 기형독성 • 유전독성 • 생체 내 대사 • 생체 내 기능영향	• 담수어류 급성독성 • 물벼룩 급성유영저해 • 조류 급성독성 • 조류 생장저해 • 지렁이 급성독성 • 꿀벌 급성독성 • 어류 생물농축성 • 누에, 천적 등 영향 * 어류독성시험: 잉어(국제표준)사용, 송사리, 미꾸라지 추가 실험	• 3개 이상의 포장시험 성적(제초제는 6개 이상의 포장시험 성적)

(toxic endpoint)으로 평가한다. 완전발암물질은 유전독성물질이므로 무독성량을 설정할 수 없다. 완전발암물질이 아닌 농약에 대해서는 독성종말점을 불확실성 계수(Uncertainty factor, UF: 일반적으로 동물종간 차이에 대한 불확실성 계수 10, 개체 차이에 대한 불확실성 계수 10을 적용하여 총 100을 불확실성 계수로 한다)로 나누어서 인체에 대한 일일섭취허용량(Acceptable daily intake, ADI)을 설정한다. 농약의 일일섭취허용량은 사람이 평생 동안 매일 먹어도 건강에 어떠한 위해를 일으키지 않는 안전한 양을 말하며 식품 중 농약 잔류로 인한 인체 위해성 여부를 판단 시 기준이 된다.

불확실성 계수 (Uncertainty factor)
실험동물에서 수행한 고용량의 독성시험 결과를 근거로 사람에게서 저용량에 노출될 때 나타나는 영향을 평가할 때 나타나는 차이로서 종간차이, 개체차이 등이 불확실성 계수에 포함된다.

【예시】 클로르피리포스의 일일섭취허용량

• 독성종말점: 래트에서 생식독성 발현, 무독성량: 1 mg/kg bw/day
• 불확실성 계수: 100(동물종 간 차이 10, 개체 차이 10)
• 일일섭취허용량(무독성량/불확실성 계수): 1/100 = 0.01 mg/kg bw/day

노출평가(exposure assessment) 단계에서는 사람이 평가대상 농약에 노출될 수 있는 모든 경로와 오염원을 파악하여 인체 노출량을 산출한다. 식품을 통한 농약노출량은 농약의 잔류가 확인된 각각의 식품 중의 잔류량과 해당 식품의 섭취량을 곱하여 구한 값을 모두 더하여 구한다.

식품을 통한 인체 일일 농약노출량(mg/인/일)
= Σ{식품 중 농약 잔류량(mg/kg) × 일일식품섭취량(kg/인/일)}

식품을 통해 섭취하게 되는 농약의 총 노출량이 해당 농약의 일일섭취허용량보다 작을 때 인체 위해성은 없다고 할 수 있다. 위해도 결정 단계에서는 위험성 확인, 위험성 결정, 노출평가 과정에서 얻어진 결과들을 종합하여 농약 사용이 허가된 모든 작물을 통해 섭취하게 되는 농약의 총량이 일일섭취허용량보다 낮은 수준이 되도록 잔류허용기준을 설정하며 위해관리상 필요한 옵션들을 정하게 된다.

우리나라는 식품 중 농약의 잔류허용기준 설정에 있어 포지티브 규제 방식을 적용하고 있다. 이는 법적으로 사용을 허용하는 모든 농약과 적용 농산물에 대하여 잔류허용기준을 설정하는 제도이며 잔류허용기준이 설정되지 아니한 농약은 불검출 기준으로 관리하는 것이다. 다만 국내에서는 사용하지 않으나 식품 수출국에서는 사용이 허가된 농약의 경우에는 수출국 또는 해당 농약 제조회사에서 제출하는 자료를 평가하여 수입 잔류허용기준을 설정하고 수입식품에 대한 검사를 실시한다. 현재, 국내 농산물에 대하여 약 507여 종 농약의 잔류허용기준이 설정되어 있으며 새로운 농약이 등록될 때마다 잔류허용기준이 신설되므로 기준의 숫자는 계속 증가하게 된다.

5.1.2.2 농작물에서 농약 사용에 대한 관리

식품 중 농약의 잔류로 인한 인체 위해성을 방지하기 위하여 작물 수확 전 최종 사용시기(preharvest interval)를 정하여 수확 전 일정 기간 동안 농약의 사용을 제한하고 있으며 식품 중 농약의 잔류허용기준을 설정하여 허용기준을 초과하는 식품의 유통을 차단하고 있다. 이론적으로 수확 전 농약 사용기간과 농약 사용법을 준수하면 식품 중 잔류허용기준을 초과할 수 없다.

5.1.2.3 식품 중 잔류농약 제거방법

농산물, 농약의 종류, 농약이 묻어 있는 상태 등에 따라 농약 제거방법은 차이가 있지만 일반적으로 비침투성 농약(예: 말라티온)은 흐르는 물로 씻거나 작물의 껍질을 벗겨내면 대부분 제거되며 식품 중에 남아 있는 농약은 조리과정 중 파괴되어 상당량 감소한다. 채소나 과일을 세척할 때는 많은 양의 물에 담가 씻은 후 흐르는 물에 수차례 더 씻으면 대부분의 농약은 제거된다.

5.1.3 농약 계열별 특성

5.1.3.1 유기염소계 농약

유기염소계 농약은 살충력이 강하고 적용범위가 넓으며, 저렴하여 1950년대부터 1970년대 초반까지 전 세계적으로 많은 양이 사용되었다. 그러나 유기염소계 농약에 대한 저항성 해충이 발생하고 유용한 천적이 감소하며 수중생물에 대한 독성이 강하고 생물농축성이 높으며 생태계 교란성이 나타나면서 사용이 금지되었다. 하지만 환경잔류성이 커서 토양과 식품에서 여전히 검출되고 있다. 대표적인 유기염소계 농약으로 디디티, 알드린, 린단 등이 있다(표 5-4).

1) 디디티(DDT)

1874년 최초로 합성된 물질로서 머릿니와 진딧물에 대한 살충효과가 밝혀지면서 농약으로 개발되었다. 현재는 내성 해충의 출현, 환경 및 생체 내 고도의 축적성 때문에 우리나라를 포함하여 전 세계적으로 사용이 금지되었다(그림 5-1).

표 5-4 화학구조에 따른 유기염소계 농약의 분류

분류	농약
Diphenyl aliphatic계 화합물	디디티(DDT), 디디디(DDD), 디코폴(Dicofol), 에틸란(Ethylan 또는 Perthane), 메톡시클로르(Methoxychlor), 베쓸로클로르(Methlochlor)
Aryl hydrocarbon계 화합물	린단(Lindane), 미렉스(Mirex), 케폰(Kepone), 파라디클로로벤젠(Paradichlorobenzene)
Cyclodiene계 화합물	알드린(Aldrin), 디엘드린(Dieldrin), 엔드린(Endrine), 헵타클로르(Heptachlor), 클로르단(Chlordane), 톡사펜(Toxaphene)

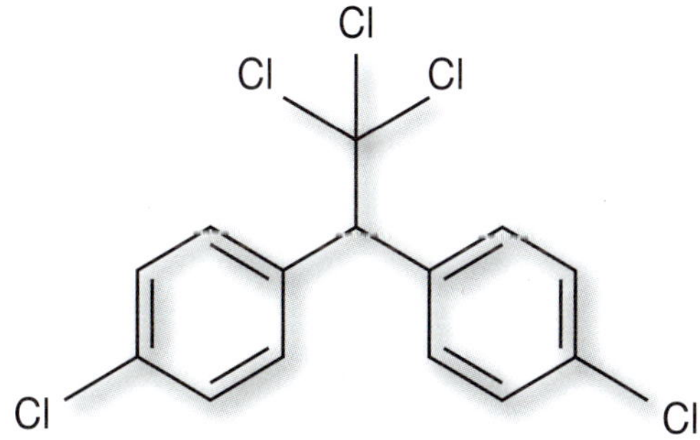

그림 5-1 DDT의 화학구조

DDT는 신경독성을 유발하며 래트(rat)에서 고환위축, 자궁종대를 일으킨다. 국제암연구소(International Agency for Research on Cancer, IARC)에서는 1991년에 DDT와 유사 화학물질(para,para'-DDT, ortho, para'-DDT, para,para'-TDE, ortho,para'-TDE, para,para'-DDE)을 인체발암가능물질(possibly carcinogenic to humans, Group 2B)로 분류하였다. 이는 사람에게서 폐암 또는 임파종 발생이 관찰되나 데이터가 불충분하며 실험동물에서 간암, 폐암, 악성 임파종, 부신피질 선종 발생이 확인됨에 따라 분류한 것이다.

FAO/WHO합동농약잔류위원회(Joint FAO/WHO Meeting on Pesticide Residues, JMPR)에서는 DDT의 신경흥분작용을 근거로 일일섭취내용량(Tolerable daily intake, TDI)을 0~0.01 mg/체중 kg/일로 정하였으며 우리나라 식품 중 잔류허용기준은 곡류와 알 0.1, 당근 0.2, 가금류 고기 0.3, 포유류 고기 5, 유 0.02 ppm(mg/kg)이 설정되어 있다.

2) 염소화 사이클로디엔계(Chlorinated cyclodienes) 농약

대표적인 유기염소계 살충제로서 클로르단(chlordane), 헵타클로르(heptachlor), 알드린(aldrin), 디엘드린(dieldrin) 및 엔드린(endrin)이 포함된다(**그림 5-2**). 이들은 포유류에서 DDT보다 더 강력한 신경독성을 유발하는데 주로 신경세포 내 및 신경세포 간극의 칼슘 이온과 염소이온 농도의 조절을 방해함으로써 신경자극전달에 변화를 유발한다. Cyclodiene계 살충제의 독성은 엔드린 > 디엘드린, 알드린 > 헵타클로르 > 클로르단 순으로 강하다.

엔드린과 디엘드린은 사람과 실험동물에서 발암성에 대한 증거가 불충분하여 비발암물질(Group 3물질)로 분류된다(IARC). 클로르단(chlordane)은 인체에서 임파종, 췌장암, 뇌암 발생이 일부 보고되었고 실험동물에서 갑상선여포세포선종, 갑상선암과 간암이 확인됨에 따라 인체발암가능물질인 Group 2B로 분류되었다(IARC).

Cyclodiene계 살충제는 지방친화성과 환경잔류성이 크고 식품 중 검출빈도가 높아서 현재 대부분의 나라에서 금지되어 있다.

3) 감마-비에치씨(Gamma-BHC, Lindane)

γ-BHC(hexachlorocyclohexane)는 6개의 염소기를 함유하는 aryl hydrocarbon계 살충제로서 린단(Lindane)으로도 불린다(**그림 5-3**). 과거에는 머릿니 구제제로 많이 사용되었으나 토양잔류성 문제로 국내 및 선진외국에서도 모두 사용이 금지되었다. 린단은 빗물을 통해서 매우 쉽게

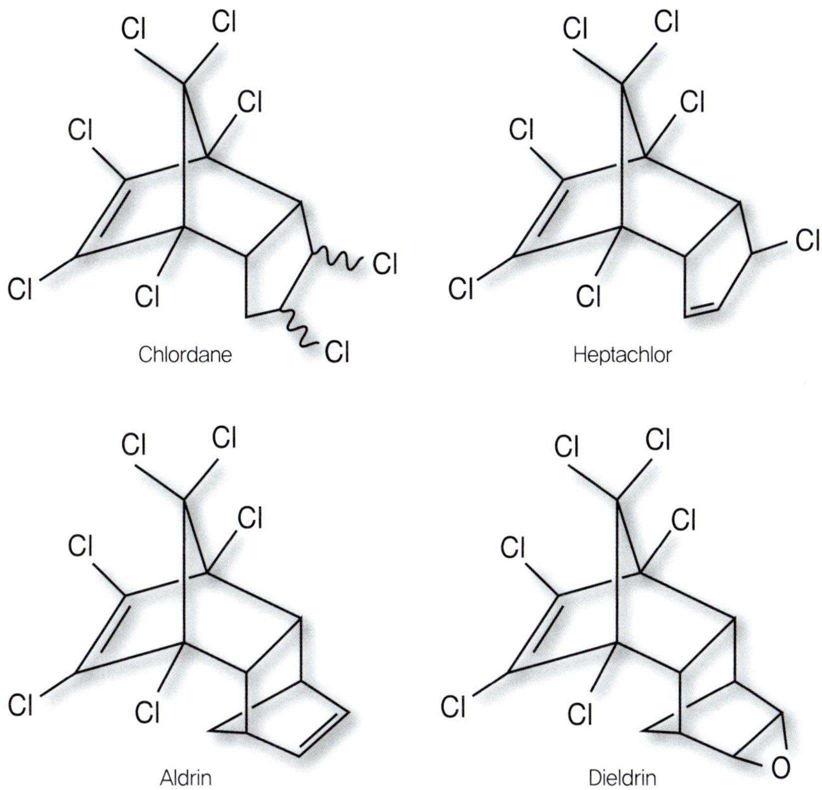

그림 5-2 Chlorinated cyclodiene계 살충제의 화학구조

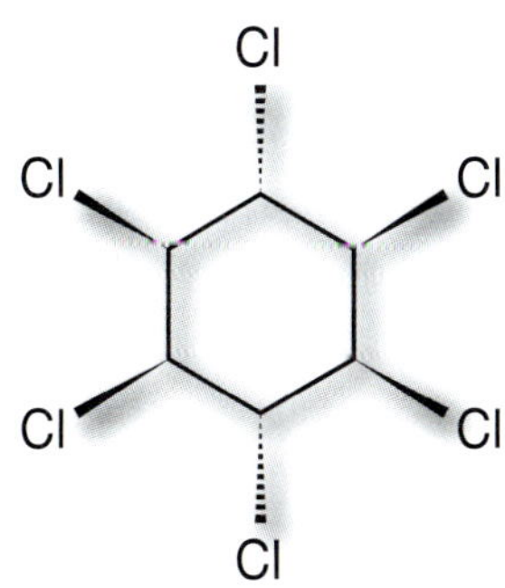

그림 5-3 린단의 화학구조

물과 식품을 오염시킬 수 있으며 섭취 시 체내축적이 잘 일어난다. 특히, 유아는 오염된 모유섭취로 린단에 노출될 수 있으며 장기적으로 노출되면 고열, 폐부종, 간과 콩팥의 손상이 야기된다.

BHC와 모든 이성질체는 지방에 축적되며 감마 이성질체는 다른 이성질체보다 더 높은 비율로 축적된다. 식품 중 린단 검사 시에는 α, β, γ, δ-BHC 이성질체들을 모두 합하여 정량하며 잔류허용기준 또한 이들 이성질체들의 합으로서 0.1~0.2 ppm 수준으로 설정되어 있다.

4) 엔도설판(Endosulfan)

엔도설판은 빛에는 안정하나 산이나 알카리 조건에서는 서서히 가수분해된다. 광분해가 되지 않아 토양에서의 반감기가 최소 9개월에서 6년까지 길며 지하수 및 식수원으로 유입되어 인체와 생태계에 문제를 야기한다(그림 5-4).

고독성 농약이며 어독성 I급 농약으로 분류되어 모든 식용작물에서 사용을 금지하고 있다. 엔도설판은 오염된 식품을 통하여 사람에게 노출되며 구토, 설사, 현기증, 경련, 호흡곤란을 일으키고 중추신경계를 자극하며 국소마비를 초래한다. 유전독성과 발암성은 음성이다.

엔도설판에 의해 유발되는 신경독성을 근거로 무독성량 0.6 mg/체중 kg/일, ADI 0~0.006 mg/kg체중/day이 설정되었다(JMPR, 1989). 식품에서의 잔류허용기준은 엔도설판 alpha형, beta형과 엔도설판 설페이트(endosulfan sulfate)의 합으로 하여 감자 0.05, 유 0.1, 알 0.03, 가금고기 0.03, 포유류고기 0.2가 정해져 있다.

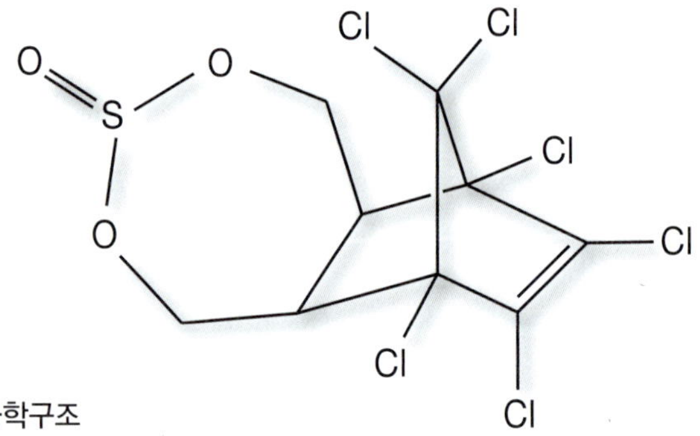

그림 5-4 엔도설판의 화학구조

5.1.3.2 유기인계 농약

현재 사용하고 있는 살충용 농약 중 가장 많은 수가 유기인계 농약에 해당된다. 유기인계 농약은 인(P)을 중심으로 여러 원자 또는 원자단이 결합되어 있는 화학구조를 갖는다. 주로 신경독으로 작용하며 신경전달물질인 아세틸콜린을 분해하는 효소인 아세틸콜린에스터라제(Acetylcholine Esterase, AChE)의 작용을 비가역적으로 억제하여 아세틸콜린이 분해되지 않아 과도한 신경흥분을 일으켜서 중독상태에 이르게 한다.

유기인계 농약에 의한 중독 증상은 부교감신경 증상(식욕부진, 메스꺼움, 구토, 다한, 청색증)과 교감신경 증상(혈압상승), 니코틴 증상(전신경련, 근력감퇴), 중추신경 증상(현기증, 두통, 발열, 혼수)으로 나타난다. 대부분의 유기인계 농약은 체내에서 수 시간 내에 배출되므로 잔류성으로 인한 위해는 크지 않다.

1) 클로르피리포스(Chlorpyrifos)

클로르피리포스는 거의 모든 식물에 대하여 해가 없고 광범위한 약효를 나타내기 때문에 과일, 채소류, 항공방제 등에 널리 사용되고 있다(**그림 5-5**). 그러나 유기인계 농약 중에서 상대적으로 잔류시간이 길어 농작물에서의 검출빈도가 높은 농약이다.

독성강도는 보통독성물질이며 눈과 피부에 대한 자극성이 크고 두통, 현기증, 구토, 설사, 발한, 기관지경련, 근육경련, 호흡·중추신경장애를 유발한다.

JMPR에서는 일일섭취허용량(ADI)을 신경독성에 근거하여 0~0.01 mg/체중kg/일로 정하였으며 국내 잔류허용기준은 쌀 0.5, 밀 0.4, 감자 2.0, 고구마와 견과류 0.05, 가금류와 알류에서 0.01, 소고기 1.0, 돼지고기와 유에서 0.02 ppm이다.

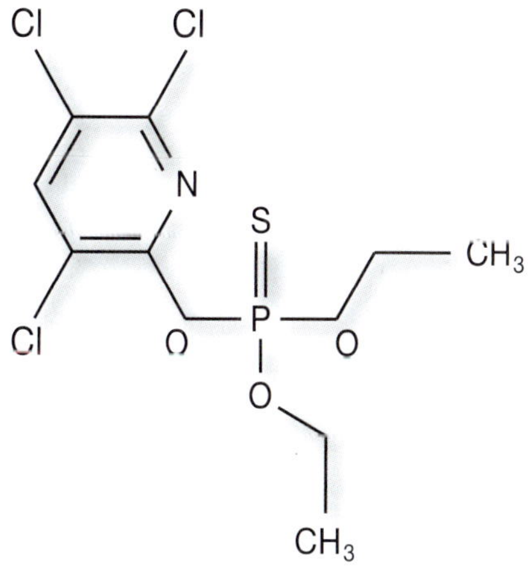

그림 5-5 클로르피리포스의 화학구조

2) 이피엔(O-ethyl O-4-nitrophenyl phenylphosphonothioate, EPN)

이피엔은 유기인계 살충제로서 면화씨 벌레, 벼멸구 구제효과를 보인다(**그림 5-6**). 급성경구독성 반수치사량(LD_{50})이 7~14 mg/체중kg으로 맹독성 물질이며 급성경피독성의 LD_{50}은 110~230 mg/체중kg이고 사람에서는 0.3g 정도 섭취 시 사망에 이를 수 있다.

중독 증상으로 과도한 신경흥분이 나타나고 발암성은 없다. 식품 중 이피엔의 잔류허용기준으로 콩류와 대두는 0.05 ppm, 쌀, 시금치, 가지, 감,

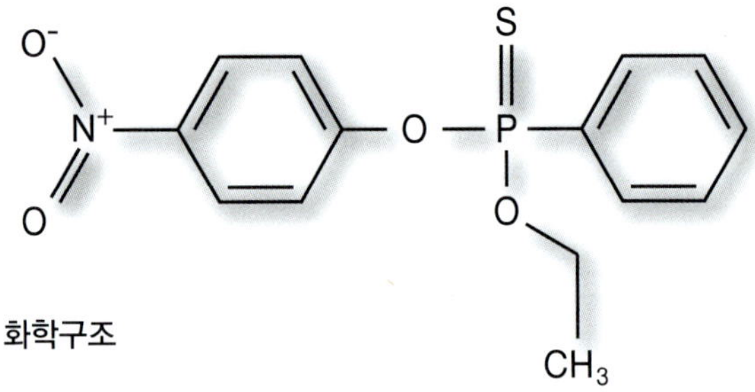

그림 5-6 EPN의 화학구조

오이, 체리는 0.1 ppm, 배, 배추, 아몬드, 자두, 호박에서는 0.2 ppm으로 정해져 있다.

5.1.3.3 카바메이트계(Carbamates) 농약

카바메이트계 살충제는 *Physostigma venenosum* 식물의 종자에서 추출되는 알칼로이드(alkaloid)인 피조스티그민(physostigmin)의 유도체로부터 유래한다. 최초의 카바메이트계 농약은 carbamic acid ester로서 1930년대 합성되어 항곰팡이제로 사용되었으며 이후 항콜린에스테라제 활성을 갖고 포유류 독성이 낮은 methylcarbamic acid aryl ester가 합성되면서 살충제로서 적용되기 시작하였다. 대표적인 카바메이트계 농약으로 카바릴, 카보푸란, 알디캅, 메토밀, 알독시캅이 있으며 이 중 알디캅은 맹독성이고 카보푸란과 메토밀은 고독성이며 카바릴은 보통독성 물질이다.

카바메이트계 살충제는 유기인계와 마찬가지로 콜린에스터라제 효소의 활성을 억제하여 신경세포에 아세틸콜린이 축적되면서 신경의 이상 흥분을 야기한다. 그러나 유기인계 농약의 콜린에스터라제 활성 억제효과가 비가역적인데 비하여 카바메이트계에 의한 억제는 가역적이어서 유기인계 농약에 비해서 상대적으로 신경독성이 약한 편이다.

카바메이트계 농약은 사람과 가축에서 독성이 비교적 약하며 체내에서 빨리 대사되어 배출되므로 중독을 일으킬 가능성은 낮다. 독성 증상은 눈물, 침의 과다 분비, 경련 등으로 전형적인 콜린성 중독증을 보인다.

1) 메토밀(Methomyl)

메토밀은 침투성 농약으로 살충제 또는 살응애제로 쓰인다(**그림 5-7**). 피부, 폐, 위장관을 통해 신속히 흡수되며 간에서 분해되며 생체조직 내 축적성은 낮고 토양 중으로 배출 시 미생물에 의해 분해되어 반감기는 약 14일 미만이다.

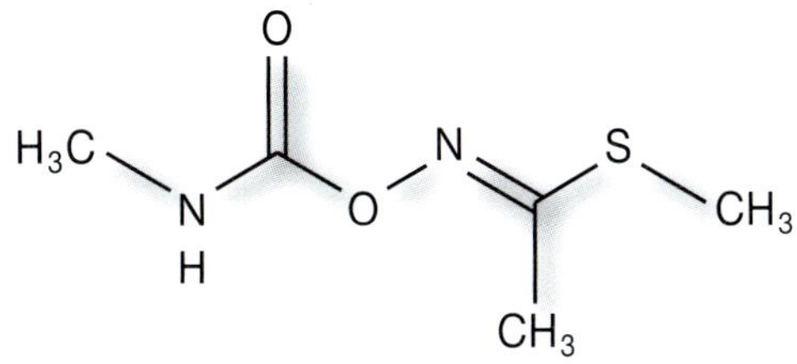

그림 5-7 메토밀의 화학구조

메토밀은 비발암물질이며 독성 증상은 콜린에스터라제 억제에 의한 시야 흔들림, 두통, 오심, 복통, 흉부불쾌감, 동공수축, 발한, 근육진전, 맥박감소 등이 나타난다. JMPR에서는 신경독성을 근거로 ADI 0~0.02 mg/체중 kg/일을 설정하였으며 식품 중 잔류허용기준으로 감자 0.02, 옥수수, 차에서 0.05, 포유류 고기 0.02ppm을 정하고 있다.

5.1.3.4 피레트린계(Pyrethrines) 및 피레트로이드계(Pyrethroids) 농약

피레트린과 피레트로이드계 농약은 주로 병해충의 방제를 위하여 분무제의 형태로 사용된다. 피레트린계 농약은 Pyrethrum 꽃(*Chrysanthemum* 속)에서 추출한 천연 살충제이며 피레트로이드(pyrethroid)계 농약은 합성 살충제이다. 피레트린은 지용성으로 체내에 쉽게 흡수되고 가수분해되어 독성이 약해지고 배출이 용이해져서 체내 잔류성은 크지 않다.

피레트린은 신경 축색돌기막의 나트륨 채널에 작용하여 나트륨의 전도성을 감소시키고 칼륨 방출을 억제하며 ATP분해효소의 활성을 차단함으로써 반복적인 신경 자극을 일으키고 근육경련, 마비, 흥분, 유연 등의 신경증상을 유발한다.

1) 사이퍼메트린(Cypermethrin) 및 알파-사이퍼메트린(α-Cypermethrin)

대표적인 합성 피레트로이드계 살충제로서 말초신경계와 중추신경계의 나트륨 채널에 작용하여 신경독성을 일으키며 파리, 모기, 바퀴벌레 등에 대한 광범위 살충효과를 나타낸다(그림 5-8). 피부접촉, 흡입, 식품 섭취를 통하여 인체에 노출되며 다량 노출 시 소양증, 작열감, 신부전, 발작 등의 중추신경계 이상을 보인다. 체내로 쉽게 흡수되고 지방친화성이 높아 체지방, 간, 신장, 근육, 피부 및 유에서 상대적으로 높은 양이 존재한다. 두 물질 모두 비유전독성, 비발암성 물질이다.

JMPR에서는 사이퍼메트린에 의한 생식독성을 근거로 무독성량 5 mg/체중kg/일, 일일섭취허용량 0~50 μg/체중kg/일을 설정하였으며 알파-

Cypermethrin

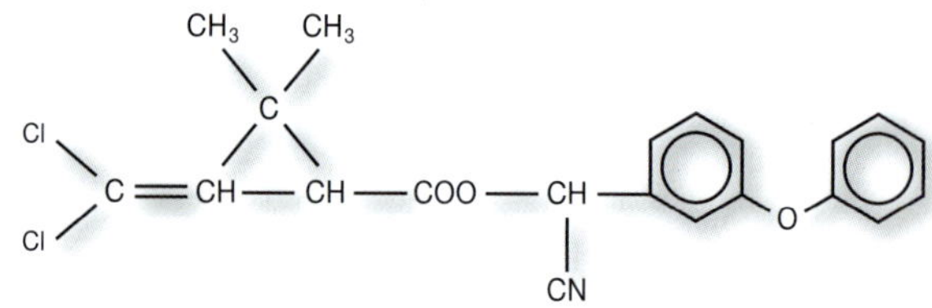

α-Cypermethrin

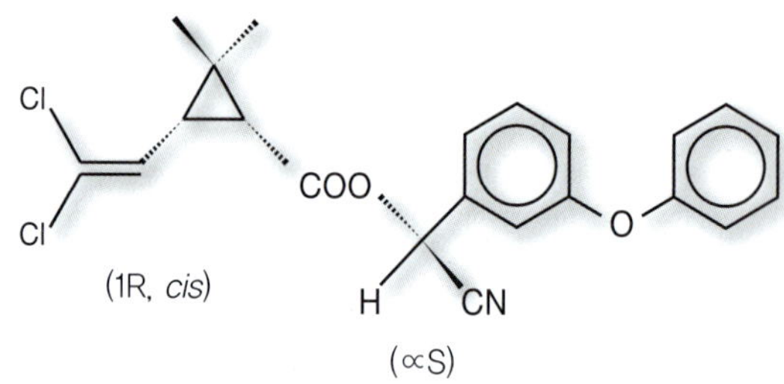

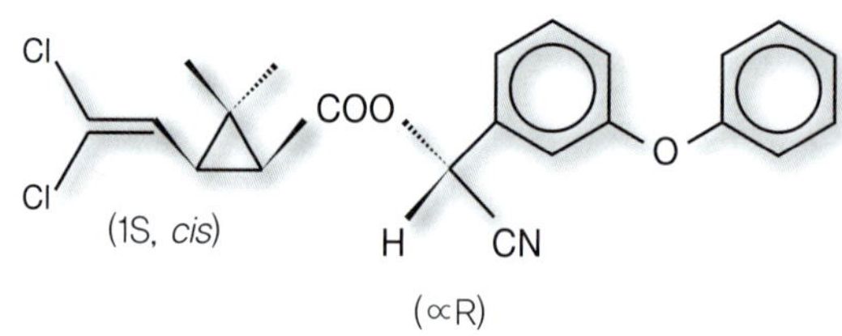

그림 5-8 **사이퍼메트린과 알파-사이퍼메트린의 화학구조**

사이퍼메쓰린에 대해서는 운동실조, 소음에 대한 과민반응 등의 신경독성을 근거로 무독성량 1.5 mg/체중kg/일, 일일섭취허용량 0~20 μg/체중kg/일로 정하였다.

사이퍼메트린의 잔류허용기준은 사이퍼메트린 이성질체의 합으로 하여 양파, 마늘, 감자, 고구마, 포유류 부산물 0.05, 포유류 고기 0.2, 쌀 1.0, 토마토와 포도 0.5 ppm이 설정되어 있다.

5.1.3.5 기타 농약

1) 프로사이미돈(Procymidone)

디카르복시드(dicarboxide)계 항진균제로서 아포산생 균사체의 증식과 곰팡이에서 트리글리세리드(triglyceride) 합성을 억제하여 약효를 나타내며 딸기, 오이, 토마토, 고추, 포도, 복숭아, 수박 등에 살균제로서 사용된다(**그림 5-9**). 저독성 물질이나 식품 중 검출빈도가 높으며 간중량 증가, 간세포 증생, 간종양, 고환의 간질세포와 자궁의 기질세포 종양 발생이 확인되어 미국 EPA에서는 인체발암가능물질인 Group B2(동물실험에서는

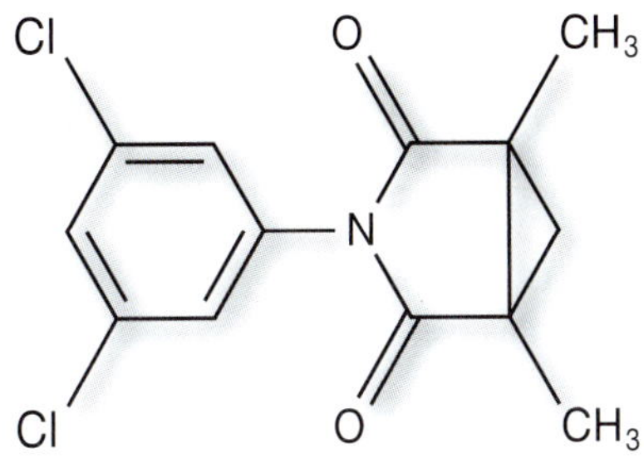

그림 5-9 프로사이미돈의 화학구조

발암성에 대한 충분한 증거가 있으나 인체역학시험에서는 증거가 불충분함)로 분류하였다. 설치류 수컷에서 생식기계 이상, 생식기능 저하가 나타나며 유전독성은 음성이다.

JMPR에서는 프로사이미돈에 의한 간중량 증가 및 간세포 증생을 근거로 무독성량 12.5 mg/체중kg/일, 일일섭취허용량 0~0.1 mg/체중kg/일을 정하였다. 식품 중 잔류허용기준은 망고 0.01, 감자 0.1, 양파와 호박 0.2, 쌀과 멜론 1.0, 콩류와 배 1, 양배추, 오이, 복숭아, 상추와 파 2.0, 토마토 10 ppm이 정해져 있다.

2) 카벤다짐(Carbendazim)

침투성 벤지미다졸계 살균제(benzimidazole fungicide)로서 진균류의 유사분열 시 방추사 형성을 방해하여 살균효과를 나타낸다. 광범위한 살균효과를 보여 과일류, 곡류, 평지작물 및 화훼류 재배 시 다량 사용되어 대표적인 다빈도 검출 농약 중 하나이다(그림 5-10). 포유류에서는 저독성이나 어독성은 1급이며 물에 잘 녹으며 알카리 조건에서는 서서히 분해되어 토양 중 잔류기간은 3년에 달한다.

카벤다짐은 경구 섭취 시 흡수와 대사가 빠르고 뇨와 분변으로의 배출도 신속히 이루어진다. 설치류에서 정자수 감소, 고환의 발달 억제, 간독성, 간세포 종양, 모체의 번식기능 저하, 태자기형 등이 나타난다. 유전독성 시험에서 염색체수 이상, 소핵 형성 등이 발현되나 이는 카벤다짐이 방추사 형성을 저해하기 때문에 발생하는 것으로 비유전독성물질로 평가된다.

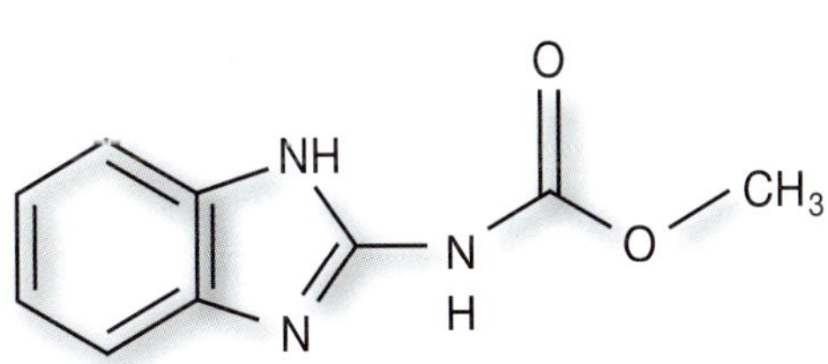

그림 5-10 카벤다짐의 화학구조

카벤다짐에 의한 생식독성에 근거하여 무독성량 2.5 mg/체중kg/일, 일일섭취허용량 0~0.03 mg/체중 kg/day으로 설정되어 있다(JMPR). 카벤다짐은 같은 벤지미다졸계 농약인 베노밀(benomyl)과 치오파네이트-메틸(thiophanate-methyl)의 대사산물이기 때문에 식품 중 잔류허용기준은 카벤다짐, 베노밀, 치오파네이트-메틸의 합으로서 적용하고 잔류허용기준은 밀과 양파 0.05, 고기, 알, 유, 청경채와 땅콩 0.1, 쌀, 홍삼과 자두 0.5 ppm으로 정해져 있다.

3) 메틸브로마이드(Methyl bromide)

대표적인 훈증 소독제로 브로모메탄(bromomethane)이라고도 불리며 토양 살균과 검역 및 수출 시 광범위한 해충박멸용으로 가스상태로 살포되는 고독성 농약이다(**그림 5-11**). 주로 흡입에 의해 체내 흡수가 이루어지며 글루타치온 결합반응(glutathione conjugation)에 의해 대사되어 이산화탄소 형태로 배출된다. 메틸브로마이드 고농도를 흡입 시 두통, 현기증, 구토, 경련 등이 나타나며 장기간 노출 시에는 천식이나 폐렴이 유발될 수 있다.

메틸브로마이드는 유전자 변이와 염색체 손상을 유발한다. 그러나 동물실험 및 인체 역학조사 결과 발암성에 대한 증거가 충분치 않아 인체에 암을 유발하지 않는 Group 3 물질로 분류되었다(IARC). 메틸브로마이드의 식품 중 잔류허용기준은 브롬화 이온으로서 곡류, 두류, 서류, 견과류 등 19가지 농산물들에 대하여 20~400 ppm이 설정되어 있다.

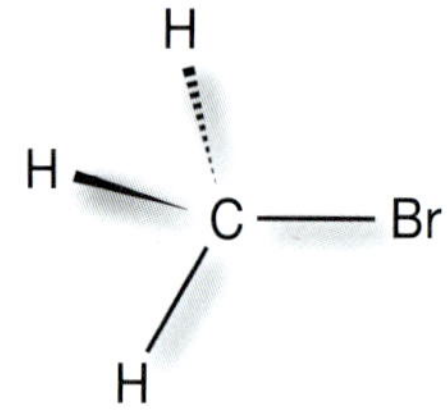

그림 5-11 메틸브로마이드의 화학구조

5.2 식품과 잔류 동물용의약품

동물용의약품이란 동물의 질병치료 및 예방과 생산성 향상을 위하여 사용하는 의약품을 말하며 산업동물용, 양봉용, 양잠용, 수산용 및 애완용(관상어 포함) 의약품이 포함된다. 가축에 사용이 허가된 동물용의약

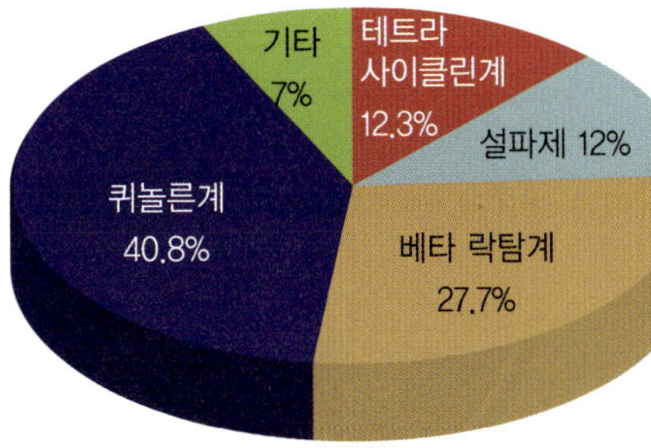

그림 5-12 국내축산물 중 동물용의약품 검출건수

출처: 농림축산검역본부, 2012.

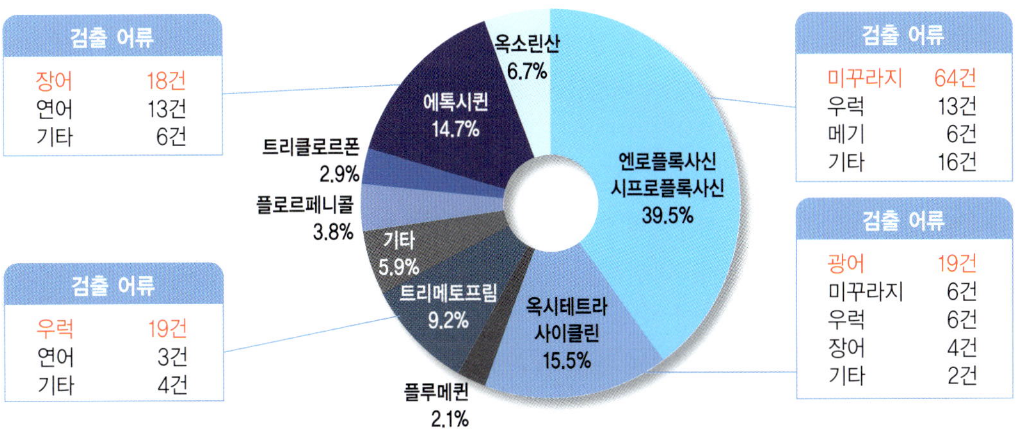

그림 5-13 국내 수산물중 동물용의약품 검출률

출처: 식품의약품안전평가원, 2018.

품 중 구충제, 항생제는 전체 동물용의약품의 약 57%를 차지한다. 가축 및 수산용 동물용의약품은 사용대상 동물에 대한 안전성뿐만 아니라 축수산식품의 안전성 확보가 이루어져야 사용이 허가된다. 우리나라의 가축용 동물용의약품 사용승인기관은 농림축산검역본부이며 수산용 동물용의약품은 국립수산과학원에서 승인한다. 축수산식품 중 동물용의약품의 잔류조사 결과를 보면 검출물질 중 항생제, 항균제가 76.8~90% 이상으로 높은 빈도를 차지한다(그림 5-12, 13). 동물용의약품은 축수산식품 중 잔류문제 외에도 항생제 내성균 확산, 환경 중 가축 배설물의 배출로 인한 환경 위해성도 함께 고려되어야 한다.

항생제
미생물이 생산하는 2차 대사산물로 소량으로 다른 미생물의 발육을 억제하거나 사멸시키는 물질

항생제 내성균
세균이 스스로 항생제에 대항하여 생존능력을 갖게 되는 상태를 말한다. 예를 들어, 페니실린 내성률 84%란 100개의 세균에 페니실린을 투여할 경우 84개의 세균이 살아 남는다는 것을 의미한다(3.5 식중독균과 항생제 내성 참조).

5.2.1 동물용의약품의 위해 평가

동물용의약품의 인체 위해평가는 가축 또는 수산어류 중 잔류하는 동물용의약품을 섭취 시 나타나는 건강영향을 평가하는 것이다. 동물용의

약품의 위해평가는 농약과 마찬가지로 위험성 확인, 위험성 결정(또는 용량-반응 평가), 노출평가 및 위해도 결정과정을 거쳐 이루어지며 위해평가 결과에 근거하여 사용상 주의사항, 안전 휴약기간, 식품 중 잔류허용기준 등 안전관리 방안이 수립된다.

5.2.1.1 동물용의약품의 위해평가 방법

동물용의약품의 위해평가는 농약과 유사하나 동물용 항생제에 대해서는 인체 장내정상세균총에 미치는 영향에 대한 평가와 항생제 내성 유발성 평가가 추가적으로 이루어진다.

인체 장내정상세균총에 미치는 영향 평가는 항균용 동물용의약품의 경우 식품을 통하여 섭취되어 소화기관 내 인체 장내정상세균총의 장점막 방어기능, 내성균 발현, 대사기능에 미치는 영향을 평가하는 것이다.

인체 장내정상세균총은 장내에서 인체와 공생관계를 유지하며 상재하는 약 300~500여 종의 세균총을 말한다. 이들은 약 99% 이상이 혐기성 세균이며 인체를 구성하는 세포수보다 10배 이상 많으며 주로 대장 내에 서식하면서 외부로부터 유입되는 병원체 방어, 단쇄 지방산의 에너지원으로의 전환, 비타민 K 생산, 면역기능 자극, 신생아 장관 내 혈관신생, 장관 상피세포 증식, 비소화성 섬유질의 발효 등 여러 생체기능에 중요한 역할을 수행한다 (그림 5-14).

인체 장내정상세균총이 식품 중 잔류 항균제에 노출되면 정상세균총의 장점막 방어기능이 저하되거나 내성균이 발현되고, 세균총의 대사기능장

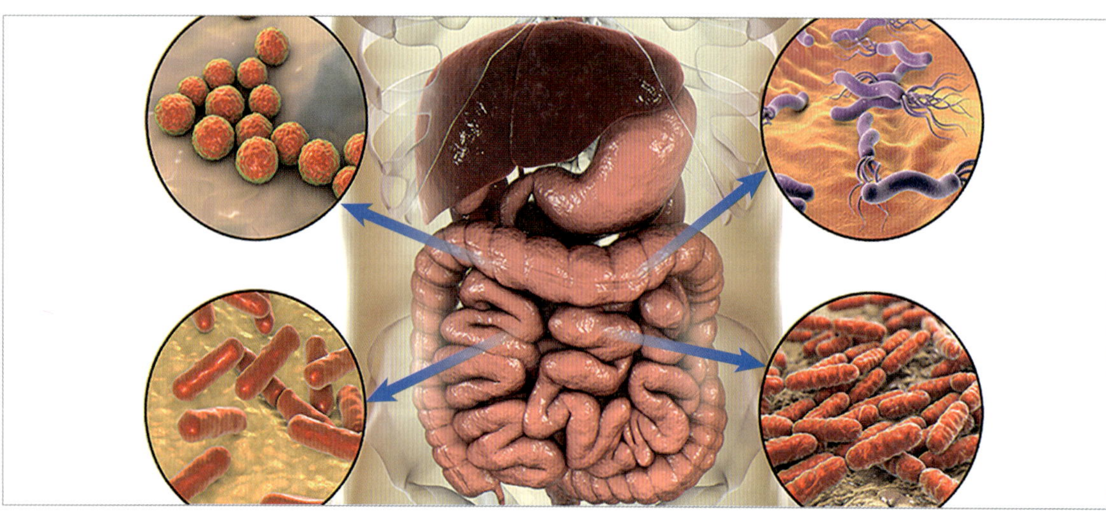

그림 5-14 장내정상세균총

애가 유발되어 인체 건강이 손상될 수 있다. 잔류 항균제에 의한 인체 장내정상세균총 영향에 대한 시험에서는 인체 분변에서 유래한 인체 장내정상세균총 대표균주를 이용한 최소억제농도 시험, 인체 장내정상세균총 혐기성 유속배양시스템 또는 인체 장내정상세균총 발현 마우스를 이용한 균수 및 균조성 변화 시험, 내성 유발성 및 대사기능 이상 시험 등이 있다(그림 5-15). 이러한 시험을 통하여 미생물학적 무독성농도을 설정하고 이를 근거로 일일섭취허용량을 구하게 된다.

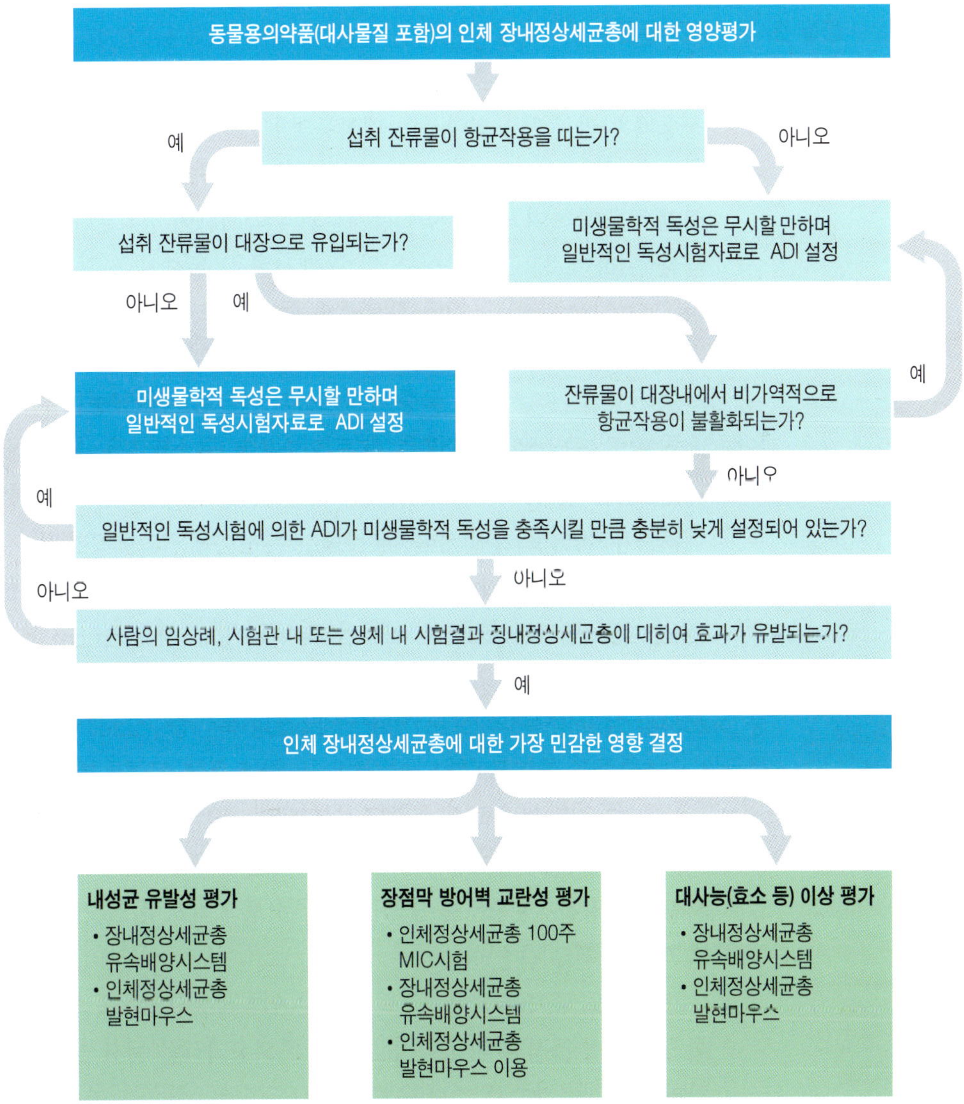

그림 5-15 동물용의약품의 인체 장내정상세균총 영향 평가 절차

동물용항생제는 축수산동물의 체내 또는 소화관 내 미생물의 약제 내성을 야기하며 환경 중 내성균을 증가시켜 이로 인해 인체 내성균도 증가한다는 가능성이 제기되고 있으나 아직까지 과학적 증거는 명확하지 않다. 세계보건기구(WHO), 식량농업기구(FAO) 및 국제수역사무국(OIE)에서는 항생제내성위해평가지침을 개발하여 인체 임상 분야에서 중요한 항생제 리스트(Clinically Important Anitibiotics, CIA)와 수의 분야에서 중요한 항생제 리스트(Veterinary Clinically Important Anitibiotics, VCIA)를 제시하였고 인체용 의약품으로서 중요하게 사용하는 항생제를 수의 분야에서는 가급적 사용하지 않도록 제안하였다.

동물용의약품에 대한 독성평가는 세포 내 시험, 실험동물을 이용한 독성시험, 인체 역학조사 결과를 통하여 이루어지며 독성강도, 독성기전, 표적장기, 무독성량 등을 평가한다. 동물용의약품의 잔류성 시험은 용법과 용량에 따라 동물용의약품을 대상동물에 투여한 후 동물체내 가식 부위에서의 약물동태 및 소실기와 불검출기를 확인하기 위하여 수행하는 시험이며 이를 통하여 적정 잔류허용기준과 휴약기간이 설정된다. 또한 잔류검사를 위하여 체내 약물대사 및 동태시험을 통하여 잔류검사대상물질(marker residue)을 정하고 해당 물질에 대한 잔류분석법의 검출감도, 정량한계, 정밀도, 정확도를 확인하여 검사방법을 확립한다.

5.2.2 동물용의약품의 잔류허용기준

5.2.2.1 일일섭취허용량(Acceptable Daily Intake, ADI)

동물용의약품의 일일섭취허용량에는 독성시험 결과에 근거한 독성학적 일일섭취허용량(toxicological ADI)과 인체 장내정상세균총에 대한 영향을 근거로 한 미생물학적 일일섭취허용량(microbiological ADI)(그림 5-16)이 있으며 이 중 더 낮은 값을 최종 일일섭취허용량으로 채택하여 잔류허용기준 설정을 위한 근거자료로 사용한다.

휴약기간 (withdrawal period)
가축에 약물을 투여한 후 약물이 체내에서 배출되어 가식 부위 중 잔류량이 잔류허용기준보다 낮아지는 시점을 말한다. 도축 전에 휴약기간을 준수하여야 잔류허용기준을 위반하지 않는 안전한 식품을 제공할 수 있다.

5.2.2.2 잔류허용기준(Maximum Residue Limits, MRL)

동물용의약품의 잔류허용기준은 사용대상 가축의 가식 부위, 즉 근육, 지방, 간, 신장, 유, 알, 꿀 및 어류의 가식부에 대하여 설정하며 그림 5-17과 같은 단계로 진행된다.

가식 부위 중 잔류허용기준의 총합은 일일섭취허용량을 초과하지 않도록 설정하며 가식 부위 중 잔류량이 잔류허용기준을 넘지 않는 시점을 휴약기간으로 정한다.

유전독성 및 발암성 동물용의약품은 사용이 금지되며 식품 중 불검출

- 독성학적 ADI(mg/체중kg/day) = NOAEL(mg/체중kg/day)/불확실성 계수
- 미생물학적 ADI(μg/kg BW/day) =

$$\frac{\text{MIC50}^{a}\ (\text{또는 MIC기하평균, μg/kg}) \times \text{일일 분변량}(220\ \text{g})}{\text{섭취량 중 장내세균총이 이용하는 양(FA)} \times \text{UF} \times \text{성인체중}(60\ \text{kg})}$$

[a] 장내정상세균 중 가장 민감하고 분포도가 높은 세균종의 성장을 50% 억제하는 최소농도(MIC50)

FA(Fraction of oral dose available): 경구로 섭취한 약물의 용량 대비 대장 중의 인체 장내정상세균총에 도달하여 미생물학적으로 작용하는 양의 비율

UF(Uncertainty factor): 미생물학적 독성시험성적의 재현성, 대표성 등을 고려하여 1~10 사이의 보정값을 적용

그림 5-16 독성학적 ADI와 미생물학적 ADI

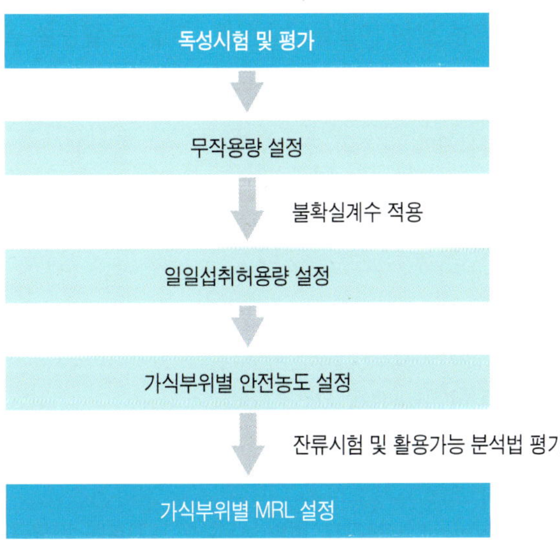

그림 5-17 동물용의약품의 잔류허용기준 설정

기준을 적용한다. 현재까지 가축 또는 수산어류에 사용이 금지된 물질에는 말라카이드 그린, 디메트리디졸, 클렌부테롤, 반코마이신, 클로르프로마진, 티오우라실, 콜치신, 피리메타민, 메드록시프로게스테론 아세테이트, 니트로푸란제, 클로람페니콜, 디에칠스틸베스트롤 등이 있다(표 5-5).

표 5-5 불검출 기준 적용물질의 주요 독성

성분명	독성	사용목적
말라카이트그린(Malachite green)	• 생체 내 변이원성, 간암 유발 • 주요대사물질(루코말라카이트 그린): 간암의심 • ADI 설정 불가	관상어 항곰팡이제
디메트로니다졸(Dimetronidazole)	• 전신독성 • 유전독성, 변이원성, 발암성의심	항원충제
클렌부테롤(Clenbuterol)	• 급성식이독성	기관지확장제, 체단백 증가
반코마이신(Vancomycin)	• 내성균 전이	항생제
클로르프로마진(Chlorpromazine)	• 치료용량에서 많은 부작용 발생 – 순환장애, 신경장애, 혈액, 피부, 안기능 이상, 인체 뇌하수체 및 생식기능 이상	항원충제
티오우라실(Thiouracil)	• 항갑상선 기능 • 발암성	성장조절제
콜치신(Colchicine)	• 유전독성, 변이원성, 빈혈	항염증제
피리메타민(Pyrimethamine)	• 빈혈, 백혈구감소증, 심부전	항원충제
메드록시프로게스테론 아세테이트(Medroxyprogesterone acetate)	• 변이원성, 발암성	발정조절
니트로푸란제(Nitrofurans)	• 변이원성, 발암성	항균제
클로람페니콜(Chloramphenicol)	• 재생불량성 빈혈, 골수암 의심	항생제
디에칠스틸베스트롤(Diethylstilbestrol)	• 변이원성, 발암성	발정조절

5.2.3 주요 동물용의약품의 위해성

5.2.3.1 니트로푸란제(Nitrofuranes)

니트로푸란제는 5-니트로기를 갖는 모노 니트로 화합물군에 속하는 합성항균제로서 푸라졸리돈(furazolidone), 푸랄타돈(furaltadone), 니트로푸라존(nitrofurazone), 니트로푸란토인(nitrofurantoin), 니트록시존(nitroxyzone 또는 furadroxyl), 니트로빈(nitrovin 또는 panazon) 등이 있다(그림 5-18). 이들은 과거에는 가축의 세균성 장염과 콕시듐증 예방 및 치료를 위해 널리 사용되었으나 유전독성과 발암성이 확인되면서 사용이 금지되었으며 식품 중 불검출 기준으로 관리되고 있다. 실제로 니트로푸란제는 유전자변이, 염색체 손상, 발암성, 기형, 유산, 난소위축, 정자수 감소 등을 유발한다.

니트로빈을 제외한 니트로푸란계 약품은 체내에서 빠르게 대사되어 대사물질로 변환되므로 투여한 원래 물질은 근육, 알, 유 등 가식 부위에서

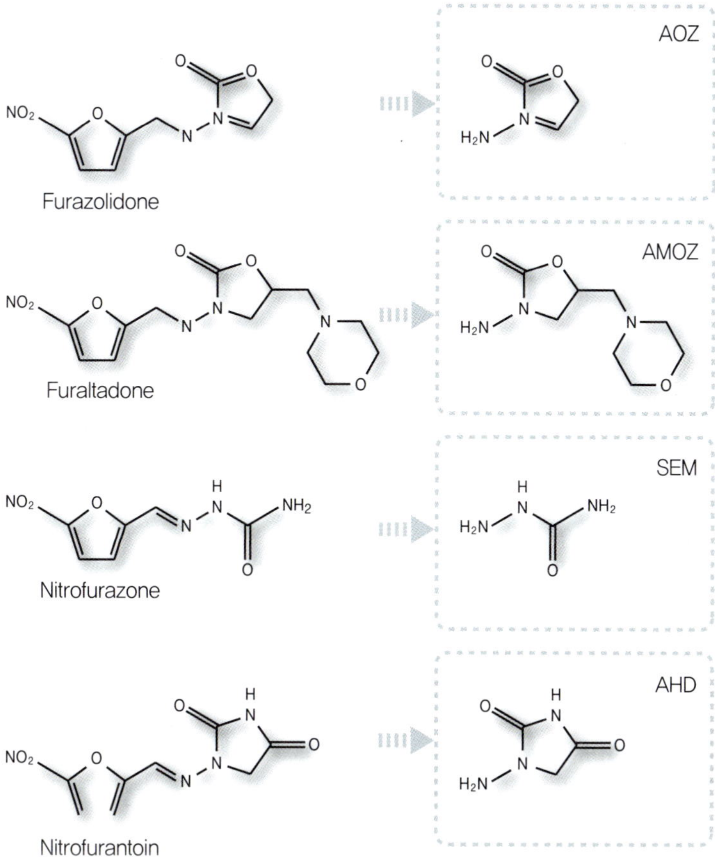

그림 5-18 주요 니트로푸란제 및 그 대사산물의 화학구조

수 시간 또는 수일 이내에 검출되지 않는다. 그러나 그 대사물질은 짧게는 1~2주일, 길게는 7주까지도 조직 내에 잔류한다. 따라서 니트로푸라존, 니트로푸란토인, 푸랄타돈, 푸라졸리돈의 잔류검사 시에는 이들의 대사물질인 AOZ(3-amino-2-oxazolidinone), AMOZ(3-amino-5-morpholinomethyl-2-oxazolinone), AHD(1-aminohydantoin, SEM (semicarbazide)을 검사한다. 이들 대사물질은 튀기거나, 굽는 조리과정에서도 67~100% 정도가 남아 있으며 -20℃에서도 2개월 이상 안정하다.

5.2.3.2 클로람페니콜(Chloramphenicol)

클로람페니콜은 방선균인 *Streptomyces venezuela*가 생산하는 항생제로서 세균의 단백질합성을 저해하는 광범위 항생제이다(그림 5-19). 사람에게서 이질, 장티푸스, 장염 등의 치료로 널리 사용되었으며 동물의

광범위 항생제
그람 음성 및 그람 양성 세균 모두에 항균작용을 발휘하는 항생제

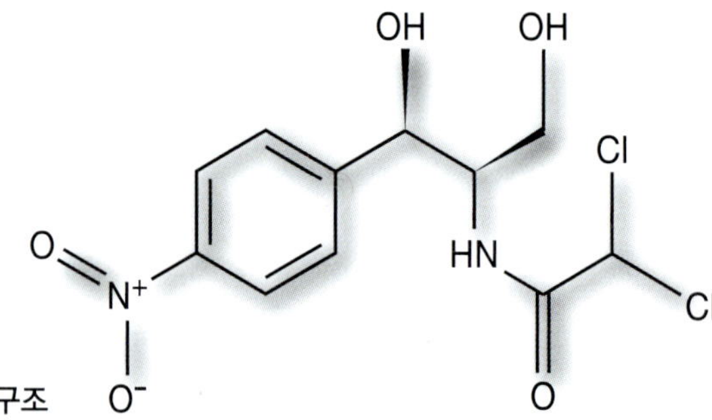

그림 5-19 클로람페니콜의 화학구조

재생불량성 빈혈
골수에서 새로운 혈액세포를 생산하지 못하는 질병으로 적혈구, 백혈구, 혈소판 수치가 모두 정상인보다 낮다.

세균성 질환치료 및 예방을 위해서도 오랫동안 사용되었다. 그러나 클로람페니콜에 의해 유전독성 및 재생불량성 빈혈의 발생이 확인되면서 현재 우리나라를 포함한 세계 각국에서 식용동물에서의 사용을 금지하였고 식품에서는 불검출 기준을 적용하여 관리하고 있다.

클로람페니콜은 유전독성물질이며 인체발암가능물질인 Group2A (probably carcinogen in human)로 분류된다(IARC).

5.2.3.3 카바독스(Carbadox)

카바독스는 퀴녹살린계열 합성항균제로서 돼지에서 증체율 향상과 사료효율 개선을 위하여 사료첨가제 또는 세균성 장염의 치료제로 사용하였으나 발암성 등의 우려로 우리나라, 유럽국가 등에서는 사용을 금지하였고 식품도 불검출 기준으로 관리하고 있다(그림 5-20). 그러나 미국에서는 카바독스의 최종 대사산물인 quinoxaline-2-carboxylic acid (QCA)가 발암물질이 아니며 휴약기간을 30일 이상으로 하면 식품 중 잔류를 관리할 수 있다는 이유로 돼지에서의 사용을 허가하고 있으며 잔류허용기준으로 돼지 간에서 QCA로서 30 ppb를 적용하고 있다.

카바독스는 체내에서 여러 물질로 대사되는데 이 중 QCA는 체내 지속성이 길고 주로 간에 잔류한다. 래트에서 태자독성, 기형독성, 발생독성을 유발하며 카바독스와 일부 대사물질은 유전독성을 유발하나 대사물질의 유전독성 강도는 카바독스보다 약하다. 카바독스와 이의 대사물질인 데스옥시카바독스(desoxycarbadox), 하이드라진(hydrazine)은 래트, 마우스, 햄스터 등에서 간암, 유선암, 피부암 등을 유발하나 최종대사산물이면서 생체 내 지속성 잔류물질인 QCA에 대해서는 유전독성 또는 발암성에 대한 증거가 없다.

5.2.3.4 말라카이트그린(Malachite Green)

말라카이트그린(malachite green, MG)은 실크, 가죽, 목면, 종이 등

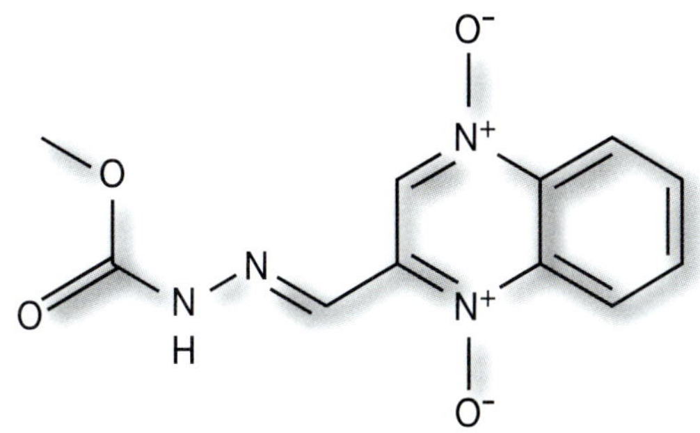

그림 5-20 카바독스의 화학구조

을 녹색으로 염색하는 합성염료이며 관상어류 또는 어류알에서의 곰팡이 제거를 위하여 사용된다. 유전독성물질이면서 발암물질로 확인되면서 식용어류에서의 사용을 금지하였고 식품 중 잔류허용기준도 불검출로 관리하고 있다. 말라카이트그린은 저렴하고 항진균효과가 우수하고 쉽게 구할 수 있어 불법사용 가능성이 크므로 각국에서는 수산식품 중 잔류검사를 강화하여 실시하고 있다. 체내에서 루코말라카이트 그린(leucomalachite green, LMG)으로 환원되며 MG와 함께 적혈구, 헤모글로빈, 혈소판 감소를 유발하고 간세포 변성을 일으키며 갑상선호르몬 중 T3는 증가시키나 T4는 감소시키고 래트에서 임신모체의 체중을 감소시키며 태자의 형태이상을 유발하고 간세포선종 또는 간암을 유발한다.

5.2.3.5 성장보조제

가축의 성장촉진 또는 성장보조용 제제에는 호르몬제와 신경계 작동약(베타아고니스트)이 있다. 이들은 물질대사과정에 작용하여 체내 질소 저류량을 증가시켜 단백질 및 근육 형성을 촉진하며 적혈구 생성을 활성화하여 가축의 성장 및 비육촉진을 유도한다.

성장촉진호르몬제 중 에스트로겐류는 근육세포 내 성장호르몬과 인슐린 농도를 증가시키며 안드로젠류는 부신피질호르몬(corticosteroid) 수용체에 결합하거나 갑상선호르몬(thyroxin)의 양을 감소시켜 새로운 단백질의 생성은 촉진시키지만 분해는 오히려 지연시킴으로써 결과적으로 단백질 증가에 의한 비육촉진효과를 발휘한다.

가축에 투여한 성호르몬제 즉, 에스트라디올(estradiol), 프로게스테론(progesterone), 테스토스테론(testosterone)은 축산식품에 잔류하여 인체에 유입되면 성장이상, 임발생 등과 같은 부작용이 발생할 것이라는 우려가 제기되었으나 FAO/WHO합동식품첨가물전문가위원회(Joint FAO/WHO Expert Committee for Food Additives, JECFA)에서는 이들 호르몬제는 가축 체내의 정상 호르몬 성분과 구분되지 않으며 식품

표 5-6 성장보조제의 위해성

물질명	독성	사용
17β-에스트라디올 (17β-Estradiol)	• 체내 흡수 후 동물자체 생성 천연호르몬과 동일함 • 태자 흡수, 사산 유발(무독성량: 0.69 mg/체중 kg) • 변이원성: 소핵유발, DNA의 산화적 손상 유발, DNA single-strand breakage발현 • 암발현 • 올바른 사양관리하에 가축성장촉진용으로 사용 시 잔류물은 천연 호르몬과 구분이 어려우며 인체에 무해함 • 일일섭취허용량: 0~50 ng/체중 kg/일 • 잔류허용기준: 설정불필요	• 증체율 향상 (귀피하 주입) • 소의 발정동기화 (피하, 근육 내 주입)
테스토스테론 (Testosterone)	• 흡수 후 동물자체 생성 천연호르몬과 동일함 • 전립선의 비염증성 변형 유발 • 태자 흡수(무독성량: 25 mg/체중) • 비변이원성, 전립선암 발현(호르몬작용에 기인) • 일일섭취허용량: 0~2 μg/체중kg/일 • 잔류허용기준: 설정불필요	• 증체율 향상 (귀피하 주입)
프로게스테론 (Progesterone)	• 흡수 후 동물자체 생성 천연호르몬과 동일함 • 비변이원성 물질 • 경구투여 시 생체이용률 10% 이하임 • 호르몬 작용유발 • 일일섭취허용량: 0~30 μg/체중kg/일 • 잔류허용기준: 설정 불필요	• 증체율 향상 (귀피하 주입) • 소의 발정동기화 (질내주입)
트렌볼론 (Trenbolone)	• 동화작용(anabolic effect)을 띠는 합성스테로이드제 • 비변이원성 • 간세포증생, 간종양 발생(마우스) • 췌장의 islet세포종양 발생(래트) • 일일섭취허용량: 0~0.02 μg/체중kg/일 • 잔류허용기준: 소근육 0.002 ppm(β-trenbolone), 간 0.01 ppm (α-trenbolone)	• 증체율 향상 (귀피하 주입)
제라놀(Zeranol)	• 동화작용(anabolic effect)을 띠는 비스테로이드성 에스트로젠 수용체 작용물질 • Zearalanone과 taleranol로 대사됨 • 뇌하수체전엽 종양 유발 • 약한 유전독성 유발 • 일일섭취허용량: 0~0.5 μg/체중kg/일 • 잔류허용기준: 근육 0.002 ppm, 간 0.01 ppm	• 증체율 향상 (귀피하 주입)
멜렌제스트롤 (Melengestrol)	• 합성 프로게스테론제 • 비변이원성 • 월경주기 변화(원숭이) • 일일섭취허용량: 0~0.03 μg/체중kg/일 • 잔류허용기준: 소 근육 0.001, 간 0.01, 콩팥 0.002, 지방 0.018 ppm	• 증체율 향상 (경구투여)

출처: JECFA, 2014.

중 내인성 호르몬 함량에 변화를 일으키지 않으므로 인체 위해성은 없는 것으로 평가하였다(JECFA, 2014). 또한 가축체내 잔류가 이루어지지 않으므로 축산식품 중 잔류허용기준을 설정할 필요가 없는 것으로 확인하였다.

EU에서는 동물윤리적 차원과 축산식품 생산량 조절 차원에서 가축에서 성장촉진 호르몬제의 사용을 엄격히 금지하고 있으나 미국, 캐나다, 브라질 등 남미국가, 아프리카 국가들, 호주, 뉴질랜드, 우리나라, 일본 등은 성호르몬인 에스트라디올, 프로게스테론, 테스토스테론과 합성 성장보조제인 제라놀, 멜렌제스트롤, 트렌볼론, 락토파민, 질파테롤 등에 대하여 사용을 허가하고 있으며 합성 호르몬제의 잔류허용기준을 설정하여 관리하고 있다(표 5-6).

5.2.3.6 소성장호르몬(Recombinant Bovine Somatotropin, rBGH 또는 rBST)

소성장호르몬(Bovine Growth Hormone, BGH 또는 Bovine Somatotropin, BST)은 소의 뇌하수체에서 생산되는 펩타이드계 호르몬으로 성장촉진 및 산유량 증대효과를 나타낸다. 최근에는 유전자조작기술을 이용하여 소성장호르몬(BST) 생산유전자를 대장균에 삽입하여 대장균으로부터 대량생산한 소성장호르몬(rBST)을 분리·정제하여 천연 성장호르몬(BST)과 생리·화학적으로 동일한 물질을 생산한다.

BGH는 투여된 동물의 가식 부위에서의 함량이 약물을 투여하지 않은 동물과 차이가 없으며 BGH에 의해 합성이 촉진되는 물질인 IGF-1 (Insulin like Growth Factor-1)의 유와 가식 부위 중 함량도 무처치 동물과 차이가 없음이 확인되었다. 또한, BGH는 경구 섭취 시 단백질이어서 소화효소에 의하여 분해되므로 소화관을 통하여 흡수되지 않으며 설령 흡수된다 하여도 종간 특이성으로 인하여 소 이외의 동물종에서는 생물학적 활성을 띠지 못하고 항체생성효과에 있어서도 음식물 중 다른 단백질에 의해 야기되는 항체반응과 구분할 수 없을 정도로 미약하므로 안전한 것으로 평가되었다(JECFA, 2014).

Codex에서는 BGH는 소비자에게 어떠한 위해성도 유발하지 않으므로 축산식품 중 잔류허용기준은 "특정할 수 없음(not specified)"으로 규정하였다. 국내에서도 BGH의 식품에서의 안전성에 대해서는 소비자에게 유의할 만한 위해를 유발하지 않는 것으로 평가하여 잔류허용기준을 특별히 설정하지 않았다.

한편, EU에서는 BGH의 사용으로 인하여 젖소에서 산유량이 증가하고 정상적인 생리기능이 변화하며 관절염 등 부작용이 발생할 수 있으므로 동물복지 차원에서 사용을 허가하지 않고 있다.

5.3 식품과 중금속

생체에는 여러 가지 금속들이 일정량 존재하면서 생체기능 활성 및 유지에 중요한 역할을 한다. 체내 존재하는 금속은 극히 미량이지만 그 존재량의 비율이 깨지거나 필요량보다 많은 양이 체내로 들어오면 기능장애가 발생한다. 자연계에는 100여 종의 무기원소(elements)가 존재하며 이 중 26종은 동식물에서 필수원소(essential elements)이다. 필수원소 중 11종(C, H, O, N, S, Ca, P, K, Na, Cl, Mg)은 다량원소(macro elements)이며 나머지 15종(Fe, Cu, Zn, Mn, Ni, Co, Mo, Se, Cr, I, F, Sn, Si, V, As)은 미량원소(trace or micro element)이다.

미량으로 존재하는 무기원소 중에는 일부 중금속(heavy metal)이 포함된다. 중금속이란 원소주기율표에서 구리(Cu)와 납(Pb) 사이에 있는 원자량이 63~200이며, 비중이 4.0보다 큰 금속원소들을 말하며 비소(As), 안티몬(Sb), 셀레늄(Se)과 같이 외관은 금속이지만 화학적으로 금속과 비금속의 중간적 성질을 나타내는 물질을 포함하기도 한다.

중금속
비중이 4 이상인 금속 원소를 통틀어 이르는 말. 크롬(87.1), 철(7.9), 니켈(8.8), 구리(8.9), 아연(6.9), 카드뮴(8.7), 주석(7.3), 수은(13.5), 납(11.3) 등이 있다(괄호 안은 비중). 비소는 예외적으로 비중이 낮으나 중금속으로 분류한다.

미네랄
칼슘, 망간, 코발트, 철, 인, 황 등의 무기질 영양소.

구리(Cu), 아연(Zn), 니켈(Ni), 코발트(Co), 망간(Mn), 몰리브덴(Mo), 바나듐(V), 스트론튬(Sr)은 필수원소이면서 중금속이고 필요량 이상으로 존재하면 생체기능에 나쁜 영향을 미친다. 식품 중에 존재하는 무기물(Fe, Cu, Zn, Ag, As, B, Be, Bi, Cd, Co, Cr, Cu, Hg, Mn, Mo, Ni, Pb, Sb, Se, Sn, Te, Ti, U, V, Zn) 중 수은(Hg), 납(Pb), 카드뮴(Cd), 비소(As) 등은 독성을 유발하는 대표적인 유해중금속이다.

중금속이 체내에 유입되면 다른 원소와의 결합 형태에 따라 유기물과 무기물로 구분되고 흡수, 분포, 대사, 배설 정도와 독성 강도도 달라진다. 유기금속화합물(메틸수은, 에틸납 등)은 일반적으로 지용성을 띠며 소화관에서 흡수가 용이하고 무기금속염류에 비하여 독성이 강한 편이다.

흡수된 중금속은 체내 조직으로 운반되어 대사과정을 거친 후 배출이 이루어지는데 불소, 셀레늄, 요오드, 코발트 등은 주로 콩팥(신장)을 통하여 소변으로 배출되고 철, 아연, 구리, 망간, 크롬 등은 담즙을 통해 분변으로 배출된다. 카드뮴과 납은 잘 배출되지 않으며 카드뮴은 콩팥 조직에 축적되고 납은 뼈에 장기간 축적된다.

중금속은 폐광석과 매립지 침출수, 자동차 및 산업용 배기가스, 산업폐기물 등에 의해 유출되어 토양, 물, 공기를 1차적으로 오염시키고 농작물, 가축, 수산물 등은 이들에 의해 2차적으로 오염되며 식품의 가공, 저장, 조리 시에도 중금속 오염이 발생하여 최종적으로 인간에게 영향을 미친다.

중금속은 우리 몸속에 들어오면 바로 배출되지 않고 매우 안정한 형태의 유기복합체(organic complex)를 형성하며, 생체 활성유지에 필수적인 각종 효소(enzyme)와 비가역적으로 결합하여 당, 단백질 등 각종 에너지 대사경로(metabolic pathway)를 차단한다.

5.3.1 식품 중 중금속의 국내·외 관리기준

1974년 JECFA에서는 중금속, 잔류농약(유기염소계), PCBs 등을 감시대상 화학적 오염물질로 지정하였으며, 중금속 중 수은(Hg), 납(Pb), 카드뮴(Cd), 비소(As)는 우선적 감시대상물질로 선정되었다.

지역별로 토양의 특성 및 환경오염 정도, 국민의 식습관이 다양하여 식품 중 중금속 허용기준은 중금속의 독성 외에 이들 여러 요인을 충분히 고려하여 설정하므로 국가별로 다양하다. 우리나라에서는 식품위생법에서 식품 중 중금속 허용기준을 정하고 있다(표 5-7).

5.3.2 중금속의 위해성

5.3.2.1 납(Lead)

납은 토양에 다량 함유되어 있어 식물, 동물, 어류에서 검출되며 지역별, 식품별로 오염량이 다양하다. 사람에서 식품을 통한 평균 납 섭취량은 60~150 μg/인 정도이며 물이나 차 등의 음료를 통해 섭취되는 납 섭취량은 10~20 μg/인에 달한다. 소화관에서의 납 흡수율은 약 5~10% 정도이다.

납 중독은 급성중독은 거의 없고 대부분이 만성중독이다. 식품을 통해 흡수된 납은 간으로 이행되어 대부분은 담즙을 통해 대변으로 배설되지만 일부는 혈액을 통해 뼈 등의 조직에 침착한다. 뼈에 침착한 납은 혈액으로 들어가 골수세포에 독성을 나타낸다. 즉, 헤모글로빈 합성을 저해하여 빈혈을 유발하고, 고혈압이나 콩팥기능부전 등의 순환장애를 일으킨다. 혈중농도가 400 ng/mL(정상치 100~300 ng/mL)을 초과하면 빈혈 등의 장해가 발생한다.

많은 양의 칼슘을 필요로 하는 임산부가 납에 노출되면 일반 성인보다 더 많은 양을 흡수하게 되며 혈중 납은 태반과 뇌장벽 통과가 용이하여 태아의 중추신경계에 영향을 미쳐 기억력 저하, 과민반응, 정신장애, 미숙아, 저체중아 출산의 원인이 된다. 또한 임신부의 뼈 속에 축적되어 있는 납은 수유 시 젖으로 분비되어 유아에게 뇌염을 유발시키기도 한다. 어린이가 납에 노출될 경우 어른에 비해 흡수가 빠르기 때문에 체내에 쉽게 축적되고 중추신경계에 영향을 미쳐 지능저하, 성장저하, 학습부진, 청력장애 등이 유발된다. 무기납은 인체발암가능물질(Group 2A), 유기납은 비발암물질(Group 3)로 평가되어 있다.

표 5-7 국내 식품 중 중금속기준

구분	대상식품	납 (mg/kg)	카드뮴 (mg/kg)	무기비소 (mg/kg)	수은 (mg/kg)	메틸수은 (mg/kg)
농산물	곡류 (현미 제외)	0.2	0.1 (밀, 쌀: 0.2)	0.2 (쌀에 한함)	–	–
	서류	0.1	0.1	–	–	–
	두류	0.2	0.1 (대두: 0.2)	–	–	–
	땅콩 또는 견과류	0.1	0.3	–	–	–
	과일류	0.1	0.05	–	–	–
	엽채류	0.3	0.2	–	–	–
	근채류	0.1 (인삼, 산양삼: 2.0, 도라지, 더덕: 0.2)	0.1 (양파: 0.05, 인삼, 산양삼: 0.2)	–	–	–
	과채류	0.1 (고추, 호박: 0.2)	0.05 (고추, 호박: 0.1)	–	–	–
	버섯류	0.3	0.3	–	–	–
축산물	가금류 고기	0.1	–	–	–	–
	돼지고기, 소고기	0.1 (간, 신장: 0.5)	0.05 (간: 0.5, 신장: 1.0)	–	–	–
	원유 및 우유류	0.02	–	–	–	–
수산물	어류	0.5	0.1(민물, 회유어류) 0.2(해양어류)	–	0.5	1.0
	연체류	2.0	2.0	–	0.5	–
	갑각류	0.5	1.0	–	–	–
	해조류	0.5	0.3	–	–	–

–: 미설정

출처: 식품공전, 2021.

5.3.2.2 비소(Arsenic)

비소는 환경과 식품 중에 미량으로 존재하는 광물질이다. 광산, 제련소, 비산염 제조공장 등에서 나오는 폐수, 분진과 농작물에 사용된 비소살충제가 토양과 우물, 하천 등에 오염되어 식품에 존재하게 된다.

비소계 화학물질중 주요 독성물질은 비소 3가 화합물이다. 비소는 숙신 탈수소효소(succinic dehydrogenase)를 활성화하고 ATP생성과정 중 짝풀림성 산화적 인산화 과정(uncoupled oxidative phosphorylation)을 차단하며 미토콘드리아의 ATP분해효소(ATPase) 활성을 자극하여 에너지 생산 체계를 억제함으로써 독성을 유발한다. 비소의 인체 중독량은 성인에서 5~50 mg/인이며 치사량은 100~300 mg/인이다. 급성 중독 시에는 심한 구토와 설사가 나타나고 혈관호흡중추가 마비되고 영양장애, 신경염, 흑피종 등이 유발된다.

살충제, 살균제로 사용되는 비산, 아비산염은 만성중독의 원인이 되며 만성중독 시 식욕감퇴, 설사, 변비, 구역질, 안점막 염증이 나타난다.

1990년, 1991년 영국에서 비소에 오염된 맥주로 인하여 6,000여 명이 중독되고, 70여 명이 사망한 사건이 발생하였다. 이는 맥주의 발효원료인 포도당이 비소에 오염되어 발생했는데 맥주에 약 15 ppm 정도의 비소가 검출되었다. 1955년 일본에서 유제품에 유질안정제인 제2인산나트륨에 비산나트륨이 불순물로 혼입되어 이 유제품을 마신 어린이 12,131명에서 집단 비소중독이 발생하였으며 130명이 사망한 사건이 발생하였다. 환자들 대부분은 발열, 식욕감퇴, 구토, 설사를 보였으며 종기, 피부 흑변, 빈혈, 간비대와 함께 후유증으로 시력저하, 난청, 학업부진, 뇌파 이상, 발작, 두통, 현기증, 수족냉증 등이 나타났다.

비소는 인체발암물질(Group 1)로서 피부암, 방광암, 신장암, 폐암, 간암 등을 유발한다. 대부분의 상수도에는 비소가 10 μg/L 미만으로 존재하며 식품 중에는 1 mg/kg(건조물) 이하로 존재하나 어류에는 더 높은 농도로 존재할 수 있으며 패류와 갑각류에는 50 mg/kg 이상의 유기비소가 존재하기도 한다.

WHO에서는 식품 섭취를 통한 성인 1일 비소섭취량은 체중 kg당 약 30 μg으로 평가하였다(WHO, Technical Report Series, No.532, 1973). JECFA에서는 무기비소에 대한 주당 잠정섭취내용량(PTWI)을 15 μg/kg(체중)으로 평가하였으며(1988년) 국내에서는 각종 환경 및 산업보건관련 법령에서 비소의 규제치를 설정하고 있고 특히 먹는물관리법에 의한 음용수 중 비소의 규제치는 0.05 mg/L 이하이다.

5.3.2.3 수은(Mercury)

수은은 상온에서 액체상태로 존재하는 유일한 금속으로 온도계, 압력계, 형광등, 아말감, 살균제, 살충제, 방청페인트, 안료 등의 재료로 쓰이며 펄프, 종이, 아세트산, 염소, 가성소다의 제조공정에도 사용된다.

무기수은과 유기수은이 있는데 생활에서 접하게 되는 것은 대부분 무기수은으로 온도계와 기압계에 많이 사용된다. 생물농축은 유기수은의 일종인 메틸수은에 의해 주로 이루어지며 독성도 유기수은이 훨씬 강하다.

메틸수은은 물고기 체내에 쉽게 축적되기 때문에 바다나 호수가 약간의 수은으로 오염되어 있다 하더라도 물고기에의 축적량은 높게 나타나며 어류 중 상어와 같이 먹이사슬 상위 포식자일수로 축적량은 증가한다. 수은은 환경에 잔류하면서 유기수은이 무기수은으로 되기도 하고, 반대로 무기수은이 토양 및 수중 미생물의 생화학적 작용에 의해 천천히 유기수은으로 바뀌기도 한다.

중독(Intoxication)
식품에서 자연적으로 생성되거나 병원성 미생물에 의해 생산된 독소를 섭취함으로써 발생하는 질병

치사량
생체를 사망시키는 화학물질 용량

수은은 체내에 흡수되면 신장과 간에 축적되고 소뇌의 기능을 마비시킨다. 체내 총 수은량이 30ppm 이상이 되면 수은 중독이 나타나며 성인의 중독량은 약 5 mg/인이며, 150~300 mg 이상에 노출되면 사망한다. 수은의 축적에 의한 만성 신경계 질환으로 운동 및 언어장애, 난청, 사지마비 등이 나타난다. 1956년 일본 구마모토현 미나마타만 주민에서 대규모 수은중독이 발생하였는데 이는 메틸수은을 다량 함유한 어패류 섭취에 의한 것으로 미니마타병으로 불린다.

5.3.2.4 카드뮴(Cadmium)

카드뮴은 환경오염물질로서 체내축적성이 크고 생물학적 반감기는 신장에서 약 6~38년, 간에서 약 4~19년으로 알려져 있다. 카드뮴은 광산촌 등 오염 지역을 제외하고는 환경 중에 미량 수준으로 널리 분포되어 있으며, 비오염 지역의 자연수에는 1 ppb 이하로 존재하며 자연환경 중에서 산소, 염소, 황 등의 원소와 결합하여 다양한 형태의 화합물로 존재한다.

아연, 납, 구리 광석을 녹일 때 부산물로 카드뮴이 나오며 배터리, 색소, 금속 도금, 플라스틱 생산 시 사용된다. 사람은 농산물과 물고기를 섭취함으로써 카드뮴에 노출되며 위장관을 통해서 약 5% 정도가 흡수되고 간과 신장에 저장된다.

카드뮴 중독 시 초기에는 뚜렷한 증상이 없거나 간혹 오한, 두통, 구토, 설사 등이 나타나며 장기간 노출되어 신장 피질 중 카드뮴 함량이 200 μg/g을 넘으면 신사구체 여과기능과 신세뇨관의 재흡수기능 저하로 당뇨, 아미노산뇨, 저분자단백뇨가 나타난다. 또한 칼슘염 등 골염(bone salts)의 대사이상, 칼슘 흡수 저하, 비타민 D의 활성화 감소 등으로 골연화증, 특발성 골절, 후각기능 저하, 비점막 궤양, 치아의 황변이 나타난다. 카드뮴은 철의 흡수도 저해하여 저혈색소성 빈혈, 정소의 출혈괴사, 최기형성 등을 일으킨다. 염색체 및 DNA 손상을 야기하는 약한 유전독성 물질이며 인체에서 폐암, 신장암과 전립선암을 유발하여 인체발암물질(Group 1)로 분류된다.

1910년대 후반부터 일본 토야마현 주민들에서 허리, 팔, 다리의 뼈마디

가 저리는 증상이 특이적으로 다발했는데 이후 50년이 지나서 이러한 증상이 카드뮴에 의한 칼슘 흡수 저하, 신장장애, 골연화증 때문인 것으로 확인되었다. 이는 토야마현에 있는 광물업소에서 선광, 정련공정에서 나오는 폐광석에 카드뮴이 다량 함유되었고 이것이 하천에 흘러들어 농작물, 어패류, 상수원이 오염되고 이를 섭취한 주민에서 나타난 것이며 이타이이타이병으로 알려져 있다.

5.3.2.5 셀레늄(Selenium)

셀레늄은 우리 몸에 필수적인 미량원소로서 항산화기능이 탁월하며 부족 시 생식기능 저하, 비타민 결핍, 면역계와 갑상선의 정상적인 기능저하가 나타난다. 그러나 혈중 셀레늄 농도가 너무 높으면 위장관장애, 탈모, 손톱의 흰 반점, 가벼운 신경손상 등이 나타난다.

셀레늄은 근육이 많은 육류, 곡물, 유제품(유, 버터, 치즈류), 야채 및 과일 등에 함유되어 있으며 고기에는 0.1 ppm, 어육에는 0.4 ppm, 내장에는 4 ppm 정도로 높게 존재하나 이외의 식품에는 0.01~0.04 ppm 존재한다. 셀레늄을 과다 섭취하면 탈모, 관절 경화, 무기력증이 나타나며 사람에서 800μg 이상 섭취하면 머리와 치아가 빠지고 피로감 등의 부작용이 발생한다. 국제암연구소(IARC, 1998)에서는 사람에서 암발생과 관련한 증거가 없는 비발암물질(Group 3)로 평가하였다.

5.4 식품과 내분비계 장애물질

환경호르몬으로 일컬어지는 내분비계 장애물질(endocrine disruptors)은 생명체의 내분비 기능을 교란하여 생식기능 이상 또는 생식기계 암을 유발하는 화학물질을 말한다. 내분비계 장애물질은 생체 내 천연호르몬의 생산, 운반, 전환, 대사, 수용체 결합, 배출과정을 간섭하거나 호르몬 수용체를 봉쇄하여 비정상적인 생리작용을 유발하고 체내 호르몬의 합성 및 대사를 변화시킨다(표 5-8).

5.4.1 내분비계 장애물질의 종류

내분비계 교란을 일으키는 물질에는 다이옥신, 다염화비페닐(PCB), DDT 등 환경오염물질뿐만 아니라 식품의 용기포장재로 사용되는 합성수지 혹은 합성수지 제조에 필요한 가소제, 항산화제 등이 포함된다. 천연 성분으로서 내분비계에 작용하는 물질에는 식물에서 유래하는 피토에스트로겐류(phytoestrogens)가 있는데 호르몬으로서의 작용성은 미약하다.

표 5-8 내분비계 장애물질의 기전 및 해당물질

내분비계 장애물질 작용기전	설명	해당물질
정상호르몬량 작용	• 표적세포의 호르몬수용체에 결합하여 호르몬 작용 유발	• DES, 비스페놀 A, PCBs, 노닐페놀, 프탈레이트에스테르
호르몬 수용체 봉쇄	• 호르몬 수용체의 결합 부위를 봉쇄함으로써 정상 호르몬이 결합하지 못하게 하여 호르몬 작용 차단	• DDE, vinclozolin
호르몬 촉발작용	• 호르몬 수용체에 결합하여 비정상적인 생리작용 유발 • DNA 조절 부위에 결합하여 유전자 발현 또는 세포분열을 야기하는 신호 발생	• 유기주석화합물 • 다이옥신류, PCBs
간접작용	• 정상호르몬의 대사 및 합성의 변화유도 • Ca이온(2차 신호전달물질)의 이동을 간섭하여 뇌하수체호르몬의 분비억제	• 스티렌 다이머, 트리머 • 중금속류

출처: EPA, 2001.

이들 화학물질들은 내분비계에 작용하여 성장지연, 신경 및 행동발달 저해, 불임, 유산, 조산, 기형아 출산, 자궁내막증식, 정자생성 감소, 정자의 질 저하, 성조숙증 등의 생식기계 이상을 유발하고 면역기능 저하, 유방암, 자궁암, 전립선암, 갑상선종 등의 종양을 일으킨다.

5.4.2 내분비계 장애물질 관리 및 대처방안

내분비계 장애물질에 대한 우선적인 관리방안은 해당물질에 대한 사용규제와 환경 중으로의 방출을 최소화하는 것이다. 농약, 산업물질과 같이 사용이 불가피한 경우에는 위해평가에 의해 안전사용지침 및 안전용량을 설정하여 관리하는 것이 바람직하다. 일상생활에서의 내분비계 장애물질의 발생 및 노출을 줄이고자 하는 노력도 필요한데 쓰레기 발생량을 줄이고 분리수거를 준수하며 합성세제, 농약, 살충제 사용량을 감소하며 1회용품의 사용을 자제하는 것이 해당된다. 식품의 지방 부위에는 다이옥신 등 지방친화성 내분비계 장애물질이 잔류할 수 있으므로 고지방 식품의 섭취를 줄이고 과일과 야채는 깨끗이 세척하고 껍질을 벗겨 섭취하는 것이 좋다.

5.4.3 내분비계 장애물질별 위해성

5.4.3.1 다이옥신(Dioxins)

다이옥신은 세포 내 수용체(Arylhydrocarbon Receptor, AhR)와 결합하여 발암, 생식기능 저하, 기형아 출산, 면역기능 저하, 신경계 이상, 만성 피로 등의 독성을 유발한다. 다이옥신은 약 75종의 PCDDs 동족체

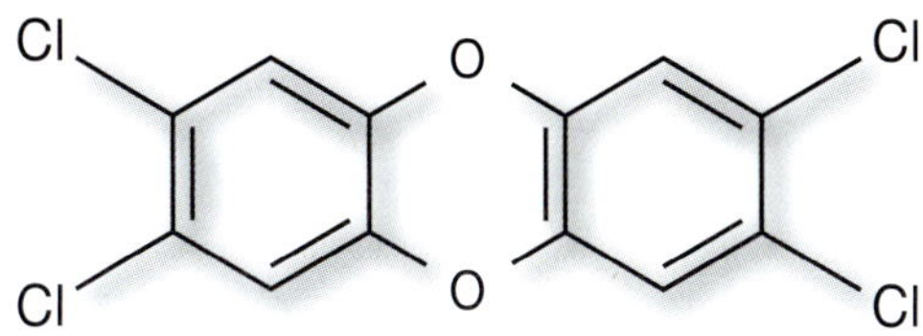

그림 5-21 2,3,7,8-TCDD의 화학구조

(polychlorinated dibenzo-*p*-dioxins congeners)로 구성되며 이 중 2,3,7,8-tetrachlorodibenzo-*p*-dioxin(2,3,7,8-TCDD)은 독성이 가장 강한 물질이다(그림 5-21). 다이옥신은 염소표백제, PVC, 농약 등의 제조과정 중 할로겐화 공정에서 오염물질로 생성되며 플라스틱 등 염소화합물과 종이, 나무를 태울 때 주로 발생하므로 소각로 주변에 다량 오염되어 있다. 다이옥신은 환경 중에서 유기물과 결합하여 존재하며 높은 지방친화성으로 동물의 지방조직에 축적되어 있다. 따라서 고지방 동물성 식품이 사람의 주요 노출원으로 약 90% 이상을 차지한다.

다이옥신은 경구 반수치사량(LD_{50})이 70 μg/체중 kg인 고독성 물질이며 생체 내 반감기는 약 7.5년이다. 생체 내에서 극미량(피코그램수준)으로 호르몬처럼 작용하여 사람의 정상적인 생리기능을 억제하며 강력한 발암물질로서 폐암, 간암, 임파선암, 혈액암, 유방암, 고환암, 전립선암 등을 유발한다. 자궁내막증식증, 불임, 유산, 기형, 발육장애 등의 생식기계 장애와 발달장애가 일어날 수 있으며 면역기능 저하로 전염성 질환의 이환율이 높아진다. 또한 간과 신장기능장애, 당뇨, 갑상선 질환, 피부병, 유전자 손상, 만성피로증후군, 고환 크기 및 정자 수 감소, 남성호르몬 수치 감소 등이 나타난다.

다이옥신의 일일섭취내용량은 생식·발달독성을 근거로 1~4 pg/체중 kg/일로 정해져 있다(WHO). 최근에는 다이옥신이 체내 축적성이 높고 배출이 용이하지 않으며 일시적인 노출에 의한 영향보다는 미량으로 장기간 노출되어 인체에 위해가 일어난다는 점을 감안하여 월간섭취내용량(Tolerable Monthly Intake, TMI)을 설정하기도 하는데 WHO에서는 2002년도 잠정 월간 섭취내용량(Provisional Tolerable Monthly Intake, PTMI)을 70 pg/체중kg/월로 설정하였다.

음식물 섭취를 통한 다이옥신 인체 노출량은 총 노출량의 97~98%를 차지하며 호흡에 의한 노출량은 2~3% 정도이다. 지방이 많은 소고기와 유제품, 닭고기, 돼지고기, 수산어류를 통해 주로 노출되며 식수를 통한 노출량은 무시할 만한 수준이다. 우리나라는 잔류허용기준으로 17종의

PCDDs와 PCDFs의 합으로서 소고기 4.0, 돼지고기 2.0, 닭고기 3.0 pg TEQ/g fat가 설정되어 있다.

EU에서는 다이옥신계 29종 물질의 합으로 기준을 적용하는데 17종의 PCDDs와 PCDFs 및 12종의 coplanar PCBs가 포함되며 소고기, 돼지고기, 닭고기 외에 유 및 유제품, 알 및 알제품과 어류, 채소류, 기타 식용기름에 대해서도 기준을 설정하였다. 그러나 미국 등 일부 국가에서는 식품에서의 다이옥신 기준설정에 따른 검사비용 부담과 관리의 비효율성을 이유로 식품 중 다이옥신의 기준을 설정하기보다는 환경 중으로의 방출을 관리하며 식품에서는 다이옥신 대신 검사가 용이한 PCBs에 대한 기준을 설정하여 관리하기도 한다.

5.4.3.2 브롬화합물(Polybrominated Diphenyl Ethers, PBDEs)

브롬화합물은 약 209종의 동족체로 구성되어 있으며 이 중 약 26종의 화합물이 주요 브롬화합물로서 식품 또는 환경 중 오염도가 높다(그림 5-22). 브롬화합물은 난연성을 띠므로 전기전자 및 건설 분야에서 방염제로서 사용되고 있으며 브롬화합물을 제품에 첨가하거나 반응시키는 과정에서 브롬화다이옥신이 부산물로서 생성되는 것이 확인되면서 이의 독성 및 관리에 대한 관심이 집중되고 있다.

브롬화난연제는 전 세계적으로 연간 약 20만 3천 톤 정도가 사용되고 있으며 tetrabromobisphenol A(TBBPA)가 64%, deca-BDE가 30% 이상으로 사용된다. 브롬화합물은 내분비계 장애물질로서 생체 축적성이 높으며 뇌발육과 갑상선호르계에 영향을 미쳐서 성성숙 이전 어린이의 정상적인 발육을 억제한다.

2009년 스위스 제네바에서 열린 스톡홀름 협약 제4차 당사국 회의에서 브롬화합물 동족체 중 헥사브로모비페닐(HBB), 테트라브로모디페닐에테르(Tetra-BDE), 펜타브로모디페닐에테르(Penta-BDE), 헥사브로모디페닐에테르(Hexa-BDE) 및 헵타브로모디페닐에테르(Hepta-BDE)를 관리대상 물질로 선정하였다.

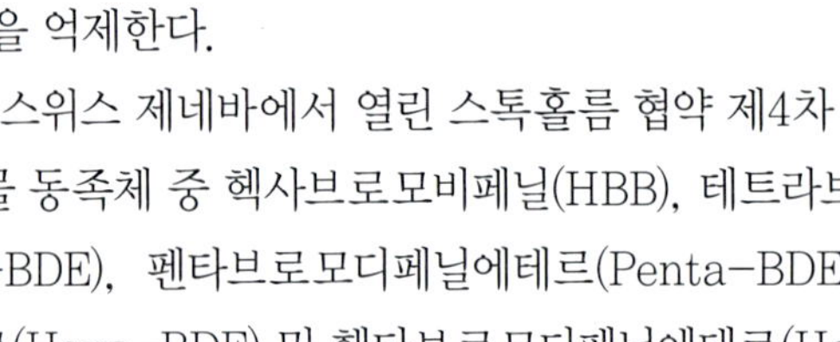

그림 5-22 PBDEs의 화학구조

브롬화합물의 주요 인체 노출원은 돼지고기, 알류, 유류 및 수산물이며 PBDEs의 일일평균섭취량은 약 4 ng/체중kg/일로 평가되어 있다. 가장 민감한 PBDEs의 독성은 갑상선호르몬 교란성으로, BDE-47의 경우 무독성량 0.14 mg/체중kg/일, 일일섭취내용량(Tolerable Daily Intake, TDI) 0.1 μg/체중kg/일로 평가되어 있다.

5.4.3.3 비스페놀A (Bisphenol A)

비스페놀A[bisphenol A, 2,2-bis(4-hydroxyphenyl) propane]는 폴리카보네이트와 에폭시수지의 주요 구성물로 투명하고 단단하며 방수 및 방오기능이 우수하고 절연성, 접착성, 성형성이 좋아서 자동차 내장재, 건축자재, 반도체 기판, 운동기구, 전기용품 및 일부 식품용기에 이용되고 있다(그림 5-23).

주요 인체 노출경로는 식품 섭취이며 식품 중 주요 오염원은 통조림 코팅 수지이다. 비스페놀 A는 비유전독성 및 비발암물질이다. 비스페놀 A를 임신한 래트에 경구 투여하고 이후 3세대에 걸쳐 지속적으로 투여하면서 생식발생독성시험을 실시한 결과 신장과 간중량 증가가 가장 민감한 독성으로 나타나고 이에 근거하여 무독성량 5 mg/체중 kg/일, 일일섭취내용량 0.05 mg/체중 kg/일이 설정되었다.

최근에는 일일섭취내용량 수준의 저용량의 비스페놀 A에 장기간 노출되면 신경-내분비계 이상 등 저용량 독성 가능성이 보고되어 이에 대한 대형 연구가 다양하게 이루어졌으나 유럽식품안전청(European Food Safety Authority, EFSA), 미국식품의약국(Food and Drug Administration)에서는 결론적으로 저용량 독성은 확인되지 않으며 현재 노출수준은 인체에 어떠한 위해를 유발하지 않는 낮은 수준임을 발표하였다(EFSA 2020, FDA 2020). 국내 식품의약품안전처에서도 현재의 노출량은 인체 안전기준의 0.04~0.18% 수준으로 유해하지 않다고 발표하였다(2021).

비스페놀A는 내분비계 장애추정물질로서 생체 내 유입 시 에스트로겐 수용체에 결합하여 작용하는데 비스페놀A의 에스트로겐 수용체에 대한

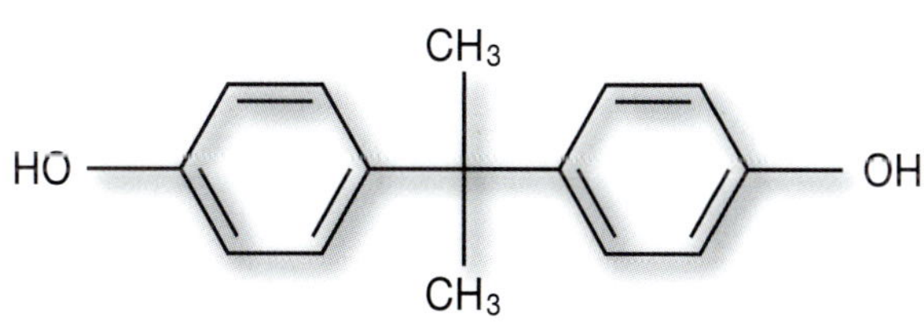

그림 5-23 PBDEs의 화학구조

결합기능은 에스트로겐보다 약 1/10,000 수준이다. 국내에서는 젖병, 영유아용 기구, 용기포장 및 화장품에 대하여 비스페놀A의 사용을 금지하였으며 식품용기에 대해서는 0.6 ppm 이하의 기준으로 관리하고 있다.

5.4.3.4 프탈레이트(Phthalates)

프탈레이트는 플라스틱 가소제(plasticisers)로서 디에틸헥실프탈레이트(Diethylhexylphthalate, DEHP), 모노에틸헥실프탈레이트(Mono-ethylhexylphthalate, MEHP), 디메틸프탈레이트(Dimethylphthalate, DMP), 부틸벤질프탈레이트(Buthylbenzylphthalate, BBP), 디부틸프탈레이트(Dibutylphthalate, DBP), 디옥틸프탈레이트(Dioctylphthalate, DOP) 등이 있으며 생산되는 전체 가소제의 1/4 가량이 DEHP이다(그림 5-24).

인체에 대한 프탈레이트의 주요 노출경로는 식품으로서 식품의 포장과 제조과정 중 이행된 프탈레이트를 섭취하기 때문이다. 유럽에서 수행한 식품 중 프탈레이트 함량조사 결과 칩, 초콜릿 바, 치즈에서 제품 kg당 수 mg 수준으로 검출되었고 유제품, 케이크, 유지류, 당과류, 육즙과립(gravy granules), 소시지, 쿠키 등에서도 검출되었다.

DEHP는 체내에 흡수되면 빠르게 MEHP와 2-ethylhexanol로 대사되어 간, 신장, 고환, 지방조직에 소량 축적된다. 대부분의 DEHP, MEHP, 2-ethylhexanol은 24시간 내에 뇨와 분변을 통해 배출되는데 모유를 통해서도 배출된다.

DEHP의 급성경구독성은 LD50값이 26~34g/체중kg으로 매우 낮다. DEHP는 수태기능 저하, 고환 위축, 배자 및 태자의 발육저하, 유산, 기형 등의 생식독성을 유발하며 이의 무독성량은 70 mg/체중kg/day이다. DEHP와 그 대사산물들은 비유전독성, 인체비발암물질(Group 3)로

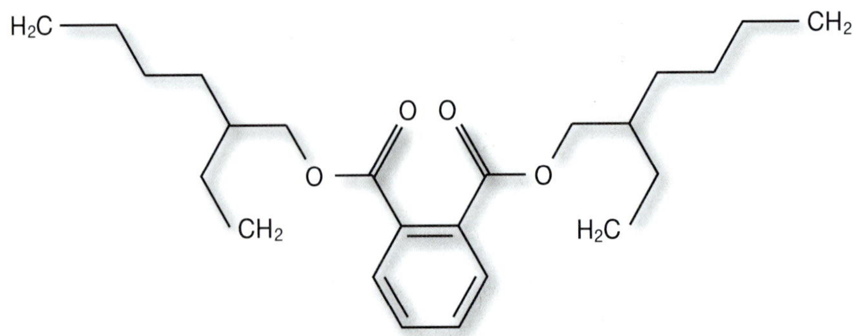

그림 5-24 Bis(2-ethylhexyl) phthalate의 화학구조

분류되어 있다.

국내에서는 유아용 젖병(젖꼭지 포함)에서 디부틸프탈레이트, 벤질부틸프탈레이트의 사용을 금지하고 있으며 염화비닐수지 재질의 기구용기포장에서의 용출규격 기준으로서 DEHP 1.5 mg/L, 디부틸프탈레이트 0.3 mg/L, 벤질부틸프탈레이트 30 mg/L, 디-n-옥틸프탈레이트 5 mg/L, 디이소데실프탈레이트와 디이소노닐프탈레이트 각각 9 mg/L, 디에틸헥실아디페이트 18 mg/L 이하로 관리하고 있다.

5.4.3.5 스티렌(Styrene)

스티렌은 식품용기, 포장재의 원료로서 특히 잔자렌지용 일회용 식기, 즉석라면 용기로 널리 사용되며 흔히 스티로폴(styropol)으로도 불린다(그림 5-25).

끓는점이 145.2℃로 상온에서 매우 안정하며 물에는 녹지 않고 에탄올, 벤젠과 같은 유기용매에는 잘 녹는다. 스티렌은 섭취 후 소화관 내에서 바로 흡수되며 4시간 후 조직 중 최고농도가 된다. 신장, 간, 췌장의 순서로 높게 분포하며 섭취 후 24시간 이내에 섭취량의 90% 이상이 소변으로 배출된다.

스티렌의 급성경구독성은 5.5 g/체중kg으로 매우 약하다. 다량 노출 시 중추 및 말초신경계에 작용하여 일시적으로 색깔 분별 능력과 청력이 저하되고 간기능과 폐기능 이상과 태자발육 저하를 일으킨다. DNA 손상을 약하게 일으키며 실험동물에서 폐종양 등을 유발하여 인체발암가능물질(Group 2B)로 분류된다(IARC). 스티렌은 만성독성시험에서 체중감소가 유발되는 것을 독성종말점으로 하여 무독성량 7.7 mg/체중kg/일, 잠정일일섭취내용량(Provisional maximum tolerable daily intake) 0~0.04 mg/체중kg/일로 정해져 있다.

우리나라 식품기구 및 용기·포장의 기준·규격에서 폴리스티렌(polystyrene, PS)은 스티렌(α-메틸스티렌 포함)을 50% 이상 함유하는 중합체로서 발포성 폴리스티렌을 포함하는 것으로 정의하고 있으며 열탕용으로 사용되는 발포스티렌의 경우 휘발성물질의 총량은 2,000 mg/kg 이하이고 이 중 스티렌, 에틸벤젠은 각각 1,000 mg/kg 이하로 규정하고 있다.

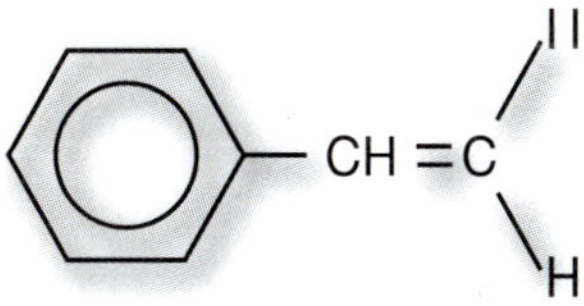

그림 5-25 스티렌의 화학구조

5.5 기타 물질

5.5.1 퍼플루오로옥탄산(Perfluorooctanoic acid, PFOA)

불소 수지 코팅 시 가공보조제로 사용되는 물질로서 테프론이란 상품명으로 더 많이 알려져 있는 합성수지이다(그림 5-26). PFOA는 조리 시 음식이 눌어 붙지 않도록 프라이팬 등에 사용하는 코팅제 성분이다. 최근에는 인체 혈중 PFOA 농도와 갑상선계 질환, 간암, 태아 기형과의 연관성이 다수 보고되고 있으나 일관성이 부족하여 더 많은 연구가 요구된다. 다만 예방차원에서 PFOA가 코팅된 조리기구를 사용 시 조리 전에 식품이 닿지 않은 상태에서 필요 이상으로 예열하지 않도록 하고 PFOA 코팅 요리기구를 새로 구입 시 물을 사용하여 95℃에서 30분간 끓여서 씻어낸 후 사용하는 것이 바람직하다.

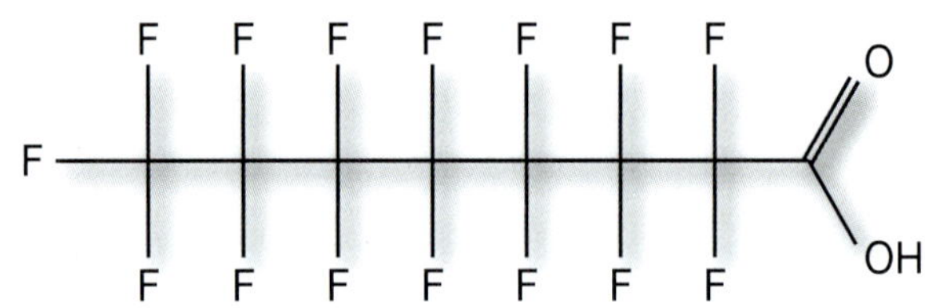

그림 5-26 PFOA의 화학구조

5.5.2 트리할로메탄(Trihalomethanes, THMs)

메탄에 존재하는 4개의 수소원자 중 3개가 할로겐족 원소로 치환된 화합물을 가리키며, 클로로포름($CHCl_3$), 브로모포름($CHBr_3$), 플루오로포름(CHF_3), 요오드포름(CHI_3)이 포함되며 할로포름(haloforms)이라고도 한다. 트리할로메탄은 상수도 물을 얻기 위한 할로겐화 과정에서 주로 생성되며 이들 중 염소로 처리했을 때 생기는 클로로포름은 발암물질이다. 각국의 상수도 또는 식수 중 총트리할로메탄의 최대허용량은 표 5-9와

표 5-9 각 국가의 트리할로메탄류 수질기준(단위: μg/L)

물질명	WHO	미국	일본	한국	영국	호주
THMs	–	80	100	100	100	250
Chloroform	200	–	60	–	–	–
Bromodichloromethane	60	–	30	–	–	–
dibromochloromethane	100	–	100	–	–	–
Bromoform	100	–	90	–	–	–

같다.

트리할로메탄류는 수중 유기물질이 소독제 성분인 할로겐 원소와 반응하여 생성되므로 수중 유기물질의 농도, pH와 온도가 높을수록 생성량이 증가한다. 트리할로메탄류의 독성은 클로로포름의 독성과 유사하며 중추신경계 억제, 간과 신장기능 이상이 유발된다. 트리할로메탄의 저감화를 위해 청정한 상수원 확보, 상수원 전처리 방법 개선, 중간염소 처리과정 중 염소 주입점의 변경, 고도정수처리시설 확보, THMs 제거를 위한 활성탄 등 흡착제 사용 등의 방법이 제시되고 있다.

5.5.3 세미카바자이드(Semicarbazide, SEM)

세미카바자이드는 요소 유도체로서 하이드라진(hydrazine)계열의 화학물질이다(그림 5-27). 2003년 유럽에서 뚜껑이 있는 유리병 안의 과일, 야채, 잼, 꿀, 소스 등의 유아식에서 5~26 ppb 정도의 SEM이 검출되었는데 이는 플라스틱 성형제로서 효과적인 밀봉을 위해 쓰이는 아조디카본아미드(azodicarbonamide, ADC)가 고열멸균과정 중에 SEM으로 분해되면서 식품으로 전이된 것이다.

SEM은 실험동물에서 암을 일으키며 약한 유전독성을 나타낸다. 유럽 EFSA의 연구결과 일반적인 식품 중 SEM 오염량은 미량(5~26 ppb)으로서 이유식을 먹는 유아에서의 인체 안전량보다 절반 이하로 안전한 것으로 평가하였다. 그러나 SEM은 약하게 유전독성을 나타내므로 비록 소량이라 하더라도 유아용 식품에 존재하는 것은 바람직하지 않다고 결론지었다.

5.5.4 난분해성 유기오염물질(Persistent Organic Pollutants, POPs)

난분해성 유기오염물질이란 광화학적, 물리적, 화학적 또는 생물학적 경로에 의한 분해가 잘 되지 않아 환경 중 잔류성이 길고 식품 중 축적성이 크며 인간과 생태계에 해로운 영향을 유발하는 물질을 일컫는다. POPs는 생태계에서의 지속성으로 인하여 미사용 지역까지 오염될 가능성이 높은데 실제로 오대양 안쪽, 사막지대, 남극과 북극지역 등 무인지역에서도 이

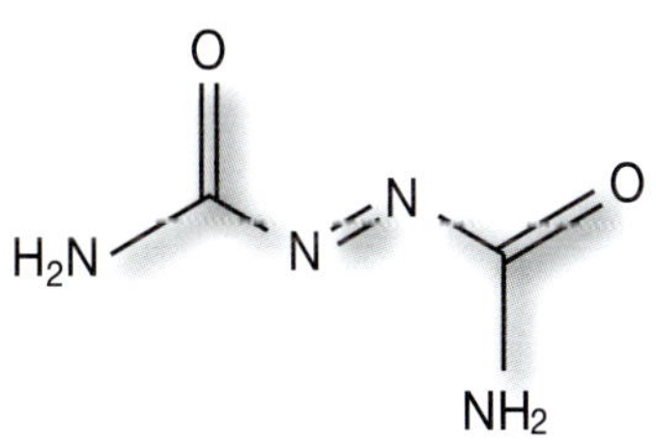

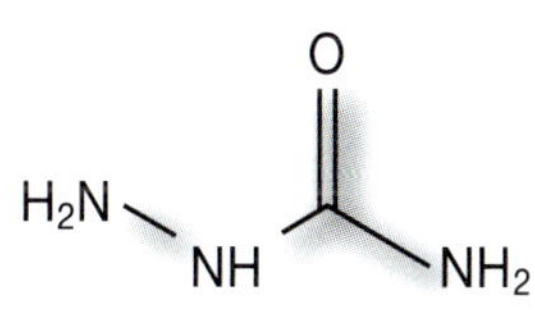

그림 5-27 Azodicarbonamide(좌측)와 semicarbazide(우측)의 화학구조

표 5-10 물, 토양 및 저니토 중에서 POPs물질의 반감기

POPs	물	토양	저니토
Aldrin	760일	>20일	-
Dieldrin	>1,460일	>175일	-
Chlordane	7.8년	>20년	-
DDT	>4,380일	>15년	>1,100일
Mirex	-	>600년	>600년
Toxaphene	20년	20년	-
Hexachlorbenzene	<1일	>988일	-
Endrin	>112일	>1,460일	-
TCDD	>380일	10년	>365일

들 오염물질이 검출되는 사례가 보고되고 있다. 대기 중 반감기가 2일 이상이거나 물, 토양, 저니토 중 반감기가 2개월 이상인 물질로서 휘발성이 1,000 pascal 미만이고 대기, 구름, 철새, 해양생물에 의해 남극, 북극, 무인도, 산악지대까지 오염되며 어류에서 생물농축계수가 1,000~5,000 (KOW: >10,000)인 물질이 POPs 물질에 해당된다.

1995년 국제환경프로그램(United Nations Environment Programme, UNEP)에서는 우선적 조사가 필요한 POPs 물질로서 12종의 물질을 선정하였는데 이에는 aldrin, chlordane, DDT, dieldrin, endrin, heptachlor, hexachlorobenzene, mirex, polychlorinated biphenyls, polychlorinated dibenzo-p-dioxins, polychlorinated dibenzofurans, toxaphene이 포함되었다. UNEP지정 POPs 물질의 환경 중 반감기는 표 5-10과 같다.

UNEP에서는 POPs 물질로부터 자연생태계를 보호하는 것은 일부 국가만의 노력에 의해서 이루어질 수 있는 것이 아니라는 인식하에 법적 구속력이 있는 국제적 규제협약을 논의하고 있다. 이는 범세계적으로 보조를 맞춰 POPs 물질의 생산 및 배출을 줄이고 최종적으로 금지를 유도하는 것을 목표로 하고 있다.

5.5.5 멜라민 및 시아누르산(Melamine and Cyanuric acid)

멜라민(Melamine, 1,3,5-triazine-2,4,6-triamine)은 질소를 66.6% 함유하는 triazine 계열 물질로서 주로 코팅제, 내연제, 접착제 등의 멜라민 수지와 질소비료의 원료로 이용되고 있다. 식품첨가제 및 사료첨가제로는 허가되어 있지 않으며 미국에서는 결착제 성분으로서 간접적 식품첨가

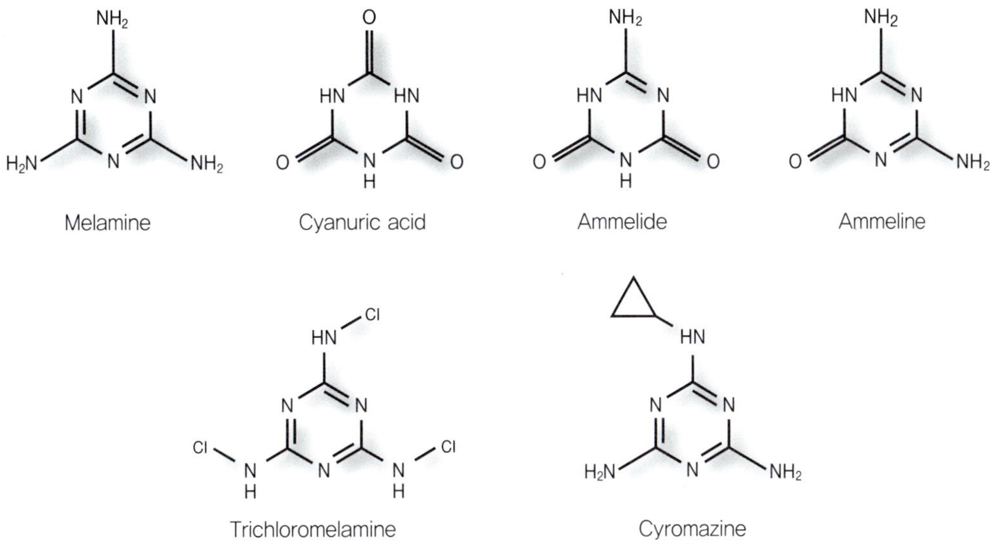

그림 5-28 멜라민과 triazine 계열 물질의 화학구조

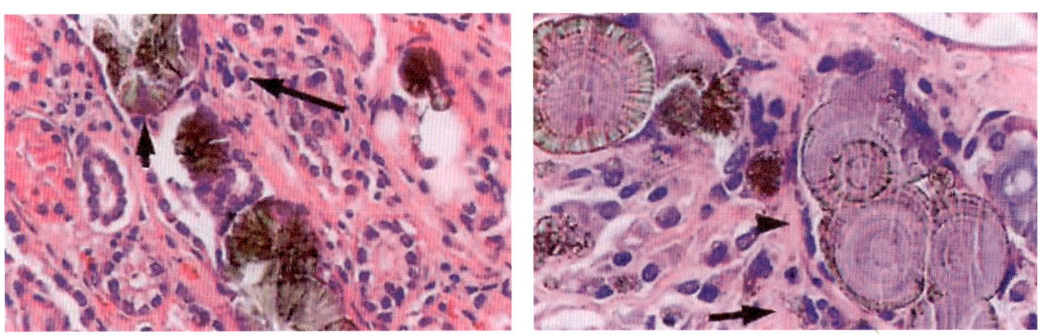

그림 5-29 콩팥 중 멜라민, 시아누르산의 결석형성 소견

제로서만 사용이 허가되어 있다. 멜라민은 포유류 생체에서는 대사되지 않으며 자연환경 중에서 세균에 의해 시아누르산(cyanuric acid)으로 대사되며 공업용멜라민 생산 시 부산물로 멜라민 유사체가 만들어진다(그림 5-28).

멜라민은 반수치사량이 3,161 mg/체중kg인 저독성 물질이며 비변이원성, 비발암성 물질이다. 섭취 시 바로 위장 내에서 흡수되어 대사되지 않고 1일 이내에 원래 형태로 콩팥을 통하여 90% 이상이 소변으로 배출된다. 멜라민의 체내 반감기는 약 3시간이며 주요 독성은 신장독성으로 방광과 신장에 결석이 형성되며 신장의 먼쪽 및 몸쪽 세뇨관에 결정체가 침착한다(그림 5-29). 이러한 결정체 또는 결석은 신장기능을 방해하고 요관을 폐쇄하여 다뇨, 무뇨, 혈뇨, 올리고뇨, 발열, 고혈압, 부종 및 신장 부위 복부

통증 등의 증상이 나타나고 심한 경우 사망하게 된다. 방광상피세포와 뇨관 상피세포의 과증식 또는 종양은 결석에 의한 물리적인 자극이 원인이 되어 발생하는 것이다. 멜라민은 방광결석 형성을 근거로 무독성량 35 mg/체중kg/일, 일일섭취내용량 0.2 mg/체중kg/일이 설정되었다(WHO, 2008).

2008년도 중국에서 멜라민이 첨가된 분유로 인하여 6명의 영·유아가 사망하고 294,000명의 어린 아이가 이상증상을 보였으며 이 중 50,000여 명 이상의 아이들이 신장결석으로 인한 뇨관 폐색증, 배뇨기능장애 등을 보이는 중독증 사고가 발생하였다. 이는 식품 중 단백질 함량이 총 질소함량을 기준으로 측정된다는 점을 악용하여 단백가를 높이고자 질소 성분을 다량 함유하는 멜라민을 원유나 분유에 의도적으로 첨가함으로써 생긴 식품위해사고이다. 당시 문제의 분유 중 검출된 멜라민은 99% 이상이 멜라민 단독 성분이며 검출량은 0.05~4,700 ppm으로서 평균 1,212 ppm 이었다. 분유에서의 평균 검출량을 어린아이 체중kg당 섭취량으로 환산하면 8.6~23.4 mg/체중kg이 되며 이는 WHO(2008)에서 정한 멜라민의 일일섭취내용량 0.2 mg/체중kg/일의 약 40~120배에 달하는 양이다. 일반적 상황에서는 멜라민은 멜라민 수지의 원료로서만 사용되므로 식품을 통한 총섭취추정량은 최대 0.013 mg/체중kg/일로서 WHO의 일일섭취내용량의 10% 이내 수준이다.

중국의 멜라민 식품 위해사고 당시 문제의 제품이 중국 이외의 지역으로도 다량 유통되어 전 세계적인 식품 비상사태가 발생하였다. 이후 국제 규격의 조화와 협력 속에 식품 위해사고를 사전에 예측하고 방지하는 것이 매우 중요하다는 인식이 더욱 높아졌다.

우리나라는 2009년 멜라민의 식품 중 관리기준으로서 분유 등 영·유아용 식품에서는 불검출기준(정량한계 1.0 ppm), 기타 일반식품은 2.5 ppm 을 설정하였다.

참고문헌

국내 수산물중 동물용의약품 검출률(식품의약품안전평가원, 2018)

국립수의과학검역원, 「2010년도 잔류물질검사반교육자료-축수산물잔류예방대책」, 2010.

식품의약품안전처. 「식품공전」, 2021.

식품의약품안전평가원. 비스페놀류 통합위해성평가 결과 보고서. 2020.

식품의약품안전평가원. 2018년 국내 유통 수산물의 잔류동물용의약품 모니터링 및 시험법 개발. 2019.

신동화, 오덕환, 우건조, 정상희, 하상도. 『식품위생안전성학』, 한미의학, 2011.

이창업. 『수의독성학』, 서울대학교출판부, 1993. p.187-225.

조준형, 윤효인, 강환구, 성하정, 오구택, 이영재, 정상희, 조명해, 홍충만. 『독성학요론』, 도서출판 MIP, 2006.

Birnbaum, L.S., Staskal, D.F. Brominated Flame Retardants: Cause for Concern? *Environmental Health Perspectives*. 2003;112: p. 9–17.

Cagen S.Z., Waechter, J.M.Jr, Dimond, S.S., Breslin, W.J., Butala, J.H., Jekat, F.W., Joiner, R.L., Shiotsuka, R.N., Veenstra, G.E., Harris, L.R. Normal reproductive organ development in Wistar rats exposed to bisphenol A in the drinking water. *Regul. Toxicol. Pharmacol*. 1999; 30:130–39.

CFS (Center for Food Safety) The government of the Hong Kong Special Administrative Region. Polybrominated Diphenyl Ethers in Foods of Animal Origin. *Risk Assessment Studies Report*. No. 34. 2009.

Chhabra R.S., Eastin W.C. Jr. Intestinal absorption and metabolism of xenobiotics in laboratory animals, in Schiller CM. ed. Intestinal Toxicology. New York: Raven Press. 1984. p. 145–60.

Colborn, T., Dumanoski, D., Myers, J.P. *Our stolen future Plume Books*. 1997.

Concon J. Food toxicology. New York: Marcel Dekker Inc., 1988. p. 1052–54.

Darnerud, P.O., Eriksen, G.S., Jóhannesson, T, Larsen, P.B., Viluksela, M. Polybrominated diphenyl ethers: occurrence, dietary exposure, and toxicology. *Environ. Health Perspect*. 2001;109:49–68.

Dorough H.W., Huhtanen K., Marshall T.C., Bryant, H.E. Fate of endosulfan in rats and toxicological considerations of apolar metabolites. *Pesticide Biochemistry and Physiology*. 1978;8:241–252.

Dunnick, J.K. NTP technical report on toxicity studies of cadmium oxide. *NIH Publication*, 1995. pp. 95–3388.

EFSA. Opinion of the scientific panel on food additives, flavourings, processing aids and materials in contact with food on a request from the commission related to bisphenol A. *EFSA Journal*. 2006;428:1–75.

EFSA(European Food Safety Authority) EFSA Scientific Committee Opinion on Biological Plausibility of Non-Monotonic Dose Responses and Their Impact on the Risk Assessment. 2020.

Fernandes, A., Mortimer, D., Gem, M., Dicks, P., Smith, F., White, S., Rose, M. Brominated dioxins (PBDD/Fs) and PBDEs in marine shellfish in the UK. *TFAC*. 2009;26:918–27.

Geoffrey M. Cooper. The cell a molecular approach. 2nd Ed. 2000.

Health Canada. Health Risk Assessment of Bisphenol A from Food Packaging Applications. 2008. p.1–13.

Humphreys, D.J. Veterinary Toxicology. 3rd Ed. London; Bailli re Tindall, 1988. p. 26–28.

IEH: IEH assesssment on Environmental oestrogens: consequences to human health and wildlife. Institute for Environment and Health. 1995. pp.1–112

Jaga K., Dharmani C. Global surveillance of DDT and DDE levels in human tissues. *Int. J. Occup. Med. Environ. Health*. 2003;16:7–20.

Jeong, S.H., Kang, D.J., Lim, M.W., Kang, C.S., Sung, H.J. Risk assessment of growth hormones and antimicrobial residues in meat. *Tox. Res.*, 2010;26:301–13.

Mellink E., Riojas-Lópezb M.E., Luévano-Esparza, J. Organchlorine content and shell thickness in brown booby (Sula leucogaster) eggs in the Gulf of California and the southern Pacific coast of Mexico. *Environ. Pol*. 2009;157:2184–88.

NTP(National Toxicology Program) The CLARITY-BPA Core Study: A Perinatal and Chronic Extended-Dose-Range Study of Bisphenol A in Rats. 2018.

OECD. European workshop on the impact of endocrine disruptors on human health and wildlife. *Report of proceedings*. 1996. pp. 1–125

Schuphan I, Ballschmiter K, Tölg G.: On the metabolism of endosulfan in rats and mice. *Z. Naturforsch B.* 1968;23:701–06.

Thomas M., Eric D., Ralph L. Special report on environmental endocrine disruption: an effects assessment and analysis. Risk Assessment Forum in Washington D.C., 1996.

Tinwell, H., Ashby, J. Sensitivity of the immature rat uterotrophic assay to mixtures of estrogens. *Environ Health Perspect.* 2004;112:575–82.

WHO (World Health Organization). *GEMS/Food regional diets.* 2003.

WHO (World Health Organization). The WHO recommended classification of pesticides by hazard and guidelines to classification. 2009.

WHO. Toxicological and Health Aspects of Melamine and Cyanuric Acid. *Report of a WHO Expert Meeting in collaboration with FAO.* 2008. p. 1–74

Winter C.K., Francis F.J. *Food Technology.* 1997;51:85.

IARC (International Agency for Research on Cancer): Summaries & Evaluations http://www.iarc.fr/

INCHEM 〈http://www.inchem.org/〉

RACGP. NewsGP. Therapies targeting the gut microbiome are increasingly popular. What's next? https://www1.racgp.org.au/newsgp/clinical/therapies-targeting-the-gut- microbiome-are-increas

TOXNET 〈http://toxnet.nlm.nih.gov/〉

식품위생학 기출문제

01 안전성 관련 용어의 설명으로 옳은 것은?

① GRAS: 해로운 영향이 나타나지 않고 다년간 사용되어 온 식품첨가물에 적용되는 용어
② LC_{50}: 시험 동물의 50%가 표준수명 기간 중에 종양을 생성케 하는 유독물질의 양
③ LD_{50}: 노출된 집단의 50% 치사를 일으키는 식품 또는 음료수 중 유독물질의 농도
④ TD_{50}: 노출된 집단의 50% 치사를 일으키는 유독물질의 양

02 Dioxin이 인체 내에 잘 축적되는 이유는?

① 물에 잘 녹기 때문
② 지방에 잘 녹기 때문
③ 주로 호흡기를 통해 흡수되기 때문
④ 상온에서 극성을 가지고 있기 때문

03 메틸 수은으로 오염된 어패류를 섭취하여 수은에 의한 축적성 중독을 일으키는 공해병은?

① PCB 중독
② 이타이 이타이병
③ 미나마타병
④ 열중증

04 식품용기의 도금이나 도자기의 유약 성분에서 용출되는 성분으로 칼슘(Ca)과 인(P)의 손실로 골연화증을 초래할 수 있는 금속은?

① 납 ② 카드뮴
③ 수은 ④ 비소

05 다이옥신(dioxin)에 대한 설명이 <u>틀린</u> 것은?

① 자동차 배출 가스, 각종 PVC 제품 등 쓰레기의 소각과정에서도 생성된다.
② 다이옥신 중 2, 3, 7, 8, -TCDD가 독성이 가장 강한 것으로 알려져 있다.
③ 다이옥신은 색과 냄새가 없는 고체물질로 물에 대한 용해도 및 증기압이 높다.
④ 환경시료에서 미량의 다이옥신 분석이 어렵다.

06 다음 설명에 해당하는 독성시험법은?

> • 비교적 소량의 검체를 장기간 계속 투여하여 그 영향을 검사한다.
> • 생애의 대부분의 노출로부터 일어날 수 있는 식품첨가물의 독성을 확인하는데 이용된다.

① 급성독성시험
② 아급성독성시험
③ 만성독성시험
④ 최기형성시험

07 음료수캔의 내부코팅제, 급식용 식판 등의 소재로 사용되었으며, 고압증기멸균기에서 용출되기 쉬운 내분비계 장애물질은?

① 다이옥신
② 폴리염화비페닐
③ 디에틸스틸베스트롤
④ 비스페놀 A

08 특수독성시험이 아닌 것은?

① 최기형성시험 ② 번식시험
③ 변이원성시험 ④ 급성독성시험

09 식품의 잔류농약에 관한 설명으로 틀린 것은?

① 수확 직전 살포 시에는 식품에 다량 잔류할 수 있다.
② 급성독성이 문제시되며, 만성독성은 발생하지 않는다.
③ 사용이 금지된 것도 환경 내에 어느 정도 잔류하여 오염될 수 있으므로 계속적인 모니터링이 필요하다.
④ 농약에 오염된 사료로 사육한 동물에서 생산된 우유 등에도 잔류할 수 있다.

10 다음 중 내분비계 장애물질이 아닌 것은?

① Dioxin
② Phthalate ester
③ Heterophyes heterophyes
④ PCB

11 다음 중 잔존성이 가장 큰 염소제 농약은?

① Aldrin ② DDT
③ Telodrin ④ γ–BHC

12 잔류성 및 체내 축적성이 크게 문제가 되는 농약과 가장 거리가 먼 것은?

① 유기인제 ② 유기납제
③ 유기염소제 ④ 유기수은제

13 미량으로 말암이나 만성중독을 유발시키는 화학물질 중 상수원 물의 오염이 문제가 되는 것은?

① 아질산염(N–nitrosoamine)
② 메틸알코올(Methyl alcohol)
③ 트리할로메탄(Trihalomethane, THM)
④ 이환방향족아민류(Heterocyclic amines)

14 프탈레이트에 대한 설명으로 틀린 것은?

① 폴리염화비닐의 가소제로 사용된다.
② 환경에 잔류하지는 않아 공기, 지하수, 흙 등을 통한 노출은 없다.
③ 내분비계 교란(장애)물질이다.
④ 식품용 랩 등에 들어 있는 프탈레이트가 식품으로 이행될 수 있다.

15 환경오염물질 중 Dioxin에 대하여 설명하시오.

기출문제 정답

1. ①	6. ③	11. ②
2. ②	7. ④	12. ①
3. ③	8. ④	13. ③
4. ②	9. ②	14. ②
5. ③	10. ③	

6

CHAPTER

식품가공 중 생성되는 유해물질

서론

식품은 원료의 보존성을 높이기 위해 다양한 가공 공정과 고온의 열처리 과정을 거치게 된다. 이런 식품가공 공정을 거치면서 원하지 않는 부산물로서 아크릴아마이드(acrylamide), 벤젠(benzene), 벤조피렌(benzopyrene) 등의 발암 가능 물질이 일부 생성될 수 있으며, 이는 피하기 어렵지만 최대한 저감화시켜 인체에 유해한 수준까지 도달하지 않도록 하여 안전성을 확보할 필요가 있다.

또한 발효식품이나 어류제품에서 생성되는 바이오제닉 아민(biogenic amines), 알코올성 음료에서 생성되는 에틸카바메이트(ethyl carbamate), 음식을 볶거나 태울 때 발생하는 벤조피렌과 같은 발암 혹은 발암 가능 물질 등 국내외에서 사회 문제가 된 대표적 유해물질 및 그 저감화 방안에 대하여 설명하고자 한다.

6.1 아크릴아마이드

2002년 4월 스웨덴 국립식품청(Swedish National Food Administration)은 스톡홀름 대학과 스웨덴 식품안전연구소의 공동 연구결과 독성이 있고 잠재적 발암물질인 아크릴아마이드(acrylamide, C_3H_5NO)가 탄수화물 함량이 높은 감자나 시리얼이 튀겨지거나 구워질 때 형성된다고 밝혔다. 그 후 우리나라를 비롯하여 영국, 노르웨이, 스위스, 독일, 미국, 일본, 캐나다에서도 검사결과 아크릴아마이드의 검출이 확인되어 식품 제조·가공 중 생성 수준 및 저감화에 대한 연구를 진행하였으며 실제로 산업현장에서 저감화를 실현시키고 있다. 세계보건기구(World Health Organization, WHO)는 2002년 6월 식품 중의 아크릴아마이드에 관한 정보를 수집함과 동시에 대처방안을 검토하기 위하여 전문가 회의를 개최하였다. 이 전문가 회의에서는 식품 중 아크릴아마이드가 건강상 중요한 문제를 야기한다는 것을 확인하였고 지나친 가공 공정(excessive cooking)을 피하면서 저감화 방안을 찾을 것을 권고한 바 있다.

스웨덴 국립식품청 (Swedish National Food Administration)
스웨덴의 웁살라(Uppsala)에 위치한 식품과 음용수의 안전을 담당하는 기관으로서 소비자의 건강을 지키기 위해 식품의 질과 식품안전에 대해 조사하고, 식품무역 간 실행지침과 소비자들의 건강한 식습관을 위한 연구를 수행하고 있다(http://www.slv.se).

아크릴아마이드는 무색의 백색 결정체로 실온에서 안정한 편이다. UV 조사 또는 융점 부근까지 가열하면 중합되는 경우가 있으며 폴리아크릴아마이드 제조에 사용되는 화학물질 제거용으로 이용되며 접착제, 종이, 화장품 제조 시 사용된다. 아크릴아마이드의 화학 구조는 **그림 6-1**과 같다.

6.1.1 생성 기작

식품 중 아크릴아마이드는 탄수화물 함량이 높고, 단백질 함량이 낮은 식물성 식품을 높은 온도에서 조리할 때 자연적으로 발생하며, 식품 중 아크릴아마이드는 식품의 종류, 조리방법, 수분함량, 점성, 가열시간 등에

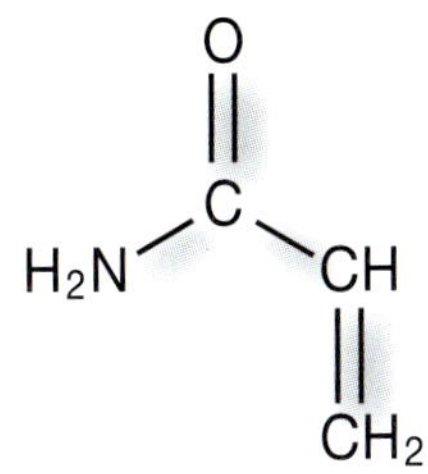

그림 6-1 아크릴아마이드의 화학구조

따라 달라진다.

아크릴아마이드는 전분질이 많은 식품(감자, 곡류 등)을 높은 온도(120℃ 이상)에서 가열·조리할 때 생성되는 물질로, 감자나 곡류의 주요 아미노산인 아스파라긴산(asparaginic acid)이 포도당(glucose)과 같은 환원당의 카보닐 그룹(carbonyl group)과 메일라드 반응(maillard reaction)을 거쳐 아크릴아마이드로 전환된다(그림 6-2). 아크릴아마이드는

메일라드 반응 (Maillard reaction)

메일라드 반응은 1910년대 화학자 Louis Camille Maillard가 단백질 생합성에 관한 연구를 하던 중 발견하게 되었다. 요리 중 일어나는 비효소적 갈변화 반응(non-enzymatic browning)으로서 아미노산과 환원당의 열에 의한 화학적인 반응이다. 갈색 반응뿐 아니라 아미노산의 종류에 따라 다른 풍미(flavor)를 내는데 이는 제빵, 비스킷, 케이크, 맥주 등의 산업에 이용된다.

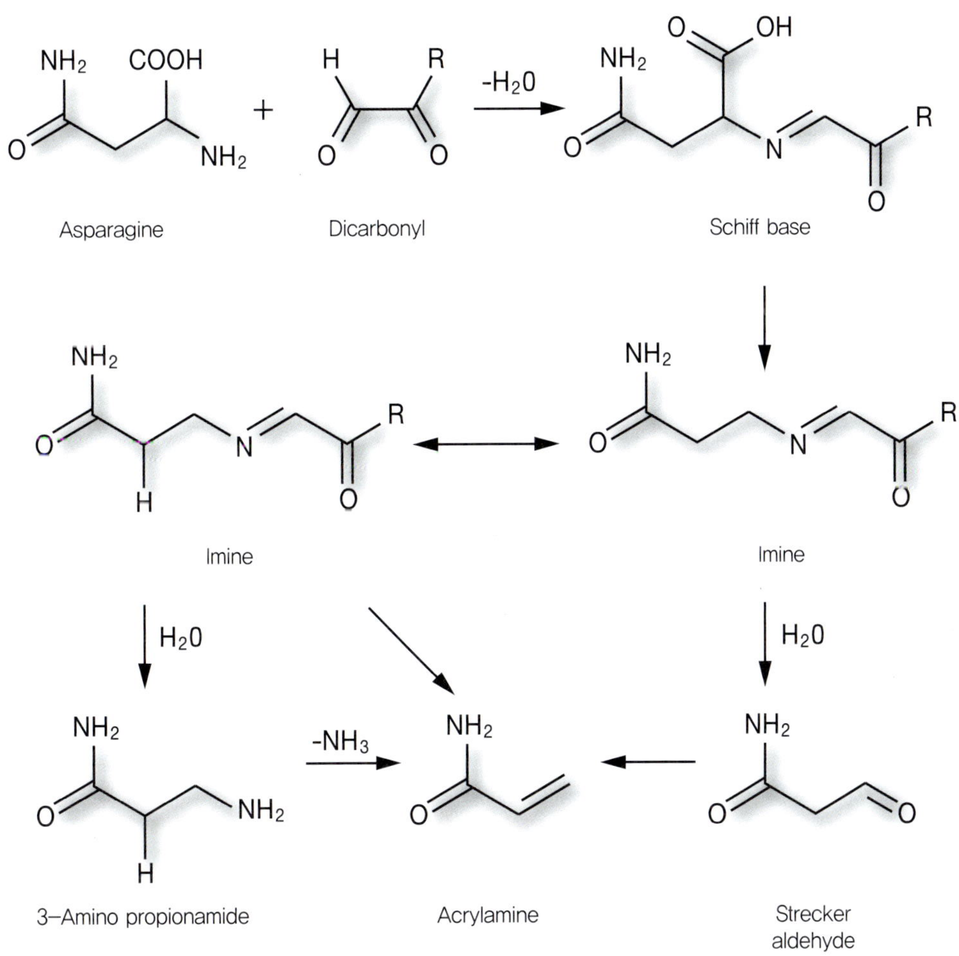

그림 6-2 아크릴아마이드의 생성 기작

당 함량이 높으며 고온에서 제조·가공된 감자 가공 식품, 빵, 시리얼, 비스킷, 쿠키, 스낵류, 커피 등의 식품에서 생성되는 것으로 보고되고 있다.

6.1.2 독성

아크릴아마이드에 의한 독성작용은 노출 기간, 노출량, 그리고 노출 속도에 의해 결정된다. 아크릴아마이드에 대한 노출은 섭취, 피부접촉, 호흡을 통해서 일어나는데, 식품을 통한 노출이 가장 큰 비중을 차지하는 것으로 알려져 있다. 높은 노출량에 의한 급성독성의 작용 시간은 수 시간으로 알려져 있는데, 아크릴아마이드는 주로 중추신경계 또는 말초신경계에 작용하여 신경독성을 나타낸다. 동물을 대상으로 한 연구에서 갑상선, 유선(乳腺), 피부 등 다양한 조직과 장기에서 발암성이 확인되었다. 래트(rat)를 이용한 실험결과 아크릴아마이드는 빠르게 대사되어 소변으로 배출되었으며, 경구 투여된 아크릴아마이드는 소화관에서 흡수, 투여 후 24시간 동안 투여량의 40%가 소변으로 배출된 것을 확인하였다.

국제암연구소(International Agency for Research on Cancer, IARC)에서는 아크릴아마이드는 인체 발암추정(유력) 물질(Group 2A)로 분류하고 있다. IARC의 발암물질 분류기준은 표 6-1과 같다.

국제암연구소(International Agency for Research on Cancer, IARC)
국제암연구소는 WHO 산하 기관으로서 암의 원인, 발암 기작, 암의 예방과 치료에 관한 과학적 연구의 균형발전을 조율한다(www.iarc.fr).

6.1.3 위해성

동물실험에서 많은 양의 아크릴아마이드를 쥐에 투여했을 때 암이 발생한다는 결과를 바탕으로 사람에게도 잠재적 발암 가능성이 있는 것으로 보고되고 있다. 그러나 식품 중 낮은 함량의 아크릴아마이드에 대한 인체 발암 여부는 아직 명확하게 밝혀진 바가 없다.

FAO/WHO 전문가회의에서 호주, 노르웨이, 네덜란드, 스웨덴, 미국의 식품 소비 자료를 수집하여 위해성 평가를 수행한 결과 발암성을 근거로

표 6-1 국제암연구소 발암물질 분류기준

구분		내용
Group 1		확인된 인체 발암물질(The agent is carcinogenic to humans)
Group 2	2A	인체 발암유력 물질(The agent is probably carcinogenic to humans)/인체 발암 증거가 제한적이거나 부정확하지만, 실험동물의 발암 증거는 충분한 경우
	2B	인체 발암가능 물질(The agent is possibly carcinogenic to humans)/인체 발암 증거가 제한적이거나 부정확하고, 실험동물 발암 증거도 충분하지 아니한 경우
Group 3		인체 발암성 있는 물질로 분류할 수 없는 물질(The agent is not classifiable as to its carcinogenicity in to humans)/인체 및 실험동물 발암 증거가 제한적이거나 부정확한 경우
Group 4		인체 비발암성 물질(The agent is probably not carcinogenic to humans)/발암성을 증명할 증거가 부족한 경우

표 6-2 기관별 아크릴아마이드의 발암등급

기관명	발암등급
미국환경청(U.S. EPA)	B2 carcinogen (probable human carcinogen)
국제암연구소(IARC)	Group 2A carcinogen (probably carcinogenic to humans)
미국정부산업위생전문가협의회(ACGIH)	A3 carcinogen (confirmed animal carcinogen with unknown relevance to humans)
미국국립독성프로그램(NTP)	R (Reasonably Anticipated To Be Human Carcinogen)
유럽연합(EU)	C2 (Substances which should be regarded as if they are carcinogenic to humans)

최대무독성량을 0.3 mg/체중 kg/일로 평가하였다. Codex 식품첨가물전문가회의(Joint Expert Committee on Food Additive, JECFA, 2005)는 아크릴아마이드의 이론적 일일최대섭취량(Theoretical Maximum Daily Intake, TMDI)을 0.001 mg/체중 kg/일로 평가하였으며, 노출역은 300으로 인체에 위해를 일으킬 수 있으므로 국가별로 저감화 방안을 강구할 것을 권고하였다.

우리나라에서는 2016년 식품의약품안전처에서 아크릴아마이드에 대한 위해평가를 실시한 바 있다. 우리나라의 경우 식품을 통한 아크릴아마이드 일일 노출량은 0.086μg/체중 kg/일이었으며, 18세 미만의 영·유아 및 청소년이 19세 이상의 성인에 비하여 노출량이 높았다. 이는 아크릴아마이드 노출량 기여식품을 고려할 때 과자류의 섭취량이 18세 미만에서 상대적으로 높기 때문으로 여겨진다. 아크릴아마이드 노출량에 기여하는 식품군은 곡류, 조미료류, 감자류, 육류 순이었으며, 식품에서는 후추분말의 기여율이 가장 높았고, 과자(비스켓, 쿠키), 감자, 수입고기, 인스턴트커피(분말) 순으로 확인되었다.

Codex 식품첨가물 전문가회의 (Joint Expert Committee on Food Additives, JECFA)
식품첨가물 및 위해평가 분야 전문가로 이루어진 위원회로 UN 산하 Food and Agriculture Organization (FAO)과 World Health Organization(WHO)이 공동으로 운영하고 있으며, Codex에서 역사가 가장 오래된 전문가 위원회이다 (www.codexalimentarius.net).

노출역(Margin of exposure, MOE)
노출역은 확인된 노출(농도)양(estimated exposure dose)에 대해 더 이상 위해성이 증가하지 않는 정도를 나타낸다. 최대무독성량(no observed adverse effect level, NOAEL)을 사람의 이론적 최대섭취량으로 나눈 값으로 비발암물질의 경우 100 이상, 발암물질의 경우 10,000 이상이면 인체위해성에는 큰 문제가 없는 것으로 간주한다.

6.1.4 국가별 아크릴아마이드 관리현황

식품 중 아크릴아마이드의 생성량은 식품의 구성 성분, 조리·가공 온도 및 시간 등에 따라 차이가 크다. 따라서 특정 식품의 기준 설정이나 섭취량의 권고는 어려운 실정이며 식품 중 아크릴아마이드에 대해 함량으로 규제를 하고 있는 국가는 없다. 국내에서는 2007년 식품업계가 식품제조 및 가공과정에서 아크릴아마이드를 줄이기 위하여 자율적으로 아크릴아마이드 생성량을 1.0 mg/kg 이하로 정하였으며, 독일은 식품 1kg 중 아크릴아마이드 양 1 mg의 실행기준(action level)을 권고하였고, WHO는 음료류 중 아크릴아마이드를 0.5 ppb로 가이드라인을 정하고 있다. 우리나라를 비롯하여 WHO, Codex, 미국, EU 등은 기준·규격을 설정하기보다는 효과적인 저감화 방안을 강구하고 있다.

6.1.4.1 미국

미국식품의약국(FDA)은 '식품업체를 위한 아크릴아마이드 관련 지침(Guidance for Industry Acrylamide in Foods)'을 통해 특정 식품별 아크릴아마이드 저감화 방안을 제시하고 있다. 동 지침에서는 농산물 재배자, 제조업체 및 식품영업자들에게 아크릴아마이드 저감화를 위한 식품별 원료 선별·보관·조리 등의 방법을 제시하고 있으나, 별도의 기준은 정하지 않고 있다.

6.1.4.2 EU

유럽연합은 2017년 아크릴아마이드 저감 조치 강화를 위해 식품 중 아크릴아마이드 수준에 대한 세계 첫 법적 규제인 '아크릴아마이드 저감 조치 및 벤치마크 기준 수립에 관한 규정(EU 2017/2158)'을 고시하고 2018년 4월부터 적용하고 있다. 벤치마크 수준(benchmark level)이란 저감 조치의 효과를 확인하는데 사용되는 성과지표로서 사업자는 해당 기준을 초과할 경우 저감 조치를 검토하고 기준치 이하로 저감할 수 있도록 제조 공정 및 관리방법을 조정해야 한다는 내용을 담고 있다. 이 규정에는 식품 영업자가 식품에 잔류하는 아크릴아마이드를 저감할 수 있도록 식품별로 원료의 선택·보관·조리방법 등을 제시하며 감자튀김, 시리얼 등 약 20여 종의 식품군별로 벤치마크 수준을 정하고 있다(**표 6-3**).

6.1.4.3 우리나라

식품의약품안전처는 2006년 산·학·관·연 컨소시엄을 구성하여 「아크릴아마이드 저감화 추진 T/F팀」을 운영하여 산업현장에서 실질적 저감화를 이룬 바 있다. 2007년 권고치 설정 이후, 아크릴아마이드 저감화를 지속적으로 추진하여 노출량은 상당히 낮은 수준에 도달해 있다. 또한 법적 관리기준 설정의 필요성을 인지하고 아래 **표 6-4**와 같이 아크릴아마이드 권장규격을 정하였으며 시행시기는 2021년부터이다. 식품의약품안전처는 향후 매 2년마다 평가한 후 허용기준 설정 여부를 검토할 계획이다.

6.1.4.4 국제기구의 활동

2002년 FAO와 WHO는 공동으로 "Health Implications of Acrylamide in Food"라는 주제로 WHO 본부에서 아크릴아마이드의 형성기작, 식이

표 6-3 EU 벤치마크 수준(μg/kg)

감자 튀김(즉석 섭취): 500

감자반죽 또는 생감자로 만든 감자칩, 감자 크래커 등 감자제품: 750

부드러운 빵 (a) 밀 유래 빵: 50
(b) 밀 유래가 아닌 부드러운 빵: 100

밀, 통곡물 시리얼: 300, 옥수수, 귀리, 쌀 시리얼: 150

로스트 커피: 400

인스턴트 커피: 850

커피대용품: 500

비스킷과 와플: 350, 생강빵: 800, 감자 외 크래커 400

조제 시리얼로 만든 영유아식 40, 이 중 비스킷 및 러스크 150

표 6-4 아크릴아마이드 대상품목 및 권장규격

대상 품목	권장 규격(mg/kg)
영·유아용 식품*	0.3 이하
시리얼류	0.3 이하
과자	1 이하
감자튀김(식품접객업소의 조리식품)	1 이하
커피(볶은 커피, 인스턴트 커피, 조제커피)	0.8 이하
다류(고형차)	1 이하
곡류가공품 및 즉석 섭취 식품	1 이하

*조제유류·영아조제식·성장기용조제식, 영·유아용이유식 및 영·유아를 섭취 대상으로 표시하여 판매하는 식품

노출, 독성 등 아크릴아마이드가 건강에 미치는 영향에 대해 식품안전전문가 회의(Food Safety Expert Consultation)를 개최하였고 관련 연구간 네트워크를 구성한 바 있다. 또한, WHO는 Infonet에서 아크릴아마이드에 대한 최신 정보를 제공하고 있다. Codex는 2005년 제64차 JECFA에서 식품 중 아크릴아마이드의 위해평가 결과를 발표한 바 있으며, 식품 중 아크릴아마이드 감소를 위한 실행규범(Code of Practice for the Reduction of Acrylamide in Foods)을 2010년 제32차 Codex 총회에서 지침으로 채택하였다.

6.1.5 아크릴아마이드 생성조건

식품가공 중 아크릴아마이드의 생성량은 온도, 시간, pH, 전처리, 저장조건 등에 따라 차이가 있다.

6.1.5.1 가열온도

감자튀김의 경우 아크릴아마이드 생성량은 온도가 올라감에 따라 증가한다. 그림 6-3과 같이 아크릴아마이드 생성량은 140℃부터 서서히 증가하다가 180℃ 이상의 온도에서는 급격히 증가하는 양상을 보이고 있다.

6.1.5.2 가열시간

후렌치 프라이의 경우 튀김시간이 증가할수록 아크릴아마이드 생성량이 지속적으로 증가하고 있다(그림 6-4).

으깬 감자(mashed potato)를 마이크로웨이브로 50초간 가열했을 때 아크릴아마이드 생성량이 5 ppb 미만이었지만, 100초, 150초간 가열하였을 때는 각각 47 ppb, 4,400 ppb로 증가하여 가열시간이 길어지면 아크릴아마이드 생성량이 현저히 증가하는 것을 알 수 있다.

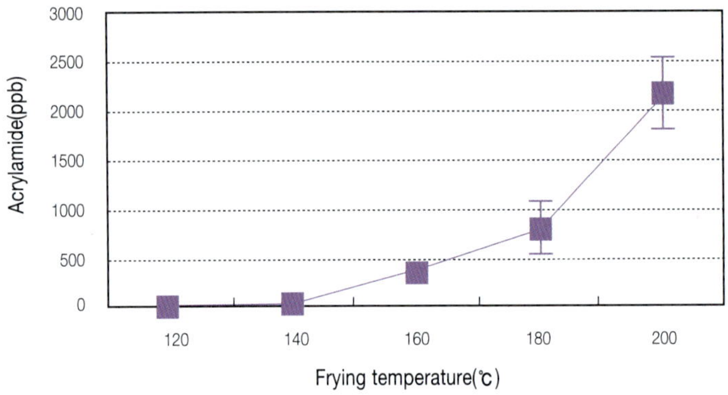

그림 6-3 튀김 온도에 따른 아크릴아마이드 생성량
출처: 식품의약품안전처

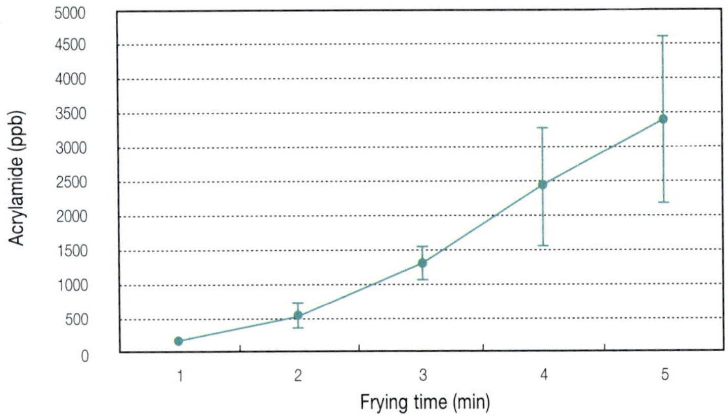

그림 6-4 튀김시간과 아크릴아마이드 생성량 상관관계
출처: 식품의약품안전처

6.1.5.3 pH

침지액의 pH 변화는 아크릴아마이드 생성량의 증감에 큰 영향을 미치지 않았다. 그러나 pH 6.0 이하에서는 아크릴아마이드 생성이 상당히 억제되는 것으로 나타났다.

6.5.1.4 원료 전처리

침지나 수세 등의 방법으로 원료를 전처리하면 아크릴아마이드의 생성량이 감소하는데 이는 감자 표면에 존재하는 당과 아미노산이 수세 중 제거되어 표면에서 가장 많이 일어나는 메일라드반응이 어느 정도 감소하였기 때문이다. 침지온도에 의한 영향에서는 60℃에서 침지 시 20℃보다 현저히 감소하였으며, 침지 시간이 길수록 감소량이 커지는 것으로 확인되었다(그림 6-5).

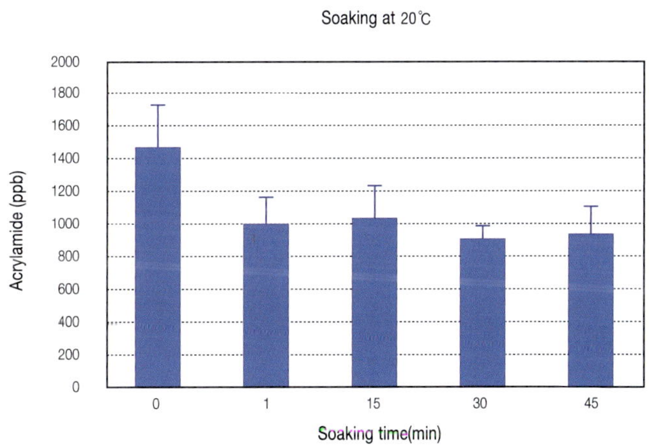

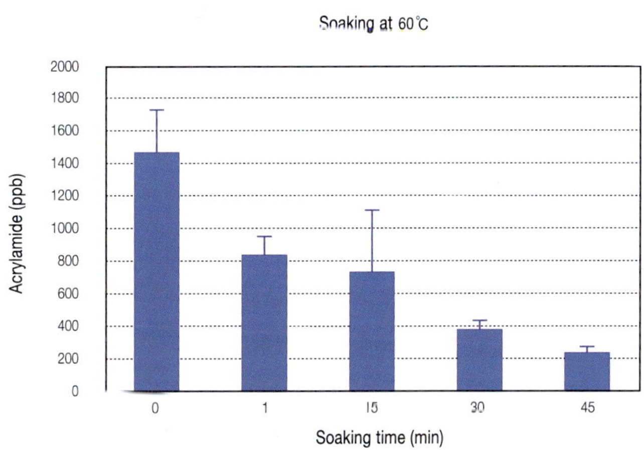

그림 6-5 증류수의 침지시간과 아크릴아마이드 농도

출처: 식품의약품안전처

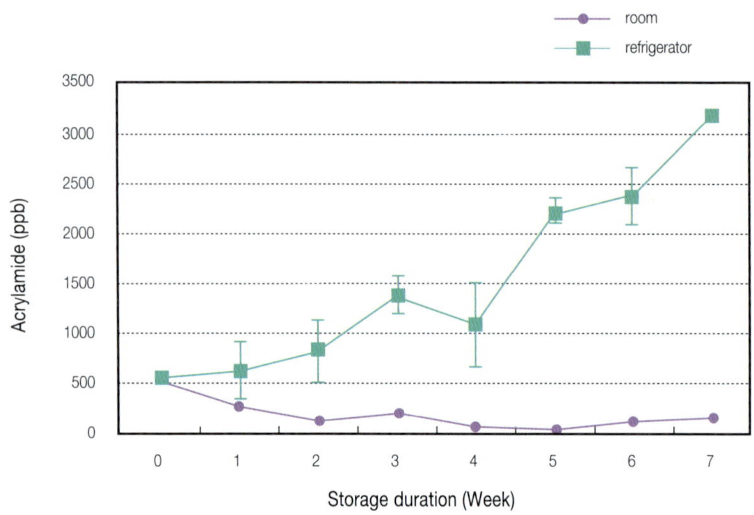

그림 6-6 저장조건에 따른 아크릴아마이드 생성
출처: 식품의약품안전처

6.1.5.5 저장조건

상온에서 저장한 감자와 4℃에서 냉장 보관한 감자의 경우 아크릴아마이드 생성량에 현저한 차이가 있었다. 상온 보관 감자의 경우 2주까지 아크릴아마이드 생성량이 감소되다가 그 이후에는 생성량이 일정하여 7주 상온 보관한 감자를 가공한 경우 아크릴아마이드의 양이 137 ppb 수준이었다. 한편 냉장 보관된 감자의 경우 보관기간이 길어질수록 아크릴아마이드 생성량이 계속 증가되었으며, 7주 냉장 보관 시 아크릴아마이드 생성량이 3,393 ppb로 상온 보관한 것에 비해 아크릴아마이드의 생성량이 25배가 되었다(그림 6-6). 이는 8℃ 이하로 감자를 냉장 보관하면 포도당과 과당의 함량이 급격히 상승하여 아크릴아마이드 생성량이 많아지기 때문이다.

6.1.6 저감화 방법

아크릴아마이드는 원료 내 아크릴아마이드 형성 가능 물질을 줄임으로써 일차적으로 줄일 수 있다.

아크릴아마이드는 160℃ 고온에서 생성량이 급속히 증가하므로 조리과정 중 아크릴아마이드의 생성을 줄이기 위해서는 160℃ 이하(튀김온도 160℃, 오븐온도 200℃이하)에서 조리하며, 조리방법은 굽기보다는 찌거나 삶는 것이 최선의 방법이다. 식품을 볶기 전 양념과정에서 후추를 넣거나 후추를 뿌려서 볶거나 튀기거나 굽는 조리방법은 아크릴아마이드의 함량을 증가시키므로 조리 후 섭취 전에 넣는 것이 권장된다. 생감자를 냉장 보관하면 환원당이 증가하여 아크릴아마이드 생성량이 증가하므로 냉장 보관은 피하는 것이 좋고, 감자를 60℃에서 45분간 물에 담그면 아크릴아마이드의 생성을 85%까지 줄일 수 있다. 또한 조리 시 설탕을 적게 사용하면 아크릴아마이드의 생성을 줄일 수 있다.

식품의약품안전처에서는 아크릴아마이드 섭취를 줄이기 위하여 다음과 같이 권장하고 있다.

1. 음식은 가급적 낮은 온도에서 조리
2. 감자는 장기간 냉장고에 보관하지 않고 8℃ 이상의 음지에서 보관
3. 감자를 노란색이 보일 정도로 튀기거나 구우며 갈색으로 변하지 않도록 주의
4. 튀김온도는 175℃를 넘지 않게 하고 오븐에서도 190℃가 넘지 않도록 주의
5. 가정에서 생감자를 튀길 때 물과 식초 혼합물(1:1)에 15분간 담근 뒤 조리에 사용
6. 감자를 60℃의 물에 45분간 담근 뒤 조리에 사용
7. 빵과 시리얼 등 곡류 제품은 갈색으로 변하지 않도록 조리하고 조리 후 갈색으로 변한 부분은 제거하고 섭취
8. 조리를 마친 고기는 섭취 직전에 후추 추가
9. 육류를 굽거나 튀기는 조리법 대신 전통 조리법인 삶기나 찌기 방법 적극 활용

6.2 벤젠

벤젠은 환경 중에 매우 낮은 농도로 존재하는 휘발성 물질로, 비타민 C와 음료류 중 보존료로 사용하는 안식향산나트륨(sodium benzoate)에 의해 생성되는 것으로 알려져 있다. 비타민 C 외에도 베타카로틴, 아미노산(페닐알라닌, 티로신, 트립토판), 방향족 플라보노이드 화합물(피넨, 리모넨, 카렌) 등에 의해서 미량 생성될 수 있으며, 열처리한 주스, 장기보존식품 등 식품의 제조·가공 중 생성된다. 안식향산나트륨은 박테리아, 효모, 곰팡이 등의 생성을 억제하기 위해 첨가되는 보존제로 때로는 음료류 안에 자연적으로 존재할 수도 있다.

벤젠의 화학구조는 그림 6-7과 같으며, 화학명은 phenyl hydride, cyclohexatriene, benzol이라고도 불린다. 벤젠은 방향족 화합물 생산에 주원료로 사용되며 무색 투명한 액체로서 냄새가 있고, 물에는 녹지 않으나 알코올과 에테르에는 용해된다. 순수 벤젠은 합성원료로서 염료, 합성고무, 유기안료, 유기고무약품, 합성섬유(나일론), 합성수지(폴리스티렌,

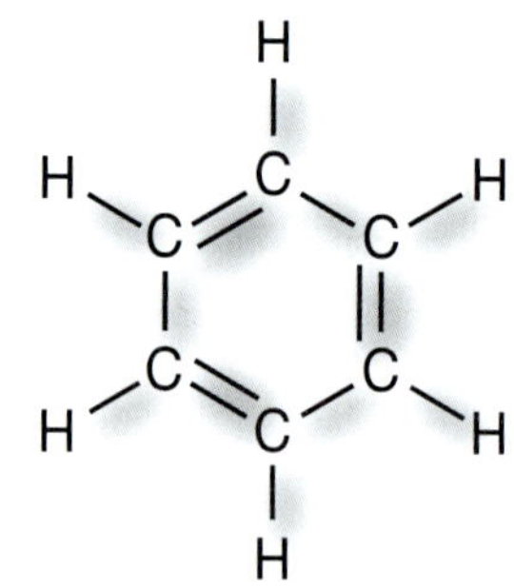

그림 6-7 벤젠의 화학구조

페놀, 폴리에스터), 농약, 가소제, 사진인화 약품, 폭약(피크르산), 방충제(파라디클로로벤젠), 방부제 등에 사용된다. 벤젠은 자동차와 산업 현장, 가정에서 사용하는 유류(油類) 제품에서 많이 발생하여 대기 중으로 퍼지며, 유류 이동, 저장 시에 수계로 방출되어 지하수나 하천을 오염시킨다.

6.2.1 생성 기작

음료에 비타민 C와 안식향산나트륨이 공존할 경우, 비타민 C는 제조용수에 존재하는 구리, 철 등의 금속촉매제에 의해 산화되어 산소(O_2)를 환원시키고 과산화물 음이온 라디칼(superoxide anion radical, O_2^-)을 형성하여 과산화수소(H_2O_2)를 생성한다. 안식향산나트륨은 과산화수소 및 산소로부터 형성된 히드록실 라디칼(hydroxyl radical)에 의해 벤젠을 생성하게 된다. 즉, 아래와 같은 일련의 반응을 거치면서 최종적으로 벤젠이 형성된다.

① $Cu^{2+} + H_2Asc$(vitamin C) $\rightarrow Cu^+ + HAsc\cdot$ (ascorbic acid radical 생성)
② $Cu^+ + O_2 \rightarrow Cu^{2+} + O_2^-$(superoxide anion radical 생성)
③ $2O_2^- + 2H^+ \rightarrow O_2 + H_2O_2$(hydrogen peroxide 생성)
④ $Cu^+ + H_2O_2 \rightarrow Cu^{2+} + OH^- + OH\cdot$ (hydroxyl radical 생성)
⑤ $OH\cdot + C_6H_5COO^- \rightarrow CO_3^- + C_6H_6$(benzene 생성)

비타민 C의 이성질체 형태인 에리소르빈산과 안식향산나트륨 이외에 안식향산의 칼륨염 형태도 음료수 내에서 벤젠을 생성할 수 있다고 보고되고 있다. 안식향산나트륨의 탈카르복실화 반응은 열과 자외선에 의해 촉진되며, 반대로 EDTA나 설탕, 콘시럽(corn syrup) 등의 천연감미료는 벤젠 형성 반응을 저하시키는 것으로 확인되었다.

6.2.2 독성

벤젠은 국제암연구소(IARC)에서 인체 발암물질(Group 1)로 분류하고 있으며(표 6-5), 발암성 이외에도 빈혈, 혈소판 감소 등을 유발하는 것으로

표 6-5 Benzene의 발암등급

연번	기관명	발암등급
1	미국환경청(U.S. EPA)	A (human carcinogen)
2	국제암연구소(IARC)	Group 1 (carcinogenic to humans)
3	미국정부산업위생전문가협의회(ACGIH)	A1 (Confirmed human carcinogen)
4	미국국립독성프로그램(NTP)	K (Known To Be Human Carcinogen)
5	유럽연합(EU)	C1 (Substances known to be carcinogenic to humans)

알려져 있다. 벤젠은 동물의 경우 주로 호흡기를 통해 배출되고 대사체는 소변으로 배설되는데, 사람의 경우도 비슷하다. 인체 노출의 경우, 노출용량의 12%가 벤젠 형태로 폐를 통해 호흡기로 배출되며, 0.1%가 벤젠의 형태로 소변으로 배설된다.

벤젠은 간이나 체내에서 변환되어 혈액 이상을 유발하는 독성을 나타낸다. 벤젠이 체내에 잔존하는 정도는 여성이 남성에 비해 유의하게 높다고 알려져 있는데, 벤젠은 지방을 많이 포함하고 있는 조직에 잘 축적되고 태반을 통과하는 특징이 있다. 체내로 흡수된 벤젠은 지방, 신경조직, 간, 뇌, 콩팥, 비장 등의 각 장기에 고루 분포하며 혈액 및 태반에도 존재한다.

벤젠을 매우 고농도로 흡입하면 사망을 일으킬 수도 있으며, 고농도 흡입으로 인해 나른함, 현기증, 맥박 빨라짐, 두통, 떨림, 착란, 무의식 등의 증상을 일으킬 수 있다.

벤젠은 모체의 혈액을 통해 태아에게로 들어가기 때문에 모체가 독성반응을 보이면 태아에게도 독성을 일으키는 것으로 알려져 있다. 어린이도 어른과 동일한 경로로 벤젠에 노출되며, 어린이가 어른보다 더 민감한지는 밝혀지지 않았다.

6.2.3 위해성

사람은 다양한 요인에 의해 벤젠에 노출될 수 있는데, 일반적으로 대기를 통해서 매일 220 μg의 벤젠에 노출되어 있고, 흡연으로 7,900 μg/일(하루 20개의 담배를 피울 경우), 식품과 음용수에 의해서 0.2~3.1 μg/일 노출되는 것으로 보고되고 있다.

식품의약품안전처는 2016년 벤젠의 위해평가를 실시한 바 있다. 식약처는 벤젠의 위해도를 미국 환경청(EPA)에서 설정한 인체안전기준인 독성참고치(R_fD) 4.0 μg/kg bw/day 대비 노출수준으로 평가하였는데, 총식이조사(Total Diet Study, TDS)에 근거한 식품을 통한 벤젠의 위해도는 평균노출 및 극단노출군(P95)에서 0.17%와 0.66%이었고, 연령별로도

독성참고치 (Reference dose)
민감군을 포함하여 인구 집단에서 일생 동안 건강상 유해한 영향이 나타나지 않는다고 판단되는 일일경구 노출량

0.11~0.82%로 안전하게 관리되고 있는 것으로 확인하였다. 벤젠의 함량이 높은 식품은 주로 해조류와 어패류였다.

6.2.4 국가별 관리현황

벤젠은 식품제조공정 중에 비의도적으로 생성되는 유해물질로 전 세계적으로 가공 식품에 대한 관리기준은 없다.

단, 음용수에 대해서는 WHO, 미국, 일본 등이 관리기준을 정하고 있고, 우리나라는 「먹는 물 관리법」에 물의 벤젠 기준을 10 ppb 이하로 정하고 있다(**표 6-6**).

표 6-6 국가별 먹는 물의 벤젠 기준

국가명	음용수의 벤젠관리기준
WHO, Codex, 일본, 호주, 한국	10 ppb
미국, 캐나다	5 ppb
유럽	1 ppb

출처: 식품의약품안전처

우리나라 식품의약품안전처와 미국 FDA 등에서는 벤젠이 10 ppb 이상 검출된 제품에 대하여 자진 회수하도록 권고하였으며, 벤젠 생성의 주원인 물질인 안식향산 대신 다른 보존료로 대체하거나 천연첨가물로 대체하는 등 제조방법의 개선을 권고하고 있다.

6.2.5 저감화 방법

음료 중 벤젠은 비타민 C와 안식향산나트륨의 농도와 무관하게 생성된다. 저감화 방법으로 금속 촉매로서 구리가 철보다 벤젠 생성에 더 큰 영향을 주기 때문에 구리의 오염을 최소화할 필요가 있다. 동일한 저장 조건에서는 온도가 높고, 저장기간이 길수록 생성량이 많아진다. 벤젠 생성 저해제인 당류(sucrose, fructose)나 EDTA를 사용하면 각각 50%와 90%씩 생성량이 감소된다. 대체 보존제로 메틸파라벤(methyl paraben)을 사용하면 벤젠이 생성되지 않는다.

6.3 바이오제닉 아민

바이오제닉 아민(biogenic amines, BAs)은 미생물, 식물 및 동물의 대사과정에서 생성되는 저분자량의 물질이다. 바이오제닉 아민은 단백질 함유 식품의 유리아미노산이 저장, 발효, 숙성 과정에서 미생물의 탈탄산반응

으로 생성되는 분해산물로 열에 안정하며 가공 및 조리 후에도 식품 내에 존재한다. 바이오제닉 아민 생성과 관련된 식품으로는 어류제품(고등어, 청어, 참치, 정어리), 육류제품, 우유, 유제품, 시금치, 토마토 등의 채소, 오렌지, 바나나 등의 과일, 견과류, 초콜릿, 포도주 및 맥주 등 다양하다. 특히, 우리나라 전통식품인 된장, 간장, 청국장, 멸치젓, 까나리 액젓, 배추김치 등에서도 검출되고 있다. 발효식품의 경우 미생물의 증식으로 바이오제닉 아민이 생성된다. 식품에서 가장 중요한 바이오제닉 아민으로는 히스타민(histamine), 트립타민(tryptamin), 카다베린(cadaverin), 푸트레신(putrescin), 스페르민(spermin), 스페르미딘(spermidin) 등이 있다(그림 6-8). 이와 같이 다양한 식품에서 검출되고 있는 바이오제닉 아민은

물질명	CAS 번호	분자식	분자량	구조식	전구체	약리작용
Tryptamine (Trp)	61-54-1	$C_{10}H_{12}N_2$	160.22	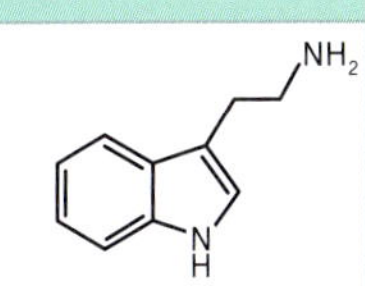	트립토판	혈압상승
β-phenylethyl (Phe)	64-04-0	$C_8H_{11}N$	121.18	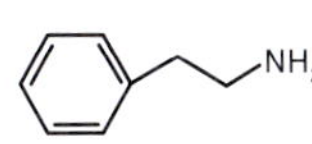	페닐알라닌	교감신경계에서 노르아드레날린 방출, 혈압상승, 편두통 야기
Putrescine (Put)	110-60-1	$C_4H_{12}N_2$	88.15		오르니틴	저혈압, 서맥(분당 60 이하), 팔다리 마비, 다른 아민들의 독성을 증가시킴, 세포 성장과 증식
Cadaverine (Cad)	462-94-2	$C_5H_{14}N_2$	102.18	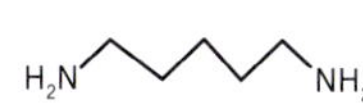	리신	저혈압, 서맥, 팔다리 마비, 다른 아민들의 독성을 증가시킴, 세포 성장과 증식
Histamine (His)	51-45-6	$C_5H_9N_3$	111.15	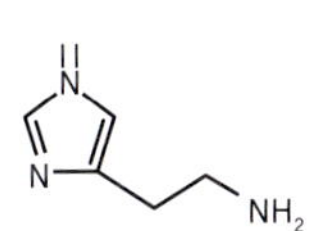	히스티딘	아드레날린과 노르아드레날린을 유리시킴. 자궁, 소장 및 기도의 평활근 자극, 감각심경과 운동신경을 자극함. 위산분비 조절
Tyramine (Tyr)	51-67-2	$C_8H_{11}NO$	137.18	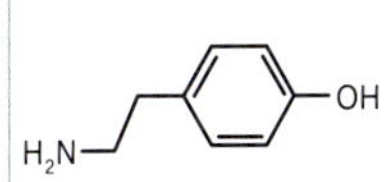	티로신	말초혈관 수축, 심장박출량 증가, 호흡 증가, 혈당수치 증가, 교감신경계에서 노르아드레날린 방출, 편두통 야기
Spermidine (Spd)	124-20-9	$C_7H_{19}N_3$	145.25	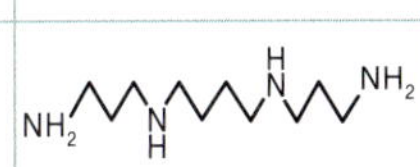	아르기닌	다른 아민들의 독성을 증가시킴, 세포 성장과 증식
Spermine (Spm)	71-44-3	$C_{10}H_{26}N_4$	202.35	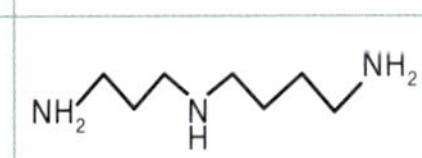	아르기닌	다른 아민들의 독성을 증가시킴, 세포 성장과 증식

그림 6-8 바이오제닉 아민류의 물리·화학적 특성

체내에서 직·간접적으로 신경전달물질로 작용하고 혈압조절 및 혈류 등의 심혈관계에도 영향을 미친다. 따라서 식품 중의 바이오제닉 아민 생성을 낮추기 위해서는 신선한 재료와 가공과정에서 부패 미생물을 저해하기 위한 엄격한 위생관리가 중요하다.

6.3.1 바이오제닉 아민 생성 기작

일반적으로 아민이라는 것은 NH_3의 H가 알킬 그룹으로 치환된 화합물을 지칭하는데, 치환된 H의 원자수가 1개이면 1차 아민(RNH_2), 2개일 때 2차 아민(R_2NH)으로 불린다. 또한 아민의 질소원자 수에 따라 mono-, di-, 3개 이상일 경우 polyamine으로 불린다. 바이오제닉 아민은 식품에서 단백질이 분해되면 히스티딘(histidine), 타이로신(tyrosine) 등과 같은 아미노산의 CHCOOH 말단기로부터 효소적 탈탄산반응에 의해 CO_2가 빠지면서 생성된다(그림 6-9). 바이오제닉 아민은 가공·저장 중 생성되는 것(putrescine, cadaverine, tryptamine, histamine, tyramine, β-phenylethylamine, agmatine)과 천연 유래(spermidine, spermine, serotoin, norepinephrine, dopamine)의 두 그룹으로 크게 나뉜다.

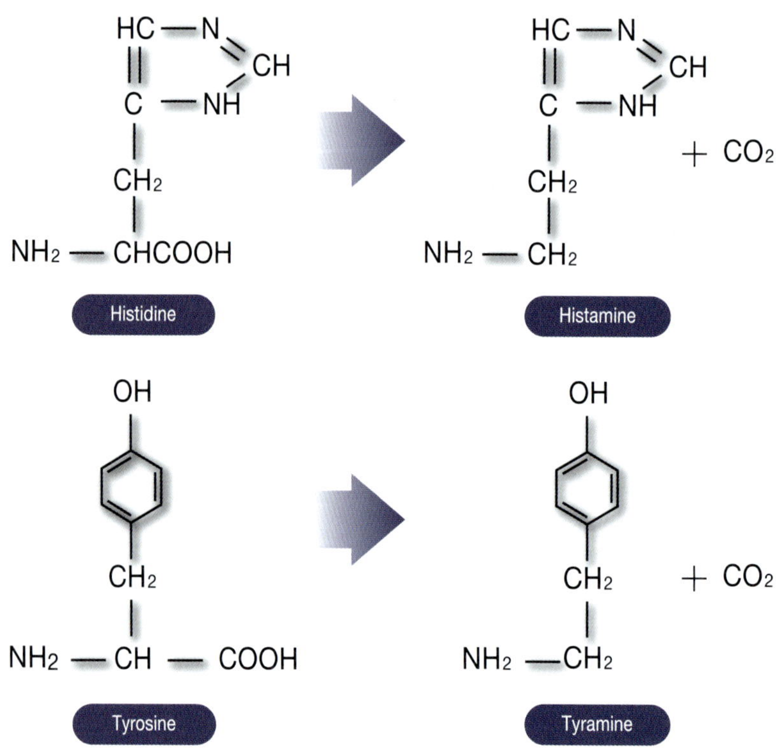

그림 6-9 바이오제닉 아민의 생성 기작
출처: 식품의약품안전처

6.3.2 바이오제닉 아민의 독성

식품에서 유래하며 중독 증상을 유발하는 대표적인 바이오제닉 아민은 히스타민으로 생선, 치즈, 포도주 및 육류 가공품에 존재한다. 독성 증상은 섭취 농도, 다른 아민류의 혼재 여부, 아미노산화효소(amino oxidase)의 활성 및 개인의 건강상태에 따라 달라진다. 포유류는 장내에서 해독 능력이 있어 식이로 섭취하는 바이오제닉 아민을 대사시킬 수 있다. 그러나 알레르기 환자나 모노아민산화효소(monoamine oxidase) 저해제를 복용하는 경우나 바이오제닉 아민을 과량 섭취했을 때 해독 기능이 상실되면 바이오제닉 아민이 체내에 축적되어 독성이 나타난다. 사람에게 질병을 일으키는 바이오제닉 아민의 독소량이 정확하게 알려져 있지는 않으나, 대부분의 식품에는 100 g 중 5 mg 이하로 존재한다고 보고되고 있다. 한 연구 결과에 따르면 식품 100 g 중 히스타민 5 mg 이하이면 안전한 수준이고, 5~20 mg이면 독성유발이 가능하며, 20~100 mg이면 독성을 나타내고 100 mg 이상은 사람이 섭취했을 때 안전하지 않은 것으로 보고되고 있다. 티라민(tyramine)의 경우 독성을 나타내는 양은 10~80 mg으로 알려져 있다.

바이오제닉 아민은 소장, 간 등에 존재하는 모노아민 산화효소(monoamine oxidase, MAO) 및 디아민산화효소(diamine oxidase, DAO)의 작용에 의해 대사되고, 대사산물은 약리적 효능이나 독성이 없다. 히스타민과 티라민의 반감기는 각각 102초, 30분으로 체내 반감기는 비교적 짧다. 히스타민 경구 투여 시 대부분 소상 내 세균에 의해서 N-아세틸히스타민으로 변환된다. 히스타민 대사체는 약리적 활성이 거의 없으며 대부분 소변으로 배설된다.

6.3.2.1 히스타민 중독(Scombrotoxicosis)

히스타민 중독에 의한 증상은 오심, 호흡곤란, 발열, 홍조, 발한, 심장 두근거림, 두통, 홍반, 혈압상승 및 강하, 두드러기 등이 있다. 히스타민 중독을 유발하는 주요 원인식품으로는 고등어, 꽁치, 참치, 가다랑어, 삼치, 전갱이와 같은 고등어과(Scombridae) 어류와 정어리, 멸치, 청어, 청새치 등 비고등어과 어류 등이 있다. 이들 어류에는 히스타민의 전구체인 히스티딘이 다량 유리 상태로 존재하기 때문에 적절하지 않은 조건에서 저장할 경우 미생물 증식으로 히스타민이 발생한다. 고등어의 경우 어획 후 즉시 0℃에 보관하면 안전한 보관기간이 14일이지만, 4.4℃에서는 7일로 난축되고, 4.4℃ 이상에서는 4시간 이하가 된다. 밀봉포장은 히스타민 생성을 지연시키지는 못한다. 따라서 히스타민 등과 같은 일부 바이오제닉 아민은 고등어나 꽁치, 정어리, 참치 등을 비위생적으로 관리하여 부패하면 생성되기 때문에 부패 지표물질로 이용되고 있다.

6.3.2.2 티라민 독성

티라민은 교감신경계에서 노르아드레날린(noradrenalin)을 분비함으로써 혈관수축과 심박활동을 증가시켜 혈압상승을 유발한다. 티라민은 monoamine oxidase(MAO) 효소에 의해 분해되지만, 우울증 치료제인 페넬진(phenelzine), 모클로베미드(moclobemide), 결핵치료제인 이소니아지드(isoniazid) 등과 같이 복용할 경우 티라민을 분해하지 못하여 혈압이 상승될 수 있다. 실제로 유럽에서는 모노아민 산화효소 저해제를 복용하는 환자가 치즈를 섭취한 후 심한 두통과 뇌출혈, 심장마비로 사망한 경우가 있어 이를 '치즈 반응(cheese reaction)'이라고 부른다. 치즈 외에도 청어, 피클, 육류제품, 닭의 간에도 티라민이 함유되어 있어 이러한 식품을 섭취한 후에도 고혈압을 유발할 수 있다.

노르아드레날린 (Noradrenalin)

1943년 Angus Carter에 의해 발견된 스트레스 호르몬으로 뇌의 집중과 반응을 조절하는 부위에 영향을 끼친다. 심장 박동을 증가시키고, 중추신경계에도 영향을 준다.

6.3.3 국가별 관리현황

현재까지 바이오제닉 아민에 대하여 일부 국가에서는 히스타민에 대한 기준규격을 설정하여 관리하고 있다. 히스타민에 대해 국제식품규격위원회(Codex)를 비롯한 유럽연합(EU) 등 일부국가에서 어육 및 가공어육제품에 대해 100~200 ppm 이하를 권장하고 있으며, 미국은 가다랑어 및 참치 통조림에 대해 500 ppm 이하로 규정하고 있다. 우리나라는 발효숙성 과정에서 자연적으로 생성되는 바이오제닉 아민에 대해 품질기준을 적용하는 것은 무리가 있으므로 냉동어류, 염장어류, 통조림, 건조, 절단 등 단순 처리한 어류에 대한 히스타민 기준을 정하고 있다. 미국 식품의약품청은 1977~1981년 사이에 발생한 히스타민 식중독 사례 188건을 근거로 하여 생선류의 신선, 냉동 및 통조림 제품들에 대하여 히스타민 시행 기준(action level)을 50~500 ppm으로 설정하였다. 히스타민 독성을 근거로 한 기준치는 500 ppm이나 생선 근육에 히스타민이 균일하게 분포되어 있지 않으므로 일부 부위에서 50 ppm 검출은 다른 부위에서 500 ppm 이상 농도가 존재할 가능성이 있는 것으로 판단한다.

유럽에서는 고등어과, 청어과(Clupeidae), 멸치과(Engraulidae) 및 민새기과(Coryphaenidae)의 어종을 관리대상으로 하고 있으며, 9개의 시료 중 2개 이상에서 히스타민이 100~200 ppm 농도로 검출되어서는 아니되며, 평균 히스타민 농도를 100 ppm 이하로 규정하고 있다. 호주 및 뉴질랜드는 어류 및 어류제품에서 200 ppm 이하로 규정하고 있다(표 6-7).

표 6-7 국내·외 수산물 중 히스타민 기준 규격

구분	대상 식품	기준(mg/kg)
미국	• 참치, Mahi-Mahi 및 관련 어류, 참치통조림	500(Defect action level: 50)
EU	• 냉동어류(고등어과, 청어과, 멸치과, 만새기과 등)	100(평균), 200(최대) (n=9, c=2)
	• 발효숙성어류(enzyme maturation in brine)	200(평균), 400(최대) (n=9, c=2)
호주, 뉴질랜드	• 어류 및 어류제품	200
CODEX	• 냉동어류(고등어과, 청어과, 만새기과 등) • 어류(고등어과, 청어과, 만새기과 등)의 통조림제품, 가공품(필렛, 스틱 등)·정어리 가공품 • 건조염장멸치(boiled dried salted anchovies) • 참치 및 가다랑어 통조림 • 염장청어(salted atlantic herring and sprat)	100(샘플 평균; 품질기준) 200(모든 샘플; 위생기준)
한국	「식품공전」 제2. 식품일반에 대한 공통기준 및 규격 17) 수산물에 대한 규격 (1) 히스타민: 냉동어류, 염장어류, 통조림, 건조 또는 절단 등 단순 처리한 것(어육, 필렛, 건멸치 등): 200 mg/kg 이하(고등어, 다랑어류, 연어, 꽁치, 청어, 멸치, 삼치, 정어리, 몽치다래, 물치다래, 방어에 한한다)	200

포도주에 대한 히스타민의 권장규격을 독일 2 ppm, 벨기에 5~6 ppm, 스위스와 오스트리아 10 ppm, 프랑스 8 ppm, 네덜란드 3 ppm으로 각각 정하고 있다. 한편 일본은 식물발효식품 중 히스타민 및 티라민 권장규격을 불검출로 정하고 있다.

우리나라를 비롯하여 외국에서도 장류 중 히스타민에 대한 기준규격은 없으며, 국내에서는 500 ppm 이하로 관리하고 있다. 냉동어류, 염장어류 등 수산물에 대하여 히스타민 기준을 200 mg/kg으로 정하고 있다.

6.3.4 바이오제닉 아민 생성조건

바이오제닉 아민 생성에 있어 온도와 저장 기간이 중요한 요소이며 수산물을 대상으로 히스타민 등의 생성에 대해서 많은 연구가 수행되어 왔다. 일예로 눈다랑어(big eye tuna)와 가다랑어(skipjack)에서 온도(4℃, 10℃, 22℃)에 따른 히스타민 생성량을 측정한 결과 22℃에서 가다랑어는 1일, 눈다랑어는 2일간 보관하는 동안 500 ppm을 초과하는 히스타민이 생성되었다. 다양한 미생물들이 바이오제닉 아민 생성에 관여하는 것으로 알려져 있으며, *Bacillus*, *Citrobacter*, *Clostridium*, *Klebsiella*,

Escherichia, *Proteus*, *Pseudomonas*, *Salmonella*, *Shigella*, *Photobacterium*, *Lactobacillus*, *Pediococcus*와 *Streptococcus*는 아미노산을 탈탄산(decarboxylation)시키는 탈탄산효소(decarboxylase)를 갖고 있다. *Morganella morganii*(*Proteus morganii*), *Klebsiella pneumoniae*와 *Hafnia alvei*는 어류에서 히스타민 생성에 관여하는 균종이다. 또한 아민을 생성하는 유산균으로는 *Lactobacillus brevis*, *Lactobacillus buchnerii*, *Lactobacillus curvatus*, *Lactobacillus carnis*, *Lactobacillus divergens*와 *Lactobacillus hilgardii*가 육류와 육류제품에서 보고된 바 있다.

6.3.5 저감화 방법

바이오제닉 아민류의 노출기여 식품은 소주, 맥주, 다랑어/참치 통조림, 라면, 막걸리, 김치(배추김치), 대두, 마늘 등으로 알려져 있다. 바이오제닉 아민류 중 기준규격으로 관리되고 있는 히스타민의 노출기여 식품은 백미, 김치(배추김치), 쌈장 등이고, 히스타민 함량이 높은 식품(조리법)은 후추 분말(끓이기)이 가장 높고, 그 다음은 굽기, 튀기기 순이다.

식품에서 바이오제닉 아민류의 생성을 줄이는 방법으로 발효 및 저장온도를 낮추고, 요구르트와 치즈 제조 시 저온 살균우유, 중온균 스타터와 살균된 커드(curd)를 사용하면 도움이 된다. 젓갈류나 장류 제조 시 글리신이나 마늘 추출물을 첨가하는 방법도 바이오제닉 아민의 생성을 줄이는데 도움이 된다. 원료와 제조공정을 청결히 유지하여 부패 미생물의 오염을 차단할 필요가 있다. 또한 어류가공품 부산물의 pH를 4.5 이하로 조절하여 디카르복실라제 활성을 효과적으로 억제하거나, 치즈 제조 시 pH, 온도, 소금 농도를 조절하여 미생물 성장을 억제할 수 있으며, 감마선 조사로 발효 초기 부패 미생물을 효과적으로 줄여 발효 숙성 중 바이오제닉 아민 생성을 억제할 수도 있다.

6.4 에틸카바메이트

에틸카바메이트(ethyl carbamate, $C_3H_7NO_2$)는 카르밤산(carbamic acid)의 에틸에스터(ethyl ester)로 무향의 흰색 결정성 가루이다. 식품 저장 및 숙성 과정 중 에틸카바메이트는 화학적 및 자연적으로 발생하는 독성물질로 알코올성 음료와 발효식품에 함유되어 있다. 특히 알코올성 음료 중 포도주, 청주, 위스키 등에 존재하며, 발효식품의 경우에는 일본식 된장(miso), 일본식 청국장(natto), 요구르트, 치즈, 김치, 간장에 함유되어 있는 것으로 알려져 있다.

에틸카바메이트는 1943년 쥐의 폐종양 형성을 유도하는 요인을 조사하면서 발암성이 알려지기 시작하였으며, 1970년대 초기에 식품 및 알코올성 음료에 대한 연구에서 에틸카바메이트의 존재가 확인되었다.

캐나다 정부에서는 1985년 유통 중인 주류에서 에틸카바메이트 함량을 조사한 결과, 자두, 복숭아, 체리 등과 같은 씨가 있는 과실을 원료로 한 과실주에서 에틸카바메이트가 높게 검출됨을 언론에 발표하면서 국제적 이슈가 되었으며, 1986년 캐나다는 처음으로 다양한 알코올 음료에 에틸카바메이트 최대 잔류기준을 설정하였다. 미국 FDA에서는 1997년 포도주 제조 시 에틸카바메이트 저감화를 위한 매뉴얼을 만들어 양조업자들의 자발적 참여를 권고하였다. Codex 및 대부분의 국가에서는 식품 중 에틸카바메이트의 관리를 위해 주류 제조 공정 중의 저감화 추진을 권고하고 있다.

6.4.1 형성 기작

에틸카바메이트는 식품의 제조과정 중 시안화수소산, 요소, 시트룰린, 시안배당체, N-carbamyl 화합물 등의 여러 전구체 물질이 에탄올과 반응하여 생성된다(그림 6-10).

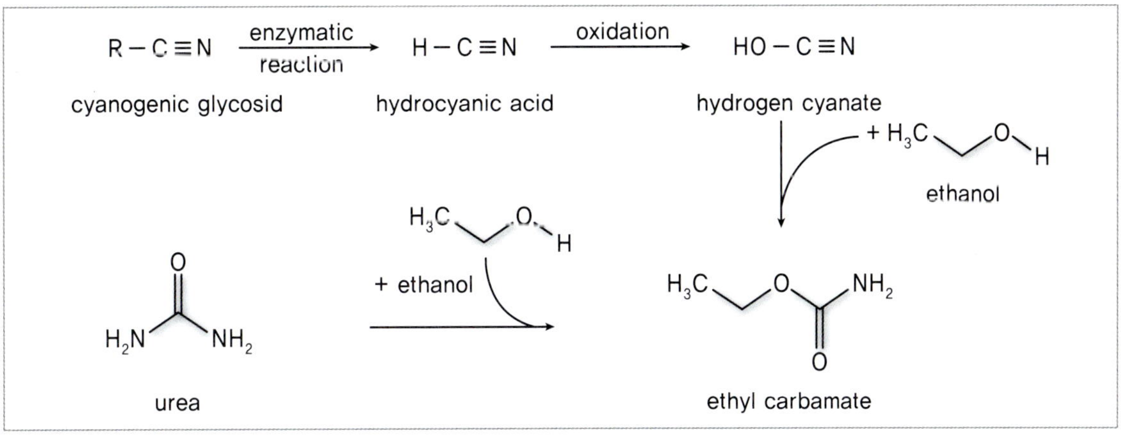

그림 6-10 식품 중 에틸카바메이트 생성과정

과실(핵과류)에서 발견되는 시안배당체는 효소반응으로 시안화수소산으로 분해된 후 산화되어 cyanate를 형성하고, cyanate가 에탄올과 반응하여 에틸카바메이트를 생성한다.

HCN(Cyanide) ⇒ HOCN(Cyanate) + Ethanol ⇒ Ethyl carbamate

발효과정 중에는 아르기닌이 효모에 의해 분해된 요소와 에탄올이 반응을 통해 에틸카바메이트가 생성된다.

요소(Urea), N-carbamyl phosphate + Ethanol ⇒ Ethyl carbamate

6.4.2 독성

에틸카바메이트는 미국 EPA(환경청)에서 인체 발암 가능 물질 Group B2(probable human carcinogen based on sufficient animal but no human evidence)의 물질로 분류하고 있고, 국제암연구소 IARC는 2A(probably carcinogenic to humans)의 인체 발암 추정 물질로, 우리나라는 노동환경건강연구소 발암물질 목록에서 2등급(인체 발암성 추정물질)으로 분류되어 있다.

에틸카바메이트는 짧은 기간 동안 일정 농도로 노출되면, 소화기관에 자극을 줄 수 있으며 메스꺼움, 구토 및 설사를 동반한 위장 염증의 원인이 될 수 있다.

또한 쥐(rat), 생쥐(mice), 토끼(rabbit) 등을 대상으로 한 실험에서 에틸카바메이트에 의해 간, 콩팥, 폐, 유선(乳腺), 심장 등에서 종양 형성 등의 발암성이 확인되었다.

2005년 Codex 식품첨가물전문가위원회(Joint Expert Committee on Food Additives, JECFA) 보고서에 의하면 경구를 통한 단회 투여 독성 실험에서 설치류의 경우 LD_{50}이 2,000 mg/체중 kg으로 나타났으며, 1,000 mg/체중 kg의 섭취로도 감각을 상실하며, 500~600 mg/체중 kg을 13주 동안 생쥐와 쥐에게 음수로 공급한 경우 치사율이 증가하였고, 150 mg/체중 kg 정도의 양을 공급하면 몸무게가 감소하고 콩팥, 간 등 장기에 이상이 관찰되었다. 에틸카바메이트는 암컷 쥐의 경우 유선이 주요 감수성 기관이며, 수컷의 경우는 폐로 보고되고 있다.

6.4.3 위해성

에틸카바메이트에 대한 인체 노출은 주로 발효된 식품과 알코올 음료의 섭취를 통해서 일어난다. 식품 중에 풍부한 아미노산인 아르기닌(arginine) 또는 시트룰린(citruline)을 이용한 효모(yeast)의 대사과정에서 생성된 요소(urea)가 에탄올과 반응하여 에틸카바메이트가 생성되는 것으로 알려져 있다. 에틸카바메이트에 대한 주 노출경로를 빵류에 대한 노출로 가정할 때 성인의 하루 평균 섭취량은 10~20 ng/kg bw/day 정도이며, 하루 20개비의 담배를 피우는 경우 두 배의 양을 섭취하게 된다. 일반적인 알코올 음료 섭취의 경우 일일 평균 노출량은 80 ng/kg bw/day 정도이며,

특히 핵과류 브랜디(30 ml)를 섭취하는 경우 노출량은 60배까지 증가하게 된다. 에틸카바메이트의 생성량은 저장기간이 길수록, 숙성온도가 높을수록, 가열할수록 증가한다.

6.4.4 국가별 관리현황

덴마크 국립연구소에서는 각종 폐종양을 유도하는 요인을 조사하던 중 에틸카바메이트를 하나의 원인 물질로 처음 보고하였다. 미국에서는 과일 주스의 살균제로 쓰이는 디에틸카보네이트(diethyl carbonate)로부터 암모니아반응에 의해 에틸카바메이트가 생성된다는 보고에 따라 1972년 디에틸카보네이트의 사용을 금지시켰다. 미국은 알코올음료에 대한 에틸카바메이트의 기준을 정하고 있는데, 브랜디는 10~45 ppb, 위스키는 55~70 ppb, 리큐르는 10~25 ppb, 와인은 10~15ppb, 사케는 55~60 ppb이다.

캐나다 보건성(Health Canada)은 테이블 와인(30 ppb), 디저트 와인(100 ppb), 위스키(150 ppb), 과실주(400 ppb), 청주(200 ppb)에 대한 규격을 1985년에 정하여 관리하고 있다(표 6-8). 우리나라는 2008년 알코올 함량 15% 미만인 와인에 대해 에틸카바메이트의 기준을 30 ppb로 정하고 있다.

캐나다 보건성 (Health Canada)
캐나다의 공중보건을 담당하는 정부 부처(13장 참조) (www.hc-sc.gc.ca/index-eng.php)

6.4.5 저감화 방법

에틸카바메이트의 저감화 방법으로는 시안화합물 등의 에틸카바메이트 전구체 생성을 억제하여 저감화시키는 방법과 제조공정 및 유통기간을 관리(빛에 최소한 노출, 25℃ 이하로 온도 유지, 발효기간 단축)하는 방법이

표 6-8 각국의 에틸카바메이트 기준

Country	Ethyl carbamate concentration (μg/L)				
	Wine	Fortified wine	Distilled spirit	Sake	Fruit brandy
Canada	30	100	150	200	400
USA	15	60			
Czech Republic	30	100[a)]	150	200	400[b)]
France			150		1,000
Germany					800

a) Fruity wines and liqueurs
b) Fruity distilates and fruity, mixed and other spirits

권고되고 있다. 특히, 매실을 침출한 후 90일이 지나 매실을 분리해 낸 것과 계속 침출한 술을 비교한 결과, 분리된 경우에 에틸카바메이트가 1.2~2배 낮은 것으로 나타나 매실로부터 시안화합물의 용출을 낮추려면 매실의 침출기간을 100일 이내로 할 것을 권고하고 있다.

주류와 발효식품의 에틸카바메이트 저감화 방법 연구결과를 요약하면 다음과 같다.

- 스카치위스키 제조업체는 에틸카바메이트의 전구체를 자연적으로 낮출 수 있는 원료로서 보리를 사용하여 에틸카바메이트 함량을 감소시킬 수 있다.
- 와인 제조용 포도 재배 시 질소비료를 과잉으로 사용하지 않으면 에틸카바메이트 생성량을 줄일 수 있다.
- 와인 제조 시 발효를 도와주기 위해 첨가하는 인산이암모늄(diammonium phosphate)을 과량으로 사용하지 않으면 저감화에 도움이 되며, 저장기간이 길수록 대체적으로 에틸카바메이트의 함량이 증가한다.
- 저장과 운송 중 온도 상승을 억제한다.
- 김치의 경우 숙성기간이 길수록, 염도가 낮을수록, 젓갈의 첨가량이 많을수록 비교적 높은 농도의 에틸카바메이트가 검출된다.
- 간장을 담글 때 빛을 쪼여 주면서 보관하면 에틸카바메이트의 형성을 억제할 수 있다.

에틸카바메이트의 노출을 줄이기 위한 생활습관은 다음과 같다.

- 살구, 복숭아 등의 씨앗에는 에틸카바메이트 생성 물질인 시안화합물의 함량이 높아 섭취해서는 안 된다.
- 덜 익은 메실의 씨앗과 과육은 시안화합물을 함유하고 있어 술을 담그거나, 설탕에 절이는 경우 가능한 한 씨앗을 제거한다.
- 은행과 죽순은 반드시 익혀 섭취하고, 아마씨는 200℃에서 20분 정도 볶아 섭취해야 하는데 1회 4 g, 하루 16 g을 초과하지 않는 것이 바람직하다.

6.5 벤조피렌

벤조피렌(benzo[a]pyrene, BaP, $C_{20}H_{12}$)은 다환 방향족탄화수소(polycyclic aromatic hydrocarbons, PAHs) 그룹에 속하는 황색의 결정성 고체이며, 300~600℃ 사이의 온도에서 불완전 연소 시 생성되기

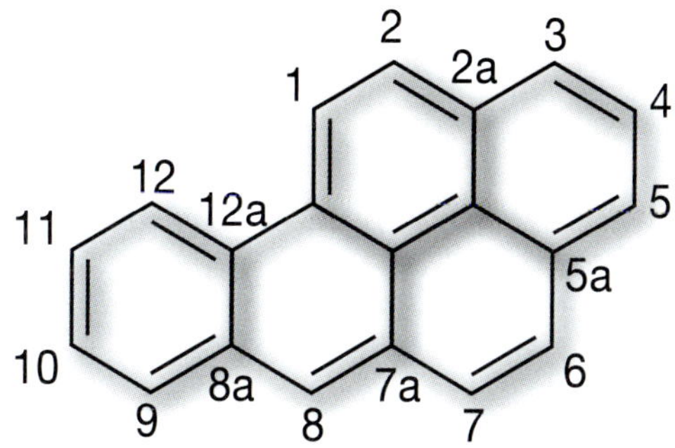

그림 6-11 벤조피렌의 화학구조

때문에 오염원은 매우 다양하다. 주로 콜타르(coal tar), 자동차 배기가스, 담배 연기 등에 존재한다. 환경오염으로 인해 농산물, 어패류 등 조리·가공 과정을 전혀 거치지 않은 식품에도 벤조피렌이 존재한다. 벤조피렌의 화학구조는 그림 6-11과 같다.

벤조피렌은 식용유를 사용하여 식품을 가열하는 과정이나 식품 중 기름 성분을 착유하기 위해 열처리하는 과정에서 생길 수 있다. 가정에서 직화구이를 하거나 굽기, 튀기기, 볶기 등의 조리를 하는 과정에서도 형성된다. 예를 들면, 식용유지류(식용유, 정제 올리브유, 해바라기유, 참기름, 들기름), 볶음견과류(땅콩, 아몬드), 훈제식품(훈제치킨, 훈제소시지, 훈제햄), 숯불구이(돼지고기, 쇠고기) 등을 꼽을 수 있다. 또한 담배연기, 자동차 배기가스 등에서 발생되는 흔한 물질로 공기 중에도 다량 함유되어 있어서 성인의 경우 매일 12~80 mg의 벤조피렌에 노출되고 있으며, 콜타르, 자동차 배기가스, 담배연기 등에 존재하는 벤조피렌이 공기, 토양 등 환경에 오염되어 다시 농산물이나 어패류 등에 오염되기 때문에 조리나 가공을 하지 않은 식품에도 벤조피렌이 함유될 가능성이 있다. 국제암연구소(IARC)는 1996년 담배연기로 인한 폐암 유발의 주요원인 물질로서 발암물질인 벤조피렌을 지목하기도 하였다.

우리나라에서는 2006년 올리브유에서 벤조피렌이 검출됨에 따라 사회적으로 문제가 된 바 있다.

그 후 식품의약품안전처의 조사 결과 국내산 식용유 제품도 기준치가 초과하는 것으로 확인되었는데, 이는 지방을 많이 함유한 참깨나 들깨에서 고열로 기름을 추출하는 방식 때문에 벤조피렌이 기준치인 2 ppb 이상 검출되는 것으로 분석되었다. 벤조피렌은 지방 함유식품이 불꽃과 직접 접촉할 때 가장 많이 생성되므로 검게 탄 고기에는 벤조피렌이 존재한다. 따라서 조리 시 식품이 타지 않도록 주의해야 한다.

6.5.1 형성기작

벤조피렌의 배출원은 매우 다양하여 모든 탄소화합물의 연소과정에서 나타날 수 있으며, 대표적 배출원으로 화석연료를 사용하는 산업공정, 자동차 연료 및 배기가스, 나무의 연소, 담배 및 그을린 음식 등과 같은 인위적 발생원과 화산, 산불, 원유 등과 같은 자연적 발생원이 있다.

6.5.2 독성

벤조피렌 15 nmole을 수컷 래트(wister rat)에게 복강 투여한 결과 모든 조직에서 검출되었는데, 가장 고농도로 존재하는 장기는 간이었고 콩팥, 폐, 뇌 순으로 분포하였다. 마우스(mouse)에게 복강주사를 하여 구한 LD_{50}은 250 mg/체중 kg이었다. 임신 중 단기노출에 의해 기형 유발, 면역기능을 억제하며, 장기노출 시 여러 종의 동물들에서 국소적인 발암성을 유발한다고 알려져 있다. 미국 환경청(EPA)에서는 벤조피렌이 유전독성과 발암성이 있는 것으로 보고하였고, 국제암연구소(IARC)에서는 인체 발암 가능 물질(2B)로 분류하고 있다. 사람에게 벤조피렌이 발암성이 있다는 자료는 부족하나 동물실험에서는 다수의 벤조피렌 투여경로에 의해 발암성이 입증된 바 있다. 담배연기, 지붕재료, 요리 오븐재 등에 벤조피렌이 함유되어 있는 것으로 알려져 있으며, 다양한 PAHs는 사람에게 폐암을 유발하는 것으로 보고되고 있다.

6.5.3 위해성

훈제 육류 및 훈제 어류를 많이 섭취하거나 직화로 고기를 구워먹는 습관을 가진 사람들은 대장암 및 유방암 발생 위험이 높아지는 것으로 알려져 있다. 또한 벤조피렌은 환경호르몬으로서 내분비계 장애를 유발할 수 있으며, 여성들의 자궁질환, 생리통, 성조숙증 등의 원인이 될 수 있다.

벤조피렌은 DNA와 결합함으로써 전사(transcription)를 방해하여 암을 유발하는 것으로 알려져 있다. 벤조피렌은 잔류기간이 길고 독성도 강하여 더 문제시되고 있는데 내분비계 장애물질이면서 발암 가능 물질로 Codex 및 JECFA의 위해성 평가를 위한 우선순위 목록(priority list)에 포함되는 등 식품 관련 국제기구의 주요 관심 대상 물질이다.

전사(Transcription)

전사는 미생물이나 세포 내에서 RNA 중합효소(RNA polymerase)를 이용하여 DNA를 RNA로 다시 합성하는 기작이다. 단백질 합성의 전 단계이며, 전사과정을 거치면서 유전자 프로모터(promotor) 부분에 RNA 중합효소가 결합되고, 이 중합효소에 의해 DNA 서열이 인식되며, DNA 서열에 따라 리보핵산(ribonucleic acid)을 이용하여 RNA를 합성하게 된다.

6.5.4 국가별 관리현황

국내의 경우 식품의약품안전처에서는 일부 식품에 대해 벤조피렌 기준을 정하여 관리하고 있다. 식용유지, 어류는 2.0 μg/kg 이하, 숙지황 및 건지황, 연체류 및 갑각류, 훈제어육(건조제품 제외), 훈제식육제품 및 그 가공품은 5.0 μg/kg 이하, 패류는 10.0 μg/kg 이하, 특수용도식품 중 영아용 조제식, 성장기용 조제식, 영유아용 곡류 조제식, 기타 영유아식은 1.0 μg/kg 이하로 규정하고 있다(표 6-9).

유럽의 식품별 벤조피렌 기준(Commission Regulation(EC) No 1881/2006)은 식품의 성분으로 직접 섭취하는 기름 및 지방 2.0 μg/kg, 훈제 육류 및 훈제 생선살과 그 가공품, 갑각류와 두족류 5.0 μg/kg, 훈제되지 않은 생선살 2.0 μg/kg, 가공된 시리얼 원료제품, 영유아용 식품, 분유, 이유제품, 영아용 의료식이제품 1.0 μg/kg이다.

미국은 식품에 벤조피렌 기준을 설정하고 있지 않으나, 미국 FDA와 국립해양대기국(NOAA)에서는 멕시코만 유류 유출사고 이후, 수산물 채취시기 등의 결정을 위하여 벤조피렌에 대한 action level을 설정하고 있다. 그 외 캐나다는 식품 중 올리브 포메이스 오일에 한해 벤조피렌 기준을 설정하고 있으며, 중국은 벤조피렌을 식품에 비의도적으로 오염된 화학물질로 분류하여 2014년부터 훈제 축·수산물과 일부 곡류 및 곡류가공품에 대하여 기준을 설정하여 관리하고 있다.

표 6-9 국내·외 벤조피렌 기준

식품유형	국가 및 기구(μg/kg)							
	한국	CODEX	EU		캐나다	미국	일본	중국
			벤조피렌	P4H4*				
식용 및 식재료용 유지 (카카오버터 제외)	2.0	–	2.0	10.0	3 (올리브박 오일)	–	–	10 (유지 및 그 제품)
코코아콩 및 그 가공품 (식품원료용 코코아 섬유질 및 그 가공품 제외)	–	–	5.0	30.0	–	–	–	–
식용 및 식재료용 코코넛유	2.0	–	2.0	20.0	–	–	–	–
훈제육 및 그 가공품	5.0	–	2.0	12.0	–	–	–	5.0 (훈제, 끓인 것, 구운 것)
훈제어육 및 그 가공품	5.0, 10.0 (훈제건조어육: 생물기준)	–	2.0	12.0	–	–	–	5.0 (훈제, 구운수산물)
훈제청어 및 훈제청어캔	5.0	–	5.0	30.0	–	–	–	–
(훈제)이매패류	–	–	6.0	35.0	–	–	–	–

(계속)

표 6-9 국내·외 벤조피렌 기준(계속)

식품유형	국가 및 기구(μg/kg)							
	한국	CODEX	EU		캐나다	미국	일본	중국
			벤조피렌	P4H4*				
곡류가공품 및 영유아식	1.0 (조제분유 포함)	–	1.0	1.0	–	–	–	5.0 (벼, 현미, 쌀, 보리, 소맥분, 옥수수, 옥수수면 (찌꺼기))
영유아용조제식 및 성장기용조제식	1.0 (성장기용조제분유, 기타조제분유 포함)	–	1.0	1.0	–	–	–	–
영유아용 특수 의료 용도식	1.0	–	1.0	1.0				
어류	2.0	–	–	–	–	–	–	–
갑각류	5.0	–	–	–	–	–	–	–
패류	10.0	–	–	–	–	–	–	–
연체류	5.0	–	–	–	–	–	–	–
건지황, 숙지황	5.0	–	–	–	–	–	–	–
흑삼/흑삼농축액	2.0/4.0	–	–	–	–	–	–	–
식품원료용 코코아 섬유질 및 그 가공품	–	–	3.0	15.0	–	–	–	–
바나나칩	–	–	2.0	20.0	–	–	–	–
식물(botanicals) 및 그 조제품을 함유한 식이보충제(**)(***) 프로폴리스, 로얄젤리, 스피루리나 또는 그 조제품을 함유한 식이보충제	–	–	10.0	50.0	–	–	–	–
건조 허브	–	–	10.0	50.0	–	–	–	–
건조향신료(소두구 및 훈제 *Capsium* spp. 제외)	–	–	10.0	50.0	–	–	–	–

* Benzo(a)pyrene, Benzo(a)anthracene, Benzo(b)fluoranthene, Chrysene
** 식물성조제품은 여러 공정(예: 압착, 추출, 분별, 증류, 농축, 건조, 발표 등)을 통해 얻어진 전체 또는 일부식물의 조제품으로써 분쇄 또는 분말화된 식물, 식물부분, 조류, 균류, 지의류, 팅크제, 추출물, 정유('식용 및 식재료용 유지' 제외). 즙을 낸 주스와 가공삼출액을 포함함.
*** 최대기준은 식물성 기름을 함유한 식이보충제에는 적용되지 않음. 식이보충제에 원료로 사용되는 식물성 기름은 '식용 및 식재료용 유지'의 기준을 준수해야 함

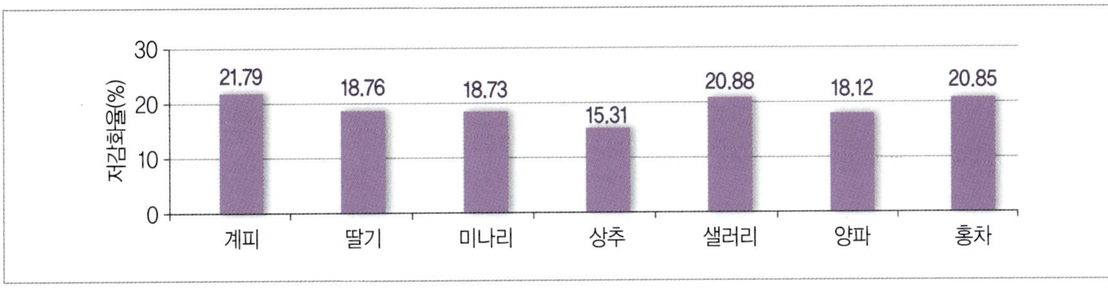

그림 6-12 식품에 의한 벤조피렌 독성 저감화 결과

6.5.5 저감화 방법

벤조피렌은 숯불구이 등으로부터 유래된다. 따라서 숯불구이의 경우 불꽃이 직접 고기에 닿지 않도록 석쇠보다는 불판을 사용하는 것이 바람직하다. 조리 시 고기가 검게 탄 부분이 생기지 않도록 조리해야 하며 탄 부분을 제거하면 벤조피렌의 섭취량을 줄일 수 있다. 숯불구이, 튀김, 볶음보다는 삶기, 찌기 등의 조리방법을 권장한다.

또한 식품의약품안전처에서는 삼겹살, 소고기, 소시지 등을 조리·섭취 중 자연적으로 발생하는 벤조피렌이 사람 몸속에서 일으킬 수 있는 독성을 낮추는데 상추, 양파, 마늘 등 채소류와 함께 섭취하는 것이 도움이 된다는 연구 결과를 발표하기도 하였다(그림 6-12).

참고문헌

김종민. 벤조피렌(Benzopyrene)이 다세대간 전이에 미치는 후성적 생식영향에 관한 연구(II). 「식품의약품안전처 연구보고서」. 2009.

배동호. 발효식품 중 에틸카바메이트 실태조사 및 위해평가. 「식품의약품안전처 연구보고서」. 2008.

백완숙. 한약재 중 벤조피렌 함유량 모니터링 연구. 「식품의약품안전처 연구보고서」. 2008.

식품의약품안전처. 바이오제닉아민류 위해평가. 2016.

식품의약품안전처. 벤젠 위해평가. 2016.

식품의약품안전처. 벤조피렌 등 다환방향족수소류 위해평가 보고서. 2016.

식품의약품안전처. 식품의 벤조피렌 기준·규격 재평가 보고서. 2019.

식품의약품안전처. 식품조리단계 벤조피렌 저감화 가이드라인. 2021.

식품의약품안전처. 아크릴아마이드 위해평가. 2016.

식품의약품안전처. 에틸카바메이트 위해평가. 2016.

식품의약품안전처. 「식품 중 3-MCPD, 바이오제닉 아민, HCAs 저감화 실행규범」. 2008.

신동화, 오덕환, 우건조, 정상희, 하상도.『식품위생안전성학』. 도서출판 한미의학. 2014.

Directive 98/83/EC of 3 November 1998 on the quality of water intended for human consumption. 2008.

European Food Safety Authority(EFSA). Assessment of the incidents of histamine intoxication in some EU countries. *EFSA Technical report*. 2017.

European Food Safety Authority(EFSA). Panel on biological hazards. Scientific opinion on risk based control of biogenic amine formation in fermented foods. *EFSA Journal 9*(10), 2393, 2011

Food Safety Victory. Histamines in fish, *Histamine Project Summary.* 2010

Food Standards Australia New Zealand. Ethyl carbamate in Australian foods, Survey sampling and analysis conducted 2007.

Food Standards Agency. *Survey of Benzene in Soft Drinks.* 2006.

George Flick et al. Potential hazards in cold-smoked fish: biogenic amine. *J. Food Science 66*(s7):S1088-S1099, 2006

IARC. IARC Monographs on the evaluation of carcinogenic risk of chemicals to human. 1987. p. 1-42.

ICBA Guidance Document to Mitigate the Potential for Benzene Formation in Beverage. *International Council of Beverages Associations*, 2006.

Yesim Ozogul and Fatih Ozogul. Chapter 1: Biogenic amines in food: analysis, occurrence and toxicity. 1-17, 2019. DOI: 10.1039/9781788015813-00001

식품안전정보원. 글로벌 식품안전 포커스(4분기). 2017. 〈http://m.foodinfo.or.kr〉

식품의약품안전처. 식품안전나라. 유해물질자료. 에틸카바메이트. 2021. 〈http://foodsafetykorea.go.kr〉

식품의약품안전처. 식품 중 아크릴아마이드 권장규격 운영계획. 2020. 〈http://www.mfds.go.kr〉

식품의약품안전처. 식품의 기준 및 규격 일부개정고시. 식품의약품안전처 고시 제2018-8호(2018. 2. 22.). 〈http://www.mfds.go.kr〉

식품의약품안전처. 유해물질 간편 정보지. 2020 〈http://www.mfds.go.kr〉

한국식품안전연구원. 정보마당. 바이오제닉아민류. 2021. 〈http://www.kfsri.or.kr〉

한국식품안전연구원. 정보마당. 벤조피렌. 2021. 〈http://www.kfsri.or.kr〉

한국소비자원. 아크릴아마이드 저감을 위한 식품군별 기준 마련 필요. 보도자료(2019.8.19.). 〈http://www.kca.go.kr〉

Acrylamide-Commission regulation(EU) 2017-2158/ Food standards. 〈http://www/foodstandards.gov.scot〉. 2017.

Christian E. Butzke and Linda F. Bisson. Ethylcarbamate preventative action manual. Chemical Contaminants in Food, 1997. 〈http://www.fda.gov〉

European Commission. Ethylcarbamate. 2014. 〈http://www.ec.europa.eu〉

Food and Drug Safety. Acrylamide. 〈http://www.fda.gov〉

Food and Drug Safety. food-Benzene. 〈http://www.fda.gov〉

Food and Drug Safety. Benzene in soft drinks: an FDA study finds a carcinogen in popular beverages. 2021. 〈http://www.ehso.com〉

Food and Drug Safety. Guidance for industry: acrylamide in foods. 2020. 〈http://www.hhs.gov〉

International Agency for Research Cancer(IARC): Consumption of Alcoholic Beverages and Ethyl Carbamate(Urethane). 〈http://monographs.iarc.fr/ENG/Meetings/96-ethylcarbamate.pdf.〉 2007.

JECFA. Summary and Conclusions of the Sixty-fourth report of the Joint FAO/WHO Expert Committee on Food Additives. 2005. p 19-23.
〈www.who.int/ipcs/food/jecfa/summaries/en/summary_report_64_final.pdf..2005〉

식품위생학 기출문제

01 식품의 제조·가공 중에 생성되는 유해물질에 대한 설명으로 틀린 것은?

① 벤조피렌(benzopyrene)은 다환방향족 탄화수소로서 가열처리나 훈제공정에 의해 생성되는 발암물질이다.

② MCPD(3-monochloro-1,2-propandiol)는 대두를 산처리하여 단백질을 아미노산으로 분해하는 과정에서 글리세롤이 염산과 반응하여 생성되는 화합물로서 발효간장인 재래간장에서 흔히 검출된다.

③ 아크릴아마이드(acrylamide)는 아미노산과 당이 열에 의해 결합되는 마이야르 반응을 통하여 생성되는 물질로 아미노산 중 아스파라긴산이 주 원인물질이다.

④ 니트로사민(nitrosamine)은 햄이나 소시지에 발색제로 사용하는 아질산염의 첨가에 의해 발생된다.

02 식품의 원재료에는 존재하지 않으나 가공처리공정 중 유입 또는 생성되는 위해인자와 거리가 먼 것은?

① 트리코테신(trichothecene)

② 다핵방향족 탄화수소(polynuclear aromatic hydrocarbons, PAHs)

③ 아크릴 아마이드(acrylamide)

④ 모노클로로프로판디올(monochloropropandiol, MCPD)

03 식품 중의 acrylamide에 대한 설명으로 틀린 것은?

① 반응성이 높은 물질이다.

② 탄수화물이 많은 식물성 식품보다는 단백질이 많은 동물성 식품에서 많이 발견된다.

③ 신경계통에 이상을 일으킬 수 있다.

④ 식품을 삶아서 가공하는 경우에는 생성되는 양이 적다.

04 식품의 조리 및 가공중이나 유기물질이 불완전 연소되면서 생성되는 유해물질과 관계 깊은 것은?

① polycyclic aromatic hydrocarbon

② zearalenone

③ cyclamate

④ auramine

05 3,4-benzopyrene에 대한 설명 중 틀린 것은?

① 식품 중에는 직화로 구운 고기에만 존재한다.

② 다핵 방향족 탄화수소이다.

③ 발암성 물질이다.

④ 대기오염물질 중의 하나이다.

06 식품 제조가공 중의 아크릴아마이드(acrylamide) 생성기작과 특성 및 저감화 방안을 설명하시오.

07 벤조피렌 생성원인과 저감화 방안에 대하여 설명하시오.

08 발효식품에서 생성되는 에틸카바메이트에 대하여 설명하시오.

기출문제 정답

1. ②
2. ①
3. ②
4. ①
5. ①

7
CHAPTER

식품첨가물

서론

식품첨가물은 고대로부터 식품의 맛과 기능을 향상시키고 저장성을 얻기 위해 사용되어 왔다. 음식물을 오래 저장하기 위하여 소금을 사용했던 시대로 거슬러 올라갈 수 있으며 그 이후 인간 지혜의 발달로 두유에 간수를 넣어 두부를 만들거나 한천을 넣은 곤약 등은 수천 년의 역사를 갖고 있다. 기원전 3,000년부터 고기를 절이는데 소금이 이용되었고 기원전 900년까지 소금(salt)과 연기(smoke)의 사용은 널리 보급되었으며 지금도 가장 손쉬운 저장법이 되고 있다. 중세에 이미 초석(saltpeter)의 형태로 시작된 아질산염(nitrate)은 소금과 연기로 훈증한 육류의 저장효과를 증진시키고, 식중독을 예방하며 색깔과 향을 부여하기 위해 육류에 사용되어 왔다.

그러나 식품첨가물은 여러 장점에도 불구하고 부정적 측면도 있다. 특히 질이 나쁜 제품을 좋은 제품으로 속이기 위하여 불법 첨가물을 사용하거나 보존제와 같이 일정 수준의 독성이 있는 경우 규정된 양 이상을 사용했을 때 위해를 끼칠 수도 있어 일반 소비자는 식품첨가물이 사용된 가공식품에 대한 거부감을 갖기도 한다. 특히 근래 소비자의 요구가 천연 지향적 경향으로 변함에 따라 식품첨가물의 사용범위는 점점 좁아지고 있는 현실이다.

현재 법적으로 허용되어 식품첨가물공전에 수록된 식품첨가물은 620여 품목이며, 식품첨가물과 7종의 혼합제제류로 분류할 수 있다. 식품첨가물은 화학적인 수단으로 분해반응 외의 화학 반응에 의해 얻어진 화학적 합성품과 천연의 소재로부터 추출 등의 방법을 통하여 얻어진 천연첨가물, 혼합제제류로 분류하였으나 2018년 식품첨가물공전의 전면 개정이 시행되면서 화학적 합성품과 천연첨가물의 구분을 없애고 현재는 식품첨가물 및 혼합제제류로 구분하고 있다.

우리나라는 식품위생법이 1962년 제정되면서 법적으로 식품첨가물이 지정됨에 따라 소비자의 기호증진, 식품생산기술 향상에 기여하게 되었다. 국제적으로는 식품첨가물이 국가 간 허용품목과 사용기준이 달라 혼선을 일으킬 수 있기 때문에 국제연합(UN) 산하에 식품첨가물전문가위원회(Joint Expert Committee on Food Additives, JECFA)를 두어 식품첨가물에 대한 위해평가를 실시하고 국제식품규격위원회(Codex)에서는 식품첨가물의 공통규격을 제정하여 국가 간 분쟁해소에 기여하고 있다.

첨가물에 대한 소비자의 부정적 인식도 있으나 장점도 많이 있으므로 정확한 이해와 필요성을 알릴 필요가 있다.

7.1 정의와 필요성

7.1.1 정의

식품첨가물은 식품의 제조, 가공, 저장에서 여러 기능을 개선하기 위하여 사용하는 식품이 아닌 부재료이나 그 정의는 국가마다 다르고 이를 관리하는 방법도 다르다. 과학적 정의를 살펴보면 “식품첨가물이란 식품으로 소비되지 않으나 식품의 제조, 조리 중에 또는 최종제품에 의도적으로 소량 첨가하여 바람직한 기능이나 효과(기호적 특성, 보존성, 영양가, 가공기능 개선 등)를 나타내게 하는 물질이다”라고 하여 포괄적인 의미를 부여하고 있다. 우리나라 식품위생법 제2조(정의)에서 “식품첨가물이란 식품을 제조·가공·조리 또는 보존하는 과정에서 감미, 착색, 표백 또는 산화방지 등을 목적으로 식품에 사용되는 물질을 말한다. 또한 이 경우 기구·용기·포장을 살균·소독하는 데에 사용되어 간접적으로 식품으로 옮아갈 수 있는 물질을 포함한다"라고 정의하고 있다. 일본의 경우도 우리나라와 비슷하며 미국, 유럽, 국제기구에서도 각각 식품첨가물에 대한 정의를 법적으로 규정하고 있다.

7.1.2 식품첨가물의 사용 필요성

소비자가 가공식품에서 가장 우려하는 것은 식품첨가물이 아닐까 생각된다. 여러 설문조사에서도 식품첨가물의 안전성에 대한 우려의 순위가 높게 나타나는 등 관심의 대상이 되고 있으며 생산자 입장에서도 꼭 필요한 경우 외에는 첨가물의 사용을 자제하고 있는 실정이다.

식품첨가물
식품의 본래 성분 이외에 외부로부터 첨가되는 물질로서 어떤 뚜렷한 사용 목적을 달성하기 위하여 사용하는 물질이며 식품에 잔존하거나 공정에서 제거되는 물질

식품첨가물의 사용에는 확실한 목적이 있어야 한다. 즉 제품을 생산하는 공정에서 피치 못할 필요성, 첨가물 사용으로 소비자에게 돌아가는 혜택이 있어야 하고, 안전성을 확보할 수 있는 뚜렷한 확증이 구비되어야 한다. 일반적으로 국가에서 허용된 식품첨가물은 이 같은 필요성이 인정된 것이나 이들 용도에 우선하는 것이 바로 이들 첨가물의 안전성이다. 이러한 필요성에 따라 각국은 식품에 사용하는 첨가물을 법적으로 규제하고 있으며 소비자의 요구에 따라 지속적으로 규제의 수위를 높이고 있다. 식품첨가물은 소비자 측면에서 보면 부정적 개념이 깊이 자리잡고 있으나 과학적 측면에서는 안전성이 확보되고 첨가물 사용 시 이익이 큰 경우 허용해야 한다.

안전성이 확보된 향, 색, 맛을 내는 식품첨가물을 사용함에 따라 소비자의 기호성을 만족시킴으로써 상품성을 높이는가 하면 고 유시함유식품과 같이 저장기간이 한정된 식품의 항산화 기능을 높여 저장기간을 연상하고, 쉽게 변질이 일어날 수 있는 육가공제품의 안전성 제고와 저장기간을 연장함으로써 제조원가를 낮추고 자원의 활용도를 높일 수 있다. 또한 식품첨가물을 적절히 사용함으로써 색, 향, 조직, 맛 등이 달라진 새로운 형태의 가공제품을 선보일 수도 있다. 즉, 양갱, 젤리 등 겔형 제품은 식품첨가물에 의해서 탄생한 새로운 제품이며 비타민, 무기질, 아미노산 등 다양한 영양소를 첨가함으로써 균형 잡힌 영양공급에 기여하고 식이섬유 등은 건강기능식품으로서 역할을 하기도 한다. 따라서 식품첨가물은 그 부정적 측면은 최소화되고 긍정적 효과가 극대화될 때 우리 식생활을 풍요롭게 하고 식품산업을 발전시키는데 기여할 것이다.

7.1.3 식품첨가물의 구비조건

식품첨가물이 식품에 첨가되면 일부는 소비자가 섭취할 때까지 잔존하여 인체 내로 섭취되는가 하면 세척제나 살균제 같이 제조공정 중 사용하였으나 세척하는 과정에서 제거되어 잔류하지 않는 경우도 있다. 어느 경우든 식품첨가물로서 사용하려면 안전성 확보는 가장 기본적인 필수조건이며, 다음과 같은 요건을 갖춰야 한다.

① 첨가하는 수준에서 인체에 해가 없어야 한다.
② 첨가량을 최소화해야 한다.
③ 첨가물을 사용하는 목적을 충분히 달성해야 한다.
④ 식품특성이나 가공공정 개선 그리고 상품성 제고에 꼭 필요해야 한다.
⑤ 식품의 구성 성분에 어떠한 부정적 영향도 주지 않아야 한다.
⑥ 첨가되는 첨가물의 양을 정량적으로 확인할 수 있어야 한다.
⑦ 어떤 형태로든 소비자에게 긍정적 영향을 주어야 한다.

이 외에도 식품첨가물은 저장 중 안전성이 확보되어야 하고 사용하기 편리해야 하며 경제적이어야 한다.

7.2 식품첨가물의 분류

식품첨가물의 용도별 분류
현행 식품첨가물공전에서는 식품첨가물의 용도를 감미료, 고결방지제 등 32개로 구분하고 있다.

식품첨가물은 국가별로 허용되는 품목을 정하여 고시하고 있으며, 우리나라도 2021년 현재 총 619개 품목의 식품첨가물과 7종의 혼합제제류를 허용하고 있다. "식품위생법 제2조(정의) 3. 화학적 합성품"에서 분해반응 이외의 화학적 수단에 의해 제조되는 화학적 합성품에 대해 정의를 하고 있으나, 현행 식품첨가물공전상에 화학적 합성품과 천연첨가물의 분류는 식품첨가물의 기준 및 규격(식품첨가물공전) 전면 개정(2016. 4. 29. 고시, 2018. 1. 1. 시행)에 따라 그 구분을 없애고 식품첨가물 및 혼합제제류로 구분하고 있다.

혼합제제류는 허용된 식품첨가물을 타당한 사용목적에 따라 혼합하여 제조하는 것으로 그 용도에 따라 L-글루탐산나트륨제제, 면류알칼리첨가제 등 7종이 허용되어 있다.

식품첨가물을 분류하는 방법은 제조방법에 따른 분류와 함께 용도별로 분류하기도 한다(표 7-1).

표 7-1 혼합제제류의 분류

혼합제제류	정의
1. L-글루탐산나트륨제제	L-글루탐산나트륨과 식품첨가물을 50.0% 이상 함유하거나 또는 향신료(분말, 착즙 또는 추출물), 염화나트륨(식염), 전분, 포도당, 설탕, 덱스트린 중 1종 이상을 혼합하거나 희석한 것(스프류 제외). 다만, L-글루탐산나트륨 성분이 50.0% 이하일지라도 염화나트륨(식염), 핵산 관련 성분만으로 혼합, 희석한 것 포함
2. 면류알칼리첨가제	탄산나트륨, 탄산칼륨, 탄산수소나트륨, 인산류의 나트륨염 또는 칼륨염 중 1종 또는 2종 이상 함유한 것
3. 보존료제제	보존료를 2종 이상 혼합하거나 그 1종 이상을 기타 식품첨가물 또는 희석제와 혼합하거나 희석한 것
4. 사카린나트륨제제	주성분 사카린나트륨을 5% 이상 함유하도록 포도당, 전분, 중탄산나트륨, 식염(가공소금 제외) 또는 DL-알라닌, 글리신, D-소비톨, D-소비톨액 또는 L-글루탐산나트륨 1종 이상을 혼합 희석한 것
5. 타르색소제제	타르색소를 2종 이상 혼합하거나, 그 1종 이상을 기타 식품첨가물 또는 희석제와 혼합하거나 희석한 것
6. 합성팽창제	1제식합성팽창제 : 탄산염류 또는 중탄산염류를 함유한 팽창제로 산성 성분을 혼합하여 제조한 것 2제식합성팽창제 : 탄산염류 또는 중탄산염류를 함유한 팽창제로 산성 성분을 별도로 포장하여 사용 직전에 혼합하여 사용하도록 제조한 것 암모니아계합성팽창제 : 암모니아염류를 주요 성분으로 하는 팽창제
7. 혼합제제	식품첨가물을 2종 이상 혼합하거나, 1종 또는 2종 이상 혼합한 것을 희석제와 혼합하거나 희석한 것

7.2.1 용도에 따른 분류

식품첨가물은 사용하는 용도가 뚜렷하므로 용도별로 분류할 수 있는데, 그 내용은 표 7-2와 같다. 그러나 비타민 C나 비타민 E와 같이 항산화 효과가 있으면서 영양강화제로 분류되는 경우도 있다.

표 7-2 식품첨가물의 용도별 분류와 예

용도별 분류	식품첨가물 예
1. 가공보조제	메톡사이드나트륨, 수산, 이온교환수지, 이타콘산, 카나우바왁스, 수소
2. 감미료	글리실리진산삼나트륨, 글리실리진산이나트륨, 락티톨, 만니톨, D-말티톨, 말티톨시럽, 사카린나트륨, D-소비톨, D-소비톨액, 수크랄로스 등
3. 겔 형성제	글리세로인산칼슘, 알긴산나트륨, 염화칼륨, 카제인나트륨, 아라비노갈락탄, 알긴산, 젤란검, 카라기난, 커드란, 퍼셀레란, 펙틴
4. 결착제	히드록시프로필메틸셀룰로스, 카제인
5. 고결방지제	구연산철암모늄, 규산마그네슘, 규소수지, 규산칼슘, 만니톨, 신화마그네슘, 세스퀴탄산나트륨, 스테아린산마그네슘, 스테아린산칼슘, 실리코알루민산나트륨, 이산화규소 등
6. 광택제	밀납, 석유왁스, 쉘락, 쌀겨왁스, 카나우바왁스

(계속)

용도별 분류	식품첨가물 예
7. 금속제거제	구연산, 구연산칼슘, 글루콘산나트륨, 글루콘산칼륨, 메타인산나트륨, 메타인산칼륨, D-소비톨, D-소비톨액, 옥시스테아린, 이.디.티.에이.이나트륨 등
8. 기포제	스테아릴젖산나트륨, 라우릴황산나트륨, 퀼라야추출물
9. 껌기초제	에스테르검, 초산비닐수지, 폴리부텐, 폴리이소부틸렌, 담마검, 로진, 밀납, 사일리움씨드검, 천연검, 칸델릴라왁스
10. 밀가루개량제	과산화벤조일(희석), 과산화수소, 과황산암모늄, 메타중아황산나트륨, 산성알루미늄인산나트륨, 스테아릴젖산나트륨, 스테아릴젖산칼슘, L-시스테인염산염, L-시스틴, 아조디카르본아미드, 염기성알루미늄인산나트륨, 염소, 등
11. 발색제	글루콘산철, 니코틴산, 아질산나트륨, 젖산철, 질산나트륨, 질산칼륨, 탄산마그네슘
12. 보존료	과산화벤조일(희석), 과산화수소, 구연산, 데히드로초산, 데히드로초산나트륨, 메타중아황산나트륨, 메타중아황산칼륨, 무수아황산, 빙초산, 산성아황산나트륨, 소브산, 소브산칼륨, 소브산칼슘, 아질산나트륨, 아황산나트륨 등
13. 보존상승제	이.디.티.에이.이나트륨
14. 분산제	폴리소르베이트20, 폴리소르베이트60, 폴리소르베이트65, 폴리소르베이트80, 프로필렌글리콜, 분말셀룰로스
15. 산도조절제	구연산, 구연산삼나트륨, 구연산칼륨, 구연산칼슘, 글루코노-δ-락톤, 글루콘산, 글루콘산칼슘, 메타인산나트륨, 메타인산칼륨, 빙초산, DL-사과산, DL-사과산나트륨, 산성알루미늄인산나트륨, 산성피로인산나트륨 등
16. 산미료	구연산, 구연산삼나트륨, 글루코노-δ-락톤, 글루콘산나트륨, 글루콘산칼슘, 이산화탄소, 이타콘산, DL-주석산나트륨, L-주석산나트륨, DL-주석산수소칼륨 등
17. 산화방지상승제	젖산나트륨
18. 산화방지제	구연산, 구연산칼슘, 글루코노-δ-락톤, 글루콘산칼륨, 글루콘산칼슘, 글리세린지방산에스테르, 디부틸히드록시톨루엔, 메타인산나트륨, 메타인산칼륨, 메타중아황산나트륨, 몰식자산프로필, 무수아황산, 비타민 C 등
19. 살균제	고도표백분, 이산화염소(수), 이염화이소시아뉼산나트륨, 차아염소산나트륨(수), 표백분, 오존수, 차아염소산수
20. 색도유지제	산화칼슘, 수산화마그네슘, 젖산철
21. 색소고정제	아질산나트륨, 황산동
22. 색소 등의 희석제	에틸셀룰로스
23. 색소안정제	폴리비닐폴리피로리돈
24. 성형조제	석유왁스
25. 소포제	규소수지, 메틸에틸셀룰로스, 스테아린산마그네슘, 옥시스테아린, 이산화규소, 폴리아크릴산나트륨, 라우린산, 미리스트산, 스테아린산, 카프릭산, 카프릴산, 팔미트산
26. 습윤고정제	제삼인산나트륨, 폴리인산나트륨, 폴리인산칼륨, 피로인산나트륨, 피로인산칼륨
27. 습윤제	글리세린, 메타인산나트륨, 메타인산칼륨, DL-사과산나트륨, D-소르톨액, 자일리톨, 젖산나트륨, 젖산칼륨, 트리아세틴, 폴리글리시톨시럽, 폴리덱스트로스 등
28. 안정제	구연산칼륨, 글리세린지방산에스테르, D-말티톨, 말티톨시럽, 메타인산나트륨, 메타인산칼륨, 메틸에틸셀룰로스, 변성전분, 스테아린산마그네슘, 스테아린산칼슘, 알긴산나트륨, 알긴산암모늄 등

용도별 분류	식품첨가물 예
29. 여과보조제	규산칼슘, 이산화규소, 메타규산나트륨, 규조토, 백도토, 벤토나이트, 산성백토, 탤크, 퍼라이트, 활성탄
30. 연화방지제	구연산칼슘, 글루콘칼슘, 산화마그네슘, 수산화칼슘, 염화마그네슘, 염화칼슘, 제이인산칼슘, 황산마그네슘, 황산알루미늄암모늄, 황산칼슘
31. 영양강화제	구연산망간, 구연산철, 구연산철암모늄, 구연산칼슘, 글루콘산나트륨, 글루콘산동, 글루콘산망간, 글루콘산아연, 글루콘산철, 글루콘산칼륨 등
32. 유화제	구연산삼나트륨, 글리세린지방산에스테르, D-말티톨, 말티톨시럽, 메타인산나트륨, 메타인산칼륨, 메틸셀룰로스, 메틸에틸셀룰로스, 몰포린지방산염, 산성알루미늄인산나트륨 등
33. 윤활제	라우린산, 미리스트산, 스테아린산, 카프릭산, 카프릴산, 팔미트산
34. 이형제	유동파라핀
35. 정제제조보조제	에틸셀룰로스
36. 제조용제	국, 락토페린농축물, 뮤신, 뮤타스테인, 미소섬유상셀룰로오스, 자몽종자추출물, 종국, 지베렐린산, 키토산, 플루란
37. 조직향상제	락티톨, D-소비톨액, 제삼인산나트륨, 폴리덱스트로스, 분말셀룰로스
38. 증량제	젖산나트륨, 폴리덱스트로스
39. 증점안정제	글루콘산칼슘, 글리세린, D-소비톨액, 스테아릴젖산나트륨, 스테아릴젖산칼슘, 폴리비닐피로리돈, 결정셀룰로스, 글루코만난, 렌넷카제인, 분말셀룰로스 등
40. 증점제	글리세로인산칼슘, 락티톨, 메틸셀룰로스, 메틸에틸셀룰로스, 변성전분, 알긴산암모늄, 알긴산칼륨, 알긴산칼슘, 알긴산프로필렌글리콜 등
41. 착색료	동클로로필, 동클로로필린나트륨, 동클로로필린칼륨, 비타민 B2, 비타민 B2 인산에스테르나트륨, 비타민 B6 염산염, 삼이산화철, 수용성안나토, 식용색소녹색제3호, 식용색소녹색제3호알루미늄레이크 등
42. 착향료	개미산, 개미산게라닐, 개미산시트로넬릴, 개미산이소아밀, 게라니올, 계피산, 계피산메틸, 계피산에틸, 계피알데히드, 계피알코올, 구연산 등
43. 청관제	구연산삼나트륨, 수산화나트륨, 알긴산나트륨, 인산, 이산화규소, 탄산칼륨 등
44. 청징제	탄닌산
45. 추진제	아산화질소
46. 추출용제	이소프로필알코올, 아세톤, 메틸알코올, 헥산
47. 충전제	아산화질소, 이산화탄소, 산소, 질소
48. 팽창제	구연산, 글루코노-δ-락톤, 글루콘산, 메타인산나트륨, 메타인산칼륨, 산성피로인산나트륨, 세스퀴탄산나트륨, 수산화암모늄, 아세토페논, 제삼인산나트륨 등
49. 표백제	고도표백분, 과산화수소, 메타중아황산나트륨, 메타중아황산칼륨, 산성아황산나트륨, 아황산나트륨, 이염화이소시아뉼산나트륨, 차아염소산나트륨, 차아황산나트륨, 표백분
50. 피막제	몰포린지방산염, 초산비닐수지, 폴리비닐피로리돈, 담마검, 라우린산, 미소섬유상셀룰로스, 밀납, 석유왁스, 스테아린산, 팔미트산
51. 향미증진제	5′-구아닐산이나트륨, L-글루탐산, L-글루탐산나트륨, L-글루탐산암모늄, L-글루탐산칼륨, 글리신, L-로이신, 5′-리보뉴클레오티드이나트륨, 5′-리보뉴클레오티드칼슘, 발톨 등
52. 효소제제	β-글루카나아제, 글루코아밀라아제, 글루코오스산화효소, 글루코오스이성화효소, 덱스트라나아제, 디아스타아제, 락타아제, 리소짐, 리파아제, 리파아제/에스테라아제 등

7.2.2 사용방법에 따른 분류

식품첨가물은 그 용도에 따라서 최종적으로 식용하는 제품에 남는 첨가물이 있는가 하면 처리공정 중 사용하여 최종제품에 잔존해서는 안 되는 첨가물로 구분할 수 있다.

7.2.2.1 최종제품에 잔존하는 첨가물

식품제조 과정 중에 첨가하여 소비자가 섭취할 때 같이 먹게 되는 첨가물로 향이나 맛을 주는 첨가물(감미료, 착향료, 영양강화제 등)이고 허용된 첨가물 중 상당수가 여기에 속한다. 또한 최종제품에 잔존하기 때문에 안전성에 특별한 관리가 필요하다.

고추의 매운 맛

고추의 매운맛 성분은 capsaicin으로 알려져 있으며 물에 녹지 않는 물질로 맛이라기보다는 입안의 세포에 통증을 유발하여 매운맛으로 인식한다. 매운맛의 정도는 Scoville Heat Unit(SHU)로 표시하는데 관능검사에 의한 비교치이다. 인도의 귀신고추는 100만 SHU이며 우리나라 청양고추는 1만 2천 정도이다.

7.2.2.2 가공공정 중 사용하는 첨가물

가공공정을 편리하게 하거나 새로운 형태의 제품을 만들기 위하여 사용하는 첨가물들로서 사용 후 최종제품에 잔존해선 안 되는 첨가물이다. 산으로 가수분해할 때 사용하는 염산(HCl)이나 이를 중화하는데 사용하는 수산화나트륨(NaOH) 등이 여기에 속하여 알칼리 박피 시 사용하는 수산화나트륨도 마찬가지이다.

7.2.2.3 세척, 살균에 사용하는 첨가물

용기의 세척이나 기계 등의 살균목적으로 사용하는 첨가물로서 일부는 식품자체에 잔존하는 것을 허용하지 않고 있다. 예를 들면, 이산화염소(ClO_2)나 오존수 등은 완제품 제조 전에 제거하여 최종 제품에 잔존해서는 안 된다. 이와 같은 규제는 식품첨가물공전의 각 품목별 사용기준에 제시되어 있다.

7.3 식품첨가물의 안전성 평가

식품첨가물은 세계 어느 나라나 허용 대상을 정하고 필요에 따라 사용대상 식품, 안전한 사용량 기준 등을 엄격히 관리하고 있다. 대상 식품과 사용량을 정하기 위해서는 주로 동물실험을 통하여 안전성을 확인하고 대상에 따라 불확실계수를 적용하여 실제 식품에 사용가능한 수준을 낮춰 지정하고 있다. 우리나라에서는 식품첨가물 사용실태와 실제 식품에서 잔존하는 양을 지속적으로 검사하여 위해성 여부를 점검하고 있다.

7.3.1 사용량 규제

식품첨가물의 안전관리는 각국별로 엄격히 실시하고 있으나 국제화시대에서는 국가 간 사용기준의 통일 또는 조정이 필요하게 되었다. 이에 따라 국제적 관리 및 규격기준 설정 필요성이 대두되어 UN 산하기구인 FAO/WHO는 1956년 식품첨가물공동위원회(Joint FAO/WHO Expert Committee on Food Additives, JECFA)를 설치하여 식품첨가물관리에 대한 일반원칙과 소비자 건강을 위한 지정품목제(positive list)를 도입할 것을 제안하였다.

이 제안에 의하면 개별 첨가물에 대한 충분한 독성 측면에서의 과학적 근거가 없는 어떤 물질도 사용할 수 없도록하였다. 1961년에는 식품첨가물 사용에서 중요한 기준이 되는 일일섭취허용량(Acceptable Daily Intake, ADI) 개념을 도입하여 안전한 정도를 객관화하는 계기를 마련하였다.

ADI란 "사람이 일생 동안 매일 섭취하여도 건강상 위해가 나타나지 않는 식품첨가물의 양"으로 정의되며(WHO, 1987) 체중 kg당 mg 수로 표시된다. ADI는 다음과 같이 산출된다.

$$ADI = \frac{NOAEL^{*}(mg/\text{체중 } kg/\text{일})}{\text{불확실계수}(UF)}$$

*NOAEL(No Observed Adverse Effect Level): 무독성량–동물 독성시험에서 아무 영향이 관찰되지 않는 화학물질의 최대량

식품첨가물의 불확실계수(Uncertainty Factor, UF)는 일반적으로 100을 적용하나 첨가물의 독성 데이터가 충분히 축적되지는 않았지만 사용가치가 있는 경우 잠정 ADI가 채택되는데 이때 추가적인 불확실계수로서 200~500을 적용하여 설정한다.

또한 이전에 사용을 허가하였으나 새로운 독성정보에 의하여 사용을 금지한 물질의 경우에는 일일섭취허용량이 아닌 일일섭취내용량(Tolerable Daily Intake, TDI) 개념을 적용하며 체내 축적성이 높은 물질의 경우 잠정주간섭취내용량(Provisional Tolerable Weekly Intake, PTWI)을 채택하기도 한다(WHO, 2009).

실험을 바탕으로 ADI가 설정되었다 하더라도 시장바구니 조사(basket survey)를 통하여 실제 식품첨가물을 사용한 식품으로 인해 인체에 섭취되는 첨가물의 양을 확인하여 사용한 식품첨가물량이 ADI 이하여야 그 첨가물의 사용을 허가한다. ADI 설정과정은 그림 7-1과 같다.

ADI와 실제 식품섭취량을 조사하여 허용 여부를 결정하는 절차는 그림 7-2와 같다.

일일섭취허용량(Acceptable Daily Intake, ADI)
사람이 어떤 물질을 일생 동안 매일 먹더라도 유해한 작용을 일으키지 않는 양

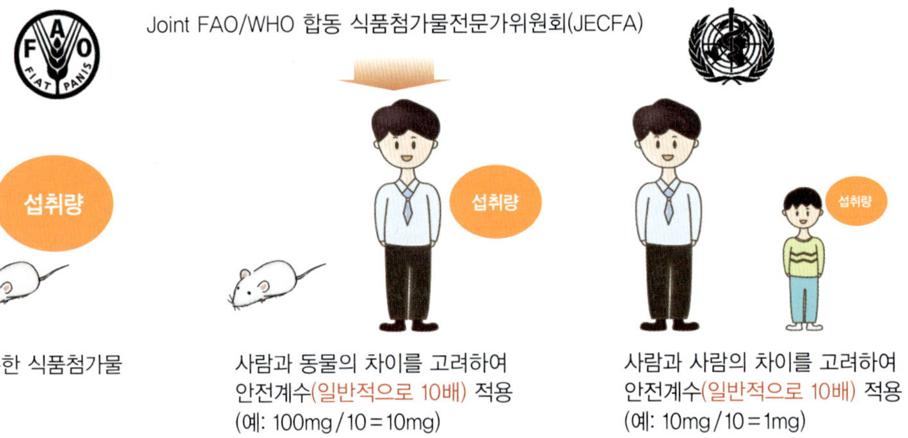

그림 7-1 **일일섭취허용량(ADI) 설정과정**

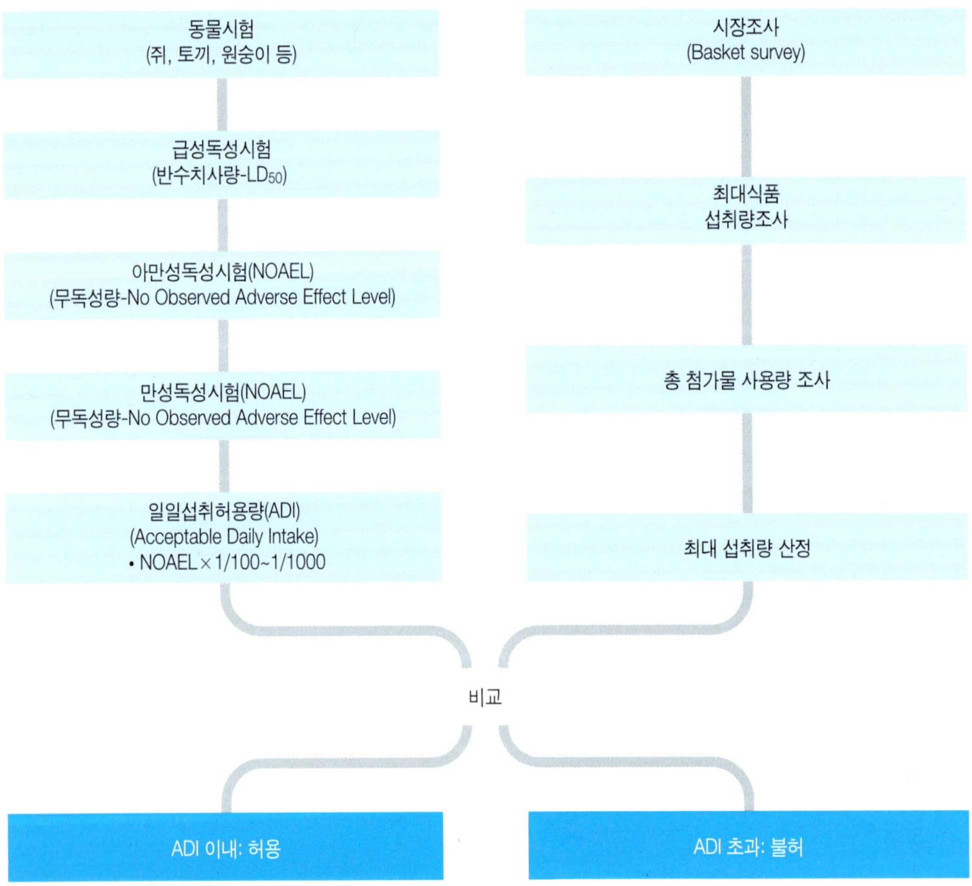

그림 7-2 **식품첨가물의 최종 결정 절차**

7.3.2 식품첨가물의 독성시험

식품첨가물의 사용이 허가되기 위해서는 여러 단계의 동물시험을 통한 안전성 확인이 필요하다. 식품첨가물은 그 자체로 전혀 독성이 없거나 독성이 있다 하더라도 섭취량에 따라 독성 발현이 다르다. 일반적인 첨가물의 독성 분류기준은 표 7-3과 같다.

표 7-3의 기준은 개략적 분류기준이며 이를 기초로 동물시험을 실시한다. 단계별 독성시험은 다음과 같다.

표 7-3 첨가물의 독성 분류기준

독성 분류	사람에 대한 경구치사 예상량		예
무독성(Practically nontoxic)	> 15 g	1 L이상	포도당
저독성(Slightly toxic)	5~15 g	0.5~1 L	에탄올
보통독(Moderately toxic)	0.5~5 g	30~500 mL	소금, 황산철
고독성(Very toxic)	50~500 mg	tea spoon~30 mL	페르바르비탈
극독성(Extremely toxic)	5~50 mg	7방울~tea spoon	니코틴
맹독성(Super toxic)	< 5 mg	7방울 이하	청산, 복어독, 파라티온

출처: 송재철 등, 2000.

7.3.2.1 급성독성시험(Acute toxicity test)

급성독성시험은 독성 정도를 결정하는 간단한 방법으로 저농도로부터 고농도로 한 번 경구 투여한 후 7~14일 간에 치사 여부, 체중변화와 기타 병변 등을 조사한다.

이 실험을 통하여 반수치사량(Lethal Dose, LD_{50})을 확인하여 시험 첨가물의 독성 정도를 간단하게 확인할 수 있다. 실험동물은 생쥐(mouse)나 쥐(rat) 등 2종류 이상, 투여군마다 6~20마리를 사용한다.

LD_{50}는 실험동물 중 50%가 죽는 용량을 말하며 mg/체중 kg으로 표시한다. LD_{50} 시험은 이후 이어지는 반복 투여 독성시험 또는 아급성 독성시험의 기초자료로 활용한다.

LD_{50}와 함께 반수치사농도(Lethal Concentration, LC_{50})도 활용되는데 이는 가스와 같은 휘발성 물질에 대한 급성독성시험의 농도 기준으로 사용된다.

몇 가지 물질별 LD_{50}을 보면 표 7-4와 같다.

표 7-4 독성이 강한 식품첨가물의 LD_{50}값 비교

식품첨가물	LD_{50}(mg/kg)
Sodium hypochlorite	35
Annatto, water soluble	85
Ferrous nitrite	280
Ferrous sulfate	300
Cupric sulfate	300
Sodium caseinate	40
Potassium nitrate	470
Ammonium persulfate	530

7.3.2.2 아급성 독성시험(Subacute toxicity test)

단기 독성시험이라고도 하며 반복 투여 시 나타나는 독성에 관한 자료를 얻게 된다. 이 결과로 만성독성시험의 근거를 마련한다. 보통 생쥐의 경우 네 가지 농도로 암수 각각 10마리에 대하여 2주 투여 후 임상화학적, 생리학적 변화를 관찰한다. 이 실험을 통하여 생물학적 무독성량(NOAEL)을 결정하게 된다. 경우에 따라서는 바로 아만성 독성시험을 하기도 한다.

7.3.2.3 아만성독성시험(Subchronic toxicity test)

아만성 독성시험은 수일에서 6개월 기간 동안 규칙적으로 반복하여 투여할 때의 부작용을 평가하는 실험이다. 이 실험을 통하여 치사율보다는 독성효과, 독성발현의 기간, 독성의 가역성 및 용량과 반응에 대한 것을 알 수 있으며 체중, 생리학적, 신경행동학적, 임상학적 관찰이 포함된다. 이 실험의 우선목표는 무독성량(NOAEL)의 결정에 있다. 최소 2종류의 동물에 대하여 1~12개월 정도 실험을 해야 하나 보통 3~6개월간 투여시험을 한다.

7.3.2.4 만성독성시험(Chronic toxicity test)

만성독성시험은 식품첨가물과 같이 일생 동안 섭취하는 물질에 대한 장기간의 독성시험을 하는데 적용한다. 일반적으로 아만성독성시험과 비슷하게 시험하지만 시험기간이 더 길다는 것이 차이점이다. 사용되는 동물은 쥐인 경우 암컷과 수컷을 각각 25마리씩, 50마리에 대하여 실험하며 대조군을 따로 둔다. 더 확실한 결과를 얻기 위하여 큰 동물에 대하여 장기실험에서도 무독성이 인정되어야 한다. 시험기간은 12~24개월까지 하며 이 실험에서는 병리해부학적 실험을 병행하여 대조군과 비교하여 아무런 병리학적 이상이 없어야 한다.

7.3.2.5 특수독성시험

식품첨가물의 특수독성시험은 급성, 아급성, 만성독성시험과 함께 대사작용 및 독성반응속도, 생식 및 기형독성시험, 유전독성시험, 발암성 시험과 같은 특수장기 또는 시스템에 대한 특수독성시험(specific toxicity test) 등을 실시한다. 이들 시험을 통하여 독성발현 기전, 가장 민감하게 발현되는 독성 등을 최종적으로 확인하게 된다.

7.4 식품첨가물의 안전 규제현황

7.4.1 국내 식품첨가물 규제

국내에서 사용이 가능한 모든 식품첨가물은 식품위생법(2021) 제7조 1항의 규정에 의하여 식품 또는 식품첨가물에 대해 제조·가공·사용·조리·보존방법에 관한 기준과 성분에 관한 규격이 고시되어야 한다. 또한 동법 14조에는 식품의약품안전처장은 식품 등의 공전(公典)을 작성·보급하도록 되어 있다.

기준과 규격이 고시되지 않은 식품첨가물을 사용하고자 할 때에는 먼저 식품위생법의 규정에 따라 식품의약품안전처의 절차를 거쳐 기준과 규격을 인정받은 후 사용이 가능하지만 기준과 규격이 정하져 있지 않거나 기준과 규격에 맞지 않는 식품 또는 식품첨가물은 판매하거나 판매할 목적으로 제조·수입·가공·사용·조리·저장·소분·운반·보존 및 진열해서는 안 된다.

GPS작동원리

GPS는 24대의 위성 네트워크에 의존한다. 이 위성들은 각각 여러 대의 원자시계를 내장하고 있다. 덕분에 위성이 GPS 수신기에 정확한 시간 신호를 보낼 수 있으며 수신기는 이 신호가 도착하기까지 걸린 시간을 측정, 자신의 현 위치를 정확히 파악하게 된다. 위성의 시간 측정이 정확할수록 GPS 기기의 정확성도 높아지는 것이다.

식품위생법 제7조(식품 또는 식품첨가물에 관한 기준 및 규격) ① 식품의약품안전처장은 국민보건을 위하여 필요하다면 판매를 목적으로 하는 식품 또는 식품첨가물에 관한 다음 각 호의 사항을 정하여 고시한다. (개정 2013. 3. 23., 2016. 2. 3)

1. 제조·가공·사용·조리·보존 방법에 관한 기준
2. 성분에 관한 규격

② 식품의약품안전처장은 제1항에 따라 기준과 규격이 고시되지 아니한 식품 또는 식품첨가물의 기준과 규격을 인정받으려는 자에게 제1항 각 호의 사항을 제출하게 하여 「식품·의약품분야 시험·검사 등에 관한 법률」 제6조제3항제1호에 따라 식품의약품안전처장이 지정한 식품전문 시험·검사기관 또는 같은 조 제4항 단서에 따라 총리령으로 정하는 시험·검사기관의 검토를 거쳐 제1항에 따른 기준과 규격이 고시될 때까지 그 식품 또는 식품첨가물의 기준과 규격으로 인정할 수 있다. (개정 2013. 3. 23., 2013. 7. 30., 2016. 2. 3.)

③ 수출할 식품 또는 식품첨가물의 기준과 규격은 제1항 및 제2항에도 불구하고 수입자가 요구하는 기준과 규격을 따를 수 있다.

④ 제1항 및 제2항에 따라 기준과 규격이 정하여진 식품 또는 식품첨가물은 그 기준에 따라 제조·수입·가공·사용·조리·보존해야 하며, 그 기준과 규격에 맞지 아니하는 식품 또는 식품첨가물은 판매하거나 판매할 목적으로 제조·수입·가공·사용·조리·저장·소분·운반·보존 또는 진열하여서는 안 된다.

위의 법적 근거로 제정된 식품첨가물공전에는 우리나라에서 사용이 가능한 619품목의 모든 식품첨가물과 7종의 혼합제제류가 지정되어 있으며, 이에 대한 기준과 규격이 상세히 수록되어 있다. 식품첨가물공전에 수록된 식품첨가물은 명칭(국문, 영문), 화학구조, 분자식, 분자량, 이명, INS 번호, CAS number 등과 정의(필요시), 성상, 성분규격(함량, 확인시험,

순도시험, 정량법 등) 등이 제시되어 있다.

식품첨가물의 사용기준은 크게 일반사용기준과 개별사용기준으로 나눌 수 있다. 일반사용기준은 식품첨가물공전 총칙의 '일반사용기준'에 "식품 중에 첨가되는 식품첨가물의 양은 물리적, 영양학적 또는 기타 기술적 효과를 달성하는데 필요한 최소량으로 사용해야 한다"로 규정되어 있으며, 이에 따라 사용대상 식품과 사용량을 따로 정하고 있지는 않아 통상의 사용수준에서 안전성이 확보된 품목으로 생각할 수 있다. 그러나 개별사용기준이 설정된 품목의 경우 사용대상 식품을 따로 정하거나 사용량 또는 잔류량을 따로 정하여 별도의 사용기준으로 적용된다.

식품첨가물공전에 수록되지 않는 경우 별도의 허가를 받아 사용할 수 있으며 현재 국내에서 사용하는 모든 식품첨가물은 허가된 품목이거나 별도 허가를 받은 한시 품목으로 한정된다.

7.4.2 국제기구 및 외국의 식품첨가물 규제

7.4.2.1 국제기구

식품첨가물에 관한 국제 전문가기구로는 UN 산하의 FAO/WHO 합동식품첨가물전문가위원회(Joint FAO/WHO Expert Committee on Food Additives, JECFA)와 FAO/WHO 합동식품규격위원회 산하의 Codex 식품첨가물분과위원회(Codex Committee on Food Additives, CCFA)가 있다. JECFA의 전문가보고서 내용을 CCFA가 검토, 채택 후 CODEX 총회에서 최종 국제 규격으로 인정하는 절차를 거치게 되어 있다.

세계 각국이 나름대로 식품첨가물에 관한 규격기준이 있으나 세계적으로 받아들여지고 있는 식품첨가물 관련 위해성 평가는 UN 산하의 JECFA가 주관하고 있으며 국제규격기준은 Codex에서 정하고 있다. 채택된 국제기준규격은 강제성은 없으나 국가 간 분쟁이 있을 경우 해결의 지침이 되고 있다.

JECFA에서는 각 첨가물 개별 물질에 대하여 우선순위를 정하여 안전성을 평가하고 있으며, 평가의 최종 결론으로 ADI가 정해진다. ADI는 다음과 같이 몇 그룹으로 나눌 수 있다.

① A_1 리스트: 안전성 평가가 완료되어 ADI값을 확정한 것
② A_2 리스트: 안전성 평가에 착수하였으나 자료가 부족하여 앞으로 데이터가 더 보완되어야 하므로 ADI를 잠정기준으로 정한 것
③ B, C 리스트: 식품에의 사용이 아직은 불완전하다고 판단되는 것으로서 첨가물로서의 사용이 극히 제한되고 있는 것

JECFA에서 위해성 평가가 완료되어 규격이 제안된 첨가물은 현재 약 560종에 이르고 있으며, 이들은 WHO에서 발간하는 "WHO Food Additive Series"와 FAO에서 발간되는 "Compendium of Food Additive Specification"에 수록된다.

7.4.2.2 미국

미국의 식품위생정책은 보건후생성 산하 식품의약국(FDA)이 주무 관청이며 육류, 우유 등은 미국농무부(USDA)에서 관장하고 있다. 식품첨가물은 Federal Food, Drug and Cosmetic Act(1938), Food Additives Amendment(1958), Color Additives Amendment(1960)에 따라 규제하고 있다.

미국에서 식품첨가물을 관리하는 방법은 식품첨가물을 직접첨가물과 간접첨가물로 구분하고 있다. 직접첨가물은 식품의 품질특성에 직접, 혹은 간접적으로 영향을 미치는 것이며, 간접첨가물이란 식품에 비의도적으로 존재하는 첨가물, 즉 방사성 물질, 수확 후 농약, 포장재로부터 이행되는 물질로 규정하고 있다. 색소는 별도로 관리하고 있으며, 개별 식품첨가물은 FCC(Food Chemicals Codex, 2003, 5판)에 규격과 기준을 정하고 있다.

1) 일반안전인증물질(Generally Recognized As Safe, GRAS) 목록

FDA는 오랫동안 사용되어온 첨가물을 외견상 안전하며, 한편으로는 안전성 시험의 경비를 절약하고 그들의 이용을 촉진하며, 평가절차를 단순화하기 위하여 1958년 이른바 GRAS 목록의 새도를 도입하였다. 그리고 GRAS 물질은 Food Additives Amendment에 의한 식품첨가물 분류에서 제외시켰다.

GRAS 물질의 기준은 ① 1958년 1월 1일 이전의 건강위해나 유해성 없이 시품에 상용된 것과 ② 적절한 과학적 시험에 의하여 안전성이 확립된 것의 두 가지로 요약할 수 있다. 어느 경우에나 GRAS 물질의 안전성은 출판된 자료에 근거하여 NAS(학술원)가 추천한 전문가들의 판단에 근거하도록 제한되어 있다.

1958~1962년 사이 철저한 과학적 검토나 안전성에 관한 충분한 자료가 없이 689개 품목이 GRAS list에 등재되었다. 그러나 FDA는 인공감미료인 사이클라메이트(cyclamate)의 안전성에 대한 논란이 일사 닉슨 대통령의 지시에 따라 1969년부터 GRAS 물질의 안전성을 체계적으로 재검토하기 위한 작업에 착수하였다. 이에 따라 1972년에는 Federation of

GRAS
Generally Recognized As Safe로서 오랫동안 먹어왔거나 충분히 안전성이 확보되어 안전성에 문제가 되지 않는 식품첨가물

**Botulism
(보툴리누스중독)**

*Clostrium botulinum*이 오염된 식품이 혐기상태에서 증식하면 강력한 독소를 형성하여 식중독을 일으키며, 혐기상태의 소시지나 통조림 등에서 아질산계열의 발색제에 의해 증식이 저해된다.

American Societies for Experimental Biology(FASER)의 후원으로 Select Committee on GRAS Substances(SCOGS)를 구성하여 이 위원회로 하여금 모든 GRAS 물질의 안전성을 재검토하도록 의뢰하였다.

이러한 재검토 작업은 1977년에 끝나 415개 품목을 안전성 기준에 따라 5단계로 분류했으며, 이에 따른 FDA의 규제조치가 취해졌다. 분류 1은 GRAS상태가 그대로 유지되도록 하였고, 분류 2는 GRAS상태를 그대로 유지하되 사용량만을 제한하도록 하였으므로 결국 조사된 품목의 86%는 안전성 문제가 확인된 셈이다.

2) Delaney 조항

미 국회의원이었던 Delaney에 의해서 제안된 조항(1958)으로 "사람이나 동물에서 암을 일으키는 첨가물은 안전하다고 생각되어서는 안 된다"라고 제시한 409조의 내용으로 인체에 대한 발암성 물질의 안전량은 존재할 수 없다는 개념이 내포되어 있다. 이 조항에 따라 1958년 이전에 사용하던 많은 제품들이 정부의 규제를 받게 되었으며 개발되는 제품에서 발암성이 없다는 것을 증명해야 하므로 경제적 부담으로 돌아왔다. 미국환경보호청(Environmental Protection Agency, EPA)은 1988년 발암성 물질에 대하여 무시할 수 있는 위해성 기준(negligible risk standard)을 도입, 농약과 같은 화학 잔류물의 위해성 평가에 활용하고 있다.

3) PAFA 프로젝트

FDA는 식품첨가물의 순환적 재조사를 실시하고 이를 바탕으로 식품첨가물의 우선순위평가(Priority Based Assessment of Food Additives, PAFA) 프로젝트가 도입되어 비발암성 물질의 독성을 체계적으로 검사하고 있다. FDA는 "식품에 사용하는 식품첨가물과 색소의 안전성 평가를 위한 독성학적 원리"(Toxicological Principles for the Safety Assessment of Direct Food Additives and Color Additives used in Food)라는 책자(별명 Red Book)를 발행, 식품첨가물의 안전성 판정에 필요한 독성에 관한 기준으로 이용하고 있다. 미국에서 사용하는 직접첨가물, 착색료, 합성착향료 등 식품첨가물을 대상으로 시험 대상을 선정하여 이들의 안전성을 계속 평가하고 있다.

7.4.2.3 유럽연합(EU)

유럽연합에서 사용하는 첨가물은 EU위원회가 발행하는 "Official Journal of the European Communities"에 고시되고 있다. 이 내용은 착색료, 감미료, 그 외 식품첨가물 등 세 가지 지침으로 분류하여 고시하고 있다. 지침서에는 사용가능한 첨가물의 목록, EC번호, 사용기준 등을 수록하고 있다. EU에서는 개별 품목의 규격 및 기준에 대해서는 EU Community Regulation on Food Additives가 운영하고 있다.

7.4.2.4 일본

일본에서 식품첨가물 관리는 후생성이 관장하는 식품위생법을 근거로 관리하고 있으며 우리나라의 법체제와 비슷하다. 이 법에서 식품 및 첨가물의 제조, 가공, 보존, 유통에 관한 사항을 규정하고 있으며 개별 성분규격은 식품첨가물 공정서와 이를 설명한 식품첨가물 공정서해설서 등에 명시되어 있고 일본첨가물공정서(Japan's Specification and Standard for Food Additives)가 개별 첨가물의 기준과 규격을 정하고 있다. 천연첨가물도 후생성에서 같이 관리하고 있으며 허가되는 품목은 매년 달라지고 있다.

최근 국내·외 식품첨가물 지정현황은 표 7-5와 같다.

표 7-5 국내·외 식품첨가물 지정현황(2021년 6월 기준)

국가	지정품목	비고
한국	• 식품첨가물(619) • 혼합제제류(7)	• 식품첨가물공전
CODEX(993)/JECFA	• 식품첨가물(802) • 영양강화제(191)	• CODEX CAC/GL 36-1989 • CODEX CAC/GL 10-1979 • CODEX CAC/MISC 3 (현재 DB화 작업으로 삭제됨) • CODEX CAC/MISC 6-2012
EU(490)	• 식품첨가물(387) • 영양강화제(103)	• Regulation (EU) No. 1129/2011 • Regulation (EU) No. 1925/2006
미국(1,611)	• 직접첨가물(1,567) • 색소첨가물(44)	• FDAhomepage>Food> Food Additives & Ingredients> Food Additive Status List • FDAhomepage>ForIndustry> Color Additives> Color Additive Status List (식품에 사용되는 색소만 counting)
일본(821)	• 지정첨가물(403), 기존첨가물(418)	• 식품첨가물 공정서

7.5 용도별 식품첨가물

식품첨가물은 용도가 정해져 있으므로(표 7-2 참조) 그 용도에 따라 특성과 실례를 간단히 제시하고 더 자세한 것은 식품첨가물 도서나 식약처에서 발행하는 식품첨가물공전을 참고하면 더 자세한 정보를 얻을 수 있다.

- 가교제: 긴 분자와 분자 사이에 들어가서 서로 연결시키는 작용을 하는 물질
- 가황제: 가유제(加流劑)라고도 하며 고무제품에 강도를 높이기 위하여 첨가하는 화학약품. 주로 유황제제임
- 계면활성제: 유화제와 같은 기능을 갖는 것으로 한 분자 내에 친수성기와 친유성기를 갖는 물질
- 변조제: 여러 가지 처리를 해도 향이나 맛이 개선되지 않을 때, 다른 물질을 첨가하여 그 목적을 달성하는데 사용하는 물질
- 산화방지제(Antioxidants): 공기 중 산소에 의한 식품의 산화 변질을 막기 위하여 사용하는 식품첨가물
- 살균제: 미생물을 단시간 내에 사멸시키는 작용을 하는 식품첨가물
- 석탄산 계수(Phenol coefficient): 다른 살균제의 효력을 페놀(석탄산)의 효력과 비교한 지수
- 소포제(Defoaming agent): 식품의 제조공정 중 기포를 없애거나 억제시키는 물질
- 유화제(Emulsifiers): 서로 혼합이 잘 되지 않는 2종류의 액체, 고체를 액체에 분산시키는 기능을 가지고 있는 물질. 보통 친유성기와 친수성기를 한 분자 내에 갖고 있음
- 살균제(Germicide): 미생물을 죽이는 화학물질

7.5.1 보존료(Preservative)

Antiseptic(방부제)
어떤 미생물의 증식을 방해하거나 저지하는데 사용하는 화학물질

식품의 부패는 주로 미생물에 의해서 일어나므로 보존료는 부패 관여 미생물을 살균하거나 살아 있으나 증식하지 못하게 하는 정균(靜菌)작용 기능을 갖고 있다. 보존료는 살균제와 비슷한 성격이나 살균작용보다는 미생물의 증식을 억제하거나 효소의 작용을 중지시키는 기능이 더 부각된다. 일부 방부제란 말이 사용되고 있으나 식품첨가물을 지칭하는 데는 적절치 않은 용어이며 식품에 사용하는 경우 보존료란 용어가 훨씬 그 기능을 정확히 나타내고 있다.

현재 화학적 첨가물로 허용된 보존료는 데히드로초산류(dehydroacetic acid), 소르빈산류(sorbic acid), 안식향산류(benzoic acid), 파라옥시안

식향산 에스테류(paraoxybenzoic acid esther), 프로피온산류(propionic acid) 등이다. 미생물의 증식억제 혹은 살균효과가 있으므로 대부분 대상 식품이나 사용량이 규제되어 있다. 화학적 합성품에 대한 소비자의 우려 때문에 근래 천연물에서 얻는 보존제가 개발되고 있으며 감귤류 씨에서 추출한 천연물이 그 좋은 예이다. 물론 천연물이라 하더라도 안전성은 검증되어야 하는 것은 당연하다.

보존료(Preservatives)
미생물 증식에 의해서 일어나는 식품의 부패나 변패를 방지하기 위해 사용되는 식품첨가물

7.5.2 착색료(Coloring matter)

식품에 인위적으로 색을 주어 시각적 효과를 높이기 위하여 사용한다. 여러 목적으로 사용하는 데 기존 색을 보완 또는 가공 중 탈색되는 것을 방지하거나 무색인 것에 다양한 색을 부여하여 식욕을 돋우기도 하며(사탕류) 기존 제품을 모방하기 위해서 사용한다(예: 과실젤리). 착색료는 크게 나눠 천연착색료와 합성착색료가 사용되는데 천연착색료는 가공처리 중, 혹은 저장 유통 중 탈색되는 경우가 있고 경제성이 감안되어 천연착색료 대신 합성착색료를 사용하기도 한다. 합성착색료는 타르계와 비타르계로 나누고 있다. 타르계착색료는 원래 석탄 타르에서 얻었기 때문에 얻어진 이름이나 현재는 여러 중간 소재로 합성하고 있다. 식품에서 사용하는 색소 중 가장 논란이 많은 색소이며 사용대상 식품을 규제하여 특정 식품에는 사용하지 못하도록 하고 사용량까지 규정한 착색료도 있다(예: 동클로로필린나트륨). 특히 생체식품 등에는 사용이 제한되어 있다.

7.5.3 살균제(Bacteriocide)

살균제는 미생물을 죽이는 목적으로 사용하는 첨가물로 독성이 있으므로 식품에 사용하는 것은 독성이 낮고 대상 식품에 영향을 주지 않으면서 살균력이 강한 것을 사용한다. 이와 같은 조건을 완전히 만족시키는 살균제는 없으나 독성시험 결과 효과를 내는 사용수준이 인체에 수용 가능한 대상을 선정하여 사용하고 있다. 살균제로 사용하는 것은 표백분(bleaching powder), 고도표백분(calcium hypochlorites), 과산화수소(hydrogen peroxide), 이염화이소시아눌산나트륨(sodium dichloro isocyanurate) 등이다.

7.5.4 산화방지제(Antioxidants)

식품 중 유지 성분이 공기 중의 산소와 결합하여 산화물을 만들고 이 산화물이 불쾌한 냄새를 발생함과 동시에 산화된 식품을 섭취하면 산화물이 인체 내에서 독성을 일으켜 부정적 영향을 준다. 이와 같이 유지가 산화되

어 불쾌한 냄새를 내어 변질되는 현상을 제한적으로 산패라 하고 이 산패 현상을 막거나 지연시키는데 사용하는 물질을 산화방지제 혹은 항산화제라 한다.

산패는 산소와 결합이 주원인이나 미생물에 의하여 유지가 가수분해되거나 불포화지방산이 산화되어 aldehyde 혹은 ketone을 만들 때도 불쾌한 냄새를 동반한다.

산화에 의해 생성되는 불쾌취는 알데히드(aldehyde), 케톤(ketone), 카복실산(carboxylic acid) 등으로 알려져 있고 성분 구성에 따라 다양한 휘발성 저분자 물질이 생성되기도 한다. 일부는 축합반응을 일으켜 고분자 물질로 전환되기도 한다. 대표적인 합성 항산화제는 디부틸히드록시톨루엔(Dibutyl Hydroxy Toluene, BHT)과 부틸히드록시아니솔(Butyl Hydroxy Anisole, BHA)이 알려져 있으며 L-아스코르빈산(L-ascorbic acid, 비타민 C) 관련 물질, 에리소르빈산(erythorbic acid) 그리고 DL-α-토코페롤(tocopherol, 비타민 E)만을 제외하고 모두 대상 식품과 사용량이 규정되어 있다. 근래 천연 항산화제인 비타민 C와 비타민 E는 항암효과가 있다고 알려지면서 관심을 끌고 있다.

7.5.5 발색제(Color fixative)

발색제
색소와는 달리 그 자체에는 색이 없어서 식품을 직접 착색시킬 수는 없으나 식품 중에 존재하는 유색물질과 작용하여 그 색을 안정화하고 선명하게 발색시키는 물질

발색제는 색택이 있는 착색제와는 달리 자체는 색깔이 없으나 식품에 들어 있는 특정 성분과 결합하여 기존 색을 안정화시키거나 발색 혹은 발색을 촉진시키는 식품첨가물을 말한다. 발색제로는 아질산염과 질산염이 있는데 이들은 육류의 적색소인 미오글로빈(myoglobin)과 결합하여 안정한 선홍색으로 고정되어 육제품 생산 시 사용하고 있으며 가지에는 황산제일철($FeSO_4$)이 작용하여 청록색의 고운 색을 낸다. 현재 허가된 발색제는 질산나트륨(sodium nitrate), 아질산나트륨(sodium nitrite), 질산칼륨(potassium nitrate), 황산제일철(ferrous sulfate), 황산알루미늄칼륨(aluminum potassium sulfate, 소명반)이 있고 황산제일철만 사용 대상의 제한이 없다.

7.5.6 표백제(Bleaching agent)

표백제란 식품의 원료나 가공된 제품에 특정한 색택이 있어 상품적인 가치를 떨어뜨리는 경우 관련 색소나 발색에 관여하는 물질에 작용하여 탈색 혹은 무색화시키는 작용을 하는 첨가물이다. 표백의 기작은 산화 혹은 환원작용으로 표백제는 산화표백제와 환원표백제 2종으로 구분된다. 산화표백제는 발생기 산소에 의한 산화로 탈색이 되며, 한 번 탈색되면 복원되

는 경우는 없고 과하게 사용하면 색이 진해지거나 조직이 부서지고 비타민 등이 파괴되기도 한다. 산화표백제는 과산화수소, 과산화벤조일, 차아염소산나트륨 등이 있다. 환원표백제는 환원작용에 의해서 탈색시키는 것으로 환원표백제의 효능이 없어지면 공기 중의 산소와 다시 결합하여 색이 복원되는 단점이 있다. 대표적인 환원표백제는 메타중아황산나트륨, 아황산나트륨, 차아황산나트륨 등이 허용된 표백제이다. 표백제는 모두 사용 대상 식품, 사용량이 규정되어 있으며 과산화수소 같은 경우 최종제품에 잔존을 불허하고 있다.

7.5.7 밀가루 개량제(Maturing agent)

밀을 제분하면 밀에 함유된 카로티노이드계 물질에 의해 밀가루가 색깔을 띠게 되며 가루가 거칠게 보이는 결점이 있다. 제분을 한 밀가루의 품질을 개선하기 위하여 사용하는 첨가물이 밀가루 개량제이며 과산화벤조일(benzoyl peroxide diluted)은 산화작용으로 표백효과를 내고 과황산암모늄(ammonium persulfate)은 글루텐의 성질을 개선하여 제빵 특성을 좋게 한다. 그 외 탈색효과를 내는 것으로 염소(chlorine), 이산화염소(chlorine dioxide) 등이 있다.

7.5.8 유화제(Emulsifier)

물과 기름은 자체의 성질만으로는 잘 혼합되지 않는데 이들 물질을 혼합되게 하는 기능을 갖는 물질을 유화제 혹은 계면활성제라고 한다. 유화제의 특성은 한 분자 내에 친수성기와 친유성기를 가지고 있어 기름과 물 중간에 끼어 두 물질이 유화되도록 한다. 식품가공에서는 마요네즈와 버터와 같이 기름과 물이 잘 혼합되어야 희망하는 물성을 갖고 제품으로 가치가 있는 경우가 있는데 이때 사용하는 것이 유화제이다. 친수성과 친유성 기능에 따라서 유화제에는 HLB(Hydrophilic–Lipophilic Balance, HLB) 값이 있어 유화시켜야 할 대상에 따라 적절히 선정하여 사용해야 한다. HLB가 4~6이면 W/O(Water in oil) 유화제이며 10~18이면 용해제 즉 O/W(Oil in water)로 사용한다. 즉 제품 중 유지 함량이 많으면 HLB가 낮은 쪽을, 물의 양이 많으면 HLB가 높은 것을 사용한다. 천연유화제로는 인지질인 레시틴(lecithin)이 있고 합성유화제는 글리세린지방산에스테르(glycerin fatty acid ester), 소르비탄지방산에스테르(sorbitan fatty acid ester), 스테아릴젖산염류 등이 있다. 대부분 일반사용기준에 따라 적용이 가능하지만 스테아릴젖산나트륨, 암모늄포스파타이드 등 일부 유화제는 사용대상 식품이 정해져 있고 그 중 일부는 사용량을 규제하고 있다.

7.5.9 겔 형성제(Gelling agent)

걸쭉한 성질과 점성이 필요한 음료 혹은 스프, 젤 등에 사용하는 첨가물이다. 호료라고도 하며 보통 점성을 갖고 분산안정제, 결착보수제, 피복제로도 사용한다. 호료로 허가된 첨가물은 카제인(casein), 알긴산나트륨(sodium alginate), 카제인나트륨(sodium caseinate) 등이 있다. 겔 형성제는 사용대상 식품에 제한은 없으나 일부는 사용량을 규제하고 있다. 점도 증가효과 때문에 증점제로 인식되기도 한다.

7.5.10 소포제(Defoaming agent)

식품가공 중 거품이 나서 공정상 어려움을 겪거나 원료가 손실되는 경우가 있는데 이런 제품에서 거품이 발생하는 것을 막기 위하여 소포제를 쓴다. 특히 점도가 있는 액상제품(예: 인삼추출물)의 농축 시 거품에 의한 어려움이 있는 바 이들 제품 생산 시 소포제를 주로 사용한다. 지정된 소포제는 규소수지(silicone resin), 메틸에틸셀룰로오스(methyl ethyl cellulose)과 스테아린산마그네슘(magnesium stearate), 그리고 팔미트산(pamitic acid), 라우린산(lauric acid) 등 지방산계가 소포제로 사용된다.

7.5.11 착향료(Flavoring substances)

식품에 냄새를 좋게 하거나 개선하기 위하여 사용하는 식품첨가물로 크게 합성착향료와 천연착향료, 조합착향료로 구분하며 천연착향료는 기원에 따라 식물성, 동물성, 미생물생성 기원으로 구분된다. 착향료는 착향의 효과를 높이고 복합 향을 내기 위하여 단독으로 사용하기 보다는 혼합하여 사용하는 경우가 많다. 천연착향료는 정유(essential oil, 에센셜 오일), 미생물기원착향료, 추출물(extract, entrapped flavor), 기타 향료로 나눈다. 현재 상품화되어 사용되는 착향료는 네 가지 형태로 유통되고 있다.

7.5.11.1 수용성 착향료

물에 잘 녹게 만든 착향료로 청량음료수, 각종 음료, 빙과류에 사용하며 방향성 성분의 변화가 적어 신선한 향을 주는 장점이 있다. 보통 물에 녹지 않는 성질을 갖는 방향 성분을 용제(알코올, 프로피렌글리콜) 등에 녹여 사용한다. 가열제품, 건조제품 중에는 휘발 및 수분 때문에 사용하기 어렵다.

7.5.11.2 유용성 착향료

천연물에서 증류하여 얻은 정유 혹은 여러 용매로 추출하여 얻은 올레오레진(oleoresin) 등으로 지용성 착향료이다. 보통 내열성이 있는 착향료로서 가열처리가 필수인 식품, 즉 캐러멜, 드롭스, 비스킷 등에 사용한다.

7.5.11.3 고체 및 분말 착향료

보통 결정성 고체 형태와 분말형이 있으나 주로 분말형이 이용된다. 분말형은 천일건조, 냉동건조, 분무건조, 젖당과 탄산마그네슘 등으로 도포한 판상(plating)형이 있다. 이 제품은 열, 빛 등에는 안정하나 수분을 흡수하기도 하고 수분이 많은 식품에는 향기 손실이 커서 분말 형태의 식품에 사용한다.

7.5.11.4 캡슐착향료

피막 형성능이 있는 천연 혹은 합성 고분자 물질로 마이크로캡슐을 만들어 그 안에 착향물질을 넣어 포집하게 한다. 포집된 물질의 양은 전체 중량의 50~90%로 아주 작은 알갱이 속에 착향료가 들어 있는 형상이다. 캡슐화의 가장 큰 장점은 사용할 때까지 안정성을 유지할 수 있고 산소 및 수분 접촉을 차단하여 변화를 최소화할 수 있다. 분말스프, 젤리, 과자 등 조리 시 가열처리가 되는 식품에 사용한다.

7.5.11.5 유화향료

친유성의 향기 성분에 유화제를 사용하여 물속에 분산시켜서 유화시키는 공정으로 제조하며 수용성 착향료와 유용성 착향료의 결점을 보완한 제품으로 내열성이 없는 수용성 착향료나 수분이 많은 식품에 사용할 수 없는 유성착향료를 대체할 수 있다. 과즙음료와 젖산균음료에 사용하며 유화와 혼합효과를 주는 혼탁제와 맑은 성질을 갖는 것이 있다.

7.5.12 영양 강화제(Dietary supplemental nutrient)

식품 중에 영양 성분을 강화할 목적으로 사용하는 첨가물이다. 주로 비타민류, 아미노산류, 무기염류 등을 강화하는 데 사용한다. 첨가하는 목적은 식품의 가공처리 중 손실되는 영양소를 보충하거나 본래 결핍된 영양소를 강화하여 영양상태를 보강하는데 있다. 강화목적으로 영양소를 식품에 첨가할 때는 이화학적인 변화 여부, 성분 상호간의 반응, 풍미에 미치는 영향과 가공조건에 따른 변화 등을 고려해야 한다.

강화제
비타민, 무기질, 아미노산 등 미량으로 식품의 영양 강화를 위해 첨가되는 물질

7.5.13 껌에 사용하는 첨가물(Chewing gum base)

껌은 여러 가지 성분이 함유된 복합 가공 기호식품으로 계속 씹을 때 물성을 유지해야 하는 특유한 성질을 가지고 있어야 한다. 껌의 기초제는 천연의 치클과 합성 고분자 화합물인 초산비닐수지(polyvinyl acetate), 에스테르 검(ester gum), 폴리부텐(polybutene) 등이 있으며 이들은 껌 기초제 이외의 용도로는 사용하지 못하도록 규제하고 있다. 그 외에 껌에 사용하는 첨가물로는 각종 착향료, 감미료, 유기산을 들 수 있으며 종류에 따라 착색료를 쓰기도 한다. 그 외에 치아에 붙지 않도록 모노글리세라이드(monoglyceride)와 물성 개선을 위하여 가소제를 사용한다.

7.5.14 피막제(Coating agent)

피막제(Coating agent)
과실이나 야채의 선도를 장기간 유지하기 위하여 표면에 피막을 형성시켜 호흡작용을 적당히 제한하고 수분의 증발을 방지하는 목적으로 사용되는 물질

과실이나 채소류의 표면에 피막을 만들어 호흡작용을 억제함으로써 저장기간을 연장할 때 사용한다. 이런 용도로 허용된 것은 몰포린 지방산염(morpholine salts of fatty acids), 초산비닐수지(polyvinyl acetate), 폴리비닐 피로리돈(polyvinyl pyrrolidone), 담마검(dammar gum), 밀납(beeswax) 등이 있다.

7.5.15 조미료(Seasoning)

식품첨가물 중 사용량이 가장 많은 품목이다. 주로 맛을 새롭게 부여하거나 개선 혹은 개량시키는 데 사용하며 다른 기능으로는 식욕을 증진하거나 먹는 즐거움을 주기도 한다. 크게 합성과 천연조미료로 구분한다. 조미료에 들어가는 첨가물로는 감미료, 산미료, 감칠맛 조미료, 함미료(鹹味料) 등 일반적으로 말하는 오미(五味)에 포함되는 것이다.

7.5.15.1 감미료(Sweetner)

감미료는 인간에게 가장 기호성이 높은 단맛을 내는 성분으로 식품가공에서 폭넓게 사용하는 첨가물이다. 감미료는 사탕수수나 사탕무같이 식물에서 얻는 천연감미료가 있고 사카린나트륨 같이 합성한 감미료가 있다. 허가된 감미료는 글리실리진산삼나트륨(trisodium glycyrrhizinate), 락티톨(lactitol), 아스파탐(aspartame), 사카린나트륨(sodium saccharin), 자일리톨(xylitol), 효소처리스테비아(enzymatically modified stevia) 등이 있고 사용대상 식품만 정해진 것, 사용량까지 규정된 것, 사용기준이 없는 것 등으로 구분된다. 설탕, 포도당, 맥아당 등은 천연 감미료로, 식품소재로 구분하며 식품첨가물로 분류되지 않는다.

7.5.15.2 산미료(Acidulant)

신맛을 내는 첨가물로 과실이나 채소류 중에 다양한 천연 유기산인 산미료가 들어 있고 미생물을 이용한 발효기법으로 생산하거나 인공으로 합성한 것(푸마르산 등)을 사용하기도 한다. 신맛은 우리 미각에 작용하여 상쾌한 맛을 주며 신맛과 함께 감칠맛을 주는 것(호박산, succinic acid)도 있으며 항산화작용을 상승시키기도 한다. 당액에 산미료를 첨가하면 단맛이 상승하는 효과를 주기도 한다. 천연에 있는 유기산은 구연산(citric acid), 사과산(DL-malic acid), 주석산(DL-tartaric acid) 등이 있고 자연에는 존재하지 않으나 미생물에 의해서 발효과정 중 생산되는 유기산은 초산(acetic acid), 젖산(lactic acid) 등이 있다.

7.5.15.3 감칠맛 조미료(Savory flavor)

아미노산 중 글루탐산(L-glutamic acid)이 대표적인 감칠맛 조미료이며 다시마나 청어, 가다랭이 등에서 느끼는 감칠맛 성분들도 감칠맛 조미료로 분류하고 있다. 우리나라에서 구분하는 5미(五味)에 들지 않으나 일본은 “지미(旨味)”로 표기하고 있으며 영어로는 “savory”라는 말로 표현하고 있다. 감칠맛 조미료는 크게 아미노산계, 핵산계, 유기산염류로 구분하기도 한다. 핵산계로는 5’-구아닐산이나트륨(disodium 5’-guanylate), 5’-리보뉴클레오티드이나트륨(disodium 5’-ribonucleotide) 등, 아미노산계로는 L-글루탐산(L-glutamic acid)과 그 염, 글리신(glycine), 테아닌(L-theanine) 등, 유기산계로는 젖산칼슘(calcium lactate), 호박산이나트륨(disodium succinate) 등이 있고 그 외 감칠맛 조미료로는 효모추출물(yeast extract) 등이 허가되어 있다. 근래는 다양한 동·식물원에서 추출하여 천연조미료로 사용하나 이들은 감칠맛 조미료로 포함하지는 않는다.

7.5.15.4 함미료(Saltiness)

식품에 짠맛을 주기 위해서 사용하는 첨가물이다. 가장 잘 알려진 것이 소금이나 그 외 염류들도 비슷한 짠맛을 낸다. 예를 들면, 염화칼륨(potassium chloride), 사과산나트륨(sodium DL-malate), 글루콘산나트륨(sodium gluconate) 등이 짠맛을 내나 가장 상쾌한 맛은 소금이다. 보통 물에 녹았을 때 양이온과 음이온 쌍방에 의해서 맛이 결정된다.

7.5.16 팽창제(Leavening agent)

빵, 비스킷 그리고 과자 등 반죽 시 첨가하여 가열처리 중 가스를 방출, 부풀게 작용하는 첨가물이다. 반죽을 팽창시킴으로써 부피가 커짐과 동시에 조직이 부드러워지고 다공성이 된다. 천연물로는 당을 이용하여 증식하면서 탄산가스를 내는 효모가 있고 합성첨가물로는 탄산수소나트륨(sodium bicarbonate), 탄산수소암모늄(ammonium bicarbonate), 탄산수소칼륨(potassium bicarbonate), 탄산암모늄(ammonium carbonate)과 함께 혼합제로 사용하는 구연산(citric acid), 메타인산나트륨(sodium metaphosphate) 등이 있다.

7.5.17 용제(Solvent)

식품에 첨가할 경우 잘 녹지 않아서 사용하기 어려운 물질을 녹이기 위하여 사용하는 첨가물을 용제라고 한다. 착향료, 착색료, 보존료 등을 녹이는데 사용하고, 필요한 성질로는 이들을 잘 녹이고 풍미에 영향을 주지 않으며 색이 없는 것으로 허용된 것은 글리세린(glycerine), 프로필렌글리콜(propylene glycol)이 있다. 글리세린은 사용기준이 없으나 프로필렌글리콜은 대상 식품과 사용량이 규정되어 있다.

7.5.18 추출용제(Extracting agent)

특정 원료로부터 필요한 성분을 추출할 목적으로 사용하는 첨가물이며 용매로서 역할을 한다. 현재 허용된 추출용제는 이소프로필알코올(isopropyl alcohol), 아세톤(acetone), 메틸알코올(methyl alcohol), 핵산(hexane)이 있다. 이들 추출용제는 모두 사용기준이 정해져 있다.

7.5.19 이형제(Releasing agent)

빵을 굽거나 과실 및 채소류를 건조할 때나, 캡슐류가 서로 붙지 않게 할 목적으로 이형제를 사용한다. 이형제로 허용된 것은 유동파라핀(liquid paraffin)이 있고 과실류 및 채소류의 표피피막제로서 사용할 수 있다. 대상 식품과 사용량이 규제되어 있다.

Processing aid (가공보조제)
식품의 제조과정에서 기술적 목적을 위해 의도적으로 사용되고 최종 제품의 완성 전에 제거되거나 제거하여 잔류하지 않게 하는 식품첨가물로 살균제, 여과보조제, 이형제, 제조용제, 효소제 등이 있다.

7.5.20 가공보조제

식품 제조공정 중 가수분해, 중화, 응고, 여과, 흡착, 수소 첨가 및 특정 성분 제거 목적으로 다양한 첨가물을 사용한다. 여기에는 산, 알칼리, 불용성 광물질, 이온교환수지, 수소 등이 있고 대부분 최종 제품에 남지 않도록 규제하고 있다.

7.5.21 살균소독제

보통 기구, 용기 등을 살균하기 위하여 사용하는 첨가물을 살균소독제라고 한다. 유효 성분 123종과 보조 성분으로 지정되어 있다. 살균소독제의 성분에 따라 분류하면 염소계인 차아염소산나트륨(hypochlorous acid sodium salt, sodium hypochlorite) 등, 이산화염소(ClO_2), 요오드계(iodophor), 4급 암모늄화합물(Quat), 과산화물 살균소독제(H_2O_2 등), 카복실산 살균소독제(지방산 살균소독제) 등이 있으며 사용 대상이 정해져 있거나 최종 제품에 잔존하지 않도록 규제하고 있다.

Adulteration(변조)
적절하지 않은 이물질을 섞어서 변조한 것

7.5.22 효소제제

농축수산물 원료에 작용시켜 분해시키거나 화학구조를 변경하여 다른 특성을 갖도록 하는데 사용하는 효소들이 식품첨가물로 허용되어 있다. 허용된 효소제는 가수분해효소가 가장 많고, 특성을 개량하거나 물성을 변화시키는 작용을 하는 효소류로 분류할 수 있다. 탄수화물분해효소로 α-아밀라아제(α-amylase), 글루코아밀라아제(glucoamylase, amyloglucosidase), 셀룰라아제(cellulase), 단백질분해효소로 트립신(trypsin) 곰팡이성, 세균성 프로테아제(fungal, 혹은 bacterial protease) 등이 있고 지방분해 효소로 리파아제(lipase), 물성개선으로 우유응유효소(milk clotting enzyme, rennet, chymosin) 등이 있다. 효소류는 사용량, 대상 식품의 규제는 없고 효소제제의 보존기준만 규정되어 있다.

7.5.23 기타 식품첨가물

식품첨가물을 기능별로 분류할 때 앞에 제시한 용도 외에 다음과 같은 기능을 갖는 첨가물들이 있다. 이에 대한 자세한 것은 식품첨가물 공전을 참고해야 한다. 결착제[casein(카제인)], 고결방지제[magnesium silicate(규산마그네슘), silicon resin(규소수지)], 광택제[beeswax(밀납)], 금속처리제[citric acid(구연산), ethylenediaminetetraacetate(EDTA)], 기포제[sodium stearoyl lactylate(스테아릴젖산나트륨)], 분산제(polysorbate 20, polysorbate 80 등), 산도조절제(산류, 염류), 색도 유지제[ferrous lactate(젖산철)], 안정제[methylethylcellulose(메칠에틸셀룰로오스)], 연화 방지제[magnesium chloride(염화마그네슘)], 청징제[annic acid(탄닌산)] 등이 식품의 특성 개선과 필요 용도에 따라 사용될 수 있다.

7.6 천연유래 식품첨가물

식품의 제조 시 식품위생법 제7조 ④에 따라 기준 및 규격에 적합하게 제조해야 하며 보존료 등 개별사용기준이 설정된 식품첨가물의 사용이 허용되지 않은 식품 등에서 검출될 경우 식품 등의 기준 및 규격 위반으로 부적합한 식품이 된다. 그러나 식품의 제조 시 허용되지 않은 보존료 등을 첨가하지 않았음에도 검출이 된다면 식품공전 제1 총칙, 용어의 풀이 29)의 규정에 따라 품질이 양호한 원료에서 불가피하게 유래된 경우에 한하여 인정이 된다. 이 경우 사용된 원재료에서의 식품첨가물 농도, 배합비율 등을 근거로 최종 제품에서의 검출된 식품첨가물의 허용량을 결정할 수 있다. 또한 최근 식품첨가물공전의 개정으로 프로피온산의 경우 동물성 식품의 배합비율을 제외하고 프로피온산으로서 0.10 g/kg, 안식향산의 경우 동물성 식품의 배합비율을 제외하고 0.02 g/kg의 범위까지 천연유래로 인정을 하고 있다.

7.6.1 프로피온산(Propionic acid)

프로피온산은 식물계에서 유리상태로 존재하는 것은 드물지만, 에스테르로서 정유 등에 널리 분포하고 있는 것으로 알려져 있다. 또한 다양한 미생물 대사산물로서 발효식품에도 존재한다. 미소, 장유의 정미 및 향기 성분의 하나이며 빵생지, 포도주 중에도 존재한다. 버터와 치즈에도 함유되어 있고 그 중에서도 스위스치즈에는 1%나 함유되어 있는 것으로 알려져 있으며, 효모와 세균 등에 항균작용이 확인되었다.

CFR(Code of Federal Regulation)
미국의 연방법으로 총 50개의 title로 이루어져 있으며 식품과 관련된 법규는 "21"에서 다루고 있다.

미국의 CFR 21. §.1018에는 프로피온산이 화학적 합성 또는 미생물의 발효에 의해 생성될 수 있다고 명시되어 있으며, 세계보건기구(WHO)에서는 프로피온산이 식용지방이나 기름의 구성물은 아니지만, 지방산의 산화에 의해서 중간 대사산물로 발생한다고 보고하였다(WHO, Food Additives Series 5, Propionic acid and its calcium, potassium and sodium salts. 1974). 또한, 미국 환경청(EPA)에 따르면 프로피온산은 생체 내의 일반적인 중간 대사산물임을 밝혔다(EPA, Registration eligibility document propionic acid and salts list D case 4078. 1991). 이처럼 여러 식품 중에 프로피온산이 천연적으로 존재하며, 이는 여러 가지 기작을 통하여 생성되는 것으로 알려져 있다.

프로피온산은 생체 내에서 일반적인 중간 대사산물로서 당의 해당과정을 통한 carboxylic acid cycle 중의 succinic acid로부터 탈탄산반응에 의해 프로피온산이 생성되는 것으로 알려져 있다.

7.6.2 안식향산(Benzoic acid)

안식향산은 1608년 Blaise de Vigenier에 의해 안식향(Styrax benzoicum) 중에 존재하는 것이 확인되어, 안식향화(安息香華)라고 명명하였다. 그 후 1771년에 Lichtenberg가 산임을 확인하고, 1875년 항균작용에 관해서 처음으로 알려진 후 1890년 Lueck가 항균작용을 확인하였다.

WHO 보고서(WHO. Concise International Chemical Assessment 26. Benzoic acid and sodium benzoate. 2005)에서는 안식향산이 다른 화합물의 형성에 있어 중간 생성물로서 많은 식물들에 의해 생성되며(Goodwin BL, Handbook of intermediary metabolism of aromatic compounds. B6-B9) 특히, 베리류에서는 높은 농도로 검출되고 동물 내에서도 검출되는 것으로 알려져 있다. 또한 유가공품을 포함한 많은 식품 내에 천연적으로 생성된다고 알려져 있으며(Sieber, R., Buutikofer, U., Bosset, J. O. & Ruegg, M. Benzoesaure als naturlicher bestandteil von lebensmittln-eine Ubersicht. Mitt. Gebiete Lebensm. Hyg., 80, 345-362, 1989./ Sieber, R., Buutikofer, U., Baumann, E. & Bosset, J. O. Ueber das vorkommen der benzoesaure in sauermilchprodukten und kase. Mitt. Gebiete Lebensm. Hyg., 81, 484-493, 1990.) 특히, 치즈와 유제품에서의 발효과정 중 히푸르산(hippuric acid)으로부터 안식향산 발생기전을 발표하였고, 페닐알라닌으로부터 transaminase 등의 효소작용으로 벤즈알데히드가 생성되며 생성된 벤즈알데히드는 산막성 효모에 의해 안식향산으로 전환됨을 밝혔다. 젓산 발효 시 우유에 존재하는 히푸르산으로부터 안식향산이 생성되기도 한다.(Sieber, R., Buutikofer, U. & Bosset, J. O. Benzoic acid as a natural compound in cultured dairy products and cheese. Int. Dairy J ournal., 5(3), 227-246, 1995)

다이옥신이란?

다이옥신(Dioxin)과 다염화비페닐(PCBs)은 환경으로부터 식품으로 유입되는 화학물질이다. 이들 화학물질은 우리들의 건강에 즉각적인 영향은 없으나, 오랜 기간 동안 우리 체내에 흡수된다면 문제를 일으킬 수 있다. 동물 지방이 높은 우유, 고기, 생선, 달걀 그리고 이들로부터 만들어진 식품 등이 다이옥신과 PCBs의 주된 원천이며, 모든 식품에 이들 화학물질들이 극소량 포함되어 있다. 개개인의 음식섭취 시 다이옥신과 PCBs의 수준은 그들이 섭취하는 식품의 종류 및 양에 따라 달라진다.

건강에 대한 위험성은 높은 수준의 다이옥신과 PCBs가 포함된 식품을 장기간 섭취할 경우 생긴다. 이들 화학물질은 비록 사람들에게는 덜 영향을 미칠지라도, 어떤 동물에게는 암을 유발시키거나 면역 및 생식 시스템을 손상시키는 등의 폭넓은 영향을 미친다.

7.6.3 소브산(Sorbic acid)

소브산은 1859년 영국에서 독일 화학자 A. W. Von Hofmann에 의해서 미숙성 딸기의 기름으로부터 처음 분리된 이래 미생물 생육 억제에 대한 많은 연구가 이루어져 왔으며, 미생물 포자의 발아와 성장을 억제하여 미생물 세포의 생성을 억제하는 것으로 알려져 있다. 많은 베리류나 과일류 등 다양한 식물에서 소브산이 천연적으로 존재하고 있는 것으로 알려져 있으나 이에 대한 생성기작은 아직 명확히 밝혀져 있지 않다. 한편, 소브산의 합성은 malonic acid와 trans-butenol의 응축으로 생성되는 것이 전통적인 방법이며, 또한 isomeric hexadienoic acid로의 산화부터 생성될 수 있다(Luck, E., Jager M. & Raczek, N. Ashford's dictionary of industrial chemicals, third edition, 8482, 2011).

7.6.4 이산화황(Sulfur dioxide)

일반적으로 아황산염류는 환원력이 매우 강한 아황산을 만들어 아황산이 황산으로 산화될 때 착색물을 환원시켜 강한 표백작용을 하고, ascorbate oxidase의 활성을 억제하여 항산화작용을 나타내며, 효소적 갈색반응을 촉진하는 polyphenoloxidase의 저해제로 작용하여 갈변현상을 억제하는 것으로 알려지고 있다. 또한, 미생물의 생육을 억제하는 역할도 한다[김희연 등, 한국식품과학회지, 32(3), 2000]. 식품 중의 아황산염의 검출은 식품의 성분으로서 함유되어 있는 다양한 황화합물들에 기인하는 것으로 생각되며(강길진 등, 한국식품과학회지, 33(5), 2001) 마늘, 부추, 양파, 무 등 다양한 식품에서 아황산염이 천연적으로 검출되는 것으로 알려져 있다.

참고문헌

김경운. 국내·외 식품첨가물 섭취량 조사에 대한 데이터베이스화 및 관리방안 연구, 「식약청용역보고서」, 2008.
송재철, 박현정. 『식품첨가물학』, 내하출판사, 2000. p. 63.
송재철, 양한철. 『식품첨가물학』, 세문사, 1994. p. 55-76.
송형우, 채기수, 김영만, 이응수, 하상철, 임용숙. 『현대식품위생학』, 지구문화사, 2009.
신동화, 오덕환, 우건조, 정상희, 하상도. 『식품위생안전성학』, 한미의학, 2011.
식품위생법. 한국식품산업협회, 2021.
식품의약품안전처. 「식품첨가물 지정현황 비교 편람」, 2009.
식품의약품안전처. 「식품첨가물 사용기준 편람」, 2009.
식품의약품안전처. 「식품 및 식품첨가물 생산실적」, 각 년도.
식품의약품안전처. 「식품의 기준 및 규격」, 2021
식품의약품안전처. 「식품첨가물의 기준 및 규격」, 2021
신동화, 오덕환, 우건조, 정상희, 하상도. 「식품위생안전성학」, 한미의학, 2011.
신재욱. 합성보존료의 이해, Food Science and Industry(Vol. 49, No. 1), 2016 p.30-37.
신재욱 등. 식품첨가물 안전성 평가연구 「식품의약품안전평가원 용역보고서」, 2014-2018.
신재욱. 보존료 등 천연유래 판정근거 마련을 위한 연구. 「식품의약품안전처 용역보고서」, 2017.
이서래. 「식품안전성」, 자유아카데미, 2008. p. 219-314.
장동석, 신동화, 정덕화, 우건조, 이인선. 『자세히 쓴 식품위생학(3판)』, 정문각, 2006. p. 259-97.
정기화. 식품첨가물 안전관리 연구 현황, 「J. Fd Hyg. Safety」, p. 398-407.
최성희. 식품첨가물 섭취량에 따른 안전성 평가-감미료(7품목), 「식품의약품안전처 용역보고서」, 2008.
최성희. 식품첨가물 섭취 안전성 평가 연구-아황산, 아질산염류, 「식품의약품안전평가원 용역보고서」, 2009.
Concon JM. *Food Toxicology*. New York: Marecl Dekker. 1988.
Fellows P.J. *Food Processing technology Primciples and practice*. Third ed. NY, Washington: CRC Press, p.857-60. 2009.

Pascal G. Safety assessment of food additives and flavoring substances. *International Food Safety Handbook*. Marcel Dekker, 1999.

WHO. *Principles and methods for the risk assessment of chemicals in food*. EHC 240. 2009.

WHO. Principles for the safety assessment of food additives and contaminants in food. *Environmental Health Criteria*. WHO Geneva, 1987.

FDA 〈http://www.fda.gov/Food/FoodIngredientsPackaging/Generally Recognize-dasSafeGRAS/default.htm〉 2010.

식품위생학 기출문제

01 유지 산화방지제의 일반적인 특성으로 옳은 것은?

① 카보닐화합물 생성 억제
② 아미노산 생성 억제
③ 지방산의 생성 억제
④ 유기산의 생성 억제

02 아래의 반응식에 의한 제조방법으로 만들어지는 식품첨가물명과 주요 용도를 옳게 나열한 것은?

$$CH_3CH_2COOH+NaOH \rightarrow CH_3CH_2COONa+H_2O$$

① 카복시메틸셀룰로스나트륨 – 증점제
② 스테아릴젖산나트륨 – 유화제
③ 차아염소산나트륨 – 합성살균제
④ 프로피온산나트륨 – 보존료

03 주요 용도가 산도조절제가 <u>아닌</u> 것은?

① sorbic acid ② lactic acid
③ acetic acid ④ citric acid

04 식품에 첨가했을 때 착색효과와 영양강화 현상을 동시에 나타낼 수 있는 것은?

① 엽산(folic acid)
② 아스코르빈산(ascorbic acid)
③ 캐러멜(caramel)
④ 베타카로틴(β–carotene)

05 식품에 사용할 수 있는 표백제가 <u>아닌</u> 물질은?

① 차아황산나트륨 ② 안식향산나트륨
③ 무수아황산 ④ 메타중아황산칼륨

06 식품의 점도를 증가시키고 교질상의 미각을 향상시키는 고분자의 천연물질 또는 그 유도체인 식품첨가물이 <u>아닌</u> 것은?

① methyl cellulose
② carboxymethyl starch
③ sodium alginate
④ glycerin fatty acid ester

07 감미료와 거리가 <u>먼</u> 식품첨가물은?

① 스테비오사이드(Stevioside)
② 아스파탐(Aspartame)
③ 아디픽산(Adipic acid)
④ D–솔비톨(Sorbitol)

08 식품의 관능개선을 위한 식품첨가물과 거리가 <u>먼</u> 것은?

① 착향료 ② 산미료
③ 유화제 ④ 감미료

09 안식향산이 식품첨가물로 광범위하게 사용되는 이유는?

① 물에 용해되기 쉽고 각종 금속과 반응하지 않기 때문이다.
② 값이 싸고 방부력이 뛰어나며 독성이 낮기 때문이다.
③ pH에 따라 향균효과가 달라지지 않아 산성식품뿐만 아니라 알칼리식품까지도 사용할 수 있기 때문이다.
④ 비이온성 물질이 많은 식품에서도 향균작용이 뛰어나고 비이온성계면활성제와 함께 사용하면 상승효과가 나타나기 때문이다.

10 주용도가 식품의 색을 제거하기 위해 사용되는 식품첨가물이 아닌 것은?

① 과황산암모늄
② 메타중아황산칼륨
③ 메타중아황산나트륨
④ 무수아황산

11 명반(건조물 : 소명반)의 식품첨가물 명칭은?

① 황산암모늄
② 황산알루미늄칼륨
③ 황산나트륨
④ 황산동

12 빵류, 치즈류, 잼류에 사용할 수 있는 보존료는?

① potassium sorbate
② D-sorbitol
③ sodium propionate
④ benzoic acid

13 식품첨가물의 지정절차에서 첨가물 사용의 기술적 필요성 및 정당성에 해당하지 않는 것은?

① 식품의 품질을 보존하거나 안정성을 향상
② 식품의 영양 성분을 유지
③ 특정 목적으로 소비자를 위하여 제조하는 식품에 필요한 원료 또는 성분을 공급
④ 식품의 제조·가공과정 중 결함있는 원재료를 은폐

14 보존료의 주요 사용 목적은?

① 미생물에 의한 부패를 방지
② 미생물의 완전 사멸
③ 식품 성분의 개선
④ 맛의 증진

15 다음 중 유해 합성 착색제는?

① 식용색소적색제2호
② 아우라민(auramine)
③ β-카로틴(β-carotene)
④ 이산화티타늄(titanium dioxide)

16 밀가루 개량제로 허용된 식품첨가물이 아닌 것은?

① 과산화벤조일(희석)
② 과황산암모늄
③ 탄산수소나트륨
④ 염소

17 식품에 사용되는 합성보전료의 목적은?

① 식품의 산화에 의한 변패를 방지
② 식품의 미생물에 의한 부패를 방지
③ 식품에 감미를 부여
④ 식품의 미생물을 사멸

18 식품의 점도를 증가시키고 교질상의 미각을 향상시키는 고분자의 천연물질 또는 그 유도체인 식품첨가물이 아닌 것은?

① methyl cellulose
② carboxymethyl starch
③ sodium alginate
④ glycerin fatty acid ester

19 다음과 같은 목적과 기능을 하는 식품첨가물은?

① 산미료
② 조미료
③ 호료
④ 유화제

20 식품첨가물의 사용에 있어 옳지 않은 것은?

① 식품의 성질, 식품첨가물의 효과, 성질을 잘 연구하여 가장 적합한 첨가물을 선정한다.
② 식품첨가물은 식품제조·가공과정 중 결함 있는 원재료나 비위생적인 제조방법을 은폐하기 위하여 사용되어서는 안 된다.
③ 식품첨가물은 별도로 잘 정돈하여 보관하되, 각각 알맞은 조건에 유의하여 보관해야 한다.
④ 식품첨가물은 식품학적 안정성이 보장되므로 충분한 양을 사용해야 한다.

21 미생물에 의한 손상을 방지하여 식품의 저장수명을 연장시키는 식품첨가물은?

① 산화방지제 ② 보존료
③ 살균제 ④ 표백제

22 D-sorbitol 을 상업적으로 이용할 때 합성하는 방법은?

① 과황산암모늄을 전해액에서 분리하여 정제한다.
② 계피를 원료로 하여 산화시켜 제조한다.
③ 포도당으로부터 화학적으로 합성한다.
④ L-주석산을 탄산나트륨으로 중화하여 농축한다.

23 식품첨가물을 식품에 균일하게 혼합시키기 위해 사용되는 용제(Solvent)는?

① toluene ② ethylacetate
③ isopropanol ④ glycerine

24 다음 중 사용이 허용되어 있는 착색료가 아닌 것은?

① 삼이산화철 ② 아질산나트륨
③ 수용성 안나토 ④ 동클로로필린 나트륨

25 식품첨가물로 사용할 수 있는 산화방지제(화학적 합성품)에 대하여 설명하시오.

26 식품첨가물을 설명하고 장단점 및 독성에 관해 설명하시오.

기출문제 정답

1. ①	9. ②	17. ②
2. ④	10. ①	18. ④
3. ①	11. ②	19. ①
4. ④	12. ③	20. ④
5. ②	13. ④	21. ②
6. ④	14. ①	22. ③
7. ③	15. ②	23. ④
8. ③	16. ③	24. ②

8

CHAPTER

조사식품

서론

조사식품(irradiated food)이란 방사선을 식품에 조사하여 숙도의 지연, 발아 억제, 살충, 병원성 또는 부패성 미생물을 살균함으로써 식품의 보존성을 향상시키거나 미생물학적 안전성을 향상시킨 식품을 말하며, 이러한 방사선 조사는 식품 내 품온을 상승시키지 않고도 살균이 가능하여 "냉살균(cold sterillization)"이라고 한다. 식품조사에 이용되는 전리 방사선(이온화에너지)은 방사성동위원소(Co^{60} 또는 Cs^{127})에서 생성되는 감마선, 전자가속기에서 발생되는 전자선(전자빔, 양자선)과 기계적으로 발생되는 X선이 있다. 이런 종류의 전리방사선을 이용하여 식품에 흡수되는 에너지의 양을 조절함으로써 식품 내 이온화에너지를 통과시켜 조사하는 것이다. 이중 감마선이 투과력이 가장 높아 식품조사에 주로 이용되며 전자선은 감마선에 비해 투과력이 약해 곡류, 육류 등의 표면살균에 이용된다. 반면, X선은 식품조사에 이용될 수 있으나 에너지 효율이 낮아 식품조사에는 사용되지 않는다.

방사선 조사는 1896년 방사선 물질이 발견되면서 식품 중의 미생물을 사멸시킬 수 있는 가능성이 제시되었고, 1930년 식품저장을 위한 목적으로 프랑스에서 방사선 조사 특허를 최초로 받았다. 1942년 네덜란드에서는 세계 2차 대전 중 긴급 구호물자(분유, 채소류)의 안전한 수송과 저장을 위해 방사선 조사를 시도하였고, 1950년대에 들어서면서부터 영국 등 많은 다른 나라에서 본격적인 식품조사 연구가 시작되었다. 1960년대는 군 비축식량 및 우주인 식사 프로그램에 식품조사를 이용하였고, 1970년대에는 농산물의 저장성을 향상시키기 위하여 발아억제, 살충 및 숙도지연 등에 활용하였으며, 1980년대는 세계보건기구(World Health Organization, WHO), 국제원자력기구(International Atomic Energy Agency, IAEA), 식량농업기구(Food Agriculture Organization, FAO) 등의 국제기구 주도하에 10kG 이하로 처리된 조사식품의 안전성을 인정하면서 실용화 기반을 마련하여 전 세계적으로 방사선 조사기술의 사용이 확대되었다.

한편, 1990년대는 유엔환경위원회에서 에틸렌 옥사이드, 메틸 브로마이드 등의 화학약품의 대체물질로 방사선 조사기술 사용을 권장하였고, 2000년대에는 세계무역기구(World Trade Oranization, WTO) 자유무역체제에서 식물 위생검역 조치의 적용에 관한 일반협정(Sanitary Phytosanitary Agreement, SPS)과 무역에 대한 기술장벽(Technical Barriers on Trade, TBT)에 의하여 식품의 안전기준과 동식물 검역기준을 맞추기 위해 방사선 조사기술의 활용이 증가하고 있다.

우리나라의 식품조사 연구는 1966년에 방사선농학연구소가 설립되면서 마늘, 딸기, 사과, 김치 등의 신선도 및 저장기간 연장을 위한 저준위 감마시설을 이용한 소규모 연구가 시작되었으며 1975년 UNDP의 지원으로 의료용품 멸균연구용 감마조사시설이 한국원자력연구원 내에 설치되면서 이용되기 시작했다. 이후 1980년대부터 국제기구에서 조사식품의 안전성을 공식인정함에 따라 농산물의 발아억제, 건조식품의 위생화 등 농수축산 식품에 대한 산업화 기반연구와 산학연 공동연구가 시작되었다. 1985년 관련 법규의 제정으로 식품조사처리업이 신설되었고 1986년에는 식품위생법이 개정 고시되었으며 현재에는 식품공전에서 "식품일반에 대한 기준 및 규격" 내에 방사선 조사기준을 고시하여 관리하고 있다.

우리나라는 표 8-1과 같이 1987년, 1991년, 1995년, 2004년 등 4차에 걸쳐 총 26개 식품군에 대하여 10kGy 이하의 감마선처리(Co^{60})를 허용하였고 상업용 감마선조사시설로는 2개의 민간업체가 식품의약품안전처의 허가를 받아 현재 가동 중에 있으며 주로 일부 식품과 의료용품을 대상으로 조사처리를 하고 있다(표 8-1).

세계보건기구 (World Health Organization, WHO)
http://www.who.int/en/

국제원자력기구 (International Atomic Energy Agency, IAEA)
http://www.iaea.org/

식량농업기구 (Food and Agricultural Organization, FAO)
http://www.fao.org/

국제연합환경계획 (United Nations Environment Program, UNEP)
http://www.unep.org/

국제식품규격위원회 (Codex Alimentarius Commission, CAC)
http://www.codexalimentarius.net/

표 8-1 방사선 조사 허가 식품 품목

품목	조사목적	선량(kGy)
감자 양파 마늘	발아억제	0.15 이하
밤	살충·발아억제	0.25 이하
버섯(건조 포함)	살충·숙도조절	1 이하
난분	살균	5 이하
곡류(분말 포함), 두류(분말 포함)	살균·살충	5 이하
전분	살균	5 이하
건조식육	살균	7 이하
어류분말, 패류분말, 갑각류분말	살균	7 이하
된장분말, 고추장분말, 간장분말	살균	7 이하
건조채소류(분말 포함)	살균	7 이하
효모식품, 효소식품	살균	7 이하
조류식품	살균	7 이하
알로에분말	살균	7 이하
인삼(홍삼 포함) 제품류	살균	7 이하
조미건어포류	살균	7 이하
건조향신료 및 이들 조제품	살균	10 이하
복합조미식품	살균	10 이하
소스	살균	10 이하
침출차	살균	10 이하
분말차	살균	10 이하
특수의료용도등식품	살균	10 이하

출처: 식품의약품안전처, 2019.

SPS와 TBT

SPS란 Sanitary and Phytosanitary Measures의 약자로 위생 및 식물위생조치의 적용에 관한 협정이며, TBT란 Technical Barriers to Trade의 약자로 무역기술장벽협정이라고 한다.

SPS조치는 과학적 원리에 근거해야 하며 충분한 과학적 증거 없이는 유지될 수 없으며 각국의 특정위생조건(동식물을 포함)을 이유로 하지 않는 한 상품을 국별로 차등 대우해서는 안 되며, SPS조치를 위장된 무역제한으로 사용해서도 안 된다. 또한, TBT 조치는 각국의 서로 다른 표준인정제도, 즉 강제법규라든지 임의 규격 등과 같이 불필요한 무역장벽이 되지 않도록 국제규격을 기준으로 제정할 것을 의무화한 것이다.

8.1 식품조사에 이용되는 방사선의 종류 및 특성

8.1.1 방사선의 종류

방사선은 크게 자연방사선과 인위적으로 발생시킨 인공방사선으로 구분되며 인공방사선은 방사성 동위원소로부터 방출되는 α(알파)선, β(베타)선, γ(감마)선 이외에도 기계적으로 발생하는 X선, 전자선, 중성자선 등이 있다. 방사선은 물질을 통과할 때 물질의 원자, 원자단 및 분자 등을 전리시켜 이온을 생성하는데 이와 같은 성질을 가진 방사선을 전리방사선(ionizing radiation)이라 하며, 전리방사선에는 감마선, 전자선, X선, α선, 중성자선 등이 포함되며, 이 중 상업적으로 가장 많이 이용되고 있는 것이 감마선이다.

전리방사선

방사선은 물질을 통과할 때 물질의 원자, 원자단 및 분자 등을 전리시켜 이온을 생성하는데 이와 같은 성질을 가진 방사선을 전리방사선(ionizing radiation)이라 하며 감마선, 전자선, X선, α선, 중성자선 등이 포함된다. 이 중 상업적으로 가장 많이 이용되고 있는 것이 감마선이다.

그림 8-1과 같이 감마선은 투과력이 강해서 포장된 완제품의 상태에서도 처리할 수 있으나, 전자선은 감마선에 비해 투과력이 약해 방사선 조사의

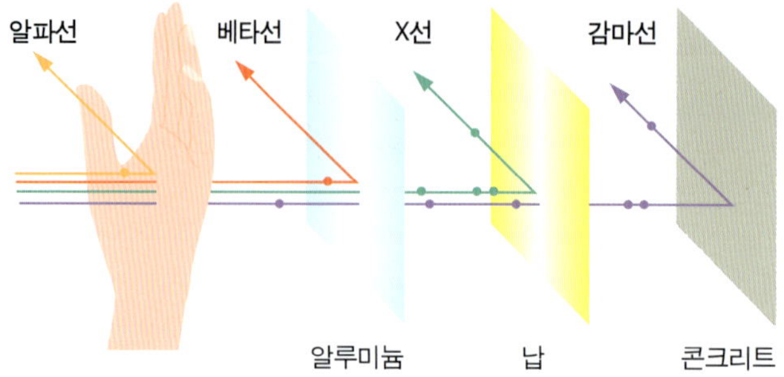

그림 8-1 방사선의 투과력 비교

활용 범위가 제한되어 곡류의 살충, 표면 살균 및 의료 제품 등의 일부 분야에서 사용되고 있으며, X선은 진단용에 주로 사용된다. 이에 따라 여러 가지 방사선 가운데 식품 및 의료 산업에 활용되고 있는 비율은 감마선이 약 80%, 전자선이 약 20% 정도를 차지한다. 식품조사에 이용될 수 있는 방사선 에너지의 특징을 살펴보면 방사성 동위원소에서 방출되는 감마선과 기계적으로 발생되는 X선은 우수한 투과력을 지니고 있어 식품을 포장한 상태에서도 내부의 살균 및 살충이 가능하며, 포장된 제품을 연속적으로 처리할 수 있고 재포장에 따른 2차오염도 없다. 그러나 X선은 에너지효율이 낮고 다량을 식품에 처리하였을 경우 풍미 등 품질에 많은 변화를 일으킬 수 있어 식품에는 사용하지 않는다.

반면에 전자가속기에서 발생되는 전자선은 감마선에 비하여 투과력이 약하여 적용범위가 제한되나 곡류, 분말식품, 육류 등의 표면살균에 이용이 가능하다. 특히 전자선은 에너지 발생이 전원에 의해 조절되고 신속성, 정확성, 에너지 효율성, 소비자 수용성 등의 측면에서 장점이 있어 여러 선진국에서 전자선의 이용에 대한 연구가 활발히 이루어지고 있다.

이 중 감마선은 전자선에 비해 고유의 에너지를 가지고 경제적이어서 식품조사의 대부분을 차지하며 Co^{60}은 Cs^{137}에 비해 침투력, 조사 균일성, 용이성이 좋고 환경 유해성이 적어 실제로 식품조사에 주로 사용되고 있으며, 조사시설 내에서 스테인레스 캡슐 속에 봉입되어 있고, 사용하지 않을 시에는 수중 풀(pool)에 저장되어 있다. 방사선량이란 식품이 조사될 때에 흡수하는 방사선의 에너지량이다. 이전에는 rad 단위를 사용하였지만 현재는 그레이(gray, Gy=100 rad)단위로 나타낸다. 방사선의 식품조사 시 이용되는 특정 종류의 방사선원은 표 8-2와 같다.

한편, 방사선조사법은 일반적인 식품처리법보다 이용이나 에너지 소모량이 낮으며, 영양가의 손실이 다른 처리법과 비교하여 별로 차이가 없다. 방사선 조사처리한 식품은 반드시 그림 8-2와 같은 표시(직경 5 cm 이상 크

표 8-2 식품 및 의료 산업에 이용되는 방사선의 종류

방사선	선원	반감기	이용 에너지(MeV)
γ ray	Co^{60}	5.3년	1.17, 1.33
	Cs^{137}	30년	0.06
전자선	전자가속기에서 발생		10 이하
X ray	기계적으로 발생		5 이하

기)를 하여야 한다. 2012년 7월부터 식품의약품안전처에서는 '방사선 조사기술'을 '식품조사(Food Irradiation)기술'로 명칭을 변경하였고 사용되는 방사선 선종도 기존의 감마선 외에 전자선 조사 방식도 포함시켰다.

그림 8-2 식품조사표시 마크

8.1.2 방사선 조사의 특성

식품에 오염된 미생물과 해충의 살균방법은 크게 화학적 방법과 물리적 방법으로 나눌 수 있다. 식품의 살균·살충 목적으로 광범위하게 사용되고 있는 에틸렌옥사이드(ethylene oxide)와 에틸렌브로마이드(ethylene bromide)는 잔류독성으로 인하여 식품에는 사용이 금지되었으며 검역해충 관리에 효과적으로 사용되었던 메틸브로마이드(methyl bromide)는 지구 오존층 파괴물질로 판명되어 현재 사용이 금지되어 있다.

반면에, 방사선 조사는 식품에 사용되고 있는 화학훈증제나 보존제와는 달리 처리 후 잔류 성분이 남지 않고 강력한 두과력으로 연속처리 공정이 가능하며, 특히 살균공정에서 처리 시간과 피조사체의 밀도를 제외한 기타 공정인자의 영향을 거의 받지 않는다. 또한 방사선 조사기술은 다른 가공방법에 비해 에너지 소비가 적고 환경 친화적 특징을 지니고 있으며 가열살균법과 달리 처리 식품의 온도 상승이 거의 없어 영양 성분의 파괴나 관능적 품질 변화 등을 최소화할 수 있는 냉온처리의 특징을 가지고 있다. 그러나 방사선 조사는 원자력을 이용하는 특수성 때문에 소비자의 수용성을 극복하는 문제가 가장 큰 과제로 남아 있다.

8.1.3 방사선 조사의 생물학적 작용

감마선, 전자선, X선 등과 같은 전리방사선은 물에 조사되면 물분자가 분해되어 산화력이 강한 수산라디칼(OH)이나 환원력을 가지는 수화전자 등이 생성되며 이들이 생체분자와 반응하여 방사선의 생물학적 효과를 가져온다.

방사선의 생물학적 작용기작은 직접작용설과 간접작용설이 있으며 작용기작은 그림 8-3과 같다. 직접작용설은 생물체의 세포나 그 밖의 표적물질에는 이온화 에너지가 감수성이 높은 DNA에 작용하여 직접 유효한 전리를 일으켜서 DNA 사슬을 절단하여 생물학적 효과를 나타낸다. 반면 간접작용설은 생체 내에 세포를 둘러싸고 있는 물이나 혹은 전리작용에 따른 생성물(이온이나 유리기)이 2차적으로 세포활동에 필요한 물질 또는 그 구조에 화학적 변화를 일으켜 간접적으로 생물학적 효과를 나타낸다.

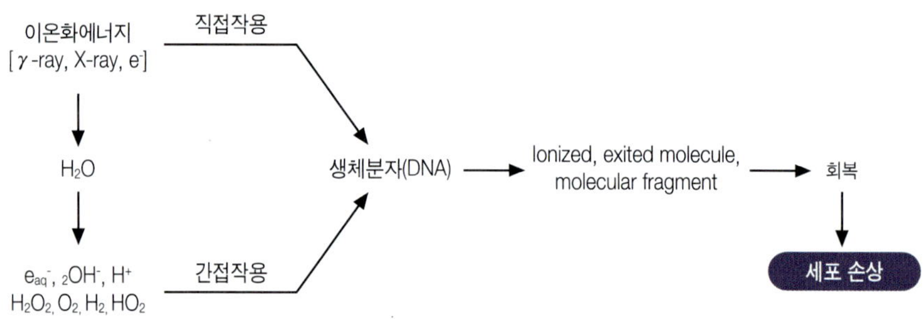

그림 8-3 방사선 조사의 생물학적 작용

8.2 조사식품의 안전성 평가

8.2.1 조사식품의 안전성 평가 배경

조사식품
방사선을 식품에 조사하여 병원성 또는 부패성 미생물을 살균함으로써 식품이 보존성을 향상시키거나 미생물학적 안전성을 향상시킨 식품을 말하며, 방사선 조사는 식품 내 품온을 상승시키지 않고도 살균이 가능하여 "냉살균(cold sterilization)"이라고 한다.

식품에 대한 방사선 조사의 실용화는 이루어졌으나 아직까지 조사식품에 대한 소비자의 수용도가 낮은 이유는 방사선 조사에 따른 식품의 안전성이 우려되기 때문이라 할 수 있다. 1950년대에는 미국 외에 영국, 프랑스, 네덜란드, 독일, 구소련 등 유럽에서 조사식품의 안전성 평가에 대한 연구개발이 시작되었고, 초기에는 저장기간의 연장을 목적으로 연구하였으나 1980년대 이후부터는 식품위생 확보와 식물검역을 목적으로 하는 응용연구가 주로 이루어졌다. 그러나 방사선 처리에 의한 이온화 에너지의 생물학적 작용이 보고된 이후 20세기 중반부터 조사식품의 효과와 안전성에 대한 국제적인 연구가 활발하게 추진되었다.

FAO/IAEA/WHO가 1961년 식품조사건전성평가전문위원회(Joint Expert Committee on the Wholesomeness of Irradiated Food, JECFI)를 구성하여 식품의 안전성 평가를 하였고 조사식품의 동물시험에 의한 안전성 평가는 식품첨가물과 같이 100배 양을 사용하는 방법에 합의를 하였다. 이후, 1971년에 FAO/IAEA/WHO 등이 중심이 된 국제공동

프로젝트가 발족되어 미국, 영국, 프랑스, 일본 등 24개국이 참가하여 1980년까지 방사선 조사기술의 이용특성과 안전성에 대한 체계적인 공동 연구가 추진되었다. 이 과정에서 1976년 JECFI는 "식품의 방사선처리는 가열이나 냉동처리 등과 같은 물리적 처리이므로 식품첨가물로 취급하는 것은 타당하지 않다"는 견해를 밝혔다. 약 10년간의 국제공동 프로젝트가 종료 된 후 1980년 JECFI는 결과를 종합하여 "어떠한 식품이든 10 kGy 이하의 총 평균선량으로 처리하면 독성학적, 영양학적, 미생물학적으로 전혀 문제가 없으며 앞으로 이선량 이하로 조사한 식품의 안전성 평가는 불필요하다"라는 결론을 내렸다. 이상의 결론을 근거로 하여 1983년 국제식품규격위원회(Codex Alimentarius Commission, CAC)는 "조사식품에 관한 국제일반규격" 및 "식품조사의 실시에 관한 국제규범"을 채택하고 각 회원국에 도입을 권고하였다.

한편, 10 kGy 이하의 조사식품에 대한 안전성 평가가 국제적으로 전혀 문제가 없다는 것이 확인된 이후부터 10 kGy 이상의 고선량 조사식품에 대한 검토의 필요성이 제기됨에 따라 1985년부터 JECFI를 중심으로 10 kGy 이상 조사식품의 건전성을 평가하였다. 1997년 미국 등에서 10 kGy 이상 조사한 육류의 시험결과 방사선 분해생성물에 대한 연구결과 및 변이원성 시험결과 등을 종합적으로 검토한 결과, WHO 전문가 그룹은 10 kGy의 상한을 철폐하도록 권고하였다.

또한, 1997년 미국 FDA에서는 *E. coli* O157:H7 및 *Listeria monocytogenes* 등의 병원균을 살균하기 위하여 미국 내에서 생산되는 모든 냉장·냉동 육류에 10 kGy 이상 고선량 감마선 조사를 허가하였고, 1999년 미국농무부(USDA)에서는 소고기와 같은 붉은색 육류에 잔존하는 미생물을 박멸하기 위해 고선량 방사선 조사를 승인하였다. 이후, 2003년 유럽연합(European union, EN) 식품과학위원회(The Scientific Committee on Food)는 "10 kGy 이하의 조사식품에 대해서만 건전성을 인정하고 예외로 향신료, 건조 양념류, 건조 야채조미료에 대해서는 30 kGy 조사가 안전하다"라고 발표하였다.

유럽연합 식품과학위원회 (The Scientific Committee on Food)
http://europa.eu/

8.2.2 조사식품의 안전성 평가 연구

식품조사는 저장가공기술의 하나로서 식품의 품질보존과 안전성 확보를 주목적으로 사용하고 있지만 이온화 에너지를 사용하는 특수성 때문에 조사식품의 안전성을 검토하기 위하여 많은 연구들이 수행되었다. 식품조사의 안전성은 방사선학적인 안전성, 미생물학적 안전성, 영양학적 안전성, 독성학적 안전성 및 관능적 특성 변화에서 검토되었으며, 표 8-3과 같다.

표 8-3 조사식품의 안전성 검토사항

구분	안전성 검토사항
방사선학적 안전성	• 조사식품에서 유도 방사능의 생성 여부 • 허가된 조사선원의 에너지 범위에서 유도방사능 가능성
미생물학적 안전성	• 방사선 조사에 의한 미생물 돌연변이 유발 및 유전독성 여부 • 방사선 조사에 의한 부패 미생물 살균과 병원균 생존 여부
영양학적 안전성	• 방사선 조사에 의한 식품 영양소의 손실 여부 • 조사식품이 영양소의 주요 급원인지 여부
독성학적 안전성	• 방사선 조사에 의한 독성물질의 생성 여부 • 독성물질 생성 확인을 위한 시험법 • 독성학적인 안전성을 확인하기 위한 시험법
관능적 특성 변화	• 방사선 조사에 의한 식품의 색깔, 냄새, 맛, 질감 등 관능적 특성의 부정적인 변화 여부

8.2.2.1 방사선학적 안전성

방사선학적 안전성 평가의 핵심은 조사식품에서 유도방사능 생성의 가능성 여부이다. 조사식품에 이용되는 방사선은 감마선, X선, 전자가속기로부터 발생하는 전자선 같은 전리방사선(이온화방사선)으로 유도방사능(식품 등에 방사선을 조사함으로써 새롭게 생성되는 방사성동위원소)의 생성은 무시할 수 없다. 안정한 원소가 방사능을 띠기 위해서는 일정수준 이상의 역치에너지(MeV)가 필요하며 이 역치에너지 이하에서는 조사선량이 높아도 방사능을 유도하지 못한다.

WHO는 조사식품의 안전성을 고려하여 식품조사에 이용될 수 있는 최대허용 에너지를 감마선과 X선은 5 MeV, 전자선은 10 MeV 이하로 정하였기 때문에 이 에너지로는 유도방사능이 생성될 가능성이 전혀 없다. 이런 방사선을 식품 내에 조사하면 원자의 일부가 우선 이온화되며 이온의 수명은 1/10,000초로 매우 짧게 존재하면서 식품 내의 물분자와 반응하여 활성산소 등 자유라디칼을 생성한다. 생성된 자유라디칼은 매우 불안정한 물질로서 건조나 동결조건에서는 비교적 안정하지만 수분 존재하에서는 1/1000초 이내에 소멸되며 식품 성분 등의 산화나 분자사슬 절단에 관여한다. 그러나 일반적으로 자연계에 존재하는 활성산소 등 자유라디칼은 생물의 신진대사 과정이나 자외선, 가열조리 등에서도 생성되며 기름으로 튀기는 식품에서는 다량의 자유라디칼을 검출할 수 있다.

방사선 분해물질은 조사된 식품의 구성 성분과 관계가 있으며 대부분의 방사선 분해물질은 탄수화물, 단백질, 지질로부터 파생된다. 일반적으로 자유라디칼이 형성된 후 서로 결합하거나 식품의 구성 성분과 반응해서 안정된 물질이 된다. 따라서 소비자에게 전달될 때의 식품은 조사된 식품에 자유라디칼이 남아 있지 않게 된다. 그러나 조미료와 같은 건조식품에서는 자유라디칼이 더 안정된 상태로 존재하므로 빠르게 없어지지는 않는다.

8.2.2.2 미생물학적 안전성

미생물학적 안전성 조사의 목적은 식품에 존재하는 부패균 및 병원균을 감소시키거나 사멸시키는 것이다. 전리방사선은 미생물을 죽이거나 미생물에게 손상을 입혀서 식품 내의 미생물 수를 감소시킨다. 중선량 조사(2~7 kGy)는 일반적으로 식품에 존재하는 미생물을 파괴하고 식중독을 유발하는 살모넬라(*Salmonella*)와 같은 미생물을 사멸시킨다. 그러나 중선량 조사가 모든 미생물과 포자를 사멸시키지는 못하므로 저항성이 강한 클로스트리디움 보툴리눔(*Clostridium botulinum*)포자를 파괴하기 위해서는 50 kGy의 고선량이 요구된다. 고선량 조사는 무균식품을 만들기 때문에 미생물적 위험을 유발하지는 않는다. 그러나 조사선량이 충분하지 않은 경우에는 살아남은 미생물에 의해 문제가 유발되거나 방사선 조사에 의해 변형된 미생물이 더 위험한 종으로 전환되거나 저항성이 증가할 가능성에 대한 염려에 대하여 조사처리된 미생물들은 원래의 야생 미생물보다 자연환경에 적응하기가 더 어렵다는 사실이 밝혀졌다. 방사선에 의해 유발되는 돌연변이는 자외선이나 알킬시약 등과 같이 DNA수복 실수에 의한 결손변이이며, 거대세포가 출현하거나 새로운 유전자가 유도될 가능성은 전혀 없다고 밝혀졌다.

또한, 아플라톡신(aflatoxin) 등 독소를 생성하는 곰팡이는 방사선 조사에 의하여 돌연변이로 독소생성량이 증가한다는 일부 보고도 있지만 조사 후 발생하는 변이주의 대부분은 독소 생성능이 저하되거나 없어진다고 알려져 있다. 식품조사의 응용 분야는 대부분 10 kGy 이하의 선량에서 그 목적을 달성할 수 있으나 조사 이후에도 생존하는 미생물이 유해균인지에 대하여도 확인이 필요하다. 일반적으로는 병원성 대장균(pathogenic *E. coli*), 살모넬라(*Salmonella* spp.)균, 리스테리아 모노사이토젠스(*L. monocytogenes*)균, 장염비브리오(*V. parahaemolyticus*)균, 황색포도알균(*S. aureus*) 등 병원성 미생물들은 방사선 감수성이 상대적으로 크기 때문에 쉽게 사멸된다. 이와 같이 조사식품에서 생존 미생물에 의한 돌연변이 유발에 의한 유해균 발생, 독소생성 촉진, 방사선 내성 증대, 내열성 증대 등의 가능성은 없는 것으로 나타났다.

8.2.2.3 영양학적 안전성

조사식품의 영양학적 평가는 방사선 조사에 의한 식품 내 영양 성분의 손실 여부와 조사식품에서 영향을 받기 쉬운 인자가 주요한 영양소인지의 여부이다. 방사선 조사에 의해 식품 중에 발생하는 영양 성분의 변화는 기본적으로 가열, 조리, 냉동, 건조 등의 식품가공처리와 차이가 없으며 1 kGy 이하의 저선량에서는 영양 성분의 감소가 없는 것으로 알려지고 있다. 전분 등 다당류는 1 kGy 정도 저선량에서도 분자사슬이 쉽게 절단되지만 에너지원으로서 영양가는 10 kGy의 이상 고선량에서도 저하되지 않으며 단백질은 방사선에 안정하기 때문에 10 kGy의 이상 고선량에서도 아미노산 조성은 거의 변화하지 않는다. 또한, 효소활성은 고선량에서도 저하가 적으며 단백질의 면역학적 성질도 거의 변화하지 않는다. 반면에 지방질은 방사선 조사에 의하여 산화적 열화가 많이 일어나지만 탈산소 포장과 동결상태 또는 건조상태에서 조사하면 고선량에서도 산화나 열화를 방지할 수 있다. 예를들면, 닭고기를 −25℃에서 59 kGy 고선량으로 조사하여도 고분자 불포화지방산의 감소가 나타나지 않았다.

한편, 영양 성분 가운데 방사선 조사에 의하여 가장 분해되기 쉬운 것은 비타민류이다. 물론 방사선 조사에 의한 비타민 손실 정도는 식품의 종류, 비타민의 종류, 방사선 처리농도 및 저장 조건 등에 따라 다르다. 식품 중에는 이중결합을 지니는 비타민 A, E나 유황 원자를 가지는 비타민 B1, 산화환원 되기 쉬운 비타민 C 등이 많이 존재하기 때문에 가열, 방사선, 산화 처리 등에 민감한 것으로 알려져 있다. 이 중에서도 비타민 B1은 방사선이나 가열 등에 가장 민감하며 비타민 C나 E 등도 비교적 분해가 쉽게 된다. 반면에, 무기질이나 미량 성분은 방사선 감수성이 낮기 때문에 방사선 조사에 의한 손실이 일어나지 않는다.

방사선 조사에 의한 식품의 영양학적 안정성을 유지하기 위해서는 조사시 식품의 온도, 공기의 존재 여부, 저장 조건 등을 고려하는 것이 매우 중요하다. 대부분의 경우, 무산소 상태와 저온에서 식품을 조사하면 식품 중 비타민의 손실과 다른 영양 성분의 변화를 최소화할 수 있고 조사식품을 밀봉된 상태에서 저온저장하면 영양학적 품질변화를 최소화하는데 더욱 효과적이다.

8.2.2.4 독성학적 안전성

조사식품에서의 독성은 방사선 화학반응으로 생성한 방사선 분해생성물이 인체에 유해한지에 대하여 평가하는 것이다. 조사식품에 대한 JECFI (1981년) 보고서에서는 "조사식품의 독성연구를 평가한 결과, 평균선량

10 kGy로 조사할 경우 생선, 감자, 닭고기, 보리, 양파, 쌀 조미료, 콩류와 같은 비가공식품은 독성학적 위험을 나타내지 않는다"고 공표한 이후, 미국 FDA는 1982년까지 입수 가능한 409건 이상의 독성시험에 대한 연구결과를 재검토하였다. 이 중 126건은 생식독성, 102건은 유전독성, 58건은 중간 정도의 만성독성, 45건은 조사식품에서 아만성 독성을 평가하였다. 만성독성의 목적은 미량인 방사선 분해생성물이 장기간에 걸쳐 생체 내에 흡수되어 생기는 유해작용을 분석하는 것이고, 아만성독성의 목적은 방사선 분해생성물이 단기간에 걸쳐 생체 내에 흡수되어 생기는 유해작용을 분석하는 것으로서 체중증가, 혈액검사, 종양발생 등의 병리학적 검사를 실시하였다.

다세대 생식독성시험에서는 번식성을 2세대 이상에 걸쳐서 관찰하는 것으로 차세대에 어떠한 영향을 주는지를 조사하여 최기형성(태아에서 나타나는 치사작용, 뼈 등의 기형, 기능 이상 등의 검사)과 배아(임신 직후의 태아가 되기 전 조직)에 독성시험을 포함하고 있다. 최종 결과, 만성, 생식독성, 최기형성 독성연구에서는 어떠한 부작용도 관찰되지 않았다.

8.2.2.5 관능적 특성 변화

방사선 조사처리에 의한 식품의 관능적 품질은 조사선량, 식품 종류, 조사 시 온도, 공기조성(산소 유무), 포자상태, 저장 조건 등에 영향을 받게 된다. 우유나 유제품은 다른 식품에 비하여 방사선 조사에 가장 민감하며 1 kGy 이하의 저선량에서도 이취가 발생한다. 식육제품이나 어패류의 경우 고선량을 조사하면 이취가 발생하는데 주로 지방질 및 단백질이 분해에 의한 휘발성 물질로서 탄화수소류, 카르보닐 화합물, 알코올류, 메르캅탄류(mercaptan) 등이 해당된다. 채소류, 신선과일, 곡류 등은 1 kGy 정도에서 조사할 경우, 조사에 의한 이취 발생은 없지만 일부 채소류는 조직이 연화되기도 한다.

조사식품은 우유 및 유제품에서는 특유의 냄새가 많이 나고 육류 중에서도 돼지고기보다 쇠고기, 백색육보다 적색육에서 특유의 냄새가 더 많이 발생한다. 냄새는 방사선 조사 직후에 가장 높게 측정되며 저장과 조리의 단계를 지나면서 감소된다. 너무 높은 조사선량에서는 식품의 관능적 품질이 문제가 되나 너무 낮은 선량에서는 처리효과가 불충분하게 되므로 방사선 조사에 의한 식품의 품질은 식품의 종류마다 적정 조사선량이 다양하므로 목적하는 품질을 확보하기 위해서는 적정 조사선량과 조사조건이 요구된다. 예를 들면, 탈산소 상태이거나 −40~−20℃ 동결 상태 하에서는 50 kGy 고선량을 조사하여도 육제품에서는 조사취가 발생하지 않는다고 보고되고 있다.

8.3 식품조사의 이용 분야

8.3.1 식품의 방사선 조사 효과

조사식품에서 방사선의 효과는 크게 생장조절, 해충 제어 및 미생물 제어 세 가지로 나눌 수 있다(표 8-4).

표 8-4 식품에 대한 이온화 에너지의 생물학적 효과

생장조절	해충 제어	미생물 제어
발아, 발근	저장해충 살충	부분살균
생장조절	검역해충 제어	병원균살균
숙도지연	기생충 사멸	완전살균

8.3.1.1 생장조절

감자, 마늘, 양파, 밤 등은 0.1~0.25 kGy 범위의 조사에 의하여 생장점의 세부분열이 억제되어 발아 및 발근이 억제된다. 감자는 발아할 때 솔라닌이라는 알칼로이드계 독소를 생합성하여 식중독을 일으킨다. 따라서 저선량 조사에 의한 감자의 발아방지는 저장기간 연장뿐만 아니라 안전성 확보에 유효한 처리방법이다. 또한, 독버섯 등은 채취 후 저장기간이 지남에 따라 호흡작용이 활발하고 줄기가 생장하는데 저선량 조사에 의하여 생장이 지연됨으로써 숙도지연 효과를 나타낸다.

8.3.1.2 해충 제어

건조식품의 저장해충이나 신선식품의 검역 관련 해충, 동물성 식품에 존재하는 기생충은 저선량 조사에 의해 불활성화된다. 대부분 1 kGy 이하의 범위에서 해충 제어 효과가 분명하다.

8.3.1.3 유해 미생물 제어

식육(가공품), 가금육, 어패류(가공품), 딸기 등에 존재하는 부패 미생물이나 식중독 미생물은 중선량 이상의 조사에 의하여 제어된다. 조사선량에 따라 가장 낮은 선량으로 식품의 저온저장 수명을 연장시키는 방사선 부분살균(radurization), 식품에 오염된 병원성 미생물을 사멸시키는 방사선 병원균살균(radicidation), 10 kGy 이상의 고선량을 이용하는 방사선 완전살균(radappertization)으로 구분한다.

방사선 부분살균은 식육(가공품), 가금육, 수산가공품, 딸기 등에 오염되어 있는 세균, 효모, 곰팡이 등 부패 관련 미생물을 감소시켜 보존기간을 연장시키는 방법으로 최근 저온유통시스템(cold chain)의 보급에 따라

표 8-5 조사선량에 따른 식중독 미생물의 제어효과

구분	조사선량(kGy)	이용 목적
Radurization (방사선 부분살균)	1~5	부패균의 수를 감소시켜 식품의 저온보존기간 연장/신선육, 육가공품, 가금육, 어패류, 수산가공품, 딸기 등
Radicidation (방사선 병원균살균)	2~10	비포자형성 병원균, 식중독균, 경구감염병균 사멸/육류, 가금류, 어패류, 낙농제품 등
Radappertization (방사선 완전살균)	10~50	미생물을 완전히 살균하는 것으로 *Bacillus*속, *Clostridium*속 등 포자형성 세균과 내열성 포자까지 사멸/통조림식품, 환자용 무균식, 우주식품, 실험동물용 무균사료 등에 적용

표 8-6 생물체에 대한 방사선의 감수성 비교

생물체 종류 및 독성물질	조사선량
포유동물	0.001~0.005 kGy
뿌리·줄기 야채류의 발아억제	0.01~0.02 kGy
해충·기생충 불미화, 사멸	0.1~1 kGy
대장균, 살모넬라, 리스테리아, 이질균, 폐렴균, 곰팡이류	1~5 kGy
비브리오균, 고초균, 포도알균, 녹농균, 탄저균, 사슬알균, 곰팡이류	5~10 kGy
세균포자, 엔도톡신(endotoxin), 엑소톡신(exotoxin), 마이코톡신(mycotoxin)	10~20 kGy
구제역, 각종 바이러스	30 kGy 이상

비가열 냉장저온식품에 활용할 수 있다(표 8-5). 방사선 병원균살균은 중선량으로 가금육, 육류, 어패류, 가공식품 등 동물성 식품에 오염된 병원성 미생물들을 사멸시키는 방법이다. 방사선 완전살균은 식품에 오염된 바이러스를 제외한 모든 미생물들을 사멸시키는 방법이다. 미생물의 오염농도에 따라 10~50 kGy의 고선량 조사가 요구되며 장기보관용 햄, 베이컨 등 밀봉 포장식품이나 병원 환자용 무균식, 우주식품 등 완전무균을 필요로 하는 식품에 이용된다. 한편, 생물체에 대한 방사선의 감수성은 세포의 DNA 함량이 많을수록 방사선에 내성이 약하다. 즉, 고등생물에서는 적은 흡수선량으로 살균효과가 강하지만 하등생물의 경우에는 높은 선량이 필요하다.

표 8-6은 포유동물에서부터 바이러스에 이르기까지 방사선 조사에 의한 감수성을 비교하였다. 일반적으로 세포 내 DNA 함량은 세균을 1로 할 때, 바이러스는 0.01~0.1, 곰팡이나 효모는 10, 곤충은 20, 동물은 1,000, 식물은 1,000~5,000 정도이다. 식품이나 생체 내에 함유되어 있는 효소류는 방사선에 내성이 매우 강하여 방사선으로 완전살균된 식품 내에도 효소 활성은 남아 있다.

국제적으로 조사식품의 안전성을 인정하고 있는 10 kGy 이하의 조사선량에서는 기생충을 포함한 해충, 병원성 미생물, 부패세균, 효모 및 곰팡이 등의 사멸이 가능하나 포자형성 세균이나 곰팡이독소는 고선량에서만 사멸 혹은 불활성화가 가능하다. 그러나 바이러스는 방사선 내성이 매우 크므로 바이러스에 오염된 식품에는 방사선 조사가 적합하지 않다. 반면에, 바이러스나 효소는 열처리에는 일반세균보다 내열성이 낮고 65℃에서 30분 정도 가열하면 사멸하거나 활성을 잃는 것이 많다.

8.3.2 방사선 조사의 식품학적 이용효과

방사선 조사를 이용한 식품의 효과는 처리목적에 따라 필요한 방사선 에너지의 양이 다르다. 저선량(0.05~1 kGy)에서는 발아·발근 억제, 해충·기생충 사멸 및 숙도지연 등이 가능하며 중선량(1~10 kGy)에서는 부패 및 병원성 미생물 살균 등에 이용되고 고선량(10~50 kGy)에서는 식품의 물리적 특성 개선, 완전살균을 필요로 하는 우주식품, 군용식품, 환자용 무균식 등 특수용도 식품의 개발에 응용되고 있다. 그러나 실용화 관점에서 볼 때, 식품산업에서 조사기술의 응용은 ① 발아·발근 억제 효과, ② 숙도지연, ③ 검역해충의 구제, ④ 건조식품의 살균·살충, ⑤ 병원성 미생물의 억제, ⑥ 특수 목적 식품 제조, ⑦ 가공적성 개선 및 유해물질 저감화 등으로 구분할 수 있다. 2012년 7월부터 식품의약품안전처에서는 '방사선 조사기술'을 '식품조사(Food Irradiation)기술'로 명칭을 변경하면서 식품 조사처리기술을 위생적으로 취급, 보관된 식품에 한하여 살균, 살충, 발아억제 또는 숙도조절용으로만 사용할 수 있도록 하였고 기타 용도로 사용을 제한하도록 기준을 명확하게 하였다.

8.3.2.1 발아 및 발근 억제 효과

방사선 조사에 의한 감자, 양파, 마늘, 밤 등 농산물의 발아, 발근 억제는 낮은 조사선량에서도 그 효과가 뚜렷하고 이듬해 수확기까지의 품질 보존이 가능하다. 조사에 의한 발아억제는 발아부의 조직이 다른 일반 조직에 비하여 방사선에 감수성이 커서 발아부의 세포분열이 억제되기 때문이다. 일본에서는 1973년부터 감자의 산업적 조사가 실용화되어 연간 5,000~10,000톤 이상의 감자가 감마선 처리되어 저장되고 있으며, 저장된 감자는 연중 아동급식용이나 식품가공용 원료로 공급되고 있다. 그러나 일부 조사처리 감자는 저장 중에 유리당이 약간 축적되어 감자칩 제조 시 가열에 의하여 아미노산과 반응하여 갈변이 생기거나 충분히 성숙하지 않은 감자를 수확하여 조사하면 흑변이 일어나기도 한다.

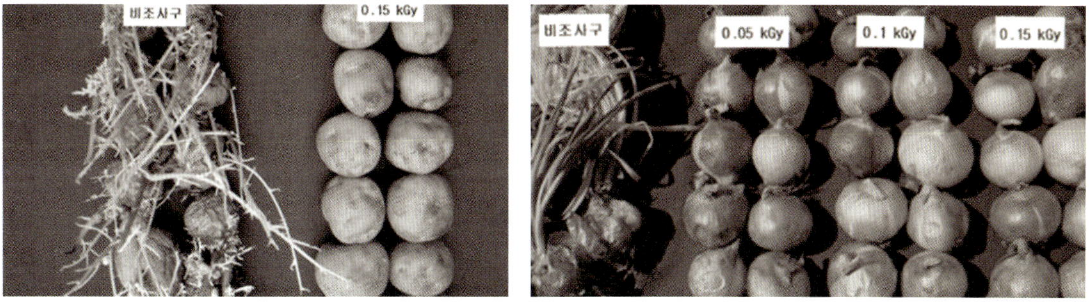

그림 8-4 감마선 조사 처리한 감자 및 양파의 발아억제효과
출처: 권중호, 2010.

한편, 우리나라에서는 1987년 감자, 마늘, 양파에 대해 0.15 kGy, 밤은 0.25 kGy 이하의 조사가 허가되었다. 조사처리는 수확 후 2~3개월 이내에 실시하여야 효과가 크고 수확 후 처리 시까지의 기간이 길어지면 처리 효과가 감소된다. 그림 8-4는 감마선 조사처리 후 1년간 저장하였을 때 감자, 양파의 발아억제를 조사한 결과인데 발아억제와 저장효과는 1년 후까지 뚜렷하게 나타났다. 일반적으로 조사에 의한 농산물의 발아억제 효과는 처리 후 저장온도에 거의 영향을 받지 않으나 생체식품이기 때문에 좋은 품질 확보를 위해서는 저장습도 등 외적 환경요인들을 관리하는 것이 바람직할 것이다.

8.3.2.2 숙도지연 및 선도유지

대부분 신선 채소류나 과일류는 숙도를 지연시키고 신선도를 연장시키기 위하여 1 kGy 내외로 방사선 조사하여 호흡 및 효소작용 등의 생리적 대사활동이나 부패 미생물의 생육을 억제함으로써 숙도지연과 유통기간 연장 등의 효과를 가져왔다. 신선과일 등에 1 kGy 이상의 조사를 하면 복잡한 생리적인 변화나 조직연화, 갈변 등이 나타난다. 그러나 대부분의 과채류는 검역처리를 목적으로 한 해충의 살충 선량인 0.2~0.5 kGy에서는 조사에 의한 장애가 일어나지 않는다. 예를 들면, 상기 선량에서 조사한 감귤이나 바나나 등은 맛, 과피 및 과육에 어떤 변화도 없었으며 사과, 복숭아, 버찌 등은 0.5~1 kGy, 망고나 파파야 등은 0.25~1 kGy 조사로 숙도가 지연되었으며 저장기간이 연장되었다.

그림 8-5는 양송이버섯을 폴리에틸렌 필름으로 포장한 후 1 kGy 감마선 조사를 하여 비조사구와 함께 상온에서 5일간 저장한 후 외관 및 상품성을 비교한 것이다. 방사선 처리한 양송이버섯은 비조사구(상품성 상실)에 비하여 현저하게 상품성이 유지되었다. 특히, 생버섯의 생장억제와 상품성 유지는 감마선조사의 효과가 월등하게 뛰어나 2~3배의 상품수명 연장효

과가 있었으며 우리나라에서도 생버섯에 대하여 1 kGy 이하의 감마선 조사가 허용되었다.

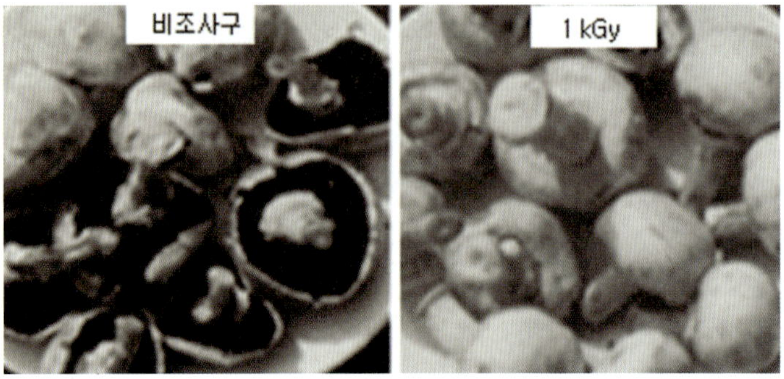

그림 8-5 **감마선조사 처리한 양송이의 선도유지 효과**
출처: 권중호, 2010.

8.3.2.3 해충 및 기생충 제어

SPS와 TBT에 따라 교역 농수축산물의 검역 및 위생처리의 필요성이 더욱 증가되고 있는 가운데 검역대상 생물체의 경우 해충이나 위생지표 미생물에 대한 완전 방제기술이 요구되고 있다.

검역 관련 해충 및 기생충의 방제는 국제적으로 가스훈증법(에틸렌 디브로마이드, 에틸렌 옥사이드, 메틸 브로마이드), 물리적 방법(저온처리, 환경지체조절 등), 생물학적 방법(검역 등) 등이 연구 개발되어 선택적으로 활용되어 왔다. 두류, 건조 농산물, 신선 과채류 등에는 바구미, 곡식좀나방, 빗살수염벌레, 진드기 등 저장해충뿐만 아니라 식량 교역 시 검역대상이 되는 해충이 오염되어 큰 피해를 주고 있다.

지금까지 이러한 해충의 구제를 위해 주로 화학훈증제인 에틸렌 디브로마이드(ethylene dibromide, EDB), 에틸렌 옥사이드(ethylene oxide, EO), 메틸 브로마이드(methyl bromide, MB), 농약 살포 등이 사용되어 왔다. 그러나 이들 화학약품들은 인체 유해성이 확인되어 EDB와 EO는 이미 사용이 금지되었고, 현재 사용되고 있는 MB는 곡류 내부까지 침투력이 우수하지만 오존층 파괴물질로 판명되면서 주요 국가들에 의해 사용이 규제되고 있으며 다른 약제는 내성을 갖는 해충의 발생이 우려되고 침투력이 약하다는 문제가 있다.

우리나라에서도 최근에는 신선 과채류를 포함한 신선 농산물에 이미 MB의 사용을 금지시켰으며, 향후 국제적으로 사용이 불가능할 전망이어서 이에 대한 대체방안이 시급히 요구되고 있다. 이에 따라 조사기술은 저장해충은 물론 교역상품의 검역해충 관리에 중요한 대안 기술로 대두되고 있다. 해충은 방사선에 매우 민감하며 방사선에 의한 살충은 식품 내부까지 투과력이 강하기 때문에 비교적 선량이 낮은 1 KGy 이하로 식품 내의 해충알, 유충, 번데기, 성충의 불임화 및 완전 제어가 가능하다.

8.3.2.4 건조식품의 살균·살충 위생화

훈증제의 대체기술로 부각되어 온 방사선 조사는 향신료, 건조채소류, 복합조미식품 등의 살충작용과 살균효과가 뛰어난 것으로 보고되고 있다. 향신료에는 아플라톡신이나 오크라톡신 등 곰팡이독소를 생성하는 곰팡이류가 많이 오염되어 있는데 건조 상태에서는 증식하지 않지만 습도가 높아져 수분함량이 증가하면 증식하여 독소를 생성할 수 있는데 2~5 kGy 선량으로 조사를 하면 곰팡이를 살균할 수 있다. 한편, 건조야채나 건조과실 등에 오염된 대장균, 곰팡이, 포자형성균 등에 대한 방사선 조사 살균 선량도 향신료와 같으며 건조식품의 향기, 맛, 색도의 변화가 일어나지 않는다.

8.3.2.5 병원성 미생물의 억제

방사선 조사기술은 식품에 존재하는 병원성 미생물을 효과적으로 사멸시킬 수 있는 식중독 예방 기술로 사용되고 있다. 방사선 조사에 의한 살균처리의 장점은 높은 투과력으로 인하여 식품 내부까지 균일하게 처리할 수 있다는 점이다.

식품 중에 오염된 비포자형성 병원균인 *Salmonella* spp., *L. monocytogenes*, *V. parahaemolyticus*, *Camplyobacter jejuni* 등은 저선량으로 살균이 가능하므로 이들 미생물에 의한 공중위생상의 문제를 해결하기 위하여 방사선 조사의 활용은 매우 유용하다. 그러나 포자형성 세균인 *B. cereus*, *Cl. botulism* 균은 10 kGy 이상 조사하지 않으면 완전하게 살균할 수 없다. 이들 포자형성세균은 위생수준 이하까지 살균할 수 있지만, 동결 조건하에서 *Cl. botulinum* 균의 완전살균에 필요한 선량은 30 kGy 이상이 요구된다. 실온에서 3 kGy 처리한 어묵을 10℃ 이하로 저장했을 때 비조사구에서는 *B. cereus* 균이 증식하였지만 조사구에서는 거의 관찰되지 않았다. 따라서, 이러한 포자형성 식중독균의 경우에도 저온저장과 3 kGy 정도 조사만으로도 식중독 방지가 가능한 것으로 나타났다.

실제로 1997년 12월 미국 FDA는 *E. coli* O157:H7 및 *L. monocytogenes* 등의 병원균을 살균하기 위하여 미국 내에서 생산되는 모든 냉장·냉동 육류에 조사를 허가하였고, 1999년 미국농무부(United

State Department of Agriculture, USDA)은 쇠고기와 같은 붉은색 육류에 잔존하는 미생물을 박멸하기 위해 방사선 조사를 승인하였으며, 2003년에는 국립학교급식프로그램에 방사선 조사된 쇠고기의 공급을 승인하였고 2004년부터는 방사선이 조사된 햄버거를 공급하고 있다.

8.3.2.6 특수 목적 식품

특수 목적 식품에 해당하는 것은 방사선 완전살균식품으로 장기보관용 군용식품인 햄, 베이컨 등 밀봉 포장식품, 환자용 무균식, 실험동물용 무균사료, 우주식품 등이 있으며 방사선 완전살균은 식품에 오염된 바이러스를 제외한 모든 미생물을 사멸시키는 기술로서 오염농도에 따라 10~50 kGy의 고선량 조사가 요구된다.

8.3.2.7 가공적성 개선 및 유해물질 저감화

건조농산물에 적정 살균선량을 처리하면 재수화 및 조리시간을 유의적으로 단축시킬 수 있으며 옥수수 전분의 추출공정에서도 방사선 조사에 의하여 추출시간을 단축할 수 있다. 또한, 이온화 에너지의 전리작용에 의해 식품조직의 물리적 변화에 의하여 가공적성이 향상될 수 있다. 한편, 방사선 조사를 하면 생성된 활성라디칼들이 단백질을 공격하여 3차, 4차 구조를 변화시키고, 알러젠의 표면에 있는 항원 결정기(IgE-binding epitope)의 구조를 변화시켜 알레르기를 억제할 수 있다는 가정하에 계란을 모델로 알레르기 유발성을 시험한 결과, 방사선 조사처리한 난백을 원료로 사용한 제품의 품질은 비조사구와 차이가 없거나 개선되었으며 동물시험에서도 알레르기 증상이 없었다. 또한, 유화형 소시지를 제조한 후 방사선 조사를 하였을 때 잔류 아질산염 및 니트로아민의 함량이 유의적으로 저감화되었다.

8.4 조사식품의 검지방법

조사식품은 표시제도를 시행하는 것만으로는 조사식품의 적정한 표시를 확보할 수 없다. 보다 객관적이고 확실한 방법은 식품의 분석검사에 의하여 조사의 유무를 과학적으로 검증하는 검지법이 필요하다. Codex위원회는 EU가 개발한 유럽표준화위원회(European Committee for Standardization, CEN)의 표준분석방법에 대한 검토를 실시하여 9종류의 방법을 조사식품에 관한 Codex 표준분석법으로 채택하고 있다.

조사식품에 대한 정확한 검지방법이 개발된다면 조사식품의 안전성과

표 8-7 조사식품의 검지방법

검출법		적용식품군
물리적 방법	열발광측정법(TL법)	향신료, 조미료, 패류, 과채류, 곡류
	광여기발광측정법(PSL법)	향신료, 패류
	전자스핀공명법(ESR법)	뼈를 가진 식품, 과일류, 견과류, 갑각류, 난류
	점도법	향신료(후추, 계피 등)
	전기저항법(임피던스법)	감자
	시차열량분석법(DSC법)	습윤식품
화학적 방법	Hydrocarbons	육류, 조류, 난류, 열대 과일류
	2-Alkylcyclobutanones	육류, 조류, 난류, 패류, 열대 과일류
	o-Tryrosine	조류, 패류
	Peroxides	육류, 조류
	DNA Comet assay	육류, 어패류, 과채류
생물학적 방법	반배아검사법	과일류(감귤, 사과 등), 곡류
	DEFT/APC법	조류, 향신료(후추)

출처: 식품공전, 2010.

신뢰성이 높아지므로 소비자들의 이용은 확대될 것이지만 각 나라별 검지방법의 차이로 식품의 수·출입 시 검역에 많은 어려움이 있어서 표준화된 검지기술을 더욱 필요로 하고 있다. 표 8-7은 조사식품의 검지방법을 나타내었으며 아래에 각각의 원리와 특징을 국내 식품공전(2009년 6월 개정고시, 2010년 1월 시행)에 근거하여 확인시험법을 설명하였다.

8.4.1 물리적 방법

8.4.1.1 열적발광측정법(Thermoluminescence, TL)

TL은 식품에 혼입된 이물질인 광물질의 발광 특성을 이용하는 방법으로 광물질은 조사에 의하여 에너지가 저장되고 일정 온도의 열에 노출되면 에너지를 방출하는데 이때 방출되는 빛의 양을 측정하여 조사 여부를 판정하는 방법이다. 식품의 방사선 조사 여부를 확인하는 방법으로 향신료, 조미료, 패류, 과채류, 곡류 등과 같은 식품을 이용하여 방사선 조사 여부를 판단할 수 있다. TL법은 빛, 온도, 저장기간 등에 영향을 받지만 수분에 의한 영향은 적다.

8.4.1.2 전자회절공명(Electron Spin Resonance, ESR)

ESR은 뼈, 셀룰로오스 및 결정성 당을 함유한 식품에 잔존하는 방사선 조사로 생긴 자유라디칼들을 분광학적으로 측정하는 방법으로서, 자장에 의하여 전자가 공명한 후 방출하는 에너지의 차이를 측정하여 조사 여부를 판정하는 방법이다. 대상 식품은 셀룰로오스를 함유한 식품(딸기), 결정형 당을 함유한 식품(건포도, 건망고, 건파파야), 뼈를 함유한 식품(우육, 돈육, 계육 등)이 있다. 방사선 조사로 인해 발생되는 신호는 뚜렷하게 구별되어야 하는데 그림 8-6과 같이 스펙트럼 양상으로 구분한다. 또한 측정을 위해 온도, pH, 농도, 침지시간 등이 중요하게 고려되어야 한다.

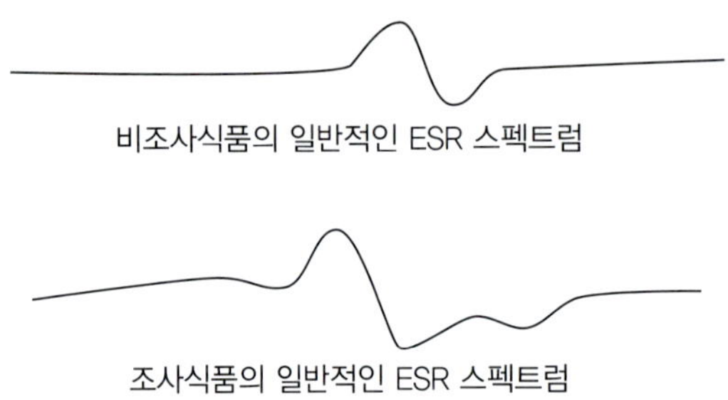

그림 8-6 비조사식품과 조사식품의 일반적 ESR 스펙트럼

8.4.1.3 광자극발광법(Photostimulated Luminescence, PSL)

PSL은 식품에 혼입된 이물질인 광물질의 발광 특성을 이용하는 방법으로서 광물질은 조사처리에 의하여 에너지가 저장되고 일정온도의 적외선에 노출되면 에너지를 방출하는데 이때 방출하는 빛의 양을 측정하여 조사 여부를 판정하는 방법이다. 대상 식품은 건조향신료(단, 육두구, 후추, 정향은 제외), 고춧가루, 마늘, 양파 등이다. 일반적으로 PSL은 방사선 조사 여부를 스크리닝할 때 사용하는 방법으로서 측정값이 T_1 (700 count/60초) 미만이면 비조사구로 판정하고, T_2 (5,000 count/60초)를 초과하면 조사구로 판정한다. 단, 측정값이 T_1과 T_2 사이의 값을 나타내면 중간검체(조사 여부를 판단할 수 없는 검체)로 판정한다.

8.4.2 화학적 방법

8.4.2.1 탄화수소법(Hydrocarbons)

육류, 달걀, 치즈 등 동물성 식품이나 지방질을 많이 함유하는 식물 종자 등에서 중성지방의 방사선 분해에 의해 생성되는 화합물을 검출하는 것이 탄화수소법이다. 식품에 함유된 지방산은 방사선 조사에 의해 카르보닐기의 α 탄소와 β 탄소에서 결합이 분해되어 본래의 지방산보다 탄소수가 1~2개 적고 첫 번째 탄소 위치에 새로운 이중결합을 가진 hydrocarbon류가 생성된다(그림 8-7). 그러나 그 생성량은 매우 적으며 동물성 식품에 1 kGy 조사하였을 때 수십 ppb가 생성된다.

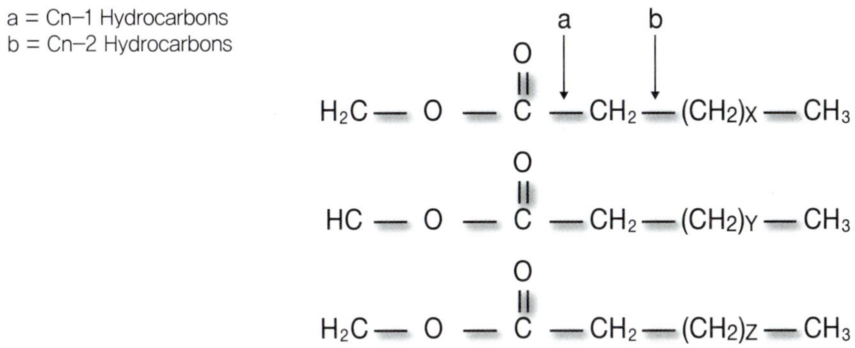

그림 8-7 중성지방의 방사선 조사 시 생성되는 hydrocarbons

8.4.2.2 코메트(DNA Comet) 분석법

DNA Comet 방법은 방사선 조사에 의하여 생긴 DNA 사슬 절단 부분을 검출하는 방법이다. 방사선 조사는 세포의 유전자에 손상을 일으키며 이러한 유전자의 손상된 정도를 단일세포의 마이크로젤 전기영동법을 이용하여 코메트 세포를 측정함으로써 방사선 조사 여부를 검지하는 방법이다(그림 8-8). DNA 손상이 증가할수록 DNA가 핵으로부터 양극 쪽으로 이동한다. 전기영동에서 DNA의 이동성은 DNA의 크기와 절편 수에 따라 달라지며 손상된 세포에서는 코메트의 앞부분과 끝부분은 밝은색을 나타낸다. 코메트의 길이와 농도, DNA 손상 정도 등을 분석함으로써 방사선 조사 여부를 판단할 수 있다. 방사선 조사 여부의 판정은 형광항체 현미경 100~200배 시야에서 전체적인 코메트 세포의 형태를 관찰하여 판단한다.

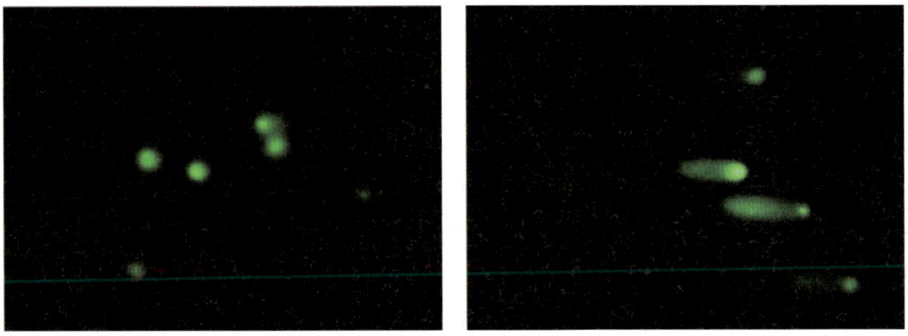

그림 8-8 비조사 육류(좌)와 조사된 육류(우)의 코메트 세포(형광항체현미경 200배)

8.4.3 미생물학적 측정법

방사선 조사에 의해 미생물을 사멸하고 조사처리 전후로 살아 있는 미생물의 유무를 추정하는 것이다. 이 방법은 스크리닝으로 활용하며 판별을 확정하려면 다른 방법을 사용해야 한다. 직접형광필터/생균수 측정법(Detection of irradiated food using Direct Epifluorescent Filter/Aerobic Plate Count, DEFT/APC)에서는 식품 내의 사멸균을 포함한 모든 미생물을 형광 염색하고 필터상에 포집하여 현미경으로 계수한 총균수(처리 전의 균수)와 살아 있는 균수(APC)와의 차이를 지표로 하고 있다.

참고문헌

권중호. 조사식품의 안전성과 이해. 「(사)한국식품안전연구원」. 2010. p. 1-180.

김미라. 방사선 조사에 대한 국내·외 관리동향. 「식품의약품안전처연구 보고서」. 경북대학교. 2004. p. 1-118.

김왕근, 정일윤, 이주운, 변명우(공역). 『방사선 식품생명공학』. 도서출판 생각나눔. 2009. p. 1-188

변명우, 이주운. 식품의 위생안전성 확보를 위한 방사선 조사기술의 이용. 「식품의약품안전처, 식품공전」. 2010.

변명우, 강일준, 권중호, 이수정, 김성곤. 옥수수 전분 추출공정개선을 위한 감마선이용. 「한국식품과학회지」. 1995;27(1): 30-35.

신동화, 오덕환, 우건조, 정상희, 하상도. 『식품위생안전성학』. 도서출판 한미의학. 2011.

Ahn, H.J., Kim, J.H., Jo, C., Lee, J.W., Yook, H.S. and Byun, M.W. Effects of gamma irradiation on residual nitrite, residual ascorbate, color, and Nnitrosamines of cooked pork sausage during storage. *Food Control*. 2004;15:197-203.

Byun, M.W., Kwon, J.H., Cho, H.O., Cha, B.S., Kang, S.S. and Kim, J.M. Effects of ionizing irradiation of physiological characteristics of fresh mushrooms (Agaricus bisporus L.). *Korean J. Food Sci. Technol.* 1989;21:669-675.

Byun, M.W., Lee, J.W., Yook, H.S., Jo, D. and Kim, H.Y. Application of gamma irradiation for inhibition of food allergy. *Radiat. Phys. Chem.* 2002;63:369-370.

Grecz, N., Rowley, D.B. and Matsuyama, A. The action of radiation on bacteria and viruses. *Preservation of Foods by Ionizing Radiation.* Vol. 2. Edited by Josephson, E.S. and Peterson, M.S. Boca Raton: CRC Press Inc., 1983.

Ito, H. Effect of low dose irradiation on the production of aflatoxins from Aspergillus parasiticus and A. flavus. *Research Reports on Food Irradiation.* Japan Radioisotopes Association, 1992. p. 235-44.

Josephson, E.S. and Peterson, M.S. Preservation of food by ionizing radiation, Vol. I-III. Boca Raton: CRC Press Inc., 1983.

KFDA. Korea Food Standard Code. *Korea Food & Drug Administration.* 2009.

Kwon, J.H., Byun, M.W. and Cho, H.O. Development of food irradiation technology and consumer attitude toward irradiated food in Korea. Radioisotopes. 1992;41(12):654-62.

Pauli, G.H. and Tarantino, L.M. FDA regulatory aspects of food irradiation. *J. Food Protect.* 1995;58:209-12.

UNEP. Montreal Protocol on Substances That Deplete the Ozone Layer. *Report of the Methyl Bromide Technical Options Committee.* 1995.

WHO. *Food Irradiation-technique for preserving and improving the safety of food.* Geneva, Switzerland, 1988. p. 1-84.

WHO. High-dose irradiation: Wholesomeness of food irradiated with doses above 10 kGy. *Report of a joint FAO/IAEA/WHO study group.* WHO technical report series 890. World Health Organization, Geneva, Switzerland, 1999.

CAC. Revised Codex General Standard for Irradiated Foods. CODEX STAN 106-1983, Rev. 1-2003. *Codex Alimentarius Commission.* Rome, Italy. 2003. 〈ftp://ftp.fao.org/codex/standard/en/CXS_106e_1.pdf〉

Loaharanu, P., Kava, R. and Ponirovskaya, Y. Irradiated Foods. 5th ed. American Council on Science and Health. 2003.
〈http:/www.acsh.org〉

Loaharanu, P., Kava, R. and Choi, E.H.: Irradiated Foods. 6th ed. *American Council on Science and Health.* 2007.
〈http:/www.acsh.org〉

식품위생학 기출문제

01 살균·소독에 대한 설명으로 옳지 <u>않은</u> 것은?

① 열탕 또는 증기소독 후 살균된 용기를 충분히 건조해야 그 효과가 유지된다.

② 우유의 저온살균은 결핵균 살균을 목적으로 한다.

③ 자외선 살균은 대부분의 물질을 투과하지 않는다.

④ 방사선은 발아억제효과만 있고 살균효과는 없다.

02 방사성 물질 누출사고 발생 시 식품안전측면에서 관리해야 할 핵종 중 대표적 오염지표물질로써 우선 선정하는 방사성 핵종은?

① 우라늄, 코발트

② 플루토늄, 스트론튬

③ 요오드, 세슘

④ 황, 탄소

03 방사성 물질로 오염된 식품이 인체 내에 들어갈 경우, 그 위험성을 판단하는 데 직접적인 영향이 <u>없는</u> 인자는?

① 방사선의 종류와 에너지의 크기

② 식품 중의 수분활성도

③ 방사능의 물리학적 및 생물학적 반감기

④ 혈액 내에 흡수되는 속도

04 식품의 방사선 조사에 대한 설명 중 <u>틀린</u> 것은?

① 코발트60의 감마선이 이용된다.

② 식품의 발아억제, 숙도조절을 목적으로 사용한다.

③ 일단 조사한 식품에 문제가 있으면 다시 조사하여 사용할 수 있다.

④ 완제품의 경우 조사처리된 식품임을 나타내는 문구 및 조사도안을 표시해야 한다.

05 식품을 경유하여 인체에 들어왔을 때 반감기가 길고 칼슘과 유사하여 뼈에 축적되며, 백혈병을 유발할 수 있는 방사성 핵종은?

① 스트론튬 90 ② 바륨 140
③ 요오드 131 ④ 코발트 60

06 식품에 오염된 방사능 안전관리를 위하여 기준을 설정하여 관리하는 핵종들은?

① ^{140}Ba, ^{141}Ce ② ^{137}Cs, ^{131}I
③ ^{89}Sr, ^{95}Zr ④ ^{59}Fe, ^{90}Sr

07 방사능 물질이 인체와 식품에 미치는 영향에 대한 설명이 <u>틀린</u> 것은?

① 반감기가 짧을수록 위험하다.

② 동위원소의 침착 장기의 기능 등에 따라 위험도의 차이가 있다.

③ 생체에 흡수되기 쉬울수록 위험하다.

④ 생체기관의 감수성이 클수록 위험하다.

08 방사선 조사(照射)식품과 관련된 설명으로 <u>틀린</u> 것은?

① 방사선 조사량은 Gy로 표시하며, 1Gy=1J/kg이다.
② 사용 방사선의 선원 및 선종은 ^{60}CO의 감마선이다.
③ 식품의 발아억제, 숙도조절 등의 효과가 있다.
④ 조사식품을 원료로 사용한 경우는 제조·가공한 후 다시 조사해야 한다.

09 식품조사(food irradiation) 처리에 대한 설명으로 <u>틀린</u> 것은?

① ^{60}Co을 선원으로 한 γ선이 식품조사에 이용된다.
② 살균을 위해서는 발아 억제를 위한 조사에 비해 높은 선량이 필요하다.
③ 조사 시 바이러스는 해충에 비해 감수성이 커서 민감하다.
④ 한 번 조사처리한 식품은 다시 조사하여서는 아니 된다.

10 생성량이 비교적 많고 반감기가 길어 식품에 특히 문제가 되는 핵종만으로 된 것은?

① ^{131}I, ^{137}Cs ② ^{131}I, ^{32}P
③ ^{129}Te, ^{90}Sr ④ ^{137}Cs, ^{90}Sr

11 방사성 핵종과 인체에 영향을 미치는 표적 조직의 연결이 옳은 것은?

① ^{137}Cs : 갑상선 ② ^{3}H : 전신
③ ^{131}I : 뼈 ④ ^{80}Sr : 근육

12 반감기는 짧으나 젖소가 방사능 강하물에 오염된 사료를 섭취할 경우 쉽게 흡수되어 우유에서 바로 검출되므로 우유를 마실 때 가장 문제가 될 수 있는 방사성 물질은?

① ^{89}Sr ② ^{90}Sr
③ ^{137}Cs ④ ^{131}I

13 식품의 방사선 살균에 대한 설명으로 <u>틀린</u> 것은?

① 침투력이 강하므로 포장 용기 속에 식품이 밀봉된 상태로 살균할 수 있다.
② 조사 대상물의 온도 상승 없이 냉살균(cold sterilization)이 가능하다.
③ 방사선 조사한 식품의 살균 효과를 증가시키기 위해 재조사한다.
④ 식품에는 감마선을 사용한다.

기출문제 정답

1. ④	6. ②	11. ②
2. ③	7. ①	12. ④
3. ②	8. ④	13. ③
4. ③	9. ③	
5. ①	10. ④	

9

CHAPTER

유전자변형 식품

서론

GMO(Genetically Modified Organism)는 우리말로 '유전자변형체'라고 하며, 생존, 증식이 가능한 GMO를 '유전자변형생물체(Living Modified Organism, LMO)' 라고 한다. GMO는 1980년 당뇨병 치료제인 인슐린을 생산하기 위해 의약품 분야에 먼저 도입되었다. 이후 인구증가 및 기후변화에 따른 식량 문제를 해결하기 위하여 GM 농산물이 개발되었다. 인위적으로 유전자를 재조합하거나 유전자를 구성하는 핵산을 세포 등에 직접 주입하는 등의 생명공학 기술로 만들어진 농·축·수산물·미생물 등의 GMO와 이를 가공하여 만든 식품을 유전자변형 식품(Genetically Modified Food)이라고 한다. 우리나라는 식품의약품안전처에서 안전성 평가를 통과한 GMO만 식품의 원료로 사용할 수 있다.

그럼에도 불구하고 GMO의 안전성 관련해서는 이해 당사자 간 의견이 첨예하게 대립되고 있다. GMO 제조업체는 실질적 동등성(substantial equivalence)을 근거로 기존 농작물과 다를 바 없으므로 '안전하다'고 주장하면서, GM 콩과 일반 콩이 안전성에 있어서도 대등하다는 것이다. 그러나 일부 소비자단체는 우리 인간이 GMO를 수십 년 이상 먹어본 경험이 없으므로 안전성을 담보할 수 없다고 반박한다.

GMO가 인간에게 유해하다는 결정적인 근거는 아직 없다. 다른 식품처럼 인류가 몇 세대에 걸쳐 장기간 섭취해 본 경험이 없는 것도 사실이다. 상반된 두 견해가 팽팽하게 맞서고 있어서 GMO 안전성 논란은 앞으로도 상당 기간 지속될 것으로 예상되지만, 인류의 기아 문제 해결을 위한 방안으로서 GMO의 역할을 간과할 수 없는 것 또한 현실이다.

9.1 유전자변형 기술

유전자(Gene)
유전학의 가장 기본이 되는 단위로서, 특정 단백질을 암호화하고 있는 최소 단위의 DNA (주로 이 의미로 많이 쓰인다) 또는 특정 기능성 RNA를 암호화하고 있는 DNA를 의미한다. 유전자의 개념은 Gregor Mendel (1822~1884)에 의해 처음으로 언급되었으며, 1940년대에 이르러서야 유전자(gene)라는 이름으로 불리게 되었다. 2003년 인간게놈프로젝트(미국을 중심으로 18개국 참여)를 통해 인간은 약 20,000~25,000개의 단백질을 암호화하고 있는 기능성 유전자(functional gene)를 갖고 있다고 알려졌다.

인구의 폭발적 증가와 함께 가속화된 산업화로 인해 경지면적은 줄고 농업환경은 더욱 악화될 것으로 예상되고 있으며, 농약 등에 오염되는 농산물과 환경을 보호하기 위한 해결책도 요구되고 있다. 이에 과학계에서는 식량 및 대체 에너지원의 공급을 증대시키고 환경을 보존할 수 있는 보편적인 수단으로 환경 친화적 생명공학(유전자변형) 작물의 활용 필요성이 제시되어 왔다. 한편 선진국들은 식물 유전체 연구를 이용한 식물 생명공학 산업을 국가 전략산업으로 집중 육성하고 있다. 이와 같은 생명공학 작물의 생산 기술은 맞춤 식물 제조기술로 진화하여 일상생활 속에 자리 잡게 되었다.

지구상에 존재하는 모든 생명체의 특성은 세포 내의 유전정보에 의해 결정된다. 이러한 정보의 단위를 유전자라고 하며 DNA라는 물질의 형태로 세포 속에 존재한다. 이러한 유전자는 모든 생물이 자신의 고유한 형태, 색깔, 성질 등과 같은 특성에 대한 정보를 담고 있는 것으로 다음 세대로 전해지는 물질이다. 따라서 유전정보가 달라지면 개체의 특성도 달라진다.

그림 9-1 유전자변형 농산물 개발과정

교배를 통한 전통 육종방법이 유전적으로 비슷한 개체들을 교배시켜 우수한 형질을 가진 개체를 선발하는 기술이라면, 유전자변형 방법은 소수의 특정 유전자를 선택적으로 삽입하여 제한된 수의 유전정보를 변화시키는 기술이라고 할 수 있다.

즉, 유전자변형 기술은 어떤 생물의 유전자 중 유용한 유전자(예: 추위, 해충, 제초제에 강한 성질 등)만을 취하여 다른 생물체의 DNA에 삽입하여 새로운 특성을 나타내는 품종을 만드는 생명공학 기술이다. 이 기술을 이용하여 미생물, 동물, 식물로부터 다양한 유용 유전자를 목적하는 생물에 넣는 것이 가능해졌으며, 이렇게 만들어진 새로운 유전적 특성을 갖는 생물을 형질 전환체(transformant)라고 한다(그림 9-1).

1974년 처음으로 형질전환 대장균이 보고된 이래 의약품이나 식품첨가물 생산 분야에서 이 기술이 활발하게 이용되고 있다. 생명공학 기술 산업 분야에서 말하는 현대 생명공학 기술 중 대표적인 것이 유전자변형 기술이며 그 외에 체세포 복제기술, 세포융합기술, 조직배양기술 등이 있다.

1980년대 미생물 분야에서 유전자변형 기술의 응용이 활발히 이루어져 의약품이나 식품첨가물(효소 등)이 손쉽게 만들어지기 시작하면서 농작물의 품종 개발과 같은 농업 분야에서도 유전자변형 기술이 이용되기 시작하였다. 특히, 농업 분야에서는 기존의 육종기술에 의한 품종개발의 저효율

DNA (Deoxyribonucleic acid)
모든 생물체의 유전자는 DNA로 암호화되어 있다. DNA는 RNA(ribonucleic acid)보다 안정하여 오랫동안 정보를 암호화할 수 있다. DNA는 염기(base), 당(sugar), 인(phosphate)으로 이루어져 있다. 염기는 아데닌(adenine), 티민(thymine), 구아닌(guanine), 시토신(cytosine)의 4종으로 이루어져 있다. 일반적으로 2중 나선구조(double-stranded helix)로 이루어져 있으며, 2개의 DNA 가닥(strand)은 수소결합에 의해 연결되어 있다.

성 측면과 농약, 화학비료에 의한 농작물의 안전성 문제 및 환경오염에 대한 우려가 높아졌다. 이에 대한 새로운 품종개발 기술로서 유전자변형 기술이 이용되었고 그 결과 유전자변형 식품이 개발되었다.

유전자변형 식품이란 유전자변형 기술을 이용하여 재배 또는 육성된 농·축·수산물, 미생물 및 그에 따른 생산물을 이용하여 제조·가공한 식품 또는 식품첨가물을 의미한다. 이러한 유전자변형 식품은 식품으로서의 철저한 안전성 평가를 거쳐 문제가 없다고 판단된 후에만 식품으로 생산, 유통 및 판매가 가능하다.

유전자변형 기술은 의약, 화학, 에너지, 환경, 농업, 식품 등 다양한 산업 분야에서 활발히 응용되고 있다. 농업 분야에서 식품원료인 유전자변형 작물이 상업화되기 시작한 것은 1994년부터이다.

1세대 유전자변형 작물은 생산량 증가, 영농 편이, 농약 사용량 감소 등의 목적으로 개발되어 제초제 내성, 해충 저항성 등의 특징을 지니고 있다. 2세대는 소비자의 웰빙 요구를 충족시키기 위하여 영양성이나 기능성을 강화한 특성을 가지며, 3세대는 고부가가치의 먹는 백신 등 의약품 용도나 대체에너지 생산 등의 목적으로 연구되고 있다. 따라서 고유성을 가진 유용 유전자의 대량 확보 여부가 산업적 경쟁력을 결정하는 관건이 되고 있다. 선진 각국에서는 유용 유전자의 발굴을 국가적인 차원에서 진행시키고 있으며 우리나라도 식량문제 해결의 국가 경쟁력을 확고히 하기 위해서는 보다 적극적이고 체계적인 국가차원에서의 지원과 중장기 전략 수립이 필요하다.

9.2 유전자변형 개발방법

유전자변형 작물은 유용 유전자를 찾아 원하는 작물에 넣어주는 방법으로 종(種)의 한계를 뛰어 넘는다. 식물뿐 아니라 동물이나 미생물에서도 식물체에 유용한 유전자를 발굴할 수 있기 때문이며, 유전자변형 농작물을 개발하기 위하여 목적하는 숙주 생물체에 외래의 유용한 유전자를 전달해 넣는 방법으로는 아그로박테리움(Agrobacterium) 이용법, 원형질체 융합법, 입자총법 등이 이용되고 있다.

9.2.1 아그로박테리움 이용법

자연계에서 외래 유전자를 작물 내로 이식시키는 현상은 토양 속에 존재하는 아그로박테리움(*Agrobacterium tumefaciens*)에서 볼 수 있다. 아그로박테리움은 토양 속의 영양분이 부족해지면 식물에 침투하여 기생

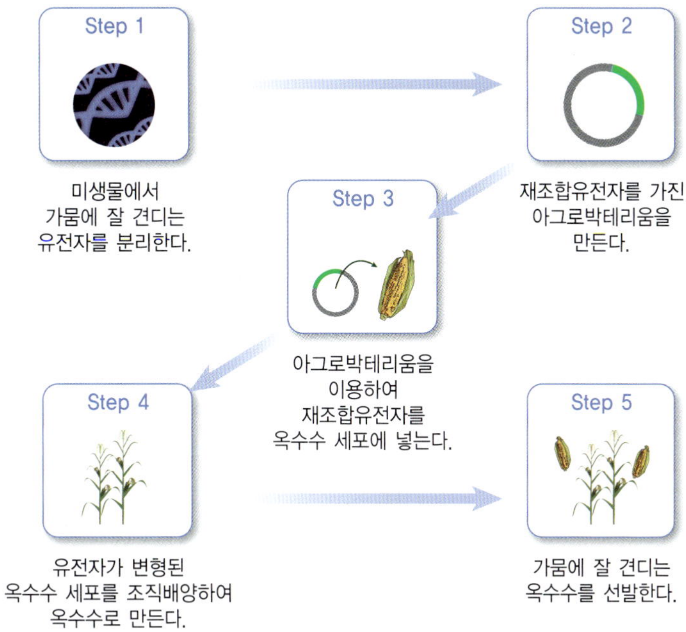

그림 9-2 **아그로박테리움을 이용한 식물 형질전환 기법**

하는 특성을 가지고 있는데, 이때 자신의 유전자를 식물체에 삽입하여 필요한 영양소를 만들도록 한다. 식물체의 줄기 혹은 뿌리에 근두암종(crown gall)이라는 비정상적인 혹이 생기는 이유는 이 세균의 유전자가 식물체에 옮겨져 식물체가 아그로박테리아에 필요한 영양분을 생산하기 때문이다. 이처럼 아그로박테리아는 자신의 유전자를 식물체의 유전자에 옮기는 형질 전환 능력이 뛰어나므로 이러한 특성을 이용하여 원하는 유전자를 식물체 내로 전달하는 방법을 개발하게 되었다. 이 방법은 아그로박테리움이라는 미생물이 식물세포에 플라스미드(plasmid)라고 하는 스스로 복제가 가능한 자신의 DNA를 삽입시키는 성질을 이용한 것으로, 아그로박테리움의 플라스미드에 목적하는 유용한 유전자를 삽입한 후 아그로박테리움을 식물체에 감염시켜 식물체 내에 유전자가 들어가도록 하는 방법이다(그림 9-2).

9.2.2 원형질체 융합법

원형질체 융합(protoplast fusion)법은 식물체의 세포벽을 효소나 화학물질로 용해시켜 외래 유전자가 들어가기 쉽도록 세포벽이 없는 원형질체를 만든 후 목적하는 유용한 유전자를 식물 세포 내에 넣는 방법이다(그림 9-3)

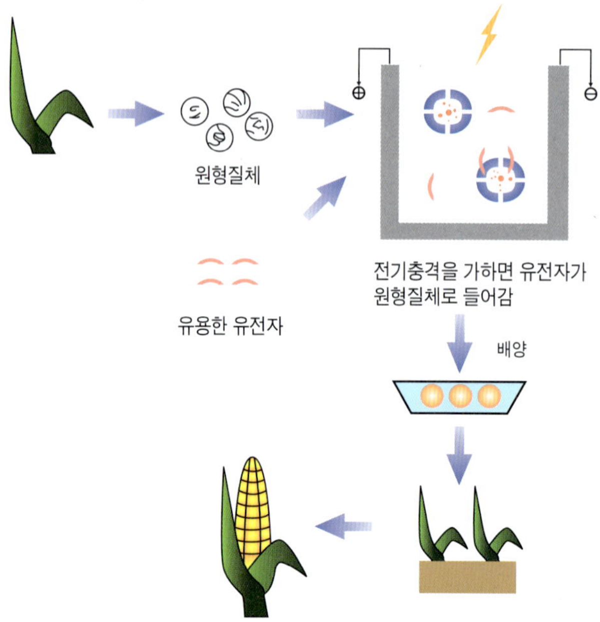

그림 9-3 **원형질체 융합법을 이용한 재조합 유전자의 이식방법**

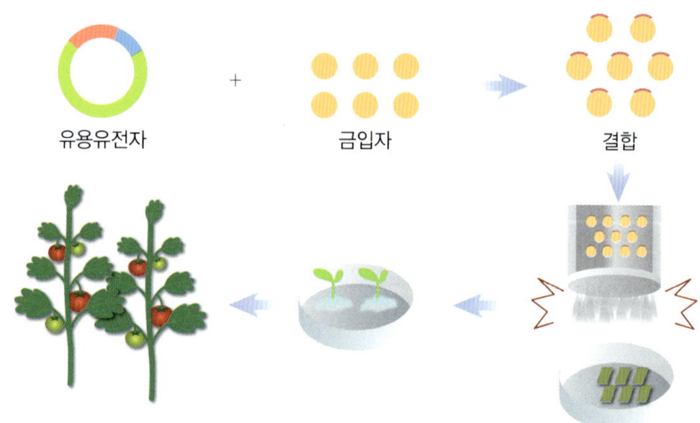

그림 9-4 **입자총법에 의한 유전자 이식방법**

9.2.3 입자총법

입자총법이란 유용유전자를 미세한 금속입자에 코팅한 후 그 미립자를 고압가스의 힘으로 변형 대상 식물에 밀어 넣어 유용한 유전자가 직접 들어가도록 하는 방법이다. 조합된 유전자를 금속입자에 코팅한 후 식물세포에 발사하여 유전자를 도입하는 것으로서 식물체에 광범위하게 적용 가능한 기술이다(그림 9-4).

9.3 개발 현황

1953년 Watson과 Crick이 DNA 구조를 밝혀낸 이후 분자생물학의 비약적 발전을 바탕으로 1994년 GM 면화, 1996년 GM 대두와 옥수수가 개발되면서 1996년부터 본격적인 상업화가 시작되었다.

국제농업생명공학정보센터(ISAAA)에 의하면 2019년 전체 72개국에서 유전자변형 작물을 승인하였는데, 이 중 29개국에서 재배되고 있고 43개국에서는 수입을 허용하고 있다. GMO 생산국들에서 가장 많이 승인된 작물은 콩, 밀, 면화 및 캐놀라이며 이 중에서 콩이 가장 많이 재배되고 있는데 전체 GM 농작물 중 48%를 차지한다. 그외에도 알파파, sugar beet, sugarcane, 파파야, safflower, 감자 등이 있으며 squash, apples, 파인애플 등도 소량 재배되고 있다. GM 작물의 전체 재배면적은 190.4백 만 ha에 달하는데, 미국, 브라질, 아르헨티나, 캐나다, 인도 순으로 재배 면적이 넓고, 이 5개국에서의 재배 면적은 전체의 90%를 차지한다(표 9-1).

미국과 유럽의 글로벌 종자회사가 1세대 GM 종자의 연구개발과 상용화를 주도하고 있다. 20년간 상용화된 1세대 GM 종자의 90% 이상이 해충저항성 또는 제초제 내성 형질이었다. 이와 같이 GM 작물의 효과가 입증되고 기술이 점점 발전됨에 따라 최근 GM 작물 개발 추세가 바뀌고 있다. 즉, 농업형질 개선이라는 생산자 중심 목표에서 농민과 소비자 모두에게 이익이 되는 방향으로 연구개발과 상용화가 확대되고 있다. 예를 들면, 고올레인산 콩, 비타민 A 진구체인 베타카로틴을 생신하는 GM 황금벼(golden rice), 갈변현상 방지 감자, 잠재적 발암물질(아크릴아마이드) 함량 감소 GM 감자, 아플라톡신(aflatoxin)을 만드는 곰팡이 제어가 가능한 옥수수 등이다. 또한 식물 경구 백신, 설사 면역제 생산 토마토 등 질병 예방을 위한 백신용 GM 작물도 개발되고 있다.

미국에서 2015년 승인되어 2016년부터 소량 재배하기 시작한 GM 사과(Arctic, Okanagan Specialty Fruits Inc.)가 2017년 초 미 중서부 10여개 마트에서 판매되었고, 이를 이용한 가공식품이 아마존 등 온라인을 통해서 판매되고 있다. AquaBounty 社가 개발한 GM 연어도 승인되어 2017년 8월 가공한 필렛 형태의 GM 연어 1만 파운드(4,535kg)를 캐나다 소비자에게 판매한 바 있는데, 이는 GM 동물이 식용으로 시장에서 판매된 첫 번째 사례이다.

우리나라는 농촌진흥청이 주관한 차세대 『BioGreen21 사업』 중 하나인 「GM작물개발사업단(National Center for GM Crops, NCGC)」이 2011년에 설립되어 상업용 GM 작물 개발을 시작하여 우리의 식량 문제를 해결

농촌진흥청
정부 부처로서 국민의 식량을 안정적으로 생산하는 데 기여하기 위해 식품, 바이오에너지, 환경 등의 녹색 기술 연구와 현장 연구를 통한 농업 기술의 개량 및 발전에 기여하고 있다(www.rda.go.kr).

표 9-1 2019년 국가별 GM 작물 재배면적

Rank	Country	Area(million hectares)	Biotech Crops
1	USA	71.5	maize, soybeans, cotton, alfalfa, canola, sugar beets, potatoes, papaya, squash, apples
2	Brazil	52.8	soybeans, maize, cotton, sugarcane
3	Argentina	24.0	soybeans, maize, cotton, alfalfa
4	Canada	12.5	canola, soybeans, maize, sugar beets, alfalfa, potatoes
5	India	11.9	cotton
6	Paraguay	4.1	soybeans, maize, cotton
7	China	3.2	cotton, papaya
8	South Africa	2.7	maize, soybeans, cotton
9	Pakistan	2.5	cotton
10	Bolivia	1.4	soybeans
11	Uruguay	1.2	soybeans, maize
12	Philippines	0.9	maize
13	Australia	0.6	cotton, canola, safflower
14	Myanmar	0.3	cotton
15	Sudan	0.2	cotton
16	Mexico	0.2	cotton
17	Spain	0.1	maize
18	Colombia	0.1	maize, cotton
19	Vietnam	0.1	maize
20	Honduras	<0.1	maize
21	Chile	<0.1	maize, canola
22	Malawi	<0.1	cotton
23	Portugal	<0.1	maize
24	Indonesia	<0.1	sugarcane
25	Bangladesh	<0.1	brinjal/eggplant
26	Nigeria	<0.1	cotton
27	Eswatini	<0.1	cotton
28	Ethiopia	<0.1	cotton
29	Costa Rica	<0.1	cotton, pineapple
	Total	190.4	

출처: ISAAA Brief 55-2019.

하기 위해 미래에 활용될 생명공학 작물 개발을 본격적으로 시작하였다.

그동안 우리나라에서 개발된 GMO를 보면, 농약 사용량을 줄이면서 해충 피해를 방지할 수 있는 해충 저항성 작물 등 1세대 GM 작물 개발에 성공하였고, 비타민 A 성분이 보강된 황금쌀과 시력개선 및 노화방지용 기능성 컬러 쌀, 가뭄 내성 벼 등 소비자에게 혜택을 주는 2세대 GM 작물도 개발되었다. 2017년까지 미래 상용화 대비 국내용 GM 작물 유용 이벤트 12작물 81종을 육성한 바 있다. 그러나 GM 작물 상용화에 반대가 심한 국내 정서상 상용화보다는 미래 식량문제 및 기능성 강화 작물 생산 대비 기술기반 구축에 노력할 것으로 전망된다.

외국의 대표적 GMO 개발 생산 기업으로는 몬산토, 신젠타, 바이엘, 다우듀폰 등이 있으며, 한 가지 유전자재조합 농산물을 개발하는 데는 통상 5~11년 정도가 소요되고 있다.

몬산토

1901년 John F. Queeny에 의해 설립되었으며 최초의 생산품은 사카린이었다. 1982년 처음으로 식물세포의 유전자변형을 성공했으며, 2000년부터 본격적인 유전자 재조합을 이용한 종자개발 및 제품화에 주력하고 있는 회사이다. 본사는 미국 Missouri 주 St. Louis에 위치하고 있다(www.monsanto.com).

전 세계적으로 개발되어 상품화된 유전자변형 농작물이 획득되어 주요 특성별로 구분하면 다음과 같다.

- 제초제에 대한 내성이나 해충에 대한 저항성을 향상시킨 경우(예: 제초제 내성 카놀라, 해충 저항성 옥수수, 해충 저항성 면화, 제초제 내성 콩)
- 지방산 조성의 변화를 유도하여 유용한 유지자원을 개발한 경우(예: 지방산 조성 향상 해바라기, 생산성 증대 카놀라, 고올레인산 함유 땅콩)
- 바이러스성 식물병에 대한 저항성을 증진시킨 경우(예: 바이러스 저항성 파파야)
- 관상용 원예식물의 색소 조절, 과육의 연화 지연(예: 보라색 카네이션)
- 안전성 확보를 위한 형질 도입(꽃가루, 꽃밥, 수술 등의 웅성기관에 대해 이상을 일으켜 불임화시키거나 반대로 유성생식에 의해 씨앗을 만들 수 있도록 함)

9.4 유전자변형 식품의 안전성 평가

유전자변형 식품은 여러 가지 경제적, 환경적인 이점에도 불구하고 인체 및 환경에 미칠 수 있는 잠재적 위해성에 대한 우려의 목소리도 높다. 유전자변형 식품에 대해 우려하고 있는 것은 이들 작물이 새로운 독성물질을 생성할 가능성과 알레르기 유발 가능성, 필수 영양 성분의 변화 유발 가능성, 항생제 내성 문제, 장기간 섭취 시 인체에 미치는 영향 등이다. 또한, 환경이나 자연 생태계를 교란시켜 생태계의 다양성이 깨지고 익충수가 감소되며 슈퍼 잡초가 생긴다는 우려 등이 있다.

따라서 유전자변형 식품은 그동안 통상적으로 섭취해 왔던 식품이 아니

연화 지연 토마토 (Flavr Savr)

1994년 미국의 칼젠(Calgene)사에 의해 쉽게 물러지지 않는 연화 지연 토마토 기술이 US FDA의 특허를 받고 상품화되기 시작하여 1호 GMO가 되었다. 토마토의 숙성과정을 보면, 메티오닌이라는 아미노산으로부터 에틸렌이 합성되고 polygalacturonase(PG)라는 효소가 증가하게 되는데, 이 과정을 유전자적인 기법으로 조절하여 숙성 속도를 조절하였다.

LMO(Living Modified Organisms, 유전자변형 생물체)

유전자를 인공적으로 분리·결합하여 자연교잡에서는 육성되지 않는 의도한 특성(제초제저항, 내병·내충, 품질의 특성화 등)을 갖도록 한 농산물을 말한다. '식품위생법'에서는 유전자 재조합 식품이란 생물의 유전자중 유용한 유전자만을 취하여 다른 생물체의 유전자와 결합시키는 등의 유전자재조합기술을 활용하여 재배·육성된 농·축·수산물 등을 원료로 하여 제조·가공한 식품이라 정의하고 있다. 또한 'Codex 식품표시분과 위원회(Codex Committee on Food Labeling)'는 자연적인 증식 또는 재조합에 의하여 일어날 수 없는 방법으로 유전 물질이 변형된 농산물이라 정의하고 있다.

기 때문에 과학적인 안전성 평가 심사를 거쳐 안전성이 입증된 제품만 유통이 허용되고 있다. 1994년 말 세계 최초로 자가분해효소에 의해 물러지지 않는 연화 지연 토마토(Flavr Savr)의 상업화가 미국에서 승인된 이래 제초제 내성, 해충 저항성의 특성을 갖는 콩, 옥수수 등과 같은 많은 유전자재조합 농작물이 개발되어 안전성 평가 심사를 거친 후 생산되고 있다. 만약 안전성 평가 결과가 인체나 환경에 나쁜 영향을 끼친다고 판단되면 반드시 전량 폐기하고 있다.

유전자변형 작물은 개발되더라도 바로 상품화되지 않는다. 개발 초기에 제품의 개념화와 활용 유전자 발굴 단계에서부터 안전성을 최우선으로 고려하며, 시제품이 얻어져 성능 실증 실험 단계에서 매우 엄격한 검증 과정을 거치게 된다.

농림축산식품부가 2011년 발간한 '농림축산식품 주요통계'에 의하면 우리나라 곡물자급률은 1980년 56.0%에서 2019년 21.0%로 지난 40년간 35.0%나 감소하였다. 각 농작물별 자급률(2019년)을 보면 쌀 92.1%, 밀 0.7%, 콩 26.7%, 옥수수 3.5%로 쌀을 제외하고 다른 농작물의 자급율이 매우 낮은 수준으로 미국, 아르헨티나 등으로부터 수입에 의존하고 있는 실정이다. 그러나 주요 생산국들은 유전자변형 콩이나 옥수수를 재배하고 있기 때문에 유전자변형 식품의 수입이 불가피한 상황이다.

이에, 1999년 식품의약품안전처는 「유전자재조합식품·식품첨가물 안전성 평가자료 심사지침」을 고시하여 유전자변형식품의 안전성을 평가하기 시작하였다. 식품위생법에 따른 관리는 2001년 7월부터 표시제 도입과 함께 시작되었으며, 이후 2002년 8월 유전자변형 식품의 안전성 평가 의무화 조항이 신설되어 2004년 2월부터 시행되었다. 2008년부터는 「유전자변형생물체의 국가간 이동에 관한 법률」(LMO법)에 따라 안전성(인체 위해성) 및 환경 위해성 심사를 실시하고 있다.

유전자변형 식품의 안전성 평가 심사는 '식품위생법' 제18조에 근거하여 '유전자변형식품등의 안전성 심사 등에 관한 규정'에 따라 운영되고 있으며, 전문가로 구성된 「유전자변형식품등 안전성 심사위원회」에서 심사하고 관련 분야 종사자 및 NGO 단체 등 이해관계자를 포함한 일반인들로부터도 의견을 수렴한 후 승인 여부를 결정하고 있다. 안전성 평가에 요구되는 자료의 범위는 식품 일반에 대한 사항(외국의 허가, 식용 현황 등), 분자생물학적 특성(형질전환에 이용되는 방법, 도입유전자 등), 독성(유전자 산물의 독성 등), 알레르기(유전자 산물의 알레르겐 상동성 등 알레르기 유발 가능성), 영양(주요 영양 성분, 미량 영양 성분의 변화 등 기존 농산물과의 차이)과 관련된 정보를 바탕으로 한다.

유전자변형 식품의 안전성 심사 기준은 '지금까지 안전하게 먹어 온 같은 종류의 식품(conventional counterpart)'과의 동질성이다. 이러한 방식의 안전성 평가는 '실질적 동등성(substantial equivalence)' 개념에 따른 것으로 새로운 단백질 출현, 영양소 및 독소의 증가와 감소 등 유전자변형 농산물과 기존 농산물을 비교하여 차이점을 찾아내고, 차이가 나는 물질에 대한 독성, 알레르기 유발 가능성, 영양성 등을 평가하여 문제가 없다는 것을 확인하면 기존 농산물과 안전성·영양성 측면에서 동일한 것으로 간주한다는 개념이다.

이러한 '실질적 동등성' 개념은 1992년 경제개발협력기구(OECD)에서 정립하였고, 세계보건기구(WHO)와 식량농업기구(FAO)에서 지지했으며, 191개 회원국을 둔 국제식품규격위원회(Codex)에서도 안전성 평가의 기본 개념으로 채택하고 있다. 현재 유전자변형 식품 개발 선도국인 미국뿐 아니라 일본이나 유럽 등 세계 각국이 이 개념을 도입하여 「안전성 평가심사지침」을 제정하여 운영하고 있다(표 9-2).

식품위생법
식품에 의한 위해를 예방하고 영양을 향상시키기 위한 법률로 식품으로 인하여 생기는 위생상의 위해(危害)를 방지하고 식품영양의 질적 향상을 도모하며 식품에 관한 올바른 정보를 제공하여 국민보건의 증진에 이바지함을 목적으로 하는 법이다(www.law.go.kr/법령/식품위생법, 13장 참조).

표 9-2 국가별 유전자재조합식품안전성 심사체계

구분	한국	유럽연합(EU)	일본	미국
승인기관	식품의약품안전처 (MFDS)	유럽집행위원회 (EC)	후생노동성 (MHLW)	식품의약품청 (FDA)
평가기관 [위해평가자]	MFDS [유전자재조합식품 등 안전성 평가자료 심사위원회]	유럽식품안전처 (EFSA) [자문위원회 (GMO expert panel)]	식품안전위원회 [유전자재조합식품 전문조사회]	FDA [정부과학자(BET)]
심사기간(일)	270	360 (평가기간은 180일)	360	120
심사결과 공람여부	○	○	○	○
안전성심사 근거규정	• 유전자재조합식품의 안전성 평가 등(식품위생법, 2002. 8. 26) • 유전자재조합식품등의 안전성 평가 심사 등에 관한 규정(식약청 고시 제2003-37호, 2003. 9. 1) 및 시행(2004. 2. 27)	• Regulation(EC) No. 1829/2003 of the European Paliament and of the Council on genetically modified food and feed(2003.9.22)	• 재조합 DNA 기술 응용 식품 및 식품첨가물의 안전성 평가지침(후생성衛食 第153호, 1991. 12. 26) • 유전자재조합식품(종자식물)의 안전성 평가기준(식품안전위원회, 2004. 1. 20) • 유전자재조합 미생물을 이용하여 제조된 첨가물의 안전성 평가기준(식품안전위원회, 2004. 3. 25)	• Statement of Policy: Food Derived From New Plant Varieties Notice 92N-0139(FDA, 1992. 5. 29)

출처: 식품의약품안전처

표 9-3 세계 10대 GM 승인 및 재배국

Rank	Country	Food	Feed	Cultivation	Total
1	United States	183	178	178	539
2	Japan	186	177	130	493
3	Canada	147	138	144	429
4	Brazil	111	111	106	328
5	South Korea	157	148	0	305
6	Philippines	116	114	14	244
7	Mexico	188	29	14	231
8	Argentina	77	69	75	221
9	European Union	100	101	4	205
10	Australia	118	18	39	175
	Others	732	431	152	1315
	Total	2115	1514	856	4485

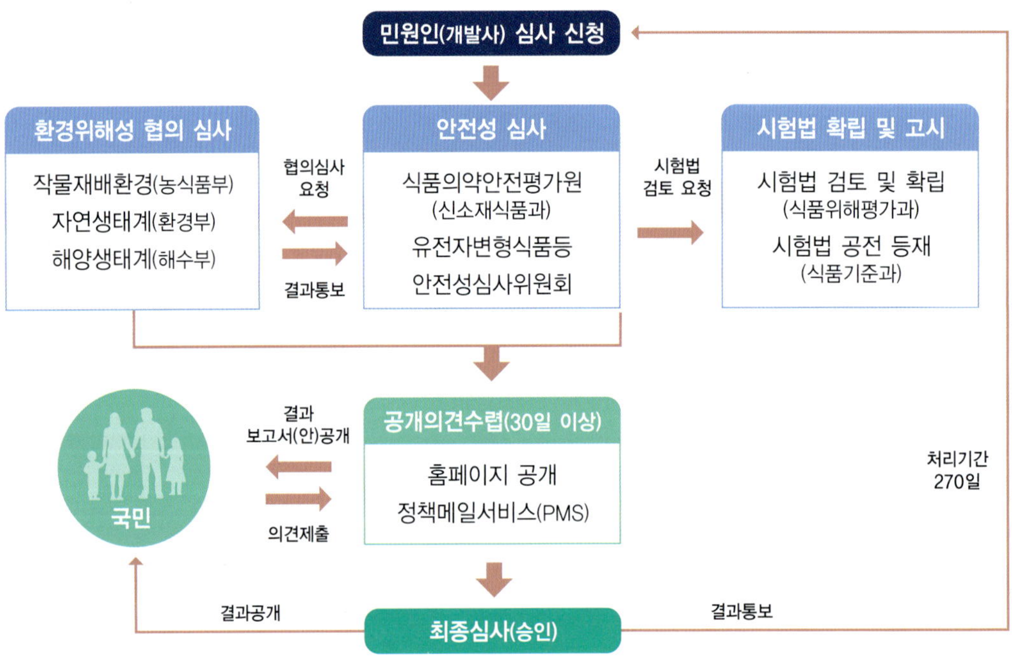

그림 9-5 GM 식품의 안전성 심사 절차

출처: 식품의약품안전처

2020년 기준 세계적으로 승인된 작물은 카네이션, 장미, petunia를 제외하고 29개 작물, 403품종으로부터 4,485건이 승인되었다. 이 중 2,115건은 식품용, 1,514건은 사료용, 856건은 환경 방출(release) 및 재배용이다. 세계적으로 가장 많은 국가로부터 승인받은 GM 작물은 제초제 내성 밀(event NK603)이며, 제초제 내성 콩(GTS 40-3-2), 해충 내성 밀(MON 810), 제초제 내성/해충 내성 밀(TC1507), 제초제 내성/해충 내성 밀(Bt11) 등이다(표 9-3).

우리나라는 2000년 6월 제초제 내성을 갖는 유전자재조합 콩인 RRS(Roundup Ready Soybean)가 처음으로 안전성 심사 승인을 받았고, 2020년 8월까지 7개 작물(콩, 옥수수, 면화, 카놀라, 감자, 알팔파, 사탕무) 177건이 승인되었으며, 유전자변형 미생물 7건, 유전자변형 식품첨가물 26건이 안전성 심사를 거쳐 각각 승인되었다(그림 9-5).

경제개발협력기구(Organization for Economic Cooperation and Development, OECD)
국제기구 중 하나로 경제적으로 자유 시장 원칙을 받아들인 선진국들이 회원으로 참여한다. 현재 회원국은 33개국이며 우리나라는 1996년 12월 12일 회원국으로 가입하였다. OECD의 목적은 경제성장, 개발도상국 원조, 무역의 확대 등에 있다. OECD의 활동으로는 경제정책의 조정, 무역문제의 검토, 산업정책의 검토, 환경문제, 개발도상국의 원조 등 국제적 경제협력에 관한 일들이다(www.oecd.org).

9.5 유전자변형 식품 표시제도

소비자에게 올바른 정보를 제공하여 알고 선택할 권리를 보장하기 위하여 유전자변형 식품에 대한 표시제를 시행하고 있다. 유전자변형 식품 표시제는 각국의 식량 수급 환경, 국민 정서 등에 따라 관리되고 있는데, 우리나라를 포함하여 EU, 일본, 호주, 뉴질랜드 등 전 세계 20여 개국이 표시 제도를 시행하고 있다(표 9-4). 우리나라의 경우 유전자변형 농수산물 표시는 '농수산물 품질관리법' 제56조(유전자변형농수산물의 표시)에 따라, 가공식품은 '식품위생법' 제12조의2(유전자변형식품등의 표시) 및 유전자변형생물체의 국가 간 이동 등에 관한 법률 제24조에 따라 표시제를 시행하고 있다.

농산물 품질 관리법
농산물의 적정한 품질관리를 통하여 농산물의 상품성을 높이고 공정한 거래가 이루어질 수 있도록 심의회 설치와 농산물의 규격, 품질 인증, 검사, 원산지 표시 따위를 규정한 법률이다. 이 법은 농산물의 적절한 품질관리를 통하여 농산물의 안전성을 확보하고 상품성을 향상하며 공정하고 투명한 거래를 유도함으로써 농업인의 소득 증대와 소비자 보호에 이바지함을 목적으로 한다(http://www.law.go.kr/법령/농산물품질관리법).

우리나라의 GM 식품 표시대상은 안전성 평가 결과 식용으로 승인된 GM 콩·옥수수·카놀라·면화·사탕무(이를 싹틔워 기른 콩나물·새싹채소 등 포함)이다. 이 다섯 가지 GM 농산물을 주재료로 제조·가공하여 유전자재조합 DNA나 외래 단백질이 남아 있는 모든 식품(두부·콩가루·옥수수 가루·된장 등) 중 원료 함량이 상위 5순위 이내인 식품이 GM 표시대상이다. 단 간장, 식용유, 당류(포도당·과당·엿류 등), 주류(맥주·위스키·브랜디 리큐르·증류주·기타 주류 등) 및 식품첨가물은 GM 표시 대상에서 제외되어 GM 표시를 하지 않아도 된다.

현재 우리나라의 유전자변형 식품 표시는 농산물의 경우 식약처에서 승인한 모든 유전자변형 농산물이 해당되며, 분명한 GMO일 경우 '유전자변형○○' 또는 '유전자변형○○포함식품' 등으로 표시해야 한다. 유전자

표 9-4 국가별 유전자변형식품 표시제 비교

구분	한국	일본	유럽연합	미국
비의도적 비혼입 허용치	3%	5%	0.9%	–
표시대상	• GM 성분이 남아 있는 식품 • 원료 함량 상위 5순위 이내 ▸ 개정(시행일: '17.2.4) • GMO를 원재료로 하여 제조가공 후에도 GM 성분이 남아 있는 식품	• GM 성분이 남아 있는 식품 • 원료 함량 상위 3순위 이내로, 5% 이상 함유	모든 식품	기존 식품과 영양성, 알레르기성 등이 현저하게 차이나는 경우만 표시
사후관리	서류 확인 및 검사		이력추적제	GMO와 전혀 관련 없는 제품 등에 Non-GMO 표시는 부적절하다고 안내

※ GM식품 표시제는 각국의 식량수급환경 등 자국의 이익을 고려하여 국가마다 달리 운영

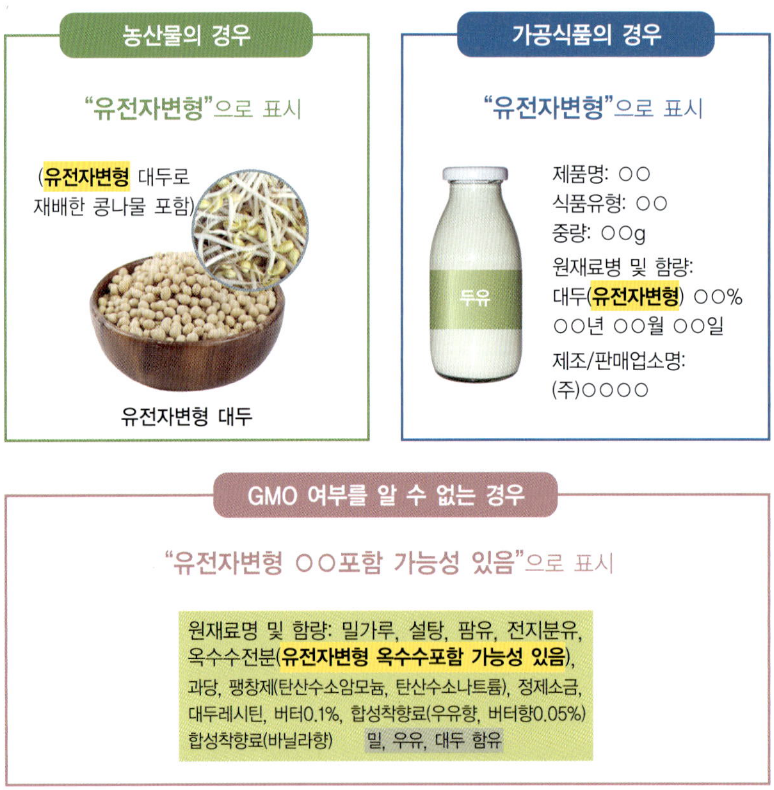

그림 9-6 유전자변형 농산물 및 가공식품의 표시방법
출처: 식품의약품안전처

변형된 원료 사용 여부를 확인할 수 없는 경우에는 '유전자변형○○포함 가능성 있음'으로 표시할 수 있다. 2017년부터는 유전자변형 원재료를 사용하지 않은 경우 표시 대상 원재료 함량이 50% 이상이거나 또는 해당 원재료 함량이 1순위로 사용한 경우에는 '비유전자변형식품', '무유전자변형식품', 'Non-GMO', 'GMO-free' 등의 표시를 할 수 있다. 식약처는 2021년부터는 유통, 제조 과정 중 혼입되는 GMO의 비의도적 혼입치를 인정하여 0.9% 이하의 유전자변형식품이 검출되는 경우라도 '비유전자변형식품(Non-GMO)' 표시를 허용하기로 개정을 추진하고 있다(그림 9-6).

9.6 유전자 가위기술

유전자 가위기술(gene editing technology)은 기존의 의학적 방법으로 치료가 어려운 다양한 난치성 질환에 대하여 문제가 되는 유전자를 제거하거나 정상적인 기능을 하도록 유전자를 편집 또는 삽입함으로써, 근원적인 치료를 할 수 있는 기술을 말한다. 유전자 가위기술은 유전질환뿐만 아니라 암, 감염증, 대사이상 질환, 자가면역 질환 등의 치료에도 활용이 가능하며, 질병 치료 외에도 동·식물을 개량하거나 해충 박멸을 위한 유전자 조작 등에도 활용될 수 있다.

유전자 가위는 유전체에서 특정 서열을 인식해 자르는 기술로, 1970년 특정 염기서열을 인식해 절단하는 효소인 제한효소가 발견되면서 연구가 시작되었다. 유전공학에 혁신을 불러온 '크리스퍼 유전자 가위(CRISPR Cas9)'가 널리 사용되면서 유전자 편집이 쉽고 저렴해졌다. 크리스퍼 유전자 가위는 길잡이 역할을 하는 가이드 리보핵산(single-guide RNA, sgRNA)을 DNA 염기서열 중 목표 위치에 붙여 절단효소(Cas9 단백질)가 원하는 DNA 부위를 잘라내도록 하는 기술이다.

2020년 유전자 가위인 CRISPR-Cas9(Clusters of Regularly Inter-Spaced Palindromic Repeats-CRISPR associated protein 9) 작동 원리를 시험관 실험으로 규명해 새로운 유전체 교정 기법을 개발한 미국 UC버클리대 제니퍼 다우드나 교수와 독일 막스플랑크연구소 단장인 에마뉘엘 샤르팡티는 2020 노벨화학상을 공동수상하였다.

대부분의 나라에서는 GM 작물 생산에 구체적이고 까다로운 규제를 두고 있다. 즉, 외래 DNA가 유기체에 삽입되었는지 여부로 GM 농산물을 구분하고 있다. 이 규제를 피하기 위한 방법으로 외래 유전자가 아닌 한 생물에 DNA를 편집해 개량하는 유전자 편집 작물이 나오게 되었다. 그러나 현재는 유전자 가위기술에 의해 개발된 작물을 GMO로 규정하지 않을 것

표 9-5 미국 USDA에서 승인한 CRISPR 기술을 이용하여 개발된 작물

Crops	Characteristics	Targeted locus	Applicants	Date
Tomato	No remained portion of the stem (pedicel) attached to the fruit	*JOINTLESS 2, (J2)*	Univ. of Florida	May 2018
Maize	Northern leaf blight (NLB) disease resistance	*NNLB 18*	DuPont Pioneer	Jan. 2018
Soybean	Enhanced drought tolerance	Double stranded RNA-binding protein (*Drb2a* and *Drb2b*)	USDA-ARS	Oct. 2017
Flax (*Camelina sativa* L.)	High olcic acid content	Fatty acid desaturase gene	Yield 10 Bioscience	Aug. 2017
Setaria viridis	Delayed flowering time	Homolog of the Zea mays *ID 1* gene	Donald Danforth Plant Science Center	April 2017
Maize	Waxy corn, with the starch composed exclusively of amylopectin	Waxy gene (*Wx 1*)	DuPont Pioneer	April 2016
Mushroom	Anti-browning	*Polyphenol oxidase* gene	Pennsylvania State Univ.	April 2016

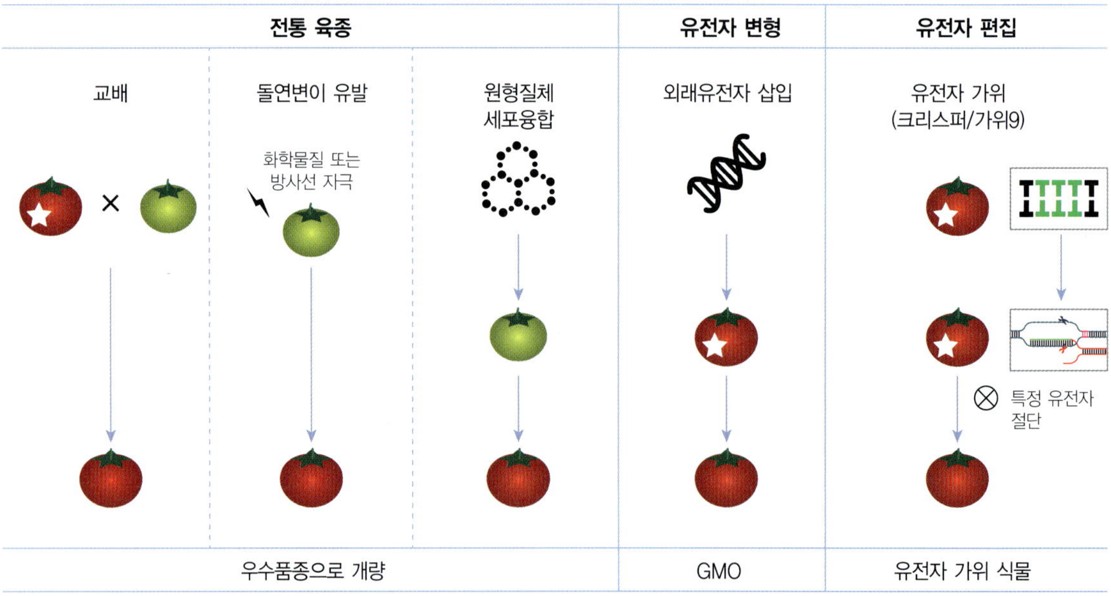

그림 9-7 전통 육종, GMO 및 유전자 가위기술의 비교

인지에 대해서는 국가마다 다른 의견을 내고 있다. 그러나 미국 USDA에서는 2016년 세계 최초로 유전자 가위기술을 이용해 갈변하게 하는 DNA를 제거한 양송이를 GM 농산물로 규제하지 않겠다고 발표하였고 이후 여러 나라가 유전자 편집 작물을 GMO 작물과 다른 것으로 구분하고 있다(표 9-5).

GM 작물은 연구개발 시간과 비용, 규제 승인 기간, 소비자들의 부정적인 인식 때문에 상업화에 대한 부담이 크지만 유전자 가위기술은 GM 작물에 비해 연구개발 및 규제 부담이 적다.

유전자 가위기술을 이용한 다양한 작물이 개발되고 있는데, 갈변방지 양송이, 찰옥수수, 잎마름병 저항성 옥수수, 수확 개선 토마토, 가뭄 저항성/내염성 대두 등 다양하다(그림 9-7).

외부 유전자가 아닌 한 생물 내 유전자를 이용해 편집했다고 하여 안전성이 보장된 것은 아니다. 현재로서는 짧은 역사를 가진 기술이기 때문에 안전성이 충분히 검증되어야 하고 부작용 가능성에 대해서도 검토가 필요하다.

향후 국내에서도 유전자교정 기술을 이용한 작물 개발 및 상업화 사례들이 증가할 것으로 전망되므로, 국제적 규제 정책 동향과 조화를 이루면서 국내 개발자들과 함께 우리의 종자 산업을 지원할 수 있는 합리적인 정책 준비가 필요하다.

참고문헌

국제농업생명공학정보센터(ISAAA Brief 55-2019). Executive Summary. Biotech crops drive socio-economic development and sustainable environment in the new frontier, 2019.

농업생명공학기술바로알기협의회. 「식탁 위의 생명공학」, 푸른길, 2009

박수철, 정영희, 김경민, 김주곤, 고희종. 유전자교정 농작물의 실용화 현황 및 전망, Korean J. Breed. Sci. 51(3):175-183, 2019.

식품의약품안전처. 「GM식품에 대해 올바로 알기」, 2009.

식품의약품안전처. 「유전자변형식품등의 표시기준」 식품의약품안전처 고시 제2019-98호, 2019.

식품의약품안전처. 「유전자재조합식품 관련 법령」, 2008.

식품의약품안전처. 「유전자재조합식품등의 표시기준」, 식약청 고시 제2007-76호, 2007.

식품의약품안전처. 「유해물질총서 GMO의 안전관리」, 2007.

신동화, 오덕환, 우건조, 정상희, 하상도. 『식품위생안전성학』, 도서출판 한미의학, 2014.

이신우, 유전자편집 작물의 개발 현황 및 농업생명공학기술의 국가 경쟁력 강화, J Plant Biotechnol (2018) 45:155-170, 2018

조정일, 박성한, 이강섭, 김수민, 임수미, 김연식, 박수철. GM 작물 연구개발 및 상용화 동향. Korean Journal of Breeding Science Special Issue: 40-48, 2020.

한국바이오안전성정보센터. 「유전자변형생물체, 바이오안전성포털」, 2021.

한국생명공학연구원 「2017년 유전자변형 생물체 관련 주요 통계」, 2018.

농업생명공학정보한국센터. 식품안전정보 포털 「유전자변형식품 승인현황, 2020.8.10. 기준」

2021. 〈http://www.Isaaa.korea.or.kr〉
식품의약품안전처 식품안전나라 식품안전정보포탈 「식품안전이슈 20가지, 1.GMO」 2021. 〈http://www.foodsafetykorea.go.kr〉
식품의약품안전처. 「유전자 가위기술 연구개발 동향 보고서」 2017. 〈http://www.mfds.go.kr〉
식품의약품안전처. 「유전자재조합식품(GMO) 정보」, 2010. 〈http://gmo.kfda.go.kr〉
식품의약품안전처. 유전자변형식품등의 표시기준 일부 개정고시(안) 행정예고, 2021. 〈http://members.wto.org〉
식품의약품안전처/한국소비자연맹 「유전자변형식품 올바로 알아보기」, 2016. 〈http://www.mfds.go.kr〉
장영주. 식품자급률 현황과 과제 NARS 지표로 보는 이슈 제162호. 2020(발행처: 국회입법조사처). 〈http://nars.go.kr〉

식품위생학 기출문제

01 GMO 식품의 항생제 내성 유전자가 체내, 혹은 체내 미생물로 전이되는 것이 어려운 이유는?

① 기존 식품에 혼입되어 오랜 시간 동안 다량 노출로 인해 인체가 적응을 하였기 때문

② 유전자변형식품에 인체 및 미생물에 영향을 미치는 유전자가 함유되지 않기 때문

③ 식품 중에 포함된 유전자가 체내의 분해효소와 강산성의 위액에 의해 분해되기 때문

④ 전이 방지 물질을 첨가하여 안전성 평가에 의해 인체에 전이되지 않는 GMO만을 허가하여 유통되기 때문

02 유전자변형 식품의 안전성에 대한 평가 시 평가항목이 아닌 것은?

① 항생제 내성

② 독성

③ 알레르기성

④ 미생물의 오염 수준

기출문제 정답

1. ③ 2. ④

10

CHAPTER

식품과 이물

서론

2000년대 이전까지만 해도 우리나라 식품안전 문제는 대부분 화학적 위해였다. 그러나 2000년대에 접어들면서 미생물 등 생물학적 위해에 관심이 집중되었고, 최근 몇 년간은 설치류, 쇳가루 등의 이물을 포함한 물리적 위해인자가 사회적으로 이슈가 되고 있다. 물리적 위해요소에는 유리, 금속, 플라스틱, 동물의 사체, 분변, 머리카락, 담배꽁초 등이 있으며 오염된 원료, 시설 및 장비, 종업원의 부주의 등 모든 제조, 유통 및 소비과정에서 혼입될 수 있다. 이물혼입을 완벽하게 차단하는 것은 매우 어려우며 미국 등 식품안전 선진국에서조차도 자주 발생하고 있다.

과거 우리 식품기업은 신제품 개발, 생산성 향상, 그리고 이윤 극대화 등에 초점을 맞추느라 이물 제거, 위해인자 저감화 등 안전성 확보기술의 적극적인 도입과 실행이 부족했던 것이 사실이다. 이물로 인한 식품위해사고를 예방하기 위하여 식품산업계에서는 이물관리 기술을 향상시키고 있고, 정부에서는 보고 의무 대상 이물을 고시화하는 등 사전 및 사후관리를 강화하고 있다.

감염(Infection)
세균, 리케차, 바이러스, 진균, 원충 등의 병원성이 있는 병원체가 인간이나 동식물 등의 숙주 조직 표면에 부착 또는 내부에 침입하여 발육, 증진이 일어난 상태를 말한다. 병원체가 숙주에 침입하더라도 증식하는 일 없이 그냥 지나치거나, 숙주측의 여러 가지 작용에 의해서 곧 배제되어 버리거나, 사멸되어 버리는 경우는 감염이라고 말하지 않는다.

식품공전 (Korean Food Standards)
우리나라 식품위생법 제7조 1항 규정에 의하면 보건복지부장관은 국민 보건상 필요하다고 인정하는 때에는 판매를 목적으로 하는 식품 또는 첨가물의 제조, 가공, 조리 및 보존의 방법에 관한 기준과 그 식품 또는 첨가물의 성분에 관한 규칙을 정하여 고시할 수 있다고 정하고 이 근거에 의하여 동법 제12조에서 식품, 첨가물의 기준, 규격을 수록한 식품, 첨가물 등의 공전을 작성, 보급하여야 한다고 규정하고 있다. 식품공전의 구성은 제1. 총칙, 제2. 검체의 채취 및 취급방법, 제3. 식품일반에 대한 공통기준 및 규격, 제4. 식품별 기준 및 규격, 제5. 식품접객업소의 조리판매 식품 등에 대한 미생물 권장규격, 제5의2. 수산물에 대한 잠정규격, 제6. 기구 및 용기·포장의 기준 규격 등으로 구분 규정하고 있으며 제7. 일반시험법, 제8. 시약·시액·표준용액 및 용량 분석용 규정용액, 제9. 부표로 식품공전의 규격관리에 필요한 실험방법과 시약 등을 규정하고 있다.

10.1 이물의 정의

우리나라, 미국, 일본 등 주요 국가별 이물의 종류 및 정의는 **표 10-1**과 같다.

이물이란 생산, 저장, 유통과정 중 부적절한 환경과 취급, 제조과정에서 식품에 혼입되거나, 가공처리 중에 생성되는 고형물질을 말한다. 일반적으로 고배율의 현미경을 이용하여 확인할 정도의 미세한 물질은 대상에서 제외한다. 보통 식품에 정상적으로 사용된 원료 또는 재료의 경우는 이물이 아니고 그 특성과 크기, 양이 적어 인체 건강을 해할 우려가 없는 경우는 이물로 보지 않는다. 종류는 고형물질 또는 반고형물질이 있는데 동물의 오줌자국, 머리카락의 흔적, 발자국 등 식품 오염의 흔적도 식품위생상 이물로 취급한다. 경구감염되는 기생충의 유충 및 충란도 이물로 분류한다.

외부에서 혼입되는 것 이외에도 제조공정 혹은 제품 보존 중에 내부에 생긴 고형물질도 이물로 취급한다. 예를 들어, 가열 후에 생기는 눌러 붙은 것, 분유제조 중에 생기는 탄화물, 포도주에 생길 수 있는 미세결정 등이 있다. 여기서 말하는 변환된 이물에는 곰팡이가 있을 수 있는데, 이것은 원래 미생물이지만 증식하여 눈에 보이는 집락을 형성하면 이물로 보며 가열 공정 중 사멸한 균체도 그 대상이 된다.

식품의 이물 중에는 확실하게 이물로 인정이 되는 것도 있지만 크기가 작아서 육안으로는 확인할 수 없어 돋보기나 현미경을 이용하여 확인하는 이물도 많이 존재한다. 따라서 이물검사 시에는 눈에 보이지 않는 이물까지 검색해 내는 것이 매우 중요하다.

표 10-1 각국의 주요 관리 이물의 종류 및 정의

	한국	미국	일본
규정 출처	식품공전	• 식품결점조치수준(The Food Defect Action Level, DALs) • FDA(Food & Drug Administ-ration)/수입식품 규제 조치지침	• 위생시험법 주해 • 식품위생검사지침 이화학편
정의	식품의 제조·가공·조리과정에 정상적으로 사용된 원료 또는 재료가 아니며 제조·가공·조리, 유통 및 사용 각 단계에서 혼입 또는 발생되어 섭취할 경우 위생상의 위해를 발생할 우려가 있거나 섭취하기에 부적합한 물질을 말함. 다만, 다른 식물이나 원료식물의 표피 또는 토사 등과 같이 실제에 있어 정상적인 제조·가공상 완전히 제거되지 아니하고 잔존하는 경우의 이물로서 그 양이 적고 일반적으로 인체의 건강을 해할 우려가 없는 정도의 것은 제외	제조, 저장, 유통과정 혹은 저장 중 곤충, 설치류, 조류에서 기인하는 바람직하지 못한 물질, 부패물, 모래, 유리, 녹, 기타 이물 등 제품 중에 포함된 이물과 같은 외래물질(extraneous material)과 막대기, 돌, 천, 담배꽁초 등과 같은 바람직하지 못한 물질을 포함하고 줄기 등과 같은 원료의 가치 없는 부분 등의 이물질(foreign material)을 포함	이물 중에 혼입된 부적합한 고형 또는 반고형의 것. 단, 고배율의 현미경을 사용하여야만 그 존재가 확인되는 정도의 미세한 것은 대상으로 하지 않음
주요 이물	식품공전 제1. 총칙, 2. 용어의 풀이 24) 이물: 정상식품의 성분이 아닌 물질로서 • 동물성으로 절족동물 및 그 알, 유충과 배설물, 설치류 및 곤충의 흔적물, 동물의 털, 배설물, 기생충 및 그 알 등 • 식물성으로 종류가 다른 식물 및 그 종자, 곰팡이, 짚, 겨 등 • 광물성으로 흙, 모래, 유리, 금속, 도자기 파편 등이 포함됨	• 식품결점조치수준의 이물: 인체에 위해를 가하는 것과 위해를 끼치지 않는 것(DALs 설정)을 이물로 구분 • 7~25 mm 길이의 단단하거나 날카로운 이물 • 초파리, 모래, 자갈, 씨, 20 mesh 체를 통과한 이물, 포유류 배설물, 껍데기, 곤충 오물, 곰팡이, 진드기	진드기·파리·바퀴벌레 및 이들의 파편, 설치류·애완 조류의 털·깃털 및 배설물, 기생충의 유충 및 그 알, 곰팡이류, 독버섯 및 그 씨, 금속편, 유리조각, 플라스틱편 등 동물성, 식물성, 광물성 이물로 구분

출처: 식품의약품안전처, 2008a, 2009a.

10.2 물리적 위해요소

정상적인 식품원료에서는 발견될 수 없는 것으로서, 식품을 소비하는 사람에게 건강상의 위해를 유발할 수 있는 외부 유래의 화학적 및 생물학적 위해요소를 제외한 물질로서 그 종류는 표 10-2에 나타난 바와 같다. 최근에는 물리적 위해요소에 의한 식품안전 사고가 급증하고 있는데, 이는 인체에 대한 위해 여부와 관계없이 식품제조·가공 전반의 비위생적 관리의 지표가 되기 때문에 그 파급효과가 크다고 볼 수 있다.

표 10-2 물리적 위해인자의 종류

구분	유래	이물의 종류
건물내부	건물	녹, 박리도료, 빗물, 결로, 먼지, 유리, 콘크리트 등
	기계설비	금속조각, 고무조각, 플라스틱 파편 등
	비품	공구, 나사, 팔레트 조각
	개인장비	모발, 장신구(귀걸이, 목걸이 등), 기호품, 명찰, 사무용품, 곰팡이 부착 등
	생물	곤충, 진드기, 쥐, 나방, 조류 분변, 생물체 분변 등
건물외부	원부재료/포장재	모래, 흙, 돌, 먼지, 짚, 나뭇조각, 금속조각, 플라스틱 파편, 곰팡이 등
	차량운반구	곤충류, 진흙, 먼지, 섬유조각, 나뭇조각 등
	외부인	흙, 머리카락, 장신구 등

출처: 한국식품정보원, 2009b.

물리적 위해요소는 유리, 금속 및 플라스틱과 같은 다양한 이물질을 포함하는데, 그 원인은 오염된 원료, 잘못 설계되었거나 부적절하고 잘못 관리되는 시설 및 장비, 종업원의 부주의 등과 관련되어 있다.

10.3 이물의 분류

식품 중 이물은 일반적으로 동물성, 식물성, 광물성, 기타 이물로 구분할 수 있다(표 10-3).

표 10-3 이물의 분류

구분	이물의 예
동물성 이물	바퀴벌레 · 곤충 · 파리 등의 성충, 번데기, 유충, 알 및 이들의 파편, 지렁이, 머리카락(동물의 털), 기생충 및 그 알, 쥐, 뼛조각, 어류 가시 등
식물성 이물	곰팡이류, 나뭇조각, 지푸라기, 종이류, 씨앗 등
광물성 이물	유리조각, 쇳가루(쇳조각, 철사), 도자기 파편, 모래, 토사, 은박지 등
기타 이물	합성섬유, 비닐(포장지), 고무, 플라스틱, 벨트 조각, 탄화물 등

출처: 식품의약품안전처, 2008b.

10.3.1 동물성 이물

식품공장에 침입 또는 서식이 가능한 소형동물로는 쥐, 박쥐, 족제비 등의 포유류, 조류(비둘기목, 참새, 제비 등), 도마뱀 및 뱀류, 곤충류(파리, 모기 등), 노래기류, 지네 등 절지동물류, 진드기류, 거미류 등이 있다. 이들 중에서도 대부분의 제조현장에서 보편적으로 문제가 되고 있는 동물성

이물은 곤충류, 일부 절지동물과 포유류인 쥐에서 유래한다. 특히, 지구상 전 생물 종 수의 50% 이상을 차지하는 곤충류는 식품공장에서 중요한 위해생물로서 실제 방제도 쥐, 바퀴벌레, 파리류 등을 대상으로 하고 있다.

10.3.1.1 곤충

식품 중 발견되는 곤충은 혼입경로, 생태 등으로 구분하여 분류한다. 식품에 주로 혼입되어 오염시키는 해충은 바퀴벌레가 가장 많고 파리, 나방, 구더기, 개미, 벌, 진드기 등이 주가 된다.

10.3.1.2 쥐

쌀에 섞인 쥐의 분변이나 털을 발견하는 것은 이전에는 일상적인 일이었다. 털이나 분변이 혼입되어 있다는 것은 쌀 저장소에 쥐가 있었다는 것을 의미하며 관련된 오염의 위험이 존재한다는 것을 의미한다. 주로 옥내에 서식하여 식품을 오염시키는 것은 곰쥐, 시궁쥐, 생쥐(집쥐)이다.

10.3.1.3 동물의 털과 배설물

식품 속 이물로 혼입되는 털의 종류는 사람의 털이 압도적으로 많다. 이외에 쥐 털, 요리용 솔로 사용되는 산양 털과 세정 브러쉬 등에 사용되는 돼지 털, 가정에서 혼입될 확률이 높은 애완동물류 털 등이 있다.

포유동물 털의 표면은 반드시 비늘 모양으로 털을 둘러싼 고리 모양의 줄무늬 모양을 보이고 있으므로 배율을 200배 이상으로 올려서 투과광으로 털의 윤곽을 관찰하면 다수의 얇은 기와를 겹쳐진 것 같은 구조를 볼 수 있다. 그리고 약간 저배율로 관찰하면 울퉁불퉁한 파열면으로 보인다. 그러나 인모와 같은 굵은 털에서는 그다지 현저하지 않다. 오줌으로 오염된 식품이나 그 용기, 천 등은 다소 착색이 되는데, 착색 정도가 명확하지 않을 때에는 암소에서 적외선(365 nm)을 조사하여 청백색 형광을 나타낼 경우 오줌에 오염되었다고 할 수 있다.

동물의 분변은 성분에 따라 일반적으로 암모니아, 요산, 요소 등 3종류로 나눌 수 있다. 암모니아 배설형은 많은 수생동물에서 발견되며 곤충 중에서는 예외적으로 바퀴벌레가 포함된다. 요산 배설형은 새, 다수의 육지산 파충류와 곤충이 해당되며, 요소 배설형은 포유류, 연골어류 및 일부의 파충류가 해당된다. 육상동물 중 새, 뱀, 도마뱀은 요산을 최종대사산물로 하고 있는데, 이것은 생식과 관계가 있다.

쥐의 분변은 방추형으로 옅은 흑갈색을 내는 것이 많고 눅눅하기는 하지만 표면은 매끈하여 광택이 있다. 표면을 저배율로 확대하면 쥐의 털, 식물

적외선(Infrared ray)
가시광선인 적색의 빛보다 파장이 긴 전자파로 0.75~0.8 ㎛에서 1 mm 정도의 파장범위의 전자파. 보통 IR로 표기한다. 적외선의 구분은 가지각색이지만 보통 2.5 ㎛ 이하 범위의 빛을 근적외선(NIR), 2.5~25 ㎛ 범위의 빛을 중간적외선(MIR), 25 ㎛ 이상의 범위의 빛을 원적외선이라고 부른다.

(나무), 곤충, 모래, 플라스틱, 섬유 등의 파편을 비롯한 다양한 물질이 확인되는 경우가 많다. 식품에 혼입된 소, 염소, 말 등 가축의 분변은 소화작용을 받은 사료조직 검출로 알아낼 수 있다. 곤충의 분변은 대부분 적외선을 조사하면 형광을 발한다. 바퀴벌레는 특히 서로 잡아먹는 성질이 있어 분변 속에 갈색의 미세한 곤충 조각이 발견되는 경우가 많다.

10.3.1.4 기생충

식품의 원료 중 동물은 기생충의 중간숙주 또는 이차숙주, 종숙주의 역할을 하며 사람은 이를 섭취하면 기생충에 감염된다. 원료가 되는 동물 자체에 모두 기생충이 기생하고 있어 문제가 되는 경우가 많다. 다만 숙주가 신선한 경우 기생충은 생존상태로 부착 또는 기생하고 있어, 냉장고 등에서 숙주 중 살아 있는 기생충이 움직여 가까이에 있는 식품에 부착하는 경우가 있어 주의가 필요하다.

숙주(Host)
기생물에게 기생의 대상이 되는 생물을 말하며 유전자 조작 시 유전자 도입을 하는 생물도 숙주라 한다.

10.3.2 식물성 이물

식품에 혼입되는 식물성 이물에는 주로 식물, 나무 파편 및 종이 등이 있으며, 유독 성분 함유 식물체의 종자, 곰팡이 등도 해당된다.

10.3.2.1 나뭇조각 및 종이

현미경으로 관찰하면 나무, 종이의 식물섬유를 적외선분광광도계로 식이섬유의 스펙트럼을 확인할 수 있다. 나뭇조각의 섬유는 일정 방향으로 정렬되는데 비해, 종이의 섬유는 뒤섞여 있다. 골판지 등 재생종이는 일부가 흑, 적, 청 및 황색 등으로 착색된 섬유파편이 관찰된다.

적외선분광광도계 (Infrared spectrophotometer)
적외선파장영역(2~40 ㎛)의 흡수, 반사 등에 의한 측정을 목적으로 하는 장치. 가시·자외분광광도계와 같이 간이형에서부터 고분해·고감도의 것까지 다기종이 제작되어 있다. 적외파장역에 있어서의 측정은 화합물의 확인 등 정성적 목적이 많다.

10.3.2.2 식물의 파편

식물의 파편은 나선상의 도관조직이 특징인데 그림 10-1과 같다. 적색이나 청색의 안토시안 색소가 발견되면 산이나 알칼리로 색조변화를 확인할 수 있으며, 기기분석으로는 적외선분광광도계를 사용하여 식이섬유를 확인할 수 있다.

10.3.2.3 유독 성분 함유 식물체의 종자

유독 성분을 함유한 식물체나 종자(種子)가 원인이 되어 가끔 중독사고가 일어나는데, 곡류나 두류(豆類)의 밭에 독소를 함유한 종자식물이 잡초와 같이 공존하여 수확 시에 이 잡초의 종자가 혼입되어 문제가 발생한다. 외국에서는 곡류나 대두 등 농산물 생산 시 잡초의 제거 등을 소홀히

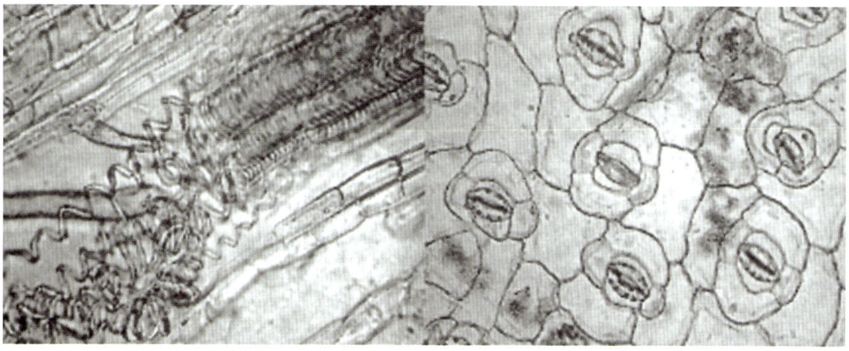

식물의 유관속(칡의 잎): ×400　　　　식물의 기공(달개비의 잎): ×200

그림 10-1 식물의 파편
출처: 식품의약품안전처, 2010a.

하기 때문에 외국 농산물에서 이들 잡초 종자의 혼입이 많아 문제가 되고 있다.

10.3.2.4 곰팡이

식품위생상 곰팡이는 매우 중요한데 누룩곰팡이속(Aspergillus), 푸른곰팡이속(Penicillium), 붉은곰팡이속(Eusarium), 알타나리아속(Alternaria) 등이 주로 문제시된다. 각종 식품의 품질에 악영향을 미치는 주요 곰팡이는 표 10-4와 같다.

표 10-4 각종 식품의 품질에 악영향을 미치는 주요 곰팡이

식품의 종류	곰팡이의 종류
제과적 식품	*Aspergillus, Monilia, Mucor, Penicillium, Rhizopus, Sporotrichum*
곡류	*Aspergillus, Fusarium, Penicillium, Rhizopus*
유제품	*Alternaria, Cladosporium, Geotrichum, Monilia, Oospora, Penicillium*
청과류	*Alternaria, Aspergillus, Botrytis, Cladosporium, Colletotrichum, Diplodia, Fusarium, Monilia, Mucor, Oospora, Penicillium, Phomopsis, Phytophthora, Rhizopus, Sclerotinia, Trichoderma*
육류	*Alternaria, Aspergillus, Botrytis, Cladosporium, Fusarium, Monilia, Mucor, Oospora, Penicillium, Rhizopus, Sportrichum, Thamnidium*

출처: 박배근과 운재호, 2009.

10.3.3 광물성 이물

광물성 이물은 나사류, 철사, 주사바늘 등의 금속, 유리나 돌의 파편 등 그 굳기나 예리함 때문에 입속에 들어간 경우 위험성이 크고 발견되기 쉬운 이물을 말한다.

형광X선분석장치 (Fluorescent X-ray analysis)
X선관구로부터의 X선을 시료에 조사하여 발생하는 특정 X선(형광X선)을 검출하고, 특정 X선의 파장으로부터 원소의 정성분석을, 그 강도로부터 정량분석을 하는 방법

X선마이크로분석기 (X-ray microanalyser)
가늘게 뽑아진 전자 probe로 금속시료 표면을 조사하여 그때 발생하는 X선의 파장이나 강도를 측정함으로써 시료의 조성을 분석하는 장치로서 부분적인 원소분석에 사용된다.

원자흡광광도계 (Atomic absorption spectrometry)
시료를 태워서 원자를 흡수하여 그 광을 전기적으로 분리하여 특정원소를 측정하는 기계

편광(Polarized light)
빛의 진동방향이 규칙적인 것과 그 상태. 어느 시간의 평균을 잡았을 때 진동방향의 분포가 똑같은 빛을 자연광, 자연광과 편광의 합성이라고 보아지는 빛을 부분편광이라고 한다.

납(Lead)
원소기호 Pb, 원자번호 82, 원자량 207.2, 동위원소조성은 ^{240}Pb 1.4%, ^{206}Pb 24.1, ^{207}Pb 22.1%, ^{208}Pb 52.4%이다. 유해성 원소이다. 가솔린에 anti-knock제로서 첨가되는 tetraethyl lead와 tetramethyl lead가 배기가스 중의 미립자로서 대기 중에 방출되기 때문에 광범위한 환경오염을 야기한다.

10.3.3.1 금속

금속편은 육안으로 바로 금속임을 알 수 있는 것이 많지만, 최근에는 금속과 유사한 플라스틱도 많이 있다. 금속이라 추정되는 이물은 무게, 크기를 측정하고 형상을 관찰, 기록하며, 자석에 반응하는지를 확인한다. 그리고 형광 X선 분석장치, X선 마이크로 분석기, 원자흡광 광도계 또는 ICP 발광 분석장치 등으로 원소를 분석하여 원소의 구성 비율로 금속의 종류를 추정한다.

10.3.3.2 유리

감촉이 단단하고 파단면을 실체현미경으로 관찰하면, 각이 예리하고 뾰족한 부분이 발견된다. 유리는 그림 10-2와 같이 편광성을 보이지 않는 것이 석영, 장석 등 투명한 돌과의 차이점이다. 단, 오팔, 석류석 등은 편광성이 없으므로 유리와 혼동될 수 있다. 또한 X선 분석으로 납이나 붕소의 함유물로 유리의 종류를 추측할 수도 있다.

10.3.3.3 암석(돌)

암석(돌) 및 콘크리트의 파편은 육안이나 저배율 확대 관찰, 경도, 무게 등으로 추측이 가능한 경우가 많다. 그러나 이물 주위가 식품이나 그을음 등으로 덮여서 눈으로는 확인이 어렵고, 물로 세척하여야 돌이 확인되는 경우도 있다.

돌은 일반적으로 많은 종류의 광물이 모여 형성된 것으로 모래는 이 암석이 풍화, 파쇄된 광물이다. 풍화에 대한 저항성이 강한 광물은 입자 그대로 남아 있는 것으로 석영류가 가장 많고, 그 외 장석류, 휘석, 각섬석류, 운모류, 화산파괴(천연유리), 자철광(磁鐵鑛) 등이 있다. 토사가 최종 가공 제품에 혼입하여 있는 것은 비교적 드문 것이나 원재료에 존재하기 때문에 식품 중 항상 존재하는 것으로 인지되고 있다. 잡곡류, 두류, 향신료 원료, 건어물 등에 많이 혼입되며 옥외에서 일광으로 건조하는 원재료에는 특히 많다.

이들의 동정은 형상을 관찰하고 자석에 붙는지를 조사하며 크기, 무게를 측정한 다음 형광X선분석장치로 원소를 분석함으로써 이루어진다. 암석의 대부분은 규소가 주성분이며 철, 알루미늄, 니켈, 아연, 마그네슘 외에 다양한 원소가 함유되어 있다. 천연의 광물은 자석에 흡인되는 것이 많은데 가장 강하게 붙는 것은 자철광, 자류철광 등이며, 자철광은 사철(砂鐵)의 주성분이다. 감람석, 휘석, 각섬석, 흑운모, 석류석 등이 자석에 잘 붙는데, 특히 철을 다량으로 포함한 것일수록 쉽게 흡인된다.

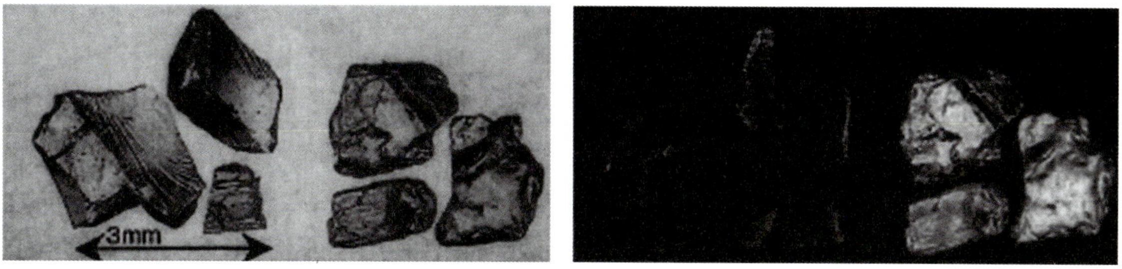

(a) 유리
(투과광 관찰)

(b) 유리
(편광 관찰)

(c) 모래알
(편광 관찰/크로스니콜)

(d) 모래알
(편광 관찰/크로스니콜)

그림 10-2 유리의 파편 및 모래알 편광 관찰 비교
출처: 식품의약품안전처, 2010a.

또한 광물은 각기 적정 범위의 비중을 가지고 있어서 여러 비중의 액체를 조제하여 광물을 부유 및 침전시키면 비중 차로 분리할 수 있다.

10.3.3.4 콘크리트

콘크리트는 확대하여 형상을 관찰하면 모래알이 채워진 덩어리로 보이며, 일부에 빈 공간이 확인되는 경우가 대부분이다. 콘크리트 일부를 취해 10% 염산용액을 가하면 기포를 내면서 붕괴하여 모래알이 남는다. 이 모래알을 실체현미경으로 편광 관찰하면 무지개 색으로 빛나는 투명한 모래알인 석영이나 장석이 관찰된다.

10.3.4 기타 이물

기타 이물은 주로 플라스틱, 고무 및 섬유 등이 있는데, 실체현미경으로 관찰하여 파단면이나 가인 등 특징적인 부분을 확인한다. 그기가 큰 경우에는 연소시험이나 유기용매에 의한 용해시험도 유용하지만 대부분 이물은 작기 때문에 적외선분광광도계로 측정하여 스팩트럼으로 재질을 감별한다. 플라스틱 시트는 단층구조만 있는 것이 아니고 다층구조도 있으며, 탄소를 함유하는 검은 고무는 투과성에 의한 적외선흡수스펙트럼을 측정하기 어렵기 때문에 감쇠전반사(Attenuated Total Reflection, ATR)법으로 측정한다. 적외선흡수스펙트럼 만으로는 감별이 어려운 플라스틱이나 고무류는 열분해 기체크로마토그래피(Gas Chromatography, GC)가 유용하다.

섬유는 식품에 싸여 있는 경우가 많기 때문에 실체현미경으로 관찰하면서 가지달린 바늘이나 끝이 가는 핀셋으로 주의하면서 섬유와 식품을 분리한다. 이 경우 섬유를 짠 방법, 실이 꼬인 방법, 끊긴 방법, 염색방법 등을 관찰하며 구분한다.

ATR(Attenuated Total Reflection)법
박막시료의 광학적 계수(굴절률, 흡수계수)를 결정하기 위해 많이 사용되는 광학적 원리

기체크로마토그래피(Gas Chromatography, GC)
크로마토그래피의 한 방법으로 이동상이 기체인 것의 총칭. 고정상이 액체인 기액 크로마토그래피(GLC)와 고정상이 고체만으로 된 기체·고체크로마토그래피(GSC)로 분류할 수 있지만 최근에는 구별 없이 GC로 사용되고 있다.

10.4 이물이 혼입되기 쉬운 식품

일반적으로 밀봉된 신선한 제품보다는 밀봉되지 않고 신선하지 않은 식품에서 이물이 많이 발견된다. 또한 포장지에 싸여 있어도 장기간 외부환경에 노출되어 있으면 작은 동물이나 곰팡이에 의해 영향을 받을 수 있다. 가루진드기와 작은 절족동물은 곰팡이가 증식한 식품이나 발효, 변패한 식품에 잘 모여든다. 이미 밀봉하였어도 포장이 약하면 벌레에 의하여 손상될 수 있고 일단 구멍이 나게 되면 흡습되어 곰팡이, 진드기, 작은 곤충이 증식할 수 있다.

식품 종류별로 살펴보면, 원재료에서 최종제품까지의 가공도가 낮고 토양 등 원료의 오염도가 높은 식품에서 이물혼입이 자주 나타난다. 또한 건조 과실류, 동물성의 건조물, 향신료 등이 포함된 중간제품이나 최종제품(발효식품, 건조과실, 동물성 분말식품, 건어물, 건과류 등)은 특유의 향기로 인하여 곤충이나 가루진드기 등이 쉽게 모여들게 된다.

10.5 보고대상 이물

우리나라에서는 이물 중 인체에 대한 위해성이 크다고 인정된 경우, 식품업체가 행정기관에 보고하는 "보고대상 이물"의 범위를 식품의약품안전처 고시 제2010-1호(2010.1.4)로 제정하여 운영 중에 있다.

보고 대상 이물의 범위는 **표 10-5**와 같다.

10.6 이물의 혼입경로

이물은 원료, 제조공정, 유통과정에서 혼입될 수 있다. 원료 유래 이물은 경작 또는 사육과정, 운송과정, 1차 가공 등 광범위한 영역에서 혼입되므로 사전관리가 어려우며 돌, 비닐조각, 털, 종이, 금속류, 동물의 배설물 등이 주종을 이룬다. 동물성 이물(쥐 등 설치류)은 부적절한 시설·설비와 관리로 인하여 발생하는데 비위생적인 공장 주변 환경(쓰레기 산재, 설치류 서식지 위치 등), 부적절한 공장 건물과 작업장 내 배수로의 차단, 부적절한 배수로, 원부자재 운반관리의 미비, 방충망 관리 체계 부족, 원부자재·공정품의 정기점검 관리 부족, 원부자재·공정품의 사용 시 이물관리 미비, 종사자의 동물성 이물관리 지식 및 이물관리 의식 부족 등이 해당된다.

금속성 이물(칼날 등)의 주요 발생 원인 역시 시설·설비 분야, 관리 분야

표 10-5 보고 대상 이물의 범위

범위	내용
인체에 직접적인 위해나 손상을 줄 수 있는 재질과 크기의 이물	유리·플라스틱·사기 또는 금속성 재질의 이물(크기 3 mm 이상) • 유리조각, 칼날, 플라스틱, 사기조각, 알루미늄 조각, 못, 스테플러침, 철사, 바늘, 나사, 너트, 철수세미, 볼트, 베어링 등
섭취 시 혐오감을 줄 수 있는 이물	기생충(알), 파리·바퀴벌레 등 위생해충·곤충류(유충 포함), 쥐 등 동물의 사체와 그 배설물
기타 인체의 건강을 해칠 우려가 있거나 섭취하기에 부적합한 이물	컨베이어벨트 등 고무류, 이쑤시개(전분재질은 제외) 등 나무류, 토사류(돌, 모래)
제외	머리카락(동물의 털 포함), 돼지고기 연골, 연화된 동물뼈, 풀씨류·줄기, 참치 껍질·혈대, 비닐, 종이류, 꽁치통조림 등 원 생물에서 유래되거나, 실, 끈류(금속성 재질은 제외), 낚싯줄, 제조과정에서 발생한 탄화물, 담배꽁초, 동물의 뼛조각, 이빨, 곰팡이류, 기타 제조과정에서 침전·응고된 형태의 이물 중 인체의 건강을 해칠 우려가 없는 경우는 보고 대상에서 제외

출처: 식품의약품안전처, 2010b.

등의 미흡 때문이다. 시설·설비 분야에서의 금속성 이물 혼입은 작업도구의 파손이나 부적합한 도구 사용, 제조시설 및 기계류의 파손이나 오작동, 금속검출기, 여과망 등의 미설치 및 관리 부적절에 그 원인이 있다. 관리 분야에서의 이물혼입은 원부자재 절단·개봉 등의 방식 실수, 세척, 소독, 정비, 수리 후의 사후관리방법 부적절, 원부자재·공정품·제품의 금속 검출 또는 제거 방법 미설정, 종사자의 금속성 이물관리 지식 및 의식 부족에 의해 발생한다.

10.7 이물의 혼입 방지대책과 검출방법

이물혼입을 방지하기 위해서는 위생관리 및 입고검사 강화, 원료의 선별 강화 등 원료 차원의 관리와 세척, 여과 등 이물 제거공정 도입, 최종 원료에 대한 검사 등 이물 제거공정 도입, 작업자 교육 강화 등이 이루어져야 한다.

공정 중 이물이 혼입되는 경우는 작업자 부주의와 관리 부족이 주원인이다. 그 방지 대책은 공장의 주변 환경관리, 원부자재의 차단관리 및 정기점검, 작업장 차단장치 설치, 작업자 개인위생 및 이물관리 의식 고취, 작업장과 설비·기구 청소관리 강화, 금속검출기, 여과망 등의 관리 강화 등이 있다.

유통과정 중 이물 혼입은 부주의와 관리 부족으로 발생하며, 방지 대책은 제품의 포장 및 차단 강화, 운반 차량의 관리 강화 등이 있다.

표 10-6 이물과 탐지법

탐지법	검출되는 이물
자석	철/강철
금속검출기	철/강철, 비철, 일반 금속, 스테인레스스틸
X-선 이물선별기	철/강철, 비철, 일반 금속, 스테인레스스틸, 뼈, 유리, 돌, 고밀도 수지, 플라스틱

출처: 박배근과 운재호, 2009.

마찰계수 (Coefficient of friction)
마찰에 있어서 마찰력의 크기 F와 수직항력의 크기 N과의 비 μ = F/N을 마찰계수라 한다. 일반적으로 운동 마찰계수는 정지 마찰계수보다 작고 넘어짐 마찰계수는 미끄럼 마찰계수보다 작은 것으로 알려지고 있다.

투과율(Transmissivity)
물체에 입사된 열복사 에너지는 그 일부는 물체를 투과하고 나머지는 반사 및 흡수된다. 입사되는 에너지량에 대한 투과하는 에너지량의 비율을 투과능 또는 투과율이라고 한다. 연소 가스, 용융상태의 유리 등은 열복사 에너지를 투과하는 성질이 크고 이것을 연선 투과성이 높다고 한다.

식품 중 이물을 탐지하기 위하여 이물의 특성에 따라 자석, 금속검출기 및 X-선 이물선별기가 이용된다(표 10-6).

10.7.1 선별기

선별기는 주로 식품원료 중 이물을 제거하고 안전한 제품을 만들기 위하여 사용한다. 재료의 비중, 크기, 형태, 색, 표면의 마찰계수, 재질, 자력, 자장, 대전량(帶電量), 면적, 빛의 투과율 등의 차이로 판정한다.

10.7.1.1 체가름(체분법)

일정 크기 이상 또는 일정 모양 이외의 것은 체를 이용한 체가름법으로 선별한다. 체의 구멍 공간율(개공률)의 선정이 중요하다.

10.7.1.2 풍력 선별기

바람으로 선별하는데, 무거운 것은 가까이에 가벼운 것은 멀리 날려 분별한다. 비중의 차와 체로 나누어 중력의 차이를 이용하는 것이 일반적이다. 건조식품에 혼입되어 있는 작은 돌, 모래, 금속, 해조, 비닐, 종이, 모발, 부스러기, 나무의 열매나 가지, 벌레 먹은 콩, 벌레, 향신료의 겉과 내용물 등을 비중별, 크기별로 분리한다.

10.7.1.3 비중 선별기

원료곡물과 이물의 비중차를 이용하는 것으로 10~30 m/sec의 범위로 중량을 변화시켜 가벼운 것을 불어 날리며 분별한다. 곡물·견과를 불어 날려 돌·금속을 낙하시킨다.

10.7.1.4 크기·형태 선별기

두류와 같은 일정한 크기의 형상에서 편형, 각형, 이형이나 환형 등 모양이 다른 이물이나 기타의 두류·곡물을 분리·제거한다. 짜 맞추어진 다단 경사면의 각도를 조절하면서 돌, 흙(진흙), 석탄, 금속, 옥수수, 종자, 줄기,

벌레 먹은 콩 등을 제거한다.

10.7.1.5 마찰 분리기(Friction separator)

원료와 이물 표면의 표면마찰계수의 차이를 이용하여 이물을 제거한다. 주로 가루 곡물원료의 선별에 이용된다. 원료에 대해 합쳐져 만들어진 2개의 롤러를 회전시켜 원료를 통과시켜 마찰의 차를 이용하기 때문에 이물의 색·형상이 비슷하여도 분별된다. 대두, 소두, 쌀, 참깨 등으로부터 바늘, 흙, 작은 돌, 석탄, 유리, 목편, 벽돌조각, 금속편, 비닐, 마대부스러기, 모발 등을 제거하는데 주로 사용된다.

10.7.1.6 자석 선별기(Magnet separator)

원료 중에 포함된 철편은 가공기계를 파손할 수 있고 식품 중 위해요소가 되므로 사전에 자력에 의한 철의 제거가 필요하다. 자석의 흡인 면적을 최대화하기 위해 봉자석을 1단식, 2단식으로 배치하는 방법, 원통상으로 배치하여 회전시키는 방법, 드럼과 전자석을 짜 맞춘 방법(drum separator) 등이 고안되어 사용되고 있다.

10.7.1.7 전기흡인 선별기

정전기 흡입법과 풍력선별법을 병용한 것이 전기흡인 선별기이다. 원료를 진동 컨베이어로 보내 튀게 하고, 그 가까이에 설치된 롤러의 정전기로 이물을 붙여, 흡인박스에서 빨아내어 이물을 제거한다. 모발은 완전 제거가 가능하며 주로 버섯에서 모발, 이끼류, 나무부스러기, 나뭇잎, 새털, 풀, 지푸라기를 제거하거나, 오징어포에서 모발, 고무밴드, 미역 등 해산물에서 모발, 볏짚 부스러기, 솜털, 새털, 톱밥, 새우 수염 등을 제거하는데 활용된다.

10.7.1.8 세정기

수산물이나 야채류 등에서 이물을 수세하여 제거하는 장치로 재료를 수조에 넣어, 밑에서 기포를 발생하여 교반하고 부상시켜 이물을 회전시킨 후 브러쉬 등으로 묶어내는 원리이다. 채소, 수산물 등으로부터 모발, 벌레, 먼지 부스러기, 잔디, 나방의 유충 등을 제거하는데 활용된다.

10.7.1.9 색채 선별기

물건의 밝기 차(명도)나 색상, 휘도 등을 이용하여 원료를 선별하는 방법으로 고도의 화상처리기술이 도입되어 색상 등의 분별 속도나 그것을 감지하여 제거하는 시스템이 발전하면서 널리 이용되고 있다. 곡물 중의 작은 돌, 진흙, 광물 조각, 유리 조각의 선별 외에 냉동품, 염장식품, 액체식품 등에도 이용되고 있다.

콩, 블루베리, 곡물, 감자칩, 건조양파, 마늘, 세절한 야채, 아몬드, 차, 향신료 등에 활용된다.

10.7.2 금속탐지기

금속탐지기는 대량의 식품제조 공장, 유통매장, 대형 반찬점, 도시락 공장 등에서 이용되고 있다. 1995년의 제조물책임(Product Liability, PL)법 시행 이래 점차 보급되다가 2008년 이물사건을 거치면서 직접 인체에 상해를 주는 금속제거 대책이 중요시되면서 급격히 보급되었다. 금속탐지기는 한 개의 발신 코일과 두 개의 수신코일로 구성되어 있다. 발신코일에 고주파 전류를 흘리면 고주기(高週期)의 자계(磁界)가 되는데, 이 자속(磁束)을 두 개의 수신 코일로 등량으로 받도록 배치되어 있다. 스테인레스스틸과 같은 비철 금속의 경우는 금속 내에 발생하는 와전류(渦電流)에 의해 반대 방향의 자속이 일어나 자속량이 감소하므로 좌우의 수신코일에 발생하는 고주파 전압에 차이가 일어나 금속이 탐지된다.

금속탐지기는 유용한 기기이나 사용방법이 부적절하면 금속이 감지되지 않는 경우가 있다. 이에는 여러 원인이 있는데 이 중 하나는 금속의 형상 또는 탐지기에 들어가는 방향 등에 따라 탐지기의 감도에 차이가 발생하기 때문이다. 예로 둥근 원판상의 금속편이 혼입될 경우에는 발신부와 수신부에 대하여 평행으로 흘러 탐지하기 쉬우나 직각으로 입고되는 경우는 자속량의 변화가 적어 탐지하기 어렵다. 따라서 가능한 한 두 방향에서 2회 이상 탐지기를 통과하는 것이 바람직하다. 또 하나는 금속이 들어 있는 위치에 따라서도 탐지에 차이가 난다. 식품의 중앙부에 있을 경우는 감도는 낮으나 컨베이어 면에 가까운 곳, 발신부에 가까운 곳, 식품상부에 있을 경우에는 감도가 높다.

10.7.3 X선 이물검출기

X선 이물검출기는 컨베이어로 운반되는 식품이나 파이프 내부를 통과하는 식품에 X선을 조사하고 투과화상을 컴퓨터로 처리하는 것으로 이물의 유무, 존재 위치를 자동적으로 화상에서 판단하여 배제하는 장치를 말한다. 금속 이외의 유리, 돌, 뼈, 플라스틱, 고무 등 고밀도의 이물도 X선에 의하여 검출이 가능하다. 건조식품, 비건조식품, 냉동식품 모두에 이용되며 알루미늄 포장재, 알루미늄 호일, 금속 필름으로 싸인 것, 플라스틱 통

내부의 것도 검출 가능하다. 다만, 모발, 벌레, 연골, 나무, 종이, 포, 실, 저밀도 플라스틱 등은 검출되지 않는다. 철의 경우 직경 0.3~0.4 mm, 스테인리스스틸은 0.6 mm, 수지는 직경 1.0 mm까지 검출이 가능하다.

10.7.4 외관검사(화상)

전하결함소자카메라(charge-coupled device camera, CCD)를 이용하면 금속통, 수지용기, 유리병 등의 흠, 기포, 탄화물 등 미세한 불량품까지 검출 가능하다. CCD카메라는 사각이 없는 평면적인 부분의 검사에 적합하다. 향후 이 분야의 검출기가 전자기술의 발전과 함께 사용이 확대될 것으로 예상된다.

참고문헌

김성종. 식품 이물 등 소비자불만신고의 효율적 관리 및 활용방안 연구, 「식품의약품안전처 용역연구보고서」, 2008.

동원 F&B. 「소비자 이물 클레임 개선 사례」, 2008.

박배근, 윤재호. 「식품제조 및 유통에서 이물혼입 및 방지대책- 위기예방부터 위기대응까지」, 2009.

식품의약품안전처. 「식품 중 성상, 이물검사법의 과학화」, 2005.

식품의약품안전처. 「식품 관련 소비자불만(사고) 사례 연구」, 2005.

식품의약품안전처. 「식품이물 관리방안(내부자료)」, 2008a.

식품의약품안전처. 「식품 이물보고 및 조사지침」, 2008b.

식품의약품안전처. 「이물사고 현황 및 정부 정책방향(내부자료)」, 2008c.

식품의약품안전처. 「식품공전」, 2009a.

식품의약품안전처. 「주요 이물별 발생 식품 종류 현황 통계('08.3~'09.5) 내부자료」, 2009b.

식품의약품안전처. 「이물의 감별·동정가이드라인」, 2010a.

식품의약품안전처. "보고 대상 이물의 범위와 조사·절차 등에 관한 규정", 「식품의약품안전처 고시 제2010-1호」, 2010b.

식품의약품안전처. 「식품 이물보고 Q&A」, 2010c.

식품의약품안전처. 「식품 이물관리 업무매뉴얼」, 2019.

식품의약품안전처. 「위해요소중점관리기준」, 2010d.

신동화, 오덕환, 우건조, 정상희, 하상도. 『식품위생안전성학』, 도서출판 한미의학, 2011.

일본후생노동성. 「식중독이물혼입 완전대책」, 2001.

정기혜 외. 식품 중 이물관리 개선방안 연구, 「식품의약품안전처 용역연구보고서」, 2008d.

한국소비자연맹. 「합리적인 이물보고 및 관리방안」, 2008.

한국식품정보원. 「이물관리실무과정 교육교재」, 2009.

한국식품정보원. 「HACCP 팀장 교육교재」, 2009.

Marriott, N.G. *Principles of Food Sanitation*. 3rd eds. NewYork: Chapman & Hall, 1994.

The Food Defect Action Levels (FDA-CFSAN). 〈http://www.cfsan.fda.gov/kms/dalbook.html#CHPTA〉

식품위생학 기출문제

01 이물검사법에 대한 설명이 틀린 것은?

① 체분별법: 검체가 미세한 분말일 때 적용한다.

② 침강법: 쥐똥, 토사 등의 비교적 무거운 이물의 검사에 적용한다.

③ 원심분리법: 검체가 액체일 때 또는 용액으로 할 수 있을 때 적용한다.

④ 와일드만 플라스크법: 곤충 및 동물의 털과 같이 물에 잘 젖지 아니하는 가벼운 이물검출에 적용한다.

02 식품제조가공업소에서 이물관리 개선을 위해 실시할 수 있는 대책과 거리가 먼 것은?

① X-ray 검출기 설치

② 방충·방서설비 등 제조시설 개선

③ 대장균 등의 미생물 완전 멸균처리

④ 반가공 원료식품의 자가품질검사 강화

03 식품 중 이물에 대한 검사방법과 검체의 특성이 잘못 연결된 것은?

① 체분별법–분말 형태 검체

② 여과법–액상검체

③ 정치법–곡류나 곡분 등의 고체검체

④ 부상법–동물의 털이나 곤충 등의 가벼운 물질

04 식품위생법에서 규정하는 '이물'의 정의와 '보고대상 이물의 범위'에 대하여 설명하시오.

기출문제 정답

1. ③ 2. ③ 3. ③

11
CHAPTER

식품안전관리 인증제도

서론

현대사회는 과학의 발달과 지속적인 경제성장에도 불구하고 인구증가와 환경오염 등의 문제로 식품과 관련된 안전사고가 끊이지 않고 있다. 이러한 식품안전과 관련된 사고는 하나의 국가에 국한된 것이 아니라 국가 간에도 영향을 주고받고 있어서 국제 교역에도 큰 영향을 미치고 있다. 식품안전사고의 발생은 노동력을 감소시킬 뿐 아니라 국가적 부대비용을 소모시키고 국제적으로도 경제적 손실을 가져온다. 따라서 인간의 건강과 생명을 보호하고 기업 혹은 국가 경쟁력을 강화하기 위해서 식품안전관리에 중점을 둬야 한다. 오늘날 식품안전관리에 있어 자국의 식품으로부터 발생되는 문제를 관리하고 국가 간의 무역증진을 위해 국제적으로 통용되는 식품안전관리 체계를 필요로 하고 있다. 이러한 식품안전관리 체계 중 국내·외에서 가장 인정받고 있는 것은 HACCP이다.

HACCP은 Hazard Analysis and Critical control Points의 약칭으로 '식품안전관리인증기준'으로 일반적으로 "해썹"이라고 한다. 그러나 '식품안전관리인증기준'이란 용어가 소비자에게는 쉽게 인식되기 어려워 식품의약품안전처에서는 2010년 7월 이후부터 '식품안전관리인증제도'로 용어를 변경하였다. HACCP은 식품의 원료 관리에서 제조·가공·조리·유통에 이르는 모든 과정에서 식품의 안전성에 영향을 미치는 위해요소들이 식품을 오염시키는 것을 방지하기 위하여 각 과정의 위해요소를 과학적으로 분석하고 사전에 위해요소의 발생 원인을 차단하여 보다 안전한 식품을 공급하기 위해 중점적으로 관리하기 위한 체계를 말한다. 즉 HACCP은 위해가능성이 있는 생물학적, 화학적, 물리적 요소들을 예측하여 그 위해요인을 사전에 파악하는 위해요소분석(Hazard Analysis, HA)과 위해요인을 방지·제거해서 안전성을 확보하기 위한 중요관리점(Critical Control Point, CCP)으로 구성된다.

11.1 HACCP의 역사

HACCP 제도는 1959년 미국 항공우주국(NASA)에서 우주개발계획 사업의 일환으로 우주인에게 100% 안전한 우주식량을 제조하기 위해 Pillsbury사와 공동으로 처음으로 연구되었다. 이들은 식품제조 시 원재료 생산에서 공정, 제조환경, 종사자, 보관, 유통에 이르기까지 모든 과정의 위해요소를 체계적으로 관리하는 방법을 정립하였고 1971년 미국 식품보호위원회에서 처음 공표하였다. 이후 1973년 미국 FDA는 저산성 통조림의 적정제조기준(GMP)에 HACCP을 도입하였으며, 1985년에는 미국 과학원(The National Academy of Sciences, NAS)의 식품보호위원회가 HACCP 제도의 유효성을 평가하고, 식품생산자에 대해서 이 방식에 의한 위생관리와 품질관리를 적극적으로 도입하도록 권고하였다. 1987년에 미국 식품미생물기준자문위원회(National Advisory Committee on Microbiological Criteria on Food, NACMCF)가 설치되었고 1989년에 HACCP 지침 및 7원칙을 제시하였다. 이후부터 EU를 비롯한 각종 선진국에서는 식품의 안전성 확보를 위하여 적극적으로 HACCP 도입을 추진하기 시작하였다. 1993년에는 FAO/WHO의 국제식품규격위원회(Codex Alimentarius Commission, CAC)가 HACCP 적용을 위한 가이드라인을 제시하였다. 1995년부터 EU에 수출하는 모든 수산식품은 HACCP 적용이 의무화되었고 특히 국제식품규격위원회가 식품안전성 확보 수단으로 각국에 HACCP 도입을 권고함에 따라 전 세계에서는 HACCP 적용을 빠른 속도로 추진하였다.

HACCP

Hazard Analysis and Critical Control Points의 약칭으로 '식품안전관리인증기준'으로 일반적으로 '해썹'이라고 한다. 위해가능성이 있는 생물학적, 화학적, 물리적 요소들을 미리 예측하여 그 위해요인을 사전에 파악하는 위해요소분석(Hazard Analysis, HA)과 위해요인을 방지, 제거해서 안전성을 확보하기 위한 중요관리점(Critical Control Points, CCP)으로 구성된다.

11.2 우리나라 HACCP의 법적 근거 및 적용현황

우리나라에서의 식품위생관리는 식품위생법 등에 의한 강제적 관리와 적정제조기준(GMP), ISO 9000 및 품질관리(QC)와 같은 자율적인 방법으로 관리되고 있는데 기존에 사용되었던 위생관리 체계와 HACCP에 의한 위생관리를 비교해 보면 표 11-1과 같다.

우리나라의 HACCP은 식품위생의 안전성과 관련된 규제와 관리 등을 시행령 또는 시행규칙으로 정부의 각 부처별로 독립적으로 세부사항을 규정하여 관리하고 있다(표 11-2). HACCP의 법적근거는 2013년 전까지 식품분야는 식품의 유통, 판매 및 소비단계까지 식품위생법에 근거하여 복건복지부에서 담당하였고, 축산물과 가축사육농장은 축산물 위생관리법에 근거하여 농림축산식품에서 관리하였다. 단, 수출수산식품의 경우 수산물품질관리법으로 관리하나 어묵류는 복건복지부에서 관리하였다. 그러

표 11-1 기존의 위생관리방식과 HACCP 방식의 차이

항목	기존 위생관리방법	HACCP
특성	위해의 사후관리	위해의 사전예방관리
관리 조치	문제발생 후 교정관리	문제발생 전 사전관리
업무능력	시험결과 해석에 숙련과 경험이 요구됨	전산화로 인한 전문적 숙련이 필요없음
시험분석 시간	장시간 필요	필요시 즉시 교정조치가 가능함
시험분석 비용	많은 비용이 지불됨	비용이 저렴함
시험분석 방법	제한된 시료만 분석평가	공정에 따른 각 bathch별 분석
공정관리	실험실 직원에 의한 작업관리	생산직 직원에 의한 작업관리
위해요소 관리	제한된 위해요소만 관리	많은 위해요소 관리
관리자 측면	숙련공만 가능	비숙련공도 가능
소비자 측면	식품안전에 대한 불안감이 있음	HACCP 인증으로 인한 신뢰도 향상
영업자 측면	최종제품에 대한 안전성이 확보가 안 됨	HACCP 체계의 근거자료를 통한 안전성이 확보됨

표 11-2 우리나라의 부처별 HACCP 관리 업무

관련부서	관계법규	적용대상 및 의무	비고
식품 의약품 안전처	식품위생법 제32조 2항 식품위해요소 중점관리기준	식품의약품안전처: ①어육가공품 중 어묵류 ②냉동수산식품 중 냉동어류 및 연체류, 냉동패류, 냉동갑각류, 냉동조미가공식품 ③냉동식품 중 기타 빵 및 떡류·면류·일반가공식품 중 기타 가공품 ④빙과류 ⑤집단급식소 식품접객업소의 조리식품, 도시락류 ⑥비가열음료 ⑦레토르트식품(이상은 의무적용식품이고 그 이외는 임의적용)	의무적용식품은 2010년 12.1부터 2012년 12.1일까지 완료, 단 임의적용 식품은 영업자 스스로 기준안을 마련하여 HACCP 인증을 받음
농림축산 식품부	축산물가공처리법 제9조 축산물위해요소 중점관리기준	농림축산식품부, 수의과학검역원: 도축장, 축산물 가공공장 중 식품햄류 및 소시지류, 유가공품 중 우유, 발효유, 자연치즈, 가공치즈(도축장 등은 의무적용이고 그 이외는 임의적용)	
해양 수산부	수산물품질관리법 제22조, 28조 수출수산물위해요소 중점관리기준	해양수산부: 수출수산식품(의무적용과 임의적용)	

나 2013년 3월 이후부터는 보건복지부 외청인 식품의약품안전청이 식품의약품안전처로 승격됨에 따라 농수축산물의 식품안전관리가 일원화되면서 HACCP의 근거법령인 식품위생법과 축산물 위생관리법이 식품의약품안전처로 이관되면서 식품과 축산물 HACCP을 식품의약품안전처에서 담당하게 되었다. 단, 가축사육 등 생산단계의 안전관리는 농림축산식품부에 위임되어 관리하고 있다.

식품 HACCP의 경우, 식품의약품안전처는 1995년 12월에 식품위생법 제 48조 2항에 의해 HACCP 제도 도입의 근거를 마련하였고 1996년 [식품위해요소중점관리기준]을 고시하여 HACCP 적용업소의 지정, 운영을 위한 세부운영규정을 마련하였다. 2003년에 의무적용식품으로 ① 어육가공품(어묵류) ② 냉동수산식품(어류·연체류·조미가공품) ③ 냉동식품(피자류·만두류·면류) ④ 빙과류 ⑤ 비가열음료 ⑥ 레토르트식품을 지정한 이후 2008년에는 배추김치, 2014년에는 ① 과자·캔디류 ② 빵류·떡류 ③ 초콜릿류 ④ 어육소시지 ⑤ 음료류 ⑥ 즉석섭취식품 ⑦ 국수·유탕면류 ⑧ 특수용도식품 등 8품목이 지정되었고, 2016년에는 순대가 지정되었다. 또한, 2017년에는 전년도 총 매출액이 100억원 이상인 식품제조가공업에서 제조 및 가공하는 식품을 의무적용대상 품목으로 지정하였다.

한편, 축산물 HACCP의 경우, 농림축산식품부에서 1997년 12월 축산물가공처리법 제9조에 의해 HACCP 제도 도입의 근거를 제시하였다. 1998년 8월에 [축산물위해요소중점관리기준]을 고시하여 HACCP 적용업소의 지정·운영을 위한 세부 운영규정을 마련하였고, 2001년부터 2003년까지 모든 도축장에 대하여 의무적용을 실시하였다. 그러나 2013년 3월 이후부터는 식품의약품안전처에서 축산물 HACCP을 관리하고 있으며 2016년 1월 집유업, 2018년 1월 유가공업, 2017년 12월 알가공업, 2018년 4월 식용란 선별포장업이 각각 의무적용대상으로 지정되었고, 식육가공업은 2024년까지 의무적용 대상으로 진행 중에 있다. 또한, 2020년 4월에 축산물 위생관리법중 축산물 가공업 및 식용란 선별포장업의 작업장은 2021년 10월까지 반드시 HACCP 인증심사를 받아야 하는 것으로 일부 개정되었다.

축산물 HACCP 의무적용식품
1998년에서 2004년까지 햄류 및 소세지류, 포장육, 우유 및 발효유(우유, 강화우유, 환원유, 유고형분, 유산균 첨가우유), 가공치즈, 자연 치즈류, 가공유류(가공유, 저지방, 가공유, 유음료) 및 버터류(버터 및 가공버터), 양념육류 및 분쇄가공육제품, 저지방 우유류, 아이스크림류 등을 HACCP 적용품목으로 정하여 축산물가공처리법에 의해 HACCP 적용기준을 마련하고 시행해야 하는 식물의 경우와 같이 국가가 정하여 의무적으로 HACCP을 적용해야 하는 식품을 일컫는다.

우리나라의 HACCP은 외국과는 달리 국가 주도적으로 운영하고 있으며 2013년 3월 이후부터 농수축산물의 HACCP 안전관리가 식품의약품안전처로 일원화되면서 식품 및 축산물의 안전관리인증과 그와 관련된 종합적인 지원사업을 체계적으로 수행하기 위하여 식품의약품안전처(식품 및 축산물)와 농림축산식품부(가축사육농장)에게 권한을 위임받아 2014년 1월 HACCP 전문기관으로 한국식품안전관리인증원이 설립되었다. 또한, HACCP의 한국말인 "위해요소중점관리기준"을 국민들이 이해하기 쉽게 "안전관리인증기준"으로 용어와 로고를 그림 11-1과 같이 변경하였으며 2017년에는 식품과 축산물을 통합하여 안전관리인증을 하는 시스템으로 바뀌었다.

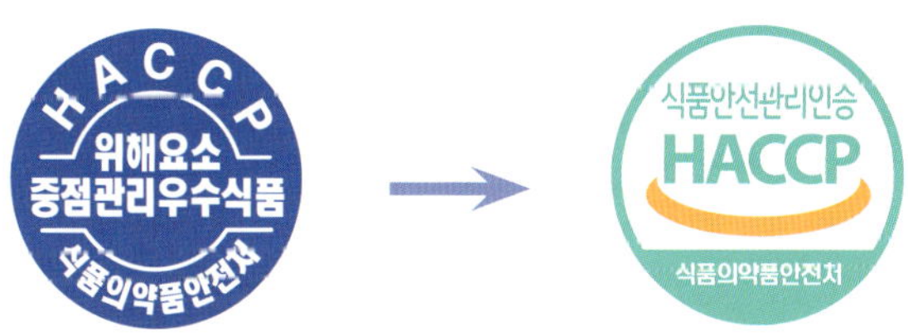

그림 11-1 HACCP 명칭 및 로고 변경(2014년 12월 1일)

HACCP 제도의 관리는 식품의약품안전처가 주관하고 적용 분야에 따라 식품 분야는 식품위생법, 축산물과 가축사육농장은 축산물 위생관리법에 근거하여 각 운영되고 있다. 한편, 식품은 식품의 종류별(식품분류기준에 따른 유형)로 의무적용을 시행하지만, 축산물은 영업의 종류(도축업, 알가공업, 유가공업)별로 의무적용을 실시하고 있다.

반면, 의무적용대상은 적용 시 제조업체의 매출액, 종업수에 따라 단계적으로 적용을 실시하며 식품 제조업체와 식육가공업체의 단계적 의무적용 시기는 표 11-3A와 11-3B와 같다. 이와 같이 연매출액이 5억원 미만이거나, 종업원수가 21명 미만인 식품제조·가공업소, 건강기능식품제조업

표 11-3A 식품 HACCP 의무적용 현황

의무적용 단계	의무적용기준	의무적용 시행시기
1단계	13년 매출액 20억 원 이상/종업원 수가 51명인 업소	2014.12.01 시행
2단계	13년 매출액 5억 원 이상/종업원 수가 21명인 업소	2016.12.01 시행
3단계	13년 매출액 1억 원 이상/종업원 수가 6명인 업소	2018.12.01 시행
4단계	1~3단계에 해당하지 아니하는 업소	2020.12.01 시행

표 11-3B 축산물 HACCP 의무적용 현황

의무적용 단계	의무적용기준	의무적용 시행시기
1단계	16년 매출액 20억 원 이상인 업소	2018.12.01 시행
2단계	16년 매출액 5억 원 이상인 업소	2020.12.01 시행
3단계	16년 매출액 1억 원 이상인 업소	2022.12.01 시행
4단계	1~3단계에 해당하지 아니하는 업소	2024.12.01 시행

소 및 축산물가공업과 5억원 미만이거나, 10명 미만인 집단급식소식품판매업, 식육포장처리업소, 축산물운반업소, 축산물보관업소, 축산물판매업소 및 식육즉석판매가공업소에 대하여는 단계적으로 소규모 HACCP을 적용할 수 있도록 시행하고 있다.

2020년 12월 31일 기준 우리나라 식품 HACCP의 인증현황은 의무적용 7,650건(5,115개소), 자율적용 7,875건(4,342개소)으로 나타났고, 축산물 HACCP 인증현황은 가공업 4,428개소, 유통업 1,863개소, 가축사육업 7,473개소, 사료 225개소, 도축업, 집유업, 식용란선별포장업 216개소로 나타났다.

한편, 식품 및 축산물 HACCP을 받은 업체의 경우, 효율적인 식품안전관리를 위하여 사후평가 시 1) 원부재료 검수미흡, 2) 지하수 살균소독 미흡, 3) 작업장세척·소독 미흡, 4) CCP 공정관리 미흡, 5) 위해요소분석 미실시(인증 이후 추가 제품 또는 공정)에 대한 조항 중 1개 이상 위반 시 또는 평가점수 60점 미만인 경우에는 즉시인증취소(one-strike out) 규정을 시행하고 있다.

11.3 HACCP의 필요성 및 도입효과

최근 국제적 식품교역이 확대되고 환경오염 등으로 인해 전 세계적으로 다양한 식품안전사고가 발생하고 있다. 그로 인해 소비자의 불안감이 높아지고 국제적, 사회적 문제가 발생되고 있다. 우리나라에서도 수입식육이나 냉동식품 등에서 *E. coli* O157:H7, *Salmonella* spp., *L. monocytogenes*, *Camplyobacter*, *S. aureus*, Noro virus 등 식중독균과 바이러스가 빈번하게 검출되고 그 밖에 농약, 잔류수의약품, 항생물질, 중금속 및 화학물질 등의 위해요소의 발생도 증가하고 있다. 수입식품에서도 다양한 화학적, 미생물학적 위해요소들이 발견되고 있다. 이러한 상황에서 식품안전성에 대한 관심이 보다 높아지고 위생관념이 확대되어 식중독 발생 횟수는 감소하는 추세이지만 점차 대형화된 식중독 사건의 환자수가 증가하고 있다. 이러한 이유로 식품에 대한 안전성 및 제품의 질 향상을 위한 HACCP의 적용이 증가하고 있다. 더욱이 EU, 미국 등 선진국에서는 이미 자국 내 수입되는 식품에 대해 HACCP을 적용하도록 요구하고 있다. 전체적으로 식품의 수출 경쟁력을 확보하기 위해서 HACCP의 도입이 더욱 요구되고 있는 실정이다.

식품산업에서 왜 HACCP이 필요한가?
최근 수입식육이나 냉동식품, 아이스크림류 등에서 살모넬라, 병원성 대장균 O-157, 리스테리아, 캠필로박터 등의 식중독균이 빈번하게 검출되고 있어 이런 위해요소를 효과적으로 제어하기 위해 HACCP을 도입하여 적용을 추진하고 있으며, 수출경쟁력 확보를 위해 HACCP의 도입이 절실히 요구되고 있는 실정이다.

HACCP을 도입함으로써 얻을 수 있는 효과를 식품업체 측면, 소비자 측면, 정부 측면으로 나누어 보면 다음과 같다.

1) 식품업체 측면

① 위생관리를 자율적으로 수행할 수 있는 체계적인 위생관리의 확립이 가능하다.

② 예상되는 위해요소를 사전에 과학적으로 분석하여 이를 제거함으로써 위생적이고 안전성이 확보된 식품의 제조가 가능하다.

③ 위해요소를 사전에 집중적으로 관리함으로써 위생관리 체계의 효율성을 극대화시킬 수 있다.

④ HACCP 적용초기에는 시설의 보완 및 인력관리를 위한 소요예산이 증대되나 장기적으로는 관리인원의 감축, 제품의 품질향상 등으로 인한 경제적인 이익증대를 이룰 수 있다.

⑤ HACCP 적용업체에서는 HACCP 인증마크 부착과 대상 품목에 대한 홍보효과로 소비자에게 신뢰성을 주어 경쟁력이 강화된다.

⑥ 과학적인 자료에 근거하기 때문에 기존의 위생관리에서 보다 훨씬 안전한 제품생산이 가능하다.

2) 소비자 측면

① HACCP을 적용함으로써 생산된 제품은 소비자에게 안전성과 신뢰성을 줌으로써 안전한 식품 섭취로 삶의 질이 향상된다.

② HACCP 인증마크를 통해 소비자 스스로가 판단하여 안전한 식품을 선택할 수 있는 기회를 제공받는다.

3) 정부 측면

① CCP 관리로 사후 위생 감시의 효율성을 극대화할 수 있다.
② 객관적이고 효율적인 위생 감시를 위한 검사지침을 제공한다.
③ 위생적으로 안전한 식품의 확보를 위한 위생관리기준을 제공한다.
④ 공중보건 향상으로 의료비 절감효과가 있다.
⑤ 국제식품교역이 원활해질 수 있다.

11.4 HACCP의 구조

HACCP은 식품안전성과 관련된 사전예방체계로서 식품의 안전성을 높이는 데 효과가 크다고 볼 수 있으나 성공적인 적용을 위해서는 일반위생관리기준에 의한 시설 및 설비(Good Manufacturing Practices, GMP)의 확보와 위생표준절차(Sanitation Standard Operation Procedure, SSOP)가 필요하다(**그림 11-2**). 이는 일반위생관리기준 또는 선행요건 프로그램으로 식품위생의 일반적인 원칙을 의미하며 HACCP 도입 전에 시행되어야 할 전제조건으로 필수적인 위생관리기준을 말한다. HACCP 체계 실시에 앞서 일반위생관리기준의 준수가 필요한 이유는 HACCP 적용 시 중요관리점이 많아지면 효과적인 관리가 불가능하게 되므로 미리 위생관리대책을 포괄적이고 종합적으로 실시하고 일반위생관리기준을 강화하여 CCP의 수를 최소화하는 것이 바람직하기 때문이다. 따라서 GMP와 SSOP의 선행요건 프로그램이 철저하게 수행될 때 HACCP의 완벽한 실행이 가능하고 식품의 안전성이 확고히 보장될 수 있다.

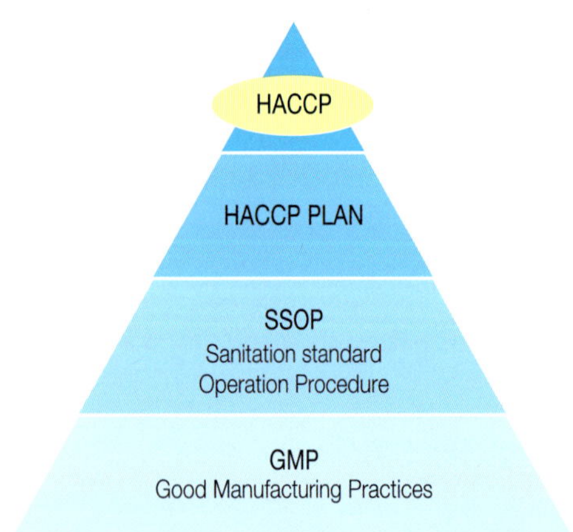

HACCP
위해요소분석, 중요관리점 결정, 한계기준설정, 모니터링방법, 개선조치, 검증, 기록유지 및 문서관리 등 종합적 관리계획

SSOP(위생표준운영절차)
일반적 위생관리 운영기준, 영업장, 종업원, 용수, 보관 및 운송, 회수관리 등의 운영절차기준

GMP(우수제조기준)
위생적 식품생산을 위한 건물의 위치, 시설·설비요건기준, 구조 등에 관한 기준

그림 11-2 HACCP 체계 구성
출처: 식품의약품안전처, 2005.

GMP란 Good Manufacturing Practices(우수제조기준)의 약자로서 HACCP 적용대상 제품의 안전성을 확보하기 위해 생산, 공급에 필요한 시설, 설비, 재료, 공정 및 최종제품에 적용되는 최소한의 요건을 말한다. 최소한의 요건이란 제조 공정의 시설이나 장비에 관한 위생관리 절차로 식품취급시설에서의 위생적인 제품생산을 위한 관리사항에 관한 것이다. 식품제조공정에서 시설의 오염이나 인위적인 위해요소를 없애고 오염을 최소화함으로써 안전성이 보장된 고품질의 식품을 제조·생산하는 데 목적이 있다. 즉, 시설요건의 핵심은 오염을 방지하고 청소하기 쉬워야 하는 것으로 식품의 안전성을 확보하기 위한 시설과 장비의 위생관리라 할 수 있다.

SSOP란 Sanitation Standard Operating Procedure(위생관리절차)의 약자로서 특정업체에서 위생관리 실행에 있어 모니터링 방법에 대해 규정한 표준절차를 말한다. SSOP는 각 조직 특성에 맞게 개발되어야 하며 생산 전과 생산 중에 필요한 위생관리절차를 포함하고 있어야 한다. 또한 시설·설비요건의 변화에 따라 지속적으로 개정되어야 한다. 즉, 특정업체에서 목적하는 제품에 위해 미생물의 오염을 방지하기 위하여 종업원이 준수해야 할 개인위생에 대한 규정을 문서화한 것이다.

GMP와 SSOP란 무엇인가?
GMP는 good manufacturing practices(우수제조기준)의 약자로서 HACCP 적용대상 제품의 안전성을 확보하기 위한 시설과 장비의 위생관리이다. 반면에, SSOP는 sanitation standard operating procedure(위생관리절차)의 약자로서 종업원이 준수해야 할 개인위생에 대한 규정을 문서화한 것이다.

11.5 HACCP의 선행요건 프로그램

보다 효과적인 HACCP 관리운영을 위해서는 기존에 GMP와 SSOP에서 실시했던 것처럼 안전하고 위생적인 식품의 생산에 필요한 기본적인 환경 및 작업활동을 보장하는 선행요건 프로그램이 필요하다. 따라서 HACCP을 실행하기 위해서 사전에 작업기준 및 위생관리기준을 포함하는 선행요건 프로그램을 먼저 개발하고 관련 법적 요구사항을 준수하면서 위생적으로 식품을 제조·가공·조리하기 위한 기본체계를 갖추어서 작업기준 및 위생관리기준을 준수할 수 있도록 해야 한다.

선행요건 프로그램에는 영업장·종업원·제조시설·냉동설비·용수·보관·검사·회수관리 등 영업장을 위생적으로 관리하기 위해 기본적이고도 필수적인 위생관리 내용이 포함되도록 해야 한다. 영업자는 이들 분야별로 작업담당자, 작업내용, 실시빈도, 실시상황의 점검 및 기록방법을 정하여 구체적인 관리기준서를 작성하여 종업원이 준수하도록 시행하고 이에 대한 기록을 보관·유지해야 한다.

11.5.1 선행요건 프로그램 개발

식품제조·가공공장 및 집단급식소에서는 제조·조리 공정 및 환경 등에서 발생할 수 있는 위해로부터 식품이 오염되거나 변질되는 것을 방지하기 위하여 기본적인 위생관리 방법, 절차 등을 규정한 선행요건 프로그램을 개발해야 한다.

선행요건 프로그램은 영업장 관리, 위생관리, 제조시설·설비관리, 냉장·냉동 설비관리, 용수관리, 보관·운송관리, 검사관리 및 회수 프로그램 관리 등 8개 분야로 구성되며 각각의 분야별로 개별 관리기준서를 작성해야 한다. 다음은 HACCP 적용을 위하여 식품제조업소가 갖추어야 할 총 52항목의 선행요건 사항이다(식품의약품안전처고시 제2005-58호).

① 영업장 관리(12): 작업장, 건물바닥·벽 및 천장, 배수 및 배관, 출입구, 통로, 창, 채광 및 조명, 부대시설(화장실, 탈의실, 휴게실 등)
② 위생관리(16): 작업 환경관리(동선계획 및 공정관리 오염방지, 온도·습도관리, 환기시설 관리, 방충·방서관리), 개인위생관리, 폐기물관리, 세척 및 소독
③ 제조시설 및 설비관리(4): 제조시설 및 기계·기구류 등 설비관리
④ 냉장·냉동시설·설비관리(1): 관리계획
⑤ 용수관리(5): 지하수 취수원, 먹는물 수질기관리, 저수조, 배관
⑥ 보관·운송관리(8): 구입 및 입고, 협력업체관리, 운송, 보관
⑦ 검사관리(4): 제품검사, 시설·설비·기구 등 검사
⑧ 회수 프로그램 관리(2): 회수 프로그램 관리

11.5.2 선행요건 프로그램 적용

운영자는 최초 수립된 선행요건 프로그램을 작업장에 우선 적용해 본 후 그 효과를 평가하기 위한 검증을 실시해야 한다. 검증이 끝나면 해당 기준서가 법적 요구사항과 기본적인 위생 안전성 확보를 확인해야 하며 문제점 및 개선점을 파악하여 기준서를 수정·보완해야 한다.

11.5.3 선행요건 프로그램 유지·관리

운영자는 선행요건 프로그램이 제조·가공 공정 및 제조환경 등에서 위해물질에 의한 식품의 직접적인 오염 또는 변질을 효과적으로 예방할 수 있는지, 종사자들이 관리기준에 따라 적절하게 실행하고 있는지 등을 확인·평가하기 위하여 정기적으로 검증을 실시해야 하며 선행요건 프로그램의 검증은 HACCP체계의 검증활동과 병행하거나 분리하여 실시할 수 있다.

11.5.4 개선조치

운영자는 선행요건 프로그램의 유지 또는 시행이 식품의 안전성을 확보할 수 없다고 판단될 경우 적절한 개선조치를 취해야 한다.

11.5.5 기록·유지관리

운영자는 선행요건 프로그램의 운영, 모니터링활동, 개선조치 등을 문서화하고 기록을 유지해야 하며 관계법령에 특별히 규정된 것을 제외하고는 최소한 2년간 보존해야 한다.

11.6 HACCP의 7원칙 12절차

국제식품규격위원회(Codex)에서는 HACCP 적용을 위한 지침을 제시하였고 세계 각국에서는 이 지침에 의거하여 HACCP을 적용하고 있다. HACCP은 12단계로 구성되어 있으며 1~5단계는 준비단계, 6~12단계는 HACCP의 7단계 원칙으로 구성되어 있다(표 11-4).

11.6.1 HACCP 준비 5단계

11.6.1.1 제1단계: HACCP팀을 구성한다.

HACCP의 1단계는 관리계획 개발을 주도적으로 담당할 HACCP팀을 구성하는 것이다. 효과적인 HACCP 계획의 개발을 위해서는 해당제품에

표 11-4 HACCP 구성단계

HACCP 12절차	준비 5단계	절차 1	HACCP 구성
		절차 2	제품의 특징 기술
		절차 3	명확한 제품의 사용방법
		절차 4	작업공정도 작성
		절차 5	작업공정도 현장확인
	HACCP 7원칙	절차 6(원칙 1)	위해요소분석(Hazard Analysis, HA) 실시
		절차 7(원칙 2)	중요관리점(Critical Control Points, CCP) 결정
		절차 8(원칙 3)	한계기준(Critical Limit, CL) 결정
		절차 9(원칙 4)	CCP에 대한 모니터링 방법 설정
		절차 10(원칙 5)	모니터링 결과 CCP관리상태에 따라 개선조치(Corrective Action, CA) 설정
		절차 11(원칙 6)	HACCP이 효과적으로 시행되는지 검증
		절차 12(원칙 7)	원칙과 적용에 대한 문서화, 기록유지방법 설정

HACCP 5단계 7원칙이란 무엇인가?

HACCP 5단계는 7원칙을 준수하기 위한 사전 준비단계로 HACCP 구성, 제품의 특징기술, 제품의 사용방법, 작업공정도 작성 및 작업공정도 현장 확인이며, 7원칙은 위해요소 분석(HA) 실시, 중요관리점(CCP) 결정, 한계기준(CL) 결정, CCP에 대한 모니터링 방법 설정, 모니터링 결과 CCP관리상태에 따라 개선조치(CA) 설정, HACCP이 효과적으로 시행되는지에 대한 검증, 원칙과 적용에 대한 문서화 및 기록유지 방법 설정으로 이루어진다.

대한 특별 지식과 전문성이 요구되고 최선의 방법은 여러 분야의 전문가가 참여하는 HACCP팀을 구성하는 것이다. 특히 최고경영자의 실행의지가 HACCP의 도입과 운영의 성공 여부에 결정적인 영향을 미치므로 HACCP 팀 구성에 최고경영자가 직접 참여하는 것이 중요하며 업체 내의 중요 책임자들을 포함시키도록 한다.

일반적으로 HACCP 팀장은 업체의 대표자나 공장장으로 하는것을 권장하며 제조, 작업책임자, 시설 설비의 공무관계 책임자, 보관 등 물류관리 업무 책임자, 식품위생관련 품질관리업무 책임자 및 종사자보건관리 책임자로 팀원을 구성하도록 한다. HACCP 팀원들은 관련규정에 준하여 HACCP교육을 받고 일정 수준의 전문성을 갖추도록 해야 한다.

11.6.1.2 제2단계: 제품의 설명서를 작성한다.

제품에 대한 이해와 위해요소의 식별을 돕기 위하여 제품의 설명서를 작성하는 것이 2단계이다. 제품설명서에는 취급하는 식품의 제품명, 제품유형 및 성상, 품목제조보고 연·월·일, 작성자 및 작성 연·월·일, 성분(또는 식자재) 배합비율 및 제조(또는 조리)방법, 제조(포장)단위, 완제품의 규격, 보관·유통(또는 배식)상의 주의사항, 제품용도 및 유통(또는 배식)기간, 포장방법 및 재질, 표시사항, 기타 필요한 사항을 기술하도록 한다(**표 11-5**).

11.6.1.3 제3단계: 제품의 사용용도를 파악한다.

해당식품의 의도된 사용방법 및 대상 소비자를 파악하는 것이 3단계이다. 의도된 용도는 최종사용자 또는 소비자가 기대하는 그 제품의 용도를 근거로 예측 가능한 사용방법과 범위를 명확히 해야 한다. 또한 해당식품이 누구에게 어떻게 사용되는가를 예측하는 것이 필요하고 제품에 포함될 잠재성이 있는 위해물질에 감수성이 있는 대상 소비자(어린이, 노인, 면역 관련 환자 등)를 파악하여 위해발생을 줄일 수 있도록 한다. 이런 자료는 위해평가와 위해요소의 한계기준 결정에 중요한 자료가 된다.

11.6.1.4 제4단계: 공정흐름도 및 평면도를 작성한다.

HACCP팀이 원료의 입고에서부터 완제품의 출하까지 모든 공정단계들을 파악하여 공정흐름도(flow chart)를 작성하고 작업장 설계도면을 작성하는 것이 4단계이다. 공정흐름도와 평면도는 원료의 입고에서부터 완제품 출하에 이르는 해당식품의 공급에 필요한 모든 공정별로 위해요소의 교차오염, 2차 오염 등의 가능성을 파악하고 흐름도를 통해 위해요소가 발생한 단계를 쉽게 파악하는데 도움을 준다.

표 11-5 HACCP 구성단계

<table>
<tr><td>1</td><td>제품명</td><td colspan="3">관할관청에 품목제조보고한 제품명으로 기재</td></tr>
<tr><td>2</td><td>식품유형</td><td colspan="3">관할관청에 품목제조보고한 (식품공전의 분류체계에 따른) 식품유형 기재</td></tr>
<tr><td>3</td><td>품목제조보고년월일</td><td colspan="3">품목제조(변경)보고서에 기재된 보고 날짜 기재</td></tr>
<tr><td>4</td><td>작성자 및 작성년월일</td><td colspan="3">제품설명서를 작성한 사람의 직책, 성명, 작성날짜를 기재</td></tr>
<tr><td>5</td><td>성분배합비율</td><td colspan="3">원재료의 명칭(성분) 및 배합비율</td></tr>
<tr><td>6</td><td>제조(포장)단위</td><td colspan="3">완제품의 최소판매 단위를 중량, 용량, 개수 등으로 기재(1kg, 5kg, 10kg 등)</td></tr>
<tr><td rowspan="5">7</td><td rowspan="5">완제품의 규격
(식품공전상 규격)</td><td>구분</td><td>법적규격</td><td>사내(자사)규격</td></tr>
<tr><td>성상</td><td>제품은 고유의 형태, 색택을 가지고 이미·이취가 없어야 한다.
–해당식품의 기본 특성(예: 액상, 고상 등)을 포함하여 전체적인 특성–</td><td>법적규격과 동일</td></tr>
<tr><td>생물학적 항목</td><td rowspan="3">〈식품공전, 식품첨가물공전, 기구 및 용기·포장 공전〉
제2. 식품일반에 대한 공통기준 및 규격
제3. 영·유아를 섭취대상으로 표시하여 판매하는 식품의 기준 및 규격
제4. 장기보존식품의 기준 및 규격
제5. 식품별 기준 및 규격
제6. 식품접객업소(집단급식소 포함)의 조리식품 등에 대한 기준 및 규격</td><td rowspan="3">법적규격과 동일</td></tr>
<tr><td>화학적 항목</td></tr>
<tr><td>물리적 항목</td></tr>
<tr><td>8</td><td>보관유통상 주의사항</td><td colspan="3">유통·판매(또는 배식) 중 특별히 관리가 요구되는 사항</td></tr>
<tr><td>9</td><td>포장방법 및 재질</td><td colspan="3">• 포장방법: 비포장, 완포장, 가스충전, 탈기충전 등
• 포장재질: 내포장재[PE(폴리에틸렌), PS(폴리스틸렌)], 외포장재(종이박스, P박스 등)</td></tr>
<tr><td>10</td><td>표시사항</td><td colspan="3">식품 등의 표시기준의 법적 사항에 기초하여 정보 기재</td></tr>
<tr><td>11</td><td>제품의 용도 및 사용 이도</td><td colspan="3">• 섭취대상: 일반 건강인, 영유아, 어린이, 환자, 노약자 등 소비계층으로 구분
• 섭취방법: 가열(조리) 후 섭취, 그대로 섭취, 해동하여 섭취, 물에 희석하여 섭취 등으로 구분</td></tr>
<tr><td>12</td><td>유통기한(섭취기한)</td><td colspan="3">• 품목제조보고서에 명시된 유통기한(또는 섭취기한)을 기재
• 식품접객업소의 경우 조리 완료 후 배식까지의 시간을 기재</td></tr>
</table>

공정흐름도는 위해요소를 파악하기 쉽게 작성되어야 하고 이에 대한 작업특성 별 구획, 기계·기구 등의 배치, 제품의 흐름과정, 작업자 이동경로, 세척·소독조 위치, 출입문 및 창문, 공조시설계통도, 용수 및 배수처리 계통도 등을 표시하여 작성한다. 제조공정 흐름도의 예시는 그림 11-3과 같다.

- 제조공정도: 일련번호, 공정명, CCP 번호, 주요조건 등을 기재한다.
- 공정별 가공방법: 공정명, 가공방법 및 조건 등을 상세하게 기재한다.

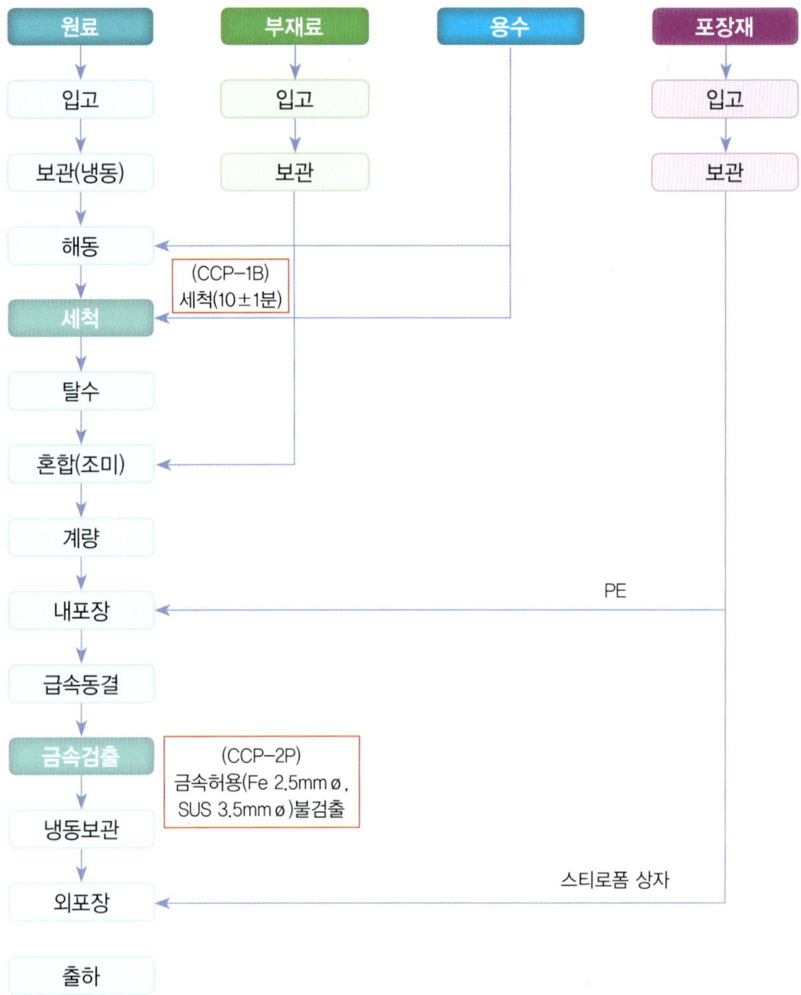

그림 11-3 제조공정흐름도 작성 예시

11.6.1.5 제5단계: 공정흐름도, 평면도가 작업현장과 일치하는지 확인한다.

HACCP의 마지막 준비단계는 작성된 공정흐름도 및 평면도가 현장과 일치하는지를 검증하는 것이다. 공정흐름도 및 평면도가 실제 작업공정과 동일한지 여부를 확인하기 위하여 HACCP팀은 작업현장에서 공정별 각 단계를 직접 확인하면서 검증해야 한다.

공정흐름도와 평면도의 작성목적은 각 공정 및 작업장 내에서 위해요소가 발생할 수 있는 모든 조건과 지점을 찾아내기 위한 것이므로 정확성을 유지하는 것이 매우 중요하다. 현장검증 결과, 변경이 필요한 경우에는 해당 공정흐름도나 평면도를 수정, 보완해야 한다. 정확한 공정흐름도 및 평면도 완성은 실행단계인 HACCP 7원칙을 위하여 매우 중요하다.

11.6.2 HACCP 7원칙(실행단계)

11.6.2.1 원칙1: 위해요소분석(Hazard Analysis)

HACCP 관리계획의 첫 번째 원칙은 위해요소분석을 수행하는 것이다. 위해요소는 식품위생법의 규정에서 정하고 있는 인체의 건강을 해할 우려가 있는 생물학적, 화학적 또는 물리적 요소나 조건을 의미하며 위해요소분석이라 함은 식품안전에 영향을 줄 수 있는 위해요소와 이를 유발할 수 있는 조건이 존재하는지 여부를 판별하기 위하여 필요한 정보를 수집하고 평가하는 일련의 과정을 말한다.

위해요소분석은 HACCP팀이 수행하며, 이는 제품설명서에서 파악된 원·부재료별, 공정흐름도에서 파악된 공정단계별로 구분하여 실시해야 한다. 위해요소분석은 다음과 같이 3단계로 실시된다.

1) 위해요소의 종류

① 생물학적 위해요소

생물학적 위해요소는 원료의 생산 및 유통과정에서 작업장으로 유입되거나 작업장 환경, 종업원, 제조·가공과정 그 자체에 오염될 수 있는 포자형성 또는 비포자형성 병원성세균, 바이러스, 원생동물 및 기생충을 포함한다. 위해요소 중 식품에서 가장 많이 발생할 수 있는 위해요소는 생물학적 위해요소이다(표 11-6).

② 화학적 위해요소

화학적 위해요소는 식품에서 자연적으로 존재하는 버섯독, 복어독, 곰팡이독소 등이나, 이도적 또는 비이도적으로 식품의 제조, 가공, 포장, 유통, 조리 등의 과정에서 오염되는 독성물질로서 식품첨가물, 살충제, 제초제, 항생제, 중금속, 세척제, 내분비교란물질 등이 포함된다(표 11-7).

표 11-6 생물학적 위해요소의 종류

구분	미생물학적 위해요소
곰팡이	*Aspergillus flavus, Penicillium citrinum, Penicillium expensum, Fusarium moniliforme* 등
포자형성 병원성세균	*Clostridium botulinum, Clostridium perfringens, Bacillus cereus*
비포자형성 병원성 세균	*Listeria monocytogenes, Escherichia coli* O157:H, *Campylobacter jejuni, Salmonella* spp., *Staphylococcus aureus, Vibrio parahaemolyticus, Vibrio vulnificus, Yersinia enterocoliticus, Brucella abortis* 등
바이러스	Hepatitis A와 E, Norovirus, Rotavirus 등
원생동물 및 기생충	*Cryptosporidium parvum, Diphyllobothrium latum, Giardia lamblia, Taenia solium* 등

표 11-7 화학적 위해요소의 종류

구분	화학적 위해요소
자연적으로 존재하는 화학물질	시안화합물(살구, 복숭아씨앗), 패독, 히스타민, 복어독, 솔라닌(감자싹), 곰팡이독
인위적으로 첨가되는 화학물질	첨가물, 농약(살충제, 제초제 등), 동물용의약품(항생제, 성장호르몬 등) 등
비의도적으로 혼입되는 오염물질	중금속, 내분비계 장애물질, 살균소독제, 세척제 등

표 11-8 물리적 위해요소의 종류

구분	물리적 위해요소
무생물체	유리, 금속, 플라스틱, 나뭇조각, 모발, 나사, 고무조각 등
생물체	곤충, 진드기, 쥐, 나방, 조류분변 등

③ 물리적 위해요소

물리적 위해요소는 식품에서는 통상 존재해서는 안 되는 물질이나 소비자에게 질병 또는 상해를 유발할 수 있는 외부 유래의 이물질로서 유리, 금속, 돌, 이쑤시개, 플라스틱, 나뭇조각 등이 해당된다(**표 11-8**). 이물은 보통 식품과 함께 위 속으로 들어가 무증상 상태로 자연 배설되거나 때로는 이물이 기도와 소화관에서 심한 증상을 일으키는 경우가 있다. 미국, 일본 등에서는 식품에서 발견되는 이물질을 식품의 품질 위해요소로 간주하지만 우리나라에서는 건강위해요소로 간주한다.

2) 위해요소분석에 의한 위해평가

위해요소분석은 위해요소로 인한 발생가능성(Frequency)과 심각성(Severity)으로 위해평가를 실시한다. 위해 발생가능성은 제조공정이 제대로 관리되지 않을 때 그로 인한 위해요소가 발생할 가능성이고, 위해심각성은 위해요소를 섭취할 경우 나타나는 질병에 걸릴 확률이다. CODEX에서는 심각성 평가에 대한 기준을 각 위해요소별로 높음(3점), 보통(2점), 낮음(1점)으로 나누어 평가기준을 제시하였고, 위해요소의 원부재료, 공정 및 재품의 클레임과 유사제품에 관련 정보를 근거로 하여 발생가능성(자주발생 3점, 가끔발생 2점, 발생안함 1점)을 제시하였다. 위해평가는 발생가능성과 심각성의 상관관계에 따라 결정된다. 예를 들면, 위해요소의 발생가능성이 크고(3점), 발생했을 때 인체에 미치는 영향도 치명적으로 크면(3점) 위해평가는 9점이 되어 CCP로 관리한다. 일반적으로 위해요소의 발생가능성과 심각성의 상관관관계가 3점 이상이 되면 CCP로 관리한다(**표 11-9**, **그림 11-4**).

표 11-9 심각성 평가기준(CODEX 국제식품규격위원회)

구분		내용
높음 (3) 사망, 중대한 건강영향 (급성장애)	B	*Clostridium botulinum toxin, Salmoneалla(typhi), Shigelladysenteriae, Vibrio cholerae, Vibrio vulnificus*, hepatitis A, E virus, *Listeria monocytogenes*(일부), 장출혈성 대장균
	C	화학오염물질, 식품첨가물, 중금속 등에 의한 직접적인 오염
	P	금속, 유리조각 등 소비자에게 직접적인 해 또는 상처를 입힐 수 있는 물질
보통 (2) 잠재적 전염성으로 입원 (만성장애)	B	장내병원성 *Escherichia coli, Salmonella* spp., *Shigella* spp., *Vibrio parahaemolyticus, Listeria monocytogenes*, Rotavirus, Norwalk virus
	C	타르색소, 잔류농약, 잔류용제(톨루엔, 프탈레이트 등), 잔류훈증 약제 등
	P	돌, 나무조각, 플라스틱 등 경질이물
낮음 (1) 제한적인 전염성 (무증상, 잠재적 장애)	B	*Bacillus cereus, Clostridium perfringenes, Campylobacter jejuni, Yersinia enterocolitica, Staphylococcus aureus toxin*
	C	Somnolence(졸림), transitory allergies 등의 증상 수반 화학오염물질 등
	P	머리카락, 비닐 등 연질이물

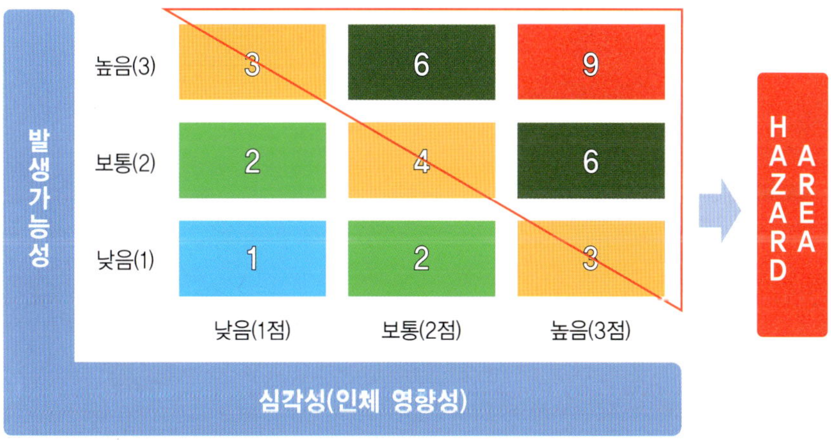

3점 이상에 해당하는 위해요소에 대하여는 중요관리점 결정도에 적용하여 CCP와 CP로 구분한다.

그림 11-4 위해평가(종합평가 점수)

11.6.2.2 원칙2: 중요관리점(Critical Control Point) 설정

위해요소분석을 통하여 확인된 생물학적, 화학적, 물리적 위해요소와 관리방법을 정리한 후 중요관리점(CCP)을 결정하여 제품의 원료나 공정에 존재하는 잠재적인 위해요소를 관리할 수 있도록 한다. 중요관리점이란 원칙 1에서 파악된 해당 위해요소를 예방, 제거 또는 허용가능한 수준까지 감소시킬 수 있는 단계를 말한다. 만약, 관리가 되지 않는다면 위해가 발생할 수 있는 공정상의 지점, 과정 또는 절차가 CCP가 되며, CCP가

되기 위해서는 반드시 위해관리가 가능해야 한다. 제품의 공정 중에 다음과 같은 항목들이 CCP로 고려될 수 있다.

1) 미생물 성장을 최소화할 수 있는 냉각공정
2) 병원성 미생물을 사멸시키기 위하여 특정시간 및 온도에서 가열처리
3) pH 및 수분활성도의 조절 또는 배지첨가와 같은 제품 성분 배합
4) 캔의 충전 및 밀봉 같은 가공처리
5) 금속검출기에 의한 금속이물 검출공정 등

위해요소분석에서 확인된 생물학적, 화학적, 물리적 위해요소에 대하여는 이를 관리할 CCP가 최소한 1개 이상이 있어야 하며 CODEX는 CCP선정 시 그림 11-5와 같이 CCP결정 절차도에 따라 선정할 것을 권고하고 있다.

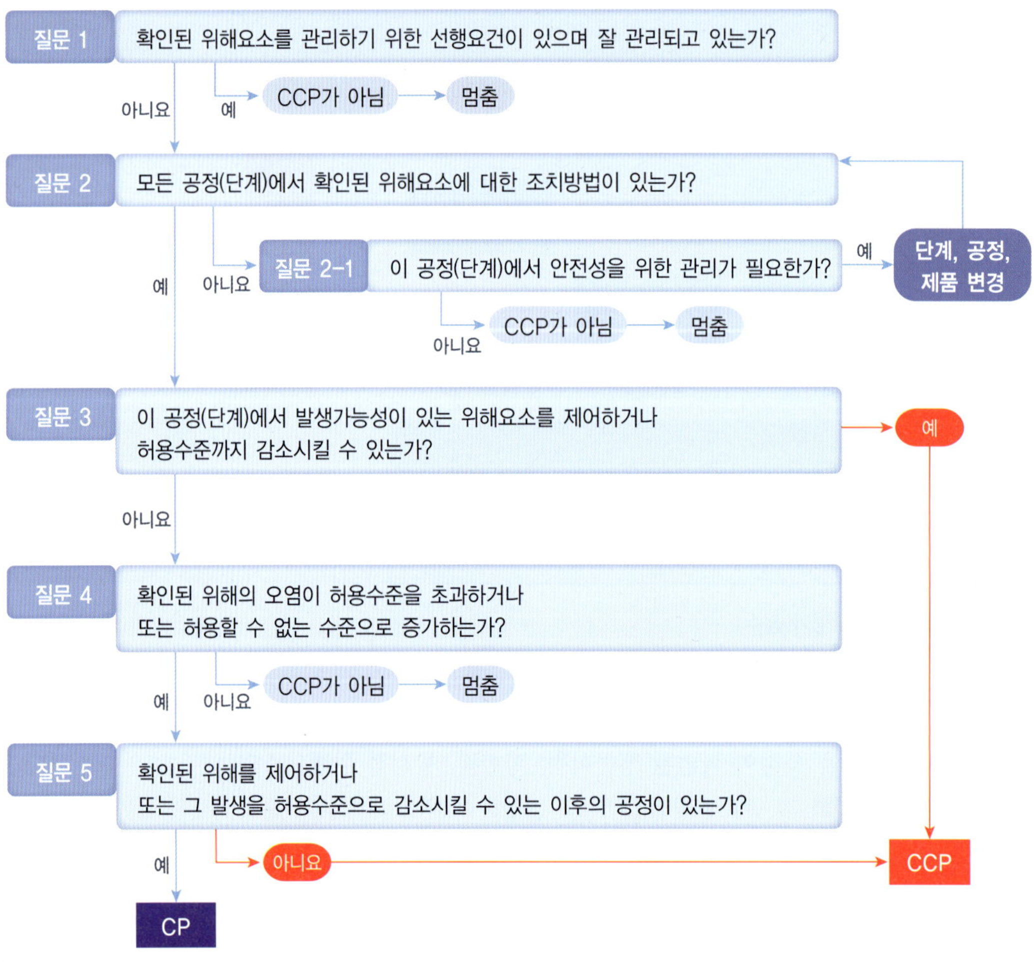

그림 11-5 중요관리점(CCP) 결정도

표 11-10 CCP에 대한 위해 허용한도의 예

위해요소	중요관리점	위해허용한도(CL)
생물학적(병원 미생물)	저온살균	살균조건: 71.6℃에서 15초간 유지(온도확인)
생물학적(병원 미생물)	건조	건조조건: 오븐온도 930℃, 건조시간: 120분
물리적(금속)	금속조각	금속파편 크기: 1.0 mm 이하(크기확인)

11.6.2.3 원칙3: 중요관리점에 대한 한계기준(Critical Limit, CL) 설정

CL은 CCP에서 위해를 방지하기 위하여 취해야 할 조치에 대한 한계기준을 설정하는 것이다. CL이란 CCP에서 관리되어야 할 잠재적인 생물학적, 화학적 또는 물리적 위해요소를 제거하거나 또는 수용할 수 있는 수준으로 낮출 수 있는 최대치 혹은 최소치를 말한다. CL은 모든 CCP에서 적용되어야 하고 타당성이 있어야 하며, 확인과 측정이 가능해야 한다.

CL은 실제 현장에서 쉽게 확인할 수 있도록 설정되어야 하는데 생물학적 CL은 결과 확인에 긴 시간이 소요되므로 육안으로 관찰이 가능하거나 간단한 측정으로 확인할 수 있는 색깔, 온도, 시간, 무게, 습도 같은 물리적 특성이나 염소, 염분농도 같은 화학적 특성, pH, 금속검출기 감도, 관련서류의 확인 등과 같은 수치 또는 특정지표로 나타내어야 한다.

한편, CL을 결정할 때에는 연구 논문이나 식품 관련 전문서적, 전문가 조언, 생산 공정의 기본자료 등 여러 가지 조건을 고려하여 법적 근거나 과학적 근거에 기초해야 한다. 표 11-10은 CCP에서 CL이 설정되는 예를 나타내었다.

11.6.2.4 원칙4: 중요관리점 관리를 위한 모니터링(Monitoring) 체계 확립

모니터링은 CCP에 설정된 CL을 효율적으로 관리하고 있는지를 확인하기 위하여 수행하는 일련의 계획된 항목을 관찰하거나 측정하는 행위를 말한다. 모니터링 결과, CL을 이탈한 경우에는 신속하고 정확하게 개선조치가 이루어져야 하며 이를 위하여 미생물학적 검사보다는 물리적·화학적인 방법이 자주 이용되며 이와 같은 방법은 제품의 미생물학 관리지표를 제시하기도 한다.

CCP 모니터링과 관련된 모든 기록 및 문서는 모니터링 수행자와 그 회사의 책임이 부여된 재검토 직원이 서명하여 문서화해야 한다. 모니터링 체계를 확립하여 시행함으로써 얻을 수 있는 이점은 공정과정에서 발생되는 위해요소의 추적이 용이하며 작업공정 중 CCP에서 발생한 기준이탈시점을 확인할 수 있고, 문서화된 기록을 제공하여 검증하거나 식품사고 발생 시

증빙자료로 활용할 수 있는 점이다.

11.6.2.5 원칙5: 개선조치(Corrective Action) 방법의 설정

개선조치는 모니터링 결과, 중요관리점의 한계기준을 이탈할 경우에 취하는 일련의 조치를 말한다. CL에서 벗어났을 때 신속하게 식별하여 특정 개선조치를 수립하고 개선조치는 CL을 벗어난 시점부터 생산된 제품에 대한 적절한 조치를 포함해야 한다.

개선조치는 이탈 중에 생산된 제품을 식별하여 위해 여부를 결정하고 필요시 제품생산 중단 또는 재작업이나 재가공 등의 적절한 조치를 즉각적으로 취하는 즉시조치와 이탈 발생의 재발을 막기 위하여 위해요소가 발생하기 이전에 문제점을 미리 파악하고 위해요소를 제거할 수 있도록 시정하는 예방조치가 있으며 조치한 내용은 문서화하여 기록으로 남겨야 한다.

11.6.2.6 원칙6: 검증(Verification) 방법의 설정

검증은 HACCP 체계가 적절하게 운영되고 있는지를 확인하기 위하여 HACCP 관리계획의 적절성과 실행 여부를 정기적으로 평가하는 일련의 활동을 말한다. 검증내용은 HACCP 계획의 확인 같은 유효성 평가와 CCP의 검증과 제품검사 및 감사 같은 HACCP 계획의 실행성 검증의 두 가지로 나뉜다.

유효성 평가는 HACCP 관리계획이 올바르게 수립되어 있는지 확인하는 것으로 과학적·기술적 자료의 수집과 평가를 통해 확인하는 검증의 한 요소이다. 이 평가는 발생가능한 모든 위해요소를 확인·분석하고 있는지, 제품설명서 및 공정흐름도가 현장과 일치하는지, 중요관리점이 적절하게 설정되었는지, 한계기준이 안전성을 확보하는데 충분한지, 모니터링 방법이 올바르게 설정되어 있는지 등을 확인해야 한다. 설정한 요인들을 효과적으로 검증하기 위한 수단으로는 미생물 또는 잔류화학물질 검사 등이 이용된다.

HACCP 관리계획의 실행성 검증은 HACCP 관리계획이 설계된 대로 이행되고 있는지를 확인하는 것으로 작업자가 정해진 주기로 모니터링을 올바르게 수행하고 있는지 확인하기 위한 현장관찰 활동 여부, 한계기준 이탈시 개선조치를 적절하게 하고 있는지, 개선조치의 실제실행 여부와 적절성 확인을 위하여 전문가가 검토를 하고 있는지, 검사·모니터링 장비를 정해진 주기에 따라 검·교정하고 있는지 등을 확인하는 것이다(그림 11-6).

HACCP팀은 전반적인 재평가를 위한 검증을 연 1회 이상 실시해야 하며, HACCP 관리계획을 수립하여 최초로 현장에 적용할 때 해당식품과

개선조치 기록표

서류번호: 가-6
제품명칭: 음료
공정명칭: 가열공정
측정항목: 96℃, 15분

기록 일시	2021. 7. 20. 17:00
담당자명	홍길동
이탈 일시	2021. 7. 20. 15:00~17:00
이탈 내용	가열 온도가 목표치보다 떨어졌음
원인	온도조절계 불량
개선조치	1. 온도조절계 수리 2. 온도조절계 제조사 통해 관련 제품 폐기
확인자명	○○○

그림 11-6 개선조치기록 작성 예시

관련된 새로운 정보가 발생되거나 원료·제조공정 등의 변동에 의해 HACCP 관리계획이 변경될 때에도 실시해야 한다.

11.6.2.7 원칙7: 문서화 및 기록유지(Documentation and Record) 방법의 설정

HACCP 체계를 효율적으로 관리하기 위해서 기록유지 및 문서관리 방법을 설정해야 한다. 기록유지는 HACCP 적용의 필수적인 요소이며, 이를 문서화해야 한다. 기록유지가 없는 HACCP 체계의 운영은 비효율적이며 운영근거를 확보할 수 없기 때문에 HACCP 관리계획의 운영에 대한 기록 및 문서의 개발과 유지가 요구된다.

참고문헌

강근옥, 고종호, 김은주, 김태열, 김희섭, 박성진, 박화연, 서승교, 송은, 손천배, 안령미, 조정순. 『증보 식품위생학』, 보문각, 2009. p. 292-306.

국립수산물검사소. 「수산물 및 수산물 가공식품에 식품위해요소-중요관리기준(HACCP) 제도 도입을 위한 착안사항」, 1995.

김덕웅, 정수현, 염동민, 신성균, 여생규. 『21C 식품위생학(개정판)』, 수학사.

박완희, 이병철. HACCP 실무, 정문각, 1999. p16-23.

신동화, 오덕환, 우건조, 정상희, 하상도. 『식품위생안전성학』, 한미의학, 2011.

장동석, 신동화, 정덕화, 우건조, 이인선. 『자세히 쓴 식품위생학(4판)』, 정문각, 2008. p.337-52.

식품위생법. 한국식품공업협회, 2009.

식품의약품안전처. 「관리지침서 개발-구축편 연구결과 보고서」, 2004.
식품의약안전처. 「식품위해요소중점관리기준」, 2005.
식품의약안전처. 「HACCP 교육·훈련교재」, 1999.
식품의약안전처. 「HACCP 적용가이드라인」, 2005.
한국보건산업진흥원. 빙과류의 HACCP계획-어묵류 등 6개 HACCP 의무적용품목.
한국식품기술사협회. 「HACCP 팀장 교육 강의자료」, 2021
한국식품정보원. 「HACCP 팀장 교육교재」, 2009.
한국식품정보원. 「이물관리실무과정 교육교재」, 2009.
한국 HACCP 연구회. 『식품 축산물 위해요소 중점관리기준』, 문영사, 2001. p 3-10.
CODEX. Guidelines for the application of HACCP System. *Report of the 26th Session of the Codex Committee on Food* . Vol. 16.
CODEX. Alimentarius CommissionHygiene. *Alinorm 93/13A*. FAO. Rome, 1993.
FDA. Thermally processed low-acid foods packaged in hermetically se4aled containers. *Title 21 Code of Federal Regulations*. Washington, D.C.: Government Printing Office, 1992.
ICMSF/WHO. *Report of the ICMSF/WHO Meeting in Hazard Analysis Critical Control Point Systems in Food Hygiene*. VPH/82.37, WHO, Geneva, 1982.
Karl, B. and Angus, J.B.: Evaluation of worldwide approaches to the use of HACCP to control food safety. *Trends in Food Science and Technology*. 2000;11:10-13.

식품위생학 기출문제

01 식품 및 축산물 안전관리인증기준에서 중요관리점(CCP) 결정 원칙에 대한 설명으로 틀린 것은?

① 농·임·수산물의 팬매 등을 위한 포장, 단순처리 단계 등은 선행요건이 아니다.

② 기타 식품판매업소 판매식품은 냉장—냉동식품의 온도관리 단계를 CCP로 결정하여 중점적으로 관리함을 원칙으로 한다.

③ 판매식품의 확인된 위해요소 발생을 예방하거나 제거 또는 허용수준으로 감소시키기 위하여 의도적으로 행하는 단계가 아닐 경우는 CCP가 아니다.

④ 확인된 위해요소 발생을 예방하거나 제거 또는 허용수즌으로 감소시킬 수 있는 방법 이 이후 단계에도 존재할 경우는 CCP가 아니다.

02 HACCP에 관한 설명으로 틀린 것은?

① 위해분석(hazard analysis)은 위해가능성이 있는 요소를 찾아 분석·평가하는 작업이다.

② 중요관리전(critical control point) 설정이란 관리가 안 될 경우 안전하지 못한 식품이 제조될 가능성이 있는 공정의 결정을 의미한다.

③ 관리기준(critical limit)이란 위해분석 시 정확한 위해도 평가를 위한 지침을 말한다.

④ HACCP의 7개 원치에 따르면 중요관리전이 관리기준 내에서 관리되고 있는지를 확인하기 위한 모니터링 방법이 설정되어야 한다.

03 HACCP의 일반적인 특성에 대한 설명으로 옳은 것은?

① 사고 발생 시 역추적이 불가능하여 사전적 예방의 효과만 있다.

② 식품의 HACCP수행에 있어 가장 중요한 위험요인은 통상적으로 "물리적>화학적>생물학적" 요인 순이다.

③ 공조시설계통도나 용수 및 배관처리계통도 상에서는 폐수 및 공기의 흐름 방향까지 표시되어야 한다.

④ 제품설명서에 최종제품의 기준·규격작성은 반드시 식품공전에 명시된 기준·규격과 동일하게 설정해야 한다.

04 식품 및 축산물 안전관리인증기준에 의한 선행요건 중 식품제조업소에서의 냉장·냉동시설·설비 관리로 잘못된 것은?

① 냉장시설은 내부온도를 10℃이하로 한다(단, 신선편의식품, 훈제연어, 가금육은 제외한다).

② 냉동시설은 −18℃ 이하로 유지한다.

③ 냉장·냉동시설의 외부에서 온도변화를 관찰할 수 있어야 한다.

④ 온도 감응 장치의 센서는 온도의 평균이 측정되는 곳에 위치하도록 한다.

05 HACCP의 7원칙에 해당하지 않는 것은?

① 모니터링 체계 확립

② 검증 절차 및 방법 수립

③ 문서화 및 기록 유지

④ 공정흐름도 현장확인

06 안전관리인증기준(HACCP)을 적용하여 식품·축산물의 위해요소를 예방·제어하거나 허용 수준 이하로 감소시켜 당해 식품·축산물의 안전성을 확보할 수 있는 중요한 단계·과정 또는 공정은?

① Good manugacturing practice
② Hazard Analysis
③ Critical Limit
④ Critical Control Point

07 식품제조·가공업의 HACCP 적용을 위한 선행요건이 <u>틀린</u> 것은?

① 작업장은 독립된 건물이거나 식품취급외의 용도로 사용되는 시설과 분리되어야 한다.
② 채광 및 조명시설은 이물 낙하 등에 의한 오염을 방지하기 위한 보호장치를 하여야 한다.
③ 선별 및 검사구역 작업장의 밝기는 220룩스 이상을 유지해야 한다.
④ 원·부자재의 입고부터 출고까지 물류 및 종업원의 이동 동선을 설정하고 이를 준수해야 한다.

08 HACCP 시스템 적용 시 준비단계에서 가장 먼저 시행해야 하는 절차는?

① 위해요소분석　② HACCP팀 구성
③ 중요관리점 결정　④ 개선조치 설정

09 HACCP 개선조치에 대한 정의와 개선조치 방법 설정 시 확인사항과 확립 순서를 작성하시오.

10 식품 품목을 임의로 선정하여 HACCP 7원칙 적용 계획을 수립하시오.

11 HACCP에서 위해요소(Hazard)와 검증(Verification)에 대하여 설명하시오.

기출문제 정답

1. ①	4. ④	7. ①
2. ③	5. ④	8. ②
3. ③	6. ③	

12
CHAPTER

위해물질의 저감화

서론

안전한 식품을 확보하는 가장 좋은 방법은 사전에 식품이 오염되지 않도록 예방하는 것이다. 일단 식품이 오염되면 식품 중 오염물질을 제거하기란 매우 어렵고 투입되는 비용과 노력, 식품 품질 측면에서 손해가 매우 크기 때문이다. 식품으로부터 오염된 위해물질을 제거하는 방법으로는 세척방법이 가장 간단하고 효율이 높다. 그러나 미생물, 화학물질 등 미세하거나 부착성이 강한 물질은 단순 세척에 의한 제거가 불가능하다.

미생물이 오염된 경우에는 더 이상 자라지 못하게 하는 정균방법을 사용하거나 균을 죽이는 살균방법을 사용한다. 정균방법에는 냉장/냉동, 건조, 가스저장, 절임, 보존료 사용 등의 방법이 있으며, 살균방법은 열처리와 비가열처리로 나누는데, 비가열법에는 방사선 조사처리(irradiation), 살균소독제 등이 이용되어 왔다.

화학적 위해요소를 제거하기 위해서는 식품으로부터 분리해 내거나 불활성화시키는 방법을 사용하는데, 가장 제거하기 어려운 위해요소이다. 물리적 위해의 경우 대부분 육안이나 현미경, X-ray 등으로 확인한 후 식품으로부터 물리적으로 제거한다.

계면활성제
유화제와 같은 기능을 갖는 것으로 한 분자 내에 친수성기와 친유성기를 갖는 물질

유화(Emulsifying)
혼합되지 않는 두 가지의 액체에 계면활성제를 넣고 휘저어 섞어 한쪽의 액체를 다른쪽의 액체 중에 분산시켜 에멀션을 생성시키는 일

킬레이트화(Chelation)
동일 분자에 결합한 인접 원자 사이에 착결합 또는 수소결합 등에 의해서 환상구조가 형성되는 것. 환상이 아니면 킬레이트화라고 말하지 않으며 유기 화합물의 착염에서 볼 수 있다.

12.1 세척

세척제는 살균이 아니라 단순히 위해인자를 씻어서 제거할 때 사용하는 화학물질을 말하는데, 식품위생법에서는 세 가지 종류로 구분하고 있다(표 12-1). 1종 세척제는 사람이 그대로 먹을 수 있는 채소 또는 과실에 사용되는 세제, 2종은 식기류 등 식품의 용기, 3종은 식품의 가공·조리기구 등에 사용되는 세척제를 말한다.

표 12-1 세척제의 성분규격

규격 \ 구분	1종	2종	3종
	채소 또는 과일용 세척제	식기류용 세척제	자동식기세척제용 또는 산업용 식기류, 식품의 가공기구·조리기구용 세척제
pH(사용 농도)	6.0~10.5	6.0~10.5	-
메틸알코올(고형, 분말, 과립상 제외)	1 mg/g 이하	1 mg/g 이하	-
비소(사용 농도)	0.05 ppm 이하	0.05 ppm 이하	0.4 ppm 이하
중금속(사용 농도)	1 ppm 이하	1 ppm 이하	2 ppm 이하
형광증백제	불검출	불검출	불검출
계면활성제(%)	표시량 이상이어야 한다.		

사용농도: 사용농도가 기재되어 있지 않거나 세척대상에 따라 사용농도가 다를 경우는 30배 희석액을 사용농도로 한다.
출처: 보건복지부 고시 2002-77호

표 12-2 세척제 성분별 상대적 효과

효능 \ 세척제 성분	강알칼리	약알칼리	복합인산염	약산	강산	계면활성제
킬레이트화(chelating)	−	+1	+4	−	−	−
비누화(saponifying)	+4	+3	+3	+3	+3	+1
습윤(wetting)	+1	+2	+1	+1	−	+4
유화(emulsifying)	+1	+2	+2	−	−	+4
확산(dispersion)	+2	+3	+1	+3	−	+3
헹굼(rinsing)	+3	+3	+2	+1	−	+4
부식(corrosion)	+4	+2	−	+2	+4	−

+4: 매우 우수, +3: 우수, +2: 보통, +1: 낮음, −: 없음.
출처: 김용수 등, 2007.

세척제의 사용기준은 1종 세척제의 경우, 세척제의 용액에 야채 혹은 과실을 5분 이상 담가서는 안 되며, 채소, 과실 혹은 식기를 씻은 후에는 반드시 음용수로 씻어야 한다. 이때 흐르는 물을 사용할 때에는 채소 혹은 과실을 30초 이상, 식기류는 5초 이상 씻고 흐르지 않는 물을 사용할 때는 물을 교환하여 2초 이상 씻어야 한다.

수분함량이 높은 과일, 채소 등의 오물은 제거가 용이하나 전분, 단백질, 지방 함량이 높은 오물, 오래되지 않은 해충 배설물, 화학물질 등은 세척으로 제거하기가 어렵다. 특히, 고기, 용해치즈의 단백질, 지방, 오래된 해충 배설물 등은 더우 어렵다.

일반적으로 다양한 성분 종류의 세척제가 사용되는데, 용해가 비교적 잘되는 복합 탄수화물, 지방, 단백질 등 유기물의 경우 알칼리계 계면활성제를 주로 사용하며, 불용성인 무기물 등은 산성계 계면활성제를 주로 사용한다. 세척제 성분별 상대적 효과는 표 12-2와 같다.

습윤(Wetting)
습기가 있고 촉촉함

비누화(Saponification)
에스테르를 가수분해하여, 산과 알코올로 바꾸는 반응. 즉 에스테르화의 역반응이다.

비누화값 (Saponification number)
유지 1 g을 완전히 비누화(또는 검화)하는데 요하는 수산화칼륨의 mg수를 말한다. 유지의 분자량에 반비례한다

부식(Corrosion)
금속류가 여러 가지 원인으로 내부에 침투한 산소원자와 반응하여 산화물의 층을 만들어 강도가 약해지는 것을 말한다. 금속의 결정구조 등 내부 상태와 그 금속의 환경조건, 예컨대 온도, 압력, 반복하여 받는 응력과 국부 전지 등의 전기화확적 환경, 접촉하고 있는 화학물질의 종류 등에 따라 큰 영향을 받는다.

12.2 생물학적 위해요소 저감화

12.2.1 정균작용

미생물의 성장을 정지시키는 정균작용(bacteriostatic)의 원리를 이용한 방법은 수분활성도(water activity, aw)를 조절하는 건조법이 전통적으로 가장 오래 전부터 사용되어 왔다. 그러나 현재는 진공, CO_2 등 가스 조절법이 일부 사용되고 있으며 냉장/냉동이 가장 대중적으로 사용되고 있다. 정균의 기본원리는 살균과는 달리 식품 중 초기 균수를 감소시키지는 않으나 원래 오염되어 있던 균이 더 이상 성장하지 않고 그 수준을 그대

로 유지하도록 하거나 성장속도를 늦춰 저장기간을 연장시키는 방법이다.

정균작용은 미생물 생육요인 중 식품에 직접 조절하는 내적요인인 온도, 영양소, aw, pH, 보존료 등과 식품을 보존하는 환경(외적요인)에 해당하는 가스조절, 상대습도(relative humidity, RH) 조절 등의 방법으로 만들어 낼 수 있다.

수분활성 (Water activity, Aw)
식품 성분에 화합되어 있는 물의 강도를 표시하기 위해서 수분활성(water activity; aw)이란 용어가 도입되었다. 수분활성은 수분함량보다 각종 형태의 식품의 변패를 예측할 수 있는 더 정확한 지표가 된다. 수분활성이란, 어떤 임의의 온도에서 그 식품의 수증기압(P)에 대한 그 온도에 있어서의 순수한 물의 수증기압(P0)의 비율로 정의된다.

12.2.1.1 저온저장

저온저장은 온도를 낮춰 생명체의 화학적, 미생물학적, 효소적 반응속도를 낮춰 품질변화를 최소화하는 원리이다. 냉장고가 보급되기 전에는 땅을 파서 온도 13℃ 정도를 유지하며 보관하는 움저장이 일반적이었으나, 현대에는 냉장냉동고가 널리 보급되어 정균법 중 냉장, 냉동 등 저온을 이용한 식품저장이 일반화되어 있다. 미생물은 저온일수록 증식속도가 느리다. 그러나 저온균(psychrotroph)은 냉장온도에서도 빠르게 증식하게 되는데, 0℃ 또는 그 이하에서도 *Achromobacter*, *Flavobacterium*, *Pseudomonas*, *Micrococcus* 등의 저온세균과 *Penicillium*, *Cladosporium*, *Mucor*속의 곰팡이, *Torulopsis*속과 *Candida*속의 효모는 성장이 가능하다. 미생물 생장의 최저온도는 온도 외에도 수분의 상태가 중요한 인자로 작용한다. 수분이 기질에서 얼어 밖으로 빠져나가면 얼지 않고 남는 부분의 삼투압이 높아져 미생물은 생육하기 어렵다. 그러나 곰팡이와 효모는 내삼투압성이 있으므로 수분상태에 상관없이 생육하는 것이 많다.

냉장(Refrigeration)
일반적으로 0~10℃로 보존하는 것

냉동(Freezing)
0℃ 이하로 동결시켜 보존하는 것

삼투작용
두 액체 사이에 농도 차이가 있을 때 저농도 액체상에서 고농도 액체상으로 물이 이동하려는 작용

−10℃ 이하의 동결은 미생물의 생육이 억제될 뿐이지 살균의 효과는 거의 없다고 볼 수 있다. 따라서 동결식품이라도 가공 중의 처리가 나쁘면 장기간 보존할 수가 없는 것이며 위생적으로 절대 안전하다고 할 수가 없다. 식품의 보존에 사용되는 얼음 중의 일반세균이나 냉동식품 중의 세균 오염이 식품위생상 문제가 되고 있다. 또한 냉동식품을 상온으로 환원하였을 때 냉동 중 식품의 조직이 손상되고 연화될 수 있는데, 세포가 손상되면 미생물의 번식에 적합한 환경이 되어 부패가 급속히 진행되기 쉽기 때문이다. 따라서 상온으로 해동한 냉동식품은 가능한 한 빨리 처리하여 섭취해야 한다. 또한 생산에서 보관에 이르기까지의 전 과정을 각각의 보존에 적합한 저온으로 유지하면서 유통시키는 저온유통체계(cold chain system)를 통해 관리해야 한다.

저온유통 (Cold chain system)
저온유통이라 함은 주로 과일, 채소류를 수확한 후 소비자에게 전달될 때까지 저장, 수송, 판매의 유통시스템 과정을 저온으로 하여 신선도를 유지하고자 하는 유통방법을 말하고 저온유통시스템이라고도 한다.

12.2.1.2 건조저장

건조저장은 미생물이 이용할 수 있는 수분을 없애거나 불활성화시켜 생장을 억제한다. 일반적으로 미생물이 수분함량 15%, 수분활성도 0.7 이하

의 조건에서 거의 증식하지 못하는 원리를 이용해 식품을 보존하는 방법이다. 수분은 미생물에 의한 식품의 부패, 효소에 의한 변질 또는 식품 성분의 화학적 변화 등에 의한 식품의 품질 저하에 크게 영향을 주므로 식품 중의 수분을 건조시킴으로써 식품의 저장성을 높일 수 있다. 즉 식품을 건조시키면 식품에 함유된 수분 중 미생물이 이용하는 자유수가 감소되어 수분활성도가 저하되므로 저장성이 높아지고 아울러 무게와 부피도 감소되어 운반과 포장이 용이해지는 등 경제적인 효과가 생긴다. 주로 농산물, 해산물 건조에 많이 이용되는 일광건조법, 90℃ 이상의 고온으로 건조 보존하는 고온건조법, 가열한 공기를 식품표면에 보내 수분을 증발시키는 열풍건조법, 직접 불에 가열하여 건조시키는 배건법(직화건조법), 액체 상태의 식품을 건조실 안에서 안개처럼 분무하면서 건조시키는 분무건조법, 감압, 저온으로 건조시키는 감압건조법 등이 사용되고 있다.

12.2.1.3 절임저장

절임에는 소금의 농도가 10% 이상 되도록 하여 해산물, 채소, 육류 등의 저장에 이용하는 염장법, 50% 이상의 설탕액에 담가 과일류, 젤리, 잼, 가당연유 등에 이용하는 당장법, 주로 3% 이상의 식초산(아세트산), 구연산, 젖산을 이용하여 저장하는 초절임법 등이 있다.

염장에 의해 식품의 저장성이 증가하는 이유는 ① 소금에 의해 세균이 이용할 수 있는 자유수의 감소로 인한 수분활성도 저하, ② 소금의 고삼투압으로 부착세균의 원형질 분리로 인한 생육 억제, ③ 고농도 소금용액의 산소용해도 저하로 인한 호기성 세균의 생육 억제, ④ 소금의 해리로 생성된 염소이온의 살균작용 등으로 설명할 수 있다. 일반적으로 소금 농도가 15% 정도 되면 보통 세균의 생육은 억제되나, 호염성 및 내염성 세균은 고농도에서도 생육할 수 있다. 그러나 이들의 생육 속도가 매우 완만하고 단백 분해작용도 비교적 약해 염장품에서는 급격한 부패가 일어나지 않고 어느 정도의 기간까지는 보존이 가능하다.

당장법에 의해 식품의 저장성이 증가하는 이유는 당에 의해 세균이 이용할 수 있는 자유수가 감소되어 수분활성도가 낮아지며, 세균 자체가 당의 고삼투압으로 인한 원형질 분리로 생육이 억제되기 때문이다. 당은 소금에 비해 삼투압이 낮아 식품 내부로의 침투가 어려워 원료 식품을 묽은 당액이나 물로 삶아서 조직을 연화시킨 후 고농도 당액에 절여야 한다. 일반적으로 당 농도가 50% 이상이 되면(Aw 0.90 이하) 미생물의 생육이 억제되나 일부 내삼투압성 효모(*Saccharomyces*, *Hansenula*, *Pichia* 등)나 곰팡이(*Aspergillus*, *Monilia*, *Penicillium* 등)는 80% 고농도에서도

삼투작용
두 액체 사이에 농도 차이가 있을 때 저농도 액체상에서 고농도 액체상으로 물이 이동하려는 작용

견디는 것들이 있다.

12.2.2 살균작용

12.2.2.1 열처리 이용법(Thermal processing)

1) 가열

식품 내 오염된 미생물의 사멸방법 중 가장 전통적이고 일반적인 방법이 가열에 의한 방법이다. 일반적으로 미생물은 생육 가능한 최고 온도보다 10~20℃ 이상의 조건에서 사멸하기 시작하며 효소도 불활성화되어 식품의 저장성이 높아진다.

저온살균(Pasteurization)
보통 100℃ 이하 온도에서의 가열살균을 말한다. 산성 과실통조림 살균에 예전부터 사용되어 온 살균법이다. 저산성식품의 2차 살균으로도 사용되고 있다. 저산성식품의 2차 살균으로도 사용되고 있다. 식품 중에 존재하는 미생물을 부분적으로 살균하는 가열방법이라고도 할 수 있다.

식품 중에서는 우유 내의 미생물을 가열 살균하는 방법이 가장 대표적인데, 저온살균(pasteurization)과 멸균(sterilization) 개념이 도입된다. 식품의 살균방법은 저온살균법과 고온살균법이 있는데, 우유의 영양소와 관능적 품질을 유지하기 위하여 초고온처리법(ultra-high temperature treatment, UHT)이 주로 사용된다. UHT 처리는 우유를 130~150℃ 범위에서 최소 1~2초 열처리하여 모든 생명체를 죽이는 것이 아니라 병원성균 등 유해한 미생물만 죽이므로 "상업적으로 살균된 우유(commercially sterilized milk)"라고 한다. 이때 살균은 우유 내에 존재하는 병원성균 등 대부분의 미생물을 사멸시키는 방법이다. 반면에 멸균

표 12-3 식품별 보관법

식품의 종류	보관법
육류	냉장고에 장기간 저장할 때는 냉동시켜 보관
두부	찬물에 담가 냉장 보관
생선	내장을 제거하고 흐르는 수돗물(비브리오 예방)로 깨끗이 씻어 물기를 없앤 뒤 다른 식품과 접촉하지 않도록 분리하여 냉장 보관
패류	내용물을 모아 흐르는 수돗물(비브리오 예방)로 깨끗이 씻은 뒤 냉장 또는 냉동 보관
어묵	냉장상태로 보관
달걀	씻지 않은 상태로 냉장 보관(살모넬라 예방)
우유	10℃ 이하로 냉장 보관, 가능한 한 신속히 섭취
채소	물기를 제거한 뒤 포장지로 싸서 냉장 보관, 씻지 않은 채소와 씻은 채소가 섞이지 않도록 분리 보관
젓갈	서늘하고 그늘진 곳에 뚜껑을 잘 닫아 보관
양념류	물/이물 등이 들어가지 않도록 주의해 보관
통조림	개봉 뒤 깡통째로 보관하지 말고 별도의 깨끗한 플라스틱 용기에 보관, 개봉 일시를 기록하고 가능한 한 빨리 섭취

출처: 식품의약품안전처

은 초고온으로 우유 내 모든 생명체를 사멸시키는 것으로 상온에서도 1~3개월간 보존이 가능하다. 고온살균법은 매 10℃가 증가할 때마다 화학반응속도(Q_{10})는 2~3배 증가하고, 열에 의한 우유 성분의 변질속도는 일정하지만, 내열성 미생물 및 미생물 포자의 사멸속도는 8~30배로 증가하므로 온도 증가에 따른 미생물 포자의 사멸 속도 증가율이 우유 성분의 화학변화속도 증가율보다 몇 십 배 빠르기 때문에 활용되고 있다. 멸균 시에는 극히 짧은 시간 동안만 열처리를 하여 가급적 영양 성분의 파괴나 원하지 않는 화학반응의 야기를 억제하게 된다.

2) 마이크로파(Microwave)와 방사진동(Radio frequency, RF)

마이크로파나 방사진동 열처리는 진동을 가진 전기 자기장의 파장을 이용해서 물질에 열을 만들어 주는 방법이다. 미국의 경우, 일반적으로 마이크로파를 식품에 처리하기 위해 산업체에서는 2,450과 915 MHz의 두 가지 주파수를 주로 이용하는데, 가정용 오븐에는 2,450 MHz만이 주로 이용되고 있다. 방사진동을 이용한 열처리의 경우, 세 가지의 주파수가 이용되고 있는데, 제과 및 제빵 등 일부 식품산업에서 이용되고 있을 뿐 거의 상업화되지 못하고 있다.

마이크로파나 방사진동 열처리 방법은 기존의 열처리 방법과 비교했을 때 식품의 온도를 매우 빠르게 증가시키며, 원하는 온도에 빨리 도달하게 한다. 이 방법은 특히 고체나 반고체 물질에 적용이 용이하며, 포장된 식품에서도 이용 가능하다.

식품산업에서 이용된 마이크로파 살균의 적용 예는 호상요구르트, 우유 등 유제품의 살균에 처음으로 시도되었다. 일부 연구에 따르면, 마이크로파를 이용하여 우유를 살균할 경우 부착현상(fouling) 발생을 극소화시키면서 균을 사멸시킬 수 있어 향, 영양 성분 등 품질의 보존효과가 클 것으로 예상되며 별도의 연료 사용 없이 전기 에너지만을 이용함으로써 친환경적 방법으로 인식되고 있다. 현재는 전 세계적으로 가정 혹은 산업에 널리 이용되고 있다.

3) 저항 열처리(Ohmic heating)

전기 저항 열처리 방법은 최소한의 에너지를 이용함으로써 식품의 열에 의한 손상을 줄이기 위한 열처리 방법이다. 이 방법은 낮은 볼트의 교차 전류를 식품 내로 흐르도록 하여, 식품의 전기 전도성으로 인하여 식품 내에 열이 발생하도록 하는 것이다. 즉, 이것은 액체 혹은 고체 물질 내의 전기 저항의 효과를 이용하여 전기에너지를 열로 전환시키는 방법으로 여러 개

상업적살균 (Commercial sterilization)
통조림과 같이 가열하여 살균하는 경우 품질 유지를 위하여 식중독균이나 부패에 관여하는 미생물만을 선택적으로 살균하는 기법을 말한다. 상업적 살균을 하면 일부 호열성 세균의 아포는 생존할 수 있는 가능성은 있으나 이들이 일반적인 식품의 유통 조건에서는 부패에 관여하지 못하므로 식품의 안전성에는 문제가 없다.

멸균(Sterilization)
살아있는, 즉 증식능력이 있는 미생물이 존재하지 않는 상태(무균상태)를 만들어 내는 조작

화학반응속도(Q_{10} value, Temperature quotient)
온도가 10℃ 상승하였을 때에 반응속도가 원래의 속도의 몇 배가되는 가를 비교하는 변수로 생체반응이 온도에 의존하는 정도를 가리킨다.

의 전극이 장치된 관 속으로 식품을 투입하여 처리하게 된다.

이 방식은 이미 19세기에 유동식품을 전기에너지로 가열하는 방법으로 특허 등록되었고 1919년에 우유의 전기적 저온살균이 성공하여 새로운 살균법으로 주목받아 오고 있다.

이 방법은 신속하고 균일하게 식품에 열을 전달하며, 식품내부 온도를 곧바로 상승시켜 식품 내 미생물을 제어할 수 있다는 장점이 있다. 현재 일본과 유럽 등에서 과일의 살균을 위해서 이용되고 있으며, 미국에서는 액상 계란의 처리를 위하여 전용설비를 개발하여 이용하고 있다. 저항열처리 방법은 식품을 데치는 과정, 증류, 수화, 발효, 그리고 추출 등의 공정에 이용될 것으로 기대되며, 액화 식품이나 미립자 식품, 특히 인스턴트 음식, 과일, 채소, 고기, 또는 어류 등 충분한 전도성을 가진 식품의 살균이나 멸균 등에도 적용될 수 있을 것으로 예상된다.

4) 원적외선 살균

원적외선 살균은 2.5~20 μm 파장의 원적외선을 조사하여 물질을 가열함으로써 살균하는 방법이다. 원적외선은 공기에 거의 흡수되지 않고 직접 물체의 표면에 도달하여 물질의 내부 깊이까지 침투하기보다는 가열된 물질 표면에서 열전도에 의하여 내부가 가열되므로 비교적 두껍지 않는 식품의 가열살균에 이용된다.

원적외선은 에너지 수준이 낮으므로 식품에 조사하여도 식품 성분의 화학변화는 없으므로 식품의 품질 열화가 거의 일어나지 않는다. 원적외선의 살균은 가열에 의한 살균이므로 가열이 되는 재료에 한하여 적용 가능하며 가열 속도가 빠르고 가열 효율이 우수하여 처리시간이 짧고 설비가 저렴하며 안전성이 높은 특징을 가진다.

원적외선 가열은 비스킷과 같은 비교적 두껍지 않는 식품의 가열가공, 수산연제품이나 생선의 굽기, 생선, 채소, 송이, 김 등의 건조, 포장식품의 살균 등에 이용할 수 있다.

12.2.2.2 비열처리 방법(Non-thermal processing)

1) 펄스전기장(Pulsed electric field, PEF)

펄스전기장 방법의 식품에의 적용은 1920년대 말 미국에서 우유에 처음으로 시도되었다. 이 방법은 두 개의 전극을 이용하여, 높은 볼트의 전기장(일반적으로 20~80 kV/cm^2)을 만들어 식품의 살균이나 멸균에 이용하는 것이다. 펄스전기장 방법은 식품의 열처리에 의한 에너지를 최소화하며, 식품의 바람직하지 않은 관능상의 변화와 물리적 손상을 줄일 수 있으

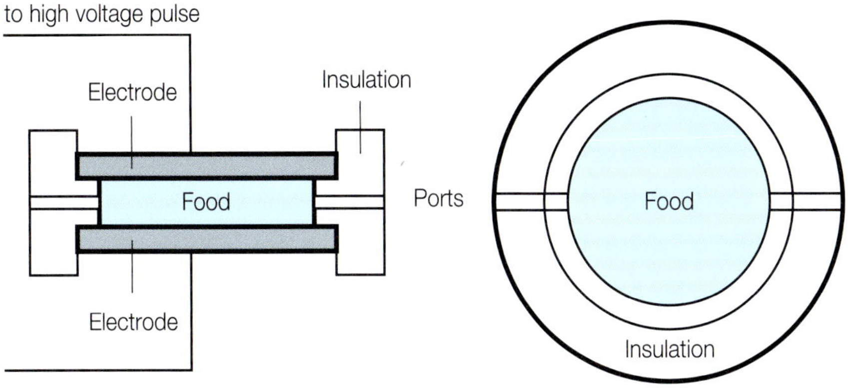

그림 12-1 펄스 전기장에 의한 미생물 파괴의 원리

며, 병원성 세균, 효모, 그리고 곰팡이 등을 파괴하는데 효과가 있다.

미생물의 제어 원리는 다양하게 설명되고 있는데, 그 중 가장 유력한 것은 전기분해와 전기 천공(electroporation) 원리이다. 전기의 높은 볼트 충격은 세포막 안과 밖에 다른 전위를 일으키며, 양쪽에 약 1 V 정도의 전위 차이가 일어나서 세포막의 파손이 야기된다(그림 12-1). 따라서 높은 전극의 강도(10 kV/cm 이상)에서 전기 충격을 받게 되면 미생물 세포는 회복할 수 없을 정도로 세포막 손상을 입게 되며(전기분해) 높은 강도의 전극은 세포막의 이중 지방층이나 단백질을 불안정화시켜 미생물 세포의 파괴를 가져올 수 있다(전기천공).

펄스전기장을 이용한 미생물 제어효과에 영향을 주는 요소로는 전기장의 조건(전기장의 강도, 펄스 넓이, 처리 시간, 온도, 펄스 파장 모양 등), 미생물적 요소(종류, 수, 미생물의 성장 단계 등) 그리고, 배지 요소(pH, 항균 물질의 유무, 이온 물질, 전노성, 배지의 이온 강도 등) 등이 있다. 현재 상업적인 시스템이 이용 가능하며, 액체 식품의 경우 입자의 크기로 제한될 수 있다. 실제 사용 예로 과일 주스, 우유, 액상계란 등의 살균에 일부 이용되고 있으며, 미생물 살균뿐 아니라, 채소 및 과일 주스의 추출이나 식물 세포로부터 색소를 추출하는 데에도 유용한 것으로 알려져 있다. 펄스자기장 방법이 식품 보존기술로서 그 가능성을 가지고 있다 하더라도, 아직 대중적인 실용화는 이루어지지 못한 실정이다.

방사선(Irradiation)
방사선에는 광선, X선 같은 전자파방사선과 α선, β선 같은 입자방사선이 있다. 이 중 전리작용이 있는 것을 전리방사선(혹은 이온화방사선)이라고 하지만, 전리방사선의 것을 일반적으로 방사선이라고 부른다.

2) 방사선 처리(Irradiation, ionizing radiation)

식품의 방사선조사(Ionizing radiation, 이온화살균)는 주로 가열할 수 없는 식품을 대상으로 하는 살균법이다. 농산물의 경우 해충 구제와 곰팡이 사멸, 독소생산 억제, 발아·발근 억제에 사용되며, 축산물은 식육에 오염된 병원균 및 부패균을 사멸시켜 안전성과 저장성을 보장하는데 이용된다. 수산식품에서도 장염비브리오균이나 콜레라균을 사멸시켜 식중독을 예방할 수 있으며, 영유아 제품의 안전성 확보, 우주식품 개발, 국제식량 위기 대처에 널리 활용되고 있는 기술이다.

1895년 X-ray가 발견된 후 방사선의 생물학적 효과에 대한 연구가 시작되었으며, 1921년 미국에서 육류에 존재하는 기생충(*Trichinella spiralis*)의 살균기술로 특허를 받아 본격적으로 이용되기 시작하였다. 2차 대전 이후부터 식품에의 적용을 위하여 유효성, 안전성, 경제성에 관한 검토가 이루어졌으며 감자의 발아억제를 시작으로 러시아(1958년), 캐나다(1960년), 미국(1964년)에서 법적으로 허가되었다. 현재는 세계 53개국 234기의 시설에서 향신료, 건조채소류, 근채류, 가금류 등 약 250여 종의 식품군에의 적용이 허가되어 있으며 우리나라도 1987년부터 현재까지 감자, 양파, 마늘, 밤 등 29개 품목이 허가되어 있다(표 8-1).

3) 강력 광 펄스(Intense light pulses)

분광(Spectrum)
파장이 짧은 측에서 X선 스펙트럼(3 nm 이하), 진공 자외선 스펙트럼(~200 nm), 자외선 스펙트럼(~400 nm), 가시 스펙트럼(~600 nm), 근적외 스펙트럼(~3 μm), 적외 스펙트럼(~40 μm), 원적외 스펙트럼(0.5 μm), 마이크로파 스펙트럼(~10 cm)으로 순서를 매겨, 빛의 강도나 양을 그 파장이 순서로 한 줄로 세운 것을 말한다.

강력 광 펄스는 넓은 스펙트럼 백색광(white-light)의 강하고 짧은 파의 충격을 이용한 식품 보존 방법이다. 전자기파의 스펙트럼은 그림 12-2에 나타내었다.

빛의 분광은 적외선(infrared) 근처의 자외선(ultraviolet, UV) 파장을 포함한다. 무균포장 또는 공기, 물, 염 용액과 같은 유체를 처리할 경우 UV가 많은 광 펄스, 즉 최소한 광에너지의 30%가 300 nm 이하의 파장을 갖는 펄스를 사용한다. UV광 펄스는 광열 및 광화학 기작을 통해 미생물을 살균한다.

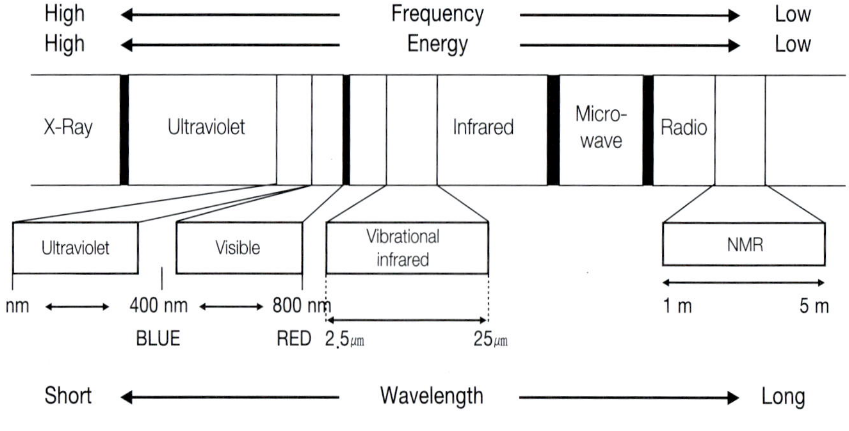

그림 12-2 전자기파의 스펙트럼

1666년 Newton이 스펙트럼을 발견한 이래 빛에 대한 많은 연구가 이루어졌으며, 1800년 Herschel은 가시광선의 적색 파장 바깥에 가시광선보다 큰 열에너지를 갖는 적외선이 있음을 발견하였다. 1801년 Ritter는 보라색 가시광선보다 짧은 파장을 갖는 자외선을 발견하였다. 이어서 1804년 Young은 UV의 광화학 작용을 처음으로 관찰하였다. UV의 선원은 태양과 같은 자연적인 것과 아크등, 백열등과 같은 인공적인 것으로 나뉜다. UV는 X-선보다는 길고 가시광선보다는 짧은 파장을 나타내는 전자파로서 파장에 따라 장파장(315~400 nm)인 UV-A, 중간파장(280~315 nm)인 UV-B, 단파장(200~280 nm)인 UV-C 및 80~200 nm의 파장을 갖는 진공 UV로 구분한다.

UV는 최대 흡수파장 260 nm에서 미생물의 DNA에 흡수, 손상을 일으켜 살균력을 나타낸다. 따라서 파장 200~300 nm의 단파장 UV-C가 가장 높은 살균력을 지닌다. UV-C는 세균, 효모, 곰팡이, 바이러스 등 공기 및 표면 미생물에 강한 살균력을 지니므로 식품제조 용수, 생수, 음료 등의 살균, 식품가공 기계기구의 살균, 식품가공 시설 내 공기 살균, 식품가공 폐수 살균처리 등에 널리 사용되고 있는 기술이다.

현재 국내에서의 자외선 살균소독기는 작은 식당에서부터 단체급식소, 대형식품제조업체에 이르기까지 폭넓게 사용되고 있으며, 그 용도 또한 컵 살균은 물론 칼, 도마, 행주 등 기구 살균과 위생복, 앞치마, 장화, 고무장갑 등의 개인위생 용구에 이르기까지 다양하다.

4) 초고압처리(High pressure processing, HPP)

초고압 처리기술은 흔히 ultra high pressure(UHP) 혹은 high hydrostatic pressure(HHP)로 불리며 열처리를 대체할 수 있는 식품보존법으로 오랫동안 연구되어 왔다. HPP는 일정한 온도에서 식품 전체에 균일하게 높은 정압력(static pressure)을 가하는 기술로서, Hite(1899)에 의해 처음으로 식품가공에 시도된 이래, 20세기 초반에 이미 우유 등에서 미생물 살균효과나 유용한 물질의 추출 향상 등의 기능이 확인된 바 있었으나 본격적으로 식품산업에 적용된 것은 최근의 일이다(그림 12-3).

초고압에 의한 생화학적 변화는 주로 부피의 증감에 따라 발생하며, 압력에 의해 분자 사이의 공간이 감소하거나 연쇄반응이 증가하는 데서 비롯된다. 공유결합이나 수소결합의 경우 결합이 파괴될수록 몰 부피의 합이 증가하기 때문에 압력의 증가가 이들 결합의 파괴를 촉진하지 않고 오히려 압력이 증가할수록 결합이 촉진된다. 고압하에서도 DNA가 안정된 이유는 이러한 이유 때문이다.

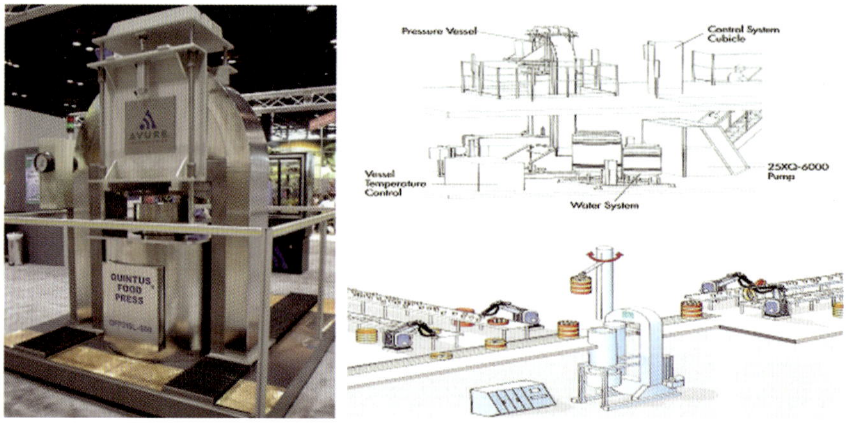

그림 12-3 **초고압 장치**

HPP는 미생물 세포막에 작용함으로써 살균효과를 나타내는 것으로 알려져 있는데, HPP에 의해 세포막 단백질이 변성되고 인지질의 크기가 감소되어, 세포의 생명 유지에 필수적인 이미노산의 흡수를 억제한다. 이에 따라 대사 활동에 관여하는 효소 등 단백질을 불활성화시켜 미생물의 생육을 저해한다. 식품의 고압처리는 미생물의 저해뿐만 아니라 단백질 변성 또는 변형, 효소의 활성 혹은 불활성, 효소와 기질 결합의 변화, 탄수화물과 지방 등 복합체의 성질 변화, 용액에서 화학반응 정도의 변화 등의 효과도 수반한다. 그러나 이러한 효과는 열처리보다는 낮은 것으로 알려져 있다. 이 기술은 처리된 식품이 고유의 신선도, 색, 향, 그리고 맛을 유지하고, 크기나 모양, 식품의 구성과 상관없이 적용될 수 있다는 장점을 갖는다. 압력을 이용한 살균은 상온에서 이용 가능하고, 열처리와 비교해서 에너지를 절약할 수 있다. 처리 온도, 수분의 양과 pH는 HPP 처리 결과에 영향을 주는 주요한 요소이다. 처리온도 45~50℃에서 식품으로부터 유래하는 식중독균과 부패균의 제어를 향상시킬 수 있으며, 500~700 MPa 압력과 결합된 90~110℃ 범위의 온도는 *Clostridium botulinum*과 같은 미생물의 아포도 제어할 수 있다고 한다.

HPP 처리된 포장 혹은 미포장 상태의 액체 및 고체식품은 미국, 일본, 프랑스, 스페인 등 국제시장에서 이미 시판되고 있다. 식품의 처리를 위해서는 주로 100~800 MPa의 높은 압력이 이용되며, 압력 처리 시 온도는 0~100℃, 처리시간은 수 초에서 20분 이상으로 다양하다. HPP는 열처리를 대체하는 식품보존법으로 오랫동안 주목되어 왔고, 많은 연구가 이루어졌지만, 아직까지 장치의 높은 비용, 처리에 대한 신뢰성 부족 등으로 산업적 이용이 제한되고 있다.

5) 진동자기장(Oscillating magnetic fields, OMF)

진동자기장 방법은 최근 식품으로부터 미생물을 제어하기 위한 하나의 방법으로서 그 가능성이 대두되고 있다. 진동자기장이 에너지를 동반한 상태에서 수차례의 발진에 의해 생물분자의 자기 활성 부분으로 침투했을 때 분자 내에 자성 쌍극자(magnetic dipole)의 수가 많으면 충분한 에너지가 분자에 전달되어 공유결합을 파괴할 수 있는 것으로 알려져 있다. 식품에 진동 자기장의 충격을 주는 시간은 10 μs 또는 milliseconds(ms) 정도이며, 진동수는 최대로 500 MHz이 이용될 수 있다. 하지만, 그 이상의 진동수에서는 미생물의 제어 효과가 없으며, 열이 발생하기 시작하는 것으로 알려져 있다. 보통 처리할 식품은 비닐팩으로 봉합되며, 0~50℃의 온도에서 5~500 kHz의 진동수를 가진 자기장이 25~100 ms 동안에 1~100펄스로 처리된다. 일부 연구에서 진동 자기장이 식품에서의 병원균 제어에 가능성을 보여주었으나, 이 기술이 실용화되기 위해서는 효과에 대한 보다 많은 연구가 선행되어야 한다.

6) 초음파(Ultrasound)

초음파는 20 KHz 이상의 음파 파장으로부터 유래되는 에너지를 말하며, 음파가 발생했을 때 순식간에 액체배지에서 높은 온도와 압력을 수반하는 공기방울이 발생할 수 있다. 초음파의 항미생물 효과는 추진기 뒤에 생기는 진공현상인 캐비테이션(cavitation)에 기인하여 세포 조직과 기능성 요소들을 파괴하며, 결과적으로 세포를 용해시킨다. 이 기술에 영향을 줄 수 있는 요소로는 초음파 파장, 미생물의 종류, 처리되는 식품의 양, 식품의 구성, 온도 등이 있다. 식품에는 주로 20 KHz에서 10 MHz 사이의 초음파가 이용되고 있다. 그러나 이 방법은 단독으로 처리되었을 때, 미생물에 충분한 저해를 일으키지 못하므로 주로 열처리, 압력, 살균소독제 등 다른 식품보존법과 병용 사용된다. 양상추에 오염된 *Salmonella*균의 살균을 위해 처리된 염소의 살균력을 증가시키기 위하여 초음파가 병용으로 사용된 바 있다.

아직 식품산업에서 미생물의 제어 혹은 효소의 불활성화를 위해 실용적으로 활용되고 있지는 않으나 최근 신선편의 과채류 등의 살균 보조 전처리에 초음파 활용이 시도되고 있다.

7) 광촉매(Photocatalysis)

최근 물이나 폐수에 함유되어 있는 유독한 유기화학물질과 미생물 처리를 위해 고급산화법(advanced oxidation process)을 이용하는 연구가 활발히 진행 중이다. 이는 강력한 산화력을 갖고 있는 hydroxyl radical (·OH)을 이용하여 처리대상 물질을 이산화탄소(CO_2), 염산(HCl), 물(H_2O)의 형태로 무기화(mineralization)시키는 것으로 UV/O_3, H_2O_2/O_3, UV/H_2O_2, $UV/H_2O_2/O_3$ 등으로 나뉜다. 광촉매로 쓰이는 이산화티탄(TiO_2), ZnO, WO_3, CdS, ZnS, GaP, CdSe 등의 금속산화물 중 TiO_2는 광에 의한 자체 분해반응이 일어나지 않아 안정하며, 가격도 저렴하고, 내구성, 내마모성이 우수하며, 그 자체는 무독물질이어서 폐기하여도 2차 공해에 대한 염려가 없어 환경정화용 광촉매로 적합하다.

현재, 광촉매 기술은 환경 분야의 오염물 제거, 화장품, 페인트, 나노산업 등에 주로 많이 이용되고 있으나, 광촉매제인 TiO_2가 식품첨가물로 승인되어 사용될 만큼 인체에 무해하고 저온에서의 비열 처리가 가능하므로 식품산업에서의 다양한 이용이 가능할 것이다.

TiO_2 광촉매의 살균효과에 대한 초기 연구로는 *Saccharomyces cerevisiae*, *Eschericia coli*, *Lactobacillus acidophilus*, *Chlorella vulgaris* 등에 대한 살균효과와 농작물에서 많이 발견되고 있는 *E. coli* 및 *Saccharomyces* spp. 살균 연구가 발표된 바 있다. 또한 광섬유(optical fiber)를 TiO_2에 조사하여 광반응을 일으켜 E. coli를 제거한 보고도 있다. 광촉매 작용기작은 세포막이 손상된 세포에 free TiO_2 입자(particle)가 직접 작용해 세포 내 물질을 공격하여 세포 자체를 사멸시키는 것으로 알려져 있다.

8) 여과(Filtration)

여과(Filtration)
혼합물 등을 다공성 여과재에 지나게 하여 분리하는 작업으로 고체는 여과재의 표면이나 내부에 퇴적시키고, 액체는 투과시켜 양자를 분리시키는 기계조작

균의 크기보다 작은 격자의 필터로 균을 걸러 제거하는 물리적 방법으로 여과기를 통과시켜 제균한다. 여과의 대상이 되는 미생물의 크기는 100~10 μm(화분, 포자 등), 10~1 μm(포도알구균, 대장균, 적혈균 등), 1~0. 5 μm(콜레라균, 티프스균, 파상풍균 등) 등이 있다. 여과 전의 액체 중에 바이러스 입자가 존재하지 않으면 여과로써 멸균상태로 만들 수 있다. 여과기에는 적층형여과기(depth filter), 막여과기(membrane filter) 등이 주로 사용되고 있다.

9) 화학적 살균소독제

식품산업현장에서는 위해 미생물을 제어하기 위해 다양한 방법을 도입, 활용하고 있다. 미생물 제어를 위해 물리적, 화학적 및 생물학적 방법이 사용되고 있지만, 경제적인 측면과 사용 편리성 등을 고려하여 식품첨가물, 살균제 및 살균소독제를 이용하는 화학적 방법이 가장 많이 사용되고 있

다. 화학적 제어방법을 사용함에 있어 대상 미생물의 종류, 제어 대상물의 특성 및 제어법의 특성 등 세 가지 요소를 고려해야 한다.

국내 식품 분야에서 식품에 직접 사용할 수 있는 살균제는 차아염소산수(hypocholours acid water), 오존수, 이산화염소수의 사용이 허가(식품의약품안전처 고시 제2007-74호, 2007. 11.9)됨으로써 과산화수소, 차아염소산나트륨, 차아염소산칼슘, 과산화초산 등 7품목이 허용되어 있다. 교차오염을 방지하기 위하여 식품접촉표면(food contact surface)의 살균·소독을 목적으로 과산화수소(CAS No. 7722-84-1) 등 2021년 기준 94개의 성분이 사용할 수 있는 화학적 살균소독제로 우리나라에 등록되어 있다. 이 중 에탄올, 4급암모늄(2종), 이염화이소시아뉼산나트륨, 차아염소산나트륨, 차아염소산수, Polyhexametylene Biguanide (PHMB) 등 7개 주요 살균소독제의 유효 성분에 대해서는 식품첨가물 공전 제3. 품목별 규격 및 기준에서 별도로 용도별 기준을 설정하고 있다.

미국 식품의약청(Food and Drug Administration, FDA)에서는 헹구지 않는(no-rinse) 살균소독제를 염소계(chlorine), 요오드계(iodophors), 4급 암모늄계(quaternary ammonium compounds), 산음이온계(acid anionic sanitizers), 카복실산계(carboxylic acid sanitizers), 과초산계(peroxyacetic acid sanitizer) 등 6가지로 구분하고 있다. 일본에서는 식품에 직접 사용되는 항균제, 살균제 이외에 식품접촉표면에 살균 및 소독을 목적으로 사용되는 제품군을 살균세정제라 하며, 알코올계와 염소계 제품이 각각 35%와 28%를 차지할 정도로 많이 사용되고 있다. 우리나라는 식품공장, 급식 및 레스토랑에서 기구 등의 살균제로 대부분 염소와 알코올계를 사용하고 있다.

사용되는 유효 성분의 종류가 다양하고 배합방법에 따라 수많은 제품들이 생산되고 올바른 살균소독제의 선택은 적절한 관리를 위하여 매우 중요하다. 살균제의 선택에 있어서 신중히 고려해야 할 요소 중 하나가 살균소독제를 구성하는 유효 성분의 특징과 대상 미생물에 대한 유효성을 나타내는 작용기작이다.

살균소독제 종류별 특성은 **표 12-4**와 같으며, 자체 내 세척(clean in place, CIP) 등 식품산업에서 주로 사용되는 살균소독제의 용도별 종류는 **표 12-5**에 나타내었다.

살균제
미생물을 단시간 내에 사멸시키는 작용을 하는 식품첨가물

소독(Disinfection)
식품이나 환경 중에 있는 병원성 미생물을 죽여서 감염을 방지하는 조작

자체 내 세척
CIP(Clean In Place)로서 가공기계를 세척 시 분해하지 않고 세척액을 내부로 통과시켜 세척하는 방법으로 공정 중 주로 파이프가 많은 우유공장에서 이용함

① 염소(Chlorine)

가장 오래된 대표적인 화학적 살균소독제인 염소는 생식품에 세계적으로 가장 널리 사용되고 있지만 최근 트리할로메탄(trihalomethane, THM)

표 12-4 주요 살균소독제의 특성

특성 \ 살균소독제		증기살균	염소계	4급 암모늄계	알코올계	요오드계	과산화물계	산류 제품	산화칼슘 (CaO)
살균력	살균효과	+4	+4	+3	+2	+4	+4	+4	+4
	지속성	+1	+2	+4	+1	+3	+3	+3	+2
	침투성*	+1	+1	+4	+3	+4	+4	+4	+3
	포자 살균력	+4	+3	+2	+2	+1	+3	+2	+3
	작용 속도	+4	+4	+2	+3	+4	+2	+2	+3
안정성	pH	−	+1	+4	+4	+3	+3	+3	+2
	유기물 영향	+4	+1	+4	+1	+3	+3	+3	−
	경도	+1	+4	+2	−	+3	+3	+3	−
유해성	잔류독성	+4	+2	+3	+4	+3	+4	+4	+1
	부식성	+4	+1	+4	+4	+3	+2	+3	+4
	피부 자극	+1	+2	+4	+3	+2	+2	+2	+2
	나쁜 냄새	+4	+1	+3	+1	+1	+2	+2	+3
편리성	사용 편리성	+3	+3	+4	+3	+3	+2	+2	+3
	농도 확인	−	+3	+3	+2	+4	+2	+2	+2
경제성	가격	+1	+4	+2	+1	+3	+2	+3	+3

+4: 매우 우수, +3: 우수, +2: 보통, +1: 낮음, −: 없음
*침투성: 침적물을 투과하는 능력

표 12-5 식품산업에서 주로 사용되는 용도별 살균소독제의 종류

유효 성분	환경 표면	식품접촉 표면	식품 표면	화장실	손소독
1. 알코올(Alcohol)[a]	+	+	±	−	+
2. 산화물(Oxidizing compound)[b]	+	+	−	−	−
3. 차아염소산염(Hypochlorite)	+	+	+	−	−
4. 사급암모늄염(QAC)[c]	+	+	±	+	−
5. 페놀(Phenolics)	−	−	−	+	−
6. 산화아염소산나트륨(ASC)[d]	±	±	+	−	−
7. 이산화염소(Chlorine dioxide)	+	+	+	−	−
8. 트리클로산(Triclosan)	−	−	−	−	+

+: 사용, −: 미사용, ±: 관련 분야 제한적 사용
[a]알코올: 에탄올, 이소프로필알코올, 프로판올
[b]산화물: 과산화수소, peracetic acid
[c]QAC: quaternary ammonium chloride
[d]ASC: Acidified sodium chlorite(산화아염소산나트륨)

출처: IFT, 2006; 김용수 등, 2009.

과 같은 발암성 물질 형성 등 안전성이 문제시되고 있다. 이는 CAC(Codex Alimentarius Commission)에서 2002년부터 논의되고 있으며 염소계 살균소독제를 사용하는 기존 화학적 제어방법의 실효성에 대한 논란이 가중되고 있다. 차아염소산수, 이산화염소와 오존은 염소계 살균소독제의 단점을 해결할 수 있는 대체 성분으로 살균소독력 이외에 다양한 장점들을 가지고 있다. 국내에서도 2007년부터 이들 성분에 대해 과일과 야채 등의 살균을 목적으로 사용이 허가되어 있다. 현재 국내 단체급식소에서는 신선농산물의 소독법으로 유효염소농도 100 ppm에서 5분간 사용하는 것을 권장하고 있다.

② 전기분해수(전해수, Electrolyzed water)

염소계인 차아염소산나트륨 등의 안전성 문제점을 해결하기 위해 대체법의 하나로 살균력이 가장 높은 성분인 차아염소산만을 생성할 수 있는 제조장치가 개발되었다. 차아염소산수는 염화나트륨(sodium chloric acid)이나 염산(hydrochloride)을 전기분해하여 생성되는 전기분해수로서 과채류나 식품 등의 표면 살균을 위하여 사용된다(표 12-6). 미국에서는 과일이나 채소의 세척 및 살균에 차아염소산수의 주요 성분인 차아염소산(hypochlorous acid)을 GRAS(Generally Recognized As Safe)로 인정하여 1999년 21CFR 184.1369에서 최종사용농도 200 ppm 이하로 승인되었다. 일본 후생노동성도 차아염소산수를 식품첨가물로 사용하는 것이 타당하다고 인지하여 2002년 6월 식품위생법 개정을 통해 첨가물로 시정하였다.

GRAS
Generally Recognized As Safe로서 오랫동안 먹어왔거나 안전성이 충분히 확보되어 안전성에 문제가 되지 않는 식품첨가물

GRAS substances (GRAS물질)
미국 FDA에서 안전성이 충분하다고 판단되는 식품첨가물들을 수록하고 있는 목록

표 12-6 전기분해수의 종류와 특징

종류	정의	유효염소 함량(mg/kg)	pH
강산성 차아염소산수	0.2% 이하 염화나트륨 수용액을 유격막전해조에서 전해하여 양극에서 얻어진 수용액	20~60	≤ 2.7
미산성 차아염소산수	2~6% 염산을 무격막전해조에서 전해하여 얻어진 수용액	10~30	5.0~6.5
미산성 차아염소산수*	3% 이하 염산 또는 5% 이하 염화나트륨 수용액을 무격막전해조에서 전해하여 얻어진 수용액	50~80	5.0~6.5
약산성 차아염소산수*	0.2% 이하 염화나트륨 수용액을 유격막전해조에서 전해하여 양극에서 얻어진 수용액 또는 양극에서 얻어진 수용액에 음극으로부터 얻어진 수용액을 혼합한 수용액	10~60	2.7~5.0

*현재 국내 식품첨가물 기준에는 등재되어 있지 않음

출처: 김용수 등, 2009.

③ **오존**(Ozone, O_3)

공기 중의 산소가 번개나 태양광선, 자외선과 반응하여 생성되기도 하고, 고전압 하에서 전기적인 힘에 의해 생성되기도 하기 때문에 오존은 우리 주위에 항상 존재하는 물질이다.

오존에 의한 살균작용은 주로 당단백질, 당지질, 트립토판 등으로 구성된 미생물의 세포막을 공격함으로써 시작된다. 오존이 세포 내부로 침투하여 각종 호흡관련 효소(respiratory enzyme), 불포화지방산(unsaturated fatty acid), 단백질(protein)과 핵산(nucleic acid), 포자(spore) 등의 구성요소들을 산화시키며, 세포막의 투과도가 증가하면서 세균의 사멸 속도가 가속화되고 결국 세포용해가 일어난다. 열이나 외부 요소로부터 안정된 세포의 특정한 구조인 포자도 오존에 의해 불활성화된다는 것이 증명된 바 있다.

오존 가스는 공기 중에서 지속 시간이 짧아 대부분은 물에 녹인 오존수 형태로 사용한다. 오존 자체가 매우 불안한 상태의 고에너지 분자로서 반감기가 짧기 때문에 처리 후 자연적으로 무해한 산소로 분해되어 잔존에 대한 우려가 없다. 그리고 다른 가공법에 비해 초기 설비비가 저렴하고 식품의 표면뿐만 아니라 조직 내부까지 살균할 수 있는 장점이 있다. 그러나 불소 다음으로 산화력이 높아 유·무기물 등과 높은 반응성을 보이며, 고농도로 사용할 경우 탈색되거나 원치 않는 이취가 생성될 수 있다.

우리나라 식품의약품안전처에서도 2007년부터 오존을 식품첨가물로 인정하고 있다. 그러나 살균력이 강한 고농도의 오존을 발생시키는 장치개발의 기술적인 문제와 작업장 내 환기시설 설치 등 안전관리 문제 등으로 인해 산업화에 어려움을 겪고 있다.

10) 천연항균제(Natural antimicrobials)

식중독 원인 미생물이나 부패 미생물을 제어하여 식품을 안전하게 장기간 저장하기 위한 수단으로 합성보존료가 많이 사용되는데, 아는 체내 축적성 등 안전성 문제가 지속적으로 대두되고 있고, 물질의 종류, 사용량 등에 따라 인체에 부정적인 영향을 주기도 한다.

천연 항균물질로는 전통적으로 사용해 온 소금, 식초 등 일반 식품 소재뿐만 아니라 동물이나 식물에 천연적으로 존재하는 특정 단백질 및 효소류, 갑각류의 키틴질에서 추출한 키토산, 유기산, 식물의 정유(essential oil) 및 미생물에서 유래된 나이신(nisin), 폴리라이신(ε-polylysine), 나타마이신(natamycin) 등이 있다. 식품보존제로 사용되는 주요 천연항균제의 종류와 기원은 **표 12-7**과 같다.

표 12-7 식품보존제로 사용되는 주요 천연항균제의 종류와 기원

기원	식품	천연항균제
동물 (Animals)	우유(milk)	Lactoperoxidase system, Lactoferrin
	우유(milk), 달걀(egg)	Lysozyme
	꿀(honey)	Glucose oxidase
	게(crab), 새우(shrimp)	Chitosan
식물 (Plants)	향신료(spice), 본초(herb)	Essential oil, phenolic, isoprenoid
	양파(onion), 마늘(garlic), 고추냉이(horseradish)	Sulfur compound
	배추속 식물[Brassica, 겨자(mustard), 방울다다기 양배추(brussels sprout) 등]	Isothiocyanate
	자몽종자(grapefruit seed)	Grapefruit seed extract
	홉(hop)	Hop oil
미생물 (micro-organisms)	*Lactococcus*	Nisin, lacticin
	Pediococcus	Pediocin
	Lactobacillus	Lactocin, helveticin, sakacin, bavaricin, curvacin
	Leuconostoc	Leucocin, mesentericin
	Carnobacterium	Carnocin
	Streptomyces natalensis	Natamycin
	Streptomyces albulus	e-polylysine

출처: 조미희 등, 2009.

11) 훈연법(Smoking)

육류나 어패류 등의 식품에 목재 등을 불완전 연소시켜 발생시킨 연기 속, 연기 속의 항균물질, 항신화 물질 등을 침착 또는 흡착시키며 건조와 상승효과를 내며 저장하는 방법으로 냉·훈법과 온훈법이 있다. 냉훈법은 염지한 원료를 10~30℃의 온도에서 1~3주간 훈연하면서 제품의 수분을 20~45%까지 감소시킴으로써 장기간의 저장을 주목적으로 하는 방법으로 소시지나 햄, 베이컨 등의 축육제품에 많이 이용된다. 온훈법은 50~80℃에서 2~12시간 정도 훈연하는 것으로 독특한 풍미를 부여하는 것이 주목적이다.

훈연 온도가 높아 육질의 발색도 좋고 훈연시간도 짧은 이점이 있으나 수분함량이 50% 이상이기 때문에 장기 저장 시에는 부패되기 쉬우므로 냉장, 통조림, 포장 등의 저장법을 병용해야 하므로 청어, 고등어, 정어리, 꽁치, 연어 등에 많이 이용된다.

훈연 성분은 주로 페놀류(phenols), 유기산(organic acids), 알코올

(alcohols), 카보닐류(carbonyls), 탄화수소(hydrocarbon) 등과 같은 화합물로 이루어져 있으며, 이 중 페놀 성분은 항산화성 및 보존성을 부여함과 동시에 특유한 풍미를 생성하는 데 기여하는 것으로 알려져 있다.

훈연법은 제품에 연기 성분이 침투되어 보존성을 향상시키고 연기 성분에 의해 훈연제품 특유의 색과 풍미가 증진되고 육색의 고정이 촉진되며 지방의 산화가 방지된다.

12) 가스 멸균법(Gas sterilization)

식품을 탄산가스나 질소가스 속에 넣어 보관하는 방법으로, 호흡작용을 억제하여 호기성 부패세균의 번식을 저지하는 방법이다. 열이나 기타의 다른 방법에 비하여 기구 및 자재의 변질이 적기 때문에 최근 많이 사용되고 있다. 특히 열에 약한 1회용 플라스틱제인 페트리디쉬(petri dish), 피펫(pipette)이나 의료기구의 멸균법으로 주로 이용된다.

① 에틸렌 옥사이드(Ethylene oxide, EO가스)

에틸렌옥사이드는 무색의 폭발성 휘발가스로 멸균기작은 미생물 세포의 단백질과의 반응, 즉 −OH, −COOH, $-NH_2$, −SH기의 불안정한 수소원자가 히디록시에틸(hydroxyethyl)기에 의해 치환이 일어나는 것으로 설명할 수 있다.

살균력과 침투성이 우수하며 오늘날 가장 널리 이용되고 있는 멸균용 가스이지만 인화성이 있고 독성이 강하기 때문에 취급 시 주의가 필요하다. EO가스의 살균력은 습도 40% 부근에서 가장 강하며, 화학반응이기 때문에 온도가 10℃ 상승함에 따라 살균력은 약 2배로 증가한다. 일반적으로는 밀폐된 내압솥에 기구나 재료를 넣고, 한 번 진공에 가까이 감압한 후 에틸렌옥사이드가스 10~20%와 탄산가스 90~80%의 혼합기체를 2~3기압 넣고 40℃에서 수 시간 보존하면서 멸균하며, 식품 사용은 발암성이 있어 금지되고 있다.

② 초임계 이산화탄소(Supercritical carbon dioxide)

식품 내 미생물을 사멸하는 대표적인 가스가압살균법인 초임계 이산화탄소 살균법이 최근 활용되고 있다. 이산화탄소는 온도와 압력이 상온에 가까운 31.1℃ 그리고 비교적 고압이 아닌 73.8 기압(bar)의 임계점 이상에서 액체와 기체도 아닌 초임계 상태로 존재하게 된다. 이러한 초임계 이산화탄소는 기체와 같은 높은 확산도와 낮은 점도 및 액체와 같은 높은 밀도를 가지므로 용매적 특성이 뛰어나 여러 추출공정에서 이용되어 왔다.

초임계 유체추출 (Supercritical fluid extraction)

초임계 유체를 사용하는 추출법. 초임계 유체의 밀도는 액체의 것에 가깝기 때문에 분자 사이의 상호작용이 강하게 작용한다. 이때문에 액상 혹은 고상과 접하는 초임계유체 중에는 기체와 액체 또는 기체와 고체의 평형 관계에서 예측되는 이상의 용질이 용해한다. 그리고 초임계 유체 중의 용해도는 온도, 압력에 의해서 크게 변화한다.

기존의 고압만을 이용한 살균법 대신 초임계 이산화탄소를 식품 살균에 응용하면 물리적인 효과뿐만 아니라 화학적 효과를 동시에 얻을 수 있으므로 적은 에너지로도 효과적으로 미생물을 사멸시킬 수 있다.

12.3 화학적 위해요소 저감화

화학적 위해요소를 생물유래 및 인위적으로 첨가되는 식품첨가물과 우발적으로 혼입되는 물질로 구분하여 그 발생요인 및 예방조치 요령에 대해 표 12-8에 자세히 나타내었다.

표 12-8 화학적 위해요소 발생요인 및 예방조치 요령

	원인물질	발생요인	예방조치
생물유래 위해요소	시안화물(살구, 복숭아와 같은 과일의 씨앗 낱알에 함유)	살구, 복숭아 같은 과일 씨앗의 잘못된 섭취	씨의 식용 금지
	패류독	채취가 금지되어 있는 해역, 시기	적조 발생 시 채취 금지
	히스타민	부패세균 증식	붉은살 어류의 적정한 온도 관리
	테트로도톡신(복어독)	유독 부위 사용	충분한 지식에 기초한 조리
	솔라닌(감자 싹에 존재)	감자의 발아 부위 사용, 생육 불량인 감자 사용	발아 부위 제거, 반입 시 확인
	곰팡이독	원재료 수송, 보관 중 취급 부적합	원재료 납입자로부터 보증서, 검사성적서 첨부
의도적 위해요소	식품첨가물	• 첨가물 규격에 적합하지 않은 것 • 제제의 농도, 순도에 문제가 있는 것 • 사용 시 계측의 잘못 • 배합 시 혼합불량	• 첨가물 제조자로부터 보증서, 검사성적서 첨부 • 사용 시 적정한 계량 • 표준작업서 준수
비의도적 위해요소	농약(살충제, 제초제 등)	생산자의 취급실수	원재료 규격 설정, 보증서, 검사성적서의 첨부
	동물용의약품(항생제, 성장호르몬, 구충제 등)	생산자의 휴약기간 내 출하 및 사용기준 위반	원재료 규격 설정, 보증서, 검사성적서의 첨부
	지정 외 첨가물	지정첨가물의 혼동	원재료 규격 설정, 보증서, 검사성적서의 첨부
	중금속	환경의 오염	원재료 규격 설정, 보증서, 검사성적서의 첨부
	시설 내에서 사용되는 구충제, 윤활유, 페인트, 세제, 살균제 등	식품공장용 이외의 살충제, 윤활유, 페인트, 세제 등 사용 • 살충제, 윤활유, 페인트, 세제 등 사용방법 부적합 • 살충제 등을 식품첨가물로 오인 사용	승인된 살충제, 윤활유, 페인트, 세제 등만 사용, 반입 검사 • 살충제, 윤활유, 페인드, 세지 등 사용방법 준수, 취급자의 제한과 교육 훈련 • 적절한 표시와 전용 장소에서의 보관

출처: 한국식품정보원, 2009.

12.4 물리적 위해요소 저감화

물리적 위해요소는 주로 이물이 해당되는데, 그 발생요인 및 예방조치 요령 및 물리적 위해요소 예방조치에 사용되는 주요 기계, 기구는 표 12-9와 같다.

표 12-9 물리적 위해요소 발생요인 및 예방조치 요령

위해 원인물질	혼입의 원인	예방 조치
유리조각	조명기구, 시계, 거울, 온도계, 제조 기계기구의 유리부분, 유리재질의 기구	파손 시 파편 비산 방지 조치를 강구한 조명기구의 사용, 플라스틱 제기구로 대체, 유리 파손이 인정된 경우 제품의 회수
종사자 유래의 물품(보석, 필기구 등)	종사자에 의한 과실, 부주의	종사자에 대한 위생교육
절연체	시설물 또는 증기용 파이프	정기검사, 보수 점검 및 적절한 재질의 사용
금속조각(볼트, 나사, 스크류 등)	원재료, 보수점검 담당자, 제조설비·기계기구, 최종제품	규격설정, 보증서 첨부, 제조 설비·기계기구의 보수 점검, 자석·금속탐지기의 사용, 종사자에 대한 위생교육
쥐·곤충의 사체 및 그 배설물	건물, 원재료	쥐·곤충 서식처의 제거, 방충/방서 구조의 보수 점검, 살충·포충·살서 등의 방충/방서 대책
나뭇조각	시설, 기계기구, 파렛트	목재 기계기구의 배제, 보수 점검
실, 연사, 와이어, 클립	봉지에 넣는 원재료	사용전의 배제, 검사, 스크린 또는 채, 자석
주사침, 산탄 파편	식육·가금육	금속탐지기

출처: 한국식품정보원, 2009.

12.5 식품 제조공정별 위해요소와 예방조치

12.5.1 원·부재료 입고

육류, 채소류 등 원·부재료에는 생물학적 위해(미생물, 기생충 등), 화학적 위해(농약, 중금속, 환경호르몬 등), 물리적 위해(검불, 금속, 흙, 머리카락 등 이물)가 존재한다. 입고 시 시험성적서(납품업체에 대한 수시 관리), 원·부재료에 대한 관능검사, 샘플검사, 원·부재료 보관창고 관리(온·습도, 방충, 방서, 살균), 선입/선출 등을 확인하여 예방한다.

12.5.2 전처리

뼈나 털, 가시 등 물리적 위해요소, 세척을 통해 제거될 수 있는 생물학적 위해요소가 존재한다. 채소, 육류, 생선 등 선별과 세척을 철저히 하고,

선별실에 충분한 조도의 조명 설치, 선별 후 폐기물과 원료의 혼입을 철저히 방지하여 예방한다.

12.5.3 제조가공 공정

부적절한 해동, 가열, 냉각 등에 의한 생물학적 위해, 원료, 사람, 기계, 자재 간 교차오염으로 인한 생물학적 위해, 가공에 참여하는 사람에 의한 장신구, 머리카락 등 물리적 위해요소, 부적절한 가공장의 청소, 세척, 방충, 방서, 공조, 용수 등에 의한 생물학적, 물리적 위해가 발생 가능하다.

공정별 적절한 온도 관리 및 계측기 관리, 교차오염 방지를 위한 동선 계획, 작업자 교육, 작업장 환경 모니터링(낙하균 검사, 필터 관리 등), 자석, 금속검출기, 영상장비 등을 이용한 이물 검사, 작업장 청소, 가공설비의 적절한 CIP(cleaning in place) 실시 등에 의해 예방할 수 있다.

12.5.4 포장

포장실 환경오염에 따른 생물학적 위해, 내포장재에 의한 화학적 위해, 포장재 교차오염에 의한 생물학적 위해, 작업자에 의한 이물혼입 등 물리적 위해가 발생 가능하다.

내포장재 규격 및 납품업체 관리, 표면살균으로 포장실 내로의 오염 차단, 내포장실 환경 모니터링(낙하균 등) 실시, 작업자 동선관리로 교차오염 방지, 교육 등으로 예방할 수 있다.

12.6 제소현장 위생

공장위생은 안전하고 위생적인 제품을 생산하기 위하여 제조현장에서 지켜야 할 모든 사항을 포함해야 한다. 식품공장의 위생관리는 공장 건축부터 시작하여 기계 설비, 사용 원료, 용기 용수, 전기, 공기, 폐수관리, 폐기물 처리, 해충 및 방서 관리 계획과 함께 공장 외부관리까지 포함하는 광범위한 영역이 대상이 된다. 제시된 여러 분야 중에서 단 한 곳이라도 관리가 잘못되었을 경우 안전식품 생산에 큰 차질을 빚을 수 있고 회사에 치명적인 타격을 줄 수도 있다. 이와 같은 종합적 관리체제를 갖추기 위해서는 우선 공장위생 관리계획이 합리적이고 치밀하게 수립되어야 하고 관리대상은 공장 건축부터 시작되어 설비의 디자인, 합리적인 공정, 관리방법 등도 동시에 검토되어야 한다.

이와 같은 모든 사항을 적절히 관리하기 위해서는 조직도 합리적으로 구성되어야 한다. 보통 사장이 직접 관장하는 방법과 부사장 직속으로 관장하는 방법이 있으나 공장의 규모, 효율성, 그리고 실현 가능성을 감안하여 조직을 구성해야 한다. 여기서 강조할 것은 공장위생을 담당할 부서는 생산 부서와 독립된 기능으로 생산관리 부서를 관리하고 견제할 수 있는 역할과 권한을 부여해야 할 것이다.

12.6.1 법적 규격기준

우리나라 식품위생법에는 업종별로 시설기준을 명시하여 영업을 하는데 갖춰야 할 시설을 제시하고 있으며(시행규칙 제20조, 별표9) 식품제조·가공업의 시설기준은 건축물의 위치, 작업장의 구비조건, 식품 취급시설 등, 급수시설, 화장실, 창호 등의 시설, 검사실 그리고 시설기준 적용의 특례를 두어 예외적 관리를 하고 있다. 이들 규제는 식품 제조·가공업에서 포괄적이며 기본적으로 필요한 사항을 규정하여 시설을 갖추도록 하는 강제 규정이다. 이 외에 각 업종별로 따로 세부기준을 정하여 제시하고 있다.

12.6.2 공장 건물과 위치

12.6.2.1 공장 위치

공장 건물의 위치는 안전식품 생산에 깊은 관계를 갖게 된다. 주위에 오염원이 될 수 있는 타 건물이나 분진이 날리는 공장이 있어서는 안 되고 설치류나 해충들의 서식지가 될 수 있는 곳은 피하는 것이 좋다. 공장은 한 번 짓고 나면 옮길 수 없기 때문에 위치 선정은 신중을 기해야 한다. 용지 선정에 있어 경제성도 고려해야 하지만 안전한 식품 생산을 위해서는 주변 여건 또한 중요하다. 주변 여건으로는 첫째 악취 발생 가능성이 있는 곳이나 매연이 발생하여 식품을 오염시킬 수 있는 가능성이 있는지를 고려해야 된다. 둘째, 공장 신축이 가능한 지역인지 여부도 확인해야 한다. 지역에 따라서는 허가가 불가능한 구역이 있으므로 법적 사항을 검토해야 한다. 다음으로는 공장 가동에 필수적인 용수 확보, 전력 상황, 폐수처리 문제 그리고 폐기물 처리 상황도 고려 대상이 되어야 한다.

12.6.2.2 건축의 조건

식품공장의 건물은 충분한 기능을 발휘할 수 있도록 설계되어야 하나 외형은 소비자나 관계자들의 눈에 식품을 다루는 공장이라는 이미지를 주기 위해 깨끗하고 깔끔해야 한다. 건축물은 내구성이 있어야 하며 용도와 여건에 따라 단층 혹은 다층 구조로 할 것인지를 정해야 한다. 건축재질은 식품에 나쁜 영향을 주지 않아야 한다. 일반적으로 콘크리트로 타설하여 기초를 구축하며 건물 기초는 최소한 1 m 이상으로 하여 설치류가 구멍을 뚫

에어커튼(Air curtain)
위에서 아래로 혹은 옆으로 압축공기를 분출시키고 흡입구를 아래쪽이나 옆에 설치하여 공기 유막을 만들어 바깥쪽과 안쪽을 차단하는 설비

집단급식소
영리를 목적으로 하지 않고 계속적으로 특정 다수인에게 음식물을 공급하는 기숙사, 학교, 병원 기타 후생기관 등의 급식시설

Aerosol(연무질)
에어로졸 혹은 기교질. 기체 중에 분산되어 있는 안개와 같은 미립자

Break point
염소와 같은 기체를 물에 투입하는 경우 물에 있는 유기물에 의하여 염소가 소비되어 염소의 농도가 올라가지 않는 한계점

고 침범할 수 없도록 한다. 바닥과 이어지는 곳은 틈새가 없도록 하며 원부재료 및 제품의 상·하차 구역을 만들어야 한다. 원부재료 수납처는 에어스크린이나 방충망을 설치한 전실을 갖도록 하며 제품 적재 때는 보통 1 m 이상 돌출형으로 만들어 쥐가 뛰어 들어오지 못하도록 설계되어야 한다.

12.6.2.3 벽, 바닥, 천장

공장 내 벽, 바닥, 천장은 청소, 수리 등을 고려하여 재료를 선택해야 한다. 기준은 안전성, 내구성, 편의성이 검토되어야 한다. 공장내벽은 바닥으로부터 1.5 m까지는 밝은색의 내수성이나 세균 방지용 페인트로 도색해야 한다(법적 규격). 일반적으로 타일을 부착시키는 경우 외관, 청소 등에서 유리하나 떨어지지 않게 시공되어야 한다. 벽과 바닥이 닿는 부위는 찌꺼기가 끼지 않고 청소를 쉽게 하기 위하여 둥글게 마무리해야 한다. 바닥은 테라조(대리석을 골재로 한 콘크리트)로 하거나 세라믹 타일 등이 사용될 수 있으나 지게차가 항상 움직여야 하므로 파손이 되지 않는 재질을 쓰는 것이 중요하다. 최근에는 무기질 도료를 이용하여 방수성, 견고성을 주고 있다. 바닥은 항상 물청소를 해야 하므로 불침투성으로 평편해야 하며 배수구는 벽면으로부터 15 cm 이상 띄고 바닥의 경사는 1 m에 1.5 cm 높이(1.5/100)가 적당하고 배수구는 3/100 정도 되어야 한다. 배수구에는 쥐가 들어오지 못하도록 망이 설치되어 있어야 한다. 배수 트랜치 덮개는 지게차나 종업원이 자유롭게 이동할 수 있도록 설계되어야 하고 방충, 방서가 가능해야 한다. 배수관은 중간에 트랩을 설치하여 물의 역류를 막아야 한다. 천장은 세척할 수 있는 재질로 하고 평편해야 하며 밝은색이 좋다. 특히 습기가 찼을 때 응축수가 맺히지 않는 재질을 써야 하며 페인트 등 도색물이 떨어져서는 안 된다. 응축 시를 대비하여 천장이 벽면으로 약간 경사지게 하여 제조 공정에 응축수가 떨어지지 않게 하기도 한다. 근본적으로 응축수가 만들어지지 않게 하기 위해서는 충분한 배기가 필요하며 증기가 발생하는 부위에는 닥트를 설치하여 별도로 배기를 해야 한다.

12.6.3 공장 내부 관리

12.6.3.1 채광과 조명

자연 채광의 경우 벽 면적의 70% 이상 창문을 갖도록 하거나 바닥 면적의 20~30%를 권장하나, 실제 공장에서는 창문관리가 어렵고 집중 조명이 필요하기 때문에 대부분 인공조명에 의존하는 경우가 많다. 조명원은 여러 가지를 사용할 수 있으나 깨질 때를 대비하여 방폭등을 사용해야 하고 파장도 식품에 따라 조절하기도 한다. 조명은 식품공장에서 공정관리,

이물 혼입방지, 청소 등을 효율적으로 수행하는 데 중요하다.

인공조명은 미국의 경우 식당에서 조도는 15~20피트 촉광을 요구하고 있으며, 식품위생법에는 작업장에서는 75룩스(lux)를 권장하고 있다. 작업장은 76 cm(30 인치) 높이에서 측정했을 때 20촉광 이상이어야 한다. 공장에서 사용하는 조명은 자외선(UV) 방출량이 적은 고압 나트륨 전구가 바람직하다.

12.6.3.2 환기 및 통풍

종업원을 위해서 가장 적절한 실내 온도는 20~21℃이며 습도는 40~65%이다. 공장 내에서는 증기, 가공 시 발생하는 열, 각종 처리 시 발생하는 휘발성 물질 등으로 공기가 혼탁해지기 쉬우므로 계속하여 환기를 시켜 주어야 한다. 종업원 1인당 1500 ft^3/분의 공기가 필요하다. 보통 배기와 급기를 동시에 하고 있으며 배기구에는 집진장치가 있어야 하고 흡입구는 여과장치를 두어 외부에서 이물이나 미생물 포자가 흡입되지 않도록 해야 한다.

여름이나 겨울에는 공장 내 온도를 유지하기 위하여 냉방 혹은 온방 시설을 가동하는데 이때 오염된 공기가 공장 내로 유입되지 않도록 크게 주의해야 하며, 조사 결과에 의하면 에어컨을 처음 가동 시 오염 농도가 가장 높은 것으로 나타났다. 보통 공장 내부의 공기압이 외부보다 조금 높게 양압(대기압보다 높은 상태)을 유지해야 하며 밖에서 여과되지 않은 공기가 유입되는 것을 막아야 한다. 공장 내부에 양압이 걸리지 않는 경우 출입구에서 외부 공기가 여과 없이 들어오게 되어 오염을 일으킬 가능성이 높다.

12.6.3.3 출입문과 창문

식품가공 공장에서 출입문과 창문관리는 방충과 이물혼입 방지를 위하여 세심한 관리가 필요하다. 최근에 의무적용으로 도입되고 있는 HACCP 제도는 특히 출입문과 창문관리에 비중을 크게 두고 있다. 창문은 방충망을 의무화하고 있으며 방충망은 규격품(NO.16 mesh)을 사용하도록 하고 창문에 완전히 부착되어 틈새가 없어야 한다. 문은 자동 개폐식을 도입할 수 있으나 경우에 따라서는 에어커튼을 설치하여 출입 시 먼지나 해충들이 들어오지 못하게 막아야 한다. 에어커튼은 비용과 효율성을 감안하여 공장 실정에 맞는 규격을 검토할 필요가 있다.

원부재료의 출입이나 제품 출고 문에는 보통 전실을 두어 외부와 연결되는 문이 열릴 때 바로 공장 내 공간과 연결되지 않도록 해야 한다. 특히 원부재료가 출입하는 출입구는 해충이나 설치류의 침입이 가능하니 에어커튼이나 전실을 꼭 설치해야 한다. 공장 안쪽에는 창문과 같은 면으로 하고 턱이 없도록 하여 먼지가 끼지 않도록 하고 밖의 턱은 45°의 경사를 두어 물과 먼지 등이 흘러내리도록 설계해야 한다.

12.6.4 장비

식품 공장에서 사용하는 모든 장비는 흡수되지 않고 녹슬지 않는 재질로 만들어져야 하며 나무나 부식이 가능한 철재는 사용해서는 안 된다. 대부분이 스테인레스를 사용하고 있으며 사용처에 따라 규격에 맞는 재질을 선택해야 한다(탄소함량 0.08%). 모든 장비는 세척과 관리의 편의를 위하여 바닥에서 15 cm 이상, 벽면에서는 30 cm 이상 떨어져 설치하고 기계와 기계 사이도 상당한 거리를 두어 세척이 쉽게 되도록 해야 한다. 벽면에 장비를 붙여 버리는 경우 이물이 쌓이고 해충이나 설치류 서식으로 인하여 문제를 일으키기도 한다. 모든 장비는 충분히 세척하고 관리하기 쉽게 디자인되어야 하고 모든 표면은 매끄럽고 접합 부위가 벌어지거나 금이 가지 않아야 한다. 용기의 각진 부분은 모두 둥그렇게 마무리하여 세척 및 혼합 시 식품재료가 잔류하지 않도록 해야 한다. 장비의 디자인은 작업 능률과 청소비용 절감, 오염 방지에 크게 관계되므로 설계 시 각별한 검토가 필요하다. 모든 연결 부위는 식품의 찌꺼기가 쌓이지 않도록 고안되고 외부로 노출되는 파이프는 사용하지 않을 때 막을 수 있는 뚜껑을 부착해야 한다. 식품공장 디자인에서 장비가 차지하는 공간은 바닥 면적의 20%를 넘지 않도록 하고 건조장 면적도 25%를 넘지 않도록 하여 작업공간을 충분히 확보해야 한다.

솥이나 조리기구, 혼합기 등은 뚜껑이 있어야 하고 가동 중 점검 등 필요한 경우 외에는 뚜껑을 닫고 작업을 해야 한다. 무거운 물건을 들어올릴 때 사용하는 호이스트는 체인에서 이물이 떨어질 수 있으므로 이를 방지 할 수 있는 받침대를 적절히 부착시켜야 한다.

모든 장비에는 사용 후 세척하는 방법을 기록한 매뉴얼을 만들어 비치하고 책임자는 작업 종료 후 세척 및 소독 상태를 점검해야 한다. 공장 내 장비 수선을 위하여 공구를 수시로 이용하는바 공구함에는 공구별 위치와 번호를 부여하여 관리를 쉽게 하고 공구가 유실된 것을 확인할 수 있도록 하여 제품에 혼입되는 것을 사전에 방지해야 한다.

12.6.5 용수

식품공장에서 사용하는 물은 제품의 안전성을 확보하는데 무엇보다도 중요하다. 원료를 세척하거나 조리하기 위해 직접 사용하는 경우도 있어 직간접으로 식품에 들어가게 된다. 식품위생법의 시행규칙에 규정된 데로 급수시설은 수돗물이나 「먹는물관리법」 제5조의 규정에 의한 먹는 물의 수질기준에 적합한 지하수 등을 공급할 수 있도록 하고 있다. 지하수 등을 사용하는 경우 취수원은 화장실, 폐기물 처리시설, 동물사육장 등 지하수가 오염될 우려가 있는 장소로부터 20 m 이상 떨어진 곳에 위치하도록 하고 있다. 세계 여러 나라에서도 수질관리 기준을 정하여 용수를 관리하고 있다.

식품가공공장은 어느 제조업보다도 많은 물을 사용하기 때문에 용수 확보에 각별한 주의가 필요하다. 물을 잘못 사용하는 경우 각종 수인성 감염병을 옮기는 매체가 되기도 하고 중금속 등 유해 화학물질의 오염원이 되기도 한다. 통조림 공장에서 통조림 냉각수로 사용하는 용수 중에는 중온성 포자형성균(*Clostridium perfringens*, *C. durum*, *C. butyricum*, *C. beijerinkii* 등)이 오염되어 잘못 관리하는 경우 식품의 오염원이 될 수 있다.

12.6.5.1 용수의 급원

용수의 공급원은 지표수, 해수, 지하수 등이 있을 수 있으나 지표수는 불순물이나 오염 정도에 따라 식품 용수로 사용 여부를 결정해야 한다. 지표수를 이용하는 경우 정제 및 살균 공정을 거치지 않고 직접 사용해서는 안 된다. 지표수를 이용하는 대표적인 예가 수돗물인데 지표수를 취수하여 여과, 탈취, 살균 등의 철저한 안전관리를 하고 있다. 다음은 해수를 사용하는 경우, 염의 농도가 높고 불순물이 들어 있을 가능성이 있어 수산물 원료의 세척용도 외로는 거의 이용되지 못한다. 수돗물이 공급되지 않는 경우 공장의 용수로 사용할 수 있는 것은 지하수로, 먹는 물 기준의 검사를 거쳐 안전한 경우 공장 용수로 사용해야 한다.

12.6.5.2 용수의 처리

식품공장에서 용수가 오염되는 경우 대단히 큰 사고로 연결되기 때문에 먹는물관리법에 정한 기준 규격에 합당해야 한다. 수돗물을 사용하지 않고 지하수나 지표수를 쓰는 경우 다음과 같은 처리를 해야 한다. 수도수를 사용하는 경우에도 공장 내에서 잔존 염소농도 등 필요한 사항에 대하여 주기적인 검사가 이루어져야 한다.

1) 침전

물속에 들어 있는 비중이 큰 물질을 자연 침강에 의해서 제거하는 데 사용한다. 부유물이 있거나 용해된 물질이 있을 때 응고제(ferric chloride, 명반 등)를 사용하여 응고시켜 쉽게 분리할 수 있다. 보통 상온에서 처리한다.

2) 여과

침전 여과과정을 거쳐 1차 분리한 물을 사용하여 여과장치에 투입한다. 가장 일반적으로 사용하는 간단한 여과장치는 모래와 자갈을 사용하는 것이다. 아울러 여러 등급의 활성탄을 통과하도록 한다. 활성탄은 불쾌취와 유기용매 제거에도 효과가 있다.

3) 연화

물 중에 Ca^{++}, Mg^{++}, Fe^{++} 등 2가 금속이온이 많이 존재할 경우 이를 경수라고 하며, 미생물의 무기질 급원으로 사용하는 발효용수 외에 식품가공 용수로는 부적절하다. 따라서 이들 금속이온을 제거하기 위해서 이온교환수지를 사용하며 대표적으로 사용하는 수지는 제오라이트 수지(zeolite resin) 등이 있다. 이런 수지로 금속이온을 제거함으로써 경수를 연수로 만들 수 있다.

지역에 따라서는 경수가 나오는 곳이 있으며 특히 석회석이 나오는 지역에서는 문제가 될 수 있다. 특히 경수를 세척수로 쓰는 경우, 2가 이온에 의한 스케일 형성으로 문제가 된다. 보일러 용수로는 2가 이온이 내부에 스케일을 만들기 때문에 경수가 아주 부적절하다. 따라서 수시를 이용하여 금속이온 제거는 필수적이다.

4) 살균 소독

물은 식품기인성 식중독 유발에 중요한 매체가 될 수 있다. 특히 근년에 유행하고 있는 바이러스성 식중독은 그 전파경로가 물로 추정되어 물의 관리에 각별한 노력이 필요하다. 또한 장티푸스 등 수인성 감염병은 모두가 물을 매개체로 하기 때문에 식품공장에서 사용하는 물은 적절하고 철저한 소독이 필요하다. 수돗물을 포함한 음용수로 사용하는 물의 경우도 보통 화학물질에 의한 살균처리가 필요하다. 살균처리제로는 염소제제, 오존 등이 주로 사용된다.

우리나라는 기구 등의 살균소독제로 과산화수소 등 13가지 유효 성분이 허용되어 있으나 이들은 기구 등의 살균 용도로 사용할 수 있고 일부 염소제제와 같이 용수의 살균 소독에도 사용한다. 음용수 살균처리제로는 염소가 가장 보편적으로 사용되고 있다. 수돗물 처리나 소규모 용수 처리에도 가스 상태의 염소를 사용할 수 있으며 처리 후 용존 상태의 염소를 자주 검사하여 잔존량을 점검하여 안전성을 확인해야 한다. 보통 염소원으로 가스상 염소, 염 분해장치로 분해하여 얻는 염소, 차아염소산나트륨(NaOCl) 등이 수돗물을 사용하지 않는 경우 용수 살균 처리제로 사용된다. 보통 용수의 용도별 염소농도는 표 12-10과 같다.

표 12-10 용수의 용도별 염소농도

용수의 용도	염소농도(단위: ppm)
음용수	0.2
가공수	0~0.5
세척수	10~20
소독수	100~250
냉각수(통조림)	0.5~10.0
이송수	0.5~5.0
분무	1.5~3.0
육류 냉각수	5.0~200
어류 해동수	5.0~10.0

용해된 염소는 용액 중에서 유기물과 우선적으로 반응하기 때문에 유기물이 많은 경우 유효한 염소의 농도는 잔류 유기물 양에 따라서 크게 영향을 받는다. 보통 용액에서 계속 염소를 소비하다가 임계점(break point)이후에 잔존 염소로 존재하게 된다. 따라서 염소 소비에 따른 임계점을 확인하는 것이 필요하다. 통조림 냉각수의 경우 잔류 유효염소가 0.02~0.75 ppm은 되어야 한다.

이산화염소(ClO_2)는 독성과 비용 때문에 음용수 소독에 널리 사용되지는 않으나 살균효과가 염소보다 우수하여 제한적으로 이용된다. 또한 염소와 유기물과 결합하여 생성되는 발암성 유해물질인 트리할로메탄(trihalomethane)이 만들어지지 않으며 냄새제거에 효과가 커 염소 대체물로 이용된다.

12.6.6 공기

공기 공급 또한 식품 공장에서 관리해야 할 중요한 대상이다. 일반적으로 병원이나 육가공 혹은 우유가공공장 등의 설계 단계에서는 깨끗한 공기를 공급하는 것이 중요한 검토사항이다. 식품공장에서는 항상 기계가 움직이고 여러 형태의 가열처리로 휘발성 물질이 만들어지며 가열매체로 사용하는 증기 등이 발생하므로 이들을 적절히 배출해야 한다. 이때 식품공장 내에서 배출되는 공기의 양 만큼 외부에서 공기를 공급해야 공장 내에 음압(대기압보다 압력이 낮은 상태)이 걸리지 않아 외부 공기 유입에 따른 오염을 막을 수 있다. 이를 방지하기 위하여 외부 공기가 공급되는데 공급되는 공기의 청결도가 중요하다.

공기 공급량은 보통 종업원 1인당 1,500 ft^3/min 정도가 필요하나 증기를 많이 사용하거나 건조공정이 많은 경우 배출시켜야 하는 공기가 많고 이에 상당하는 공기를 외부에서 공급해야 한다. 환기가 불충분한 경우에는 습기가 축적되어 결로현상과 흡습에 의한 기계의 발청(녹스는 것), 페인트가 떨어지는 현상을 초래한다. 가능한 한 적절한 공기량을 공급하여 공장 내부의 압력이 외부보다 높게 양압을 유지해야 되고 공기 유통이 되지 않는 쪽이 없도록 분산에도 유념해야 한다.

공기는 환기 외에도 직접 식품에 포함되는 경우도 있으며(아이스크림 등) 건조, 가열 혹은 냉각할 때, 교반하거나 각종 압력을 이용한 기계의 작동, 콤프레셔의 공기, 청소용 공기로 이용된다. 압축 공기를 이용한 세척, 콘베이어 이송 등 여러 용도로 공기가 이용될 때는 사용되는 공기도 관리해야 한다.

공기와 함께 들어올 수 있는 입자들의 크기를 비교해 보면 표 12-11과 같다.

표 12-11 공기에서 유입되는 입사들의 크기

입지의 종류	크기(nm)
에어로졸	0.005~50
안개(물)	1~40
연무(물)	40~500
담배 연기	0.01~0.4
미생물	0.03~2
바이러스	0.002~0.05
분무건조 우유	1~10
밀가루	1~8
머리카락(사람)	5~500
가시 가능 입자	> 10
설탕 입자(제과)	5~15

12.6.7 방역

근래 소비자의 위생수준에 대한 기대가 높아지고 규제기관의 관리도 강화됨에 따라 해충이나 설치류 분변물 혹은 사체의 혼입 등이 크게 사회문제화되고 있다. 해충의 몸체나 설치류의 분변물 등은 그 자체가 혐오물이며 각종 위해 미생물을 옮기는 매개체로서 식품위생, 안전관리에서 중요하게 다루어야 한다.

해충과 설치류의 완전 방제는 관련 시설과 함께 모든 부분에서 공장관리가 완벽해야 하며, 관리자의 관심 여하에 따라서 관리 수준이 달라질 수 있다. 방역을 위한 가장 앞선 조치는 예방이다. 해충이나 설치류가 원료나 가공공정 혹은 포장라인 자체에 접근하지 못하도록 미리 막는 것이 최상의 방법이다. 일단 공장이나 생산라인에 침입한 것들을 제거한다는 것은 대단히 어렵기 때문이다.

12.6.7.1 해충관리

해충류로는 파리, 바퀴벌레, 나방과 딱정벌레류, 진드기 등이 있다. 세계적으로 60,000여 종이 알려져 있고 주로 문제가 되는 것이 파리(fries), 집파리, 검정파리, 과일파리 등이 있고 이들이 위해 미생물을 전파시킬 수 있는 가능성이 높다. 특히 집파리는 사람과 함께 생활하기 때문에 그 위험성이 더 높다. 검정파리는 집파리보다 크고 광택이 있는 초록색, 구리색을 띠고 있으며 냄새에 민감하여 주방이나 식품공장의 냄새를 맡고 모여든다. 과일파리는 세 종류의 파리 중 가장 작고 과일에 모여들며 식물병을 옮긴다고 알려져 있다(**그림 4-2** 참조).

방제는 파리가 꼬일 수 있는 음식물, 쓰레기 처리장, 하수처리 시설 등에 파리가 접근하지 못하게 관리하여 알을 낳지 못하게 하고 공장 내·외에 포충 등을 설치하여 미리 포척해야 한다. 외부 포충 등의 방향은 공장 쪽이 되어서는 안 된다. 공장에 조명시설도 자외선을 차단하여 해충이 유인되지 않도록 해야 한다. 유충과 성충의 구제방법이 달라 발생 상태에 따라 적절히 조치해야 하며 살충제의 사용은 전문가의 도움을 받아야 한다.

12.6.7.2 바퀴벌레(Cockroach)

바퀴는 전 세계적으로 약 4,000여 종이 있다고 알려져 있으며 전파 매체로 알려진 것은 16종이다. 우리나라에는 주로 4종류가 나타나는 것으로 알려져 있다(**그림 4-3** 참조).

독일바퀴(*Blattella germanica*), 이질바퀴(*Periplaneta americana*), 검정바퀴(*Periplaneta fuliginosa*), 그리고 일본바퀴(*Periplaneta japonica*) 등이 있으며 각각 모양이 다르다. 바퀴는 야행성이고 잡식성, 질주성이며 군거 생활을 한다. 종류에 따라 다르나 100일~3년간 살 수 있고 25~30℃의 고온 다습한 곳을 좋아한다.

바퀴는 많은 감염병을 전파시키며 자극성 물질을 분비하여 피부병이나 알레르기(allergy)를 일으키고 발암성 물질도 낸다. 바퀴의 구제는 먹이를 없애고 청결해야 하며 습기를 없애는 것이 우선되고 다음 방법으로 방제를 위하여 약물(phenothiazine 20%, 아미노산석회 5%, 붕산 5%)을 사용하기도 한다. 또는 붕산을 빵가루에 1:3 비율로 섞어 사용하기도 한다.

12.6.7.3 기타 해충류(바구미, 나방류, 진드기류 등)

식품공장에는 먹이가 많으므로 파리, 바퀴벌레 외에도 다른 곤충류가 침입할 수 있다. 그 예로는 개미, 바구미, 나방류, 진드기 등이 있고 이들도 일단 발생하면 방제하기 어려우므로 예방이 최선의 방법이다. 현재 우리나라에는 전문 방제회사들이 해충방제 업무를 효율적으로 수행하고 있어 이들 회사에 용역 형태로 전담시키는 방법도 있다.

12.6.7.4 쥐 관리

쥐는 집이나 들, 폐기물이 있는 어느 곳에서나 서식하고 있으며 전 세계적으로 2,000여 종이 알려져 있고 우리나라에도 20여 종이 있다. 주로 집쥐(시궁쥐, *Rattus norregicus*), 곰쥐(*Rattus rattus*), 생쥐(*Mus musculus*) 등이 많이 서식한다.

크기는 집쥐가 가장 커서 체중이 300~400 g 정도이며 꼬리는 몸통길이보다 짧고 귀는 작다. 집 수위, 돌담, 시궁창 등에서 산다. 곰쥐는 체중이 250 g 정도이며 꼬리가 몸통보다 길고 귀는 크다. 천장이나 헛간 등에서 서식한다. 생쥐는 체중이 50 g 정도로 꼬리가 대단히 길다. 물을 먹지 않고도 오래 생존하는 특성이 있다.

1) 쥐에 의한 피해

쥐에 의한 피해는 곡물을 먹어치우는 경제적인 것과 각종 질병 원인균을 전파시키는 공중보건적인 위해가 있다. 특히 식품 공장에서는 기피 동물로 배설물, 털 등 몸체에서 나오는 이물 등이 소비자에게 큰 혐오감을 주므로 철저한 방제가 필요하다. 쥐에 의해 전파되는 위해성 질병 원인균은 표 12-12와 같다. 이들 외에도 기생충을 갖고 있어 사람에게 전파시킬 수 있는데 선모충, 왜소조충, 일본주혈흡충 등이 있다. 쥐에 의해서 전파되는 대표적인 식중독균은 *Salmonella* 등이 있다.

표 12-12 쥐가 옮기는 위해성 미생물과 기생충

질병	원인균
흑사병	*Yersinia pestis*
발진티푸스	*Rickettsia typhi*
감염형 황달(Weil' disease)	*Leptospira* spp.
서교열	*Streptobacillus moniliformis*
선모충증	*Trichina spiralis*
라사열(Lass fever)	*Lassa Virus*
살모넬라증	*Salmonella* spp.
리케치아증	*Richettsia akari*

2) 표식

쥐가 활동하고 있다는 표시는 자세히 관찰하면 어렵지 않게 확인할 수 있다. 가장 특징적인 표시는 쥐똥과 소변이다. 쥐똥은 형태로 알 수 있고 소변은 자외선 등으로 식별이 가능하다. 또한 쥐는 정해진 길로만 다니기 때문에 왕래하는 길이 표식이 되고 벽이나 바닥에 문지른 표시, 설치류이기 때문에 갉는 습성으로 갉은 표시, 발자국과 함께 쥐의 털은 쥐 서식의 확실한 표식이다.

3) 방제

가장 기본적인 방역방법은 서식지와 먹이를 없애는 것이다. 식품가공공장 주변에는 음식 쓰레기, 폐기물 등이 있어 먹이원이 되고 팔레트, 포장지, 나무상자 등 적재물들은 쥐의 은신처가 되고 있다. 쥐들은 1~2 cm의 좁은 틈이 있어도 들어올 수 있으므로 공장 문 틈새를 철저히 없애야 되고 갉을 수 없는 재질을 사용해야 한다. 아울러 하수구나 배수구 입구 등에는 금속망을 설치하여 쥐가 들락거리지 못하게 하며, 망 구멍의 크기는 1 cm 이하이어야 한다. 화학적 방제(쥐약)는 최후의 수단이 되어야 하고 물리적 방제가 식품공장에 권하는 방법이다. 쥐덫을 사용하거나 끈끈이를 이용할 수도 있다. 살서제(쥐약)가 있으나 허가된 것 외에는 사용해서는 안 되고 식품에 오염될 수 있기 때문에 각별한 주의가 필요하다.

12.6.8 화장실과 세면대 관리

식품공장의 위생관리 상태를 가장 손쉽게 판단하는 수단은 화장실 상태를 점검하는 것이다. 화장실의 관리 상태가 양호하면 공장 전체의 위생관리도 잘 되고 있는 것으로 짐작이 가능하다. 그 만큼 화장실 관리는 식품공장 위생에서 중요하다.

12.6.8.1 법적 사항(식품위생법 시행규칙)

식품제조·가공업의 시설기준(식품위생법 시행규칙 제36조 관련)을 보면 다음과 같이 규정하고 있다.

① 작업장에 영향을 미치지 않는 곳에 정화조를 갖춘 수세식 화장실을 설치해야 한다. 다만, 인근에 사용하기 편리한 화장실이 있는 경우에는 화장실을 따로 설치하지 않을 수 있다.

② 화장실은 콘크리트 등으로 내수처리를 하여야 하고, 바닥과 내벽(바닥으로부터 1.5 m까지)에는 타일을 붙이거나 방수 페인트로 색칠해야 한다.

③ 공장 내 화장실과 세면대는 종업원이 쉽게 이용할 수 있고 관리를 용이하게 하기 위하여 공장 건물 내에 화장실을 갖춰 놓아야 한다. 화장실의 문은 자동문을 설치하고 모든 기구는 견고한 것을 사용해야 한다. 벽면, 바닥은 쉽게 청소할 수 있고 미끄러지지 않는 재질을 사용해야 한다. 또한 수세식으로 해야 하고 화장지를 준비해야 한다. 화장실 출입 시 손 세척을 할 수 있는 세면대 설비를 갖춰야 하며 특히 손 소독제를 비치해 놓고 손 세척 후 공기 건조기를 이용하여 손을 말릴 수 있도록 해야 한다. 여건이 허락하면 손 세척과정을 거치지 않으면 화장실 문이 열리지 않는 장치 부착도 고려해야 한다. 수도꼭지에는 열감지기가 붙어 수도꼭지에 손을 대지 않고도 물이 나와 손 세척이 가능하도록 해야 한다. 화장실에는 등신대 거울을 설치하여 자신의 위생 상태를 섬섬하도록 한다. 정기적으로 청소한 것을 짐김하는 시스템을 갖춰야 한다.

12.6.9 폐수 관리

식품공장에서는 어느 제조업보다 물을 많이 사용하기 때문에 버리는 폐수가 많을 수밖에 없다. 따라서 폐수 관리 또한 식품공장의 위생관리에서 중요한 관리 항목이다. 식품공장의 폐수는 특성상 유기물이 많이 포함되어 있어 부패 가능성이 높고 이에 따라 큰 오염원이 될 수 있다. 폐수는 많은 해충과 유해미생물의 서식처가 될 수 있으며 잘못 다루는 경우 원료나 용수에 교차오염원이 될 수 있는 가능성이 있어 철저한 관리가 필요하다. 또한 폐수의 배출구는 쥐가 들어올 수 있는 공간이 없도록 해야 하며 잘 관리하지 못하는 경우 방역의 허점으로 작용할 수도 있다.

12.6.9.1 교차 오염

사용하고 배출되는 폐수나 하수구에 있는 물이 직접 혹은 간접적으로 원료나 제품, 혹은 공장 용수에 오염되는 경우와 원료와 가공된 제품이 서로 접촉하여 오염을 일으키는 경우를 교차오염이라고 한다. 폐수의 경우 폐수가 흘러나가는 관과 인접한 급수관 사이에서 일어날 수 있고 폐수가 튀어서 공정에 오염을 일으키는 경우도 있다. 특히 고압의 물로 바닥 세척을 하거나 기계세척을 할 경우 세척수의 비산에 의하여 오염물질이 확산되는 경우도 있다. 폐수가 나가는 트랜치에 고압으로 폐수가 쏟아지는 경우 폐수의 비산으로 주위가 크게 오염되고 타 공정에까지 확산되기도 한다. 이런 모든 경우를 예상하여 교차오염의 기회를 최대한 줄여야 한다. 트랜치는 경사(3/100)를 주어 폐수 발생 즉시 빠르게 흘러 나가게 해야 하며 공장책임자는 폐수의 흐름과 고임을 항시 점검하여 문제가 있을 때 빠르게 대처해야 한다. 폐수관이 직접 외부와 연결되지 않도록 중간차단 장치를 두어야 한다.

12.6.9.2 역류의 방지

오염된 물이나 한 번 사용하고 배출되는 폐수가 역으로 용수나 제조 공정에 흘러들어 가는 경우는 폐수관이 배수 트랜치에 완전히 잠겨 있거나, 용수관과 인접해 있는 경우 급수 차단 등 돌발사고로 급수관 내부에 감압이 걸렸을 때 발생할 수 있다. 역류되는 경우는 수도관에서도 가끔 일어나는 사고로 수돗물 속에 이물이나 지렁이 등이 혼입되는 경우가 여기에 해당된다. 식품공장에서는 돌발 상황이 발생하여 급수관이나 배기관에 감압이 걸릴 때 물이 역류되어 예상하지 못하는 사고의 원인이 되기도 한다. 이와 같은 역류를 차단하기 위하여 급수 혹은 배수관에 역류차단 장치를 설치해야 한다.

12.6.10 살균소독제

식품공장에서 위생처리제의 사용은 미생물 수를 감소시키거나 살균하는 목적으로 사용한다. 충분한 세척과 미생물이 생존하거나 증식할 수 없는 조건으로 관리한다면 별도의 살균처리제를 사용할 필요가 없을 것이다. 그러나 물, 사용 용기, 장비 등 세척이 곤란하거나 세척해도 충분히 살균할 수 없는 경우도 있다. 이런 대상에 대하여 위생처리제를 사용하는데 위생처리제의 구비조건으로는 ① 사용조건에서 효과가 있고 ② 사용하는 사람에게 위험하지 않아야 하며 ③ 사용에 의해서 식품의 풍미에 영향을 주지 않아야 하며 ④ 쉽게 씻어낼 수 있고 ⑤ 사용하기 쉽고 경제적이어야 한다.

살균, 소독을 위해서는 열처리가 가장 효과적이고 확실한 방법이나 모든 식품이나 기계에 적용할 수 없으므로 화학물질에 의한 살균을 시도한다. 식품공장에서 사용 가능한 화학물질의 살균소독제는 주성분에 따라 크게 네 가지로 구분하는데 염소제제, 옥소제제, 제4암모늄(quats)제제, 그리고 계면활성제제 등이다. 이들 위생처리제들은 사용대상과 사용방법 등에 따라서 그 효과가 다르므로 용도에 맞게 공장에서 선택해서 사용해야 한다.

여러 위생처리제의 장단점을 비교해 보면 표 12-13과 같다.

표 12-13 여러 위생처리의 장·단점

위생처리제	장점	단점
차아염소산(Hypochlorite)	넓은 적용범위, 저렴, 사용 편의	부식성, 탈색 가능성 유지의 산화 가능성, 유기물로 효과감소, 냄새, 피부자극
제4암모늄(Quats)	비부식성, 무자극성, 무취, 무미	그람음성균에 비효과적, 피막형성, 미생물의 저항성 발현
옥소제제(Iodophors)	비부식성, 사용편의, 무자극성, 넓은 적용범위	냄새, 전분에 의한 청변, 중간 정도 비용
산-음이온 처리제	증식세포에 넓게 적용, 포유동물에 저독성	저pH(1.9~2.5)에서 효과, 그 외는 부식성

12.6.10.1 염소제제

염소제제는 이미 용수의 살균 소독에서 제시한 염소가스와 이산화염소 등에서 설명하였다.

염소제제는 처음 물 소독에 사용하였고 18세기 후반에 직물 탈색에 이용하기도 하였다. 미국에서는 식품공장의 위생처리제로 폭넓게 사용하였고 이후 육가공 공장으로 확대되었으며 특히 가공 기계류의 세척 용수로 많이 사용하게 되었다. 염소제제의 장점은 표 12-13에서와 같이 살균 범위가 넓고 가격이 저렴하나 부식성과 냄새가 좋지 않은 결점이 있으며 유기물과 결합하여 트리할로메탄(trihalomethan)을 만들기도 한다.

위생처리제로 사용하는 염소제제의 종류와 농도는 표 12-14와 같다.

세척수로 사용하는 경우 염소제제의 유효염소 사용 범위가 100~200 ppm 정도이고 탈색 목적으로는 차아염소산 나트륨으로 5.25% 정도를 사용한다. 음용수의 경우 0.025~2.0 ppm이 잔존하도록 하며 유기물량이나 오염의 정도에 따라 처리 농도를 조절한다. 통조림공장에서 냉각수로 사용할 때 염소농도는 음용수 농도와 비슷하나 평균 2.18 ppm으로 보고

표 12-14 살균소독제로 사용하는 염소제제와 유효 농도

물질명	유효 농도(%)
Gaseous chlorine(Cl_2)	100
Sodium hypochlorite(NaOCl)	1~7
Calcium hypochlorite($CaOCl_2$)	35
Chloramine-T	25
Chlorine dioxide(ClO_2)	-
Cyanurates	70

출처: Cords, 1983.

된 바 있다. 보통 염소의 살균력은 농도 의존적이지 않으므로 적정한 농도의 사용이 필요하다. 염소가 미생물을 살균하는 이유는 산화적 효과, 독성 있는 클로라민(chloramine)의 생성, 세포의 투과성 변화, 세균 단백질의 침전, 효소 활성의 저해, DNA를 이루는 핵산과의 반응 등에 근거한다고 알려져 있다.

12.6.10.2 제4급암모늄염(Quaternary ammonium salts, Quats)

보통 quats라 부르고 있으며 그 화학적 구조는 그림 12-4와 같다.

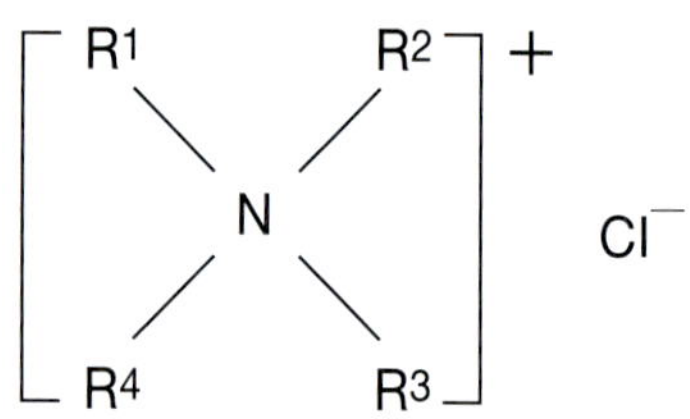

그림 12-4 제4급암모늄염의 구조

이 화합물은 암모늄염의 형태로 존재하며 양이온으로 존재하는 부분이 유효성을 나타낸다. 따라서 양이온성 계면활성제라고도 한다. 양이온 쪽이 소수성이고 음이온 쪽이 친수성이다. 이 화합물은 4급 아민을 alkyl halide와 반응시켜 만들고 구조에 따라서 항균활성은 차이가 난다. 기본 구조에 염소나 브롬이 결합할 수 있으며 이들 형태가 상업적으로 가장 많이 사용된다. Quats는 습윤성이 있어 미생물 표면에 쉽게 부착하여 작용하기 때문에 분자 대 분자 역할로 효과가 좋은 것으로 판단된다. 이들은 살균 효과를 내고 그람양성균에 효과가 크다. 그러나 특정 미생물, 즉 Pseudomonas와 같은 균에는 저항성을 증가시키는 것이 단점으로 알려지고 있다.

12.6.10.3 요오드포르제제(Iodophore)

식품공장에서는 주로 손소독제로 사용하는데 염소제제의 결점인 피부 자극성이 없고 증식 세균에 효과가 좋으며 quats에서와 같이 세균의 저항력을 높이지도 않기 때문이다. 옥소제제는 보통 옥소에 포리비닐피로리돈(polyvinyl pyroliodone)이나 계면활성제인 알킬페녹시폴리글리세롤에 델(alkyl phenoxy polyglycerol ether) 등을 혼합하여 사용한다. 이렇게 혼합한 제품이 옥소 단독 사용 시보다 살균효력이 높아지는데 이는 휘발성인 옥소의 발산을 조절하기 때문이다. Polyvinyl pyroliodone에 옥소를 혼합하는 것을 포비돈 옥소(povidone iodine)라 부르며 여기에는 옥소가 9~12% 함유되어 있다. 아이도포어(iodophore)는 옥소가 계면활성제와 혼합된 상태로 식품공장에서 사용하고 있다. 이는 염소와 같이 그람 음성, 그람 양성균에 모두 효과가 있고 효모와 곰팡이에도 작용하나 포자 형성균에는 효과가 없다. Iodophore는 효과가 있는 pH 범위가 넓고 유기물에 영향을 받는 것이 염소보다는 덜하나 단백질에 영향을 많이 받는다. 이 위생처리제는 가격이 비싼 것이 단점이나 보통 12.5~25 ppm 정도의 낮은 농도로 사용하고 침수 소독인 경우 12.5 ppm 정도를 사용한다. 철 도금한 재질에는 부식성이 있고 은이나 구리에 변색을 일으키고 얼룩을 만드는 단점이 있다.

12.6.10.4 산-음이온 계면활성제

산-음이온 계면 활성제는 주로 인산과 음이온 세세인 일길아릴술포네이트(alkyl aryl sulfonate)의 혼합물이며 혼합에 의한 상승효과가 나타난 것으로 알려져 있다. 이 살균처리제는 그람 양성 및 음성의 증식 세포에 광범위하게 효과가 있으나 세균이나 곰팡이 포자에는 효과가 없고 바이러스에는 효과를 보인다. 보통 계면활성제의 성질대로 낮은 pH, 즉 2.0~3.5 범위에서 가장 효과가 좋고 이런 이유로 스케일을 용해시킬 수 있어 유가공공장의 위생처리제로 가장 많이 사용한다. 보통 사용농도는 100 ppm 정도이다. 염소제제보다는 비싸고, quats나 iodophore보다는 값이 싸나 pH가 낮아 취급에 주의해야 하고 콘크리트 바닥에 영향을 주기도 한다.

12.6.10.5 에탄올 살균처리제

근래 공장 위생처리제로 많이 사용하고 있으며 법적으로는 기구 등의 살균소독제로 분류되어 있다. 주로 손 소독제로 널리 쓰이고 있으며 분무형이나 겔 형태로 사용되고 있다. 보통 알코올의 살균효과가 가장 높은 60~70% 농도를 사용하며 겔형 위생처리제는 피부 보호를 위하여 보습제인 프로피렌글리콜 등 첨가하여 점성과 보습에 도움을 주고 있다. 식품첨가물공전에 규정된 기구 등의 살균소독제로 에탄올은 "이 품목은 유효 성분으로 에탄올을 함유하는 것을 말한다. 다만 희석 또는 품질 안정 등을 위하여 희석제, 안정제 및 용제를 첨가할 수 있다"로 정하여 첨가물로 허용하고 있다.

12.6.10.6 기타 살균소독제

위에서 설명한 5종류의 위생처리제를 식품공장에서 가장 많이 사용하나 그 외, 2018년 국내에서 허가된 과산화수소와 초산을 섞은 과산화초산(peroxyacetic acid), 오존(ozone) 등 산화형 살균소독제나 2500Å 파장의 자외선 조사, 증기를 사용하여 미생물을 살균시키기도 한다. 이들 위생처리 방법은 공장의 특성과 적용 범위 등을 고려하여 선택해야 한다.

12.6.10.7 기구 등의 살균소독제

우리나라에서 허용된 식품첨가물에는 별도로 식품과 직접 접촉하는 기구·용기·포장을 살균·소독하는 데에 사용하는 기구 등의 살균소독제를 제시하고 있다. 식약처는 식품첨가물공전에 살균소독제 관련 규정을 마련하고, 아래 13개 성분을 지정·고시하고 있다.

1. 과산화수소제제
2. 과산화초산제제
3. 구연산제제
4. 에탄올 제제
5. 염화-N-데실-N,N-디메틸-1-데칸아미늄제제
6. 염화알킬(C12-C18)벤질디메틸암모늄제제
7. 요오드제제
8. 이산화염소제제
9. 이염화이소시아뉼산나트륨제제
10. 젖산제제
11. 차아염소산나트륨제제
12. 차아염소산수
13. 폴리(헥사메틸렌비구아니드)하이드로클로라이드제제

기구 등의 살균소독제로 사용하는 성분을 제시하고 이들 성분 외에 희석제로 다른 성분을 혼합할 수 있으나 식품의 기준 및 규격에 적합해야 하고 필요 불가결한 경우 최소량의 안정제 혹은 용제를 사용할 수 있도록 허용하고 있다. 일반 사용기준은 "기구 등의 살균소독제는 기구 및 용기·포장의 살균소독 목적에 사용해야 하며, 용도에 따른 살균소독제 유효 성분의 사용 농도는 개별 품목에서 정해진 사용기준에 적합하게 사용해야 한다."로 규정하고 있으며 품목에 따라 사용기준을 정하고 있다.

12.7 개인위생

식품산업이나 외식업 그리고 관광서비스업의 위생 및 안전관리는 크게 고정설비 관리와 종업원 관리로 나눌 수 있다. 설비는 건물, 기계 등 설치물들이 주를 이루나 종업원 개개인의 위생 상태는 각자가 접촉하는 식품의 안전에 영향을 직접적으로 미치기 때문에 특별한 관리가 필요하다. 사람은 여러 병원체를 옮길 수 있는 잠재 오염원이 될 수 있으며 근래 문제가 되고 있는 이물의 혼입에도 관계가 된다. 따라서 식품업에 종사하는 영업자나 그 종업원은 특별한 위생관리 대상이 되고 있다.

특히 최근에는 가열처리 식품과 함께 비가열 식품의 생산유통도 급격히 증가하고 있으므로 조리, 가공에 종사하는 사람의 개인위생은 최종제품의 안전성에 큰 영향을 미친다. 특정 식품기인성 위해균은 증상 없이 보균하는 경우도 있어 보균자에 의하여 위해균이 식품을 통하여 다른 사람에게 전파될 수도 있다.

사람에 의해서 전파될 수 있는 위해균은 표 12-15과 같다.

소독(Disinfection)
식품이나 환경 중에 있는 병원성 미생물을 죽여서 감염을 방지하는 조작

역성비누
양이온계면활성제의 일종으로 양이온 부분이 계면활성 작용을 가지는 비누

Cross contamination (교차오염)
교차오염으로 원료와 가공제품 간, 가공기계에서 제품에 오염되는 등 서로 간에 오염시키는 것

표 12-15 사람에 의해서 전파되는 식품기인성 위해균

경로	질병	관련 미생물	잠복/급성	회복 여부
피부, 코, 입	포도알균에 의한 독소 중독	*Staphyloccus aureus*	가능	가능
분변 및 입	살모넬라 식중독	*Salmonella* 속	가능	가능
불명(분변, 입 예상)	대장균성 장염	*E. coli*	가능	가능
분변 및 입	쉬겔라 식중독	*Shigella*속	가능	가능
분변 및 입	A형 간염	Hepatitis A virus	가능	가능

출처: Troller, 1993

표 12-15에 제시한 위해균은 식품에 오염되어 다른 사람에게 이행될 경우 식중독을 일으킬 수 있으며 이들 미생물들은 동물의 분변, 소변, 호흡을 통하여 배출 혹은 오염된 피부에 의해서도 전파될 수 있다. 또한 손이나 다른 신체 부위에 의해서 직·간접적으로 식품에 이행되기도 하며, 일단 오염되면 특별한 살균처리나 가열과정이 없는 한 상당히 오래 생존할 수 있다. 또 오염된 균들은 조건이 맞으면 증식하여 식중독을 일으킬 수 있는 충분

한 수에 이르거나 증식하면서 독소를 생성하여 위해를 끼치기도 한다. 이와 같은 이유로 감염을 구분(『감염병의 예방 및 관리에 관한 법률』)하여 식품업에 종사하는 사람은 건강진단을 받아(『식품위생법』 제26조) 감염성이 있는 경우 조업을 금하고 있다.

12.7.1 관리 조직의 확보 및 운영

종업원의 개인위생은 본인의 관리도 중요하나 조직차원에서 적절한 위생관리가 가능하도록 관리해야 한다. 대기업의 경우, 의료나 안전관리를 담당하는 별도의 부서를 가질 수 있으나 중소기업의 경우 안전과 위생관리를 담당하는 부서에서 개인위생관리를 함께 할 수 있다. 관리 내용으로는 개개인의 건강관리 상태, 위생복, 위생모, 위생신발 등과 함께 흡연 등 개인 습관들도 관리해야 한다. 위생안전관리팀은 종업원 개개인의 관리와 함께 조직 내에서 개개 종업원의 위생안전관리 방법을 지침화하여 확보하고 주기적으로 교육해야 한다. 개인별 위생관리지침에는 개인 사물의 관리, 위생복 제품 생산 시 지켜야 할 사항, 작업장에 들어가기 전에 위생복, 위생화, 위생모 착용 및 손 씻기 등이 상세히 설명되어야 하고 화장실 사용에 대한 상세한 안내가 포함되어야 한다. 특히 본인이 감염성 질병이나 상처, 감기, 피부병에 감염되었을 경우 책임자에게 즉시 보고하도록 인지시켜야 한다.

12.7.2 개인위생관리를 위한 법적 사항

우리나라 식품위생법에는 식품제조업에 종사하는 종업원의 개인위생관리를 위하여 아래의 몇 가지 법조항을 명기하고 있다.

12.7.2.1 건강진단

「식품위생법」 제26조에는 건강진단을 의무화하고 있으며 「위생종사자에 관한 법률」에 따라 매년 1회 건강 진단을 받도록 되어 있다. 식품위생법 시행규칙 제34조(건강진단 대상자)는 "식품 또는 식품첨가물을 채취·제조·가공·조리·저장·운반 또는 판매하는데 직접적으로 종사하는 자"로 정하고 있다. 건강진단의 시기(규칙 34조의 2)를 영업 개시 전 또는 영업에 종사하기 전에 미리 건강진단을 받아야 하는 것으로 규정하고 있다.

12.7.2.2 식품영업에 종사하지 못하는 질병

식품위생법 시행규칙 제50조(영업에 종사하지 못하는 질병의 종류)에는 제40조 ④항에 따라 영업에 종사할 수 없는 질병을 아래와 같이 제시하고 있다.

① 감염병예방법 제2조1항제1호에 따른 제1군감염병
② 감염병예방법 제2조1항제3호 나목에 따른 결핵(비감염성인 경우 제외한다.)
③ 피부병 또는 그 밖의 화농성(化膿性)질환
④ 후천성면역결핍증(감염병 제8조에 따라 성병에 관한 건강진단을 받아야 할 영업에 종사하는 사람만 해당한다.)

12.7.2.3 위생교육

공장 자체에서는 필요에 다라 수시로 위생교육을 실시해야 하고 법에 지정된 교육은 이수해야 한다. 「식품위생법」 시행령 제27조(식품위생교육의 대상)에는 「식품위생법」 제41조(식품위생교육)①의 근거에 따라 교육 대상을 정하고 있으며 「식품위생법」 시행규칙 제52조(교육시간)로 업종별 의무교육 시간을 정하고 있다. 교육을 이수하지 않은 경우 과태료를 부과한다.

12.7.2.4 손 씻기

손 씻기는 개인위생뿐만 아니라 공중위생상 중요한 안전관리 사항이다. 우리의 손은 물건을 만지고, 많은 사람들과 접촉하면서 각종 미생물에 노출되며, 미생물의 집적도가 높은 피부나 코, 입 등을 만지므로 여러 종류의 오염 가능한 미생물이 많이 묻어 있다고 봐야 한다. 실제 종업원의 손 상태를 관찰해 본 결과, 식중독균과 대장균이 검출되는 것을 볼 수 있다(그림 12-5). 조리 종사자의 손과 음식에서 황색포도알균이 각각 2.8~3.0

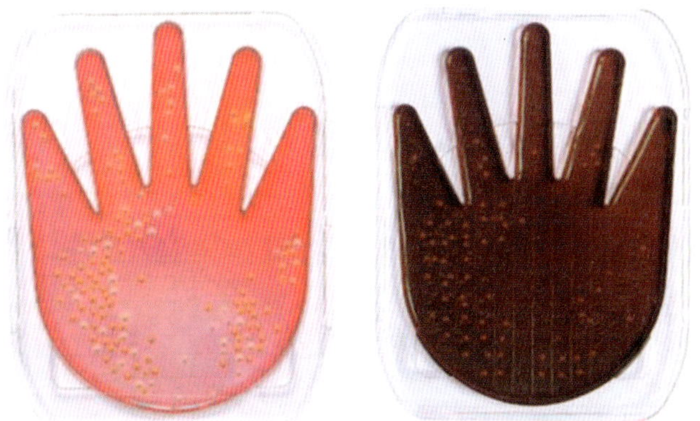

황색포도알균 (*Staphylococcus*)　　대장균 (*E. coli*)

그림 12-5 작업자 손의 위생검사 사진 예

표 12-16 손 씻는 효과의 비교

조건	세척방법	균수(cfu/cm²)		제거율(%)
		세척 전	세척 후	
수돗물	담아놓은 물	4,400	1,600	63.6
	흐르는 물	> 40,000	4,800	< 88.0
뜨거운 물	담아놓은 물	5,700	750	86.8
	흐르는 물	3,500	58	98.3
비누사용, 수돗물	흐르는 물(간단히)	849	54	93.6
	흐르는 물(철저히)	3,500	8	99.8
비누, 3% 크레졸 사용, 수돗물	흐르는 물(간단히)	> 40,000	21,100	< 94.8
	흐르는 물(철저히)	8,500	13	99.8

출처: 장 등, 2006.

CFU/손(cm^2)과 2.0~2.3 log CFU/손(cm^2) 정도 오염되어 개인위생 불량 및 교차오염 위험성이 있음을 알 수 있다.

식품제조업소나 외식업소에서 조리 시 식품에 사람의 손이 닿지 않을 수 없기 때문에 사람의 손에 의해서 전파되는 식품기인성 위해 미생물을 최소화하기 위해 손 세척은 무엇보다 중요하다. 손 씻는 방법에 따른 미생물 수의 변화를 비교한 결과는 표 12-16과 같다.

미국 질병관리본부(Center for Disease Control and prevention, CDC)의 보고에 의하면 본인의 질병을 막고 다른 사람에게 질병을 전파시키지 않기 위한 가장 간단한 방법이 손 씻기라고 하였으며 실제 식중독 사고의 50%는 손 세척을 하지 않거나 불충분하게 했을 때 일어난다고 하였다. 이들 연구결과에 의하면 식품 기인성 질병은 250종이 있고 이 질병으로 생산성, 의료비 등을 합하여 50~60억 달러의 비용이 발생한다고 하였다. 이런 상황인데도 미국인이 화장실 사용 후 83%만이 손을 씻는다고 조사되었다. 우리나라의 경우 여자 대학생을 관찰 조사한 결과, 98.2%가 손 씻기를 하였다. 그러나 USFDA/CFSAN이 권장하는 비누로 20초 이상 손 씻기를 하는 사람은 훨씬 낮았는데, 10초 이상 씻는 사람은 6.3%였고 비누를 사용한 경우는 0.9%에 그쳤다.

손 씻을 때 물의 온도는 32~42℃ 사이가 세척효율을 높이고 씻는 사람의 기분을 좋게 하는 적정온도이다.

12.7.2.5 휴게소

종업원의 휴식을 위하여 제조업체는 일정 공간의 휴게소를 운영하고 있다. 보통 휴게소는 가공공장이나 조리실 옆에 바로 인접해 있어 작업 중 쉬거나 점심식사 후 작업시간 전까지 단 시간 활용하게 된다. 종업원의 휴게실에는 일반적으로 사물함이 있는데 잘 관리하지 못하는 경우 바로 오염될 수 있으며 위생복이나 위생모, 작업화 등에 교차오염을 일으킬 수 있다. 식품공장의 위생안전 상태를 평가할 때 가장 먼저 점검하는 장소가 화장실과 종업원의 휴게소이다. 이 두 곳이 잘 관리되고 있다면 그 업소의 다른 구역도 관리 상태가 양호할 것으로 예측되기 때문이다.

휴게소를 떠나 작업장에 들어갈 때는 손 씻을 수 있는 설비를 갖춰 놓아야 한다. 일부 제조업소는 휴게소 안에 샤워실을 설치하기도 하나 이는 바람직하지 않다. 습기와 온도 때문에 곰팡이, 곤충 등의 서식처가 되어 오염을 일으키기 때문에 차단이 가능한 별도 구역으로 해야 한다.

12.7.2.6 머리카락 관리

먹고자 하는 식품에 머리카락이 혼입되었을 때 기분 좋을 소비자는 없다. 근래 국가위생관리기관은 머리카락, 동물분변, 해충 등 이물관리를 위하여 법적 대응을 하고 있으며 업체들도 이물 혼입 방지에 많은 노력을 하고 있다. 특히 머리카락의 경우 사람의 피부와 직접 접촉하고 있으며 항상 공기에 노출되어 많은 종류의 미생물, 특히 위해를 끼칠 수 있는 위해균이 함께 존재할 수 있다.

머리카락을 통하여 오염될 수 있는 대표적인 위해 미생물은 사람의 피부나 코 등에 있을 수 있는 황색포도알균이며 그 외 감염성 병원균의 오염원이 될 수도 있다. 머리카락 한 올에서 증식할 수 있는 미생물의 양상은 그림 12-6에 나타나 있다.

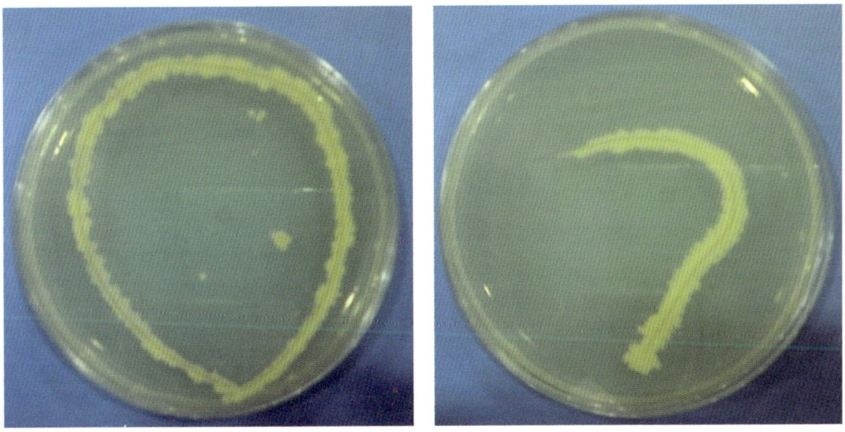

그림 12-6 머리카락 한 올에서 증식하는 미생물의 양상

머리카락 혼입을 방지하기 위해서는 위생모의 착용이 의무화되어야 하며 머리카락을 완전히 덮는 형태로 꽉 조여질 수 있도록 디자인된 것이어야 한다. 현재 다양한 종류의 위생모가 생산되고 있으므로 제조회사의 사정에 맞는 것을 선택할 것이나 머리카락을 완전히 덮고 꽉 조여지는 형태의 기본요건은 갖춰야 한다.

12.7.2.7 위생복

식품을 직접 취급하는 종업원은 위생복 착용을 의무화하고 있다. 자기 개인 옷을 입고 작업하는 경우 옷에 묻어 있는 각종 이물과 미생물들이 취급하는 식품에 오염될 수 있기 때문이다. 위생복을 입는 이유는 첫째, 오염을 1차적으로 차단하고 둘째는 정신적으로 깨끗하고 안전한 식품을 생산하고자 하는 여건을 조성하는데 있다.

위생복은 일반적으로 어두운 색보다 밝은색을 채택한다. 주로 백색을 선호하는 이유는 더러워진 것을 쉽게 확인하여 세탁할 수 있기 때문이다. 위생복의 디자인은 제조회사에 따라 위아래가 붙어 있거나 분리되는 것을 채택할 수 있으나 기본적인 것은 단추가 없어야 하고 주머니는 하나도 허용해서는 안 된다. 공장에서 입을 수 있는 모범적인 위생복은 그림 12-7과 같다.

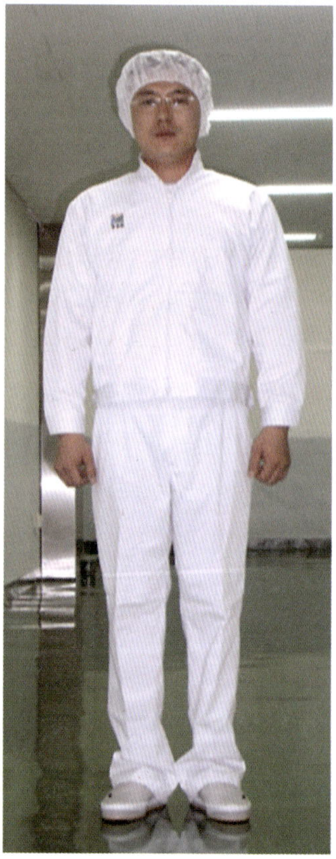

그림 12-7 위생복 사진

12.7.2.8 장신구

식품을 직접 다루는 종업원은 어떤 장신구도 착용해서는 안 된다. 목걸이, 귀걸이, 시계 등 장신구들은 식품에 혼입되어 이물로 문제를 일으킬 수도 있고 장신구 자체가 갖고 있는 미생물에 의해서 식품을 오염시킬 수 있기 때문이다. 목걸이 하나에서 증식 가능한 미생물의 모습을 그림 12-8에 나타내었다.

또한 손이나 몸에 상처가 있어 밴드를 사용하는 경우 장갑을 끼지 않는 한 식품을 만져서는 안 되고 종기나 상처, 기침 등의 증상이 있을 때는 관

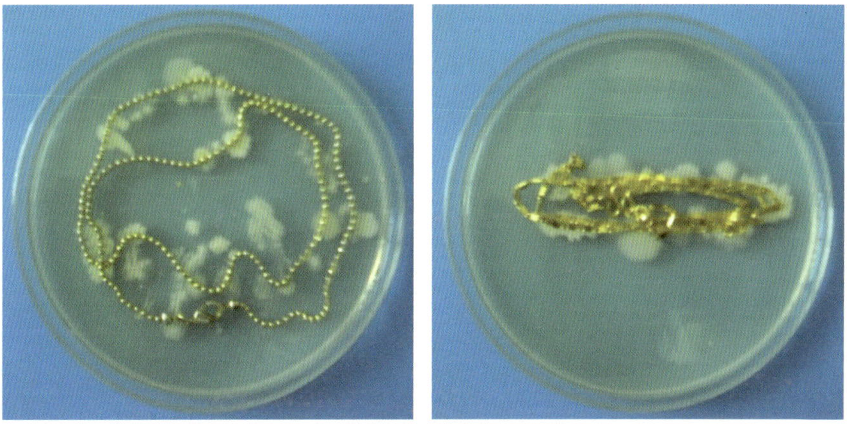

그림 12-8 목걸이 하나에서 증식 가능한 미생물

리자에게 보고하여 작업장에 들어가서는 안 된다. 이에 대한 종업원의 이해와 관리자에 의한 감독이 필요하다.

12.7.2.9 음식섭취

관능검사를 제외하고 식품공장에서는 원칙적으로 껌을 씹거나 음식을 먹지 못하도록 규정하고 있다. 작업자가 생산하고 있는 제품이나 외부에서 반입한 음식, 또는 음료를 먹을 경우 이물 혼입의 기회를 제공하고 오염원이 될 수 있기 때문이다. 제조 공정 중 관능검사가 필요할 경우, 별도 용기에 포장하여 지정된 장소에서 관능검사를 실시해야 한다. 종업원의 복지를 위하여 음료, 스낵 등의 섭취는 공장의 제조 공정과 완전히 분리된 공간에서만 허용하고 가능하면 작업이 끝난 후 별도의 건물 등을 이용하는 것이 바람직하다. 특히 종업원의 휴게소에 자판기 등을 설치하는 것은 자판기 자체의 관리가 어려울 뿐만 아니라 종업원이 손을 대야 하기 때문에 심각한 오염원이 될 수도 있다. 따라서 관리자의 충분한 설명으로 자판기 설치를 하지 않도록 종업원의 이해를 구해야 한다.

12.7.2.10 개인 습관

종업원의 개인 습관은 식품공장의 위생·안전관리에 결정적으로 중요하다. 생산하고 있는 제품의 안전성은 전적으로 생산에 직접 종사하는 종업원의 마음가짐과 행동에 달려 있기 때문이다. 개인의 습관은 쉽게 바뀌지 지 않으나 주기적인 단체 교육, 포스터, 안내장, 그리고 현장 맞춤형 교육 등을 통하여 개선이 가능하다. 개인의 잘못된 습관으로 작업 중 머리 쓰다듬기, 얼굴 만지기, 조업 중 대화, 공장 바닥에 떨어진 제품의 잘못된 처리,

위생모나 위생복, 위생화의 착용 불량, 손 씻기 미흡, 공장 내에서 흡연, 에어샤워 시스템의 부적절한 사용 등 다양하다. 또 작업 중 규정된 시간마다 손 소독의 생략, 화장실 사용 시 준수사항 미 준수, 휴게소 등의 사용 시 안전관리 소홀 등이 문제가 될 수 있다. 위생적인 개인 습관을 정착하여 각 가정에서도 지키게 되면 가정 내 질병 발생률을 크게 낮춘다는 연구결과도 있어 공장 위생관리 차원을 넘어 가족의 건강을 지키는 데도 크게 도움이 될 것이다.

12.7.3 살균소독제

개인위생을 위하여 다양한 살균소독제가 개발되어 사용되고 있으며 상품화된 것도 많다. 일반적으로 식약청에서 살균제로 허가된 것은 고도 표백분, 이산화염소수, 이염화이소시아뉼산나트륨, 차아염소산나트륨, 표백분, 오존수, 차아염소산수 등이다. 이들은 제조 공정이나 용기의 살균 소독에 주로 사용하는 것이며 개인위생을 위하여 사용하는 살균제는 표 12-17과 같다.

표 12-17 손 세척에 사용할 수 있는 살균소독제

화학명	사용 농도
요오드제제(Iodophor)	유효 요오드로 0.75%
Trichloracarbanilie	막대비누 안에 1%
2.4.4' trichloro-2'hydroxydiphenyl ether	유효 성분으로 0.25%
Chlorhexidine gluconate	액체비누 안에 4%
ρ-chloro-m-xylenol	유효 성분 0.325%
Cyanurates	70

출처: Troller, 19933

살균소독제는 증식 세포와 함께 포자에 대한 살균효과도 검증되어야 한다. 이들 살균소독제 외에 근래 가장 많이 사용 하는 것은 에틸알코올로 겔 타입인데 알코올에 의한 피부 손상을 막기 위하여 보습제(프로피렌글리콜 등)를 넣은 제품이 나오고 있다. 이 겔형 손 소독제는 에틸알코올 함량을 살균효과를 감안하여 알코올농도 60~70%로 조정하고 있다. 근래 코로나 19, 신종플루 등 바이러스 질환이 크게 유행되면서 일반 가정이나 공공장소에서도 손 소독제가 널리 사용되고 있어 개인위생 상태를 개선하는데 크게 기여하고 있다. 연구결과에 의하면 가정에서 알코올 겔을 사용하는 경우 질병의 59%를 감소시키고 학교에서 사용을 권장했을 때 학생 결석률을 약 20% 감소시켰으며 식중독 발생률도 50% 감소시킨다고 한다.

참고문헌

감염병의 예방 및 관리에 관한 법률. 「법률 제9932호 일부 개정(2010.1.18)」 시행일 2010.12.30, 2010.

교육인적자원부. 「학교급식위생관리지침서 제2차 개정판」, 2004.

김경열, 남민지, 남보람, 류화정, 허록원, 심원보, 정덕화. 대학 내 급식소의 안전성 확보를 위한 미생물학적 안전성 평가. 「J. Fd Hyg. Safety」, 2010;25:49-58.

김경헌, 김수린, 김병철, 이민석. 「초임계 이산화탄소를 이용한 미생물의 살균방법」, 특허출원번호 10-2005-0059632, 2007.

김미정, 윤혜현. 『식품위생학, 이론과 실무』, 라이프사이언스, 2006. p.184-185, p. 224.

김용수, 박인숙, 하상도. 식품위해미생물 제어를 위한 살균소독제의 활용. 「식품과학과 산업」, 2009;42(2):26-51.

김용수, 연지혜, 김형일, 최현철, 전대훈, 이영자, 하상도. 축산물가공공장의 올바른 살균소독제 활용방안, 「Safe Food」, 2007;2(1):38-47.

김종규, 김중순. 여자 대학생의 손 씻기 의식과 실천에 관한 연구, 「J. Fd Hyg .Safety」, 2009;24:128-135.

김중곤, 신용국, 이영상, 김용호, 김시옥. UV-TiO_2 광촉매 반응기에 의한 미생물의 살균 효과. 「한국미생물학회지」, 2001;37(2):130-136.

김형일, 전대훈, 윤혜정, 곽인신, 엄미옥, 성준현, 박나영, 원선아, 배서영, 이영자, 김소희. 아포살균용 살균소독제 유효성 평가 방법 확립, 「J. Fd Hyg. Safety」, 2009;24:312-17.

농림수산식품부. 「2009 식품산업 분야별 현황 조사」, 2010.

보건복지부. 세척제의 성분규격, 「보건복지부 고시 2002-77호」, 2002.

손주혁, 강철. 테라헤르츠(THz) 전자기파의 발생 및 응용. 「물리학과 첨단기술」, 서울시립대논문, 2003. p. 34-38.

김영만, 이용수, 하상철, 임용숙. 『현대 식품위생학』, 지구문화사, 2009. p. 280-86.

신동화, 오덕환, 우건조, 정상희, 하상도. 『식품위생안전성학』, 한미의학, 2011.

식품위생법. 한국식품공업협회, 2009.

식품의약품안전처. 「식품공전」, 2009.

식품의약품안전처. 「식품의약품안전처 고시 제2005-75호」, 2005.

식품의약품안전처. 「식품의약품안전처고시 제2007-74호」, 2007.

식품의약품안전처. 「식품의약품안전처 고시 제2008-62호」, 2008.

식품의약품안전처. 「식품첨가물 사용기준 편람」, 2009.

장동석, 신동화, 정덕화, 우건조, 이인선. 『자세히 쓴 식품위생학(3판)』, 정문각. 2006. p.397-412.

조미희, 배은정, 하상도, 박지용. 「천연항균제의 식품산업에의 응용, 식품과학과 산업」, 식품의약품안전처, 38(2) p.36-45.

조양희. 「살균소독제 선택 시 참고사항 및 특성」, 한국보건산업진흥원, 2004.

조양희. 「살균소독제 안전성 유효성 평가(2)」, 식품의약품안전처, 2003.

하상도, 박지용. 식품위해미생물의 제어법 연구동향, 「Safe Food」, 2006;1(3):56-88.

한국소비자원 시험검사국 식품미생물팀. 「유통점 온도관리에 따른 식품 내 미생물변화 모니터링」, 2007.

한국식품정보원. 「HACCP 팀장 교육교재」, 2009.

An, B.J. The material of natural anti-bacterial agents for the food preservative. J. Kor. Soc. *Food. Sci. Nutr.* 1999;4(2):5-16.

Cho, I.H., Moon, I.Y., Lee, H.K. and Zoh, K.D. Photocatalytic disinfection of E. coli using continuous TiO_2/UV and TiO_2/natural solar light system. Journal of Kor. *Society of Environmental engineers.* 2001;23(7):1219-29.

Dillonk, M. and Griffith, C. *How to clean.* 1st ed. M.D. Associates. UK, 1999.

Giese, J. Advances in microwave food processing. *Food Technol.* 1992;46(9) :118-22.

Grab, L.A. and Bennet, M.K. Methods of testing sanitizers and bacteriostatic substances. *Disinfection, Sterilization and Preservation.* 5th Ed. Seymour, S.B. eds.

Philadelphia: Lippincott Williams and Wilkins, 2001. p. 1373–82.
Graham, D.M. Use of ozone for food processing. *Food Technology.* 1997;51:72–75.
Hite, B.H. The effects of pressure in the preservation of milk. *Bull,* 1899;58:15–35.
Hong, J.H., Park, J.S., Lee, W.Y. Changes of quality characteristics of Dongchimi by supercritical carbon dioxide as sterilization method. *J. Korean Soc. Food Sci. Nutr.* 2008;37(10):1330–36.
Jay, J.M. Low–Temperature Food Preservation and Characteristics of Psychrotrophic Microorganisms. *Modern Food Microbiology.* 6th edition. 2008. p. 323–38.
Kim, I.J., Ha, J.H., Kim, Y.S., Kim, H.I., Choi, H.C., Jeon, D.H., Lee, Y.J., Kim, A.J., Bae, D.H., Kim, K.S., Lee, C., Ha, S.D. Evaluation for efficacies of commercial sanitizers and disinfectants against Bacillus cereus strains. *Food Sci. Biotechnol.* 2009;8:537–40.
Kim, I.J., Kim, Y.S., Kim, H.I., Choi, H.C., Jeon, D.H., Lee, Y.J., Ha, S.D. Assessment of both standard and isolated Vibrio parahaemolyticus on efficacy of commercial sanitizers and disinfectants. *J. Fd Hyg. Safety.* 2007;22:127–31.
Kim, Y.S., Choi, H.C., Jeon, D.H., Lee, Y.J. Studies on the efficacy test and management of sanitizers and disinfectants(I). *Korea Food & Drug Administration and Korea Health Industry Development Institute.* 2005.
Lewis, R.J. Their regulatory status their use by the food industry. *Food additives handbook.* Robert, W. D. Eds. New York: Nostrand Reinhold, 1989. p. 3–27.
Longree K and Armbruster G. *Quantity Food Sanitation.* 4th ed. A Wiley–Interscience Publication, 1987. p. 418–36
Marriott, N.G. Principles of food sanitation. 3rd eds. New York: Champman & Hall, Inc., 1994.
Marriott, N.G. *Sanitizers In Principles of Food Sanitation.* 5th eds. New York: Science+ Business Media Inc., 2006. p. 165–89.
Schmidt, R.H. Basic elements of equipment cleaning and sanitizing in food processing and handling operations, *FS14, Food Science and Human Nutrition Department.* IFAS, University of florida, 1997.
Sibel, R. *Natural antimicrobials for the minimal processing of foods.* Sibel, R. eds. Cambridge: Woodhead Publishing Limited, 2003.
Singh, R.P. Technical elements of new and emerging non–thermal food technologies. *FAO Report.* 2001.
Thayer, D.W. Food irradiation: Benefits and concerns. *J. Food Qual.* 1968;13:147–69.
Troller J.A. *Sanitation in Food Processing.* 2nd ed. New York: Academic Press, Inc., 1993. p.131–46.
USFDA. Code of Federal Regulations (CFR). Title 21. Part 173.300. *Secondary Direct Food Additives Permitted in Food for Human Consumption: Chlorine dioxide.* 2007.

American Society for Microbiology (ASM). *Handwashing fact sheet.* 2005. 〈http://www.cleaning101.com/newsroom/2005_survey/handhygiene/factsheet2005.cfm.〉 2008. 9. 30.

식품위생학 기출문제

01 식품의 안전관리에 대한 사항으로 틀린 것은?

① 작업장 내에서 작업 중인 종업원 등은 위생복·위생모·위생화 등을 항시 착용해야 하며, 개인용 장신구 등을 착용해서는 안 된다.

② 식품 취급 등의 작업은 바닥으로부터 60cm 이상의 높이에서 실시하여 바닥으로부터의 오염을 방지해야 한다.

③ 칼과 도마 등의 조리기구나 용기, 앞치마, 고무장갑 등은 원료나 조리과정에서의 교차오염을 방지하기 위하여 식재료 특성 또는 구역별로 구분하여 사용해야 한다.

④ 해동된 식품은 즉시 사용하고 즉시 사용하지 못할 경우 조리 시까지 냉장 보관해야 하며, 사용 후 남은 부분은 재동결하여 보관한다.

02 소독제와 그 주용 작용의 조합이 틀린 것은?

① 크레졸 - 세포벽의 손상

② $Ca(OCl)_2$ - 산화작용

③ 에탄올 - 탈수, 삼투압으로 미생물 수축

④ 페놀 - 단백질 변성

03 소독제와 소독 시 사용하는 농도의 연결이 틀린 것은?

① 석탄산: 3~5% 수용액

② 승홍수: 0.1% 수용액

③ 알코올: 36% 수용액

④ 과산화수소: 3% 수용액

04 식품공장에서 미생물 수의 감소 및 오염물질 제거 목적으로 사용하는 위생처리제가 아닌 것은?

① Hypochlorite ② Chlorine dioxide

③ Ethanol ④ EDTA

05 식품공장의 작업장 구조와 설비에 대한 설명으로 틀린 것은?

① 출입문은 완전히 밀착되어 구멍이 없어야 하고 밖으로 뚫린 구멍은 방충망을 설치한다.

② 천장은 응축수가 맺히지 않도록 재질과 구조에 유의한다.

③ 가공장 바로 옆에 나무를 많이 식재하여 직사광선으로부터 공장을 보호해야 한다.

④ 바닥은 물이 고이지 않도록 경사를 둔다.

06 집단급식소, 식품접객업소(위탁급식영업) 및 운반급식(개별 또는 벌크포장)의 관리로 적합하지 않은 것은?

① 건물 바닥, 벽, 천장 등에 타일 등과 같이 홈이 있는 재질을 사용한 때에는 홈에 먼지, 곰팡이, 이물 등이 끼지 않도록 청결하게 관리하여야 한다.

② 원료 처리실, 제조·가공·조리실은 식품의 특성에 따라 내수성 또는 내열성 등의 재질을 사용하거나 이러한 처리를 하여야 한다.

③ 출입문, 창문, 벽, 천장 등은 해충, 설치류 등의 유입 시 조치할 수 있도록 퇴거경로가 확보되어야 한다.

④ 선별 및 검사구역 작업장 등은 육안 확인에 필요한 조도(540룩스 이상)를 유지해야 한다.

07 식품제조시설의 공기살균에 가장 적합한 방법은?

① 승홍수에 의한 살균
② 열탕에 의한 살균
③ 염소수에 의한 살균
④ 자외선 살균 등에 의한 살균

08 기구 및 용기·포장류의 제조·가공 기준으로 <u>틀린</u> 것은?

① 기구 및 용기·포장의 제조·가공에 사용되는 기계·기구류와 부대시설물은 항상 위생적으로 유지·관리해야 한다.
② 기구 및 용기·포장의 식품과 접촉하는 부분에 사용하는 도금용 주석은 납은 1.0% 이상 함유해서는 안 된다.
③ 기구 및 용기·포장의 제조·가공에 사용되는 원재료는 품질이 양호하고, 유독·유해물질 등에 오염되지 않은 것으로 안전성과 건전성을 가지고 있어야 한다.
④ 전류를 직접 식품에 통하게 하는 장치를 가진 기구의 전극을 철, 알루미늄, 백금, 티타늄 및 스테인리스 이외의 금속을 사용해서는 안 된다.

09 식품에서 미생물의 증식을 억제하여 부패를 방지하는 방법으로 가장 거리가 <u>먼</u> 것은?

① 저온
② 건조
③ 진공포장
④ 여과

10 식품제조가공업소에서 이물관리 개선을 위해 실시할 수 있는 대책과 거리가 <u>먼</u> 것은?

① X-ray 검출기 설치
② 방충·방서설비 등 제조시설 개선
③ 대장균 등의 미생물 완전 멸균처리
④ 반가공 원료식품의 자가품질검사 강화

11 석탄산계수에 대한 설명으로 옳은 것은?

① 소독제의 무게를 석탄산 분자량으로 나눈 값이다.
② 소독제의 독성을 석탄산의 독성 1,000으로 하여 비교한 값이다.
③ 각종 미생물을 사멸시키는데 필요한 석탄산의 농도 값이다.
④ 석탄산과 동일한 살균력을 보이는 소독제의 희석도를 석탄산의 희석도로 나눈 값이다.

12 다음 중 차아염소산나트륨 소독 시 비해리형 차아염소산으로 존재하는 양(%)이 가장 많을 때의 pH는?

① pH 4.0　② pH 6.0
③ pH 8.0　④ pH 10.0

13 식품을 가공하는 종업원의 손 소독에 가장 적합한 소독제는?

① 역성비누　② 크레졸
③ 생리식염수　④ 승홍

14 식품 공장의 위생관리 방법으로 적합하지 <u>않은</u> 것은?

① 환기시설은 악취, 유해가스, 매연 등을 배출하는데 충분한 용량으로 설치한다.
② 조리기구나 용기는 용도별로 구분하고 수시로 세척하여 사용한다.
③ 내벽은 어두운 색으로 도색하여 오염물질이 쉽게 드러나지 않도록 한다.
④ 폐기물·폐수 처리시설은 작업장과 격리된 장소에 설치·운영한다.

15 다음과 같은 식품 기계장치의 세정 방법은?

기계가 조립된 상태 그대로 장치 내부에 세제용액으로 오염물질을 제거한 후 세척수로 헹구고, 살균제로 세척된 표면을 살균하여 최종적으로 헹구어 주는 방법.

① 분해 세성법
② CIP법
③ HACCP법
④ Clean room법

16 식품위생 분야 종사자의 건강진단 규칙에 의거한 건강진단 항목이 <u>아닌</u> 것은?

① 장티푸스(식품위생 관련 영업 및 집단급식소 종사자만 해당한다.)
② 폐결핵
③ 전염성 피부질환(한센병 등 세균성 피부질환을 말한다.)
④ 갑상선 검사

17 살균·소독에 대한 설명으로 옳지 <u>않은</u> 것은?

① 열탕 또는 증기소독 후 살균된 용기를 충분히 건조해야 그 효과가 유지된다.
② 우유의 저온살균은 결핵균 살균을 목적으로 한다.
③ 자외선 살균은 대부분의 물질을 투과하지 않는다.
④ 방사선은 발아억제효과만 있고 살균효과는 없다.

18 식품제조가공 작업장의 위생관리에 대한 설명이 옳은 것은?

① 물품검수구역, 일반작업구역, 냉장보관구역 중 일반작업구역의 조명이 가장 밝아야 한다.
② 화장실에는 손을 씻고 물기를 닦기 위하여 깨끗한 수건을 비치하는 것이 바람직하다.
③ 식품의 원재료 입구와 최종제품 출구는 반대 방향에 위치하는 것이 바람직하다.
④ 작업장에서 사용하는 위생 비밀장갑은 파손되지 않는 한 계속 사용이 가능하다.

19 식품공장에서 미생물 수의 감소 및 오염물질 제거 목적으로 사용하는 위생처리제가 <u>아닌</u> 것은?

① Hypochlorite ② Chlorine dioxide
③ Ethanol ④ EDTA

20 식품제조시설의 공기살균에 가장 적합한 방법은?

① 승홍수에 의한 살균
② 열탕에 의한 살균
③ 염소수에 의한 살균
④ 자외선 살균등에 의한 살균

21 비가열처리 살균법에 대하여 설명하시오.

22 식품산업에서 유해 미생물 제어를 위한 물리적, 화학적 방법을 각각 3가지 이상 설명하시오.

기출문제 정답

1. ④	8. ②	15. ②
2. ③	9. ④	16. ④
3. ③	10. ③	17. ④
4. ④	11. ④	18. ③
5. ③	12. ①	19. ④
6. ③	13. ①	20. ④
7. ④	14. ③	

13
CHAPTER

식품과 위해분석

서론

식품이란 "의약으로 섭취하는 것을 제외한 모든 음식물"로 정의되며 농산물, 축산물, 수산물 및 그 가공품뿐만 아니라 물, 술, 소금 등을 포함한다. 인구와 가계구조의 변화, 소득의 증가 등으로 식품 소비 중 외식이 차지하는 비중이 50%에 이르고 있고, 초·중등학교의 93%가 급식을 실시하고 있다. 또한, 외국에서 수입하는 식품원료와 완제품도 지속적으로 증가하고 있다. 이러한 식생활의 변화는 식품의 생산·가공·유통 양식을 변화시키고 있으며, 식품안전관리의 대상과 방법에 있어서도 큰 변화를 요구한다.

간혹 발생하는 식품안전 이슈들은 대부분의 경우 위해가 예견되지 않았거나 과학적 정보가 부족하여 합리적이고 신속한 의사결정을 내리기 어려운 것들이 많다. 식품의 위해분석(risk analysis)은 식품안전 분야에서 일관성, 과학성 및 투명한 의사결정의 향상을 위하여 미국과학원(NAS)에서 1983년 처음으로 제안한 모델이다.

식품 중 위해요소(hazards)에 대한 위해분석은 과학적 근거에 의거한 위해평가(risk assessment)를 실시하고 그 결과로 소비자 건강보호와 식품 중 위해요소의 경감을 위한 위해관리(risk management) 방안을 세우며 소비자나 이해관계자들과 의견교환을 하는 위해정보교류(risk communication)를 실시하여 과학적이고 효율적으로 식품안전성을 확보해 나가는 일련의 과정을 말한다. 즉, 위해분석은 위해평가(risk assessment), 위해관리(risk management) 그리고 위해정보교류(risk communication)라는 세 가지 작업이 유기적으로 연결되어 진행된다.

미국과학원 (The National Academy of Sciences, NAS)
(http://www.nasonline.org/site/PageServer) 1863년 3월에 미국에서 최초로 설립된 기구로서 과학 분야와 공학연구 분야에서 뛰어난 업적을 낸 학자들로 구성되어 있으며 과학기술의 증진과 과학기술이 공공복지를 위하여 사용되도록 하는데 기여하는 것을 목적으로 한다.

위해성
사람의 생명을 위협하는 해로운 영향 또는 위험

국제식품규격위원회 (Codex Alimentarius Commission, CAC 혹은 CODEX)
(http://www.codex-alimentarius.net/web/index_en.jsp) 1963년 식량농업기구(Food and Agriculture Organization, FAO)와 세계보건기구(World Health Organization, WHO)에 의해 최초로 설립된 기구로서 FAO와 WHO의 식품규격 프로그램하에서 식품의 기준, 지침, 관련 실행규정을 개발하는 것을 주요 임무로 한다. CODEX는 사람의 건강을 보호하고 정당한 식품 교역을 보장하며 모든 식품 관련 규정의 국제적 조화를 기하는 것을 목적으로 한다.

13.1 식품의 위해요소

국제식품규격위원회(Codex Alimentarius Commission, CAC 혹은 CODEX)의 식품위생기본서(food hygiene basic text)에서는 식품안전이란 "식품이 인체건강에 대한 위해 원인이 아니라는 것에 대한 보증"이라고 정의하고 있다. 식품으로부터 건강상 위해를 입을 수 있는 가능성을 위해(risk)라고 하며, 이 위해를 일으키는 인자를 위해요소(hazards)라고 한다. 위해요소에는 생물학적, 화학적, 물리적 위해요소가 있으며 생물학적 위해요소에 의해 감염증이, 화학적 위해요소에 의해 중독증이 그리고 물리적 위해요소에 의해 물리적 손상이 유발된다(표 13-1).

우리나라는 식품공전 총칙에서 위해평가가 이루어지지 않았거나 미흡하여 기준이 설정되지 않은 유해물질 등에 관한 적·부 판정은 잠정적으로 Codex 규정 또는 주요 외국의 기준·규격과 일일섭취허용량 등 해당물질별 관련 자료를 종합적으로 검토하여 식품의약품안전처장이 정할 수 있다고 명시되어 있다.

식중독균이나 자연독소와 같이 급성질환을 일으키는 경우에는 비교적 원인파악이 용이하며 예방조치가 원활히 이루어질 수 있다. 그러나 인수

표 13-1 식품 중 위해요소의 종류

구분	위해요소		건강위해
생물학적 요소	식중독세균	• 감염형: 살모넬라균, 장염비브리오균, 병원성 대장균 등 • 독소형: 포도상구균, 보툴리누스균, 병원성 대장균(*E. coli* O157) 등	고열, 구토, 두통, 설사, 위장장애, 장염 등을 동반하는 식중독(급성질환)
	인수공통감염병	• 소해면상뇌증(광우병), 결핵, 탄저	야곱병, 결핵 등(만성질환)
화학적 요소	자연독	• 식물성: 버섯, 감자 등 식물 • 동물성: 복어 및 어패류 등 • 곰팡이 독	각종 암, 신경계질환, 기형아 출산, 체중 감소, 발육 저하 등(주로 만성질환)
	화학첨가물	• 식품첨가제, 식품용기·재료, 변조제, GMO 농축산물 및 식품	
	약품 및 환경오염물질	• 중금속, 잔류농약, 다이옥신, 동물용의약품 등	
물리적 요소	이물질	• 쇳조각, 유리조각 등	물리적 손상

출처: 엄영숙, 2004.

공통감염병, 화학첨가물, 환경오염물질, 신종 병원체와 같은 위해요소는 그 정보가 부족하고 장기간 노출에 의해서 인체건강에 문제를 야기하므로 사전 예방과 즉각적인 조치가 어렵다.

최근 사회적으로 이슈가 되었던 식품안전과 관련된 주요 사건(표 13-2)을 살펴보면 병원성 대장균 O157에 의한 식중독사고와 같이 건강상 위해가 바로 분명히 발생하는 사례도 있으나 다이옥신, 말라카이트그린과 같이 위해가 바로 나타나지 않고 실제 위해 발생 가능성이 낮으며 발암성이라는 장기적인 위해이므로 소비자들이 불안해 한 사건들도 많다. 2008년에 일어난 중국산 분유의 멜라민 오염사고는 예상치 못한 식품사고로 관리상의 맹점(단백질 함량을 질소치로 측정)을 악용한 대표적인 사례이다.

식품 위해사고를 막는 최고의 방법은 사전예측적 식품안전관리가 이루어지는 것이며 이를 위하여 과학적 위해평가 기술은 더욱 중요하게 요구된다.

2008년 중국산 분유 중 '멜라민' 파문 일지

- 2008년 3월 중국 허베이성 싼루사 분유 먹은 영아 콩팥 이상 발견
- 9월 8일 멜라민 분유 먹은 영아 사망
- 9월 17일 중국 당국은 22개 업체의 유제품에서 멜라민이 검출되었으며 영·유아 수천 명에서 신장결석이 있음을 발표
- 9월 22일 한국 식품의약품안전청, 농식품부 중국산 분유와 가공식품 검사
- 9월 24일 국내 유통 과자에서 멜라민 검출
- 9월 25일 중국산 유가공품이 함유된 식품 수입 금지

표 13-2 최근 국내·외 식품안전 관련 이슈

발생년도	사건	위해요소
1996	영국산 쇠고기 광우병 파동	생물학적 요소
1997	미국에서 *E. coli* O157균 사건	생물학적 요소
1999	벨기에산 돼지고기 다이옥신 검출	화학적 요소
2003	미국에서 광우병 발생 중국산 꽃게에서 납 검출	생물학적 요소 화학적, 물리적 요소
2004	국내 불량만두소 사건	원재료 위생
2005	김치 기생충란 검출 김치 납 검출 장어에서 말라카이트 그린 검출	생물학적 요소 화학적 요소 화학적 요소
2006	학교급식에서 집단 식중독 발생 폐금속광산지역 중금속 오염 사건 조제분유에서 금속성 이물 검출	생물학적 요소 화학적 요소 물리적 요소
2007	녹차 농약검출 고추장, 고춧가루에 쇳가루 논란	화학적 요소 물리적 요소
2008	중국산 분유 중 멜라민 오염	화학적 요소
2009	중국산 육수농축액 중 클렌부테롤	화학적 요소
2010	낙지 카드뮴 검출	화학적 요소
2012	라면스프에서 벤조피렌[benzo (a) pyrene] 검출	화학적 요소

13.2 식품 위해분석 원칙

식품경제의 규모화, 세계화로 인하여 검사위주로 식품을 관리하는 것은 안전성을 확보하는 데 한계가 있다. 즉, 식품안전은 사전예방적 차원의 농장(생산)에서 식탁까지(farm to table) 전 과정에 대한 총체적 관리시스템을 요구한다.

식품안전 활동에는 우수농업실행기준(Good Agriculture Practice, GAP)과 해썹인증(HACCP) 시행, 위해요소에 대한 위해성 평가, 일일섭취허용량(Acceptable Daily Intake, ADI)과 잔류허용기준 설정을 위한 과학적 근거 확보, 잠재적 위해에 대한 과학적 표시기준 개발, 적정보호수준(Appropriate Level of Protection, ALOP) 달성을 위한 식품안전 목표 설정 등이 포함된다.

국제식품기준·규격기구인 CODEX에서는 1991년 국제기준 설정 절차에 위해평가(risk assessment) 기법을 도입할 것을 권고하였고 1993년 위해평가 제도를 도입하기 시작하여 2003년에 식품위해분석 작업원칙을 채택하고 적용 가능한 위해분석원칙 및 방법을 개발하였다(표 13-3).

우수농업실행기준 (Good Agriculture Practice, GAP)
농장에서의 생산과 수확 후 과정에서 경제적, 사회적, 환경적 지속성을 고려하면서 건강하고 안전한 식품과 비식용 농산물의 생산을 위하여 적용하는 원칙

일일섭취허용량 (Acceptable Daily Intake, ADI)
농약, 동물용의약품, 식품첨가물과 같이 식품 생산 및 가공과정 중에 사용이 허가된 화합물에 대하여 평생 매일 먹어도 인체의 건강상에 아무런 위해를 일으키지 않는 양을 말함

적정보호수준 (Appropriate Level of Protection, ALOP)
인체건강에 대한 위해를 완전 제로 수준까지는 아니지만 위해를 유발하지 않는 낮은 수준으로 줄이기 위하여 적용하는 높은 수준의 위생과 예방 조치

표 13-3 Codex에서 채택한 위해분석 작업 원칙

- 위해평가(risk assessment), 위해관리(risk management), 위해정보교환(risk communication)의 세 가지 요소로 구성된 체계화된 접근법으로 수행해야 한다.
- 모든 이용가능한 과학적인 자료를 토대로 수행되어야 한다.
- 일관되게 적용해야 한다.
- 개방적이고 투명하며 문서로 기록해야 한다.
- 새로운 과학적 자료를 토대로 적절하게 평가 · 검토해야 한다.
- 불확실성(uncertainty) 및 다양성(variability)을 명확히 검토해야 한다.

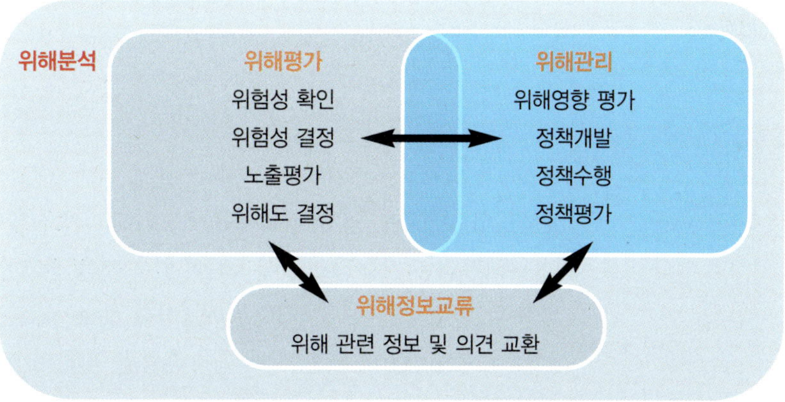

그림 13-1 **위해분석 체계**
출처: FAO/WHO, 1997.

13.3 식품 위해분석 방법(위해평가, 위해관리, 위해정보교류)

식품의 위해분석은 위해평가, 위해관리, 위해정보교류로 구성된다(그림 13-1). 위해평가(risk assessment)는 사람이 식품유래 위해요소에 노출됨으로써 발생할 수 있는 인체건강상의 위해를 확인하고 위해발생확률을 과학적으로 평가하는 과정이다. 위해관리(risk management)는 위해평가에서 얻어진 결과를 토대로 위해발생을 최소화하기 위한 정책을 개발, 결정, 수행한 정책의 실효성을 평가하는 과정이다. 위해정보교류(risk communication)는 위해평가와 위해관리의 유기적 관계 속에서 소비자와 이해관계자 간에 다양한 정보와 의견을 투명하게 교환하는 것을 말하며 위해평가, 위해관리의 모든 과정에서 이루어진다(표 13-4).

위해분석의 원활한 수행을 위하여 합리적이고 효율적인 식품법령, 식품관리전략의 마련, 과학적인 위해평가 및 검사능력의 확보, 커뮤니케이션을 위한 충분한 자원의 제공이 있어야 한다. CODEX 운영매뉴얼(Procedural

표 13-4 위해분석 체계 및 내용

구성	내용
위해평가 (risk assessment)	위험성 확인(hazard identification), 위험성 결정(hazard characterization), 노출평가(exposure assessment), 위해도 결정(risk characterization)의 4단계로 구성되며 과학적, 전문적, 통계학적 지식과 정보를 근거로 위해요소의 특성 규명
위해관리 (risk management)	위해평가와 기능적으로 독립, 분리되어 있으며 위해평가 결과에 근거하여 정책적 의사결정 및 결정된 사항을 시행하는 과정으로 인체 건강보호를 위한 모든 관련 인자와 교역의 증진 등 경제사회적 조건, 식습관 등 문화적 조건 등을 종합 검토하여 적절한 보호수단 및 조치사항 선택, 시행
위해정보교류 (risk communication)	위해평가자, 위해관리자뿐만 아니라 소비자, 산업체, 학계 및 기타 관련 집단들 간의 정보 및 의견교환 관련 모든 과정 포함

출처: 식품의약품안전처, 2006; 농림부, 2007.

Manual, 제18판, 2008) Section V. 위해분석 실행원칙에서는 위해평가와 위해관리는 기능적으로 분리되어 있을 것을 권고한다. 이는 위해평가의 과학적 완결성을 보장하고 위해평가자(risk assessor)와 위해관리자(risk manager)의 역할에 대하여 혼동을 피하며 이해관계의 충돌을 줄이기 위함이다.

13.3.1 위해평가 전 단계 작업

13.3.1.1 문제점 공식화(problem formulation)

문제점 공식화 작업은 위해평가의 전 단계에서 이루어지는 작업으로서 위해평가의 필요성을 확인하고 위해평가 범위를 명확히 하며 평가대상 위해요소에 의한 건강위해 발생 가능성과 심각도, 경제적 영향, 위해에 대한 소비자들의 인식, 식품산업에서 해당 위해요소 사용 시 이점 등을 모두 열거하고 위해평가 전략을 세우는 작업이다.

문제점 공식화 과정에서는 위해평가 전략을 세우기 위하여 식품안전상 위해요소와 관련된 여러 문제점들을 비교하여 상대적인 우선순위를 검토하고 위해수준과 위해관리 옵션 결정 시 필요한 요소를 확인한다.

문제점 공식화 작업을 통하여 ① 위해평가 수행 목적, ② 위해평가를 위해 필요한 자료와 활용 가능한 자료의 범위, ③ 위해관리자가 알고자 하는 사항, ④ 위해평가 일정이 도출된다. 대부분의 위해평가 자료는 이해관계자(해당 위해요소에 대한 정보를 가지고 있는 회사, stakeholders)가 보유하므로 이해관계자와의 의견교류도 중요하다.

표 13-5 예비 위해프로파일에 포함되는 정보의 형태

- 식품안전 문제에 대한 기본적인 설명
- 관련 식품의 프로파일 및 특성(생산·가공·취급·섭취·유통·시장 등 포함)
- 주요기관, 역할 및 책임, 규제 등 제도적인 상황
- 위해평가 결과의 이용 및 목표에 대한 설명
- 위해의 특성(인체건강, 경제·문화적 배경 등)
- 문제점과 관련된 현재의 위해관리 규범
- 위해에 대한 대중의 인식
- 개념적인 위해평가 모델
- 주요 자료의 결함 여부를 확인하기 위한 초기단계에서의 정성적 위해평가 결과
- 위해평가에서 해결해야 할 문제점
- 위해와 관련된 사항에 영향을 미치는 국제적으로 합의된 사항
- 위해관리 우선순위
- 위해평가 수행 필요성, 위해평가를 정량적 또는 정성적으로 수행해야 할지에 대한 판단 근거

13.3.1.2 예비 위해프로파일(risk profile) 작성

예비 위해프로파일은 초기 위해평가 결과물로서 식품안전 문제에 관한 정보와 신속하고 합리적인 위해관리 방안을 결정할 수 있는 근거를 제공한다(표 13-5).

위해프로파일에는 위해요소에 대한 개략적 설명, 문제발생 내역, 문제발생시 고려 사항, 관련 제품, 예상되는 문제의 발생가능성과 심각성, 소비자의 인식 정도, 인체건강과 경제에 미치는 영향의 균형, 위해평가의 필요성 및 시급성 등이 포함된다. 위해평가가 우선적으로 필요한 경우는 위해 관련 정보가 부족하고 불확실성이 큰 경우, 여러 정보가 서로 상충되는 경우, 위해관리 정책을 결정하기 위하여 추가정보가 필요한 경우, 기본적인 위해발생량(risk baseline estimate)을 설정하고자 하는 경우, 식품유래 위해요소가 심각한 건강상의 문제 및 교역상의 문제를 일으키는 경우, 새로이 식품교역이 이루어지는 경우이다.

13.3.2 위해평가(Risk assessment)

위해평가는 식품 중 위해요소에 의하여 건강위해가 나타날 가능성과 위해의 정도를 정성적 또는 정량적으로 산출하는 과정이다. 위해평가는 위험성 확인(hazard identification), 위험성 결정(hazard characterization), 노출평가(exposure assessment), 위해도 결정(risk characterization)의 4단계로 구성되며 과학적인 정보에 근거하여 이루어진다.

위해평가 결과는 논리적이고 분명하게 표현되고 불확실성을 명백하게 설명하며 모든 관련자에게 문서의 형태로 정확하게 제공되어야 한다. 위해

표 13-6 위해평가의 절차 및 내용

위해평가 단계	수행내용
위험성 확인 (hazard identification)	건강에 위해를 주는 물질 즉, 위해요소가 무엇이며 이의 물리화학적 특성 및 생체에 대한 영향 규명 (위해요소의 인체내독성을 확인하는 과정)*
위험성 결정 (hazard characterization)	위해요소가 생체에 미치는 영향에 대한 용량-반응성 평가 및 인체에의 영향으로 외삽하여 인체섭취허용량(인체안전기준) 산출 (위해요소의 인체노출 허용량을 산출하는 과정)*
노출평가 (exposure assessment)	사람이 위해가 되는 물질에 일상생활 및 식품문제 발생 상황에서 얼마만큼 노출(섭취)되는지에 대한 평가 (위해요소가 인체에 노출된 양을 산출하는 과정)*
위해도 결정 (risk characterization)	인체섭취허용량과 인체노출량을 비교하여 위해요소 노출량이 인체에 얼마만큼 위해한지 정량적, 확률적으로 산출 (위험성 확인과정, 위험성 결정과정, 노출평가 과정의 결과를 종합하여 해당 식품 등이 건강에 미치는 영향을 판단하는 과정)*

*식품위생법상의 용어 및 정의

평가 절차 및 수행내용은 표 13-6과 같다.

위해평가 단계 중 위험성 확인단계에서는 평가대상 위해요소의 물리·화학적 특성, 독성, 잔류성, 작용기전을 근거로 인체건강에 대한 영향을 규명한다. 위험성 결정단계에서는 독성 영향에 대한 용량-반응성 평가, 정보의 불확실성에 대한 평가와 함께 인체에서 건강상의 영향을 유발하지 않는 허용수준에 대한 평가가 이루어진다. 즉 무독성량과 일일섭취허용량을 설정한다.

노출평가 단계에서는 식품 중 존재하는 위해요소에 대한 인체의 노출수준을 평가한다. 노출량 평가를 위하여 식품 및 환경 중 위해요소의 분포량을 종합적으로 분석하며 인구집단별 정확한 평균체중, 평균수명, 식품섭취량이 요구된다. 일반적으로 한국인 평균체중은 55 kg, 평균수명은 70세를 적용하고 있다. 한국인 연령별 평균체중은 한국인 인체치수조사(Size Korea), 국민영양권장량, 국민건강영양조사 등의 자료를 통하여 알 수 있으며 한국인 식품섭취량은 한국농촌경제연구소의 식품수급표, 질병관리청의 국민건강영양조사, 한국보건산업진흥원의 국민영양통계를 이용한다.

위해도 결정단계에서는 소비자 건강에 영향을 미칠 가능성과 정도에 대한 위해추정치와 인체노출추정량을 비교하여 위해요소에 대한 관리방안을 도출한다.

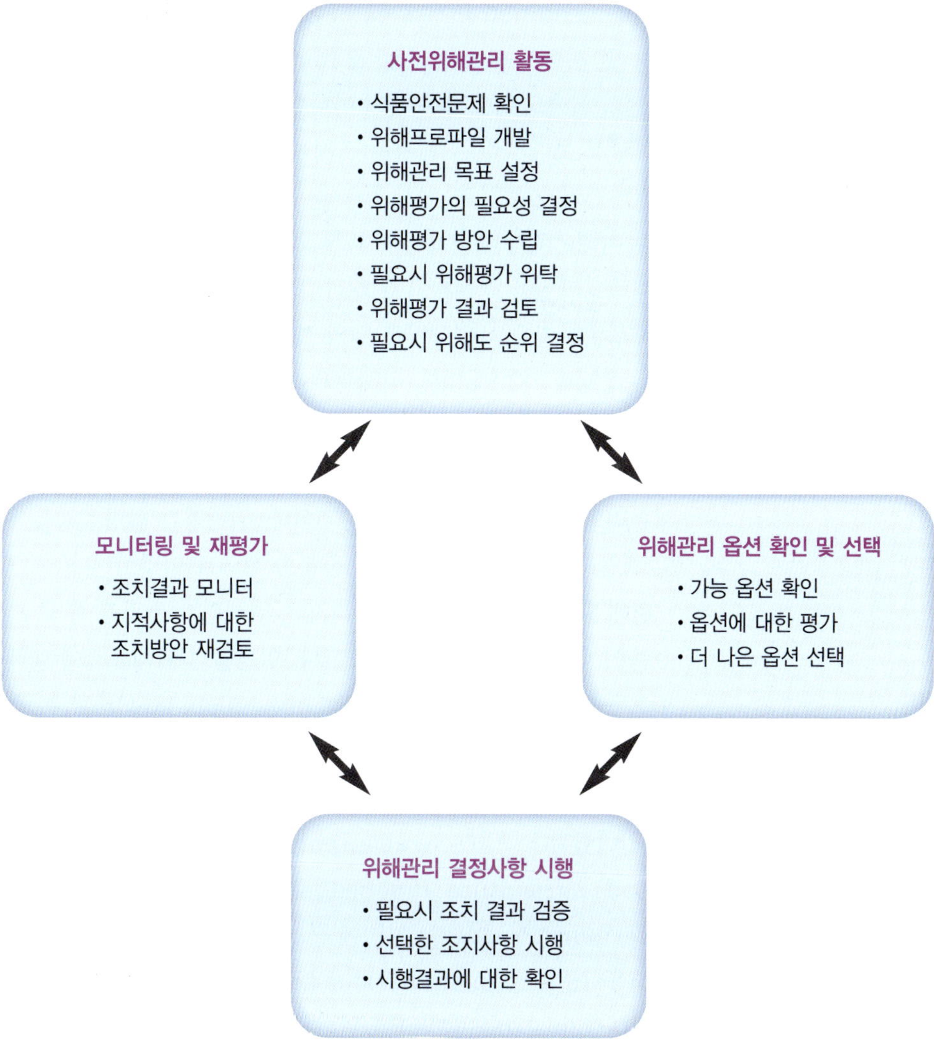

그림 13-2 위해관리 체계

출처: FAO, Food and Nutrition Paper 87, 2007.

13.3.3 위해관리(Risk management)

위해관리 단계에서는 가능한 여러 위해관리 방안을 평가하여 가장 합리적인 관리 방안을 결정한다. 이때 소비자의 건강보호와 관련된 위해평가 결과와 함께 사회경제적 영향, 국민정서, 문화적 요소 등 정책결정에 영향을 미치는 제반 요소들을 검토하여 적절한 예방책과 관리 방안을 결정한다(그림 13-2).

위해관리 작업에서는 위해상황 개선 또는 위해요소 제거 활동인 예비위해관리활동(preliminary risk management activity), 위해관리조치 평가(evaluation of risk management option), 위해관리결정사항 시행

(implementation of risk management decision), 위해관리 조치 모니터링 및 재평가(monitoring & review) 과정으로 구성된다. 위해관리는 한 번의 시행으로 끝나는 것이 아니라 위의 네 가지 활동을 반복적으로 시행하면서 보다 나은 위해관리 조치를 선택해 나가는 것이다.

위해관리자는 검사, 감시 활동을 통하여 습득한 정보와 학계, 식품업계 또는 이해단체가 제기하는 다양한 의견을 취합하여 위해평가 결과와 함께 위해프로파일을 작성하고 위해관리 방안 결정을 위한 자료로 활용한다. 위해프로파일에는 위해평가 결과 개요, 위해상황 설명, 관련 품목, 건강 또는 경제적 가치(value), 위해관리 조치의 예측 및 결과, 소비자의 인식정도, 비용대비 편익 등이 포함된다. 위해관리에서 중요한 것은 과학적 정보에 근거한 의사결정과 자원이 효율적으로 분배될 수 있도록 위해평가와 위해관리의 우선순위를 설정하는 것이다. 위해평가 방향설정은 위해관리자의 책임사항이며 위해평가자와 충분한 협의로 이루어진다.

위해평가가 완료되면 위해관리자는 위해평가 결과를 통해 확인된 위해수준이 허용범위 이내인지 검토한다. 미생물적 위해요소에 대해서는 적정보호수준(Appropriate Level of Protection, ALOP)과 비교를 통해 저감조치를 결정하며 식품첨가물, 잔류농약, 잔류동물용의약품, 환경오염물질의 경우에는 일일허용섭취허용량(Acceptable Daily Intake, ADI) 또는 일일섭취내용량(Tolerable Daily Intake, TDI)과 우수농업실행기준(Good Agriculture Practice, GAP) 또는 우수수의실행기준(Good Veterinary Practice, GVP)에 근거하여 저감조치를 결정하고 필요시 잔류허용기준(Maximum Residue Limit, MRL)을 설정한다.

위해평가 결과를 반영하여 위해관리방안을 효과적으로 시행하는데 사전 이해가 필요한 사항은 다음과 같다. ① 위해평가에 있어서의 제한요소 ② 위해평가 절차 및 방법 ③ 이해관계자와 일반적 용어로 이루어지는 의견교류의 중요성 ④ 위해평가 결과 제시되는 절대적 또는 상대적 위해추정값의 의미 ⑤ 위해평가 결과의 불확실성과 위해도 결정의 다양성 ⑥ 위해평가 과정에서 설정한 가정과 위해평가 결과의 영향 등이다.

위해관리의 목표는 위해요소를 어느 정도 수준까지 인정할 것인지 즉, 관리기준을 결정하고 실행가능하며 효과적인 위해 저감화 조치를 결정하고 시행하는 것이다. 이를 위하여 위해평가 결과를 근거로 위해관리를 위한 다양한 옵션을 검토·평가하고 농장에서 식탁까지 각각의 단계에 적용할 조치를 결정하며 조치 결과를 확인하여 문제점을 파악하고 필요시 대안을 세운다.

표 13-7 소비자의 식품에 대한 인식 변화

연대	구분	의식	인식
1960년대 이전	요기(療飢)	굶주림의 해결	양적 충족 우선
1970년대	인식(認識)	좋은 것, 나쁜 것 구분	식품재료 인식
1980년대	선택(選擇)	좋은 것 선택	안전성 인식
1980년대 후반	선호(選好)	자기기준의 식품선택	안전성 최우선
2000년대	식도락(食道樂)	즐기는 음식선택	건강 최우선

주: '80년대 이후 소비자의 안전의식 고조
'00년대는 안전성 단계를 지나 건강 지향적 인식 확대
출처: 한국식량안보재단, 2013.

13.3.4 위해정보교환(Risk communication)

소비자의 식품에 대한 인식은 산업이 고도화될수록 건강 지향성이 높아지면서 식품의 품질과 안전성 확보는 기본이 되었다(표 13-7).

위해정보교환은 위해평가 및 위해관리와 함께 위해분석의 3대 구성요소 중 하나로서 위해평가 결과와 위해관리 옵션을 위해평가자, 위해관리자, 소비자, 업체, 학계 및 기타 이해집단과 공유하고 위해관리에 대한 정보와 의견을 교환하는 것을 말한다. 이를 통하여 위해 관계자들의 위해요소에 대한 인식과 식품안전조치에 이해의 폭이 넓어지게 된다.

식품위해에 대한 이해에는 분석적 측면과 감성적 측면이 있으며 위해정보교환에서는 각 이해관계인의 분석적 측면과 감정적 측면의 의견을 모두 이해하고 검토하는 것이 좋다. 분석적 측면에는 인체건강에 대한 영향의 특성과 정도, 대안, 저감화 비용이 포함되며 감성적 측면에는 위해에 대한 우려, 추측, 불안 등의 반응이 포함된다.

위해에 대한 이해수준은 위해허용수준을 결정하는 위해관리에 중요한 영향을 미친다. 일반적으로 위해에 대한 인지도는 저감화 욕구와 비례한다. 위해에 대한 이상적 수준은 "0"이지만 현실적으로 "0"을 달성하기는 어렵다. 따라서 위해의 허용수준에 대하여 이해당사자 간의 합의가 중요하다.

효과적인 위해정보교환을 위해서는 일관된 메시지를 전달하는 것이 중요하다. 메시지 전달자는 위해평가 결과의 불확실성에 대해 정확하게 설명하고 개방성(openness), 투명성(transparency), 융통성(flexibility)을 확보해야 한다.

이해관계인에게 메시지를 전달 시 원칙은 다음과 같다. ① 언어적 메시지와 함께 시각적 메시지도 제공한다. ② 기술적 사실과 정보만을 제공하는

메시지는 피한다. ③ 이해하기 쉽게 기술하며 제3의 원인에 의한 영향을 인정한다. ④ 3개 정도의 핵심 메시지로 한정하여 작성하고 복잡하지 않게 한다. ⑥ 핵심 메시지는 반복한다. ⑦ 메시지는 간결하게 작성한다.

성공적인 위해정보교환을 위한 8대 원칙은 ① 이해당사자에 대한 정확한 파악(audience), ② 책임 공유(share responsibility), ③ 전문가 참여(experts), ④ 과학적 사실과 가치판단의 구별, ⑤ 전문성 확보(expertise), ⑥ 투명성 확보, ⑦ 정보출처의 신뢰성(credible source of information), ⑧ 유사한 위해정보와의 비교이다.

13.4 국내·외 식품안전관리 체계

13.4.1 국내 식품안전관리 체계

우리나라의 식품안전관리 체계는 의사결정의 투명성과 보다 강력한 책임성을 확보하기 위한 방향으로 사회적 공감대가 형성되면서 개편 발전되고 있는 추세이다. 우리나라는 대형 식품안전 사고와 근본적 식품안전관리 체계 개선을 요구하는 사회적 요구에 따라 2013년 정부조직법을 개편(2013.4.25.)하여, 기존 식품의약품안전청(식약청) 및 농림수산식품부(농식품부) 등의 식품관리 조직과 기능을 국무총리실의 식품의약품안전처(식약처)로 통합 개편하였다.

「식품의약품안전처」의 정부조직 개편 원칙은 기존 식약청과 농림수산식품부의 농·축·수산물 위생안전 기능 및 복지부의 식품·의약품 안전정책 기능을 통합하여 국민 먹을거리의 안전 컨트롤 타워로서의 역할을 수행하는 것이다.

식품의약품안전처의 조직은 본부(1관 7국 2기획관 51과 1팀), 소속기관으로 1개 평가원과 6개 지방청, 2개 센터 및 17개 검사소로 이루어져 있다(그림 13-3).

그림 13-4과 같이 우리나라는 식품의약품안전처에서 식품 생산부터 제조, 수입, 유통 및 소비단계까지 식품의 공급사슬 전 주기에 대하여 체계적으로 식품안전관리 업무를 담당하고 있다. 농·축·수산물 생산단계는 식약처가 총괄하며 농장, 도축장 및 집유장의 위생, 질병 등 관련 사항은 농식품부와 해양수산부에 위탁 수행하고 있고, 제조, 유통 및 소비단계에서는 지자체가 집행을 담당하도록 하고 있다.

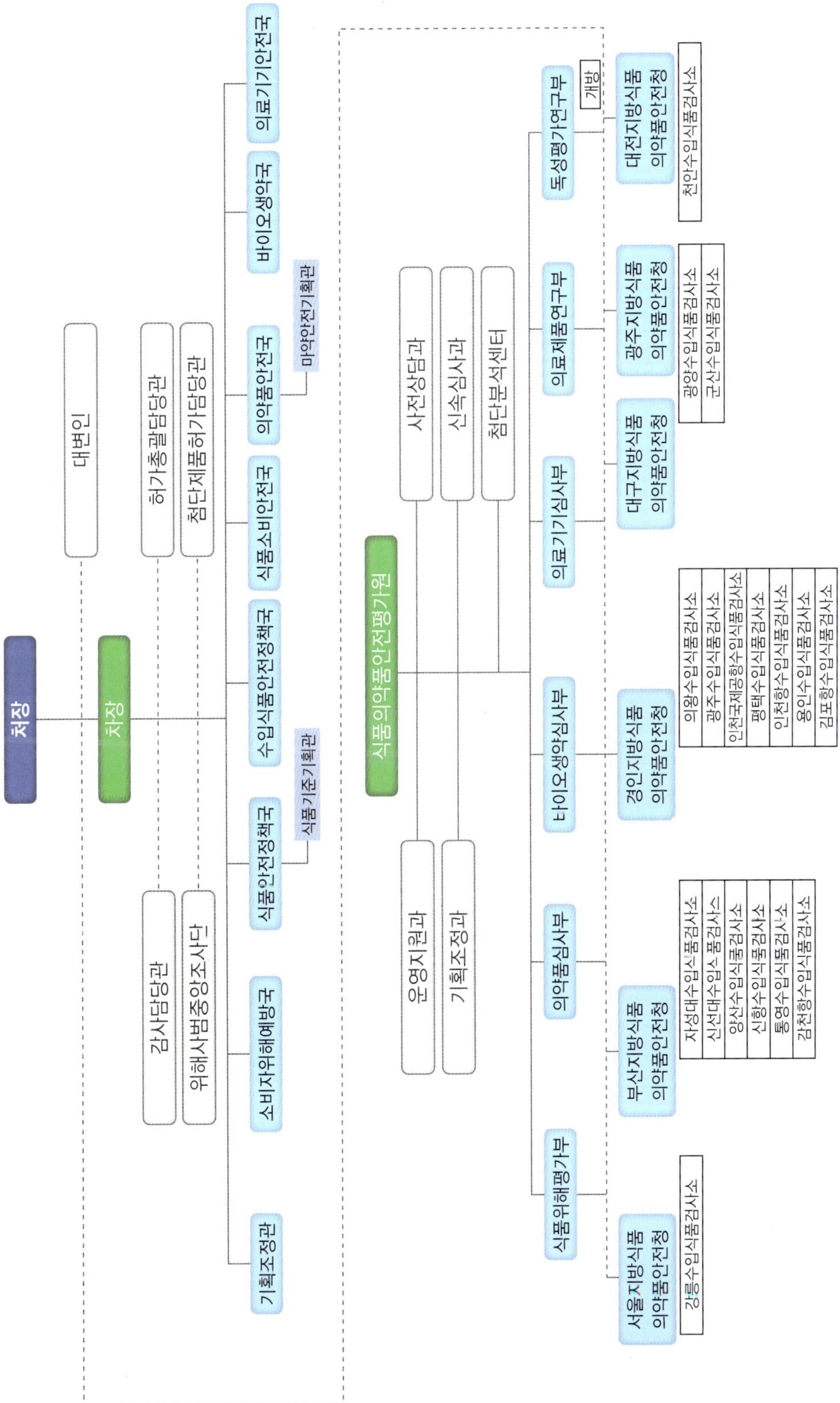

그림 13-3 식품의약품안전처의 조직도

생산부터 소비까지 식품공급사슬 전 주기 체계적 안전관리

	생산	제조	수입	유통	소비
관리대상	·농축산물 생산자	·식품제조업체 등	·수입식품판매업 등 해외제조업체	·식품판매업체 등	·음식점, 급식소 등
위해요소 (화학적, 생물학적, 물리적)	·농약, 중금속, 동물용의약품 ·식중독균 ·이물(돌, 낚시바늘 등)	·식품첨가물, 부정물질 ·식중독균 ·금속성 이물 등	·농약, 중금속, 동물용의약품, 곰팡이독소, 첨가물 ·식중독균 ·이물	·보존료, 곰팡이독소 ·식중독균 ·이물(벌레 등)	·곰팡이독소 ·식중독균 ·이물(벌레 등)
관리수단	·안전성조사 ·GAP(농산물) ·HACCP (양식장, 사육장) ·농약, 동물용의약품 사용 등록	·HACCP ·GMP(건식) ·지도점검 ·자가품질검사 ·기준규격 설정 ·영업자 위생교육	·해외제조업소 사전등록 ·해외 현지 실사 ·수입신고보류제 ·검사명령제 ·통관단계 검사 ·해외직구식품 검사	·수거검사 ·지도점검 ·회수·폐기 ·위해식품판매차단 시스템 ·식품이력추적제도 ·인터넷 모니터링 ·보존 및 유통기준 설정	·음식점 위생등급제 ·어린이급식관리지원센터 ·어린이식품안전보호구역 ·식중독조기경보시스템 ·식품표시제도 ·소비자 교육
관리주체	·식약처 총괄 ·농식품부, 해수부 위탁	·식약처 총괄 ·지자체 집행	·식약처	·식약처 총괄 ·지자체 집행	·식약처 총괄 ·지자체 집행
관리법령	·식품안전기본법 ·농수산물품질관리법 ·축산물위생관리법	·식품안전기본법 ·식품위생법 ·축산물위생관리법 ·건강기능식품법 ·식품표시광고법	·식품안전기본법 ·식품위생법 ·축산물위생관리법 ·건강기능식품법 ·수입식품특별법 ·식품표시광고법	·식품안전기본법 ·식품위생법 ·축산물위생관리법 ·건강기능식품법 ·수입식품특별법 ·식품표시광고법	·식품안전기본법 ·식품위생법 ·축산물위생관리법 ·건강기능식품법 ·수입식품특별법 ·식품표시광고법 ·어린이식생활특별법

그림 13-4 우리나라의 국가식품안전관리 체계

13.4.2 외국의 식품안전관리 체계

13.4.2.1 미국

미국은 식품관리 체계가 다원화된 대표적인 국가로서 관련 15개 정부기관이 식품안전 관련 법안을 국회에 제출하고 있다. 미국은 보건후생부(Department of Health and Human Services, HHS) 산하의 식품의약청(FDA)과 농무부(USDA) 산하의 식품검사국(FSIS)이 식품안전관리의 주무 부서이다. FSIS는 수출입 육류, 가금류, 알 가공품 등 축산물에 대한 안전관리를 담당하고 FDA의 식품안전영양센터(CFSAN)는 FSIS 관할인 축산물을 제외한 모든 식품(농산물, 수산물, 수입식품 포함)의 안전관리를 담당하고 있다. 생수 등 병에 담은 물과 알코올 함량 7% 이하의 음료에 대한 안전관리도 FDA의 담당업무이다.

FDA는 기능적으로 본부(중앙부처)와 지역사무소의 두 부문으로 분류되며, 1청 5개 지역 사무소, 21개 지구사무소, 135개 주재소에 약 17,800명의 직원들이 근무하고 있다(그림 13-5). FDA는 식품, 의약품, 화장품 및 의료기기가 안전하고 위생적이며 효과적인지 여부를 확인하고, 전자렌지와 같은 방사선 발생기기의 유해성 여부를 확인하며, 애완견이나 가축들의 사료, 약품에 대해서도 조사한다.

FDA의 6개 센터 중 식품안전 문제를 주로 다루는 센터는 CFSAN(Center for Food Safety and Applied Nutrition, 식품안전응용영양센터)이다. CFSAN은 식품, 식품첨가물, 화장품의 관리를 담당하며 10개의 Office와 22개의 Division이 있다. 미국은 『식품안전현대화법(Food

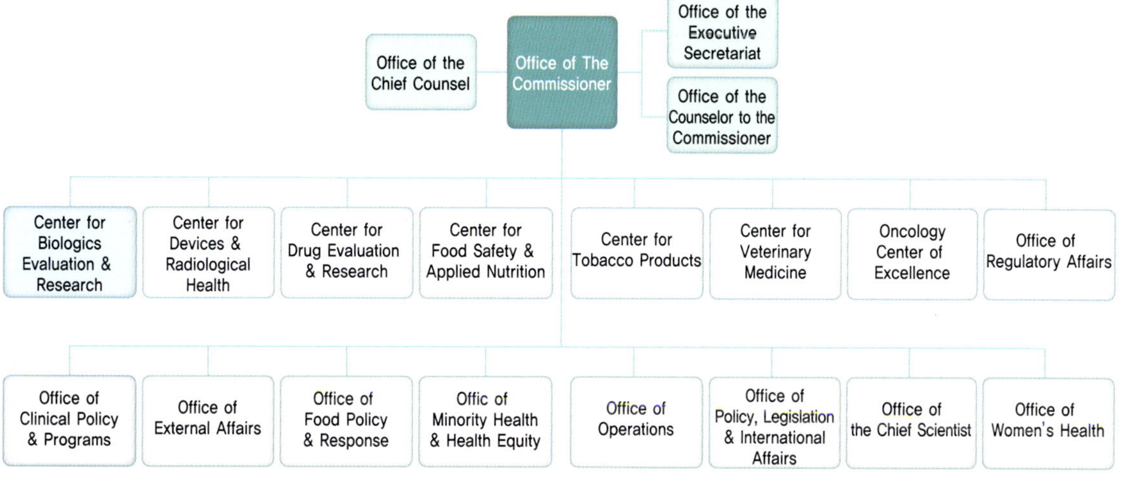

그림 13-5 미국 FDA 조직도

출처: FDA (https://www.fda.gov/about-fda/fda-organization-charts/fda-overview-organization-chart)

Safety Modernization Act, FSMA)』을 2011년 제정하였는데, 이는 잠재적 위험성이 높은 식품의 안전 문제를 사전에 예방하는 데 집중하고, 문제가 발생했을 때 효율적인 대응을 하기 위한 규제 강화 조치이다.

식품검사국(FSIS)은 미국 농무부(USDA, U.S, Department of Agriculture) 소속기관으로 1884년에 설립되었다. 미국 보건후생부(DHHS) 소속의 FDA와 더불어 식품을 관리하는 국가기관이며, 육류·가금류 도축장의 전 과정과 유통을 감시하고 국내산 및 수입 육류(쇠고기, 돼지고기 등), 가금류(닭고기 등), 알 가공품(계란 등)의 검사·감시를 하는 것이 주 업무이다. 일부 표시업무와 일부 식품첨가물·화학적 합성물질에 대한 기준·규격의 평가·제정 업무도 담당하고 있다.

이외 식품안전관리와 관련된 정부 조직으로, 국립보건원(National Institute of Health, NIH), 환경보호청(Environmental Protection Agency, EPA), 농무부 산하 동·식물검역국(Animal and Plant Health Inspection Service, APHIS), 해양대기청(National Oceanic and Atmospheric Administration, NOAA), 주류, 담배 및 총기 관리국(Bureau of Alcohol, Tobacco and Firearms, BATF) 등이 있다.

13.4.2.2 유럽

EU는 EU위원회(European Commission) 내에 식품안전문제를 담당하는 보건 및 소비자보호국(Directorate-General Health and Consumer Protection, DG-SANCO)을 두어 운용하고 있다. EU에서는 영국의 광우병 사건(1986년), 벨기에 식육의 다이옥신 오염 사건(1999년), 독일 장출혈성 대장균(EHEC)에 의한 식중독 발생 등(2011년) 일련의 식품사고로 인하여 EU 집행위원회(EC)의 농림총국(DG-AGRI)에 대한 소비자의 신뢰도가 떨어졌다. 이를 계기로 식품관리 체계를 보건 분야, 즉 보건총국(DG-SANCO)으로 사실상 일원화하였다. DG-SANCO는 EU 27개국이 준수해야 하는 식품안전 관련 법령·기준·의제 개정 및 정책 수립 관련 업무를 맡고 있다. 또 DG-AGRI가 수행하던 사료 관리와 수의·식물위생의 감시·통제 기능은 DG-SANCO 산하의 식품수의국(FVD)으로 이전되었다. 현재 DG-AGRI는 EU의 농업, 농촌개발 정책 도입, 농업 지원, 시장 대책, 농촌개발 정책, 품질 정책, 농업 관련 국제 문제를 담당하고 있다.

유럽식품안전청(European Food Safety Authority, EFSA)은 2002년 1월에 설립되었다. EFSA의 임무는 ① 독립성(Independence), 우수성(Excellence) 및 투명성(Transparency) 확보 원칙하에 위해관리 등 법 집

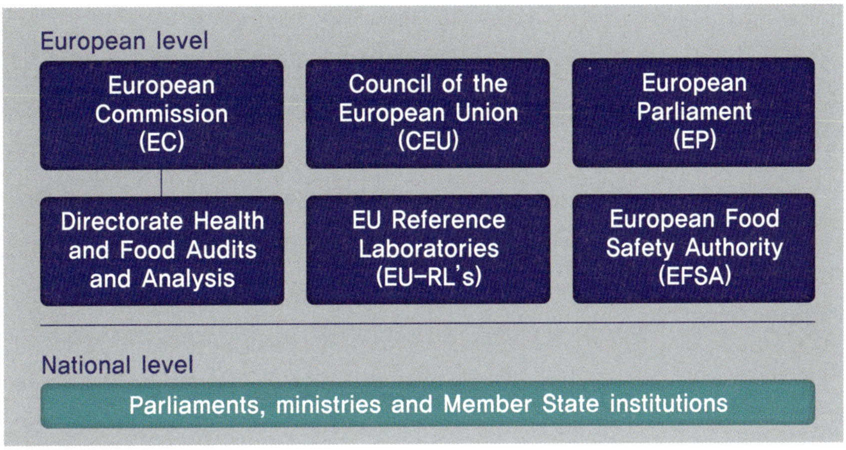

그림 13-6 **유럽연합의 식품안전 조직**

행권한을 제외한 위해평가 분야와 위해정보전달(Risk Communication)을 중점적으로 추진, ② 식품안전에 대한 과학적 자문 및 기술사항에 대한 자문, ③ 잠재적 위해에 대한 섭취, 노출량평가, 관련 정보·자료의 수집·분석 및 공유, ④ 위해의 확인, 조기경보 및 EU위원회의 지원 등이다. EU는 EFSA를 통해 위해평가의 일원화를 이루었으며, 위해관리는 DG-SANCO가 담당하고 있다.

EFSA는 위해평가 업무를 효과적으로 수행하기 위하여 분야별 과학위원회(Scientific Panel)를 구성하고, 과학적 의견의 채택 절차, 패널 운영 방법 등 일반적인 사항을 담당하며, 분야별 전문패널에도 속하여 있지 않거나 1개 이상의 패널에 걸쳐 있는 이슈에 대한 의견을 제시하고 기존 분야별 전문패널에도 속하지 않은 이슈에 대해서는 별도의 작업반(Working Group)을 구성하도록 한다. EFSA는 위해평가 수행 전문기관으로 각 회원국들은 유럽연합 내의 총괄적인 위해평가를 위한 기초자료를 제공하고 유럽연합의 종합적인 위해평가는 EFSA에서 담당한다.

EU는 하나의 국가처럼 운영한다는 방침에 따라 회원국들의 각기 다른 식품위생법 등 식품 관련 법률을 2004년 통합해 2006년부터 공통으로 적용하고 있다. 또 기존의 17개 지침(Directive)을 EU 모든 회원국에 의무 적용되는 식품 규정(Regulation)의 형태로 통합한 바 있다. EU의 식품 규정은 위해 사전 예방, 식탁에서 농장까지 추적 관리를 통한 기록 발급과 해당 기록 5년간 보관, HACCP 원칙 적용과 회수(Recall) 의무화, 신속경보체계 운영 등을 기본 원칙으로 삼고 있다.

지침(Directives)
모든 EU 회원국이 달성해야 하는 목표를 설정하는 법률적 행위로 방법(how)은 개별 회원국에 달려 있음

법규(Regulation)
강제력 있는 법률적 행위로 EU 전역에서 효력을 발휘함

13.4.2.3 영국

영국은 1986년 광우병 발생 이후 1998년 1월 식품 분야의 소비자보호를 임무로 하는 독립적인 조직인 식품기준청을 창설하는 식품기준법을 공표하였고, 이에 근거하여 2000년 4월 식품관리 업무를 담당하는 식품기준청(Food Standard Agency, FSA)을 설립하였다(그림 13-6).

영국(UK) 식품 입법의 중심 법적 근거는 식품안전법 1990(Food Safety Act 1990)이며, 식품안전 요구사항의 시행과 유럽 식품위생법 시행을 허용하는 식품안전 및 위생 규정 2013에 의해 보완되었다.

영국은 위해평가, 위해정보 전달 및 위해관리가 제도적으로 분리되어 있지 않다.

식품기준청(Food Standards Agency, FSA)은 잉글랜드, 웨일즈 및 북아일랜드의 식품안전 분야의 중앙 기관으로, 전반적인 전략적 방향을 책임지고 법적 의무를 충족하도록 하는 독립적인 의장과 비상임 이사회가 관리하는 부서로 구성되어 있다.

FSA의 업무 영역에는 식품, 식품 첨가물 및 오염물질, 식품의 미생물학적 안전성, 사료, 유전자 변형 식품(GMO), 신규 식품 및 식품 보조제가 포함되며, 살충제 및 동물용 의약품의 승인 및 감시 역할을 한다.

스코틀랜드 식품기준청(Food Standards Scotland, FSS)은 2015년 4월 1일 '식품(스코틀랜드)법 2015'에 의해 설립되었다. FSS는 영국 정부와는 별개인 스코틀랜드 행정부의 일부로 신선육의 시설 검사를 담당한다.

환경식품농무부(Department for Environment, Food and Rural Affairs, Defra)는 행정부 기관과 함께 식품안전의 입법화, 이행 및 모니터링을 책임지고 있다. Defra의 동물의약품관리국(Veterinary Medicines Directorate, VMD)은 동물용 의약품에 대해 모든 국가 판매 허가, 평가 및 관리를 담당하는 Defra의 집행기관으로서 동물 및 식육제품에 존재하는 동물용 의약품의 잔류 및 불법 사용 물질을 조사하고 항균제 내성 분야의 조정 업무도 수행하고 있다.

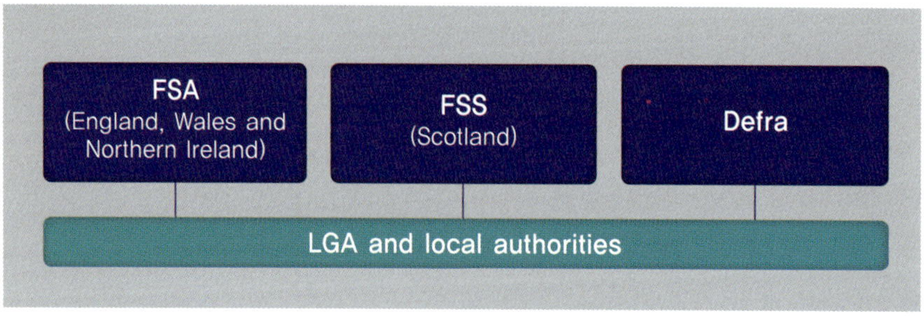

그림 13-7 영국의 식품안전조직

13.4.2.4 일본

일본에서도 광우병(BSE), 유제품 식중독 및 허위표시사건(유끼지루시사) 등 일련의 사고로 식품안전문제가 사회적 문제로 크게 대두된 바 있다. 특히 광우병 등의 발생은 생산부서에서 안전관리 업무까지 수행함으로써 능동적인 대처가 미흡하였다는 지적이 있었고, 후생노동성 및 농림수산성 양부서 간 긴밀한 협조체계를 유지하지 못함으로써 발생하였다는 비판에 직면하게 되었다. 이에 후생노동성 및 농림수산성에 분산된 식품안전관리 체계 및 관련 규정의 다원화에 따른 문제점을 개선하고 소비자보호에 중점을 둔 식품안전관리 업무수행을 위한 조직의 개편이 필요하다고 판단하게 되었다. 이를 위하여 위해평가 업무를 통합하고 국가와 지방자치단체의 임무를 명확히 하며 후생노동성 및 농림수산성의 식품안전관리 업무를 협의 및 조정할 수 있는 기능을 담은 「식품안전기본법」의 제정을 추진하게 되었다.

일본 「식품안전기본법」의 주요내용은 ① 국가·지방자치단체, 생산자(제조업자)의 책무 및 소비자의 역할 규정, ② 식품 건강영향평가 실시(Risk Assessment)에 근거한 정책수립에 관한 규정, ③ 관련 기관 간 연계 및 정보의 활용에 관한 규정, ④ 식품안전위원회의 기능, 의견청취, 위원의 임명 및 복무에 관한 규정 등이다.

2003년 국민 건강보호를 최우선으로 하며 과학에 근거한 식품안전행정의 추진을 위해 위해관리기관(소비자청, 후생노동성, 농림수산성 등)으로부터 독립된 '식품안전위원회'를 설치하였다. 위원회는 과학적 지식을 토대로 객관적이며 중립적이고 공정한 위해평가를 하는 것을 주된 역할로 한다. 위해평가는 주로 관계 부처의 요청을 받아서 진행되지만, 위원회가 사체적으로 필요성을 인정한 경우에도 실시한다. 위원회는 평가결과에 따른 식품안전관리에 필요한 정책 수립을 리스크 관리기관에 권고하고, 관계 부처가 권고대로 조치하고 있는지 감시하는 역할도 하고 있다.

또한 일본은 2009년 내각부에 '소비자청'을 신설하였다. 소비자청은 거래·표시·안전 정책을 전 내각에서 수평적으로 총괄하며 틈새 사안을 조정한다. 또한, 관계 부처의 리스크 커뮤니케이션 업무 종합 조정 및 식품안전사고를 포함한 소비자 안전사고 발생 시 총괄 사령탑 역할을 한다. 그리고 「식품위생법」, 「JAS법」, 「건강증진법」의 식품표시 규정을 통합하여 2013년 제정된 「식품표시법」을 소관하며 소비자가 요구하는 정보 제공과 사업자의 실행 가능성을 균형 있게 고려하여 식품표시기준을 제정하고 있다(**그림 13-8**).

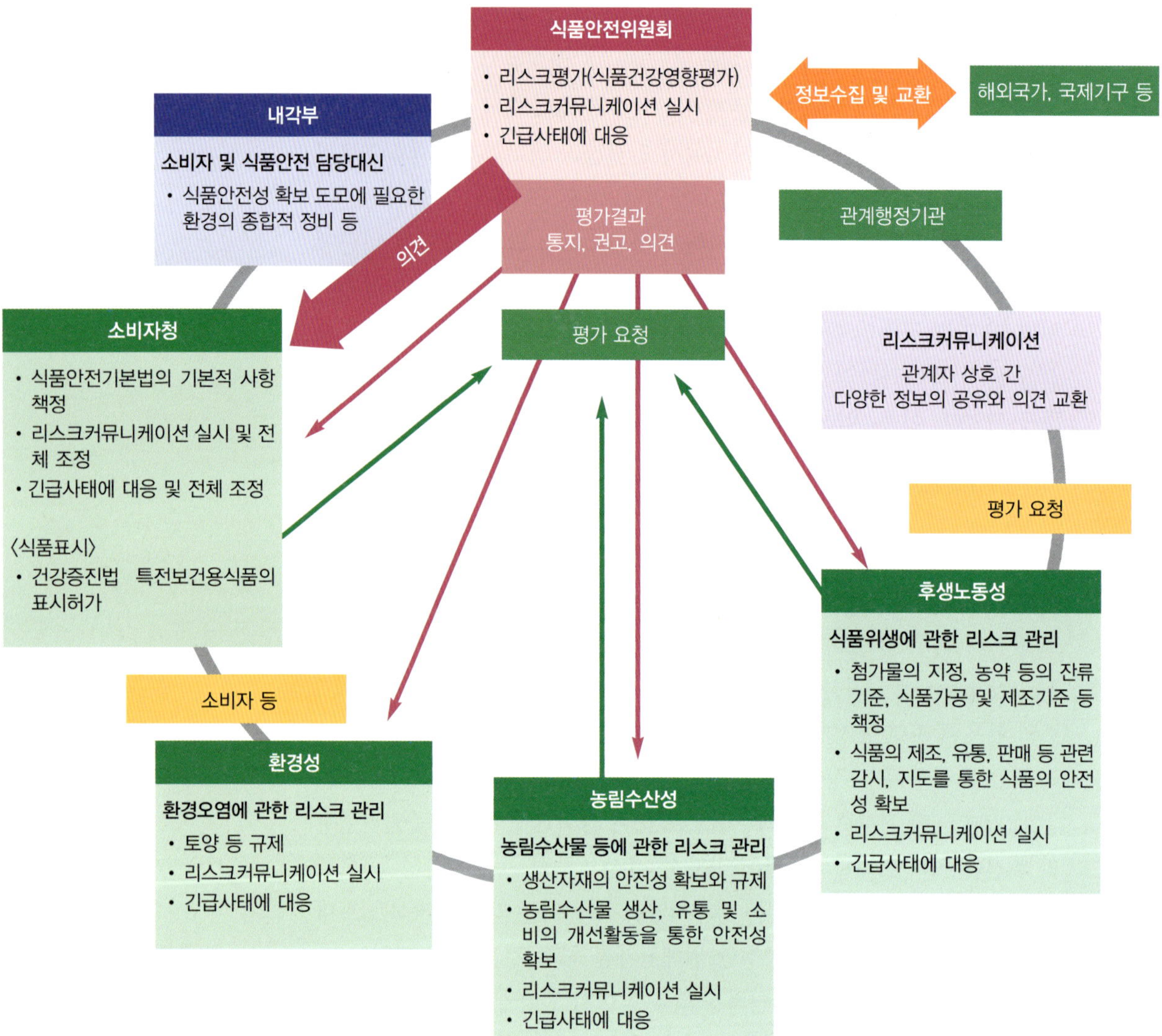

그림 13-8 **일본의 식품안전 관련 업무 체계**

13.4.2.5 캐나다

식품안전을 담당하는 주요 연방기관은 보건부(Health Canada, HC), 식품검사청(Canadian Food Inspection Agency, CFIA), 공중보건청(Public Health Agency of Canada, PHAC), 농식품부(Agriculture and Agri-Food Canada, AAFC)가 있다(그림 13-9). 연방보건부장관 아래에서 PHAC와 HC, CFIA는 식중독 관련 사안에 대한 대응책임을 법제화했다. HC, CFIA, PHAC는 상호 간의 협력체계구축(MOU 체결 등)을 통해 명확한 역할과 책임을 확립하고 있다. 생산단계 식품안전의 역할과

그림 13-9 캐나다 식품안전관리 기관별 업무체계도

책임은 AAFC가 담당하고 있는데, 주요 분야는 농·식품안전 프로그램에 관한 연구 및 개발이다. HC는 정책 및 기준·규격 제정, 감시 및 조기경보체계, 교육 및 지원 활동을 담당하고 있으며, 식품안전 정책 및 표준 수립, 식품안전조사를 지원하기 위한 건강 리스크 평가, 국민 건강에 대한 잠재적 리스크 정보제공의 업무를 수행하고 있다. CFIA는 감시 및 조기경보체계, 교육 및 지원 활동, 검사 및 집행 업무를 담당하고, 연방 식품검사 프로그램 설계 및 제공, 산업계의 법률 및 규정준수 모니터링, 필요에 따른 집행조치 수행과 식품안전조사 및 식품회수 업무도 수행하고 있다.

PHAC는 공중보건 감시 업무를 담당하며 공중보건 감시와 함께 주정부 공중보건 담당 공무원과의 식품매개질환 공동 조사가 있다.

캐나다는 식품안전 관련 법규를 현대화하고 여러 법령으로 산재해 있던 관련 법규를 통합하였다. 그 결과 핵심이 되는 캐나다 식품안전규정(Safe Food for Canadians Regulations, SFCR)이 2019년 1월 시행되었다. 해당 법령을 집행하는 CFIA는 식품안전과 관련된 위생관리, 표시 규제, 검역, 교역, 동식물 질병 및 해충 통제 등을 총괄적으로 담당한다. 규제의 현대화, 효율성 및 식품안전에 대한 보증 강화를 목표로 허가, 예방관리, 이력추적에 중점을 두고 있으며, 해외 시장 특히 미국에 대한 시장 접근성 제고도 포함하고 있다. 새로운 식품안전법규는 Codex 등 국제적인 기준을 반영하며, 수출되는 캐나다 식품을 캐나다 정부가 사전 검사함으로써 안전성을 보증하여 세계시장에서 캐나다 식품의 시장성과 경쟁력을 높였다는 특징이 있다. 또한, 캐나다 내에서 유통되는 식품에 대해 유통과정의 자세한 정보 및 안전지침을 문서화하고 실행하게 함으로써 관계 당국의 식품안전 관련 추적을 용이하게 하고 있다.

13.4.2.6 프랑스

프랑스의 경우 종전에는 보건부(Ministry of Health), 농수산부(Ministry of Agricuture and Fisheries) 및 경제재정산업부(Ministry of the Economy, Finance and Industry)에서 각각 위해평가 및 위해관리업무를 수행해 왔다. 그러나 식품안전관리 업무 분산의 비효율성을 줄이기 위해 1998년에 각 부처에서 분산된 위해평가 업무를 식품안전청(French Food Safety Agency, AFFSA)을 신설하여 통합하고 각 부처는 위해관리 및 위해정보교환 업무를 수행하게 하였다.

그후 프랑스는 2010년 식품안전청(AFFSA)과 환경 및 산업보건안전청(French Agency for Environmental and Occupational Health Safety, AFSSET)을 통합하여 식품환경노동위생안전청(French Agency for Food, Environmental and Occupational Health & Safety, ANSES)을 신설하였다(그림 13-10).

프랑스는 식품안전, 위해평가 및 위해관리가 제도적으로 분리되어 있다. 위해평가, 과학적 자문 및 기타 자문은 프랑스 식품환경노동위생안전청(ANSES)에서 수행하는데, 유전자변형식품(GMO)은 고등생물공학위원회(The High Council for Biotechnology, HCB)가 담당한다.

위해관리는 3개 부처의 사무총장(DG)이 담당하고 있다. 즉, Directorate General for Food(DGAL, MAAF), Directorate General for Competition Policy, Consumer Affairs and Fraud Control(DGCCRF, MEF) 및 Directorate General for Health(DGS, MAS)가 담당하고 있

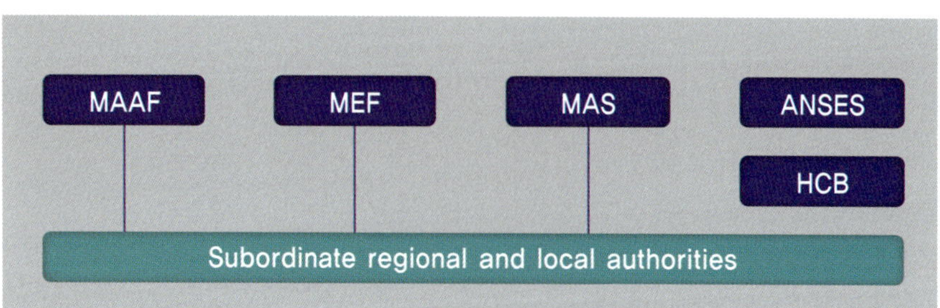

그림 13-10 프랑스의 식품안전조직

으며, 위해소통은 ANSES와 관련 부처가 수행하고 있다.

13.4.2.7 독일

독일에서 위해평가와 위해관리는 연방차원에서는 조직적으로 분리되어 있으나, 16개 주정부 지역 차원에서는 식품위해평가와 위해관리가 분리되어 있지 않다. 독일에서 식품안전법은 연방차원에서 제정하며, 이행과 관리는 16개 주에서 담당하고 있다.

연방식품농업부(Federal Ministry of Food and Agriculture, BMEL)는 농업정책과 식품안전을 책임지고 있으며, 식품안전 분야에서 BMEL은 법안 초안을 준비하고 조례를 발행한다.

독일 연방 위해평가 연구소(German Federal Institute for Risk Assessment, BfR)는 BMEL 조직 내 전문기관으로, 법적 위해평가를 수행하고 정치권에 자문을 제공하여 법률 시행에 기여하며, 행정 절차의 일부로 과학적 기반 위해평가(예: 식물 보호 제품에 대한 판매 승인 및 정책 조언)를 실시한다. BfR의 위해평가 결과는 BMEL, BMUB(Federal Ministry for the Environment, Nature Conservation, Building and Nuclear Safety, 연방 환경, 자연보존 및 원자력 안전부) 및 지역/지방 공공 기관에서 관리 조치를 위한 기초자료로 사용된다.

BfR은 경제적, 정치적 또는 사회적 이익의 영향을 받지 않고 독립적으로 위해평가 및 새로운 건강 위해 식별, 위해 최소화 권장사항 작성 등의 작업을 수행한다. BfR은 새로운 식품 및 식품 성분, 사료, 식물보호물질의 잔류 및 동물용 의약품, GMO, 식품 보존제, 인수공통전염병, 식품 접촉 물질 및 광천수 등의 안전관리 업무를 담당하고 있으며, 연구 및 소비자, 과학계 및 기타 이해 관계자와의 투명한 의사소통도 주요한 업무이다.

연방 소비자 보호 및 식품안전국(BVL)의 주요업무는 위해관리(Risk Management)이다. 식품안전 분야에서 BVL은 BMEL, BMUB 및 연방

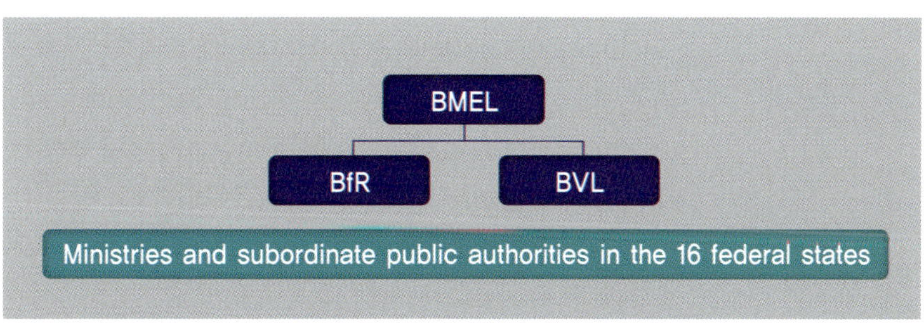

그림 13-11 독일의 식품안전조직

주 간의 협력을 지원한다. BVL은 유럽 연합의 신속 경보 시스템(RASFF)에 대한 국가 연락자로서 위기 시 BMEL 위기관리단의 상황센터 역할을 한다. BVL은 식물 보호 제품 및 동물 의약품에 대한 규제기관이며, 일반적으로 의사결정 과정에서 BfR 위해평가 결과를 활용하고 있다. 또한 GMO의 안전성 여부를 평가하고 GMO의 EU 판매 승인에도 관여한다.

13.5 식품안전관리를 위한 기본 원칙

13.5.1 식품안전관리를 위한 기본 원칙과 방향

식품안전 분야 선진국들의 식품안전관리 체계는 다음의 원칙 또는 접근방법을 따르고 있다.

1) 농장에서 식탁까지 감시(farm to table oversight)

곡물·채소·동물이 농장에서 어떻게 재배·사육되는지에 대한 정보 확보부터 최종소비자에게 도달할 때까지 식품의 생산·가공·유통·소비의 전 과정(food chain)에서 문제발생을 예방하는데 초점을 맞추는 포괄적이고 통합적인 접근방법을 채택하고 있다.

2) 생산자 책임(producer responsibility)

감독관이 중요한 역할을 하지만 식품의 안전성에 대한 책임은 일차적으로 생산자에게 있으며, 이는 국내산과 외국산에 동등하게 적용되는 원칙이다. 이러한 접근방법으로 예방에 초점을 맞추며 책임소재를 명확히 하는 적극적 식품안전관리 접근방식이다.

3) 위해평가와 위해관리의 분리

상호독립적인 안전관리 체제를 만들기 위해 EU와 일부 나라들은 위해평가(식품으로부터 유래되는 모든 알려진 혹은 잠재적인 건강에 대한 부정적 요소를 과학적으로 평가, Risk Assesment, RA)와 위해관리(정책대안을 비교하고, 평가된 위해를 최소화하며, 적절한 대응책의 선택, Risk Management, RM)를 담당하는 기관을 분리시키고 있다. 또한 일부 국가는 위해평가 기관의 독립성을 높이기 위하여 식품산업 진흥을 담당하는 부서로부터 위해평가 기관들을 분리하고 있다.

4) 위해성에 기초한 검사체계(risk-based inspection systems)

식품에 대한 검사는 위해도가 가장 높은 식품(주로 수입식품)에 초점을 맞춘다. 이를 위한 식품안전관리 제도로는 사전안전관리 확보를 위한 우수수입업체 등록제도와 수입식품 유통이력제도를 들 수 있다. 또한 EU는 모든 살아 있는 동물과 동물에서 나온 생산품에 대해 그 원산지를 표시할 것을 요구하며, 이 품목들은 수의검역관의 허가 없이는 검역소를 통과할 수 없다. 반면에 과일, 채소, 시리얼, 향신료 등 위해도가 낮은 품목에 대해서는 비교적 덜 까다로운 검사를 실시한다. 이는 위해도에 따른 선택과 집중의 원칙에 따라 인력과 예산투입의 효율성을 도모하기 위한 것이다.

5) 특정 수입식품에 대해서는 국내와 동등한 안전기준 요구

일부 국가들은 특정한 유형의 식품(주로 동물과 육류)에 대해서는 국내와 동등한 식품안전기준을 요구하고 있다. 최근 급증하고 있는 해외 직접구입 인터넷 구매 식품에도 수입신고 의무화를 추진하고 있다.

6) 추적절차(traceback procedures)

모든 식품과 사료는 "한 단계 전과 한 단계 뒤로" 추적이 가능해야 한다는 것이 EU 국가들의 원칙이다. 따라서 식품과 사료업계 종사자들은 판매자와 구매자의 이름과 주소, 상품의 성상과 배달 날짜 등을 기록해야 하며, 정부 당국이 요구하면 즉시 제공할 수 있는 체계와 절차를 갖추어야만 한다. 수출국의 공급업자들에게까지 이 원칙을 요구하지는 않지만 EU의 수입업자들은 자신들의 거래처를 확인하고 그 정보를 확보하고 있다. 이 원칙은 공중의 건강을 위해서 뿐만 아니라 산업의 보호를 위해서도 긴요한데, 이러한 필수 정보의 부족은 막연한 공포를 매개로 관련 업종 전체에 부정적 영향을 비칠 수 있기 때문이다.

7) 정부 수의검역관과 공중보건 당국자의 협력

인수공통전염병(zoonotic disease)의 위험과 그것에 대한 추적의 필요성 때문에 수의검역관과 공중보건 당국자의 협력이 점점 더 긴밀해지고 있다. 영국의 경우 수의과학연구소와 보건기구 간 협정을 맺고 서로 협력하고 있으며 그 결과 2004년 항생제 내성이 강한 살모넬라균이 가축에서 발견되었을 때 신속한 관련 정보의 공유와 협력을 통해 인간에게로의 감염을 방지할 수 있었다.

8) 강제적 리콜 권한(mandatory recall authority)

강제적 리콜 명령이 발동되는 경우는 드물지만 강제적 리콜은 식품안전체계에서 최후의 수단 중 하나이다. 이 권한의 존재만으로도 생산자와 공급자들에게 문제의 소지가 있는 식품을 시장에서 자진해서 회수하도록 조치할 수 있기 때문이다.

그러나 리콜의 필요성에 대해서는 여전히 논란의 여지가 있다. 예를 들면 국내에서 봉지라면 등 6개 제품의 스프에서 벤조피렌이 검출된 적이 있다. 이때 검출된 벤조피렌의 양은 기준치인 10 ppb 이하였고, 불검출 내지 4.7 ppb 수준으로 기준치를 초과하지 않았다. 즉 오염물질 기준을 초과한 부적합 원료가 사용되었지만 최종제품에서는 기준치 이하가 함유되어 있을 때에 리콜은 강제적일 수는 없다. 다만, 대부분의 경우 제품에 대한 소비자의 신뢰도를 유지하기 위하여 업체에서는 자진리콜을 행하기도 한다.

9) 식품안전 체계에 대한 평가와 감사

식품안전관리 관련 정부 및 민간 위탁 기관(식품위생검사기관 등)은 공개된 지표와 투명한 평가 시스템하에서 식품안전 체계 업무수행에 대한 평가를 주기적으로 받아야만 한다. 이러한 평가와 감사는 식품의 생산·가공·유통·소비의 전 과정(food chain)에 관여하는 식품안전 관련 민·관 기관들 모두 그 대상에 포함되어야 하고 평가결과가 다시 현장에 반영(feed back)되어야만 바람직한 식품안전관리 제도의 정착이 가능하다.

참고문헌

국립독성연구원 위해성평가팀. 「위해성평가표준 지침서」. 2007.
국립독성연구원 인체노출평가팀. 「인체노출평가 지침서」. 2007.
김초일, 장영애, 문재진, 이행신, 이윤나, 이해정, 김도희. 「영유아, 어린이 및 청소년의 식품섭취량 조사 연구」. 한국보건산업진흥원, 2008. p.1-384.
농림부. 「농식품의 안전성 강화를 위한 위험분석에 대한 이해」. 2007.
농수산물 유통공사. 「주요국 식품안전관리 현황 조사」. 2005.
식품의약품안전처. 국가별 규제정보, EU의 수입식품관리 및 기준규격 체계. 2016.
식품의약품안전청. 「식품위해분석 교육교재」. 2006.
신동화, 오덕환, 우건조, 정상희, 하상도. 『식품위생안전성학』. 도서출판 한미의학, 2011.
신동화, 오덕환, 우건조, 정상희, 하상도. 『식품위생안전성학』. 도서출판 한미의학, 2014.
엄영숙, 이소영. "식품안전의 개념과 실태" 위협받는 소비자 식탁 어떻게 할 것인가? 농정연구센터 12회 심포지엄 발표자료. 2004.
이주형 등. 주요국(캐나다)의 식품안전관리체계 심층조사 및 대응상황 연구, 식품안전정보원, 2019.
이주형 등. 주요국(일본)의 식품안전관리체계 심층조사 및 사고 발생시 대응상황 연구, 식품안전정보원. 2018.
이희정 등. 식품안전정보원, 캐나다 식품안전규정(Safe Food for Canadians Regulations, SFGR) 현황, 2019.
전병서. 일본 소비자청 및 소비자위원회 설치법에 관한 연구. 2010.
정기혜. 「식품안전관리의 선진화를 위한 조사연구」. 보건복지부, 2002.
정상희, 강정우, 신효숙, 박영일, 손성완. 「축산물의 잔류화학물질 위해성 평가」. 국립수의과학검역원. 2010.
한국보건산업진흥원. 일본 식품분야 수입관리제도. 2005.

한국식량안보연구재단. 식품안전관리과학회/선진화 방안연구. 2013.
Baynes, R.E., Martin-Jimenez, T., Craigmill, A.L., Riviere, J.E. Estimating provisional acceptable residues for extra label drug use in livestock. *Regulatory Toxicol and Pharmacol.* 1999;29:287-99.
Canadian Food Inspection Agency. Understanding the Safe Food for Canadians Regulations, *A Handbook for Food Businesses*. 2019.
EPA. Guidelines for Carcinogen Risk Assessment. Risk Assessment Forum *EPA*/630/P-03/001F. 2005. pp. 1-166.
EU Food Safety Almanac, *BfR*, Germany. 2017
FAO. Submission and evaluation of pesticide residues data for the estimation of maximum residue levels in food and feed. *FAO Rome*. 2002.
FAO/WHO. Residues Of Veterinary Drugs. Food: Guidelines for the preparation of toxicological working papers for the Joint FAO/WHO Expert Committee on Food Additives. *Geneva*. 1996. p. 1-22.
FAO/WHO. Updating the Principles and Methods of Risk Assessment: MRLs for Pesticides and Veterinary Drugs. 2006. p. 1-47.
Hamilton D., Ambrus A., Dieterle R., Felsot A., Harris C., Petersen B., Racke K., Wong S.S., Gonzalez R., Tanaka K., Earl M., Roberts G., Bhula R. Pesticide residues in food-acute dietary exposure. *Pest Management Science*. 2004. p. 311-39.
Jia, X.D., Li, N., Wang, Z.T., Zhao, Y.F., Wu, Y.N., Yan, W.X. Assessment on dietary melamine exposure from tainted infant formula. *Biomed Environ Sci*. 2009;22:100-03.
Joint FAO/WHO Codex Alimentarius Commission. CAC Procedural Manual 13th.
Kroes R., Renwick A.G., Cheeseman M., Kleiner J., Mangelsdorf I., Piersma A., Schilter B., Schlatter J., van Schothorst F., Vos J.G., Wartzen G. Structure-based thresholds of toxicological concern (TTC). Guidance for application to substances present at low levels in the diet. *Food Chem Toxicol*. 2004;42:65-83.
Nielsen, E., Østergaard, G., Larsen, J.C. Toxicological Risk Assessment of Chemicals. A Practical Guide. *Informa Healthcare USA Inc.*, 2008. pp. 1-448.
OECD: Report of the OECD Workshop on Improving the Use of Monitoring Data in the Exposure Assessment of Industrial Chemicals. *ENV/JM/MONO*. 2000. pp. 1-125.
Stephen W. E and Julian P. Systems biology and mode of action based risk assessment. Toxicol Sci. 2008;106(2):312-18.
United States General Accounting Office. Chemical Risk Assessment. Selected Federal Agencies' Procedures, Assumptions, and Policies. GAO-01-810. 2001. pp. 1-233.
WHO. Environmental Health Criteria 236. Principles and Methods for Assessing Auto-immunity Associated With Exposure To Chemicals. 2006. pp.1-333.
WHO. Pesticide residues. Guidelines for the preparation of toxicological working papers for the WHO Core Assessment Group of the Joint Meeting on Pesticide Residues. 2000.
WHO. Inventory of IPCS and other WHO pesticide evaluations and summary of toxicological evaluations performed by the Joint Meeting on Pesticide Residues(JMPR) through 2009(10th Ed.)

식품의약품안전처. 〈http://www.mfds.go.kr〉
식품의약품안전처. 식품안전나라 전문정보, 국가식품안전관리체계. 〈http://www.foodsafety-korea.go.kr〉
식품의약품안전처. 위해평가 방법 및 절차 등에 관한 규정. 〈http://www.mfds.go.kr〉
한국농촌경제연구원. 식품수급표 〈http://krei.re.kr/kor/statistics_new/food_supply.php〉
ANSES. History of the Agency, 〈https://www.anses.fr/en/content/history-agency〉
BfR(Bundesinstitut fur Risikobewertung). 〈http://www.bfr.bund.de〉

BVL(The Federal Office of Consumer Protection and Food Safety). 〈http://www.bvl.bund.de〉
Consumer Affairs Agency(Japan). 〈http://www.caa.go.jp〉
DEFRA(Department for Environment, Food & Rural Affairs). 〈http://www.gov.uk〉
EFSA(European Food Safety Authority). 〈http://www.efsa.europa.eu〉
EPA(US Environmental Protection Agency). Risk assessment guidance. 2021. 〈http://www.epa.gov〉
EPA. EPA BMDS. 〈http://www.epa.gov/NCEA/bmds/index〉
EPA. Exposure Assessment Models 〈http://www.epa.gov/ceampubl〉
European Commission. EU general assessment methodology. 〈http://www.ec.europa.eu〉
European Commission. 〈http://www.ec.europa.eu〉
FDA(US Food and Drug Administration) 〈http://www.fda.gov〉
FDA. CFSAN Risk & Safety Assessments. 〈http://www.fda.gov〉
FDA. Food Safety modernization act. 〈http://www.fda.gov〉
Food Standards Agency. Key regulations. 〈http://www.food.gov.uk〉
Food Standards Scotland. 〈http://www.foodstandards.gov.scot〉
Integrated Risk Information System (IRIS) 〈http://www.epa.gov/ncea/iris〉
Integrated Risk Information System(IRIS) 〈http://www.epa.gov/ncea/iris/index.html〉
IPCS: INCHEM 〈http://www.inchem.org〉
KOTRA(대한무역투자진흥공사) 해외시장뉴스. 2019년부터 새롭게 바뀌는 캐나다의 식품안전법. 2018. 〈http://www.mews.kotra.or.kr〉
National toxicology program 〈http://ntp.niehs.nih.gov〉
RASFF(the Rapid Alert System for Food and Feed)? Food and Feed Safety Alerts. 〈http://www.ec.europa.eu〉
USDA(U.S. Department of Agriculture). 〈http://www.usda.gov〉

식품위생학 기출문제

01 식품의 안전성과 위생 문제를 다루는 기관과 관련이 없는 것은?

① WHO
② FDA
③ FAO
④ ILO

02 위해평가의 주요요소가 아닌 것은?

① 위험성 확인
② 위험성 결정
③ 노출 평가
④ 위해 치료

03 식품위생법상 식품위생감시원의 직무가 아닌 것은?

① 시설기준의 적합여부의 확인 및 검사
② 출입 및 검사에 필요한 식품 등의 수거
③ 중요관리점 기록 관리
④ 행정처분의 이행여부 확인

04 식품 위생법상의 용어 정의가 틀린 것은?

① "화학적 합성품"이라 함은 화학적 수단으로 원소 또는 화합물에 분해반응 외의 화학반응을 일으켜 얻은 물질
② "식중독"이라 함은 식품의 섭취로 인하여 인체에 유해한 미생물에 의하여 발생한 것
③ "표시"라 함은 식품, 식품첨가물, 기구 또는 용기 및 포장에 적는 문자, 숫자 또는 도형
④ "위해"란 식품, 식품첨가물, 기구 또는 용기 및 포장에 존재하는 위험요소로서 인체의 건강을 해치거나 해칠 우려가 있는 것

기출문제 정답

1. ④ 3. ③
2. ④ 4. ②

찾아보기